Die Eigenschaften des Betons

Versuchsergebnisse und Erfahrungen
zur Herstellung und Beurteilung des Betons

Von

Otto Graf

o. Professor an der Technischen Hochschule Stuttgart
Direktor des Instituts für Bauforschung und des
Instituts für technische Holzforschung

Mit 359 Abbildungen
und 63 Zahlentafeln

Springer-Verlag
Berlin / Göttingen / Heidelberg
1950

ISBN 978-3-642-49386-7   ISBN 978-3-642-49664-6 (eBook)
DOI 10.1007/978-3-642-49664-6

Vorwort.

Die Entwicklung der Grundlagen für die Herstellung von Zementmörtel und von Beton mit bestimmten Eigenschaften begann in Deutschland wenige Jahre vor dem ersten Weltkrieg; die Erkenntnisse, mit denen heute gearbeitet wird, entstanden nach dem Jahre 1918. Bei diesen Untersuchungen handelte es sich zunächst um den Einfluß des Wassergehalts des Betons. Man fand dabei, daß der Wassergehalt des Zementbreis entscheidend ist[1]; daneben ließ sich der zugehörige Einfluß der Kornzusammensetzung des Betons umschreiben.

Die daraus entwickelten Richtlinien[2] über die zweckmäßige Zusammensetzung des Betons wurden anfänglich mit mehr Mißtrauen als Vertrauen aufgenommen; u. a. wurde bemängelt, daß die damals geforderte Beachtung der Kornstufung der Zuschlagstoffe zu einer Minderung des Zementgehalts des Betons Anlaß gebe und damit zu unbekannten Mängeln des Betons führen könne; andererseits wurde nicht selten und mit Nachdruck hervorgehoben, Sand und Kies seien Erzeugnisse der Natur, die eben so verbraucht werden müssen, wie sie anfallen. Doch sind meine Vorschläge bald von führenden Ingenieuren unterstützt worden. Der Deutsche Ausschuß für Stahlbeton hat in den Bestimmungen von 1925 gefordert, daß auf die Kornzusammensetzung geachtet wird; in den Bestimmungen von 1932 ist ausführlich angegeben, wie bei der Zusammensetzung des Betons von Stahlbetonbauten verfahren werden muß. Die Anwendung der Erkenntnisse über die sachgemäße Herstellung des Betons ist weiterhin durch die Richtlinien für den Bau der Betonfahrdecken der Reichsautobahnen gefördert worden; die Deutsche Reichsbahn hat in der Anweisung für Mörtel und Beton alles das aufgenommen, was der Verfasser mit seinen Mitarbeitern und im Erfahrungsaustausch mit führenden Ingenieuren im Laufe der Zeit errungen hat.

Heute kann der technisch einwandfrei hergestellte Beton als praktisch unbegrenzt dauerhaft verbürgt werden. Diese Gewährleistung ist nötig, wenn der Beton zu hervorragenden Bauwerken verwendet wird. Der Beton kann für weitgespannte Brücken, Fabrikgebäude, Betonfahrbahnen, Schutzbauten usw. mit hoher Festigkeit fortlaufend gleichmäßig hergestellt werden.

Die zugehörigen Erfahrungen sind beim Bau der Betonfahrdecken der Reichsautobahnen weitgehend gefestigt worden. Es ist heute allgemein möglich, bestimmt anzugeben, wie verfahren werden muß, um Beton mit gewollten Eigenschaften regelmäßig herzustellen, auch zu entscheiden, ob mit bestimmten Stoffen ein dauerhafter Beton hergestellt werden kann.

In neuerer Zeit sind die Grundlagen für die Herstellung von Leichtbeton wesentlich erweitert worden. Auch der Lehmbeton und andere besondere Betonarten fanden Beachtung.

Das vorliegende Buch enthält eine systematische Darstellung der Eigenschaften des Betons und der zugehörigen Erkenntnisse, vornehmlich aus eigenen Beobachtungen entwickelt.

Das Buch ist mit großer Verzögerung entstanden, weil der Verfasser in den letzten zehn Jahren durch ein außerordentliches Maß von technischen Aufgaben

---

[1] GRAF: Der Aufbau des Mörtels und des Betons, 1. Aufl. 1923 S. 2ff.
[2] GRAF: Der Aufbau des Mörtels und des Betons, 1. Aufl. 1923 S. 25; 2. Aufl. 1927 S. 28ff.

abgehalten war, die Niederschrift auszuführen. Dazu kam, daß die Handschrift
in der Druckerei im Herbst 1943 durch Kriegseinwirkung zerstört wurde, die
zweite Drucklegung beim Waffenstillstand unterbrochen und im Jahr 1948 zum
drittenmal aufgenommen wurde.

Es war oftmals Gelegenheit gegeben, zu sehen und zu hören, wie die Erkenntnisse und Erfahrungen aufgenommen und verwertet werden und welche Lücken
der Erkenntnisse zu schließen sind. Durch zahlreiche Versuche für den Straßenbau, Brückenbau, Wasserbau, Industriebau, Hochbau und Schutzbau, gefördert
durch führende Ingenieure und durch Freunde wurden neue Erkenntnisse gesucht, die vorhandenen vertieft und erweitert. Ein großer Teil der Ergebnisse
der neueren Versuche ist im vorliegenden Buch erstmals bekanntgegeben.

Bei der Durchsicht der Handschrift haben mich meine langjährigen Mit-
arbeiter, die Abteilungsleiter Professor Dr.-Ing. habil. KURT WALZ, Oberingenieur
FRITZ WEISE† und Oberingenieur FERDINAND KAUFMANN unterstützt.

Stuttgart, im Jahr 1948.

OTTO GRAF.

Inhaltsverzeichnis.   VII

A. Die zeitliche Entwicklung der grundlegenden Erkenntnisse über den Aufbau des Zementmörtels und des Betons.

Wenn Beton bestimmter Widerstandsfähigkeit hergestellt werden soll, so sind zunächst die Zementeigenschaften und der Zementgehalt des Betons zu beachten. Es ist deshalb verständlich, daß der Fortschritt im Betonbau zuerst in der Entwicklung der Zemente durch fortlaufende Zunahme der Festigkeit und durch Verringerung der Ungleichmäßigkeit gesucht und errungen wurde. Abb. 1 gibt dazu einen Ausschnitt der Entwicklung der Normendruckfestigkeit der Handelszemente während der Jahre 1909 bis 1938.

Seit etwa 20 Jahren sind die Beziehungen zwischen der Festigkeit des in den Zementnormen vorgeschriebenen Prüfmörtels und des praktisch angewandten Betons eingehend untersucht worden. Dabei ergab sich, daß die Prüfung der Zemente zu ändern ist. Deshalb ist die Zementprüfung zunächst für Straßenbauzemente nach DIN 1165 und 1166

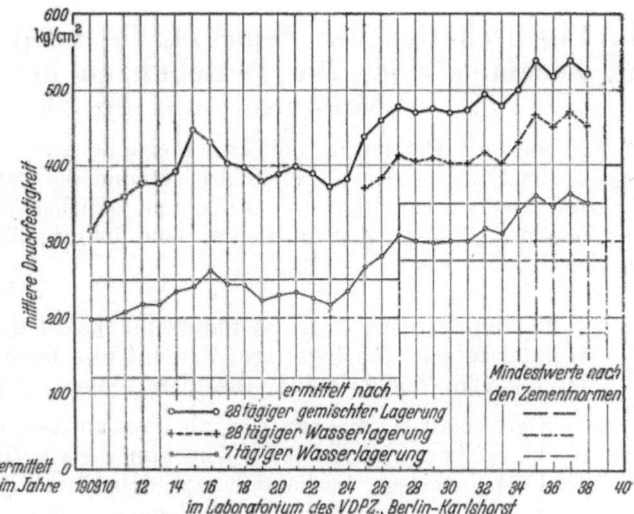

Abb. 1. Entwicklung der Druckfestigkeit der Portlandzemente seit 1909.

gewandelt worden; die Ausgabe 1942 der DIN 1164 enthält das geänderte Prüfverfahren für alle Zemente.

Weiterhin fand sich — wohl schon vor langer Zeit —, daß die Eigenschaften des Betons in erheblichem Maße von der Beschaffenheit der Zuschlagstoffe abhängen[1]; später wurde die überragende Bedeutung der Größe des Wasserzusatzes verfolgt[2].

Nach 1918 sind die Gesetzmäßigkeiten ermittelt worden, welche für den Einfluß des Wasserzusatzes im Beton gelten[3]. Es fanden sich Beziehungen zwischen der Beschaffenheit des Zementbreis und der Betonfestigkeit; damit entstanden einfache Hilfsmittel für die Vorausbestimmung der Betonfestigkeit.

---

[1] Eine Zusammenstellung von Erkenntnissen, die bis 1905 vorlagen, findet sich in dem auch heute noch wertvollen Buch von Büsing und Schumann: Der Portlandzement und seine Anwendung im Bauwesen. Berlin 1905.

[2] Bach, C.: Mitteilungen über die Druckelastizität und Druckfestigkeit von Betonkörpern mit verschiedenem Wasserzusatz, II. Teil 1906, III. Teil 1909; ferner Mitt. Forsch.-Arb. Ing.-Wes. Heft 72 bis 74 S. 17. Berlin 1909.

[3] Graf: Aufbau des Mörtels und des Betons, 1. Aufl. 1923 S. 2ff.

Bei der Erforschung des Einflusses der Beschaffenheit des Zementbreis zeigte sich, daß die Größe des für eine bestimmte Betonsteife nötigen Wasserzusatzes unmittelbar von der Kornzusammensetzung des Sandes abhängig sein muß. Damit war Anlaß gegeben, festzustellen, wie der Sand und die groben Zuschlagstoffe in ihrer Körnung, auch mit der Kornform usw. beschaffen sein müssen, um bei einer bestimmten Betonsteife ein Höchstmaß der Eigenschaften zu liefern[1], später auch welche Abweichungen von den besonders günstigen Verhältnissen auftreten dürfen, um ein gutes oder ein noch brauchbares Ergebnis zu erlangen[2].

Damit waren die wichtigsten Bedingungen für die Beherrschung der Betoneigenschaften festgelegt. Es galt nun, diese Bedingungen für alle technisch nutzbaren Eigenschaften des Betons zu verfolgen und zu umfassenden Richtlinien zu entwickeln. Das Inhaltsverzeichnis des Buchs zeigt, um was es sich dabei handelt.

B. Eigenschaften der Zemente, die beim Aufbau des Betons zu beachten sind. Die Beziehungen der Eigenschaften des Prüfmörtels und des Betons.

Die folgende Erörterung der Zementeigenschaften beschränkt sich auf Angaben, die für den mechanischen Aufbau und die damit verbundenen Eigenschaften des Betons nötig sind[3]. Außerdem beziehen sich die Mitteilungen nur auf Zemente, die zur Zeit in Deutschland in erheblichen Mengen hergestellt werden[4].

1. Portlandzement, Eisenportlandzement, Hochofenzement; früher Handelszement, hochwertiger Zement und höchstwertiger Zement, jetzt Z 225, Z 325, Z 425. Ölschieferzement. Gipsschlackenzement.

Die Eigenschaften, die mit den als Portlandzement, Eisenportlandzement und Hochofenzement bezeichneten Zementen stets verbunden sein müssen, sind in DIN 1164 festgelegt. Es handelt sich dabei um die Aufbereitung der Rohstoffe[5], um die Zusammensetzung der Zemente, um das Brennen, um die Mahlfeinheit, um den Erstarrungsanfang, um das Erstarrungsende, um die Raumbeständigkeit, um die Biegezugfestigkeit und um die Druckfestigkeit. Darüber hinaus finden sich in der Anweisung für den Bau von Betonfahrbahndecken[6] Sonderforderungen über die Lagerzeit und über den Erstarrungsanfang. In Sonderfällen können weitere Bedingungen zweckmäßig sein; diese sind erforderlichenfalls mit den verantwortlichen Ingenieuren des liefernden Werks zu vereinbaren.

---

[1] GRAF: Z. VDI. 1926 S. 411ff.

[2] GRAF: Dtsch. Ausschuß Eisenbeton 1930 Heft 63 S. 33ff.; Tonind.-Ztg. 1930 S. 1159ff.

[3] Über die Bedeutung der chemischen Analyse vgl. HÄGERMANN: Fortschr. u. Forsch. Bauwesen Reihe A, Heft 4 S. 13ff.

[4] Auf die Besprechung der Naturzemente wird ebenfalls verzichtet, da diese für die Herstellung von Beton mit fortlaufend gleichen Eigenschaften nicht in Betracht kommen. — Auch Sondermischungen bleiben hier außer Betracht, wie beispielsweise Asbestzement. Vgl. dazu HAYDEN: Grundsätzliche Fragen der Herstellung von Asbestzement. Berlin: Zementverlag 1942. — Auf den Schwellzement (Zement mit großem Schwellmaß und bestimmter Schwellkraft) sei ebenfalls nur verwiesen. Vgl. Z. VDI 1948 S. 270.

[5] Über die Bedingungen für Hochofenschlacke zu Zement vgl. das Merkblatt für Zementschlacke, Zement 1942 Heft 17 bis 18 S. A.

[6] Freiberg i. S.: Mauckisch 1939.

Außer den in den Normen genannten Eigenschaften der Zemente sind oft — aber nicht in der Mehrzahl der Fälle — wichtig: die Verarbeitbarkeit des Zementbreis, die Temperaturerhöhung beim Abbinden, das Schwinden und das Quellen beim Austrocknen und Durchfeuchten, im besonderen die Spannungen, welche mit dem Schwinden und Quellen auftreten, das Verhalten gegenüber chemischen Angriffen, das Erhärten bei tiefer und hoher Temperatur sowie das Verhalten des erhärteten Zements bei schroffem Wechsel der Temperatur[1].

Die Portlandzemente, Eisenportlandzemente und Hochofenzemente werden vorwiegend als Z 225, früher Handelszemente genannt (Zemente, die die Mindestbedingungen von DIN 1164 erfüllen), außerdem als Z 325 und Z 425, früher hochwertige und höchstwertige Zemente, geliefert[2]. Z 325 und Z 425 unterscheiden sich vom Z 225 in der Hauptsache durch feinere Mahlung und bisweilen durch etwas andere mineralische Zusammenstellung, damit durch rascheren Anstieg der Festigkeit des Prüfmörtels und des Betons (ohne Beschleunigung des Erstarrens und Abbindens) und durch höhere Endfestigkeit[3].

Z 325 und Z 425 werden gebraucht, wenn das Bauwerk rasch entstehen soll, wenn die Betonwaren rasch versandfertig werden sollen, auch wenn der Beton vor zu erwartendem Frost ausreichende Festigkeit erlangen soll oder wenn besonders hohe Festigkeiten verlangt werden.

Für viele Fälle gleichwertig mit Z 225 werden zur Zeit Sonderzemente aus Portlandzement und sachgemäß geschweltem Posidonienschiefer (Ölschieferzement) sowie aus Gips und Hochofenschlacke (Gipsschlackenzement) hergestellt. Bei letzterem ist eine sehr feine Mahlung zweckmäßig[4].

2. Tonerdezement.

Der Tonerdezement ist nicht genormt; er unterscheidet sich vom Portlandzement erheblich durch die Art der Herstellung und durch die Zusammen-

Zahlentafel 1. Analysen von Handelszementen (Grenzwerte).

1	2	3	4	5
Bestandteil	Portlandzement	Eisenportlandzement	Hochofenzement	Tonerdezement
CaO	60...68	54,5...62	41,5...55	39...44
SiO_2	18...24	20,5...26,5	25,5...31,5	6,5...8,5
Al_2O_3	4...8	6,0...10,5	8...17	42...46,5
Fe_2O_3*	0,5...6	1,5...3,5	0,5...2,5	0,6...1,4
MgO	1...5	1,5...5	1,5...7	1,3...2,1

setzung; kennzeichnend ist der hohe Gehalt an Tonerde, vgl. Zahlentafel 1. Die Festigkeiten des Tonerdezements entwickeln sich viel rascher als bei den

---

[1] Weitere allgemeine Bemerkungen über die genormten Zemente vgl. Forsch.-Arb. Straßenwesen Bd. 27 (1940) sowie Handbuch der Werkstoffprüfung Bd. 3.

[2] Zu den Portlandzementen gehört auch der Zement „DYCKERHOFF-WEISS", ein Zement mit weniger als 1% F_2O_3. Er wird zu Schlämmanstrichen, Verputzen, Fugenmörtel, Betonwerkstein, Bodenplatten, Wandverkleidungen, Straßenmarkierungen usw., auch Stahlbetontragwerken verwendet, die hell und reinfarbig werden sollen.

[3] Z 325 und Z 425 erhalten bisweilen kleine Zusätze von Beschleunigern (Chlorkalzium), damit die für 7- bzw. 3tägige Erhärtung vorgeschriebene Festigkeit erreicht wird.

[4] Unsere Versuche mit belgischem Gipsschlackenzement im Jahr 1938 lieferten nach DIN 1164 folgendes: Rückstand auf dem Sieb mit 10000 Maschen je cm² 1,2 %; Biegezugfestigkeit nach 8tägiger Wasserlagerung 78 kg/cm², nach 28tägiger Einheitslagerung 136 kg/cm²; Druckfestigkeit 501 bezw. 641 kg/cm². Vgl. auch HUMMEL: Beton- u. Stahlbetonbau 1944 S. 85 u. f.

* FeO bei Hochofenzement und Tonerdezement.

unter 1. genannten Zementen, vgl. Abb. 2 und 3; die Druckfestigkeit erreicht bei der Normenprüfung nach 24 Stunden etwa ¾ und mehr der Werte, die nach 28 tägiger Wasserlagerung auftreten. Wichtig ist weiter, daß die Erhärtung des Tonerdezements bei niederen Temperaturen weit weniger gehemmt wird als die Erhärtung des Portlandzements[1]. Dagegen ist bei hohen Temperaturen Vorsicht geboten. Wenn die Betontemperatur bei der Erhärtung über etwa 35 bis 40° steigt, können die Festigkeiten bedeutend kleiner ausfallen als bei gewöhnlicher Temperatur[2].

Die Tonerdezemente werden verwendet, wenn der Beton in besonders kurzer Zeit eine hohe Druckfestigkeit erreichen soll u. a. wenn Stahlbetonpfähle mit möglichst kurzer Frist rammfähig werden sollen. Weiteres vgl. unter B 7, S. 10, 8, S. 12, 16, S. 24, 17, S. 25 und 19, S. 26.

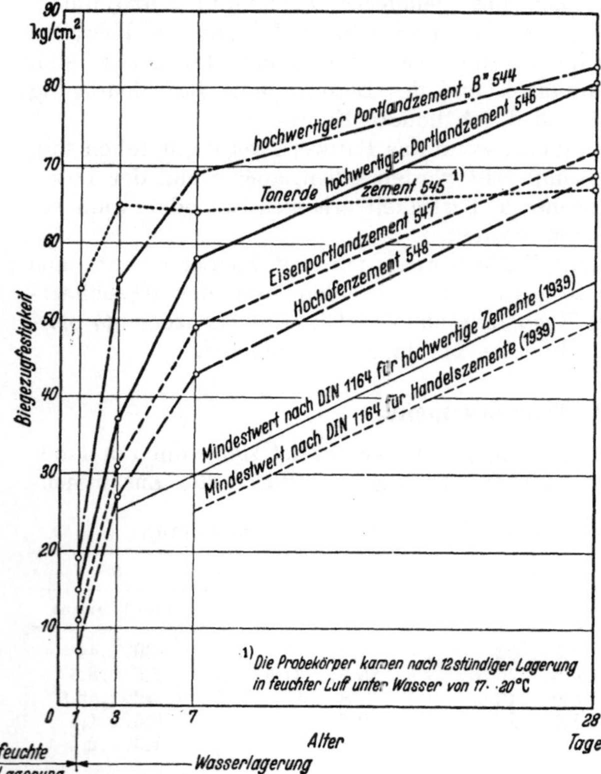

Abb. 2. Biegezugfestigkeit des Prüfmörtels mit steigendem Alter, bei Verwendung verschiedener Zemente.

3. Traßzement.

Die Eigenschaften des Traßzements sind in DIN 1167 festgelegt. Traßzement wird aus normengemäßem Traß (DIN 1043) und normengemäßem Portlandzement (DIN 1164) durch gemeinsames Vermahlen hergestellt. Die Mischung ist auf zwei Verhältnisse beschränkt, nämlich 30:70 und 40:60. In der Regel soll das Mischverhältnis 30:70 verlangt werden (als „Regel-Traßzement" genormt). Der Rückstand auf dem Sieb mit 4900 Maschen je Quadratzentimeter soll höchstens 8% betragen (bei Portlandzement 20%). Diese feine Mahlung wird verlangt, weil mit *feingemahlenem* Traßzement die Verarbeitbarkeit des Betons verbessert, auch die Durchlässigkeit verringert werden kann und weil diese Verbesserung nur zu erwarten ist, wenn der Traßzement feiner als der Portlandzement gemahlen wird. Weiteres vgl. unter B 10, S. 13, 11, S. 17 sowie unter F, S. 78[3].

4. Mischbinder.

Mischbinder sind in erster Linie Gemische aus Portlandzement und andern weniger wertvollen hydraulischen Stoffen (Hochofenschlacken, die für Hochofen- und Eisenportlandzement nicht brauchbar sind; Schlacken aus Metallschmelzöfen anderer Art; ausgewählte Braunkohlenaschen u. a. m.).

[1] GRAF: Dtsch. Ausschuß Eisenbeton 1927 Heft 57 S. 11 u. 15.
[2] GRAF: Beton u. Eisen 1936 S. 20. Nach Feststellungen von HÄGERMANN soll diese Hemmung schon bei 27 bis 30° möglich sein. Vgl. auch S. 117.
[3] Vgl. auch Bautechn. 1941 S. 361 ff.

Von Zeit zu Zeit tritt dazu der Vorschlag auf, Portlandzemente oder andere Normenzemente, welche mit ihren Festigkeiten über die Normenforderungen weit hinausreichen, mit Steinmehlen soweit zu strecken, daß die Normenfestigkeiten nur noch bescheiden überschritten werden. Wenn die zugehörige Prüfung mit dem früher üblichen, gleichkörnigen Normensand ausgeführt wird, füllt das Steinmehl die reichlich vorhandenen Poren. Wird die Prüfung mit dem jetzt geltenden Normenmörtel vorgenommen, so zeigt sich, daß das Strecken des Portlandzements mit Steinmehl unzweckmäßig ist.

Anders liegen die Bedingungen, wenn Mischbinder mit Hochofenschlacken gefertigt werden, die zu Eisenportlandzement oder Hochofenzement nicht geeignet sind, oder wenn Aschen benutzt werden, die nach ihrer Zusammensetzung brauchbar sind.

Nach dem derzeitigen Stand der Erkenntnisse ist die Prüfung der Mischbinder nach DIN 4207 durchzuführen. Dabei soll folgendes gelten:

Alter . . . . . 7 28 Tage
(Wasser-
Biegezug- lagerung)
  festigkeit
  mindestens 15 30 kg/cm²
Druck-
  festigkeit
  mindestens 75 150 kg/cm².

Beim Vergleich mit Portlandzement sollte überdies beachtet werden, welcher Aufwand an Portlandzement einerseits und an Mischbinder andererseits nötig ist, um unter sonst gleichen Verhältnissen Fundamentbeton mit der Druckfestigkeit von 50 kg je cm² oder Wandbeton mit der Druckfestigkeit von 80 kg/cm² herzustellen. Diese Bedingungen sind unter der Annahme entstanden, daß die Mischbinder in erster Linie für den Wohnungsbau brauchbar sein müssen. Deshalb ist es erwünscht, daß die Hersteller der Mischbinder auch die Eignung zum Mauermörtel und zum Putzmörtel beachten, außerdem berücksichtigen, daß der Wohnungsbau oft bei niederer Temperatur betrieben werden muß[1].

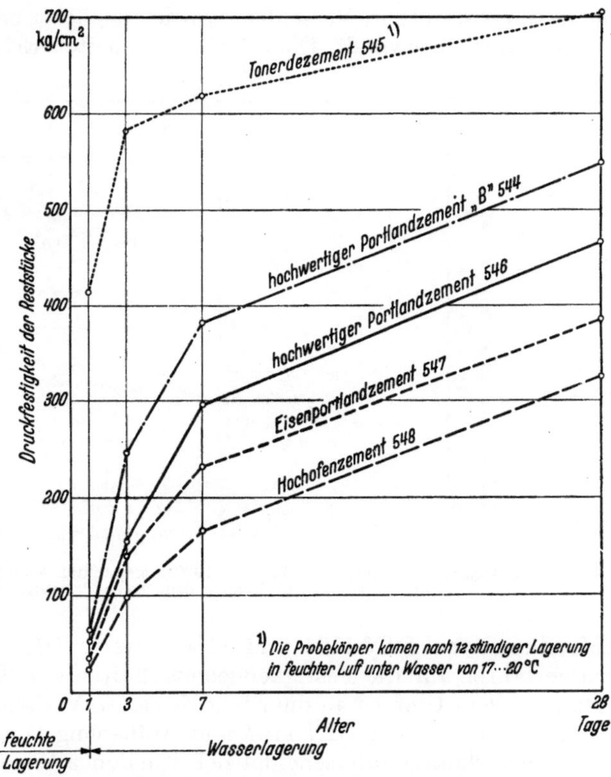

Abb. 3. Zunahme der Druckfestigkeit des Prüfmörtels mit steigendem Alter, bei Verwendung verschiedener Zemente.

5. Über den Stand der Zementprüfung.

Die Prüfung der Zemente geschah von 1884 bis 1940 mit erdfeucht angemachtem Mörtel; der Wasserzusatz war stets der gleiche; das Verhältnis des Wassergewichts zum Zementgewicht betrug $w = 0{,}32$. Dieser Wasserzement-

---

[1] GRAF: Fortschr. u. Forsch. Bauwesen Reihe A, Heft 2 S. 15ff.

wert w war kleiner als bei fast allen praktischen Verhältnissen. Als Prüfsand wurde ein gleichkörniger Quarzsand verwendet; dieser Sand wich weit von den praktischen Verhältnissen ab. Der gleichkörnige Prüfsand lieferte porigen Mörtel. Wenn man dem porigen Prüfmörtel inerte Stoffe, also Steinmehle, zufügte, wurde der Mörtel dichter und ohne weiteren Zementaufwand fester. Unter solchen Verhältnissen wurde die Bindefähigkeit des Zements nur dann zuverlässig festgestellt, wenn es sich um den Vergleich gleichartiger Zemente handelte. Dieser und andere Umstände gaben schon vor längerer Zeit Anlaß, aufmerksam zu machen, daß ein Prüfmörtel aus gemischtkörnigem Sand erforderlich ist; damit entsteht überdies ein Wasserzementwert, der den praktischen Verhältnissen entspricht[1]. Diese Aufgabe ist in den Jahren 1928 bis 1940 eingehend verfolgt worden. Die dazu entstandenen Vorschläge wurden zunächst bei der Prüfung von Straßenbauzementen angewandt. Die dabei gesammelten Erfahrungen ermöglichten die

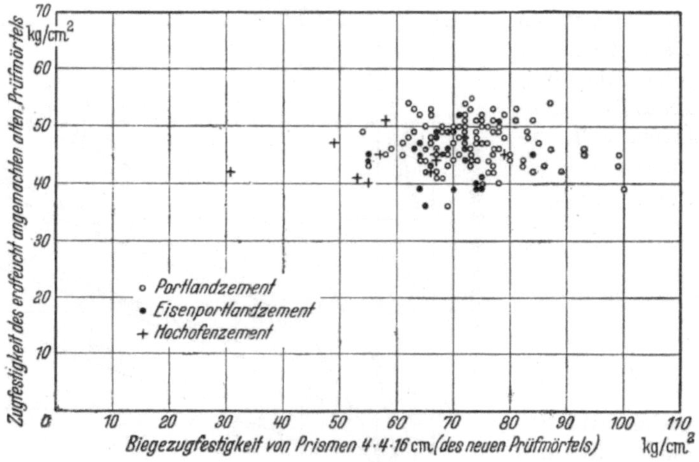

Abb. 4. Zugfestigkeit nach dem von 1884 bis 1939 angewandten Verfahren. Verhältnis dieser Zugfestigkeit zur Biegezugfestigkeit nach dem neuen Prüfverfahren DIN 1164.

Aufstellung von DIN 1165 und 1166. Das in DIN 1165 und 1166 festgelegte Prüfverfahren für die Festigkeitseigenschaften der Zemente ist 1939 teilweise, 1942 in vollem Umfang an die Stelle des alten Verfahrens getreten. Dies geschah durch Neufassung der DIN 1164 und Aufhebung von DIN 1165 und 1166. Das neue Prüfverfahren unterscheidet sich von dem alten entsprechend dem Gesagten durch die Anwendung eines gemischtkörnigen Sandes und durch einen höheren Wasserzusatz des Prüfmörtels (Wasserzementwert $w = 0{,}60$). Ferner ist in dem neuen Prüfverfahren die Ermittlung der Zugfestigkeit durch die Prüfung der Biegezugfestigkeit ersetzt, weil es sich gezeigt hatte, daß das alte Prüfverfahren zur Bestimmung der Zugfestigkeit keinen Aufschluß gibt über die Leistung der Zemente für die praktisch wichtige Biegezugfestigkeit des Betons. Außerdem ergab sich gemäß Abb. 4, daß die Zugfestigkeit des alten Prüfmörtels viel weniger veränderlich ist als die Biegezugfestigkeit des neuen Prüfmörtels. Schließlich ist es sehr wertvoll, daß mit dem neuen Prüfverfahren die Eigenschaften verschiedenartiger Zemente zuverlässig verglichen werden können[2]. Weiteres unter B 10, S. 13 und B 12, S. 20.

---

[1] GRAF: Tonind.-Ztg. 1927 S. 1565.

[2] GRAF: Beton u. Eisen 1939 S. 165, Abb. 8 bis 10; ferner Fortschr. u. Forsch. Bauwesen Reihe A, Heft 8 S. 25.

6. Der Einfluß der Zemente auf die Verarbeitbarkeit des Betons.

Der Beton soll beim Befördern und Verarbeiten nicht entmischt werden. Dazu soll der Zementbrei die Gesteinsteile gleichmäßig umhüllen, die ursprünglich gleichmäßige Mischung von Zement und Wasser behalten und überdies so klebrig sein, daß der Beton als gleichmäßige und zusammenhängende Masse erscheint und als solche beim Befördern usw. möglichst lange erhalten bleibt. Der Wasseranspruch soll dabei möglichst klein sein.

Die zugehörige Eignung der Zemente ist von der Art der Herstellung und der Zusammensetzung der Zemente abhängig, auch von ihrer Mahlfeinheit. U. a. stoßen gewisse Zemente im weich und flüssig angemachten Beton, im Beton mit wenig feinen Gesteinsteilen, beim Befördern, beim Rütteln usw. erhebliche Mengen des Anmachwassers ab. Beim

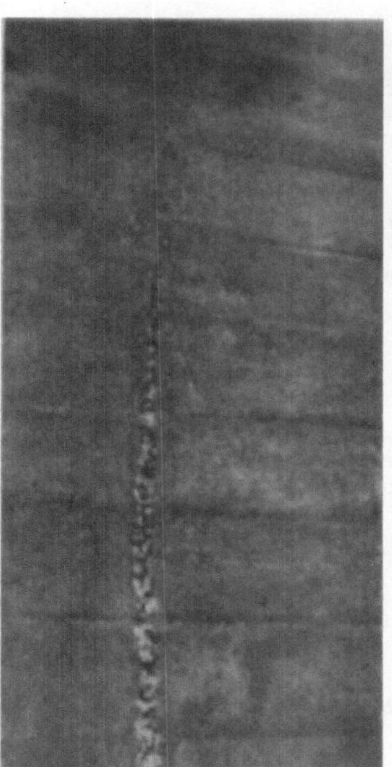

Abb. 5. Durch hochsteigendes Wasser örtlich ausgewaschener Beton, aufgenommen an einer senkrechten Fläche einer Stahlbetonbrücke.

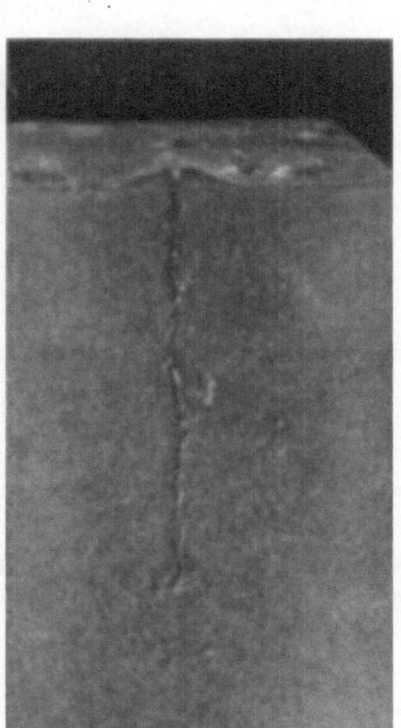

Abb. 6. Schnitt durch einen Würfel aus Zement, der nach dem Verarbeiten Wasser abgestoßen hat.

fetten Beton tritt dieser Vorgang weniger ausgeprägt auf als beim mageren[1]. Dabei entstehen an den Außenflächen des Betonkörpers ausgewaschene Stellen nach Abb. 5 oder im Innern des Betons senkrecht gerichtete Öffnungen nach Abb. 6[2] oder Wasseransammlungen unter großen Gesteinsteilen nach Abb. 7[3].

Das Wasserabstoßen tritt bei Hochofenzementen meist mehr auf als bei Portlandzementen, bei scharf gebrannten Drehofenzementen mehr als bei Schachtofenzementen.

Die Beurteilung des Zements auf seine Entmischbarkeit kann in einfacher Weise derart geschehen, daß Zementbrei aus 1 Gewichtsteil Zement und 0,60 Ge-

---

[1] Vgl. auch POWERS: The bleeding of Portland Cement Paste, Mortar and Concrete, Bull. 2 Res. Laboratory of the Portland Cement Association. Chicago 1939.

[2] Eisenbetonbau, Entwurf und Berechnung Bd. 1 S. 42.

[3] GRAF: Zement 1928 S. 1694.

wichtsteilen Wasser gemäß Abb. 8 in rd. 5 bis 8 cm weite Gläser gefüllt und daran beobachtet wird, welche Wassermengen sich im Laufe einer bestimmten Zeit (z. B. in 30 Minuten) absondern. Weiteres, insbesondere über Maßnahmen

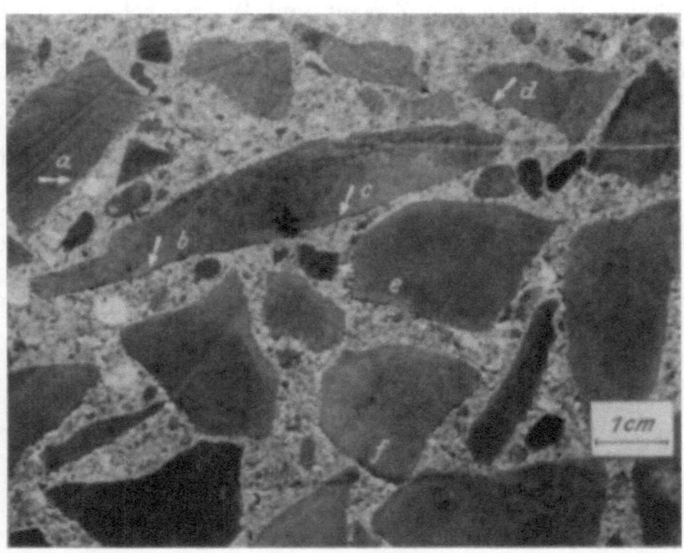

Abb. 7. Schnitt durch Gußbeton. Hohlräume unter den Splittstücken, beispielsweise unter den Stücken *a* bis *f*, entstanden durch Wasser, das nach dem Bearbeiten des Betons ausgeschieden wurde.
Beton aus Rheinsand und Kalksteinsplitt.

0/0,2	0/1	0/3	0/7	0/15	0/30	0/50 mm
1	18	25	41	45	65	100 %

Zementgehalt 300 kg/m³. g = 55 cm.

gegen das Wasserabstoßen und seine Folgen, unter N, S. 172, Forsch.-Arb. Straßenwesen Bd. 27 sowie unter B 15, S. 23[1].

Glaszylinder 4,6 cm Durchmesser 20,0 cm hoch mit Zementbrei ($w = 0,60$) gefüllt

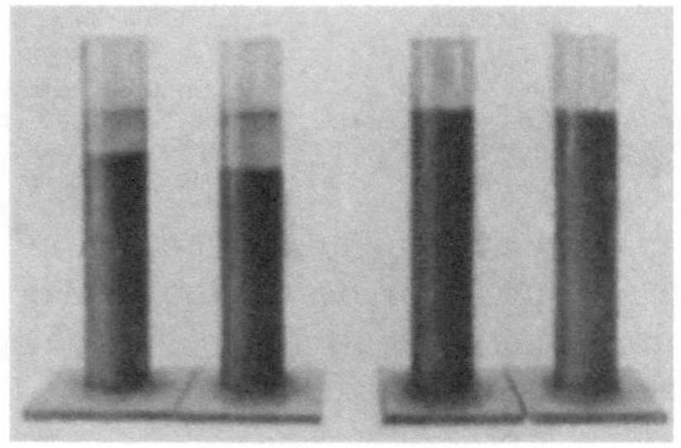

Abb. 8. Absonderung eines Teils des Anmachwassers vom Zementbrei.

7. Erstarrungsbeginn. Erstarrungsende. Bindezeit.

Der Erstarrungsbeginn und das Erstarrungsende (früher Bindezeit genannt) werden mit dem in DIN 1164 angegebenen Prüfverfahren durch den Widerstand

---

[1] Vgl. auch SCHWIETE u. TSCHEISCHWILI: Forsch.-Arb. Straßenwesen Bd. 21 (1939).

gemessen, der beim Eindringen einer Nadel von 1 mm² Querschnitt in einem Zementbrei von einheitlicher Steife auftritt. Abb. 9 zeigt dazu aus normengemäßen Versuchen der neueren Zeit, daß der Erstarrungsbeginn nach 1 bis 7 Stunden, das Erstarrungsende nach 2¼ bis 8½ Stunden ermittelt wurde. In vielen Fällen ist die Bindezeit nur um etwa 1 bis 2 Stunden länger als die Zeit bis zum Erstarrungsbeginn festgestellt worden.

Die Normen verlangen, daß die Erstarrung frühestens nach 1 Stunde beginnt; die Anweisung für den Bau von Betonfahrbahndecken fordert für diese Frist 2 Stunden. Das Erstarrungsende soll nach 12 Stunden nach dem Anmachen erreicht sein. Die Erstarrung wird durch die Beigabe von Gips gelenkt. Es ist dementsprechend möglich, Zement mit baldiger Erstarrung für Sonderaufgaben zu liefern.

Bei dieser Prüfung verhalten sich die Handelszemente und die hochwertigen Zemente in der Regel gleichartig.

Diese Angaben gelten für die normengemäße Prüfung bei 17 bis 20°. Bei tieferer Temperatur tritt der Erstarrungsbeginn später ein; die Bindezeit wird verlängert. Zahlentafel 2 enthält Beispiele[1]. Daraus ergibt sich, daß der Einfluß der niederen Temperatur bei verschiedenen Zementen sehr verschieden ausfiel.

Unter hoher Temperatur tritt der Erstarrungsbeginn früher auf als bei normengemäßer Temperatur. Die Bindezeit wird kürzer. Zahlentafel 3 enthält Beispiele. Diese zeigen, daß die Beschleunigung des Erstarrens und die Verkürzung der Bindezeit bei verschiedenen Zementen sehr verschieden ausgeprägt auftritt.

Die Erfahrung lehrt, daß u. a. bei frisch vermahlenen Zementen, die fabrik-

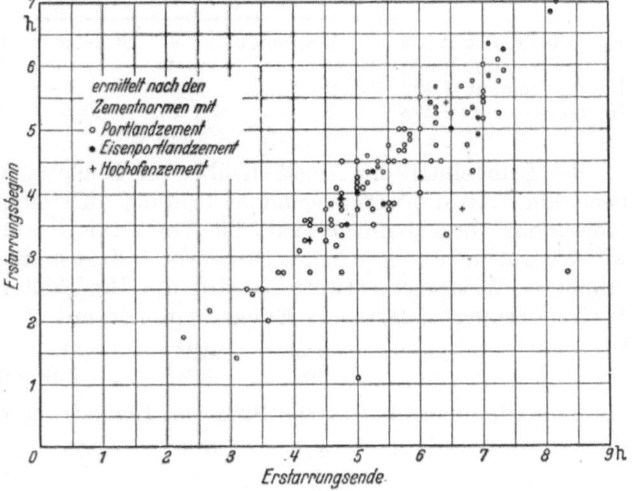

Abb. 9. Erstarrungsbeginn und Bindezeit von Handelszementen und hochwertigen Zementen.

Zahlentafel 2.
Einfluß niederer Temperatur auf die Erstarrung verschiedener Zemente.

1	2	3	4	5
Zement	Temperatur der Luft, des Zements, des Wassers und der Geräte vor dem Anmachen des Zementbreis			
	+18°		+1	
	Erstarrungsbeginn	Erstarrungsende	Erstarrungsbeginn	Erstarrungsende
Portlandzement *n*	5 Stunden	8½ Stunden	13 Stunden	29 Stunden
Portlandzement *g*	3¼ ,,	12 ,,	27 ,,	80 ,,
Eisenportlandzement *s*	—	8¾ ,,	—	36 ,,
Tonerdezement *s*	4¼ ,,	6½ ,,	4¼ ,,	6¾ ,,
	+18°		+3°	
Portlandzement *f*	2 ,,	6 ,,	3½ ,,	10 ,,

[1] GRAF: Dtsch. Ausschuß Eisenbeton Heft 57, sowie in Beton u. Eisen 1927 S. 245.

frisch angeliefert und verarbeitet werden, besondere Vorsicht angezeigt ist. Deshalb ist in der Anweisung für den Bau von Betonfahrbahndecken verlangt, daß der Zement vor dem Versand geprüft wird, damit er vor der Lieferung gelagert sein muß; Zemente, die im Sommer geliefert werden, sollen bei 30 bis 33° frühestens nach 1½ Stunden den Erstarrungsbeginn zeigen[1].

Zahlentafel 3.

Einfluß höherer Temperatur auf die Erstarrung verschiedener Zemente.

1	2	3	4	5
	Temperatur der Luft, des Zements, des Wassers und der Geräte vor dem Anmachen des Zementbreis			
Zement	18 bis 20°		30 bis 35°	
	Erstarrungsbeginn	Erstarrungsende	Erstarrungsbeginn	Erstarrungsende
Portlandzement T 502	3 Stunden	4⅓ Stunden	1½ Stunden	2⅓ Stunden
Portlandzement V 504	3 ,,	4⅔ ,,	1¾ ,,	2¾ ,,
Portlandzement J 496	3⅓ ,,	4 ,,	⅓ Stunde	½ Stunde
Hochofenzement S 498	5 ,,	6⅔ ,,	3 Stunden	3½ Stunden

Bei Beurteilung der Angaben über die Bindezeit der Zemente ist weiter zu beachten, daß die normengemäße Prüfung an steifem Zementbrei bestimmter Konsistenz vorgenommen wird; das Verhältnis w = Gewicht des Wassers: Gewicht des Zements (im frischen Zementbrei) liegt meist zwischen 0,25 und 0,3. Bei größerem Wasserzementwert w wird die Bindezeit in der Regel größer. Ein Portlandzement lieferte das Erstarrungsende mit

$$w = \quad 0{,}30 \qquad 0{,}35 \qquad 0{,}40$$
$$zu = \quad 9¾ \qquad 11½ \qquad 13 \text{ Stunden.}$$

Mit Tonerdezement betrug die Bindezeit (Erstarrungsende) bei

$$w = \quad 0{,}25 \qquad 0{,}30 \qquad 0{,}35$$
$$6 \qquad\quad 6 \qquad\quad 6¼ \text{ Stunden.}$$

Im Mörtel und Beton für Stahlbeton beträgt der Wasserzementwert w in der Regel 0,40 bis nicht selten 1,0 und mehr. Es ist deshalb — jedenfalls bei gewissen Zementen — zu erwarten, daß der Beton langsamer erhärtet als der Zementbrei der Normenprobe, was dahingehende Versuche auch bestätigt haben[2]. Doch ist auch über Ausnahmen berichtet worden[3].

Für Sonderfälle (Dichtung im fließenden Wasser, Winterbauten u. a. m.) werden schnellbindende Zemente gefordert. Wenn die Lieferung der Schnellbinder von der Zementfabrik nicht möglich ist, kann die *Beschleunigung des Abbindens* durch Zusätze (*Chlorkalzium, Soda u. a.*) veranlaßt werden. Z. B. ist der Erhärtungsbeginn bei 18° und normengemäßer Verarbeitung

	für Portlandzement $f(l)$	Eisenportlandzement s	Hochofenzement n
mit Wasser nach	2 Stunden	12 Minuten	5¾ Stunden,
mit Chlorkalziumlösung von 5° Baumé nach	23 Minuten	14 Minuten	3 Stunden,
mit Chlorkalziumlösung von 10° Baumé	während des Anrührens	—	nach 30 Minuten,

beobachtet worden, während das Erstarrungsende stattfand

---

[1] Vgl. auch Hägermann: Zement 1939 S. 613 u. 614.

[2] Weiteres vgl. bei Keil u. Gille: Zement 1938 S. 113 ff.; ferner bei Keil: Zement 1939, S. 729 ff.

[3] Steopoe: Zement 1941 Heft 49 u. 50.

mit Wasser nach	5¼	8¾	11 Stunden,
mit Chlorkalziumlösung von 5° Baumé nach	2½	5	8½ „ .,
mit Chlorkalziumlösung von 10° Baumé nach	1½	3	7½ „ .

Der Zusatz hatte demnach bei verschiedenen Zementen verschiedene Wirkung. Versuche mit anderen Zementen zeigten noch größere Unterschiede. Es empfiehlt sich daher, vor der Anwendung von Zusätzen zur Beschleunigung des Abbindens durch Versuche die geeigneten Zemente und Zusatzmengen zu erkunden, wobei Mischungen zu verwenden sind und die Temperaturen wirken sollten, welche bei der beabsichtigten Anwendung zu erwarten sind[1]. Wenn bei derartigen Arbeiten auf hohe Festigkeit Wert zu legen ist, muß beachtet werden, daß die Zusätze wohl die Erhärtung beschleunigen, die Endfestigkeit aber bei erheblichen Zusatzmengen mehr oder minder zurückhalten können. Z. B. fand sich die Druckfestigkeit von weich angemachtem Mörtel aus 1 Gewichtsteil Portlandzement n (b) und 3 Gewichtsteilen Rheinsand nach feuchter Lagerung bei Zimmertemperatur, wenn das Anmachen

	mit Leitungswasser	mit Chlorkalziumlösung von 10° Baumé erfolgte
nach 8 Stunden . . .	—[2]	40 kg/cm²,
nach 24 Stunden . . .	76	92 „ ,
nach 2 Tagen	161	123 „ ,
nach 7 Tagen	341	205 „ .

Anfänglich hat der mit Chlorkalziumlösung hergestellte Mörtel höhere Festigkeit ergeben als der mit Wasser angemachte; nach 2 Tagen hatte sich das Verhältnis umgekehrt. Mit anderen Zementen blieben die Unterschiede kleiner. Schwächere Chlorkalziumlösungen haben die Festigkeit auch in höherem Alter erhöht, allerdings die anfängliche Erhärtung weniger beschleunigt.

Gemische aus Portlandzement (Z 325 oder Z 425) und wenig Tonerdezement (von Fall zu Fall zu erkunden) geben bald erstarrende hochwertige Bindemittel.

8. Über die Temperaturerhöhung beim Abbinden der Zemente.

Beim Erhärten von Zementen gewöhnlicher Beschaffenheit werden rd. 50 bis 110 cal je g Zement in 7 Tagen frei[3]. Dieser Vorgang ist in manchen Fällen, besonders im Winter willkommen, weil die Erhärtung durch die Erwärmung beschleunigt wird; in vielen Fällen kann diese Wärmeentwicklung unbeachtet bleiben; in wenigen, jedoch sehr wichtigen Fällen, nämlich beim Bau von Talsperren, Schleusen und dergleichen, also bei massigen Bauten, ist die Wärmeentwicklung des Zements für die Bauausführung hinderlich.

Das Hindernis ist in der Regel vorhanden, wenn ein bedeutender Temperaturunterschied zwischen dem Beton im Kern des Bauwerks und dem Beton an den Außenflächen entsteht, und wenn der Temperaturunterschied mit zu großem Temperaturgefälle nach außen hin verbunden ist. Damit entstehen im Beton an den Außenflächen Zugspannungen. Selbstverständlich sind außer dem jeweiligen Temperaturgefälle die gleichzeitig vorhandene Festigkeit sowie das Formänderungsvermögen des Betons wichtig.

---

[1] GRAF: Zement 1925 S. 214.
[2] Bindezeit des Zements über 8 Stunden.
[3] Vgl. u. a. HÄGERMANN: Handbuch der Werkstoffprüfung Bd. 3 S. 381; ferner WOODS, STEINOUR u. STARKE: Engng. News Rec. Bd. 109 (1943) S. 404ff.

Abb. 10 zeigt den Temperaturverlauf in der Mitte von 2 Betonblöcken während der ersten 24 Stunden; der eine Block ist mit Tonerdezement, der andere mit hochwertigem Portlandzement hergestellt worden. Im ersten Fall stieg die Temperatur bis rd 43°, im zweiten Fall bis rd 30°, ausgehend von rd 18° als Anfangstemperatur.

Im ganzen ist wichtig, daß die Wärmeentwicklung der Zemente in der ersten Woche oder in den ersten vier Wochen sehr verschieden auftritt; sie ist überdies bei verschieden zusammengesetzten Zementen in der zeitlichen Entwicklung abweichend; mit Tonerdezement ist sie am größten und am raschesten; bei den feiner gemahlenen hochwertigen Zementen größer und rascher als bei den ge-

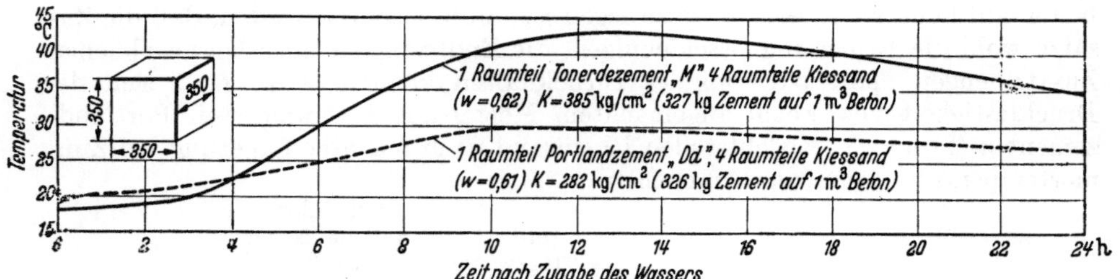

Abb. 10. Erwärmung des Betons im Kern von Betonblöcken mit 35 cm Kantenlänge; die obere Linie gilt für einen Block mit Tonerdezement, die untere für einen Block mit hochwertigem Portlandzement. K ist die Druckfestigkeit der Blöcke im Alter von 26 Tagen.

wöhnlichen Zementen gleicher Zusammensetzung; bei Hochofenzementen kleiner und langsamer als bei Portlandzementen. Die Grundlagen für die Beurteilung und Berechnung der Wärmeabgabe der Zemente sind weit entwickelt[1]; unzureichend erforscht ist das Fortschreiten der im Massenbeton wichtigen Biegezugfestigkeit in Abhängigkeit von Zeit und Temperatur. Zur Beurteilung der Eignung der Zemente ist es nötig zu wissen, welche Temperaturgefälle unter gleichen Umständen zu erwarten sind, wie dabei die zeitliche Entwicklung der Gefälle verläuft, welche Spannungen damit zu erwarten sind und welche Biegezugfestigkeit des Betons den Spannungen jeweils entgegentreten wird[2]. Weiteres vgl. unter C, S. 45 und F, S. 112 bis 119 sowie unter AA, S. 289 und 298.

9. Die Feinheit der Zemente.

Die Portlandzemente sollen nach DIN 1164 auf dem Sieb mit 4900 Maschen je Quadratzentimeter höchstens 20 % Rückstand zeigen. In Wirklichkeit beträgt der Rückstand der deutschen Portlandzemente etwa 2 bis 15 %[3]. Die Eisenportlandzemente und Hochofenzemente sind im allgemeinen feiner gemahlen als die Portlandzemente[4].

Die feine Mahlung unterstützt die rasche Entwicklung hoher Festigkeiten[5]; auch die Herstellung von wasserundurchlässigem Beton ist dadurch erleichtert. Die Verarbeitbarkeit des Betons wird durch feinere Mahlung der Zemente im

[1] Vgl. u. a. LEA u. DESCH: The Chemistry of Cement und Concrete S. 180ff. London 1935. (Deutsch von PLATZMANN. Zementverlag 1937.)

[2] GRAF: Beton u. Eisen 1939 S. 169 u. 170; sodann HAMPE: Dtsch. Ausschuß Massenbeton 1941 Heft 1.

[3] Vgl. auch GRAF: Zement 1927 S. 389ff.

[4] Über die Bestimmung der Kornstufung der Zemente und anderer feiner Stoffe vgl. HÄGERMANN: Handbuch der Werkstoffprüfung Bd. 3 S. 388ff. sowie im vorliegenden Buch S. 48ff. Vgl. auch GRAF: Zement 1942 S. 163ff.

[5] Eisenbetonbau, Entwurf und Berechnung Bd. 1 S. 10 u. 11.

allgemeinen verbessert. Außerordentlich feine Zemente lieferten zu klebrige Mörtel[1]. Das Schwindmaß wird bei feinerer Mahlung größer.

Weiteres vgl. unter E, S. 63ff., ferner Forsch.-Arb. Straßenwesen Bd. 27 S. 40ff. sowie im Handbuch der Werkstoffprüfung Bd. 3 S. 385ff.

10. Die Biegezugfestigkeit des Prüfmörtels. Über die Beziehungen der Biegezugfestigkeit des Prüfmörtels und des Betons.

Die Biegezugfestigkeit des Prüfmörtels nach DIN 1164 soll nach normengemäßer Wasserlagerung betragen

im Alter von . . . . 3 7 28 Tagen

a) für Portlandzement, Eisenportlandzement, Hochofenzement als Z 225, ferner für Traßzement

mindestens . . . . . — 25 50 kg/cm²

b) für Z 325 als hochwertige Portlandzemente, hochwertige Eisenportlandzemente und hochwertige Hochofenzemente

mindestens . . . . . 30 40 60 kg/cm²

c) für Z 425 . . . . 50 60 70 kg/cm².

Zur Beurteilung dieser Zahlen sei zunächst auf Abb. 11 verwiesen; dieses Bild enthält alle Feststellungen, die seit 1935 bis Ende 1938 in Stuttgart an 28 Tage alten Proben mit Zementen aus allen in Betracht kommenden Gebieten des Deutschen Reichs gemacht worden sind. Hieraus erhellt, daß Biegezugfestigkeiten unter 50 kg je cm² nur in 3 Fällen beobachtet wurden; die zugehörigen Zemente sind vor Anfang 1936 geliefert worden. Abb. 12 enthält die Feststellungen aus den Jahren 1938 und 1939. Hier sind in 7 Fällen Biegezugfestigkeiten unter 60 kg/cm² zu finden. Die höchsten Biegezugfestigkeiten nach 28 tägiger Wasserlagerung liegen nach Abb. 11 und 12 über 90 kg/cm².

Die Ergebnisse der Prüfungen mit 7 Tage alten Proben sind in Abb. 13 und 14 wiedergegeben. Das Verhältnis der Biegezugfestigkeiten nach 7 und 28 Tagen ist in Abb. 15 zu ersehen.

Die Zunahme der Biegezugfestigkeit mit dem Alter ist von der Art des Zements abhängig, vgl. Abb. 2, 3 und 15; mit Hochofenzementen wachsen die Festigkeiten nach 28 Tagen in der Regel mehr als mit Portlandzementen[2].

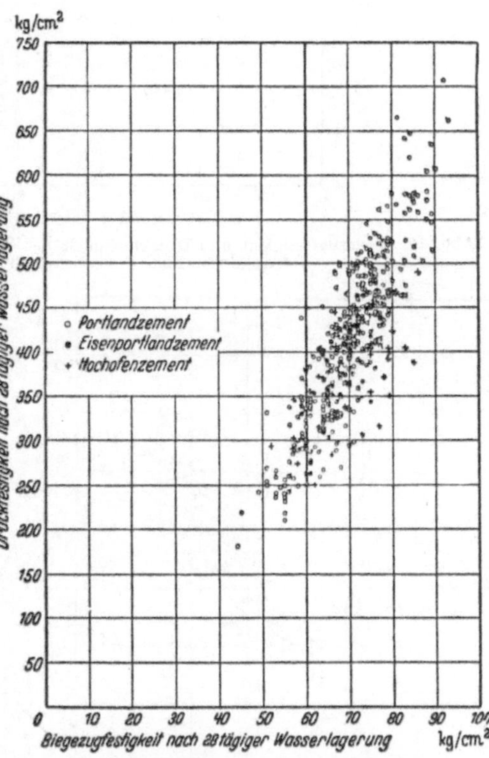

Abb. 11. Biegezugfestigkeit und Druckfestigkeit des Prüfmörtels mit Straßenbauzementen nach dem Stande vom Ende des Jahres 1938. Prüfung im Alter von 28 Tagen.

Die Proben zur normengemäßen Zementprüfung lagern bis zur Prüfung unter Wasser. Die früher übliche gemischte Lagerung ist verlassen. Die dafür vorge-

---

[1] GRAF: Zement 1942 S. 163 u. 164.
[2] GRAF: Zement 1939 S. 445ff.

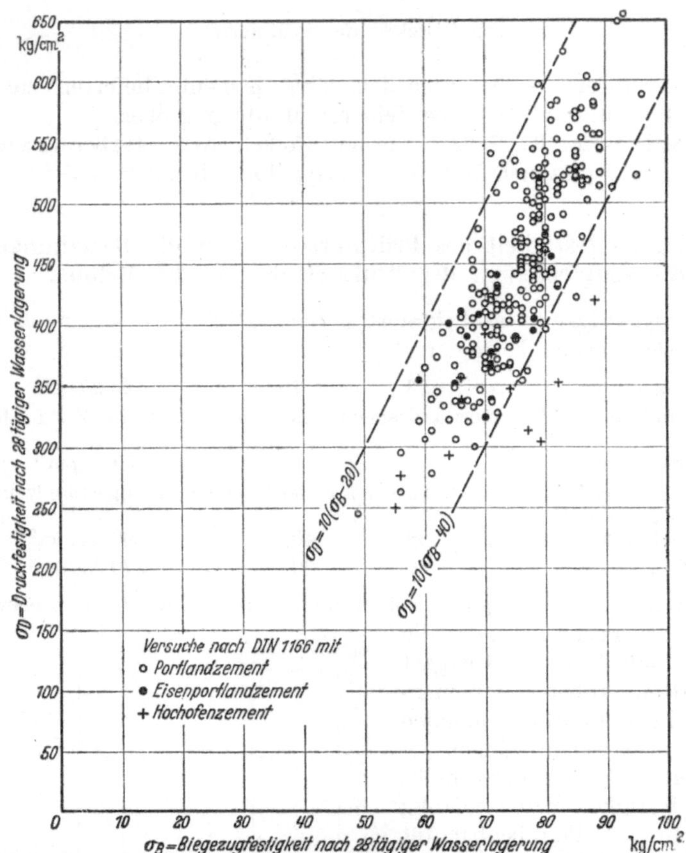

Abb. 12. Biegezugfestigkeit und Druckfestigkeit des Prüfmörtels nach DIN 1166 und DIN 1164 nach dem Stande vom Ende des Jahres 1939. Prüfung im Alter von 28 Tagen.

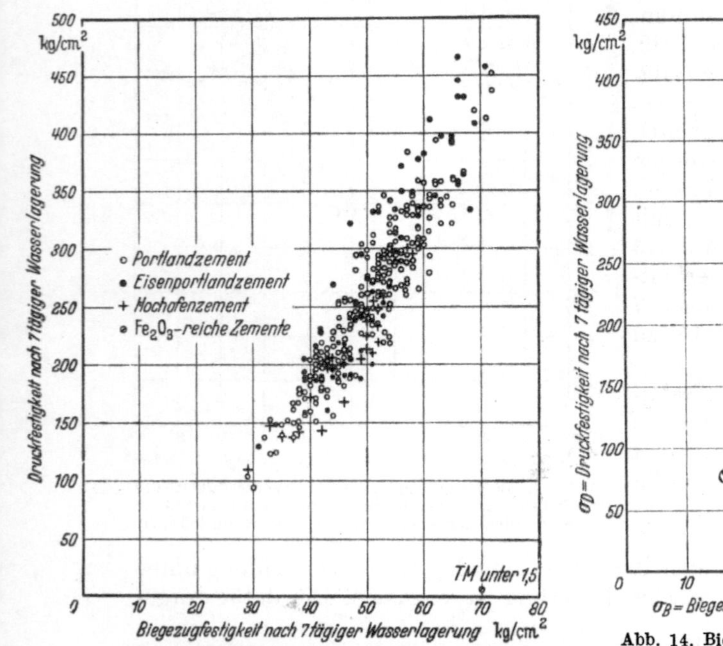

Abb. 13. Biegezugfestigkeit und Druckfestigkeit des Prüfmörtels nach 7 tägiger Wasserlagerung. Stand der Versuche am Ende des Jahres 1938.

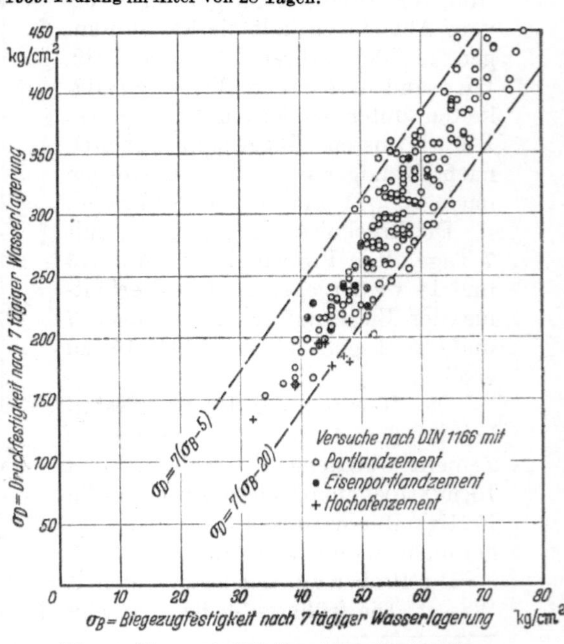

Abb. 14. Biegezugfestigkeit und Druckfestigkeit von Prüfmörteln nach DIN 1166 und DIN 1164 nach dem Stand am Ende des Jahres 1939. Prüfung im Alter von 7 Tagen.

sehene Einheitslagerung (vgl. DIN 1164, § 18) wird zur Zeit bei Festigkeitsprüfungen nur für wissenschaftliche Untersuchungen verwendet. Im allgemeinen liefern die Prüfmörtel nach gemischter Lagerung oder nach Einheitslagerung im Alter von 28 Tagen höhere Biegezugfestigkeiten als nach gleichdauernder Wasserlagerung; doch sind auch Zemente aufgetreten, die nach 28 tägiger Einheitslagerung kleinere Biegezugfestigkeiten als nach Wasserlagerung ergaben. Das Mehr und das Weniger war nicht selten erheblich; es scheint, daß die großen Unterschiede nach beiden Richtungen nicht als Vorzug zu gelten haben.

Die Entwicklung der Biegezugfestigkeit des Prüfmörtels bei hoher

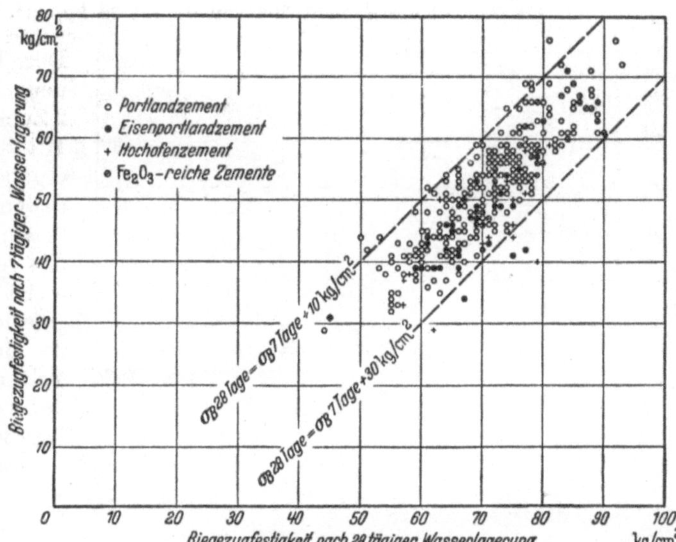

Abb. 15. Verhältnis der Biegezugfestigkeiten des Prüfmörtels im Alter von 7 und 28 Tagen.

Temperatur ist bis jetzt nur in wenigen Versuchen verfolgt worden[1]. Bei 30° sind die Biegezugfestigkeiten von 7 Tage alten Proben etwas größer ausgefallen als bei 17 bis 20°, nach Erhärtung bei 50° jedoch in mehreren Fällen erheblich kleiner.

Man weiß nun weiter seit langer Zeit[2], daß die Biegezugfestigkeit von Prismen, die unter Wasser gelagert waren, beim Austrocknen zeitweilig zurückgeht, weil die *beim Austrocknen auftretenden Schwindspannungen* (außen Zugspannungen, innen Druckspannungen), die Widerstandsfähigkeit gegen äußere Kräfte mindern. Es lag nahe, zu verfolgen, ob diese zeitweilige Festigkeitsverminderung bei Verwendung

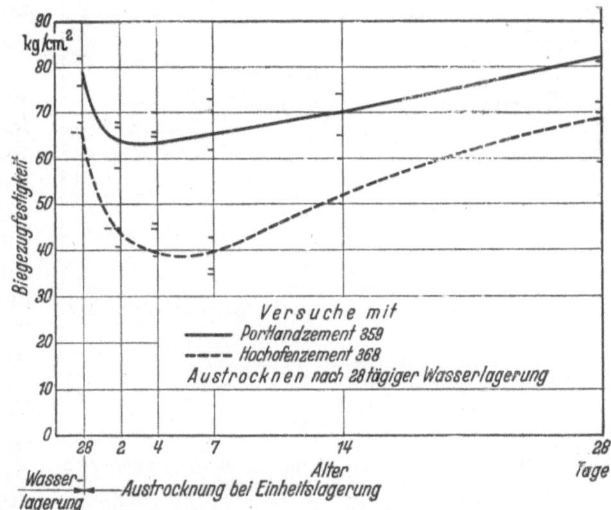

Abb. 16. Biegezugfestigkeit des Prüfmörtels beim Austrocknen nach 28 tägiger Wasserlagerung.

verschiedener Zemente verschieden ausfällt.

In der Abb. 16 sind die Biegezugfestigkeiten der Prüfmörtel mit den Zementen 359 und 368 eingetragen, die nach 28 tägiger Wasserlagerung und beim an-

[1] GRAF: Beton u. Eisen 1939 S. 168 bis 170.
[2] Vgl. u. a. BACH u. GRAF: Forsch.-Arb. Ing.-Wes. 1909 Heft 72 bis 74 S. 103 ff.

schließenden Austrocknen bei Einheitslagerung entstanden. Man sieht hier, daß beim Austrocknen ein Festigkeitsrückgang auftrat, und zwar

beim Zement 359 von 79 auf 64 kg/cm², '
beim Zement 368 von 67 auf 38 kg/cm².

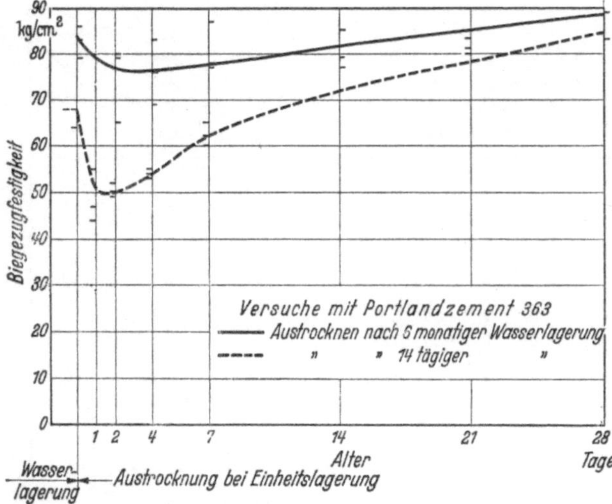

Abb. 17. Biegezugfestigkeit des Prüfmörtels beim Austrocknen nach 14 tägiger und nach 6 monatiger Wasserlagerung.

Der Einfluß des Austrocknens war demnach bei den 2 Zementen sehr verschieden. Mit vielen anderen Zementen ergeben sich Verhältnisse, die denen des Zements 359 nahe liegen. Der Unterschied ist mit verschieden alten Proben meist verschieden groß ausgefallen; Abb. 17 enthält dazu ein Beispiel. Zugehörige weitere Feststellungen finden sich in Forsch.-Arb. Straßenwesen Bd. 27.

Zu beachten ist ferner das Verhalten der Prismen aus Prüfmörtel *beim Durchfeuchten nach Einheitslagerung.* Hierzu zeigt Abb. 18, daß ein zeitweiliger Rückgang der Biegezugfestigkeit auftrat. Durch Abb. 18 ist außerdem aufmerksam gemacht, daß sich die Zemente auch beim Durchfeuchten der Mörtel verschieden verhalten. Der Unterschied war in vielen Fällen erheblich.

Besonders wichtig sind die Beziehungen der Biegezugfestigkeit des Prüfmörtels zur Biegezugfestigkeit des Betons. Abb. 19 zeigt hierzu die Feststellungen mit Zementen verschiedener Herkunft und verschiedener Art, nach verschiedener Lagerung der Probekörper und in verschiedenem Alter derselben. Die Linienzüge geben an, daß die Biegezugfestigkeit des Betons mit steigender Biegezugfestigkeit des Prüfmörtels gewachsen ist, allerdings verhältnismäßig we-

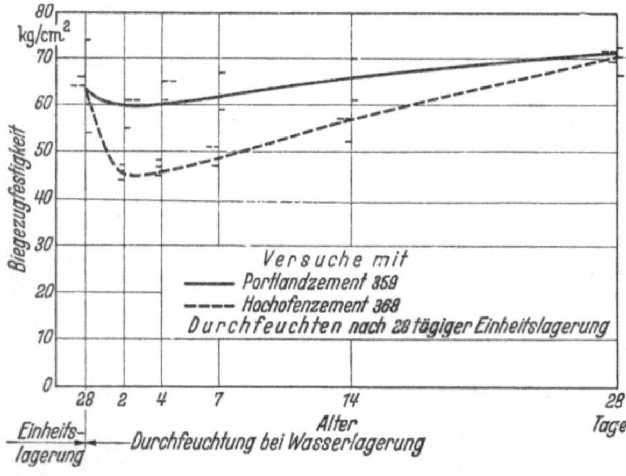

Abb. 18. Biegezugfestigkeit des Prüfmörtels beim Durchfeuchten nach 28 tägiger Einheitslagerung.

niger als die Festigkeit des Prüfmörtels. Die Art der Zemente hat dabei keine wesentliche Bedeutung, im Gegensatz zu den Feststellungen bei Versuchen mit Prüfmörteln aus dem früher benutzten Normensand[1].

---

[1] GRAF: Beton u. Eisen 1939 S. 162 bis 170; ferner KEIL u. GILLE: Tonind.-Ztg. 1939 S. 197ff. Über die verwendeten Zemente und Zuschläge vgl. Zement 1939 S. 445ff.

11. Die Druckfestigkeit des Prüfmörtels. Über die Beziehungen der Druckfestigkeit des Prüfmörtels und des Betons.

Die Mindestdruckfestigkeit des Prüfmörtels nach der vor dem Jahr 1940
maßgebenden DIN 1164 ist in Abb. 1
angegeben. Das gleiche Bild zeigt die
Mittelweite, die bei der Kontrolle durch
das Laboratorium des Vereines Deutscher Portlandzementfabrikanten für
Portlandzemente ermittelt worden sind.
Das Verhältnis dieser Druckfestigkeit
des Prüfmörtels zur Druckfestigkeit des
Betons ist für Zemente verschiedener Art
verschieden groß, so daß ein Vergleich
der Zemente nach der alten Normendruckfestigkeit nur für gleichartige
Zemente angängig war. Weiteres vgl.
unter B 5, S. 5 und 6.

Die Druckfestigkeit des Prüfmörtels nach DIN 1165 und 1166, jetzt
DIN 1164, soll nach Wasserlagerung
betragen

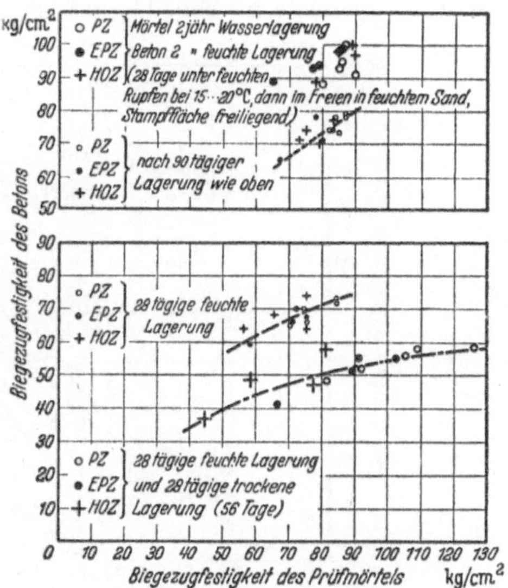

Abb. 19. Beziehungen der Biegezugfestigkeit des Prüfmörtels und des Straßenbetons bei Zementen verschiedener Art.

im Alter von . . . . 　3　　　7　　　28 Tagen

a) für Portlandzement, Eisenportlandzement, Hochofenzement und Traßzement (jetzt Z 225 genannt)

mindestens . . . . . 　—　　110　　225 kg/cm²,

b) für hochwertige Portlandzemente, hochwertige Eisenportlandzemente und hochwertige Hochofenzemente (jetzt Z 325)

mindestens . . . . 150　　225　　325 kg/cm²,

c) für höchstwertige Portlandzemente usw. (jetzt Z 425)

mindestens . . . . . 300　　360　　425 kg/cm².

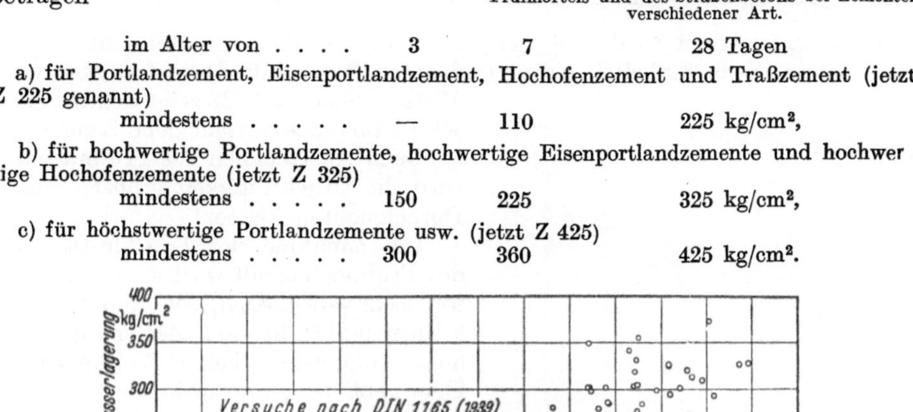

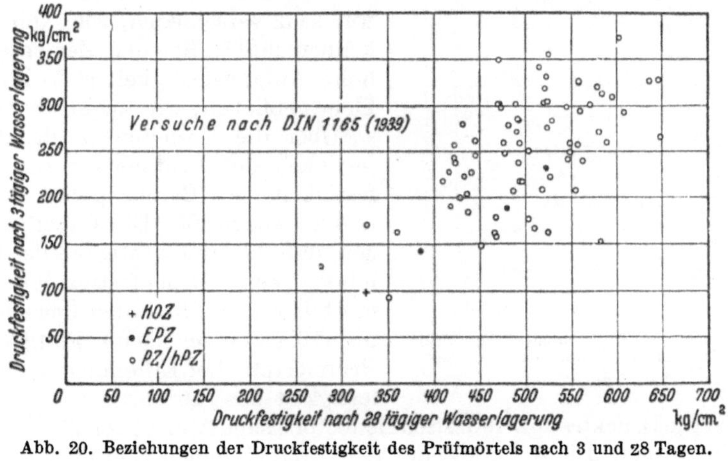

Abb. 20. Beziehungen der Druckfestigkeit des Prüfmörtels nach 3 und 28 Tagen.

Zur Beurteilung dieser Zahlen sei auf Abb. 11 bis 14 verwiesen. Aus diesen Bil-
dern erhellt, daß die Mehrzahl der seit 1935 in Stuttgart geprüften Zemente im
Alter von 28 Tagen den Bedingungen für Z 325 entsprochen hat.

Das Verhältnis der Druckfestigkeit des Prüfmörtels nach 3 und 28 Tagen bzw. nach 7 und 28 Tagen ist in Abb. 20 und 21 angegeben. Abb. 21 gilt für die Versuchsergebnisse in Abb. 11 und 13.

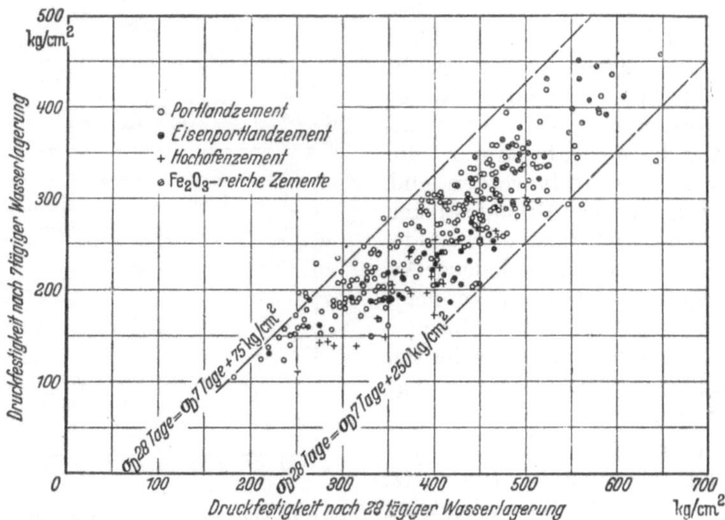

Abb. 21. Beziehungen der Druckfestigkeit des Prüfmörtels nach 7 und 28 Tagen.

Die Druckfestigkeit wird nach den Normen an Proben ermittelt, die unter Wasser lagern. Nach Einheitslagerung (vgl. unter 10) wird die Druckfestigkeit im Mittel größer. Abb. 22 zeigt den Unterschied für viele verschiedene Zemente.

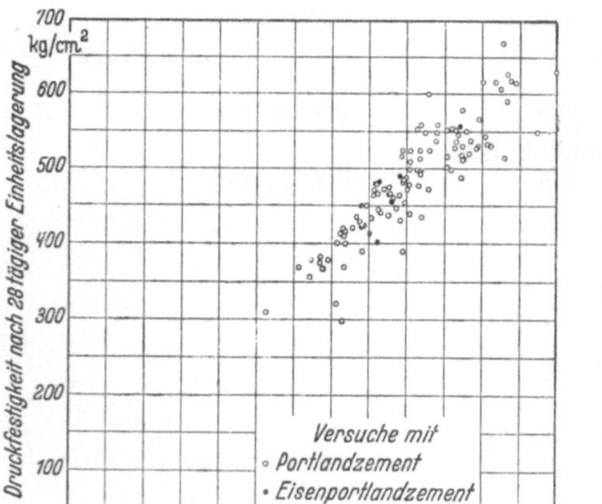

Beim Austrocknen des Prüfmörtels wird die Druckfestigkeit größer, beim Durchfeuchten kleiner[1].

Die Zunahme der Druckfestigkeit des Prüfmörtels mit wachsendem Alter war sehr verschieden, wie Abb. 23 erkennen läßt[2]. Bei den Zementen mit hoher Anfangsfestigkeit ist die Zunahme klein geblieben, wie zu erwarten war.

Über die Beziehungen der Druckfestigkeit des Prüfmörtels zur Druckfestigkeit des Betons geben Abb. 24 und 25 Auskunft[3]. Die Linienzüge zeigen, daß die Druckfestigkeit des Betons mit steigender Druckfestigkeit des Prüfmörtels wächst, hier allerdings verhältnismäßig weniger als die Festigkeit des Prüfmörtels; bei Erhöhung der Druckfestigkeit des Prüfmörtels von 300 auf 600 kg/cm² ist die Druckfestigkeit des Straßenbetons nach Abb. 24 von 370 auf 590 kg je cm² erhöht worden. Die Art der Zemente hat dabei keinen Einfluß genommen.

Abb. 22. Beziehungen der Druckfestigkeit des Prüfmörtels nach Wasserlagerung und nach Einheitslagerung.

<hr>

[1] Näheres Forsch.-Arb. Straßenwesen Bd. 27 S. 29ff. sowie im vorliegenden Buch S. 15ff.   [2] Vgl. auch Zement 1939 S. 445ff.

[3] Forsch.-Arb. Straßenwesen Bd. 27 S. 59ff. Wegen Tonerdezement vgl. Beton u. Eisen 1934 S. 156ff.

Abb. 24 und 25 gelten für hochwertigen zementreichen Beton, wie er für Betonfahrbahnen gebraucht wird. Abb. 26 enthält Feststellungen mit Beton, der verschiedene Körnung und verschiedenen Zementgehalt aufwies; hier hat die Betonfestigkeit entsprechend der Festigkeit des Prüfmörtels zugenommen.

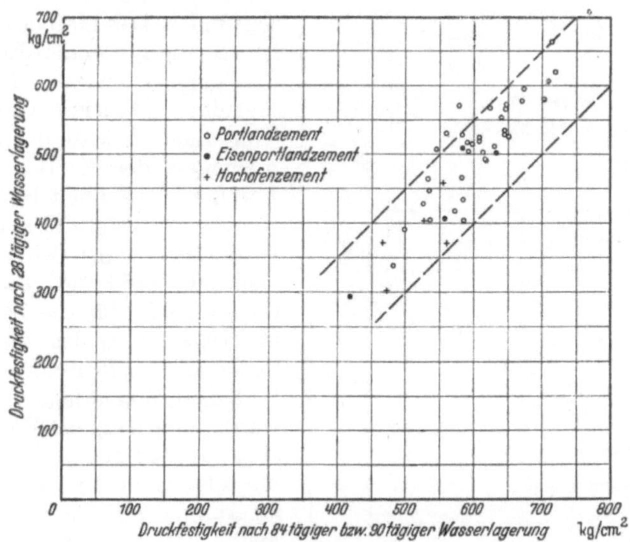

Abb. 23.
Verhältnis der Druckfestigkeit des Prüfmörtels im Alter von 28 Tagen und 3 Monaten (Wasserlagerung).

Erhärtet der Mörtel später mit höheren Temperaturen, so steigt die Druckfestigkeit mit mageren Mischungen erheblich; bei fetten Mischungen kann dieser Unterschied nicht erwartet werden. Vgl. auch Zahlentafel 4. Weiteres vgl. unter F 8, S. 115ff.

Zahlentafel 4[1]. Einfluß höherer Temperatur auf die Druckfestigkeit der Mörtel.

1	2	3	4	5	6	7
	Druckfestigkeit in kg/cm² von Würfeln aus					
Lagerung	1 GT Zement, 3 GT Sand im Alter von			1 GT Zement, 6 GT Sand im Alter von		
	14 Tagen	28 Tagen	13 Wochen	14 Tagen	28 Tagen	13 Wochen
1. Versuche mit Zement N 1						
7 Tage in feuchter Luft, dann in Wasser von 20°	241	280	403	79	96	133
7 Tage in feuchter Luft, dann in Wasser von 90°	226	286	326	108	152	345
2. Versuche mit Zement N 11						
7 Tage in feuchter Luft, 21 Tage in Wasser von 20°	—	397	—	—	114	—
7 Tage in feuchter Luft, 21 Tage in Wasser von 50°	—	404	—	—	134	—

Bei tiefen Temperaturen wird die Entwicklung der Festigkeit verzögert, unter Umständen dauernd hintangehalten. Näheres vgl. unter F 9, S. 119ff.

---

[1] Aus Heft 62 des Deutschen Ausschusses für Eisenbeton, 1930.

12. Das Schwinden und Quellen des Prüfmörtels. Über die Beziehungen des Schwindens des Prüfmörtels und des Betons.

Wenn ein Prisma 4 cm × 4 cm × 16 cm, hergestellt nach DIN 1166, an der Luft austrocknet, so verringert sich der Rauminhalt; der Mörtelkörper schwindet. Das Maß des Schwindens ist abhängig von den Eigenschaften des Zements sowie von der Geschwindigkeit und Dauer des Wasserentzugs. Vom Zement wird dazu die Nachgiebigkeit des Mörtels und dessen Porenbeschaffenheit beeinflußt.

Abb. 27 zeigt die Ergebnisse der in Stuttgart bei Einheitslagerung nach DIN 1165 und 1166 ausgeführten Versuche für die Zeit von 1935 bis 1939; dazu ist die Biegezugfestigkeit des Prüfmörtels, die nach 28tägiger Wasserlagerung bestimmt wurde, eingetragen. Man sieht hieraus, daß das Schwindmaß des Prüfmörtels nach 28tägiger Einheitslagerung 0,2 bis nahezu 0,9 mm je Meter betrug, also außerordentlich verschieden groß gemessen wurde. Beziehungen zwischen dem Schwindmaß und der Biegezugfestigkeit waren nicht zu erkennen, wie zu erwarten stand.

Aus vielen Versuchen ist bekannt, daß das Schwinden durch den Aufbau des Zements und durch Herstellungsmaßnahmen erheblich beeinflußt werden kann.

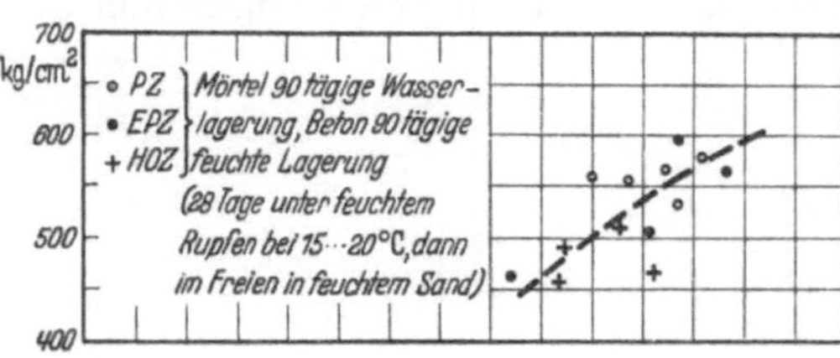

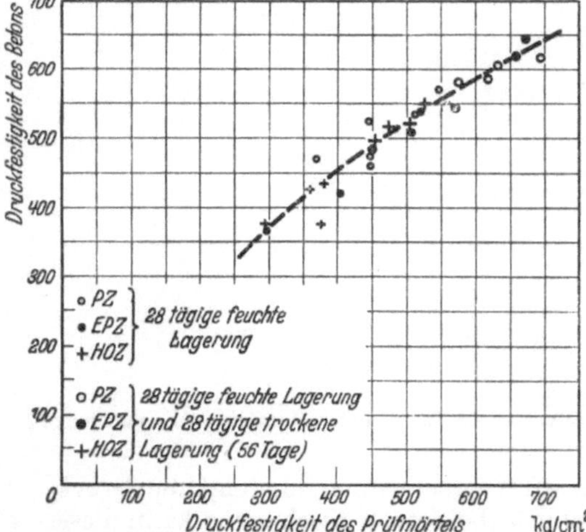

Abb. 24. Beziehungen der Druckfestigkeit des Prüfmörtels und des Straßenbetons bei Zementen verschiedener Art.

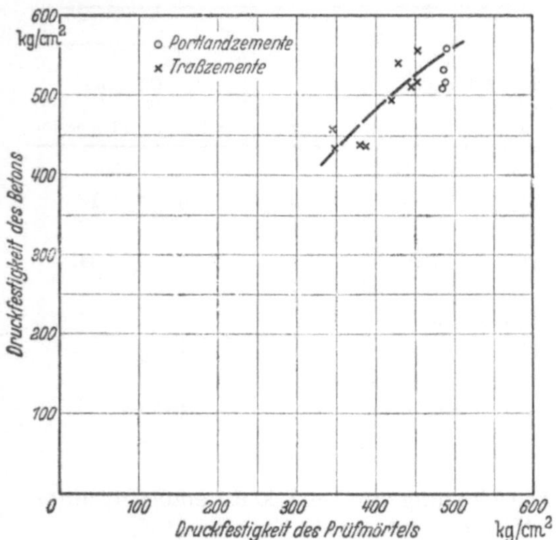

Abb. 25. Beziehungen der Druckfestigkeit des Prüfmörtels und des Betons bei Verwendung von Traßzement.

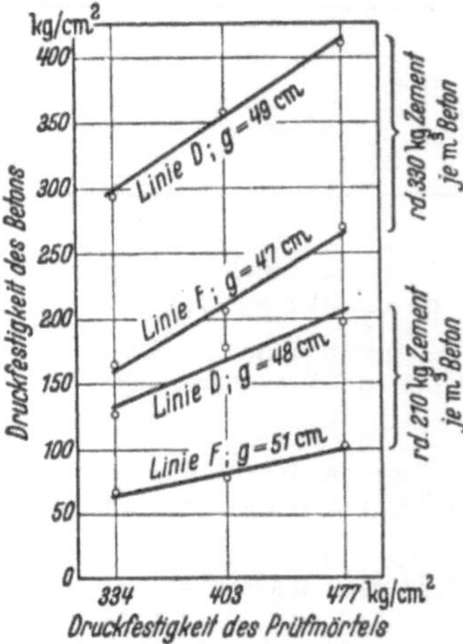

Abb. 26.
Beziehungen zwischen der Druckfestigkeit des Prüfmörtels und des Betons bei verschiedenem Zementgehalt und bei verschiedener Kornzusammensetzung des Zuschlagsgemischs.

Beispielsweise erwies sich das Verhältnis von Al_2O_3 zu Fe_2O_3 als wichtig; statistische Aufzeichnungen zeigten zunächst, daß der Gehalt an Al_2O_3 nach oben zu begrenzen ist[1]. Mit eisenoxydreichen Zementen sind wiederholt sehr kleine Schwindmaße entstanden (von 0,2 bis 0,3 mm je Meter). Mit Zunahme des Gipszusatzes entstand in gewissen Bereichen eine Abnahme des Schwindmaßes[2]. Bituminierte Zemente lieferten unter gewissen Bedingungen kleinere Schwindmaße als nicht bituminierte; das Austrocknen wurde verzögert. Mit zunehmender Mahlfeinheit hat das Schwindmaß der Prüfmörtel mehr oder minder zugenommen[3]. Bei einzelnen Zementen ergab der abgelagerte Zement kleinere Schwindmaße als der frische. Eisenportlandzemente lieferten im Mittel größere Schwindmaße des Prüfmörtels als Portlandzemente. Hochofenzemente brachten im Mittel noch größere Schwindmaße[4].

Eine Beurteilung der Eignung der Zemente nach dem Schwindmaß ist nicht angängig. Bei technischen Aufgaben sind vielmehr die Folgen des Schwindens maßgebend, in erster Linie die Schwindspannungen; diese stehen aber nicht in unmittelbarer oder alleiniger Beziehung zum normengemäß bestimmten Schwindmaß des Prüfmörtels. Die Schwindspannungen sind außer von dem Schwindmaß von dem Elastizitätsmaß und von der Dehnungsfähigkeit des Mörtels abhängig. Es handelt sich um die Kräfte, die bei der Hinderung des Schwindens wachgerufen werden und um die Wirkung dieser Kräfte.

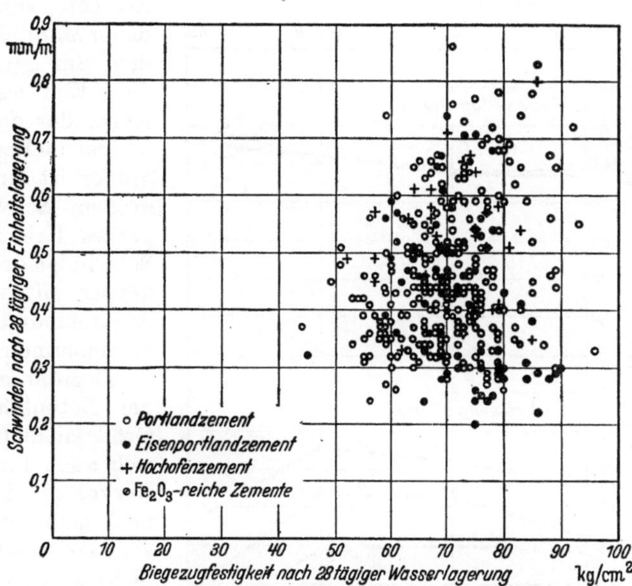

Abb. 27. Schwindmaß des Prüfmörtels nach 28 tägiger Einheitslagerung und Biegezugfestigkeit des Prüfmörtels nach 28 tägiger Wasserlagerung.

Für den Straßenbau und für andere Gebiete des Betonbaus sind Zemente zu fordern, die eine hohe Biegezugfestigkeit des Betons bringen und die diese Biegezugfestigkeit unter dem Einfluß der Witterung, vor allem beim Austrocknen und Durchfeuchten möglichst unverändert behalten und im Laufe der Zeit steigern. Unter B 10, S. 15ff. ist dazu die Veränderlichkeit der Biegezugfestigkeit der Mörtel beim Austrocknen und beim Durchfeuchten, also unter dem Einfluß des Schwindens und Quellens erörtert worden.

---

[1] Vgl. u. a. HÄGERMANN u. SCHWIETE: Betonstraßenbau S. 12. Volk und Reich Verlag 1936.

[2] GOFFIN u. MUSSGNUG: Zement 1933 S. 549ff.; ferner MUSSGNUG: Zement 1936 S. 253ff. auch 1938 S. 303ff.; sodann HÄGERMANN im Bericht über die Wanderversammlung des Vereins Deutscher Portlandzementfabrikanten in Wien 1938 S. 174ff. Weiteres vgl. bei HÄGERMANN: Zement 1939 S. 609ff. Außerdem GRÜN mit BECKMANN, LERCH u. OBENAUER: Betonstraße 1939 Heft 1 u. 2.

[3] GRAF: Zement 1935 S. 364, ebenda 1937 S.763 sowie Forsch.-Arb. Straßenwesen Bd. 27 S. 36 und 37.

[4] Vgl. auch Forsch.-Arb. Straßenwesen Bd. 27 S. 36ff.

Allerdings ist die Beobachtung der Biegezugfestigkeit beim Austrocknen umständlich. Man ist deshalb veranlaßt, ein einfacheres Verfahren zu suchen, das die Folgen des Schwindens unter praktischen Bedingungen vergleichsweise messen läßt[1].

Schließlich ist sehr wichtig, daß das Schwindmaß bei größeren Körpern kleiner ausfiel; große Betonkörper lieferten ein weit kleineres Schwindmaß als die Prismen nach DIN 1166. Vgl. dazu S. 182 und 192.

Weiter wissen wir, daß das Schwindmaß von großen Betonkörpern — gemessen in ihrer Achse — wenig von den Zementeigenschaften abhängt; wohl sind die Schwindmaße kleiner Mörtelprismen sehr verschieden ausgefallen, wenn Zemente verschiedener Art, verschiedener Mahlfeinheit usw. verwendet wurden; im großen Betonkörper traten diese Einflüsse zurück, weil der feuchte Kern, der das Schwinden der Außenschicht mehr oder minder lang hindert, größer ist und weil der Zement mit großem Schwindmaß gleichzeitig ein großes Kriechmaß bietet, so daß das Schwinden der Außenschicht der Betonkörper mit verhältnismäßig kleineren Anstrengungen verbunden ist, als früher angenommen wurde[2].

Dazu kommt, daß das Schwindmaß der Betonkörper mit Zunahme ihrer Größe nicht bloß kleiner wird, sondern sich auch langsamer entwickelt. Bauwerke, die im Freien stehen, zeigen noch mehr beschränkte Schwindmaße[3], weil das Austrocknen nur zeitweilig und nicht so weitgehend möglich ist wie im Innern eines immer trockenen und im Winter geheizten Bauwerks. Weiteres vgl. unter C 14, S. 42ff. sowie unter P, S. 191ff.

Wenn der lufttrockene Mörtel Wasser aufnimmt, so vergrößert sich der Rauminhalt des Mörtels; *der Mörtel quillt.* Auch das Quellmaß ist in hohem Maße vom Zement abhängig.

Die Quellmaße und Schwindmaße stehen nach Abb. 28 in keinem einheitlichen Verhältnis[4].

Wenn ein Baukörper, z. B. eine Betonfahrbahn abwechselnd trocken und feucht wird, kann die Summe eines Quell- und eines Schwindmaßes von Bedeutung sein; der Kern des Betonkörpers kann gequollen sein, während der Rand trocknet usw.

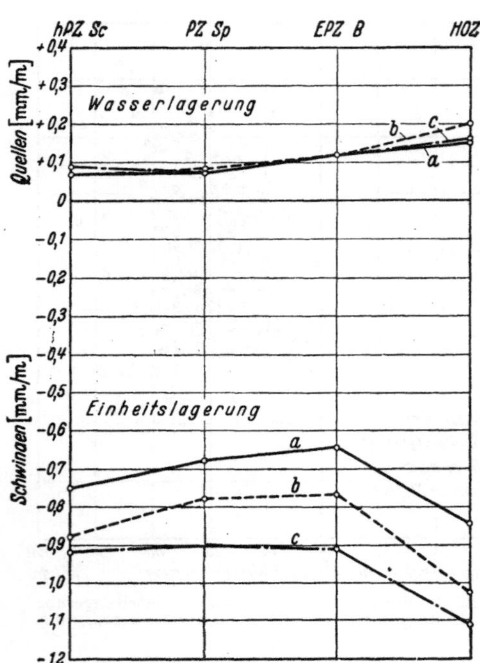

Abb. 28. Quellen und Schwinden des Prüfmörtels mit verschiedenen Zementen. Prismen 4 cm × 4 cm × 16 cm. Alter: 56 Tage.

a = Prüfmörtel nach DIN 1165 und 1166,
b = Mörtel aus 1 Gewichtsteil Zement, 2 Gewichtsteilen Normensand I und 1 Gewichtsteil Normensand II,
c = Mörtel aus 1 Gewichtsteil Zement, 3 Gewichtsteilen Rheinsand 0 bis 7 mm.

---

[1] Vgl. dazu u. a. Forsch.-Arb. Straßenwesen Bd. 27 S. 64ff.
[2] Vgl. auch Beton u. Eisen 1939 S. 165.
[3] Beton u. Eisen 1934 S. 117; ferner die Schrift: Erkenntnisse über Straßenbeton S. 20 u. 21. Zementverlag 1935.
[4] Vgl. auch S. 180ff. sowie Zement 1937 S. 759.

13. Über das Schrumpfen des Mörtels beim Erstarren.

Mit hohem Wasserzusatz angemachter Zementbrei, wie er im Beton für Stahlbetonbauten nötig ist, schrumpft beim Abbinden, allerdings ohne dabei auf eingebettete Eisen bemerkenswerte Kräfte auszuüben. Die Größe des Schrumpfens ist abhängig vom Zement, der Menge des Anmachwassers, der Temperatur des Betons usw. Bei warmem, trockenem, windigem Wetter sind Schrumpfrisse beobachtet worden, bei Stahlbetontragwerken öfters als in nicht bewehrten Bauteilen. Den Folgen des Schrumpfens kann durch Nachverdichten des Betons nach dem Verdunsten des abgestoßenen Anmachwassers oder durch Verwendung von wasserarmem Beton zur Schlußarbeit begegnet werden[1].

14. Über das Kriechen des Zementmörtels und des Betons.

Wenn ein wenige Wochen alter Körper aus Mörtel oder Beton lang dauernder Druckbelastung unterworfen wird, so wachsen die Zusammendrückungen, die beim Aufbringen der Last entstanden sind, über eine lange Zeit, bei trocken gelagerten überdies weit mehr als dem Schwinden eines unbelasteten Körpers entspricht. Die Änderung der Zusammendrückungen mit lang dauernder Druckbelastung — nach Abzug des Schwindmaßes unbelasteter Körper — wird „Kriechen" genannt. Derselbe Vorgang wird sinngemäß auch bei anderen Beanspruchungen, also auch bei Zug- und Biegebelastungen beobachtet.

Weiterhin ist bekannt, daß die Zusammendrückung von Körpern, die im Laufe mehrerer Jahre völlig lufttrocken geworden sind, nach Aufbringen der Last nur unerheblich zunimmt[2].

Es handelt sich demnach beim Kriechen um Formänderungen, die mit der Änderung des Wassergehalts des Körpers in Verbindung stehen. Dementsprechend kriechen feuchtgelagerte Körper wenig, dagegen Körper, die frühzeitig und rasch trocknen, erheblich; entsprechend ist auch die Größe der Belastung wesentlich, weil auch diese den im Körper verbleibenden Wasseranteil beeinflußt. Das Kriechen ist weiterhin von den Zementeigenschaften abhängig. Zunächst ist bekannt, daß unter sonst gleichen Umständen, also auch bei gleicher Anstrengung Normenzemente höherer Festigkeit kleinere Kriechmaße lieferten, überdies die Hüttenzemente etwas größere als die Portlandzemente[3]. Andere Ergebnisse vgl. S. 194 und 195.

Das Kriechen des Mörtels und des Betons ist oft willkommen, z. B. im austrocknenden Beton der Zugzone von Stahlbetontragwerken, weil damit die Schwindspannungen verringert und die Rißbildung verzögert werden. In andern Fällen sind Wirkungen des Kriechens beobachtet worden, die nicht erwünscht sind, z. B. die Verringerung der Anteilnahme des Betons in Stahlbetonsäulen oder die Senkung des Scheitels von weitgespannten und hochbeanspruchten Stahlbetontragwerken.

Weiteres vgl. unter Q, S. 192ff.

15. Über die Auswahl der Zemente für wasserundurchlässigen Beton.

Es ist seit langer Zeit bekannt, daß mit verschiedenen Zementen eine sehr verschiedene Wasserdurchlässigkeit des Betons entstehen kann[4]. Dabei sind zunächst die Vorgänge von Bedeutung, welche unter B 6 mit Abb. 5 und 6 dargestellt wurden. Weiter ist bekannt, daß unter sonst gleichen Umständen mit feiner

---

[1] Weiteres vgl. Beton u. Eisen 1921 S. 49ff.; 1922 S. 172ff. sowie Forsch.-Arb. Straßenwesen Bd. 27 S. 15ff.

[2] Beton u. Eisen 1939 S. 167, Abb. b; ferner im vorliegenden Buch Abb. 215, S. 197.

[3] Vgl. dazu auch unter 12, S. 21; ferner bei Ross: J. Inst. civil Engrs. Bd. 8 (1938) S. 43ff.

[4] Vgl. u. a. GRAF: Bauingenieur 1923 S. 225.

gemahlenen Zementen eine kleinere Durchlässigkeit entsteht. Bei der Herstellung von Putzen werden nicht selten Schachtofenzemente bevorzugt. Auch hierbei sind die Vorgänge wesentlich, die unter B 6, S. 7 beschrieben sind. Weiteres vgl. unter N 1, S. 172.

16. Über den Einfluß der Zemente auf die Kapillarität des Betons und über die Folgen dieser Eigenschaft.

Im zementarmen feinkörnigen Beton wird das Wasser in den Kapillaren bedeutend über den Wasserspiegel gehoben. Die damit erkennbare Steighöhe des Wassers ist mit verschiedenen Zementen verschieden groß ausgefallen[1]. Diese

Abb. 29. Betonsäulen, die bis zu halber Höhe in Wasser mit Natriumsulfat gestellt waren. Die Säulen unterschieden sich nur durch den Zementgehalt (Mischverhältnis: 1 Gewichtsteil Portlandzement und 3 bzw. 6 bzw. 9 Gewichtsteile Rheinsand).

Vorgänge sind wichtig, wenn das Wasser, in dem der Betonkörper steht, erhebliche Mengen von Salzen enthält, die in der Verdunstungszone bei V in Abb. 29 auskristallisieren und dabei je nach ihrer Zusammensetzung mehr oder minder große Beanspruchungen in den betroffenen Schichten des Betonkörpers ausüben. Z. B. erfolgte die Zerstörung der in Abb. 30 rechts dargestellten Körper aus einem Gewichtsteil Tonerdezement und 9 Gewichtsteilen Rheinsand lediglich durch Salze, die im Stuttgarter Leitungswasser enthalten sind.

Weiteres unter E 4, S. 62 ff.

17. Über das Verhalten der Zemente gegen angreifende Wässer.

Bei der Auswahl der Zemente zu Bauteilen, die angreifenden Wässern ausgesetzt sind, ist zunächst auf die Eignung der Zemente zu undurchlässigem Beton zu achten; im Grenzfall erwiesen sich auch die unter B 16 besprochenen Eigenschaften als wichtig.

Der Schutz des Betons gegen chemische Angriffe ist nur zu einem bescheide-

---

[1] GRAF u. WALZ: Zement 1934 S. 376 ff., u. a. Zusammenstellung 7 und 10, Spalte 2.

nen Teil durch die Auswahl des Zements zu erreichen. Viel wichtiger ist der Aufbau des Betons, der Zementgehalt und wenn nötig der äußere Schutz des Betons[1].

Bei der Auswahl des Zements ist im wesentlichen folgendes zu beachten: Zunächst ist festzustellen, ob die Beständigkeit gegen säurehaltige[2] oder salzhaltige Wässer[3] erforderlich ist. Von Säuren (ausgenommen der Oxalsäure) wird der Zement immer angegriffen. Allerdings ist der Angriff bei den verschiedenen Zementen und bei verschiedenen Säuren verschieden.

Die Reihenfolge der Eignung der Zemente erscheint unter verschiedenen Umständen erheblich verschieden; deshalb ist die Auslese der Zemente nach ihrem Verhalten gegen Säuren nur ausnahmsweise von praktischer Bedeutung.

Unter den salzhaltigen Wässern sind die sulfathaltigen die häufigsten. In

Abb. 30. Betonsäulen, die bis zu etwa halber Höhe in Stuttgarter Leitungswasser gestellt waren. Die Säulen unterschieden sich nur durch den Zementgehalt (Mischverhältnis: 1 Gewichtsteil Tonerdezement und 3 bzw. 6 bzw. 9 Gewichtsteile Rheinsand). Zustand nach 4 Monaten.

solchen Wässern erwiesen sich unter den Portlandzementen die eisenoxydreichen Erzzemente am widerstandsfähigsten. Ferner kommt Tonerdezement in Betracht, sofern die unter B 16, S. 24 beschriebenen Vorgänge in den Kapillaren nicht stattfinden können[4].

Im ganzen sei auf die Schlußbemerkung einer früheren Arbeit[5] verwiesen, die in bezug auf die Zementauswahl für den Aufbau des Mörtels und des Betons gegen verschiedene Wässer (Meerwasser, Mineralwasser von Stuttgart-Berg, Wässer mit Na_2SO_4, $MgSO_4$ und $NaCl$) zeigte, daß wohl mit verschiedenen Normenzementen wesentliche Unterschiede der Beständigkeit des Betons auftraten, doch weniger hinsichtlich der Zementart, mehr nach der Zementmarke.

---

[1] Vgl. u. a. Zement 1930 S.936ff.

[2] Weiteres hierzu in GRAF u. GÖBEL: Schutz der Bauwerke S. 31ff. Berlin 1930; ferner bei GRÜN: Beton, 2. Aufl. S. 289 u. 296ff.

[3] Weiteres bei GRAF u. GÖBEL: Schutz der Bauwerke S. 38ff. Berlin 1930; ferner bei GRÜN: Beton, 2. Aufl. S. 343ff.

[4] Weiteres bei GRAF u. GÖBEL: Schutz der Bauwerke S. 38ff. Berlin 1930; ferner bei GRÜN: Beton, 2. Aufl. S. 343ff.   [5] GRAF u. WALZ: Zement 1934 S. 474.

18. Lagerbeständigkeit der Zemente.

Versuche mit Portlandzement, Eisenportlandzement und Hochofenzement, auch mit Tonerdezement, haben gezeigt, daß trockene Lagerung, also Lagerung im Silo der Zementfabrik, mehrmonatige Lagerung in Sackstapeln in trockenen Räumen, auch mehrmonatige Lagerung in einzelnen Säcken in trockenen Arbeitsräumen auf die Festigkeitseigenschaften der Zemente in der Regel ohne wesentlichen Einfluß bleibt[1]. Der Zement darf dabei nicht knollig werden; er muß in allen Schichten wieder leicht zu Mehl verfallen. Hat längere Lagerung in Sackstapeln stattgefunden und sind dabei grobe Knollen entstanden, die nicht ohne weiteres verfallen, so ist eine Nachprüfung des Zements nötig.

Erfolgt die Lagerung in Schuppen, so ist eine sorgfältige Verwahrung gegen Regen und Wind unerläßlich. Soll die Lagerung in Schuppen mehrere Monate dauern, so sind die Säcke allseitig, also auch nach unten, mit Dachpappe und dergleichen zu schützen. Noch besser ist die Verwendung von Säcken mit bituminiertem Papier.

Beim Aufbau des Betons ist — bei wichtigen Aufgaben in besonderem Maße — eine hohe Gleichmäßigkeit des Zements wertvoll. Dementsprechend kann es bei Zementen, die aus irgend welchen Gründen längere Zeit gelagert haben, nötig werden, festzustellen, welche Senkung der Festigkeit zu berücksichtigen ist. Der Einfluß der Lagerung zeigt sich zunächst in einem Rückgang der Druckfestigkeit des Prüfmörtels nach 1, 3 und 7 Tagen.

19. Über das Vermengen verschiedener Zemente.

Bei der Verwendung von Zementen verschiedener Herkunft zu der gleichen Betonmischung sind keine erheblichen Mängel bekannt geworden, wenn es sich um Zemente gleicher Art handelt. Zahlreiche Versuche mit Prüfmörteln, zu denen Gemische aus zwei verschiedenen Portlandzementen verwendet wurden, lieferten in der Regel Festigkeiten, die beim Mittelwert der Festigkeiten mit den ungemischten Zementen lagen oder etwas darunter. Bei Gemischen aus Portlandzement und Tonerdezement ist Vorsicht geboten; es entstehen in gewissen Grenzen Schnellbinder; die Druckfestigkeit wird mit dem Zementgemisch kleiner als mit Tonerdezement allein, in weiten Bereichen auch viel kleiner als mit Portlandzement allein[2].

20. Farben als Zusatz zum Zement.

Für Zementwaren, auch für den Straßenbau werden gefärbte Zemente verlangt. Die Zugabe der Farbe geschieht selten in der Zementfabrik, meist in der Betonwerkstatt oder auf der Baustelle. Die Farben müssen gut verarbeitbar und farbkräftig, auch nicht gestreckt sein, gleichmäßig färben (Färbekraft und Gleichmäßigkeit der Färbung sind am ausgetrockneten Beton festzustellen), ferner lichtecht sein; die Farben sollen die Festigkeit des Betons nicht beeinträchtigen sowie keine Ausblühungen liefern. Zu beachten sind die Richtlinien für Zementdachsteinfarben, herausgegeben von der Fachgruppe Betonsteinindustrie, ferner die Anweisungen für die Lieferung und Prüfung von Farbstoffen für Betonfahrdecken, herausgegeben von der Direktion der Reichsautobahnen[3].

---

[1] Längere Lagerung in trockenen Arbeitsräumen führt vor allem zu einer Senkung der Druckfestigkeit des Prüfmörtels.
[2] GRAF: Dtsch. Ausschuß Eisenbeton 1927 Heft 57 S. 27.
[3] Vgl. auch HÄGERMANN: Betonstraße 1941 S. 75ff.

21. Zusätze zur Verbesserung der physikalischen und chemischen Eigenschaften der Zemente.

Es kommen in Betracht:

a) Zusätze zur Beschleunigung des Erstarrens und Erhärtens, vor allem mit $CaCl_2$; vgl. hierzu S. 10 und 11; ferner Zusätze zur Verzögerung des Erstarrens[1];

b) Zusätze zur Verbesserung der Verarbeitbarkeit des Betons, vgl. S. 234ff., insbesondere Zahlentafel 44 und Abb. 267;

c) Zusätze zur Verringerung des Schwindmaßes, vgl. S. 20ff.;

d) Zusätze zur Erhöhung der Dehnbarkeit, vgl. hierzu S. 161.

C. Eigenschaften der Zuschlagstoffe, die beim Aufbau des Betons allgemein oder in besonderen Fällen zu beachten sind. Prüfung und Beurteilung dieser Eigenschaften[2].

1. Allgemeines.

In den Bestimmungen des Deutschen Ausschusses für Stahlbeton wird allgemein verlangt, daß die Zuschlagstoffe genügend fest und wetterbeständig sind und daß sie keine Stoffe enthalten, die das Erhärten des Betons hemmen oder die Festigkeit mindern oder die Stahleinlagen angreifen können. Ferner soll die Kornzusammensetzung in gewissen Grenzen liegen, damit der Beton außer der verlangten Festigkeit so wenig wasserdurchlässig wird, daß die Stahleinlagen nicht rosten und der Beton ausreichend wetterbeständig ist. Für Bauteile, die im Betrieb hohen Temperaturen ausgesetzt sind, werden Zuschlagstoffe mit besonders kleiner Wärmedehnung und Wärmeleitfähigkeit gefordert.

In der Anweisung für den Bau von Betonfahrbahndecken der Reichsautobahnen sind — über die Bestimmungen des Deutschen Ausschusses für Stahlbeton hinausgehend — die Druckfestigkeit und der Abnutzwiderstand des Gesteins sowie die Kornzusammensetzung der Zuschlagstoffe begrenzt, vgl. S. 21 der Amtlichen Ausgabe von 1939; außerdem ist die zulässige Kornform angegeben, vgl. ebenda S. 59.

Außer den genannten Eigenschaften sind von Bedeutung:

Die Biegefestigkeit und Zugfestigkeit des Gesteins, namentlich für Straßenbeton, Schleuderbeton u. dgl., die Elastizität des Gesteins, wenn die Elastizität des Betons beherrscht werden soll, die Schlagfestigkeit des Gesteins für Betonstraßen und Betonbeläge, die im Verkehr örtlich hohe Lasten, z. B. durch Stahlreifen aufnehmen müssen, die Raumänderungen des Gesteins durch Wasseraufnahme und Wasserabgabe bei allen Bauten, die durch Schwindspannungen nicht rissig werden sollen, die spezifische Wärme und Wärmeleitfähigkeit des Gesteins zu Bauwerken, die beim Erhärten des Betons durch die vom Zement freigegebene Wärme erhebliche Temperaturänderungen erfahren, das Gewicht des Gesteins, wenn es sich um die Herstellung von besonders schwerem oder

---

[1] Vgl. SOMMER: Bautechn. 1944 S. 143 u. f. (Plastiment, Phosphorsäure).

[2] Zu weiterer Verfolgung seien folgende ausführliche Darstellungen genannt: KEILHACK: Lehrbuch der praktischen Geologie; STINY: Technische Geologie; REDLICH, TERZAGHI u. KAMPE: Ingenieurgeologie; ferner GUTTMANN: Die Verwendung der Hochofenschlacke, 2. Aufl. 1934. Für die Verwendung der Hochofenstückschlacken und anderer fester Schlacken sind besondere Vorschriften erlassen, vgl. Richtlinien für die Lieferung und Prüfung von Hochofenschlacke als Zuschlagstoffe für Beton und Eisenbeton 1931; ferner Merkblatt für die Herstellung von Beton aus gebrochener Hochofenschlacke 1943. — Ferner sei auf die Richtlinien für die Lieferung und Abnahme von Betonzuschlagstoffen aus natürlichen Vorkommen, aufgestellt im Deutschen Ausschuß für Stahlbeton, verwiesen (DIN 4226). Vgl. GRAF und WALZ: Beton- u. Stahlbetonbau 1943 S. 141ff., außerdem Bautechn. 1947 S. 61ff.

besonders leichtem Beton handelt. Weiterhin ist das Verhalten der Zuschlagstoffe in angreifenden Wässern nicht zu vergessen. Auch die Größe und die Geschwindigkeit der Wasseraufnahme können von Bedeutung sein, sei es, weil dem Mörtel das Wasser so rasch entzogen werden kann, daß die Verarbeitbarkeit des Betons leidet, sei es, daß damit das überschüssige Wasser des Mörtels verringert und dadurch die Betoneigenschaften verbessert werden können.

Bei allen Eigenschaften ist wichtig, ob sie regelmäßig vorhanden sind oder ob es sich um Grenzwerte handelt. Die zulässigen Abweichungen sind erforderlichenfalls festzusetzen. Nicht selten ist über die zulässige Menge von mangelhaften Teilen oder von Verunreinigungen oder von schädlichen Stoffen zu entscheiden[1].

2. Bezeichnung und Größeneinteilung der Gesteinsteile des Betons (Betonsand, Betonkies, Betonbrechsand, Betonsplitt und Betonsteinschlag).

Nach den Bestimmungen des Deutschen Ausschusses für Stahlbeton, Teil A, Ausgabe 1943, gilt folgende Bezeichnung und Größeneinteilung der Gesteinsteile, aus denen der Beton entsteht (vgl. auch DIN 1179):

Bezeichnung		Körnung (festgestellt auf Sieben mit Rundlöchern gemäß den unten angegebenen Grenzmaßen der Körnung)
Natürliches Vorkommen	Zerkleinerte Stoffe	
Betonfeinsand } Beton- Betongrobsand } sand	Betonfeinsand } Beton- Betongrobsand } brech- sand	0 bis 1 mm 1 „ 7 „
Betonfeinkies } Betonkies Betongrobkies }	Betonsplitt Betonsteinschlag	7 „ 30 „ 30 „ 70 „

Die angegebenen Grenzgrößen der Körnung werden mit Rundlochsieben nach DIN 1170, also nicht mit Maschensieben, gemessen. Dies geschieht, weil die Rundlochsiebe mit kleineren Maßabweichungen als die Maschensiebe geliefert werden können und weil die Weite der Maschensiebe im Gebrauch örtlich leicht geändert wird[2] (s. Fußnote 2, S. 29).

In den Richtlinien für die Lieferung und Abnahme von Betonzuschlagstoffen aus natürlichen Vorkommen (DIN 4226) ist die folgende Einteilung gewählt worden:

Zuschlagstoff, natürlich oder gebrochen	Rückstand auf dem Rundlochsieb	Durchgang durch das Rundlochsieb	Vergleichskörnung	
			Rückstand auf dem Sieb	Durchgang durch das Sieb
Korngruppen in mm	mit Lochdurchmesser in mm		mit quadratischen Öffnungen Seite in mm	
0/3	—	3	—	2
0/7	—	7	—	5
0/30	—	30	—	25
0/70	—	70	—	65
3/7	3	7	2	5
7/15	7	15	5	12
7/30	7	30	5	25
30/70	30	70	25	65
Für besondere Fälle werden geliefert:				
0/1	—	1	—	0,6
1/3	1	3	0,6	2

---

[1] Im Auftrag des Generalinspektors für das deutsche Straßenwesen ist eine Steinbruchkartei begonnen worden, die für alle angeschlossenen Steinbrüche über deren geologische

Diese Einteilung unterscheidet sich von den bisherigen Gepflogenheiten zunächst durch den Wegfall von namentlichen Bezeichnungen, weil diese in den verschiedenen Aufgabengebieten (Geologie, Teerstraßenbau, Betonbau) verschiedene Bedeutung haben. Die Körnungen werden hiernach nur noch mit Zahlen, also eindeutig, bezeichnet. Außerdem sind in der Aufstellung alle Unterteilungen genannt, die für die praktische Anwendung in Betracht kommen. Andere Unterteilungen sollen nicht gewählt werden, damit die Lieferwerke den Betrieb ohne Sonderwünsche zweckmäßig betreiben können.

Die Körnungen 0 bis 3 und 3 bis 7 mm werden für hochwertigen Beton verlangt. Für besonders hohe Anforderungen ist überdies die Unterteilung der Körnung 0 bis 3 mm in die zwei Stufen 0 bis 1 mm und 1 bis 3 mm üblich geworden. Die Körnung 7 bis 15 mm wird für die Herstellung von Schleuderbeton, Betonbelägen u. a. m. benötigt. Für massige Bauten kann das in der Aufstellung bezeichnete Grenzmaß von 70 mm überschritten werden. Es ist vereinzelt bis auf 150 mm erweitert worden.

3. Über die zweckmäßige Aufbereitung der Zuschlagstoffe.

a) Über die Aufbereitung der natürlichen Vorkommen.

In jeder natürlichen Ablagerung sind von Ort zu Ort erhebliche Unterschiede der Körnung des Sands und des Gemischs aus Sand und Kies festzustellen, sei es, daß die Unterschiede in einer Abbaustelle nach Schichten oder sonstigen Unregelmäßigkeiten auftreten oder daß die Unterschiede auf verschiedene Abbaustellen zurückzuführen sind.

Beispielsweise ist die Kornzusammensetzung des Kiessands in einer badischen Grube nahe dem Rhein wie folgt festgestellt worden:

An der Entnahmestelle	a	b	c	d
0 bis　0,2 mm	12	4	43	5 %
0 „　1　mm	55	59	79	38 %
0 „　7　mm	90	81	92	56 %
0 „　30　mm	100	100	99	89 %

Solche Unterschiede können bei der Lieferung durch die Art des Abbaus, auch durch das Mischen der Stoffe von verschiedenen Abbaustellen verkleinert werden. Andererseits werden Gemische aus Sand und Kies bei der Förderung und beim Abladen, nicht selten auch bei der Entnahme[3], mehr oder minder entmischt, weil meist Kegelschüttung stattfindet, wobei die groben Teile großenteils weiter rollen als die feinen. Vgl. später S. 222 ff. Wenn die genannten Mängel hinreichend vermieden werden sollen, ist eine *Aufbereitung* der natürlichen Gemische durch Teilung in Korngruppen nötig. Je weiter die Aufbereitung getrieben wird, um so eher ist es möglich, Beton mit bestimmter Körnung fortlaufend mit kleinen Abweichungen vom Sollwert herzustellen.

Einteilung, über die Eigenschaften der anstehenden Gesteine usw. Auskunft geben soll. Vgl. auch Fortschr. u. Forsch. Bauwesen Reihe A, Heft 12.

[2] Beim Vergleich der Ergebnisse von Siebversuchen mit Rundlochsieben und Maschensieben ist zu beachten, daß der Durchgang eines Rundlochsiebs und eines Maschensiebs ungefähr gleich ausfällt, wenn die Diagonale der Maschen dem Durchmesser des Rundlochs entspricht. Für genauere Vergleiche siehe u. a. SAENGER: Straßenbau Bd. 19 (1928) S. 31 ff. sowie ROTHFUCHS: Straßenbau Bd. 30 (1939) S. 337 ff. Die Verhältnisse sind von der Kornform und von der Kornstufung abhängig.

[3] Vgl. u. a. GARVE: Tonind.-Ztg. 1936 S. 1143; ferner im vorliegenden Buch S. 223, insbesondere Abb. 248.

Demgemäß wird in den Bestimmungen A des Deutschen Ausschusses für Stahlbeton im § 29, 1 gefordert, daß bei Anwendung des hochwertigen Betonstahls unter Ausnützung der zulässigen Spannungen dieses Stahls und des erforderlichen Betons die Zuschlagstoffe getrennt nach den Körnungen 0 bis 7 mm und über 7 mm angeliefert werden.

In der Anweisung für den Bau von Betonfahrbahndecken, Ausgabe 1939, steht Seite 23:

„Die Zuschlagstoffe sind nach Korngrößen getrennt zu beziehen und zu lagern; dies gilt besonders für den Sand. Er muß in mindestens 2 Abstufungen bereitgestellt werden, z. B. 0 bis 3 und 3 bis 7 mm."

Für noch schwierigere Aufgaben, z. B. für den Stahlbetonschiffbau, empfiehlt sich die Aufteilung des Sands in die drei Gruppen 0 bis 1 mm, 1 bis 3 mm und 3 bis 7 mm.

Wie bei jeder anderen technischen Vorschrift muß auch für die Körnung des Sands und des Kieses angegeben werden, welche Abweichungen vom Sollwert hingenommen werden. Die Anweisung für den Bau von Betonfahrbahndecken, Ausgabe 1939, enthält dazu Seite 77:

„Der Kornaufbau der einzelnen Zuschlagstoffe darf vom Sollwert bis 5% abweichen. Hat z. B. bei der Eignungsprüfung ein Sand 0 bis 3 mm folgende Anteile ergeben:

0 bis 0,2	0 bis 1	0 bis 3	0 bis 7 mm
10	50	95	100 %,

so müssen bei späteren Prüfungen auf der Baustelle die Anteile in folgenden Grenzen liegen:

5 bis 15	45 bis 55	90 bis 100	95 bis 100 %."

Der Deutsche Ausschuß für Stahlbeton hat 1944 Richtlinien für die Lieferung und Abnahme von Zuschlagstoffen aus natürlichen Vorkommen aufgestellt, nunmehr DIN 4226.

Dort ist folgendes verlangt: Die Zuschlagstoffe sind mit wenig Über- und Unterkorn zu liefern. Die zulässige Menge der zu kleinen und zu großen Teile ist in Zahlentafel 4a genannt.

Zahlentafel 4a.

Zulässiger Anteil an Unter- und Überkorn nach DIN 4226. Gewichtsanteile (%).

Korngruppe mm	0,2 mm Maschenweite	Durchgang durch das Sieb mit — Lochdurchmesser (Rundloch)							
		1 mm	3 mm	7 mm	15 mm	30 mm	50 mm	70 mm	100 mm
0/3			$\geqq 90$	100					
0/7				$\geqq 90$	100				
0/30						$\geqq 90$	100		
0/70								$\geqq 90$	100
3/7	$\leqq 3$		$\leqq 15$	$\geqq 90$	100				
7/15	$\leqq 3$			$\leqq 10$	$\geqq 90$	100			
7/30	$\leqq 3$			$\leqq 10$	30 bis 60	$\geqq 90$	100		
30/70	$\leqq 3$					$\leqq 15$	30 bis 60	$\geqq 90$	100
0/1		$\geqq 90$	100						
1/3	$\leqq 5$	$\leqq 15$	$\geqq 90$	100					

Die Gemische, welche die Natur liefert, sind nur ausnahmsweise so aufgebaut, daß aus ihnen ohne weiteres ein besonders guter Beton gemacht werden kann. Diese besonders guten Vorkommen hat der Verfasser vor allem in Moränen des Hochgebirges angetroffen. Meist ist die Zusammensetzung erheblich anders als wie sie für besonders guten Beton gebraucht wird. Auch dieser Umstand gibt Veranlassung, die Stoffe aufzubereiten, weil aus aufbereiteten Vorkommen, erforderlichenfalls durch Zugabe von künstlich gebrochenem Gestein oder von anderen Vorkommen, die an sich nicht brauchbar sind, zweckmäßige Mischungen aufgebaut werden können. DIN 4226 enthält hierzu die zweckmäßigen Grenzen des Anteils an Unter- und Überkorn gemäß Zahlentafel 4a. Hierüber vgl. unter E 4, S. 62ff.

b) Über die Aufbereitung der gebrochenen Zuschlagstoffe.

Hier gilt sinngemäß das unter a) Gesagte. Auch hier ist zu beachten, daß die Eigenschaften des Gesteins in den einzelnen Steinbrüchen erheblich verschieden sein können und daß im Laufe der Zeit im gleichen Bruch Steine verschiedener Beschaffenheit nutzbar gemacht werden. Dazu kommt, daß das Zerkleinern der Steine mit verschiedenartigen Einrichtungen erfolgt. Das Erzeugnis ist dabei nicht allein von der Bauart der Maschine, sondern auch von ihrem Betriebszustand abhängig[1].

4. Die fortlaufende Prüfung der Körnung durch den Siebversuch.

Die Bestimmung der Körnung der Zuschlagstoffe geschieht vornehmlich durch den Siebversuch. Durch den oft und regelmäßig ausgeführten Siebversuch ist für den Lieferer von Zuschlagstoffen erkennbar, welche Zusammensetzung der Körnung lieferbar ist, welche Abweichungen vom Mittelwert der Körnung verbürgt werden können, was getan werden muß, um brauchbare und besonders gut gekörnte Zuschlagstoffe regelmäßig liefern zu können[2]; der Abnehmer benützt den Siebversuch, um festzustellen, ob die bestellten und zugesagten Zuschlagstoffe die vereinbarte Körnung besitzen usw. Wichtig ist dabei die Probenahme. Diese ist S. 290 eingehend beschrieben.

Die Durchführung des Siebversuchs geschieht nach den S. 290ff. gemachten Angaben; wesentlich ist dabei, daß die Probe zunächst getrocknet wird, daß der Siebversuch mit gut erhaltenen maßgerechten Sieben in stets gleicher Weise ausgeführt wird und daß zu jeder Prüfung mindestens zwei, besser drei Versuche angestellt werden. Die zugehörigen Einzelheiten sind S. 291 ausführlich dargelegt.

Neben dem Siebversuch wird der Absetzversuch für die Bestimmung der feinsten Teile benutzt. Vgl. S. 47 bis 49.

5. Über die Elastizität der Gesteine.

Die Dehnungszahl α (der Elastizitätsmodul $E = 1/\alpha$) liegt für die Gesteine, die als Zuschlagstoffe des Betons verwendet werden, in weiten Grenzen. Kennzeichnende Beispiele finden sich in Abb. 31 bis 33[3]. Nach Abb. 31 liegen die Dehnungszahlen der gesamten Zusammendrückungen für Basalt bei $1/1000000$;

---

[1] Vgl. u. a. BENDEL: Schweiz. Baumeisterzeitung „Hoch- und Tiefbau" 1937 Heft 42; ferner HOFFMEISTER: Mitt. dtsch. Studiengesellschaft Trümmerverwertung Nr 8 und 9 S. 44 u. f., insbes. S. 49 u. 50.

[2] Über die Beurteilung der Körnung der Zuschlagstoffe und über die Verwendung zunächst ungeeigneter Zuschlagstoffe vgl. unter A A, S. 295 bis 297.

[3] Näheres vgl. bei O. GRAF: Beton u. Eisen 1924 S. 67 u. 70, Bautechn. 1926 S. 492ff.; ferner Beton u. Eisen 1926 S. 399ff., Heft 10 der Schriftenreihe der Forschungsgesellschaft für das Straßenwesen S. 18. Berlin: Zementverlag 1937; Betonstraße 1937 S. 30. Ferner H. BURCHARTZ, G. SAENGER u. K. STÖCKE: VDI-Forsch.-Heft 358 sowie Straßenbau 1931 S. 327; K. SCHAECHTERLE: Bauingenieur 1938 S. 441 und J. BREYER: Dissert. Techn. Hochschule Berlin 1929.

sie steigen in Abb. 31 bei Sandstein bis rd. 1/60000. Gemäß den zur Zeit bekannten
Feststellungen an deutschen Gesteinen sind folgende Grenzen der Dehnungszahlen $\alpha = 1/E$ kg/cm² der gesamten Zusammendrückungen bisher bekanntgegeben:

Granit	1/610000	bis	1/130000	Kalkstein	1/830000	bis 1/230000
Syenit	1/900000	„	1/700000	Gneis: senkrecht		
Gabbro	1/1000000	„	1/800000	zum Lager . . .		1/102000
Porphyr	1/680000	„	1/360000	gleichlaufend		
Andesit	1/330000	„	1/230000	zum Lager . . .		1/316000
Basalt	1/1150000	„	1/560000			
Melaphyr	1/560000	„	1/530000	ferner:		
Basaltlava . . .	1/390000	„	1/330000	Hochofenschlacke	1/970000	bis 1/750000
Diabas	1/900000	„	1/700000	Syntholit	1/790000	„ 1/700000
Quarzit	1/750000	„	1/650000	Klinker	1/170000	„ 1/130000
Sandstein	1/430000	„	1/4000	Mauerziegel . . .	1/120000	„ 1/100000

Bims ist nachgiebiger als alle anderen Gesteine.

Diese Dehnungszahlen gelten für die gesamten Verkürzungen bei Druckversuchen, wenn die Belastung ein- oder mehreremal wirkt. In den gesamten

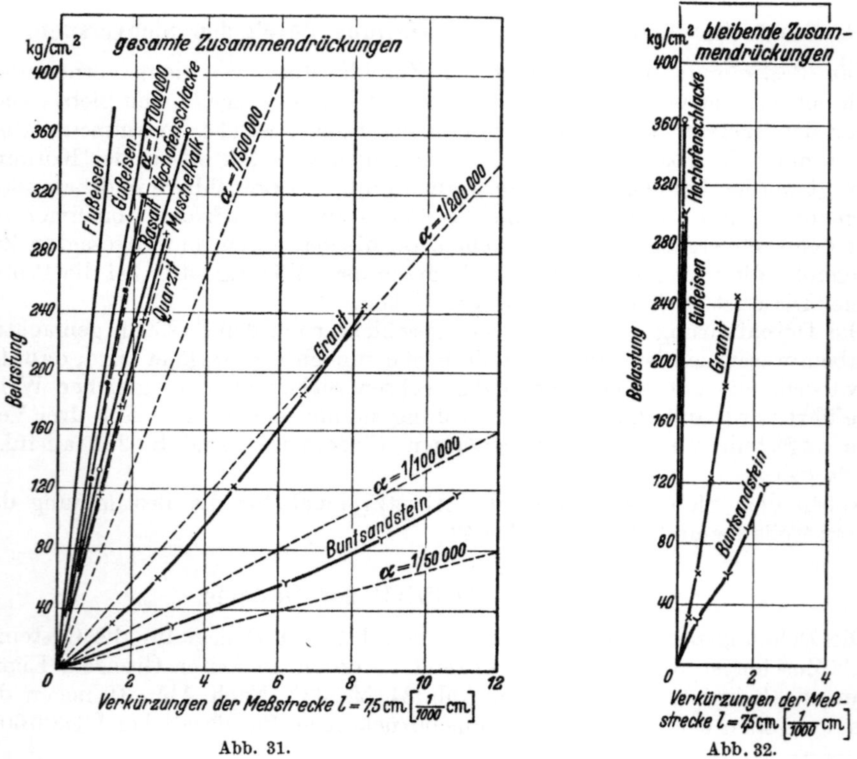

Abb. 31.   Abb. 32.

Abb. 31 bis 33. Druckelastizität von Gesteinen sowie von Stahl und Gußeisen (gesamte, bleibende [und
federnde Zusammendrückungen).

Verkürzungen sind bleibende Verkürzungen enthalten, die bei Ergußgesteinen
verhältnismäßig klein sind, bei Granit und Sandstein aber erheblich sein können,
vgl. u. a. Abb. 32. Die angegebenen Dehnungszahlen sind auch bei Zug- und
Biegebelastung innerhalb der zulässigen Anstrengungen vorauszusetzen.

Sodann ist wichtig, daß die Zunahme der Formänderungen mit steigender
Belastung bei Basalt, Quarzit, Muschelkalk u. a. wenig veränderlich ist; bei

Granit und Sandstein nehmen die Formänderungen erheblich langsamer zu als die Belastungen, vgl. Abb. 31 und 33[1, 2].

Ferner ist zu beachten, daß die Dehnungszahl von Gesteinen durch wiederholte Belastung auf höheren Stufen mehr oder weniger geändert wird[1]. Schließlich ist der Einfluß der Dauer der Belastung zu beachten.

6. Die Biegezugfestigkeit der Gesteine.

Die Biegezugfestigkeit der Gesteine wird gemäß DIN 52112 an Prismen mit quadratischem Querschnitt ermittelt. Die Kantenlänge h des Querschnitts soll mindestens 4 cm, die Stützweite l mindestens 3,5 h betragen. Zur Beurteilung der Eignung des Gesteins zu Beton ist die Biegezugfestigkeit in Abhängigkeit von Schichtungen oder Schieferungen und Einlagerungen anzugeben. Wenn es sich um Gestein handelt, das zu wetterbeständigem Beton verwendet werden soll, ist in Zweifelsfällen der Einfluß oftmaligen Gefrierens und Wiederauftauens in wassersattem Zustand zu verfolgen[3].

Nach DIN 52100 ist die Biegezugfestigkeit unter mittleren Verhältnissen mit folgenden Grenzwerten zu erwarten:

bei Granit . . . . zu 100 bis 200 kg/cm²,
„ Basalt, Melaphyr, Diabas „ 150 „ 250 „ ,
„ quarzitisch. Sandsteinen „ 120 „ 200 „ ,
„ dichten Kalksteinen . . „ 60 „ 150 „ .

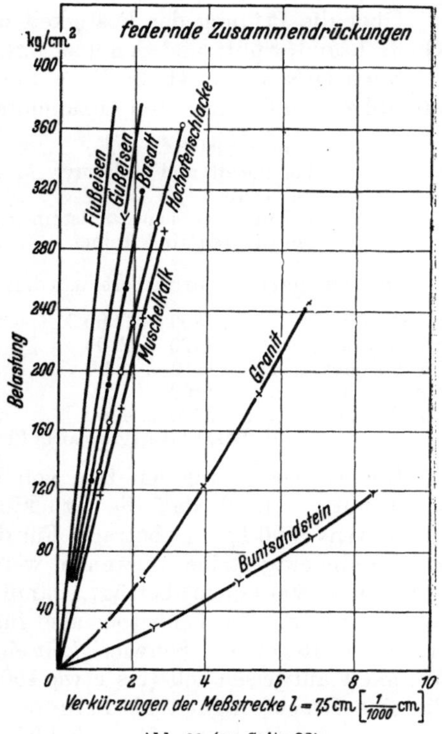

Abb. 33 (zu Seite 32).

In Stuttgart ist an lufttrockenen Probekörpern ermittelt worden:

für Granit	94 bis 313 kg/cm²,		für Quarzit	163 bis 196 kg/cm²,
für Porphyr	378 „ 434 „ ,		für Sandstein	59 „ 121 „ ,
für Basalt	232 „ 307 „ ,		für Muschelkalkstein	33 „ 106 „ ,
für Diabas	394 „ 435 „ .		für Jurakalkstein	159 „ 214 „ .

Der Verfasser empfiehlt, zu Beton, der eine gute Biegezugfestigkeit zeigen soll, nur Gestein zu verwenden, das eine Biegezugfestigkeit von mindestens 100 kg/cm² aufweist. Für Beton mit hoher Biegezugfestigkeit ist Gestein zu verlangen, das eine Biegezugfestigkeit von mindestens 150 kg/cm² besitzt.

7. Die Druckfestigkeit des Gesteins der Zuschlagstoffe.

Die Prüfung der Druckfestigkeit des Gesteins der Zuschlagstoffe geschieht mit Würfeln von mindestens 4 cm Kantenlänge gemäß DIN 52105[4]. Diese Prüfung setzt voraus, daß genügend große Stücke für das Herausarbeiten der

---

[1] O. GRAF: Beton u. Eisen 1926 S. 404ff.; ferner Dauerfestigkeit der Werkstoffe und der Konstruktionselemente S. 101ff.

[2] Vgl. auch STÖCKE: Fortschr. Mineralogie, Kristallographie u. Petrographie Bd. 24 (1940) S. 77ff. sowie S. 86ff.

[3] Vgl. hierzu später S. 38ff. (Wetterbeständigkeit der Zuschlagstoffe) und S. 207ff. (Wetterbeständigkeit des Betons).

[4] Vgl. auch BURCHARTZ u. SAENGER: Straßenbau 1931 S. 257ff.

Graf, Eigenschaften des Betons.　　　3

Würfel zur Verfügung stehen. Deshalb kann die Druckfestigkeit des Gesteins der Zuschlagstoffe in der Regel nur an Proben vorgenommen werden, die in den Steinbrüchen gemäß DIN 52101 entnommen werden, in Ausnahmefällen als große Schotterstücke oder als große Kiesstücke zur Verfügung stehen.

Über die Prüfung der Festigkeit des Gesteins im Sand und Kies, ferner im Quetschsand, Splitt und Schotter vgl. das unter Ziff. 8 Gesagte.

Nach DIN 52100 ist die Druckfestigkeit unter mittleren Verhältnissen u. a. mit folgenden Grenzwerten anzunehmen[1]:

$$\begin{array}{ll}
\text{bei Granit} \ldots\ldots\ldots\ldots\ldots\ldots & \text{zu 1600 bis 2400 kg/cm}^2, \\
\text{bei Basalt und Melaphyr} \ldots\ldots\ldots & \text{zu 2500 „ 4000 „ ,} \\
\text{bei Diabas} \ldots\ldots\ldots\ldots\ldots\ldots & \text{zu 1800 „ 2500 „ ,} \\
\text{bei quarzitischen Sandsteinen} \ldots\ldots & \text{zu 1200 „ 2000 „ ,} \\
\text{bei dichten Kalksteinen} \ldots\ldots\ldots & \text{zu 800 „ 1800 „ .}
\end{array}$$

In Stuttgart ist ermittelt worden:

für Granit	800 bis 3000 kg/cm²,	für Keupersandstein	320 bis 1500 kg/cm²,
für Diorit	1720 „ 2900 „ ,	für Buntsandstein	460 „ 2100 „ ,
für Porphyr	1800 „ 4900 „ ,	für Muschelkalkstein	270 „ 2900 „ .
für Basalt	1100 „ 4200 „ .	für Jurakalkstein	670 „ 3000 „ ,
für Quarzit	2700 „ 4400 „ .	für Travertin	130 „ 800 „ ,

für Basaltlava (grobporig für Leichtbeton) 85 bis 180 kg/cm².

Die Anweisung für den Bau von Betonfahrbahndecken, Ausgabe 1939, verlangt unter I B, 2, daß die Druckfestigkeit des Gesteins für den Oberbeton mindestens 1500 kg/cm² betrage. Für den Unterbeton dürfen weichere Zuschläge, z. B. Sedimentgesteine, verwendet werden, falls die Druckfestigkeit des Gesteins mindestens 800 kg/cm² beträgt. Damit sind Grenzen der Druckfestigkeit der Zuschlagstoffe für Straßenbeton, also für hochwertigen Beton, gegeben; sie lassen sich in der Regel ohne Schwierigkeit einhalten. Zu Beton, der eine mäßige Druckfestigkeit aufweisen soll (bis etwa 150 kg/cm²) lassen sich Gesteine verwenden, die eine Druckfestigkeit bis herunter zu etwa 400 kg/cm² besitzen. Zu Leichtbeton werden Gesteine mit noch kleinerer Festigkeit angewandt (Ziegelbruch[2], Bims, Basaltlava). Weiteres vgl. später S. 260ff.

8. Beurteilung der Festigkeit des Gesteins von Sand und Kies, Quetschsand, Splitt und Schotter.

Wenn die Einzelstücke zu klein sind, um die Prüfungen nach Ziffer 6 und 7 durchführen zu können, ist zunächst eine Beurteilung nach dem Augenschein durchführbar. Dabei wird wie folgt verfahren.

Durchschnittsproben, die nach den Angaben S. 290 entnommen sind, werden durch Auslesen nach den Korngruppen 0 bis 3, 3 bis 7, 7 bis 30 mm usw. aufgeteilt. Sodann werden die so gewonnenen Teilproben nach gesunden und nach deutlich angewitterten, auch nach weichen, brüchigen und rissigen Stücken aufgeteilt. Damit wird ein anschauliches und ein zahlenmäßiges Bild der Art der Zusammensetzung der Sande, Kiese usw. gewonnen. In vielen Fällen wird durch Augenschein abzuschätzen sein, ob und welcher Teil der Stücke die unter 6 und 7 genannten Mindestdruckfestigkeiten nicht erreicht.

In den Korngruppen bis 7 mm sind Anteile von weichen Kalksteinen, z. B. körniger Kreide, meist selten; sie sind gegebenenfalls, wie auch weiche Sandsteine, verwitterte Granite in der Regel unbedenklich, wenn die Kornstufung brauchbar

---

[1] Vgl. auch GRAF u. WEISE: Fortschr. u. Forsch. Bauwesen Reihe A, Heft 14 S. 20ff.

[2] Vgl. u. a. Zement 1940 S. 91 u. 92, ferner Mitteilungen 2, 3 und 4 der Deutschen Studiengesellschaft für Trümmerverwertung, S. 6 u. f.

ist und wenn der Anteil solcher Stücke folgende Grenzen nicht überschreitet:

Zuschlagstoff zum Oberbeton der Straßen höchstens 2%[1],

Zuschlagstoff zum Beton der Brücken und zum Unterbeton der Straßen höchstens 5%[1],

Zuschlagstoff zum Stahlbeton in Hochbauten[2] höchstens 10 bis 15%.

In den Korngruppen über 7 mm ist mehr Vorsicht geboten. Hierzu wird auf S. 146ff. und 211ff. Stellung genommen.

Weitere Aufschlüsse lassen sich durch Druckversuche mit dem Gekörn gewinnen[3]; das in einen Stahlzylinder gefüllte Prüfgut wird mit einem Stempel unter Druck oder Schlag beansprucht und die dadurch herbeigeführte Zertrümmerung an der Änderung der Kornzusammensetzung gemessen[4]. Die Gütezahlen für Schotter sind als Richtzahlen in DIN 52100, Tafel 1, angegeben[5].

Für die Prüfung der Kornfestigkeit von Hüttenbims vgl. KEIL: Zement 1940 S. 578ff.

9. Die Schlagfestigkeit des Gesteins der Zuschlagstoffe.

Die Schlagfestigkeit der Zuschlagstoffe ist nur in Sonderfällen zu beachten. Es handelt sich dabei um den Zertrümmerungswiderstand gegen den Hufschlag, gegen harte Stapelgüter, gegen Geschosse usw. Die Schlagfestigkeit wird nach DIN 52107 bestimmt. Dabei wird an Würfeln von 4 cm Kantenlänge festgestellt, wieviel Schläge nötig sind, bis die Zertrümmerung des Probekörpers eintritt (Gewicht des Fallhammers 50 kg, Fallhöhe h_1 beim ersten Schlag 0,04 cm für 1 cm³ Rauminhalt, bei 64 cm³ Rauminhalt also 2,56 cm). Die Fallhöhe wird bei jedem folgenden Schlag um h_1 gesteigert, bis der Bruch des Probekörpers eintritt. Nach DIN 52100 beträgt die Zahl der Schläge bis zum Bruch unter mittleren Verhältnissen

bei Granit	10 bis 12,	bei quarzitischem Sandstein . .	8 bis 10,
bei Basalt und Melaphyr . . .	12 „ 17,	bei dichtem Kalkstein	8 „ 10,
bei Diabas	11 „ 16,	bei Gneis	6 „ 12.

In Stuttgart wurden u. a. ermittelt

bei Granit 7 bis 30,   bei Basalt 18 bis 53,   bei Jurakalkstein 9 bis 21.

Gerölle können nach DIN 52109 geprüft werden. Dabei wird im wesentlichen nach dem unter 8. Gesagten verfahren.

10. Der Abnutzwiderstand der Zuschlagstoffe.

Der Abnutzwiderstand der Zuschlagstoffe ist bei Straßenbeton, bei Belägen in Werkstätten, in Bahnhöfen usw. von erheblicher Bedeutung. Die Auslese der Zuschlagstoffe geschieht am besten durch die Prüfung des Gesteins gemäß DIN 52108 an Würfeln von 7 cm Kantenlänge durch trockenes Schleifen und durch Schleifen unter Wasserzufuhr[6]. Handelt es sich um die Beurteilung des Abnutzwiderstands von Gerölle, so kann der Abnutzwiderstand verschiedener Gesteine durch Prüfung von Betonproben beobachtet werden, wenn sich die Betonproben lediglich durch die Gesteinsart der Zuschlagstoffe unter-

---

[1] Vgl. auch Anweisung für den Bau von Betonfahrbahndecken 1939 S. 56.

[2] Sofern das Wasser nicht oder nur unerheblich Zutritt hat.

[3] Dabei kommt außer der eigentlichen Gesteinsfestigkeit auch die Neigung zur Rißbildung nach Adern, Schichten usw. zur Geltung.

[4] Vgl. u. a. Handbuch der Werkstoffprüfung Bd. 3 S. 186 und WALZ: Betonstraße 1939 S. 215 sowie DIN DVM 52109.

[5] Vgl. auch KEIL: Steinbruch u. Sandgrube 1939 S. 349.

[6] Vgl. GRAF: Straßenbau 1930 S. 579; ferner Heft 10 der Schriftenreihe der Forschungsgesellschaft für das Straßenwesen S. 17ff.

scheiden. Außerdem ist ein Vergleich des Abnutzwiderstands des Gesteins in Sanden und Kiesen, Quetschsand und Splitt durch Feststellung des Abriebs in Kollertrommeln möglich[1]. — Bei der Prüfung von Gesteinswürfeln nach DIN 52108 beträgt der Abnutzungsverlust bei trockenem Schleifen unter mittleren Verhältnissen gemäß DIN 52100 (auf 50 cm² Schleiffläche)

bei Granit, Diorit, Porphyr, Diabas 5 bis 8 cm³, bei quarzitischen Sandsteinen 7 bis 8 cm³, bei Basalt und Melaphyr . . . . 5 „ 8,5 „ , bei dichten Kalksteinen . . 15 „ 40 „ .

In Stuttgart fand sich u. a.

für Granit 4,5 bis 10 cm³,   für Basalt 5 bis 8 cm³,   für Jurakalkstein 12 bis 47 cm³.

In der Anweisung für den Bau von Betonfahrbahndecken, Ausgabe 1939, ist S. 22 gefordert, daß das Abnutzungsmaß des Gesteins der gebrochenen Zuschlagstoffe für den Oberbeton bei trockenem Schleifen höchstens 10 cm³ sein darf. Beim Vergleich dieser Zahl mit den aus DIN 52100 entnommenen und mit den in Stuttgart ermittelten ergibt sich u. a., daß Kalksteine allein für die obere Schicht des Straßenbetons ausgeschlossen sind[2].

Dabei ist wichtig, daß der Abnutzungsverlust der Kalksteine bei nassem Schleifen sehr groß wird und dabei verhältnismäßig mehr zunimmt als der Abnutzungsverlust anderer Steine, wie die folgenden Beispiele erkennen lassen[3].

Gestein	Abnützung im lufttrockenen Zustand cm³	Nach Wasserlagerung unter Zufuhr von Wasser cm³
Granit	6,9	12,5
Basalt	5,9	12,0
Quarzit	4,6	7,4
Muschelkalk	19,5	45,6
Jurakalk	11,8	30,7

Die Auswahl von Gesteinen, die hohen Abnutzwiderstand besitzen, ist verhältnismäßig einfach, wenn es sich um Lieferungen aus Steinbrüchen handelt.

Zahlentafel 5. Abnützung der Pflastersteine in der Straße

1	2	3	4	5	6	7
Gestein	Rohwichte nach DIN DVM 52102 kg/dm³	Wasseraufnahme nach DIN DVM 52103, 1, a %	Druckfestigkeit von Würfeln nach DIN DVM 52105, a kg/cm²	Schlagversuch von Würfeln nach DIN DVM 52107 Zahl der Schläge bis zum Bruch*	Liegezeit in der Straße cm	Abnützung in der Straße cm
				Kleinpflaster aus der Augsburger		
Porphyr F	2,97	0,2	2810 (1,00)	17 (1,0)	rd. 6 Jahre 10 Monate	0,10 (1,00)
Basalt W	2,93	0,3	3050 (1,09)	17 (1,0)		0,15 (1,50)
				Großpflaster aus der Augsburger		
Granit N	2,65	0,3	1930 (1,00)	11 (1,0)	rd. 3 Jahre 8 Monate	0,09 (1,00)
Kalkstein V	2,63	1,5	1890 (0,98)	10 (0,9)	bis 4 Jahre 2 Monate	0,23 (2,55)

[1] Zugehörige Werte vgl. WALZ: Betonstraße 1939 S. 215. Vgl. auch S. 37 u. 38.
[2] Für Beton mit Kalkstein vgl. später S. 104ff.
[3] Vgl. Schriftenreihe der Forschungsgesellschaft für das Straßenwesen 1937 Heft 10 S. 17.

Durch die sorgfältige Überprüfung der Eigenschaften der zum Abbau vorgesehenen Steinmassen usw. auf Gleichmäßigkeit und auf Eignung vor dem Beginn der Lieferungen sowie durch die zugehörige Gewährleistung des Lieferers ist es möglich, klare Bedingungen zu schaffen.

Meist weniger einfach liegen die Verhältnisse, wenn es sich um den *Abnutzwiderstand des Gesteins in Sanden und Kiesen handelt.* Dazu wird empfohlen, zunächst durch Auslese in groben Zügen festzustellen, aus welchen Gesteinen die Sande und Kiese bestehen, welcher Anteil den offensichtlich minderwertigen Stücken zukommt usw., so wie dies unter 8. geschildert ist. Wenn Zweifel bestehen, so müssen Betonproben gefertigt werden. Die Betonproben werden mit einheitlicher Kornstufung gefertigt, zunächst unter voller Verwendung der zu beurteilenden Sande und Kiese, dann mit verstärktem Anteil der minderwertigen Stoffe, unter Umständen nur mit diesen.

Die folgenden Beispiele über die Abnutzung von Straßenbeton, ermittelt durch nasses Schleifen, geben weitere Auskunft[1]:

a) mit badischem Rheinkies R im Einlieferungszustand . . . . , 13 cm³,
b) mit badischem Rheinkies R aus nur gesunden Teilen . . . . 10,5 „ ,
c) mit badischem Rheinkies R aus den ausgelesenen mangelhaften Teilen 14 „ ,

ferner

d) mit Kölner Rheinkies K im Einlieferungszustand . . . . 11,5 „ ,
e) mit Kölner Rheinkies K aus nur gesunden Teilen . . . . 11 „ ,
f) mit Kölner Rheinkies K aus den ausgelesenen weniger guten Teilen . 14 „ .

Man sieht aus diesen Zahlen, daß die weniger guten Teile, in der Regel aus angewitterten Stücken bestehend, den Abnutzwiderstand deutlich verringert haben. Weiteres vgl. S. 168ff.

Die unmittelbare Prüfung des Abnutzwiderstands des Gesteins der Gerölle und der gebrochenen Zuschlagstoffe ist durch Bestimmung des Abriebs in Kollertrommeln versucht worden. Dabei werden eng begrenzte Korngruppen in der deutschen Wellentrommel (noch nicht genormt) oder nach der ÖNORM B 3102 geprüft. Zahlentafel 5 enthält in den Spalten 10 bis 12 zugehörige Feststellungen und Eigenschaften des Gesteins bei der Prüfung.

8	9	10	11	12	13	14
Abschleifen nach DIN DVM 52108 trocken	Abschleifen nach DIN DVM 52108 unter Zufuhr von Wasser	Abnützung von Schotter (40...50 mm) in der Trommelmühle ÖNORM B 3102,12		Abnützung von Schotter (40...50 mm) in der Wellentrommel nach der früheren DIN DVM 2106	Widerstandsfähigkeit von Schotter 40...50 mm	
		trocken	unter Zufuhr von Wasser		gegen Druck nach DIN DVM 52109 Zertrümmerungsgrad *	gegen Schlag nach DIN DVM 52109 Zertrümmerungsgrad *
cm	cm	%	%	%		
Straße in Untertürkheim						
0,15 (1,00)	0,26 (1,00)	4,8 (1,00)	8,1 (1,00)	4,0 (1,00)	0,66 (1,00)	0,31 (1,00)
0,18 (1,20)	0,39 (1,50)	5,2 (1,08)	16,3 (2,01)	4,3 (1,07)	0,92 (1,38)	0,43 (1,38)
Straße in Obertürkheim						
0,12 (1,00)	0,18 (1,00)	4,5 (1,00)	8,3 (1,00)	5,2 (1,00)	1,09 (1,00)	0,68 (1,00)
0,26 (2,17)	0,54 (3,00)	4,9 (1,09)	14,8 (1.78)	6,3 (1,20)	1,17 (1,07)	0,84 (1,23)

[1] Vgl. auch Walz: Betonstraße 1937 S. 85ff.
* Vgl. die Erläuterung in den angegebenen Normen.

mit gedrungen geschlagenem Schotter der Kornstufe von 40 bis 50 mm. Außerdem sind Beobachtungen über die Abnutzung von Pflastersteinen auf der Straße wiedergegeben, auch die Ergebnisse der Prüfung durch Schleifen nach DIN 52108[1]. Die Zahlenreihen in den Spalten 7 bis 12 zeigen, daß das Verhalten des Gesteins in der Straße in der bisher verstrichenen Zeit bei dem jetzt üblichen Verkehr durch den Schleifverlust unter Zufuhr von Wasser (Spalte 9) am besten beurteilt erscheint.

Bei der Prüfung in der Trommel nehmen außer den Gesteinseigenschaften die Oberflächenbeschaffenheit, die Kornform, die innere Verschiedenheit der einzelnen Körner usw. Einfluß auf die Größe der Abnützung; im Beton sind andere Bedingungen möglich. Man muß deshalb für die hier besprochene Aufgabe zur Zeit empfehlen, den Abnutzwiderstand des Gesteins der Gerölle oder der gebrochenen Zuschlagstoffe an Betonkörpern zu vergleichen. Hierzu vgl. S. 168[2].

11. Über die Wetterbeständigkeit der Zuschlagstoffe[3].

Die Wetterbeständigkeit der Zuschlagstoffe ist sehr wichtig, wenn Beton hergestellt werden muß, der der Witterung ausgesetzt wird und der dabei im durchfeuchteten Zustand oftmals gefriert und auftaut (Beton in Wasserbauten, Betonfahrbahnen, Brückenfahrbahnen usw.). Abb. 34 zeigt die Betonwand eines offenen Wasserbehälters, der mit nicht wetterbeständigen Zuschlagstoffen gebaut war. Die Zerstörung war nach wenigen Jahren so weit geschritten, daß tiefgehende Erneuerungen stattfinden mußten. Wenn der Beton selten feucht wird und vor allem nicht wassergesättigt wird, können die Forderungen auf Wetterbeständigkeit wesentlich gemildert werden. Trockener Beton wird vom Frost oder vom Wechsel der Temperatur im Bereich unserer Heimat nicht angegriffen.

Abb. 34. Verwitterter Beton an der Wand eines Wasserbeckens.

Man unterscheidet die mechanische und die chemische Verwitterung. Der mechanische Angriff erfolgt durch oftmalige ungleiche Temperaturänderung (Insolation), durch ungleiche Längenänderung infolge Wasseraufnahme und Wasserabgabe, durch oftmaliges Gefrieren und Auftauen, auch durch auskristallisierende Lösungen, die von außen in den Beton eingedrungen sind. Die chemische Verwitterung geschieht durch die lösende Wirkung reinen Wassers, oft mit Salzen und Säuren, die vom Wasser mitgebracht oder in der Umgebung aufgenommen wurden.

Die Prüfung der Wetterbeständigkeit des Gesteins aus Steinbrüchen geschieht nach DIN 52106. Hiernach sind in Zweifelsfällen folgende Untersuchungen zweckmäßig: Beobachtung des Verfallens der Steine an der Lagerstätte oder an

---

[1] GRAF: Straßenbau 1938 S. 371.   [2] WALZ: Betonstraße 1939 S. 215ff.
[3] Vgl. auch BARTH, CORRENS u. ESKOLA: Die Entstehung der Gesteine. Berlin 1939; ferner STÖCKE: Fortschr. Mineralogie, Kristallographie u. Petrographie Bd. 24 (1940) S. 69 ff.

alten Bauwerken, Beurteilung des Gefüges und der Bestandteile, Bestimmung der Wasseraufnahme bei Luftdruck und der Wasseraufsaugefähigkeit; Bestimmung des Sättigungskoeffizienten (Verhältnis der Wasseraufnahme bei gewöhnlichem Luftdruck zur Wasseraufnahme bei 150 at, wenn die Wasseraufnahme größer als 0,5% festgestellt ist) und Ausführung des Frostversuchs. Bei den Zuschlagstoffen zum Beton sind die Bedingungen weniger streng zu fassen als bei Werksteinen zu Hochbauten, da die Zementumhüllung die Wetterbeständigkeit erhöht.

Ausführliche Darlegungen zur Ausführung der genannten Prüfungen finden sich im Handbuch der Werkstoffprüfung Bd. 3, insbesondere S. 181 ff.

Im allgemeinen ist es im Deutschen Reich einfach, wetterbeständige Zuschlagstoffe aus Steinbrüchen zu erhalten, da hierfür außer den Erstarrungsgesteinen auch Quarzite, quarzitische Sandsteine und dichte Kalksteine in Betracht kommen[1]. Wegen ungenügender Wetterbeständigkeit oder chemischer Einwirkung auf den Zement sind u. a. folgende Gesteine nicht brauchbar: Gips, Anhydrit, Kreide, Glimmerschiefer, Speckstein, Gesteine mit erheblichem Schwefelgehalt; bedingt brauchbar sind Basalte mit Sonnenbrand, Grauwacke, Tonschiefer, Kalksteine geringer Festigkeit, weiche Sandsteine, auch Tuff und Bimskies. Weiteres vgl. S. 207 ff.

Die Beurteilung der *Wetterbeständigkeit der Geschiebe* ist oft recht schwierig, da die Geschiebe oft mangelhafte Stücke enthalten und da zu entscheiden ist, welcher Anteil an bestimmten nicht wetterbeständigen Gesteinsteilen jeweils zulässig ist. Dazu sei empfohlen, zunächst Durchschnittsproben zu nehmen; diese werden nach Korngruppen und nach Gesteinsarten aufgeteilt. Außerdem sind die Teilproben nach gesunden sowie nach weichen (stark

Abb. 35. Zuschlagstoffe mit verschiedener Kornform.

wasseraufnehmenden) brüchigen, angewitterten, unerwünschten oder unbrauchbaren Stücken aufzuteilen (vgl. auch unter 8., S. 34). Die zweifelhaft brauchbaren Gesteinsteile können durch den Frostversuch nach DIN 52104, vielleicht auch durch den Kristallisationsversuch DIN 52111 und durch folgendes Kollern oder Schlagen beurteilt werden. Im einzelnen wird hierzu S. 211 ff. ausführlich Stellung genommen.

12. Über die Kornform der Zuschlagstoffe und über ihre Bestimmung.

Beton mit kugelig geformten Zuschlagstoffen (z. B. mit oberschwäbischem Moränekies) läßt sich leichter und zuverlässiger verarbeiten und verdichten als Beton mit langsplitterigem, sperrigem Splitt und Schotter. Der Schotterbeton erfordert im Grenzfall mehr Mörtel oder bei gleichen Mörtelmengen mehr Wasser als Beton mit Moränekies, wenn die gleiche Verarbeitbarkeit vorhanden

---

[1] Sonderfälle sind aus den Vereinigten Staaten von Nordamerika berichtet worden. Vgl. u. a. STANTON, PORTEP, MEDER und ALLEN NICOL: Proc. Amer. Concrete Inst. Vol. 38 (1942) S. 209 u. f.

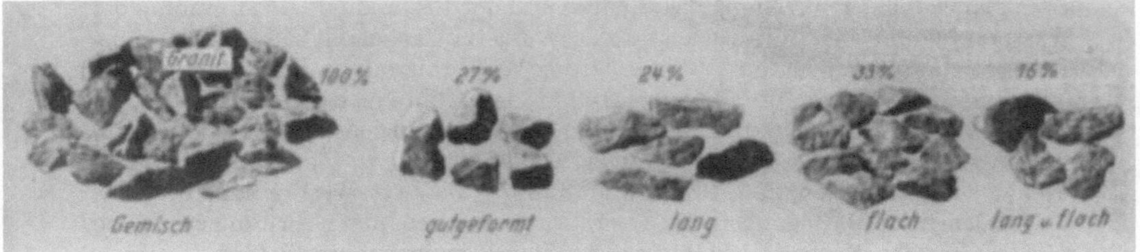

Abb. 36. Granitschotter, aufgeteilt nach der Kornform (vgl. Zahlentafel 6).

sein soll, vgl. u. a. S. 103. Deshalb ist es nötig, die Kornform der Zuschlagstoffe zu beachten und in wichtigen Fällen zu messen.

Abb. 37.
Sand X. Rückstand auf dem Sieb mit 900 Maschen auf 1 cm², abgesiebt auf dem Sieb mit 1 mm Lochdurchmesser (Körnung 0,2 bis 1 mm).

Abb. 38.
Sand XI. Rückstand auf dem Sieb mit 1 mm Lochdurchmesser, abgesiebt auf dem Sieb mit 3 mm Lochdurchmesser (Körnung 1 bis 3 mm).

Aus den zugehörigen Untersuchungen (vgl. S. 103 ff.) entstand die in der Anweisung für den Bau von Betonfahrbahndecken (Ausgabe 1939) S. 59 angegebene Vorschrift:

„Die Körner sollen eine gedrungene Form besitzen. Das Verhältnis der Kornabmessungen (Länge : Breite : Dicke) soll mindestens 1 : 0,6 : 0,3 betragen. Dieses ist bei Korngrößen unter 12 mm als Mittelwert von 50, bei Korngrößen über 12 mm von 25 Stücken zu bestimmen."

Das Messen der Kornform geschieht zweckmäßig nach DIN 51 991 durch unmittelbare Bestimmung der Hauptmaße und durch Angabe der Verhältniswerte der Dicke d und der Breite b sowie der Länge l und der Breite b. Dabei sind zunächst Mittelwerte festzustellen, bei Zuschlagstoffen mit sehr ungleicher Kornform auch der mengenmäßige Anteil flacher und langer Körner[1].

Die Richtlinien für die Lieferung und Abnahme von Zuschlagstoffen aus natürlichen Vorkommen (DIN 4226) verlangen folgendes:

„Die Form der Einzelteile soll möglichst gedrungen (kugelig oder würfelig) sein. Der An

---

[1] Vgl. WALZ: Straßenbau 1939 S. 1 ff.; ferner PICKEL u. ROTHFUCHS: Bitumen 1938 Heft 4 u. 5.

teil ungünstig geformter Körner, das sind besonders flache und lange Teile, soll möglichst 50% des Gesamtgewichts nicht überschreiten."

Nach DIN 51991, Fußbemerkung 3, erscheint ein Korn als flach, wenn $d:b < 0,5$; es wirkt als lang, wenn $l:b > 1,5$ ist. Ein Korn, bei dem zugleich $d:b < 0,5$ und $l:b > 1,5$ ist, hat eine besonders flache und lange Form. Abb. 35 zeigt Beispiele gebrochener Zuschlagstoffe verschiedener Kornform. Am besten geeignet ist der rauhe Rollkies. Weiteres hierzu S. 103. In Abb. 36 ist gebrochener Zuschlagstoff dargestellt, der nach seinem Anteil an gut geformten (gedrungenen), langen, flachen sowie langen und flachen Stücken gesichtet ist. Zahlentafel 6 enthält zugehörige zahlenmäßige Feststellungen[1].

Aufmerksamkeit erfordert auch die Kornform der feinsten Bestandteile.

Die Gesteinsteile der Flußsande und Brechsande besitzen gemäß Abb. 37 bis 40 in allen Kornstufen Formen, die denen in Abb. 35 und 36 ähnlich erscheinen. Auch die Tonteile fallen in den so bekannten Bereich. Glimmer ist blätterig und deshalb im Sand nicht erwünscht. Feinsand aus

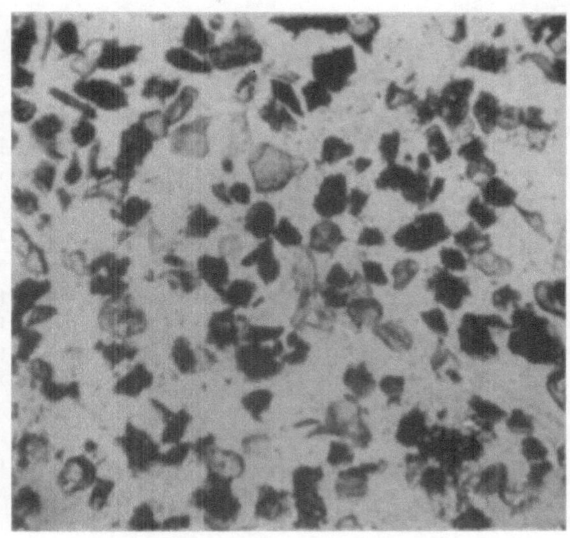

Abb. 39. Basaltquetschsand 0,09 bis 0,2 mm.

Zahlentafel 6. Kornform von Granitschotter 15 bis 30 mm.

Gestein		Granit				
Probe		1	2	1	2	Mittel
untersucht durch		R	R	H	H	—
Anzahl der Körner		50	50	50	50	—
Gewicht in g		150	142	238	145	—
$d:b:l$		1:2,6:3,8	1:2,6:3,9	1:1,8:3,0	1:2,7:3,4	1:2,4:3,5
$d:b$		0,4	0,4	0,6	0,4	0,45
$l:b$		1,5	1,5	1,7	1,3	1,5
flache Teile	Gew.%	34	33	12	55	33
$d:b < 0,5$	Anzahl %	44	48	14	66	43
lange Teile	Gew.%	15	23	54	4	24
$l:b > 1,5$	Anzahl %	10	14	56	2	20
flache und	Gew.%	26	21	8	9	16
lange Teile	Anzahl %	24	20	14	8	16
Ungeeignete Teile	Gew.%	75	77	74	68	73
insgesamt	Anzahl %	78	82	84	76	79

[1] Vgl. WALZ: Straßenbau 1939 S. 4.

Kieselgur [1] zeigt Formen nach Abb. 41; er vergrößert entsprechend seiner Gestalt die innere Oberfläche des Mörtels.

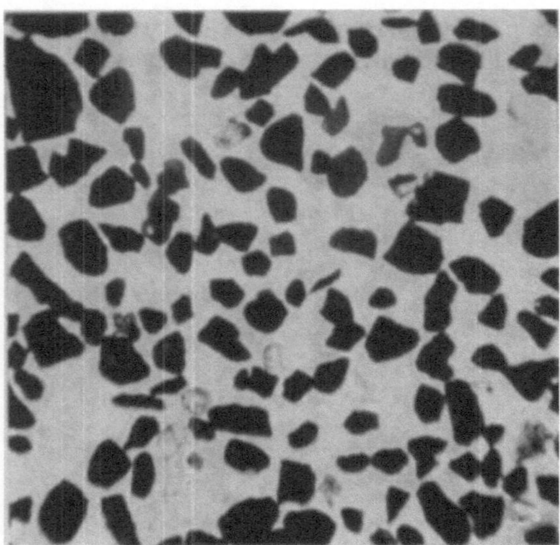

Abb. 40. Kalksteinquetschsand 0,09 bis 0,2 mm.

13. Über die Oberflächenbeschaffenheit der Zuschlagstoffe.

Oftmals wird die Auffassung angetroffen, daß Zuschlagstoffe mit rauher Oberfläche nach Abb. 42 zweckmäßiger seien als solche mit vorwiegend glatter Fläche nach Abb. 43 und 44. Hierzu wird S. 103 eingehend Stellung genommen. Aus den dort mitgeteilten Beobachtungen ergibt sich, daß Zuschlagstoffe mit sehr glatten Flächen, wie sie bei gebrochenem Glas, vgl. Abb. 45, oder bei Gneisen mit Glimmerlagen auftreten, zu vermeiden sind und daß mäßig rauhe Flächen zweckmäßig erscheinen. Zuschlagstoffe mit der in Abb. 44 erkennbaren Oberflächenbeschaffenheit sind noch gut brauchbar, auch wenn Beton mit hoher Festigkeit hergestellt werden soll. Die Stoffe nach Abb. 42 und 43 haben sich trotz der Verschiedenheit der Oberfläche als gleichwertig erwiesen.

Bimskies nach Abb. 46 und Lavaschlacke nach Abb. 47 sind porige Zuschlagstoffe mit scharfen Porenrändern und großer Oberfläche; durch die damit verbundene Oberflächenbeschaffenheit wird die Verarbeitbarkeit beeinflußt. Vgl. auch S. 231.

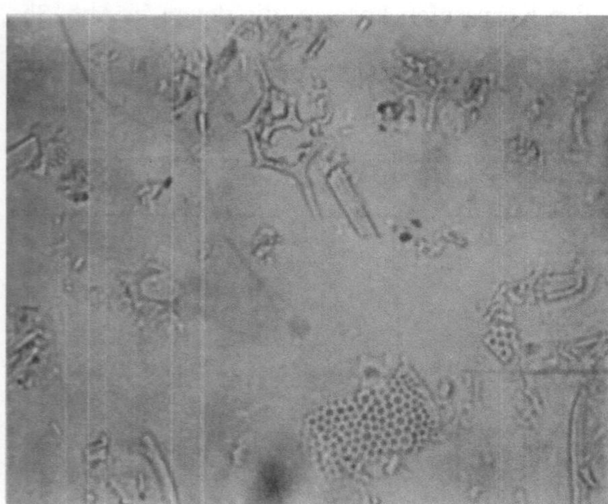

Abb. 41. Kieselgur in rd. 50facher Vergrößerung.

14. Über die Raumänderungen der Zuschlagstoffe durch Wasseraufnahme und Wasserabgabe.

Wie der erhärtete Zement erfahren auch die Gesteine Raumänderungen durch das Austrocknen und Durchfeuchten. Abb. 48 zeigt beispielsweise die Längenänderungen eines Sandsteins aus dem Geschiebe des Neckars; während der Wasserlagerung verlängerte sich der ursprünglich lufttrockene Stein in der 1. Stunde um 0,15 mm/m, in den folgenden 2 Tagen um weitere 0,02 mm/m; beim Austrocknen war nach 9 Stunden die Anfangslänge wieder erreicht.

---

[1] Im Ausland als Zusatz empfohlen, wenn es sich um die Verbesserung des Zusammenhangs des frischen Betons handelt.

Abb. 43. Granitschotter N gekollert (ursprünglicher Zustand nach Abb. 42).

Abb. 45. Glasschotter.

Abb. 42. Granitschotter N.

Abb. 44. Moränekies aus Oberschwaben.

In Abb. 49 sind die Längenänderungen eines Kalksteins angegeben, der sich langsamer vergrößerte, auch erheblich kleinere Verlängerungen ergab als der Sandstein zu Abb. 48.

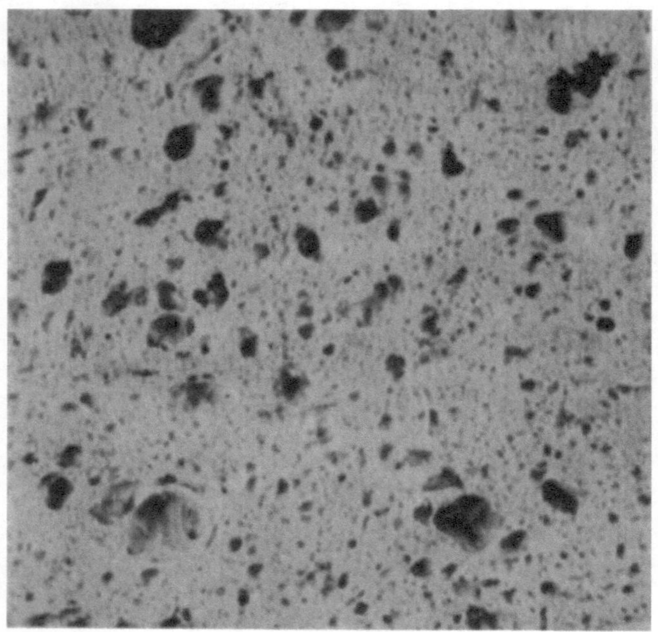

Abb. 46. Gefüge im Querschnitt eines Bimskorns. Der gleiche Zustand ist an der Oberfläche der Bimskörner festzustellen.

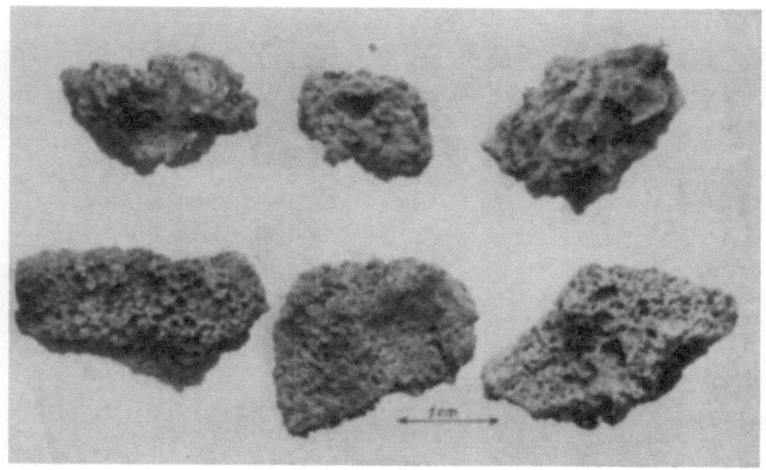

Abb. 47. Porige Lavaschlacke, gebrochen.

Auch bei anderen Gesteinen sind beim Durchfeuchten und Austrocknen Raumänderungen entstanden, doch blieben sie kleiner als bei dem Beispiel in Abb. 48, bei Basalt, Diabas, Quarzit viel kleiner[1]. Im ganzen sind die Raum-

---

[1] GRAF: Schriftenreihe der Forschungsgesellschaft für das Straßenwesen Heft 10 S. 20; ferner SCHÄCHTERLE: Bauingenieur 1938 S. 443.

änderungen der Gesteine beim Durchfeuchten und Austrocknen bedeutend kleiner geblieben als die des umgebenden Zementbreis. Weiteres vgl. S. 20.

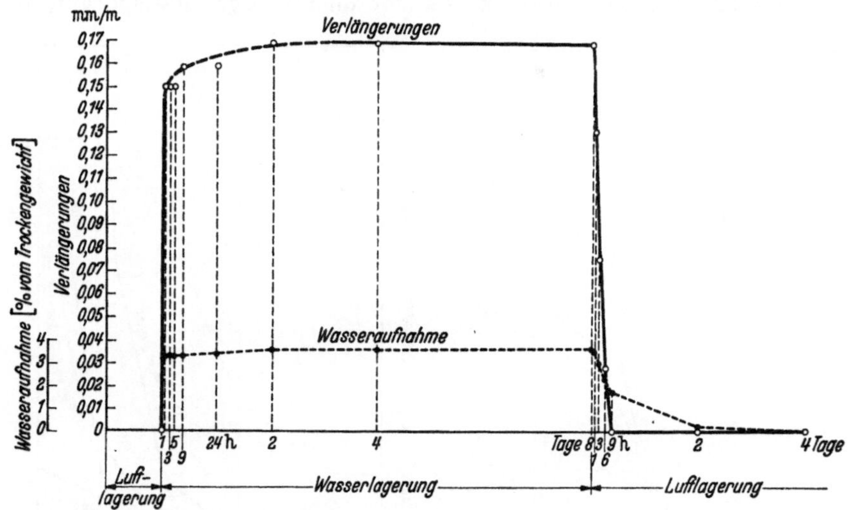

Abb. 48. Verlängerungen und Verkürzungen eines Sandsteins bei Wasseraufnahme und Wasserabgabe.

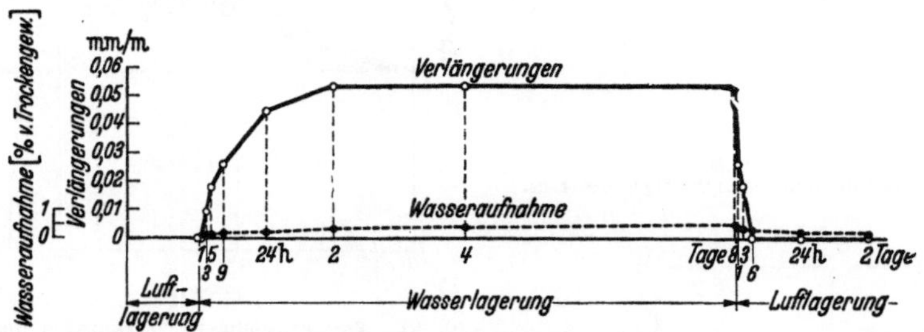

Abb. 49. Verlängerungen und Verkürzungen eines Muschelkalksteins bei Wasseraufnahme und Wasserabgabe.

15. Über die Längenänderungen (Raumänderungen) der Zuschlagstoffe durch die Änderung ihrer Temperatur.

Diese Änderungen sind bei verschiedenen Gesteinen erheblich verschieden, überdies bei hohen Temperaturen, wie sie bei Bränden vorkommen, anders als bei den üblichen Gebrauchstemperaturen von etwa —20° bis +40°.

Unter üblichen Temperaturen fand sich nach den bis 1939 bekannten Versuchen die Änderung der Länge L bei einer Änderung der Gesteinstemperatur von 1°*

für Granit	zu 0,0000058 bis 0,0000083 L
für Kalkstein	zu 0,0000011 „ 0,0000085 L**
für Sandstein	zu 0,0000058 „ 0,0000124 L**
für Mauerziegel	zu 0,000004 „ 0,000010 L***.

---

* Busch: Feuereinwirkung auf nicht brennbare Baustoffe und Baukonstruktionen 1938 S. 55; Johnson's Materials of Construction, 7. Aufl. S. 250, bearbeitet von Turneaure. New York 1930; ferner Schächterle: Bauingenieur 1938 S. 442.

** Gleichlaufend zur Schichtung sind erheblich kleinere Wärmedehnungen gemessen worden als quer dazu. Vgl. auch Bauingenieur 1938 S. 442; ferner Willis u. Rens: Proc. Amer. Soc. Test. 1939 S. 924.

*** Techn. News Bull. 1942 Heft 292 S. 68 u. 69.

Nach neueren Versuchen sind noch weit größere Unterschiede möglich[1]. Über die Wärmeausdehnung der Gesteine bei hohen Temperaturen geben die Abb. 50 bis 52 Auskunft[2]. Abb. 50, die für quarzhaltige Gesteine gilt, zeigt

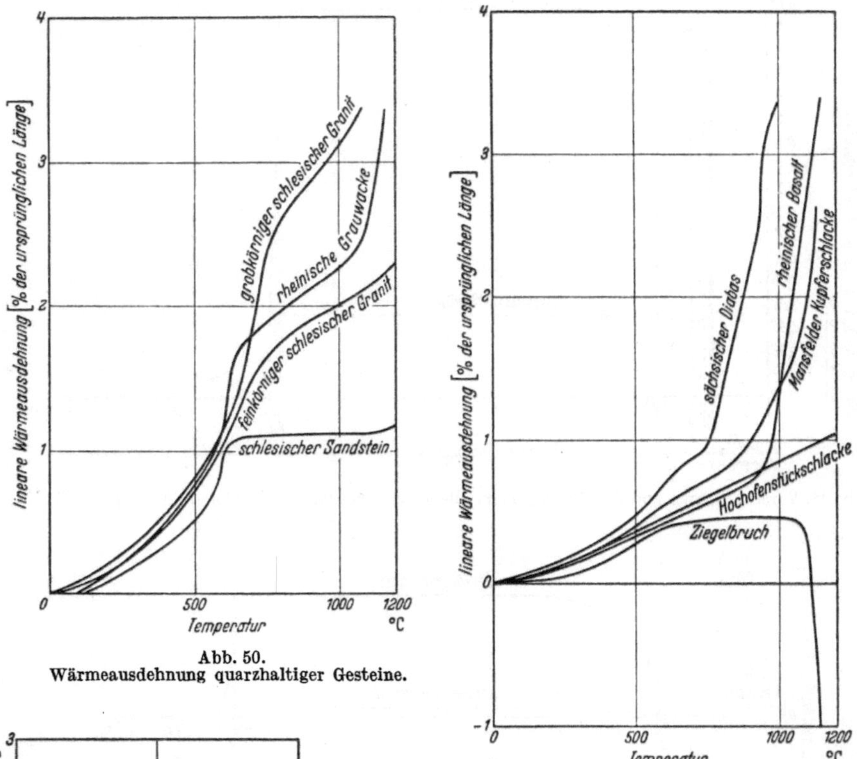

Abb. 50.
Wärmeausdehnung quarzhaltiger Gesteine.

Abb 51. Wärmeausdehnung vulkanischer Gesteine,
Mansfelder Kupferschlacke, Hochofenstückschlacke
und Ziegelbruch.

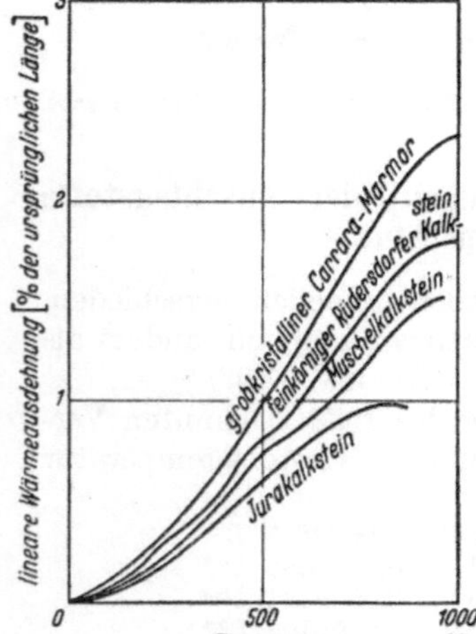

Abb. 52. Wärmeausdehnung von
Schichtgesteinen.

beginnend bei rd. 570° eine sprunghafte Zunahme der Wärmedehnung. Zu beachten ist in Abb. 51 die weniger veränderliche Wärmedehnung der Ergußgesteine und des Ziegelbruchs. Die Hochofenstückschlacke hat bis zu 1200° eine stetig zunehmende Wärmedehnung gezeigt, vgl. Abb. 51. Die kleinste Ausdehnung fand sich am Ziegelbruch. Im ganzen war die Wärmedehnung für die untersuchten Gesteine sehr verschieden.

Zum Vergleich sei bemerkt, daß die Wärmeausdehnung des Baustahls bis 100° zu 0,000012 L, bis 600° zu rd. 0,0000145 L beobachtet ist; die Verlängerung des Baustahls beträgt also für 500° Temperaturunterschied rd. 0,7%.

---

[1] Vgl. PEARSON: Proc. Amer. Concrete Inst. Vol. 38 (1942) S. 32, ferner RHOADES und MISLENZ: ebenda Vol. 42 (1946) S. 590.
[2] Nach ENDELL: Dtsch. Ausschuß Eisenbeton 1929 Heft 60.

16. Über die spezifische Wärme der Zuschlagstoffe.

Die spezifische Wärme, das ist die Wärmemenge zur Steigerung der Temperatur von 1 g Gestein um 1°, wird bei der rechnerischen Verfolgung der Temperatur in massigen Betonbauten gebraucht. Sie beträgt bei Zimmertemperatur[1]

für Granit. . . . 0,18 cal/g,	für Sandstein . . . 0,17 cal/g,
für Basalt. . . . 0,19 „ ,	für Ziegelstein. . . 0,20 „ .

17. Über die Wärmeleitfähigkeit der Zuschlagstoffe.

Diese Eigenschaft ist für den Aufbau von Beton mit bestimmter Wärmeleitfähigkeit wichtig, sei es, daß es sich um Beton mit kleiner Wärmeleitfähigkeit für den Wohnungsbau (vor allem Leichtbeton) oder um Beton mit hoher Wärmeleitfähigkeit (für Sonderaufgaben) handelt. Die Wärmeleitzahl λ in kcal/m $\cdot h \cdot °$ ist für verschiedene Zuschlagstoffe sehr verschieden, überdies von der Höhe der Temperatur und vom Wassergehalt, dem Porengehalt und der Porenausbildung der Stoffe abhängig. U. a. wurde bei 20° für lufttrockene Stoffe festgestellt bei Granit $\lambda = 2,5$, bei Basalt $\lambda = 1,44$, bei Muschelkalk $\lambda = 2,1$ kcal/m $\cdot h \cdot °$[*].

Zu den Stoffen mit kleiner Wärmeleitfähigkeit gehören Bims, granulierte Hochofenschlacke, Blähton, Lavaschlacke, d. h. porige Stoffe mit kleiner oder mittlerer Rohwichte. Weiteres vgl. S. 198ff. und S. 260ff.

18. Über die Bestimmung der aufschlämmbaren Bestandteile der Zuschlagstoffe.

Die Bestimmungen des Deutschen Ausschusses für Stahlbeton DIN 1045 enthielten früher im Teil A, § 7 unter 2c folgendes:

„Lehm, Ton und ähnliche Beimischungen, wie sie in natürlichen Vorkommen und im Steinmehl enthalten sein können, wirken besonders schädlich, wenn sie an den Zuschlägen festhaften. Sind sie in geringen Mengen im Sande fein verteilt, ohne an den Körnern festzuhaften, so schaden sie in der Regel nicht. Ein Gehalt der Zuschläge an abschlämmbaren Stoffen in Höhe von 3 Gewichtsprozenten ist im allgemeinen nicht zu beanstanden. Verunreinigte Zuschläge können meist durch Waschen verbessert werden.“

Hierzu fehlte die Begrenzung der Größe der feinsten Teile, die zu den aufschlämmbaren gehören sollen. Diese ist in DIN 4226 (Teil F der Bestimmungen des Deutschen Ausschusses für Stahlbeton, § 5) gegeben worden:

„Der Einfluß der mehlfeinen Stoffe auf die Güte des Betons kann im allgemeinen auf Grund des Anteils bis 0,02 mm beurteilt werden (in Wasser aufgeschlämmte Bestandteile).“

Weiterhin ist die Menge wie folgt begrenzt worden:

„Der Gesamtanteil der aufschlämmbaren Bestandteile darf nach Gewicht betragen (Richtzahlen) bei Korngruppen bis 3 mm Korngröße höchstens 4 %,

„ „ 7 „ „ „ 3 %,

„ „ 70 „ „ „ 1,5%.

Ein einfaches Verfahren zur Bestimmung der Menge feiner Bestandteile ist in den Richtlinien für den Bau von Betonfahrbahndecken, Ausgabe 1937, S. 58ff., ferner Ausgabe 1939, S. 56 bis 58 sowie in der Anweisung für Mörtel und Beton

---

[1] Henning: Wärmetechnische Richtwerte 1938 S. 58.

[*] Henning: Wärmetechnische Richtwerte 1938 S. 81. Für körnige Zuschlagstoffe fehlen Angaben über λ; da das Verhalten im Beton entscheidend ist, bleibt dieser Mangel praktisch unerheblich.

(AMB der Deutschen Reichsbahn), Ausgabe 1936, S. 62 und 83 beschrieben worden. Dabei wird die Menge der Bestandteile ermittelt, die durch ein Sieb von 0,09 mm Maschenweite geschlämmt werden kann. Dieses Verfahren ist unvollständig, weil außer der Menge auch der Kornaufbau des Abschlämmbaren oder mindestens der Anteil einer besonders feinen Korngruppe bekannt sein muß, wie dies aus den später zu besprechenden Versuchsergebnissen hervorgeht. Vgl. S. 96 ff.

Die Bestimmung des Kornaufbaus der feinsten Teile geschieht zweckmäßig durch Sedimentieren nach ANDREASEN[1]. Dabei wird von der Erkenntnis ausgegangen, daß die Sinkgeschwindigkeit der feinen Teile von ihrer Größe abhängt und daß demnach ein ursprünglich gleichmäßiges Gemisch aus Ton und Wasser nach bestimmten Zeiten in einer festgelegten Tiefe unter dem Wasserspiegel nur noch Körnchen bestimmter Feinheit enthält[2].

Zweckmäßig wird folgendermaßen verfahren[3]:

Aus den zu untersuchenden Zuschlagstoffen wird eine Durchschnittsprobe von 5000 g entnommen. Sie wird in einen rd. 30 cm hohen und 30 cm weiten Behälter gebracht und mit 5 Liter kochendem Wasser überschüttet. Um das Ablösen des Tons vom Zuschlag zu erleichtern und um Koagulation zu vermeiden, werden 34 g Natriumpyrophosphat ($Na_4P_2O_7 \cdot 10\ H_2O$) zugesetzt. Hierauf wird der Inhalt während mindestens 10 Minuten kräftig gestochert und gerührt, dann so viel Wasser zugegeben, daß die gesamte im Behälter befindliche Wassermenge einschließlich der Eigenfeuchtigkeit der Zuschlagstoffe 17 Liter beträgt. Es wird nun nochmals während 10 Minuten gerührt. Ergibt die Nachprüfung durch Augenschein (Entnahme des Zuschlags vom Gefäßboden mittels durchlochten Schöpflöffels), daß die Oberfläche der Körner noch nicht rein ist oder daß noch Klumpen vorhanden sind, so ist das Aufrühren fortzusetzen, bis vollständige Aufschlämmung erreicht ist. Dann wird die bewegte Flüssigkeit rasch zur Ruhe gebracht, durch Einführen eines Blechs unter Gegenbewegung.

Entsprechend der aus der Formel von STOKES[4] für die abgekühlte Flüssigkeit errechneten Sinkzeit wird dann mit dem Absaugen der Probe für bestimmte Korngruppen, in der Regel für Teilchen bis 0,02 mm Durchmesser begonnen[5]. Die Bestimmung der Teilchen bis 0,02 mm Durchmesser geschieht wie folgt:

Nachdem die Flüssigkeit beruhigt ist, wird eine Stoppuhr in Gang gesetzt und nach der unten angegebenen Zeit, in Abhängigkeit von der Temperatur der Schlämme, mit einem Absaugrohr 1 Liter der Flüssigkeit aus der Mitte des Behälters, 15 cm unter dem Wasserspiegel, entnommen. Die Zeit, nach der abgesaugt wird, beträgt bei einer Temperatur der Flüssigkeit von[6]

16°	20°	24°
7 min 43 sec	6 min 58 sec	6 min 18 sec

In diesen Zeiten ist die mit 30 sec Dauer angenommene Absaugezeit beachtet, indem das Absaugen 15 sec vor der errechneten Zeit beginnt.

Die entnommene Schlämme wird in einer vorher gewogenen Porzellanschale eingedampft. Aus dem Gewicht der Trockenwägung (auf 0,1 g genau) ergeben sich die in der Schlämme enthaltenen festen Bestandteile. Von dieser Menge ist noch das nach dem Trocknen verbleibende Natriumpyrophosphat abzuziehen,

---

[1] ANDREASEN: VDI-Forsch.-Heft 399. Berlin 1939; ferner ENDELL: Bautechn. 1941 S. 201 ff.

[2] GESSNER: Schlämmanalyse. Leipzig 1931 S. 8 ff.

[3] Vgl. auch WALZ: Betonstraße 1940 S. 80; ferner Dissertation AMBACH. Stuttgart 1942; Teilauszug in Fortschr. u. Forsch. Bauwesen Reihe A, Heft 12 S. 21 ff.

[4] GESSNER: Schlämmanalyse S. 9 u. S. 21. Leipzig 1931.

[5] Durch die Wahl anderer Zeiten können andere Korngruppen erfaßt werden.

[6] GESSNER: Schlämmanalyse 1931 S. 232. — Die Werte gelten für ein spez. Gewicht der geschlämmten Stoffe von 2,60.

das sind rd. 1,2 g. Der verbleibende Gewichtsanteil entspricht der Körnung bis 0,02 mm; er wird in Prozent des Trockengewichts des untersuchten Kiessandes angegeben.

Die Bestimmung der Menge des Tons nach bestimmten Korngruppen kann auch mit dem Aräometer nach den Angaben von CASAGRANDE geschehen[1], wobei das von AMBACH beschriebene Vorgehen empfohlen wird[2].

19. Über die Ermittlung schädlicher Beimengungen der Zuschlagstoffe.

Nach der unter 18. wiedergegebenen Vorschrift des Deutschen Ausschusses für Stahlbeton dürfen in den Zuschlagstoffen erhebliche Mengen abschlämmbare Stoffe sein. Nach den später S. 96 beschriebenen Versuchen ist meist ein noch höherer Gehalt an abschlämmbaren Stoffen zulässig, wenn die feinen Teile verteilt und nicht als haftender Überzug der groben Stücke vorhanden sind. Im allgemeinen ist es nach den Stuttgarter Feststellungen angezeigt, künftig die Größe der abschlämmbaren Stoffe auf 0,02 mm zu begrenzen und die Menge dieser Stoffe gemäß DIN 4226 zu beurteilen; Abweichungen sind angängig, sofern durch besondere ausführliche Versuche eine höhere Grenze als zulässig erkannt wird. Vgl. hierzu S. 92ff.

Der zu hohe Gehalt an feinsten Teilen kann durch Waschen beseitigt werden. Zu scharfes Waschen ist unzweckmäßig, da ein gewisser Anteil feinster Stoffe nötig oder erwünscht ist. Vgl. S. 222ff. (Verarbeitbarkeit des Betons) und S. 86ff. (Druckfestigkeit des Betons).

Als schädliche Stoffe kommen weiterhin nach den Bestimmungen des Deutschen Ausschusses für Stahlbeton (DIN 1045 und DIN 4226) in Betracht:

a) organische, humusartige Stoffe;

b) Kohlen-, besonders Braunkohlenteile;

c) Stücke mit großblasigem, schaumigem und glasigem Gefüge in der Hochofenstückschlacke; in ihr dürfen höchstens 5% solcher Stücke sein; sie darf weder zerfallen noch zerreißen und keine Beimengungen, wie Steine, Ziegel, Lehm, Kohle u. dgl. enthalten[3].

d) Schwefelverbindungen[4], wie sie in Kessel- und Lokomotivschlacken, Müllverbrennungsrückständen usw. vorkommen.

Zum Nachweis organischer Verunreinigungen ist die chemische Analyse zweckmäßig; ob sie nötig ist, wird durch die Färbeprüfung mit Natronlauge (NaOH) angezeigt[5]. Dazu werden 130 cm³ des Zuschlagstoffs in einen Meßzylinder mit eingeschliffenem Glasstopfen eingefüllt, dann bis zum Teilstrich 200 cm³ mit 3proz. Natronlauge übergossen, gründlich durchgeschüttelt, 24 Stunden verschlossen und ruhig stehengelassen. Bleibt die Flüssigkeit klar bis hellgelb, so ist der Zuschlagstoff gut brauchbar, wird sie hochgelb, so handelt es sich um noch brauchbare Stoffe; bei dunkelgelber Färbung ist damit zu rechnen, daß die Zuschlagstoffe unbrauchbar sind, was durch Vergleichsversuche über die Druckfestigkeit und Biegezugfestigkeit erkannt wird.

Wenn vermutet wird, daß die Färbung nicht durch organische Bestandteile[6] erfolgt, so ist die chemische Untersuchung nötig.

---

[1] Straßenbau 1939 S. 366.

[2] Dissertation AMBACH. Stuttgart 1942 oder Fortschr. u. Forsch. Bauwesen Reihe A, Heft 12 S. 21ff.

[3] Zerkleinerte Hochofenstückschlacke muß den „Richtlinien für die Lieferung und Prüfung von Hochofenschlacke als Zuschlagstoff für Beton und Stahlbeton" entsprechen.

[4] Der in Hochofenschlacke geeigneter Zusammensetzung als Kalziumsulfid vorhandene Schwefel ist unschädlich.

[5] Eisenbetonbau: Entwurf und Berechnung Bd. 1 (1926) S. 53ff.

[6] U. a. zeigen Gneise durch ihren Eisengehalt zeitweilige Verfärbungen der Natronlauge; diese sind für die Widerstandsfähigkeit ohne Bedeutung.

Kohlehaltige Sande führen durch Quellen, u. U. bald nach der ·Herstellung des Betons oder Putzes, zu kleinen Aussprengungen an der Oberfläche. Diese Aussprengungen sind bei gewöhnlichen Betonflächen in der Regel nur als Schönheitsfehler anzusprechen; sie haben weitergehende Bedeutung, wenn erhebliche Anforderungen an die Dichtigkeit, wie bei Glattstrichen usw., gestellt werden.

Die Schwefelverbindungen vermögen bei Zutritt von Wasser infolge chemischer Umsetzung der Sulfate mit den Bestandteilen des Zements auf den Beton schädlich einzuwirken, wenn sie als Sulfate vorhanden sind oder durch genügende Zufuhr von Luft und Feuchtigkeit zu solchen oxydiert werden. Der Gehalt der Schlacke in solchen Stoffen soll höchstens 1% sein (berechnet als SO_3, bezogen auf die bei 98° getrocknete Schlacke)[1]. Derartige Schlacken enthalten auch vielfach Stücke von gebranntem Kalk[2], der bei Aufnahme von Feuchtigkeit nachlöscht, seinen Raumgehalt vergrößert und hierdurch schädlich wirkt.

Auch in natürlichen Gesteinen oder in Geröllen finden sich — allerdings selten — Einlagerungen mit Schwefelverbindungen (Schwefelkies usw.)[3].

Ferner sei erinnert, daß staubfeiner Glimmer wegen seiner blätterigen Kornform nur in bescheidenen Mengen vorhanden sein darf. Vgl. auch S. 101.

Minderwertige Bestandteile der Kiessande aus den Flüssen sind zum Teil an ihrem Gewicht erkennbar; sie lassen sich nach dem Einwerfen in Flüssigkeiten mit hohem Raumgewicht, z. B. in Zinkchlorid von 2,0 und 2,2 kg/dm³, erkennen. Der Anteil solcher Stoffe muß bei Beton hoher Festigkeit, der der Witterung ausgesetzt wird, eng begrenzt sein (bis etwa 5 % des Gewichts der Zuschlagstoffe).

20. Verhalten der Zuschlagstoffe gegen angreifende Wässer[4].

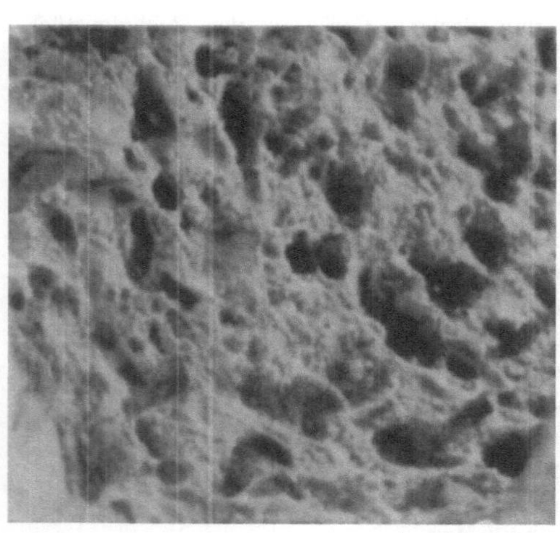

Abb. 53. Inneres eines Betonrohrs nach langer Lagerung in Moorwasser. Zuschlagstoffe bedeutend angegriffen.

Gegen die Angriffe der natürlichen Wässer sowie der Abwässer, die öffentlichen Wässern zugeführt werden dürfen, sind die Zuschlagstoffe aus Basalt, Granit, Quarzit, hochfesten Sandsteinen mit kieselsauren Bindemitteln, Hochofenschlacke, Ziegelschotter, als beständig anzusehen[5]. Dagegen sind u. a. Kalksteine, Sandsteine mit kalkigem Bindemittel unzweckmäßig, wenn ein Angriff durch Säuren, insbesondere durch Schwefelsäure und Kohlensäure, erfolgt.

Abb. 53 zeigt dazu einen Teil der Innenfläche eines Betonrohrs, das in saurem Moorwasser gelegen war und in dem die kalkigen Zuschlagstoffe tief abgetragen wurden.

---

[1] GRAF: Mitteilung 16 der Deutschen Studiengesellschaft für Trümmerverwertung. S. 106 ff.

[2] Solche Kalkteile sind besonders schädlich, wenn sie magnesiahaltig sind, da erfahrungsgemäß dolomitische Kalke stark treiben, besonders wenn sie schwach gebrannt sind und infolgedessen sehr träge löschen.

[3] Vgl. GRAF und WALZ: Beton- u. Stahlbetonbau 1943 S. 141 ff., ferner 1947 S. 61 ff. (Erläuterungen zu DIN 4226).

[4] Über die chemische Zusammensetzung der Gesteine vgl. GRÜN: Beton, 2. Aufl. S. 20 ff.

[5] GRAF u. GOEBEL: Schütz der Bauwerke S. 21 ff. Berlin 1930.

21. Der Wassergehalt der Zuschlagstoffe.

Die natürlichen und künstlichen Zuschlagstoffe tragen innerlich und äußerlich freies Wasser, dessen Menge von der vorausgegangenen Behandlung und Lagerung der Zuschlagstoffe (gebaggert, im Steinbruch gewonnen, im Freien gelagert, in bedachten Behältern gestapelt usw.) auch von ihrer inneren Beschaffenheit abhängt (dichte Gesteine, porige Zuschlagstoffe, wie Sandstein, Bims, Ziegelschotter). Unter anderem liegt der Wassergehalt von Rheinsand zwischen rd. 1 und 6%. Das an den Gesteinsteilen oberflächlich haftende, weniger das im Gestein lagernde Wasser beeinflussen die beim Anmachen des Betons nötige Wassermenge, weil dieses Wasser zum Zementbrei übertritt. Es ist deshalb nötig, das an den Gesteinsteilen haftende Wasser bei der Bemessung des Wasserzusatzes zu beachten, also fortlaufend festzustellen und in den Wasserzusatz einzurechnen. Wie dabei vorzugehen ist, wird S. 304 gezeigt. Ferner sei auf das Handbuch der Werkstoffprüfung Bd. 3 S. 442 verwiesen.

Andererseits ist zu beachten, daß lufttrockener Bims und lufttrockener Ziegelschotter dem Zementbrei Wasser entziehen. Deshalb werden solche Zuschlagstoffe vor ihrer Verwendung mehr oder minder mit Wasser getränkt, wenn der Wasserentzug die Herstellung des Betons erschwert oder wenn dadurch Mängel entstehen würden.

Es ist selbstverständlich für die fortlaufende Herstellung von Beton bestimmter Steife wertvoll, wenn der Wassergehalt der Zuschlagstoffe gleich oder wenig veränderlich gehalten wird. Dies kann durch Einlagern in bedeckten Behältern unter Wasserzufuhr, Abziehen des überschüssigen Wassers im Behälterboden und genügendes Ablagern in solchen Behältern erreicht werden. Dieses Verfahren ist ohne weiteres möglich, wenn die Aufteilung der Zuschlagstoffe unter Wasserzufuhr vorausgegangen ist. Allerdings ist dabei eine Beschränkung der Tränkung auf den Sand angezeigt, da sie bei groben Zuschlagstoffen wenig Bedeutung hat. Außerdem ist sie bei mageren Mischungen nicht immer ausführbar, wenn es sich um die Herstellung von Stampfbeton oder Rüttelbeton handelt, da der wassergetränkte Sand zu viel Wasser mitbringen kann.

Weiterhin ist wichtig, daß das Schüttgewicht der Zuschlagstoffe in hohem Maße vom Wassergehalt abhängig ist. Vgl. unter 22, S. 52.

22. Die Wichte und das Raummetergewicht der Zuschlagstoffe.

Der fertige Beton wird in der Regel nach Raummaß gemessen. Vereinzelt (bei Staumauern, Stützmauern) ist auch das Gewicht des Betons wichtig. Um angeben zu können, was zu 1 m³ Beton gebraucht wird, muß beim Messen der Zuschlagstoffe für einen Beton bestimmter Zusammensetzung, der fortlaufend mit genau gleichen Eigenschaften entstehen soll, die mittlere Rohwichte γ* des Gesteins der Zuschlagstoffe bekannt sein, getrennt für einzelne Korngruppen oder für Zuschlagstoffe verschiedener Herkunft. In Betracht kommt außerdem das Raummetergewicht der Zuschlagstoffe.

Die Rohwichte γ in g je cm³ beträgt nach DIN 52100 unter mittleren Verhältnissen

für Granit	2,60 bis 2,80	für quarzitische Sandsteine	2,60 bis 2,65
für Basalt	2,95 „ 3,00	für dichte Kalksteine	2,65 „ 2,85
für Diabas	2,80 „ 2,90	für Gneise	2,65 „ 3,00

Ferner ist festgestellt:

für Schaumkalkstein aus Rüdersdorf . . . . 2,42 bis 2,46.

____

* Früher Raumgewicht genannt, vgl. DIN 1306 und DIN 52100 (das frühere „spezifische Gewicht" wird nach DIN 1306 „Reinwichte" genannt); die Werte für die Rohwichte und für die Reinwichte sind bei dichten Gesteinen nur wenig verschieden.

4*

Hiernach liegt die Rohwichte γ meist zwischen 2,60 und 3,00 g/cm³. Wenn demnach in einer bestimmten Betonmischung der Anteil an Granit durch Basalt ersetzt werden soll, so ist das Gewichtsmaß des Basalts im Grenzfall zum $\frac{3,0}{2,6}$ fachen des Granits zu wählen, wenn der Raumanteil beider Stoffe im fertigen Beton gleich sein soll.

Das Raummetergewicht ist außer von der Rohwichte des Gesteins von der Kornzusammensetzung, von der Kornform und von dem Wassergehalt der Zuschlagstoffe abhängig.

Beispielsweise fand sich das Raummetergewicht von 1 Liter der lufttrockenen lose eingefüllten Zuschlagstoffe[1]:

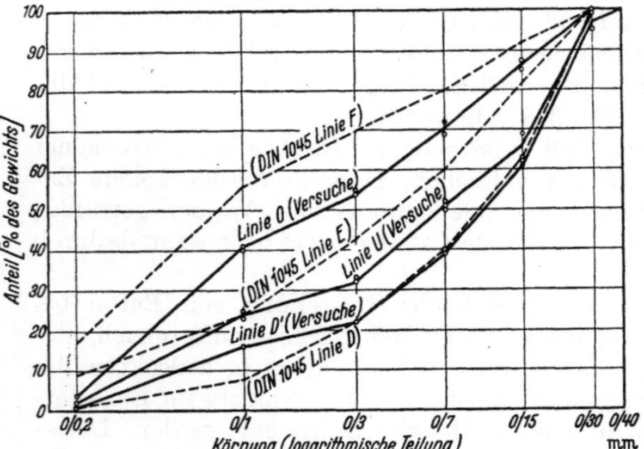

Abb. 54. Sieblinien von Zuschlaggemischen.

Moränesand 0 bis 3 mm zu 1,61 kg,
Moränesand 3 „ 7 mm zu 1,52 „ ,
Moränesand 0 „ 7 mm zu 1,78 „
(davon 6/10 0 „ 3 mm
       4/10 3 „ 7 mm),
Moränekies 7 „ 12 mm zu 1,56 „ ,
Moränekies 12 „ 25 mm zu 1,56 „ ,
Moränekies 25 „ 50 mm zu 1,54 „ .

Für lufttrockene Gemische aus Rheinsand und Rheinkies wurden folgende Raummetergewichte, bezogen auf 1 Liter, gefunden:

bei Körnungen nach Linie D' 1,82 kg,
bei Körnungen nach Linie U 1,88 „ ,
bei Körnungen nach Linie O 1,82 „ ,
vgl. Abb. 54.

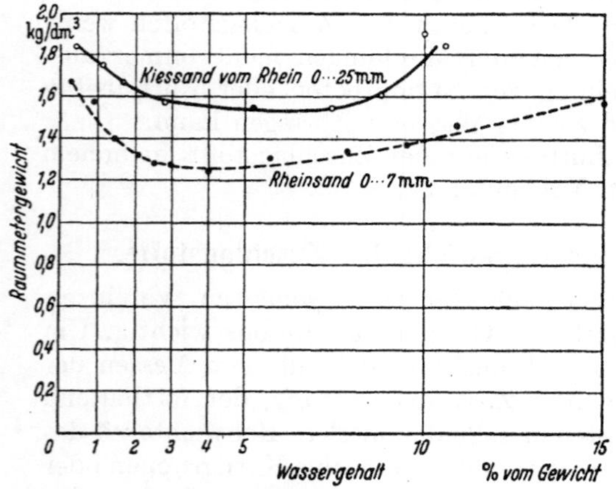

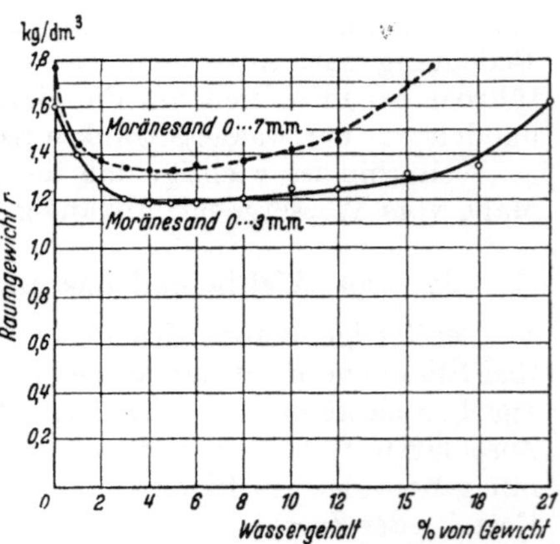

Abb. 55. Einfluß des Feuchtigkeitsgehalts des Sands und des Kiessands auf dessen Raummetergewicht.

Abb. 56. Einfluß des Feuchtigkeitsgehalts des Sands auf dessen Raummetergewicht.

Für trockene gebrochene Zuschlagstoffe sind u. a. folgende Raummetergewichte, bezogen auf 1 Liter, ermittelt worden:

Granit . . . . 3 bis 7 mm   1,17 kg*
Granit . . . . 7 „ 30 „   1,20 „ *
Basalt . . . . 10 „ 30 „ (doppelt gebrochen) 1,53 „ **

---

[1] Beton u. Eisen 1931 S. 111ff. Daselbst ist auch die Körnung der Sande angegeben.
* WALZ: Beton u. Eisen 1937 S. 218.
** Aus laufenden Feststellungen des Instituts für Bauforschung an der Techn. Hochschule Stuttgart, z. T. auch aus Dtsch. Ausschuß Eisenbeton 1930 Heft 63.

Basalt	10 bis 30	„	(einmal gebrochen)	1,30 kg
Diabas	7 „ 15	„		1,41 „
Diabas	15 „ 30	„		1,41 „
Diabas	50 „ 70	„		1,43 „
Muschelkalkstein	7 „ 20	„		1,45 „
Muschelkalkstein	20 „ 50	„		1,36 „
Rheinischer Bims	1 „ 3	„	und 0 bis 15 mm rd 0,70 „ *
Hüttenbims	1 „ 3	„	rd 0,80 „ .

Noch veränderlicher sind die Raummetergewichte, wenn der Wassergehalt geändert wird. U. a. zeigt Abb. 55 die Änderung des Raummetergewichts von lose eingefülltem Rheinsand 0 bis 7 mm und von lose eingefülltem Rheinkiessand 0 bis 25 mm mit Zunahme des Wassergehalts. Der nahezu lufttrockene Sand wog 1,65 kg je Liter; bei 5% Wassergehalt sind nur 1,25 kg je Liter Sand festgestellt worden; bei weiterer Zunahme des Wassergehalts des Sands nahm das Gewicht wieder zu. Abb. 56 zeigt ähnliche Verhältnisse für Moränesand und Moränekies. Über die Beachtung dieser Feststellungen vgl. S. 221[1].

Wichtig ist hier, daß der Einfluß des Wassergehalts auf das Raummetergewicht zurücktritt, wenn die Zuschlagstoffe in Korngruppen weitgehend aufgeteilt werden. Der Unterschied wird um so kleiner, je größer die Zuschlagstoffe sind. Zur Beurteilung sei auf folgende Zahlen verwiesen:

Wassergehalt	0	2	5	8	11	15 %
Raummetergewicht von Rheinsand 0 bis 1 mm	1,44	1,18	1,15	1,19	1,24	1,35 kg/dm³
Raummetergewicht von Rheinsand 1 bis 3 mm	1,42	1,32	1,34	1,38	1,43	1,55 „

Das Raummetergewicht der Zuschlagstoffe wird außerdem durch die Art des Einfüllens beeinflußt. Die bisher genannten Zahlen sind durch loses Füllen eines Gefäßes mit 10 Liter Inhalt gemäß DIN 52110 entstanden[2]. Durch Aufstoßen des Behälters, insbesondere durch Rütteln, entstehen bekanntlich viel größere Raummetergewichte. Außerdem macht sich dabei die Größe und die Form des Gefäßes bemerkbar. Über den Unterschied des Raummetergewichts von lose eingefüllten und von eingerüttelten Zuschlagstoffen vgl. S. 64[3].

D. Das Anmachwasser[4].

Hierzu enthält die Anweisung für Mörtel und Beton, herausgegeben von der Deutschen Reichsbahn, 1936, S. 20 ausführliche Angaben. Danach ist folgendes zu beachten.

Wasser aus Trinkwasserleitungen ist stets geeignet. Auch andere natürliche Wässer von klarem Aussehen, wie z. B. Moorwasser, Meerwasser und kohlensäurehaltiges Grundwasser, können in der Regel als Anmachwasser verwendet werden. In Zweifelsfällen ist ihre Eignung vor der Verwendung durch Festigkeitsversuche oder durch chemische Untersuchung des Wassers zu prüfen. Tonerdezement darf jedoch nicht mit salzhaltigem Wasser, z. B. Meerwasser, angemacht werden.

Stark verunreinigte Wässer sind selbstverständlich zu meiden. Als stark verunreinigt gelten ausnahmsweise auch Wässer mit klarem Aussehen, wenn

---

* Vgl. auch S. 261 (Bimsbeton).

[1] Über die Ergebnisse späterer umfangreicher Untersuchungen vgl. ferner HUMMEL: Zement 1932 S. 21, sodann KRISTEN: ebenda S. 353ff.

[2] Vgl. auch DIN 52110. Dort sind die Meßgefäße in Abhängigkeit von der Korngröße gefordert. In Stuttgart wird in der Regel das Gefäß mit 10 Liter Inhalt benützt.

[3] Vgl. auch HUMMEL: Zement 1932 S. 10ff.

[4] Es handelt sich hier nur um den Einfluß des Anmachwassers im frischen Beton, nicht um die Einwirkung von Wässern auf den erhärteten Beton.

sie sehr reich an chemisch wirksamen Bestandteilen sind. Derartige Wässer können die Festigkeit herabsetzen, das Abbinden beeinflussen und Ausblühungen herbeiführen. Das Anmachwasser soll nach der Vorschrift der Reichsbahn im allgemeinen keinen höheren Gehalt als 0,8% Schwefelsäure in schwefelsauren Salzen (berechnet als SO_3) oder 3% Natriumchlorid (Kochsalz) oder Magnesiumchlorid haben, da größere Mengen dieser Stoffe die Druckfestigkeit deutlich vermindern können. Auszuschließen sind öl-, fett-, kalisalz- und vor allem zuckerhaltige Werkstatt- und Fabrikabwässer. Vorsicht ist deshalb geboten bei Entnahme aus Wasserläufen unterhalb der Einleitung von Fabrikabwässern und bei Kesselspeisewasser, das aus Enthärtungsanlagen stammt. Solche Wässer müssen vor der Verwendung chemisch untersucht werden.

Die Vorschriften der Reichsbahn sind sehr vorsichtig gefaßt. Es wird im Deutschen Reich selten sein, daß das *Anmach*wasser untersucht werden muß.

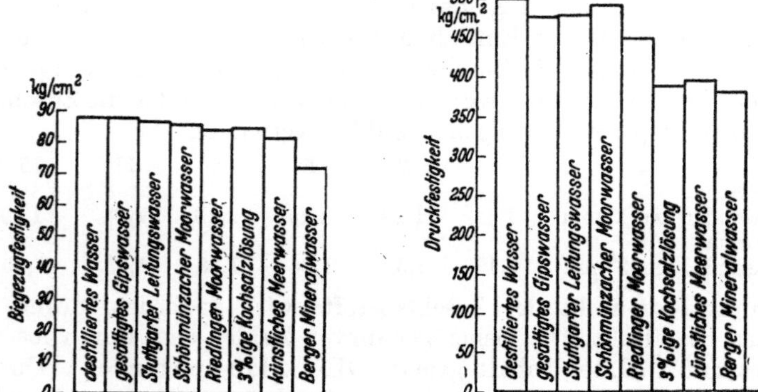

Abb. 57. Biegezug- und Druckfestigkeit von Prismen nach DIN 1165 und 1166, jetzt DIN 1164, nach 28 tägiger Wasserlagerung bei Verwendung verschiedener Anmachwässer.

Zur Beurteilung der Sachlage sei auf folgende Versuchsergebnisse verwiesen:

1. Aus 1 Gewichtsteil Portlandzement „Dyckerhoff", 1 Gewichtsteil Normensand I und 2 Gewichtsteilen Normensand II wurden Prismen nach DIN 1165 und 1166 hergestellt und nach 28 tägiger Wasserlagerung geprüft. Als Anmachwasser wurde verwendet:

a) destilliertes Wasser,
b) gesättigtes Gipswasser,
c) Leitungswasser von Stuttgart,
d) Moorwasser von Schönmünzach (34 mg SO_3 je Liter; $p_H = 5,5$; klar, hellgelb, geruchlos);
e) Moorwasser von Riedlingen (18,9 mg SO_3 je Liter; $p_H = 5,6$; trüb, braun, mit vielen feinen Torffasern);
f) 3 proz. Kochsalzlösung;
g) künstliches Meerwasser (2,73% NaCl, 0,32% $MgCl_2$, 0,23% $MgSO_4$ und 0,14% $CaSO_4$);
h) Mineralwasser aus Berg bei Stuttgart (0,09% KCl, 1,94% NaCl, 0,18% Na_2SO_4, 1,42% $CaSO_4$).

Die Ergebnisse der Versuche finden sich in Abb. 57. Hiernach ist die Biegezugfestigkeit durch das Berger Mineralwasser deutlich verringert worden. Die Druckfestigkeit ist durch die Kochsalzlösung und das Meerwasser, noch mehr durch das Berger Mineralwasser, erheblich verkleinert worden.

Weitere Feststellungen mit unter a) bis h) genannten Wässern und anderen Zementen finden sich in Abb. 58. Hieraus ergibt sich, daß der Einfluß des Anmachwassers mit verschiedenen Zementen verschieden ausfiel. Das Berger Mineralwasser hat hier die Biegezugfestigkeit und die Druckfestigkeit des Prüfmörtels in mehreren Fällen erheblich beeinträchtigt.

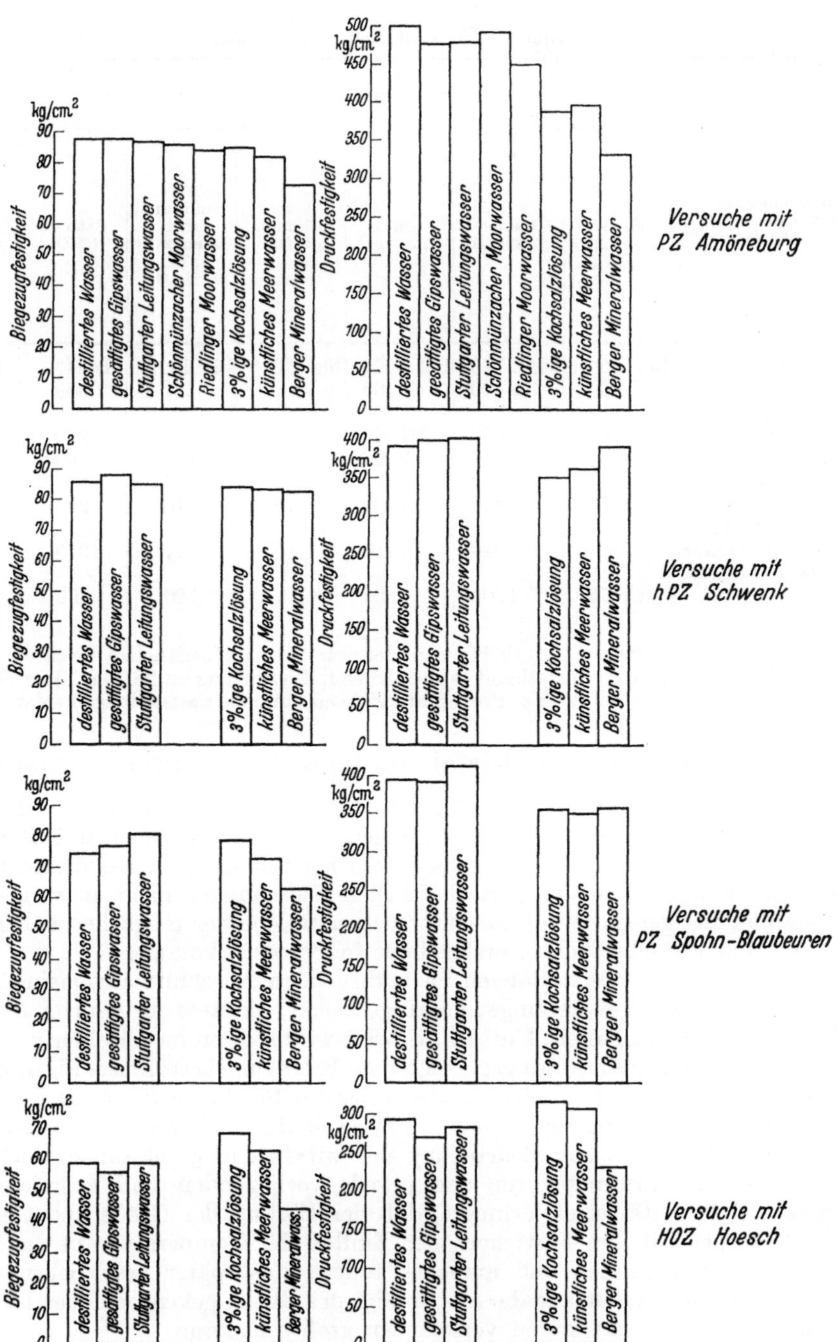

Abb. 58. Biegezug- und Druckfestigkeit von Prismen aus Mörtel nach DIN 1165 und 1166, jetzt DIN 1164, mit verschiedenen Anmachflüssigkeiten. Ermittelt nach 28 tägiger Wasserlagerung.

2. Zahlentafel 7 enthält Versuchsergebnisse, die ABRAMS[1] veröffentlicht hat. Aus den Spalten 15 bis 17 ist zunächst zu entnehmen, daß der Einfluß des Anmachwassers nach feuchter

[1] Bull. 12 Structural Materials Research Laboratory Lewis Institute. Chicago 1924.

Zahlentafel 7. Einfluß der Beschaffenheit des Anmach-

1	2	3	4	5	6	7	8
						Zusammen-	
Bezeichnung und Herkunft des Wassers	Schwebestoffe	Gesamtrückstand	Glührückstand	Silicium (SiO_2)	Aluminium- und Eisenoxyde ($Al_2O_3 + Fe_2O_3$)	Calcium (CaO)	Magnesia (MgO)
Frische Wässer	bis 35	bis 2770	bis 2600	bis 10	bis 15	bis 340	bis 125
Meerwasser	100	33420	33400	...	...	350	1000
Wasser aus dem großen Salzsee	wenig	227800	227800	...	...	1280	6330
Mineralwasser	...	2140	2060	5	Spuren	90	40
Wasser aus einer Kohlengrube	5	4640	4400	15	10	260	180
Städtische u. industrielle Abwässer	250	9040	7110	...	...	1220	Spuren
Salziges und öliges Abwasser	wenig	4300	4020	...	20	290	130

Lagerung der Betonkörper z. T. erheblich größer war als nach anfänglich feuchter, dann trockener Lagerung. Weiterhin erscheint es ausreichend, die Prüfung an 28 Tage alten Betonproben vorzunehmen, da mit älteren Proben hinreichend ähnliche Feststellungen entstanden.

E. Über den Aufbau des Mörtels und des Betons im allgemeinen.

Wer über den zweckmäßigen Aufbau des Mörtels und des Betons entscheiden will, muß zunächst feststellen, welche Eigenschaften im gegebenen Fall nötig sind, sodann ob und wie diese Eigenschaften herstellbar sind. Bei diesen technischen Erwägungen sind die wirtschaftlichen Bedingungen nicht zu vergessen, die Veranlassung geben, jeweils zu untersuchen, welche der möglichen Lösungen technisch und wirtschaftlich in erster Linie in Betracht kommt.

Hierzu geben die Feststellungen im vorliegenden Abschnitt allgemeine Auskunft. Dabei sind die Feststellungen vorausgeschickt, die stets zur Beurteilung des Aufbaus des Betons gehören. Unter F, S. 78ff. wird sodann im einzelnen über zusätzliche Bedingungen Auskunft gegeben, die zur Erlangung bestimmter Eigenschaften gehören. Später folgen Beispiele aus Aufgaben für die ausführende Technik.

Weiterhin ist es nötig, zu erwägen, inwieweit die vorliegenden Erfahrungszahlen anwendbar sind zur Beurteilung der wirklichen Verhältnisse, auch ob die vorgesehenen Prüfungen für den jeweils vorliegenden Fall ausreichende Ergebnisse liefern. Dabei sei erinnert, daß der Einfluß der Größe und Gestalt der Probekörper auf ihre Festigkeit, der Einfluß der Temperatur auf die Entwicklung der Festigkeiten und manches andere, das später beschrieben wird und das durch die Inhaltsangabe am Anfang des Buchs gekennzeichnet ist, bei verschiedenartigen Festigkeiten verschieden groß sein kann.

1. Bedingungen für die Erlangung von besonders dichtem und festem Beton [1,2].

Maßgebend für die Festigkeit des Mörtels und des Betons ist in erster Linie die Festigkeit des Zementsteins, „der die Gesteinsteile umschließt und verbindet".

[1] Beton höchster Dichte und höchster Festigkeit ist nur in Sonderfällen erforderlich. Praktisch sind mehr oder minder ausgeprägte Abweichungen möglich, wie später unter F.

wassers auf die Druckfestigkeit des Betons.

9	10	11	12	13	14	15	16	17
setzung in mg je l						Druckfestigkeit in kg/cm² (Verhältniszahlen in %)		
						Zusammensetzung des Betons: 1 Raumteil Zement und 4 Raumteile Kiessand Wasserzementwert: 0,88		
Natrium und Kalium (Na + K)	Sulfate (SO₃)	Carbonate (CO₃)	Chloride (Cl)	Bindezeit mit Vicat-Nadel		Lagerung der Proben: in feuchtem Raum bis zur Prüfung		28 Tage in feuchtem Raum, dann an der Luft
						Alter der Proben:		
				h	min	28 Tage	2½ Jahre	2½ Jahre
bis 400	bis 1230	bis 210	bis 240	7	20	216 (100)	361 (100)	235 (100)
11 100	1980	30	18 500	7	15	196 (90)	297 (82)	243 (104)
78 600	12 000	410	126 700	11	15	167 (77)	236 (65)	229 (98)
670	225	880	100	6	55	166 (77)	336 (93)	187 (80)
1 000	2 320	100	60	7	45	221 (102)	370 (103)	257 (110)
1 650	830	470	2 200	7	45	176 (81)	295 (82)	196 (84)
1 190	210	50	2 180	7	00	187 (86)	278 (77)	206 (88)

Deshalb war zu verfolgen, in welcher Weise die Eigenschaften des Mörtels und des Betons von der Beschaffenheit des Zementbreis, aus dem der Zementstein entsteht, beeinflußt werden. Dabei ergab sich, daß die Beschaffenheit des Zementbreis am einfachsten durch das Gewichtsverhältnis des Wassers zum Zement (Wasserzementwert w) gekennzeichnet wird. Weiter fánd sich, daß die Festigkeit mit wachsendem w gesetzmäßig fällt. Der Wasserzementwert w des Zementbreis wurde für eine bestimmte Beweglichkeit des Betons um so größer, je kleiner der Zementgehalt gewählt oder je größer bei gleichem Zementgehalt die Oberfläche der in einer Raumeinheit befindlichen Gesteinsteile wurde, also je feinkörniger die Zuschlagstoffe waren; entsprechend sank die Betonfestigkeit mit Abnahme des Zementgehalts und mit feinerer Körnung des Zuschlaggemischs.

Die Oberfläche eines Zuschlaggemischs muß möglichst klein sein, weil die Umhüllung der Gesteinsteile mit Zementbrei von tunlichst kleinem Wasserzementwert und mit einem bestimmten, wirtschaftlich günstigen, möglichst geringem Zementgehalt erfolgen soll. Der Zementbrei wird eben mit kleinerem Wassergehalt steifer und fordert deshalb eine dickere Umhüllungsschicht, wenn die Beweglichkeit des Betons gleich bleiben soll. Die Bedingung einer geringsten Oberfläche ist eingegrenzt durch die Forderung, daß die Gesteinsteile im Beton dicht gelagert sein sollen, weil verbleibende Hohlräume vom Zementbrei ausgefüllt sein sollen. Dies läßt sich bei praktisch brauchbarem Zementgehalt nur mit Zuschlaggemischen aus verschieden großen Körnern erreichen, weil hier die zwischen größeren Körnern vorhandenen Hohlräume schon weitgehend von den kleineren Körnern gefüllt werden. Deshalb ist die Begrenzung des Kornaufbaus erforderlich. Die zugehörige Aufteilung der Gesteinsteile nach Korngruppen ist durch Versuch und Rechnung erkundet.

und an andern Stellen erörtert wird. Die hier besprochenen Bedingungen für den höchstwertigen Beton sind demgemäß Grenzbedingungen.

[2] Die Erkenntnisse über den zweckmäßigen Aufbau des Mörtels und des Betons sind zunächst mit Druckversuchen gewonnen worden. Vgl. die erste und zweite Auflage des Buchs „Aufbau des Mörtels und des Betons". Es hat sich später gezeigt, daß die grundsätzlichen Erkenntnisse aus Druckversuchen sinngemäß auch gelten, wenn andere Eigenschaften beherrscht werden müssen, vgl. u. a. S. 171 ff. und 207 ff.

2. Der Einfluß des Wassergehalts.

Es ist seit langer Zeit bekannt, daß die Festigkeit des Betons mit zunehmendem Wassergehalt abnimmt[1]. Die Ergebnisse der zugehörigen Versuche wurden gemäß Abb. 59 dargestellt, d. h. es wurde zu der Größe des Wassergehalts in Hundertteilen der trockenen Stoffe die Festigkeit aufgetragen. Diese Art der Darstellung ist zutreffend, wenn die Zusammensetzung des Betons nur durch die Größe des Wassergehalts geändert wird, also wenn dabei der Zementgehalt und die Körnung gleich bleiben. Zweckmäßiger und aufschlußreicher ist die Darstellung der Festigkeiten in Abhängigkeit vom Wasserzementwert w, weil — wie aus dem bereits Gesagten und aus dem folgenden hervorgeht — die Festigkeit des Betons in erster Linie von der Zusammensetzung des Zementbreis abhängt, der im frisch verarbeiteten Beton vorhanden ist.

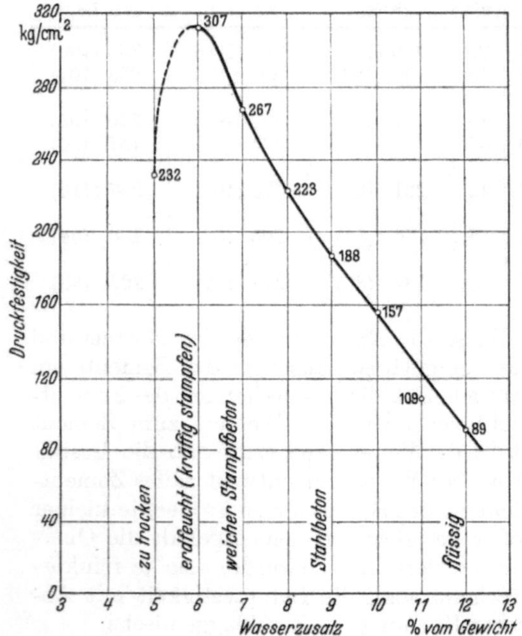

Abb. 59. Abhängigkeit der Druckfestigkeit des Betons vom Wasserzusatz.

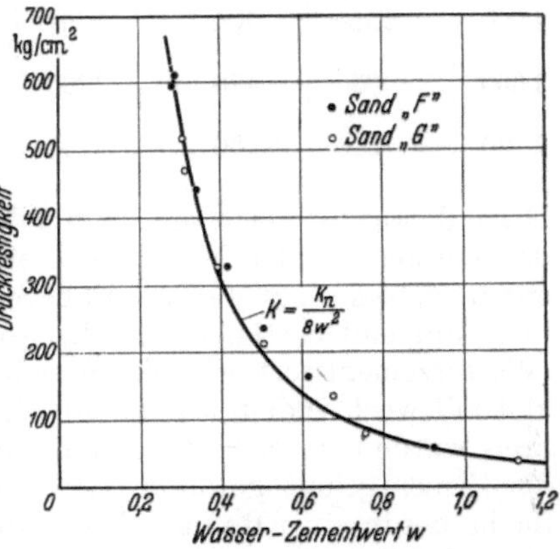

Abb. 60. Abhängigkeit der Druckfestigkeit des Zementmörtels von der Zusammensetzung des Zementbreis bei Verwendung von 2 Sanden mit sehr verschiedener Körnung in 5 verschiedenen Mischverhältnissen.

Abb. 60 enthält Beispiele über die Abhängigkeit der Druckfestigkeit des Zementmörtels vom *Wasserzementwert* w bei Verwendung der 2 Sande „F" und „G".

Der Siebversuch ergab für

	Sand „F" (feiner Sand)	Sand „G" (grober Sand)
auf dem Sieb 0,09 DIN 1171* mit 4900 Maschen auf 1 cm²	99,2	99,7% Rückstand
„ „ „ 0,2 DIN 1171* mit 900 Maschen auf 1 cm²	93,3	95,0% „
„ „ „ 1 DIN 1170** 1 mm Lochdurchmesser . .	25,4	53,8% „
„ „ „ 3 DIN 1170** 3 mm Lochdurchmesser . .	0	33,7% „
„ „ „ 7 DIN 1170** 7 mm Lochdurchmesser . .	0	0 % „ .

---

[1] Die ältesten systematischen Versuche über den Einfluß des Wasserzusatzes stammen wohl von Zielinski und Zhuk, mitgeteilt in einer Studie über „Vergleichende Untersuchungsmethode der Romanzemente". Budapest 1901. Es folgten C. Bach: Mitt. über die Druckelastizität und Druckfestigkeit von Betonkörpern mit verschiedenem Wasserzusatz II. Teil 1906 S. 4; Bach u. Graf: Mitt. über Forschungsarbeiten 1909 Heft 72 bis 74 S. 17ff. Herausgegeben vom Verein deutscher Ingenieure.

* Quadratische Maschensiebe von 0,09 mm bzw. 0,2 mm lichter Maschenweite.

** Rundlochsiebe von 1 mm, bzw. 3 mm, bzw. 7 mm lichtem Durchmesser.

Der Wasserzusatz der Mörtel, bezogen auf das Gewicht des Zements und des Sands (ausschließlich des Feuchtigkeitsgehalts des Sands von rd. 0,5%), betrug für gleiche Beweglichkeit

	mit Sand „F"	mit Sand „G"
in der Mischung 1:1 . . .	14,9	14,0%
„ „ „ 1:2 . . .	12,7	11,0%
„ „ „ 1:3 . . .	12,2	10,0%
„ „ „ 1:5 . . .	12,1	9,8%
„ „ „ 1:8 . . .	12,1	9,8%

Der Mörtel mit dem groben Sand „G" erforderte also weniger Anmachwasser als der Mörtel mit dem feinen Sand „F", wenn gleicher Zementgehalt und gleiche Beweglichkeit vorhanden waren.

Die Probekörper, 28 Tage alte Würfel von 7 cm Kantenlänge, wurden nach gemischter Lagerung (1 Tag in feuchter Luft, 6 Tage unter Wasser, 21 Tage an der Luft in einem trockenen Raum) geprüft.

Abb. 60 zeigt nun, daß die *Festigkeit der Mörtel nur vom Wasserzementwert w abhängig war, also unter diesen Verhältnissen unabhängig von der Sandbeschaffenheit blieb.* Damit ist offenkundig, daß die Beschaffenheit des Zementbreis im frisch verarbeiteten Mörtel die Festigkeit des erhärteten Mörtels entscheidend beeinflußte. Dies ist verständlich, weil der Zementstein, der aus dem Zementbrei entsteht, für die Verbindung der Körner, die hier

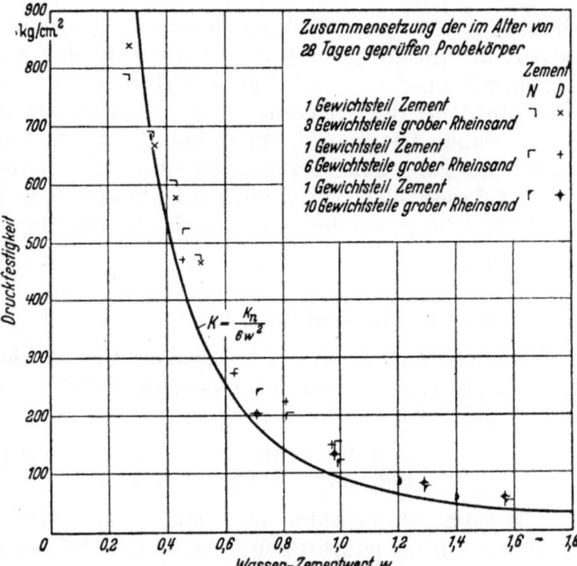

Abb. 61. Abhängigkeit der Druckfestigkeit des Zementmörtels von der Zusammensetzung des Zementbreis bei Verwendung von zwei hochwertigen Portlandzementen in 3 verschiedenen Mischverhältnissen.

von gleicher Stoffbeschaffenheit waren, allein maßgebend sein konnte. Mit Zunahme des Wasserzementwerts w wurde der Zementstein poriger, leichter und damit weniger fest.

Die folgenden Zahlen, gültig für Körper ohne Sand, lassen dies noch näher erkennen:

Zementbrei mit w	0,25	0,3	0,35

ergab nach 28tägiger Wasserlagerung

die Rohwichte zu	2,15	2,12	2,04 kg/dm³,
die Druckfestigkeit zu	350	260	192 kg/cm² .

Weitere Beispiele finden sich in Abb. 61. Die Darstellung zeigt die Abhängigkeit der Druckfestigkeit des Zementmörtels vom Wasserzementwert bei Verwendung von zwei hochwertigen Portlandzementen in 3 Mischverhältnissen.

In den Abb. 60 und 61 sind Kurven gezeichnet, die der Gleichung $K = K_n : a\,w^2$ folgen. Hierin ist K die Druckfestigkeit des Mörtels, K_n die Normendruckfestigkeit des Zements[1], w der Wasserzementwert, a ein Erfahrungswert, der im Falle der Abb. 60 gleich 8, im Falle der Abb. 61 gleich 6 gesetzt werden kann.

---

[1] DIN 1164, Fassung bis Ende 1940.

Aus solchen Feststellungen und aus weiteren Beobachtungen über die Abhängigkeit anderer Festigkeiten vom Wasserzementwert w des Zementbreis im frisch verarbeiteten Beton[1] ließ sich entnehmen, daß eine gesetzmäßige Beziehung zwischen dem Wasserzementwert w und der Festigkeit des Betons besteht, die praktisch genutzt werden kann, wenn die Festigkeitseigenschaften des Zements bekannt sind[2]. Man kann auf diesem Wege die Festigkeiten des Betons vorausbestimmen. Vgl. S. 107ff.

3. Veränderlichkeit der Druckfestigkeit des Zementmörtels bei Verwendung von Sanden mit verschiedener Größe der Oberflächen.

Eine genaue Ermittlung der Oberfläche von Sanden ist in der Regel nicht durchführbar[3]. Zur näherungsweisen Bestimmung sind Sandproben durch Absieben in Korngruppen geteilt worden; in den so gewonnenen Gruppen gleichkörniger Sande[4] wurde die Zahl der Körner in der Einheit des Gewichts bestimmt, die Reinwichte der getrennten Sande sowie das Durchschnittsgewicht eines Korns dieser Sande festgestellt; dann konnte die Oberfläche des Durchschnittskorns unter Annahme einer Näherungsgestalt des Korns berechnet werden[5].

Auf diesem Weg sind die in Zahlentafel 8 eingetragenen Zahlen für die Sande I bis VIII erlangt worden. Die Oberfläche von 1000 g Sand fand sich demnach

bei Sand . . . . , ...	I	II	III	IV
zu	29	3,13	1,64	0,56 m²
entsprechend den Verhältniszahlen	52	5,6	2,9	1 .

Es handelt sich also um bedeutende Unterschiede. Wenn nun im Mörtel auf 1 kg Sand beispielsweise ⅓ kg Zement entfällt, so stehen zur Bedeckung von 1 m² Sandfläche zur Verfügung

beim feinen Sand	I	⅓ : 29	= 0,011 kg ,
beim groben Sand	IV	⅓ : 0,56	= 0,60 „ .

Die Zementhülle kann also beim groben Sand im Mittel über 50mal dicker werden als beim feinen Sand. Die Möglichkeit einer guten Verkittung ist demnach mit grobem Sand eine weitergehende, jedenfalls solange die Hohlräume im

---

[1] Hierbei handelt es sich um das Verhältnis des Wassers, das im Zementbrei enthalten ist. Inwieweit ein Teil des beim Anmachen zugegebenen Wassers und des von den Zuschlagstoffen an ihrer Oberfläche mitgebrachten Wassers zum Benetzen der Oberfläche der Gesteinsteile nötig ist, sei zunächst dahingestellt. Andererseits ist zu beachten, daß ein Teil des Anmachwassers von den Gesteinsteilen aufgesaugt werden kann. GRAF: Beton u. Eisen 1921 S. 74; ferner WALZ: Bautenschutz Bd. 3 (1932) S. 17.

[2] Diese Beobachtungen stehen im Einklang mit den zur gleichen Aufgabe unternommenen, zeitlich früher begonnenen Versuchen von ABRAMS (Design of Concrete mixtures. Bull. 1 Structural Materials Research Laboratory, Lewis Institute, 4. Aufl. Chicago 1921) sowie mit den späteren Untersuchungen von McMILLAN u. JOHNSON (Portland Cement Association, Report of the Director of Research for the year 1928 S. 3ff.). Die Amerikaner benützen die Beziehung $K = \dfrac{A}{B} x$, worin A und B Konstante, die nach ABRAMS namentlich von den Eigenschaften des verwendeten Zements, vom Alter des Betons, der Behandlung desselben usw. abhängen; ferner ist

$$x = \frac{\text{Wassergehalt des Mörtels oder Betons beim Anmachen}}{\text{absolutes Volumen des Zements}} .$$

[3] Vgl. auch PÖPEL: Oberflächengröße und Kornzusammensetzung. Halle: Börner 1929.

[4] Als „gleichkörnige“ Sande werden hier die Sande nach der Art des deutschen Normensands II bezeichnet, also Sande, deren Körner verhältnismäßig geringe Größenunterschiede aufweisen. Gebrauchssande sind in der Regel „gemischtkörnige“ Sande.

[5] Für sehr feine Gesteinsteile vgl. S. 48 sowie ZUNKER: Landwirtschaftliche Jahrbücher 1923 S. 159ff.; KEILHACK: Lehrbuch der praktischen Geologie Bd. 2 S. 205.

Zahlentafel 8. Oberfläche verschiedener Sande.

1	2	3	4	5]	6	7
				Es ergibt sich mit Körnern nach Spalte 4		
Be-zeichnung des Sands	Korngruppe mm	Zahl der Körner in 1000 g	Gewicht eines Korns in 1/1000 g	die Größe des Korns (Durchmesser bzw. a) mm	die Oberfläche des Durch-schnittskorns mm²	die Ober-fläche von 1000 g Sand m²

1. Flußsand aus Beihingen am Neckar.
Unter Annahme der Kugelgestalt

I	0 bis 0,2	1430000000	0,0007	0,08	0,02	29
II	0,2 „ 1	1875000	0,53	0,73	1,67	3,13
III	1 „ 3	266000	3,76	1,40	6,16	1,64
IV	3 „ 7	10600	94	4,11	53	0,56

2. Quetschsand aus Vaihingen an der Enz.
Unter Annahme der Gestalt eines Parallelepipedes von $(1 \cdot 0,5 \cdot 2)\, a^3$

V	0 bis 0,2	3120000000	0,00032	0,05	0,0175	55
VI	0,2 „ 1	5265000	0,19	0,418	1,22	6,4
VII	1 „ 3	337000	2,97	1,04	7,57	2,54
VIII	3 „ 7	22700	44	2,56	46	1,04

Mörtel nicht wesentlich mehr Anteil haben als beim Mörtel mit Sand aus kleineren Körnern.

Im Einklang hiermit stehen die Ergebnisse von Druckversuchen[1]. Mörtel aus 1 Gewichtsteil Zement und 3 Gewichtsteilen Sand ergaben mit

Sand	I	II	III	IV
Oberfläche des Sands in 1 cm³ Mörtel	423	47	26	10 cm²
Zement Z auf 1 dm² der Oberfläche des Sands .	0,11	1,1	2,0	5,9 g
Wasserzementwert w*	0,50	0,34	0,29	0,26
Druckfestigkeit K	249	370	500	549 kg/cm²
Verhältnis $K:Z$	2260	336	250	93
Rohwichte des Mörtels am Prüfungstag	2,00	2,08	2,21	2,34 g/cm³

Ferner bei Sand	V	VI	VII
Oberfläche des Sands in 1 cm³ Mörtel	750	92	39 cm²
Zement Z auf 1 dm² der Oberfläche des Sands .	0,06	0,5	1,3 g
Wasserzementwert w*	0,80	0,60	0,44
Druckfestigkeit K	123	143	242 kg/cm²
Verhältnis $K:Z$	2050	286	186
Rohwichte des Mörtels am Prüfungstag	1,88	1,97	2,12 g/cm³.

Nach diesen Zahlenreihen ist die Festigkeit, die auf die je cm² entfallende Gewichtseinheit des Zements entfällt, bei den feineren Sanden unter sonst gleichen Umständen größer ausgefallen, also bei den Mörteln mit den dünneren Zementschichten. Die folgenden Versuche zeigen weiterhin, daß mit Gemischen aus den Sanden V bis VIII der höchste Festigkeitsanteil stets bei den Mörteln mit der dünnsten Zementschicht auftrat.

Mit Gemischen aus den Sanden V bis VIII fand sich bei erdfeucht angemachtem Mörtel aus 1 Gewichtsteil Zement und 3 Gewichtsteilen Sand

---

[1] GRAF: Aufbau des Mörtels und des Betons, 2. Aufl. S. 16ff., Abb. 18 u. 19.
* Zur Erlangung gleicher Beweglichkeit.

bestehend aus	0	0,15	0,3 Teilen Sand	V
	0,6	0,45	0,45 „ „	VI
	0,9	0,9	0,75 „ „	VII
	1,5	1,5	1,5 „ „	VIII
Oberfläche des Sands in 1 cm³ Mörtel . . .	45	88	134 cm²	
Zement Z auf 1 dm² der Oberfläche des Sands	1,30	0,67	0,44 g	
Druckfestigkeit K	502	479	494 kg/cm²	
Verhältnis $K:Z$	386	715	1123	
Rohwichte am Prüfungstag	2,42	2,41	2,42 kg/dm³;	

bei erdfeucht angemachtem Mörtel aus 1 Gewichtsteil Zement und 5 Gewichtsteilen Sand

bestehend aus	0	0,25	0,5 Teilen Sand	V
	1	0,75	0,75 „ „	VI
	1,5	1,5	1,25 „ „	VII
	2,5	2,5	2,5 „ „	VIII
Oberfläche des Sands in 1 cm³ Mörtel . . .	49	97	150 cm²	
Zement Z auf 1 dm² der Oberfläche des Sands	0,78	0,40	0,26 g	
Druckfestigkeit K	321	353	373 kg/cm²	
Verhältnis $K:Z$	411	882	1433	
Rohwichte am Prüfungstag	2,37	2,40	2,43 kg/dm³;	

bei erdfeucht angemachtem Mörtel aus 1 Gewichtsteil Zement und 8 Gewichtsteilen Sand

bestehend aus	0	0,4	0,8 Teilen Sand	V
	1,6	1,2	1,2 „ „	VI
	2,4	2,4	2 „ „	VII
	4	4	4 „ „	VIII
Oberfläche des Sands in 1 cm³ Mörtel . . .	51	99	155 cm²	
Zement Z auf 1 dm² der Oberfläche des Sands	0,49	0,25	0,16 g	
Druckfestigkeit K	144	172	195 kg/cm²	
Verhältnis $K:Z$	294	688	1220	
Rohwichte am Prüfungstag	2,28	2,30	2,36 kg/dm³.	

Hieraus erhellt, daß bei den fetten erdfeucht angemachten Mischungen 1:3
die Größe der Oberfläche des Sands innerhalb der gewählten Grenzen ohne erheblichen Einfluß blieb, wie auch nach andern Ergebnissen zu erwarten stand[1].
Bei dem Mörtel 1:5 zeigte sich deutlich eine Zunahme der Druckfestigkeit mit
Zunahme der Oberfläche, wobei das Maximum nicht erreicht erscheint. Noch
schärfer tritt der Einfluß der Größe der Oberfläche bei dem mageren Mörtel
1:8 auf. Diese Feststellung steht im Einklang mit früheren Darlegungen[2]. Weitere Beobachtungen lassen erkennen, daß die Beziehungen zwischen der Druckfestigkeit von Mörteln mit verschiedenen Sanden und der Oberfläche dieser Sande
mannigfaltig zutage treten. Bei einer rechnerischen Verfolgung ist zu beachten,
daß die günstigste Größe der Gesamtoberfläche des Sands vom Zementgehalt
abhängen muß.

Doch ist eine unmittelbare Beziehung der Oberfläche des Sands und des
Zementgehalts nicht möglich, da gleichzeitig die Hohlräume des Mörtels veränderlich sind, was sich aus der Rohwichte der Mörtel verfolgen läßt.

4. Aus der Entwicklung der Erkenntnisse über die Kornzusammensetzung des Zementmörtels und des Betons[3].

Bei den Versuchen über die Druckfestigkeit des Betons wird in der Regel
vor dem Druckversuch das *Gewicht des Betons* bestimmt. Man weiß, daß unter

---

[1] GRAF: Aufbau des Mörtels und des Betons, 2. Aufl., Abb. 18.
[2] Forsch.-Arb. Ing.-Wes. 1922 Heft 261.
[3] Hier handelt es sich wie immer, sofern nichts anderes gesagt wird, um den sogenannten
Schwerbeton; für Leichtbeton vgl. S. 260ff.

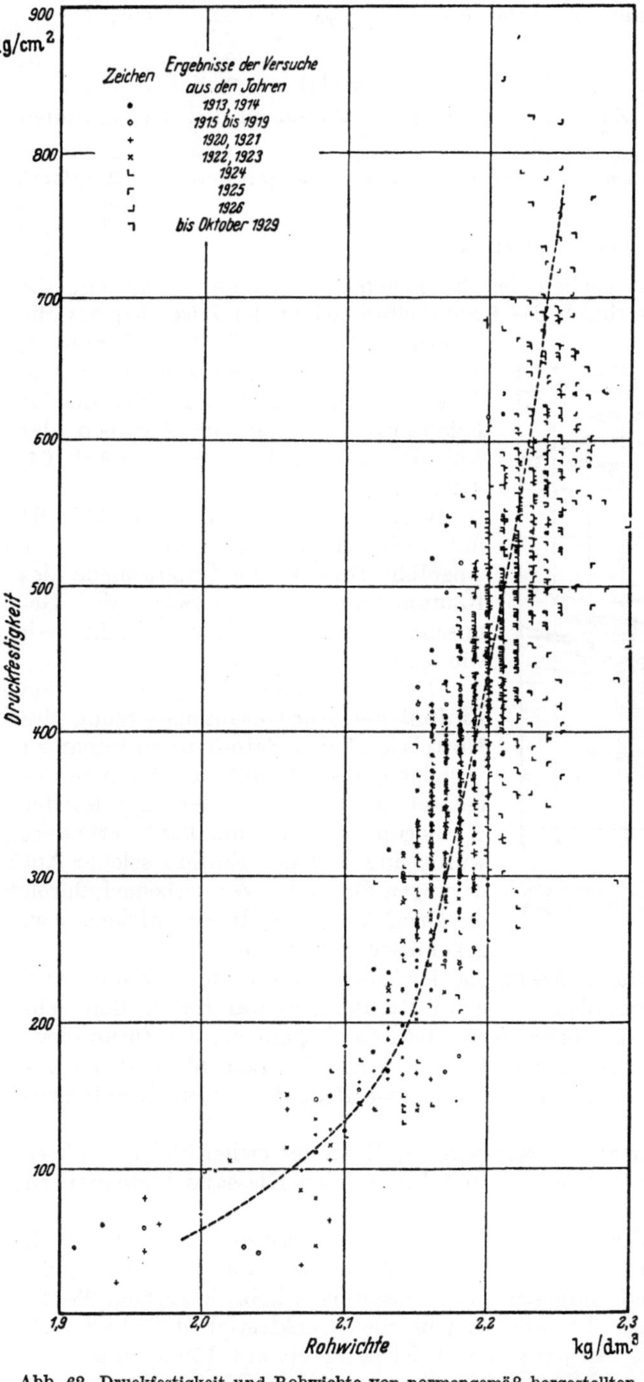

sonst gleichen Verhältnissen der leichtere Probekörper die kleinere Festigkeit liefert. Es sei dabei an Abb. 62 erinnert, die angibt, daß schon bei normengemäß eingeschlagenen Würfeln, die sich nur

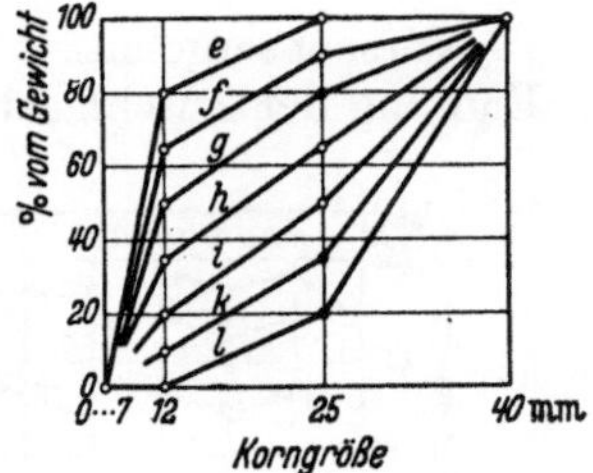

Abb. 63.
Kornzusammensetzung von Zuschlaggemischen zu Abb. 65.

durch den Zement unterscheiden, eine ausgeprägte Abhängigkeit der Druckfestigkeit vom Raumgewicht (jetzt Rohwichte genannt) erscheint[1].

Außerdem ist dazu bekannt, daß die Rohwichte

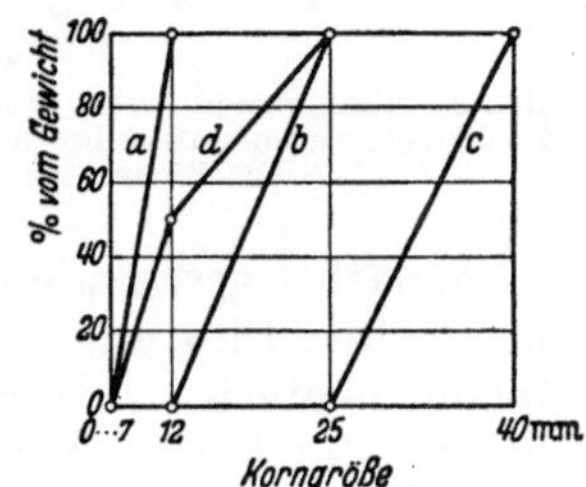

Abb. 64.
Kornzusammensetzung von Zuschlaggemischen zu Abb. 65.

des Zementmörtels und des Betons mit zunehmendem Wassergehalt abnimmt; z. B. betrug sie beim Mörtel aus 1 Gewichtsteil Zement „R" und 4 Gewichtsteilen Beihinger Sand

Abb. 62. Druckfestigkeit und Rohwichte von normengemäß hergestellten Mörtelkörpern (1 Gewichtsteil Zement und 3 Gewichtsteile Normensand alter Art).

---

[1] Hieran ist u. a. die verschiedene Kornstufung, auch die verschiedene Kornform der Zemente beteiligt.

mit   7,2 % Wasser (erdfeucht angemacht) $r = 2{,}21$ kg/dm³,
mit 10 %   „ $r = 2{,}15$ „   ,
mit 12 %   „ $r = 2{,}12$ „   ,
mit 14 %   „   (nahezu gießfähig angemacht) $r = 2{,}05$ „   .

Für Beton aus 1 Raumteil Zement, 2 Raumteilen Rheinsand und 3 Raumteilen Rheinkies fand sich

mit   7 % Wasserzusatz (etwas mehr als erdfeucht angemachter Stampfbeton) $r = 2{,}38$ kg/dm³,
mit   9 %   „ $r = 2{,}36$ „   ,
mit 11 %   „ $r = 2{,}33$ „   ,
mit 12 %   „   (flüssig·angemachter Beton) $r = 2{,}31$ „   .

Versuchsergebnisse der soeben beschriebenen Art gaben Anregung, die Eignung der Zuschlagstoffe durch das Raummetergewicht der Zuschlaggemische

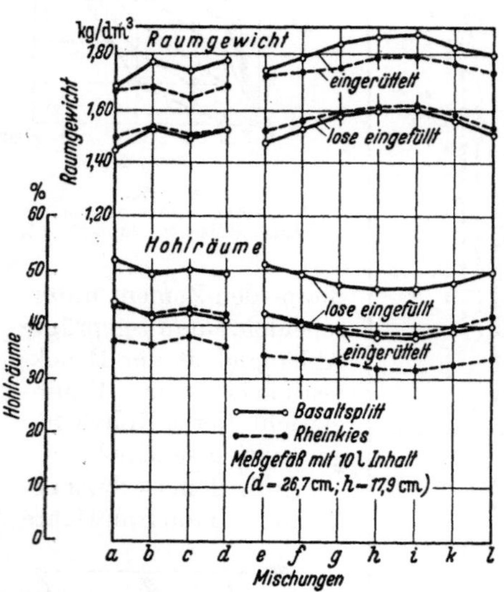

Abb. 65.·Raummetergewicht und Hohlräume von Zuschlaggemischen aus gebrochenem Basalt und aus Rheinkiessand.

zu prüfen. Doch empfiehlt der Verfasser, dieses Verfahren außer acht zu lassen, da es zu Fehlschlüssen führen kann. Zur Erläuterung sei auf die Angaben der Abb. 63 bis 65, insbesondere der Abb. 64, verwiesen[1].

Beispielsweise geben die in Abb. 64 mit a bis d bezeichneten Gemische lose eingefüllt sehr kleine Unterschiede des Raummetergewichts, obwohl die Gemische im Beton verschiedenwertig sind, wie später gezeigt wird.

Deshalb erschien es geboten, den Einfluß der Kornzusammensetzung des Mörtels und des Betons unmittelbar zu verfolgen, derart, daß die Kornzusammensetzung bei verschiedenem Anteil der Korngruppen zahlenmäßig verändert wurde und daß der Einfluß solcher Änderungen durch den Wasserbedarf, durch die Druckfestigkeit, Biegefestigkeit usw. gekennzeichnet wurde.

Zunächst geschah dies durch Trennung der Zuschlagstoffe in Sand und Kies und Splitt. Dies war ein erheblicher Fortschritt; denn es war früher allgemein üblich, heute ist es leider eine noch verbreitete Gepflogenheit, die Zusammensetzung des Betons nach dem Verhältnis der Anteile ·des Zements und der gesamten Zuschlagstoffe anzugeben. Es ist nötig, die Bedeutung dieser Gepflogenheit hier zu erörtern.

Zahlentafel 9 zeigt unter a) vier Mischungen, die in der bisher üblichen Weise durchweg als aus 1 Raumteil Zement und 5 Raumteilen Kiessand bestehend zu bezeichnen sind.

Veränderlich war das Verhältnis „Sand[2] zu Kies", also der Sandanteil, vgl. Spalte 1 und 2. Bei gleicher Steife und gleichem Zementaufwand ging die Druckfestigkeit mit wachsendem Sandgehalt des Kiessands erheblich zurück. Wenn der Kiessand zu ⅓ aus Sand bestand, betrug die Druckfestigkeit 259 kg/cm²; stieg der Sandanteil auf ¾, so sank die Druckfestigkeit auf 159 kg/cm², also

---

[1] Vgl. auch ANDREASEN u. ANDERSEN: Kolloid-Z. Bd. 50 (1930) S. 217ff.

[2] Als Sand sind bei allen Versuchen des Verfassers sämtliche Steinstücke verstanden, die durch Siebe mit 7 mm Lochdurchmesser fallen. Die vom Verfasser gewählte Grenze durch Siebe mit 7 mm Lochdurchmesser wird in den Bestimmungen des Deutschen Ausschusses für Stahlbeton gefordert.

auf 60% des oberen Wertes[1]. Ähnliche Unterschiede stellten sich bei den in
Zahlentafel 9 unter b) mitgeteilten Versuchen ein. Hier ging die Druckfestigkeit von 277 auf 134 kg/cm² zurück, wenn der Sandanteil von ²/₅ auf ³/₄ stieg.

Zahlentafel 9.
Weich angemachter Beton mit verschiedenem Sandgehalt und gleicher Steife.
Alter: 28 Tage. Lagerung: 7 Tage unter feuchten Tüchern, dann trocken.

1	2	3	4	5
Sand : Kies (Gewichtsteile)	Sandanteil im Kiessand	Druckfestigkeit kg/cm²	Zement in 1 m³ Beton kg	Raumgewicht kg/dm³
a) Beton aus 1 Raumteil hochwertigem Portlandzement und 5 Raumteilen Kiessand vom Rhein				
1:2	0,33	259	276	2,32
2:3	0,4	237	273	2,30
1:1	0,5	222	272	2,26
3:2	0,6	159	272	2,20
b) Beton aus 1 Raumteil Tonerdezement und 8 Raumteilen Kiessand vom Rhein				
2:3	0,4	277	190	2,27
1:1	0,5	214	188	2,22
3:2	0,6	172	191	2,17
3:1	0,75	134	189	2,06

Hiernach erwies sich der Sandgehalt des Betons unter sonst gleichen Verhältnissen von erheblicher Bedeutung. Dabei ist besonders hervorzuheben, daß
unter praktischen Verhältnissen noch größere Unterschiede der Sandgehalte
und damit noch bedeutendere Senkungen der Festigkeit zu beobachten sind,
selbst in Gegenden, die geeignete Zuschlagstoffe in beliebiger Menge bieten.
Dieses Ergebnis ist altbekannt und an sich zu erwarten.

Die Feststellungen, wie sie beispielsweise in Zahlentafel 9 wiedergegeben sind,
führten zu der Anschauung, daß in erster Linie die Eigenschaften des Gemischs
aus Zement und Sand, d. i. des Mörtels, für die Widerstandsfähigkeit des Betons
maßgebend sein werden. Für die Druckfestigkeit des Betons ist demnach die
Druckfestigkeit des Mörtels entscheidend. Daß dem so ist, geht aus Zahlentafel 10 hervor[2].

Zahlentafel 10. Beton mit verschiedenen Mengen der groben Zuschläge.

1	2	3	4	5	6
Stampfbeton aus Portlandzement, Rheinsand 0 bis 7 mm und Kalksteinsplitt 7 bis 40 mm (Zt, Sd, Spl)			Weich angemachter Beton aus Portlandzement, Rheinsand 0 bis 7 mm und Rheinkies 7 bis 25 mm (Zt, Sd, K)		
Zusammensetzung in Raumteilen	Druckfestigkeit kg/cm²	Zt in 1 m³ Beton kg	Zusammensetzung in Raumteilen	Druckfestigkeit kg/cm²	Zt in 1 m³ Beton kg
1 Zt + 2 Sd	360	730	1 Zt + 2 Sd	311	650
1 Zt + 2 Sd + 1 Spl	379	570	1 Zt + 2 Sd + 2 K	313	390
1 Zt + 2 Sd + 2 Spl	399	470	1 Zt + 2 Sd + 3,5 K	294	310
1 Zt + 2 Sd + 4 Spl	405	340			

---

[1] Wenn hiernach in Baubedingungen Beton „1:5" oder „1:10" oder mit anderen Raumteilen gefordert wird, so ist damit keine Gewähr für die Erlangung eines Betons bestimmter
Festigkeit gegeben. Dieses Verfahren beschränkt überdies die Verantwortung der Ausführenden und nimmt ferner dem erfahrenen, verantwortungsbewußten Unternehmer die
Möglichkeit, die jeweils erreichbaren Baustoffe wirtschaftlich auszunützen.

[2] GRAF: Armierter Beton 1914 S. 250ff. sowie Die Druckfestigkeit von Zementmörtel,
Beton, Eisenbeton und Mauerwerk. Stuttgart: Konrad Wittwer 1921

Zur Erläuterung seien die Ergebnisse in den Spalten 1 bis 3 herausgegriffen. Der Mörtel war — absichtlich — bei allen Würfeln der gleiche; die Würfel der ersten Reihe blieben ohne Kalksteinsplitt, bestanden also nur aus Mörtel; bei den weiteren Würfeln ist Kalksteinsplitt zugesetzt worden, und zwar in drei verschiedenen Mengenverhältnissen, derart, daß bei dem größten Splittzusatz die Splittstücke noch allseitig vom Mörtel umhüllt wurden und ein guter Stampfbeton entstand. Die Druckfestigkeit fand sich im Alter von 28 Tagen bei den Würfeln aus

1 Raumteil Zement, 2 Raumteilen Rheinsand zu . . . .   360 kg/cm²,
1 Raumteil Zement, 2 Raumteilen Rheinsand und 1 Raumteil Kalkstein-
    splitt zu   379   „ ,
1 Raumteil Zement, 2 Raumteilen Rheinsand und 2 Raumteilen Kalk-
    steinsplitt zu   399   „ ,
1 Raumteil Zement, 2 Raumteilen Rheinsand und 4 Raumteilen Kalk-
    steinsplitt zu   405   „ .

Diese Zahlen verhalten sich

für die Mischung	1:2		1:2:1		1:2:2		1:2:4
wie	360	:	379	:	399	:	405
d. i.	1	:	1,05	:	1,11	:	1,12 .

Die Rohwichte des Betons betrug am Prüfungstag

$$2,24 \qquad 2,35 \qquad 2,40 \qquad 2,45 \ \text{kg/dm}^3.$$

In 1 m³ fertigem Beton waren enthalten

bei der Mischung	1:2	1:2:1	1:2:2	1:2:4
	730	570	470	340 kg Zement.

Aus diesen Ergebnissen erhellt, daß die Druckfestigkeit des Betons durch den Splittzusatz nicht vermindert, sondern erhöht worden ist, allerdings nicht erheblich. Die Festigkeit änderte sich durch den Splittzusatz nur wenig. Grundlegend erscheint die Festigkeit des Mörtels ohne Splitt; die Mörtelfestigkeit war entscheidend. In Zahlentafel 10 sind außerdem Ergebnisse eingetragen, die mit weich angemachtem Kiesbeton erlangt wurden. Auch hier erwies sich die Mörtelfestigkeit maßgebend.

Diese Feststellung ist selbstverständlich nur solange gültig, als die Zuschlagstoffe größere Festigkeit als der Mörtel aufweisen und insbesondere insoweit die Masse des Mörtels ausreicht, um die groben Stücke allseitig zu umschließen[1].

Durch diese Versuche und viele andere ist erkannt worden, daß die Forschung über die Bedeutung der Kornzusammensetzung des Betons zunächst auf den Mörtel bei verschiedener Zusammensetzung abzustellen war. Zur weiteren Klarstellung sind Sande verschiedener Herkunft und von verschiedener Kornform durch das Sieb mit 0,2 mm Maschenweite sowie durch Rundlochsiebe mit 1 mm, 3 mm und 7 mm Lochdurchmesser in die vier Korngruppen 0 bis 0,2, 0,2 bis 1, 1 bis 3 und 3 bis 7 mm geteilt worden[2]. Durch Herstellung bestimmter Sande aus den vier Körnungen und Verarbeitung derselben in Mörteln verschiedenen Zementgehalts und gleicher Steife ist der Einfluß der Zusammensetzung der Sande auf die Festigkeit der Mörtel verfolgt worden.

Anschauliche Beispiele der Ergebnisse der Druckversuche enthält Abb. 66. Hier sind die Sieblinien von fünf Mörteln dargestellt. Mörtel h lieferte die höchste Festigkeit. Die Festigkeit der Mörtel g, f, e (Anteil der feinen Teile größer wer-

---

[1] Weiteres vgl. S. 80ff.
[2] Die Aufteilung der Sande mit diesen Sieben ist in Stuttgart seit 40 Jahren üblich; sie wurde zur Grundlage der Kennzeichnung der Zuschlaggemische in den amtlichen Bestimmungen.

dend) und des Mörtels *i* (Anteil der feinen Teile geringer als bei *h*) sind kleiner ausgefallen als bei *h*. Reihe *e* lieferte nur wenig mehr als die Hälfte der Festigkeit der Reihe *h*. Der Linienzug für den Mörtel *h* erwies sich hier und bei zahlreichen anderen Versuchen mit Flußsand als derjenige, welcher bei besonders guter Verarbeitung zu weitgehender Ausnutzung des Zements geeignet ist. Dieser Linienzug ergibt sich, wenn 25% = ¼ des gesamten trockenen Mörtels durch das Sieb mit 0,2 mm Maschenweite fallen (0 bis 0,2 mm), 35% = rund ⅓ durch das Sieb mit 1 mm Lochdurchmesser und 65% = rund ⅔ durch das Sieb mit 3 mm Lochdurchmesser gehen.

Die *Kornzusammensetzung der Mörtel* mit Flußsand (einschließlich Bindemittel) sollte somit dem Linienzug *a b c d* in Abb. 68 nahekommen.

Bei besonders sorgfältiger Arbeit kann der Anteil der feinen Bestandteile des Flußsandmörtels noch kleiner gewählt werden, wie Abb. 67 erkennen läßt. Hier lieferte Mörtel *d* die höchste Druckfestigkeit; die Sieblinie dieses Mörtels lag tiefer als der Linienzug *a b c d* der Abb. 68.

Für die praktische Anwendung ist hervorzuheben, daß der Mörtel nach

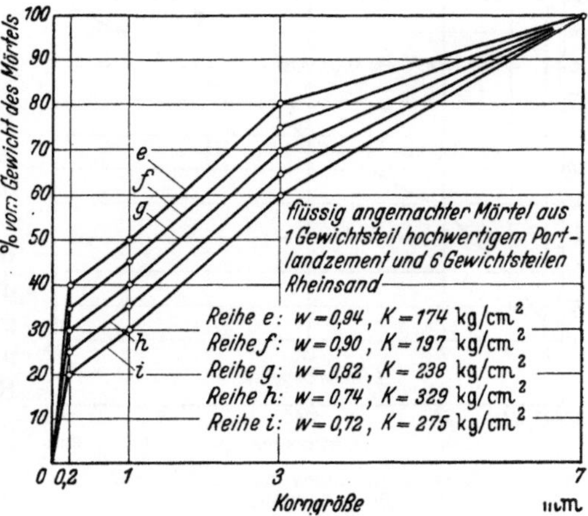

Abb. 66. Versuche zur Feststellung des Einflusses der Körnung der Mörtel auf deren Druckfestigkeit.

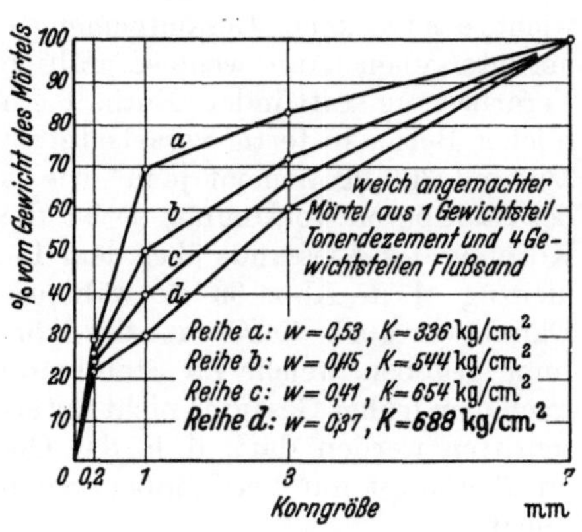

Abb. 67. Versuche über den Einfluß der Körnung der Mörtel auf deren Druckfestigkeit.

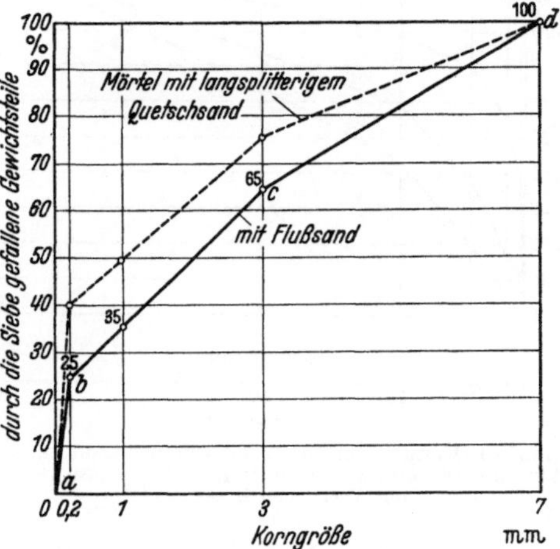

Abb. 68. Zusammensetzung der Mörtel, welche im allgemeinen bei sorgfältiger Verarbeitung besonders hohe Ausnutzung des Zements ermöglichen, auch sonst hochwertige Eigenschaften aufweisen.

dem Linienzug *a b c d* der Abb. 68 nur mit besonderer Aufmerksamkeit verarbeitet werden kann, weshalb solcher Mörtel in erster Linie für Zementwarenfabriken, auf Baustellen für Rüttelbeton in Betracht kommt. Mörtel, deren Sieblinie *unter* dem Linienzug *a b c d* liegt, können nur ausnahmsweise verwendet werden, weil sie zu schwer verarbeitbar sind. Praktisch ist vorzuschlagen, daß wegen der unvermeidlichen Schwankungen, die bei der Anlieferung und bei der Verarbeitung auftreten, etwas feinere Körnungen vorzusehen sind, also Körnungen, deren Sieblinien in Abb. 68 über *a b c d* liegen. Wie dabei vorzugehen ist, wird an verschiedenen Stellen ausführlich besprochen[1].

In bezug auf den Kies ist seit langer Zeit bekannt, daß die Stufung der Körnung des Kieses in der Regel von untergeordneter Bedeutung ist, wenn sich auch eine stetige Zusammensetzung als für die Verarbeitung und für die Festigkeit vorteilhaft gezeigt hat. Daß gröbere Stücke als verlangt nicht geliefert werden, ist oft sehr wichtig; bei bewehrtem Beton kann die Einbettung der Stähle durch grobe Stücke ungenügend werden. Verlangt wird auch, daß der Kies nach Möglichkeit nicht flach ist, sondern möglichst als Rollkies zur Verfügung steht, was ohne weiteres erklärlich sein dürfte[2].

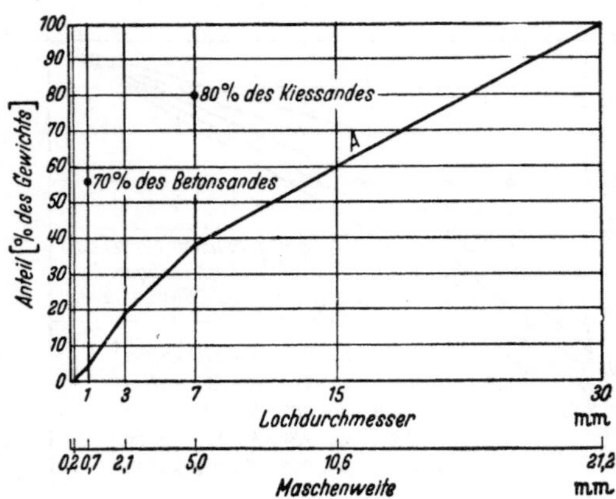

Abb. 69. Kornzusammensetzung von Kiessand *A*, 0 bis 30 mm.

Nachdem die Körnung des Mörtels erkundet war, die zur Erlangung höchster Festigkeiten in Betracht kommt, auch der Einfluß der Menge und der Art der groben Zuschläge im allgemeinen bekannt war, mußte noch festgestellt werden, wie das *Gemenge aus Sand und Kies* beschaffen sein soll, wenn damit höchste Festigkeiten erlangt werden sollen.

Es zeigte sich dazu u. a., daß der Anteil der Bestandteile des Betons, welche durch das 7-mm-Rundlochsieb fallen, unter praktischen Verhältnissen für Stahlbeton bis auf etwa 45% des Gewichts des trockenen Gesamtgemenges heruntergehen kann, wenn sorgfältige Verarbeitung stattfindet. Enthält ein solcher Beton in fertig verarbeitetem Zustand 300 kg Zement je m³, wie es bei Stahlbeton vorkommt, so ist die Körnung des Kiessands über dem Linienzug *A* in Abb. 69 zu wählen[3]. Damit war auch die Grenze der Körnung gegeben, welche für Stahlbeton nach dem früher Gesagten nicht unterschritten werden darf, d. h. das Gemisch der Zuschlagstoffe ist für Stahlbeton überhaupt nur verwendbar, wenn die Sieblinie über der Linie *A* in Abb. 69 liegt.

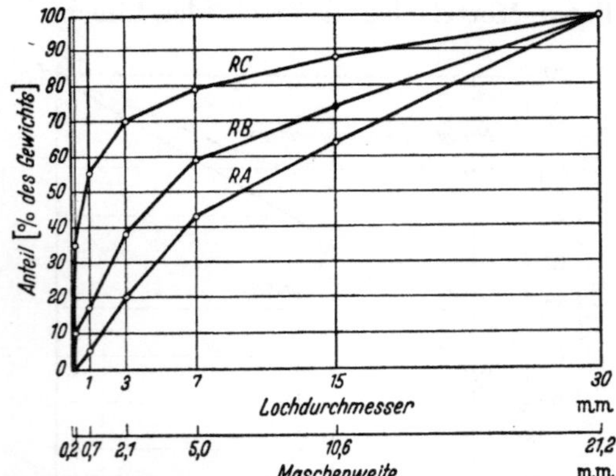

Abb. 70. Kornzusammensetzung von Kiessand zu Beton mit rd 300 kg Zement je m³. Zuschlagstoffe zu den Versuchen in Abb. 71.

Nach Festlegung der einen Grenze der zulässigen Körnung der Zuschlagstoffe — in unserem Fall für Stahlbeton, für andere Anwendungen entsprechend — war die andere Grenze zu suchen, welche die zulässige Körnung in der Richtung festlegt, daß die zu feinen Sande und die Kiessande mit zu wenig Kies ausgeschaltet werden.

---

[1] Vgl. u. a. GRAF: Dtsch. Ausschuß Eisenbeton 1930 Heft 63; ferner in diesem Buch u. a. S. 86 unter δ.

[2] Vgl. später S. 103 und S. 311 ff., sowie unter C 13, S. 42.

[3] Näheres in GRAF: Der Aufbau des Mörtels und des Betons, 3. Aufl. S. 114 ff., insbesondere S. 119 ff.

Beton mit viel Feinsand und mit wenig groben Bestandteilen erfordert zur Erlangung bestimmter Festigkeiten verhältnismäßig viel Zement, wie bereits aus Zahlentafel 10 hervorgeht, überdies durch zahlreiche andere Versuche allgemein bekannt ist. Zahlentafel 11 enthält weitere Beispiele für Beton mit Kiessand nach Abb. 70[1]. In diesem Bild entspricht Kiessand RA etwa der Körnung A in Abb. 69, Kiessand RC der Zusammensetzung, die heute für Stahlbeton eben noch als zulässig angesehen wird, entsprechend den in Abb. 69 oben eingetragenen Punkten. Der Kiessand RA lieferte mit 232 kg Zement je m³ bei gleicher Beweglichkeit höhere Festigkeiten als Kiessand RC mit 367 kg Zement. Der Beton mit Kiessand RC brauchte zur Erlangung einer bestimmten Beweglichkeit bedeutend mehr Anmachwasser als der besser zusammengesetzte Beton mit Kiessand RA. Weiterhin ist bekannt, daß Beton mit hohem Wasserzementwert, wie es eben der bezeichnete feinkörnige Beton ist, durchlässiger wird als besser gekörnter Beton und damit auch für den Rostschutz des eingebetteten Stahls weniger geeignet. Außerdem zeigt Abb. 71, daß die Saugfähigkeit der fein-

Zahlentafel 11. Druck- und Biegezugfestigkeit des Betons bei verschiedener Körnung des Zuschlags.

Mischung	RA		RB		RC		
Zementgehalt in kg/m³	232	308	227	297	250	296	367
Wasserzementwert	0,76	0,52	0,77	0,65	1,17	0,96	0,68
Druckfestigkeit nach 28 Tagen in kg/cm²	204	301	177	242	81	119	166
Biegezugfestigkeit nach 28 Tagen in kg/cm²	22	31	17	29	6	10	17
Ausbreitmaß g in cm	50	51	51	51	51	51	51

körnigen Mischungen mit Kiessand RC auch mit dem entsprechend verlangten Mindestzementgehalt von 300 kg Zement größer ist als beim Beton mit Kiessand RA, wenn dieser nur etwa 170 kg Zement enthält[2]. Auch andere Eigenschaften (Wetterbeständigkeit, Abnützung, Schwinden usw.) sind mit feinkörnigem Beton geringerwertig als mit besser zusammengesetztem Beton, wie später noch ausführlich besprochen wird. Alle diese Umstände geben Veranlassung, möglichst gut gekörnten Beton zu verwenden.

Nach dem, was über den Einfluß der Körnung des Betons bekannt ist, würde der Wunsch bestehen, eine möglichst gute Zusammensetzung verlangen zu können, also die Körnung nahe derjenigen zu wählen, welche praktisch größte Dichte und Widerstandsfähigkeit liefert. Diese Forderung ist mit natürlichen Vorkommen nur selten zu erfüllen und oft auch bei Vermengung von Stoffen verschiedener Herkunft kostspielig. Eine besonders weitgehende Auslese der Zuschlagstoffe ist nur für hochwertige Stahlbetonbauten, wichtige Wasserbauten, Betonbrücken, Betonstraßen u. dgl. genügend begründet. Es mußten also Grenzen gesucht werden, die technisch und wirtschaftlich angängig erschienen.

Die Körnungen, welche von den feinkörnigen Kiessanden als noch zulässig zu bezeichnen sind, müssen nach dem Gesagten auf die Erkenntnisse über das Verhalten von Bauwerken abgestimmt sein, die mit feinkörnigen Mischungen hergestellt sind, weiterhin auf die Möglichkeiten, welche in technischer und wirtschaftlicher Beziehung die Beschaffung von Sand und Kies bedingen.

Dazu wurden vor allem die Beobachtungen an Bauwerken, die aus sandreichem und feinsandreichem Beton bestanden, gesammelt. Weiterhin sind Fest-

---

[1] Vgl. auch Graf: Dtsch. Ausschuß Eisenbeton 1933 Heft 71.
[2] Die Prismen standen bis zu der in Abb. 71 eingezeichneten Waagerechten in Wasser.

stellungen aus Schadenfällen erörtert worden. Damit entstanden die Grundlagen für die Vorschriften in § 5 Teil A der Bestimmungen des Deutschen Aus-

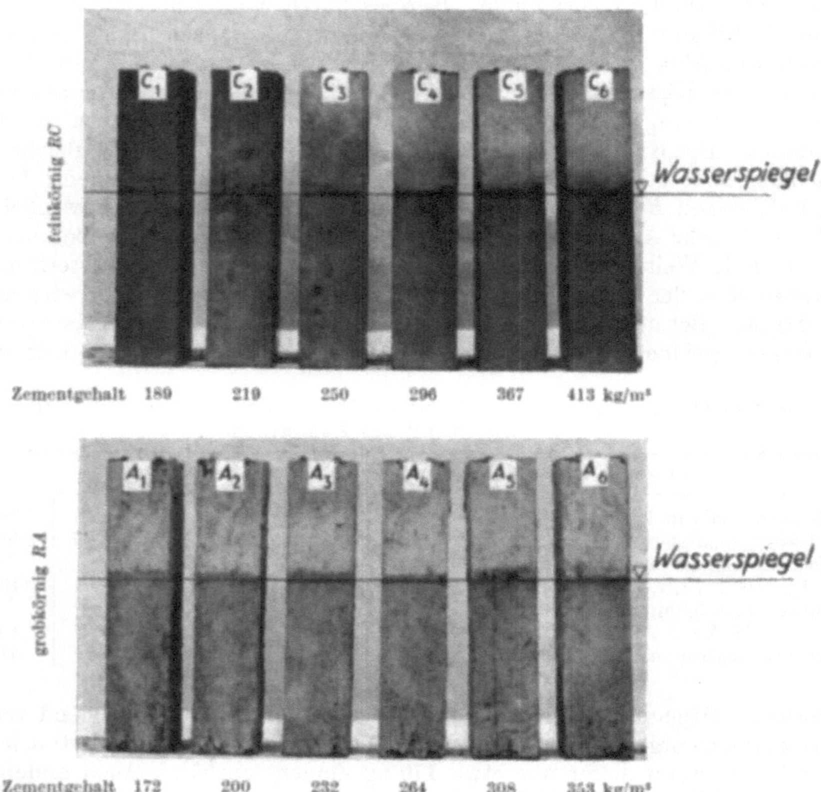

Abb. 71. Wasseraufsaugen von feinkörnigem Beton *RC* und von grobkörnigem Beton *RA* bei verschiedenem Zementgehalt.

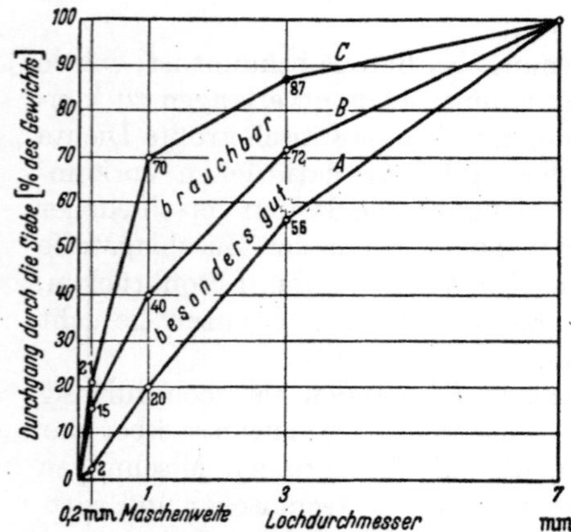

Abb. 72. Sieblinien für die zulässige Körnung des Sands zu Stahlbeton (Bestimmungen des Deutschen Ausschusses für Stahlbeton, Teil A).

schusses für Stahlbeton (DIN 1045). Dort ist erstmals angegeben worden, welche Kornzusammensetzung der Beton zu Stahlbetonbauten aufweisen muß, welche Kornzusammensetzung als brauchbar und welche als besonders gut anzusehen ist.

Abb. 72 und 73 zeigen, was in den Bestimmungen des Deutschen Ausschusses für Stahlbeton zur Zeit verlangt wird. Abb. 72 gilt für den Sand, Abb. 73 für die gesamten Zuschläge, jeweils unter der Voraussetzung, daß der Zementgehalt bei besonders guter Körnung mindestens 240 kg, sonst mindestens 270 kg je m³ Beton beträgt.

Werden die Linienzüge der Abb. 72 und 73 (gültig für Sand und Zuschlagsgemische, ohne Zement) mit den Feststellungen zu Abb. 68 (gültig für Mörtel mit Zement) verglichen, so findet sich, daß·

die Körnung des Mörtels mit dem Sand nach Linie *A* der Abb. 72 etwas über dem Linienzug *a b c d* der Abb. 68 liegt. Dieser Unterschied ist absichtlich gewählt worden, weil der Mörtel nach Abb. 68 eine besonders sorgfältige Verarbeitung erfordert und weil diese Bedingung im Baubetrieb schwer zu erfüllen ist. Die Linie *C* in Abb. 72 und die Linie *F* in Abb. 73 enthalten Grenzbedingungen für den Feinsandgehalt des Sands und für den Sandgehalt der Zuschläge. Die damit angegebenen Grenzen sind seinerzeit mit viel Widerspruch aufgenommen worden, u. a. weil hiernach alle Lieferer von Sand und Kies veranlaßt waren, Sand und Kies nach eindeutigen technischen Eigenschaften anzubieten und zu liefern, wenn es sich um Sand und Kies für Stahlbeton handelte. Die Aufteilung der Felder zwischen den Linien *A* und *C* in Abb. 72, ebenso zwischen den Linien *D* und *F* der Abb. 73 in ein brauchbares und in ein besonders gutes Gebiet, geschah aus den Erwägungen heraus, die zu Zahlentafel 11 gegeben wurden.

Weiterhin enthält Teil A der Bestimmungen des Deutschen Ausschusses für Stahlbeton die Forderung, daß die Zuschlagstoffe für Beton, der nach 28 Tagen eine Druckfestigkeit von 160 kg/cm² oder mehr aufweisen muß, in den Korngruppen 0 bis 7 mm und 7 bis 30 mm getrennt angeliefert, gelagert und gemessen werden müssen. Für Beton, der besonders hohe Anstrengungen ertragen

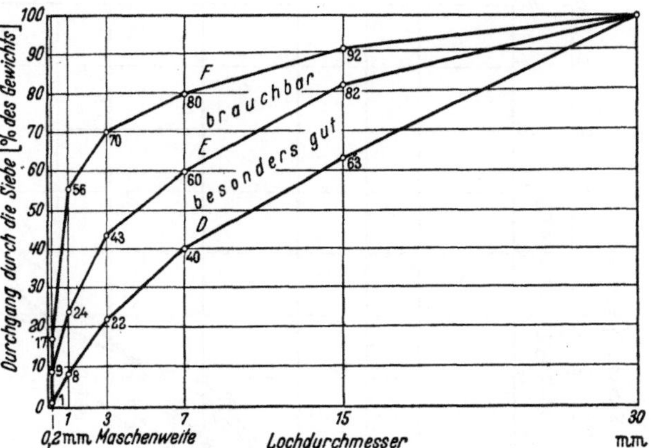

Abb. 73. Sieblinien für die zulässige Körnung des Zuschlaggemisches zu Stahlbeton (Bestimmungen des Deutschen Ausschusses für Stahlbeton, Teil A).

soll, sind mindestens 3 Korngruppen (0 bis 3 mm, 3 bis 7 mm und 7 bis 30 mm) vorgesehen.

Eine entsprechende Vorschrift gilt beim Bau der Betonfahrbahndecken der Reichsautobahnen. Dabei hat sich erwiesen, daß die Verwendung sauber getrennter Korngruppen unerläßlich ist, wenn es sich um die Herstellung von hochwertigem Beton mit fortlaufend tunlichst gleichen Eigenschaften handelt.

In der Zukunft sollte allgemein gefordert werden, daß die Zuschlagstoffe mindestens in die Korngruppen 0 bis 7 mm und 7 bis 30 bzw. 50 mm getrennt werden und daß die Trennung mit engbegrenztem Überkorn und Unterkorn erfolgt. Vgl. auch S. 295 sowie die Bestimmungen des Deutschen Ausschusses für Stahlbeton, Teil B, Ausgabe 1943. Die Begrenzung des Unter- und Überkorns ist in Teil F (DIN 4226) festgelegt. Vgl. dazu unter C 3 a, S. 30, und Zahlentafel 4a.

5. Über die Beurteilung der Kornzusammensetzung des Betons nach Sieblinien. Der Feinheitswert als weitergehendes Hilfsmittel.

Durch die Aufstellung von Sieblinien, die die zulässige Kornzusammensetzung der Zuschlagstoffe für Stahlbeton begrenzen, ist ein einfaches Hilfsmittel zur Beurteilung der Eignung der Zuschlagstoffe für Stahlbeton entstanden. Sinngemäß wird bei der Festlegung der Körnung von anderem Beton verfahren. Bei der Anwendung der genormten oder der entsprechend für andere Aufgaben zweckmäßigen Grenzlinien wird die Lage der zu beurteilenden Sieblinie beobachtet, also ob sie im brauchbaren oder im besonders guten Bereich und wo sie in diesen Bereichen liegt. Dabei ist zu erkennen, welche Korngruppen ausreichend oder zu reichlich oder zu wenig vertreten sind usw. Es ist auch festzustellen, ob und wie mit verfügbaren Korngruppen Verbesserungen möglich sind. Doch kann ein zahlenmäßiger Vergleich der Wertigkeit der Kornzusammensetzung an Hand der Sieblinien nicht unmittelbar vorgenommen werden.

Diese weitergehende Beurteilung der Kornzusammensetzung der Zuschlagstoffe geschieht durch die Bestimmung einer Körnungsziffer, wie sie zuerst von ABRAMS als „Feinheitsmodul"[1], dann ergänzt von HUMMEL[2] als „Feinheitswert" angegeben worden ist[3]. Dabei wird von den Zahlen, die den Rückstand der Zuschlagstoffe auf den Sieben in Hundertteilen des Gewichts der gesamten

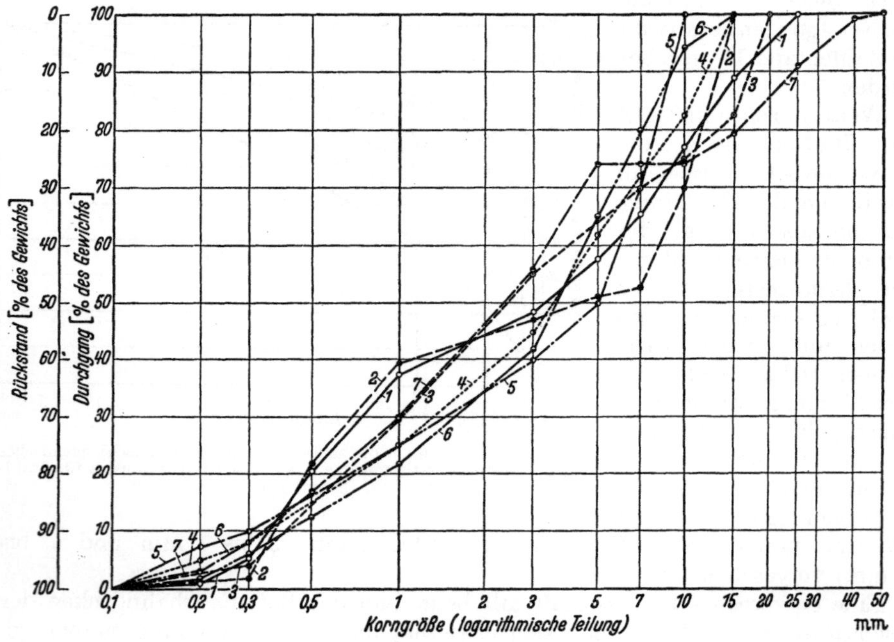

Abb. 74. Sieblinien verschiedener Zuschlaggemische, verwendet zu Versuchen von HUMMEL.

Probe angeben, die Summe gebildet und diese durch 100 geteilt. Beispielsweise beträgt die Körnungsziffer

für Linie D der Abb. 73 $(99 + 92 + 78 + 60 + 37) : 100 = 3{,}66$
für Linie E der Abb. 73 $(91 + 76 + 57 + 40 + 18) : 100 = 2{,}82$
für Linie F der Abb. 73 $(83 + 44 + 30 + 20 + \ 8) : 100 = 1{,}85$.

Die feineren Sande haben demnach die kleineren Körnungsziffern.

Die Körnungsziffer f ist selbstverständlich von der Zahl der verwendeten Siebe und ihrer Stufung abhängig. Wird der amerikanische Siebsatz[4] verwendet, so ergeben sich größere Zahlen als mit unserem Siebsatz, z. B. für die Linien

---

[1] Design of Concrete Mixtures. Bull. 1 Structural Materials Research Laboratory. Chicago 1921.

[2] Zement 1930 S. 355ff.; 1932 S. 687ff. sowie das Beton-ABC, 3. Aufl. 1939 S. 68ff.

[3] Vgl. auch GRAF: Dtsch. Ausschuß Eisenbeton 1930 Heft 63 S. 31ff.

[4] Sieböffnung der Maschensiebe, 0,149—0,297—0,59—1,19—2,38—4,76—9,52—19,1—38,1 mm. A.S.T.M. Design.: E 11 — 38 T.

$$\begin{array}{ccc} D & E & F \\ 6,2 & 5,1 & 3,7. \end{array} \quad \text{der Abb. 73}$$

Außerdem muß beachtet werden, daß die Anwendung der Körnungsziffer f nur angängig ist, wenn das Zuschlaggemisch aus mindestens drei Korngruppen besteht und wenn das Betongemisch praktisch verarbeitet werden kann.

Um von der Einteilung des Siebsatzes unabhängig zu sein, hat HUMMEL[1] vorgeschlagen, das Maß der Korngrößen auf der Abszisse einheitlich zu wählen, die Fläche der Siebdurchgänge in 1 cm breite Streifen zu teilen und schließlich die Summe der Mittellinien dieser Streifen als Körnungsmaß, von HUMMEL „F-Wert" genannt, zu nehmen. Dieser F-Wert beträgt für die Gemische nach

$$\begin{array}{cccc} \text{Linie } D & E & F & \text{der Abb. 73} \\ 188 & 154 & 111. \end{array}$$

Bei der Anwendung der Körnungsziffer f bzw. des F-Werts wird vorausgesetzt, daß unter sonst gleichen Umständen, also bei gleichem Zementgehalt, bei gleicher Steife usw. mit gleichem f bzw. F-Wert die gleiche Betonfestigkeit entsteht. Diese Voraussetzung ist in praktischen Bereichen annähernd zutreffend. Beispielsweise fand HUMMEL mit Körnungen nach Abb. 74[2] bei 300 kg Zement je m³ im Alter von 28 Tagen $W = 202$ bis 233 kg/cm², im Mittel 217 kg/cm². Die kleinste Festigkeit fand sich mit der Körnung nach Linie 3 der Abb. 74, die größte mit der Körnung nach Linie 1. Hieraus und aus anderen Feststellungen ergibt sich, daß mit Gemischen von größerer Körnungsziffer f bzw. mit größerem F-Wert, also mit gröberen Gemischen, höhere Festigkeiten zu erwarten sind. Aus zugehörigen Versuchen sind Beziehungen zwischen der Körnungsziffer und der Druckfestigkeit des Betons abgeleitet worden. Abb. 75 zeigt hierzu Beispiele aus Versuchen von KENNEDY[3]. Diese Darstellung zeigt weiterhin, daß die Körnungs-

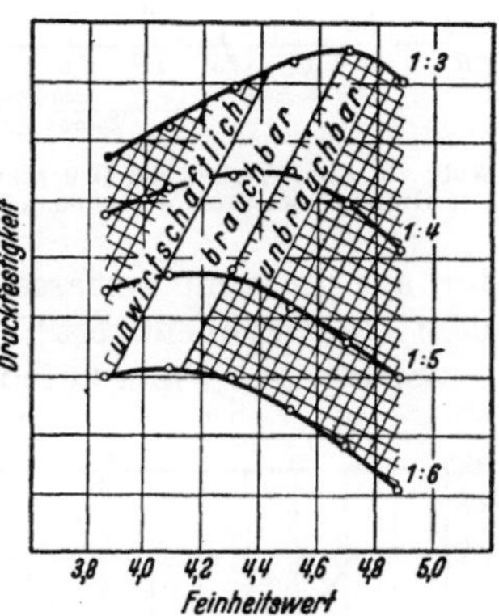

Abb. 75. Beziehungen zwischen dem „Feinheitsmodul" und der Druckfestigkeit des Betons nach Versuchen von KENNEDY.

ziffer, die bei gleichem Zementgehalt zur Betonmischung für die höchste Festigkeit gehört, entsprechend den Darlegungen zu Abb. 68 mit dem Zementgehalt veränderlich ist.

6. Über die rechnerische Verfolgung der zweckmäßigen Körnung des Betons und über die Vorausbestimmung des Wassergehalts des frischen Betons.

Hier ist zuerst auf die Arbeiten von FERET[4] zu verweisen. FERET ging von der Annahme aus, daß die Festigkeit des Betons von seiner Dichte, damit auch von dem Anteil der Hohlräume abhängt, die durch den Wasserzusatz entstehen. FERET hat demgemäß Beziehungen zwischen den im Beton verbliebenen Hohlräumen und der Druckfestigkeit entwickelt und dabei erstmals den Einfluß des Wassergehalts des frischen Betons gesetzmäßig dargelegt.

Bei Körpern gleichen Alters, unter gleichen Verhältnissen erhärtet, hergestellt mit dem gleichen Zement mit reinen Sanden verschiedener Art und Kör-

---

[1] HUMMEL: Zement 1932 S. 671ff. sowie das Beton-ABC, 3. Aufl. S. 73.

[2] Hier ist die untere Grenze der Körnung zu 0,1 mm gesetzt. Diese Annahme ist meist ausreichend.

[3] Revised Application of Fineness Modulus in Concrete Proportioning. J. Amer. Concr. Inst. Bd. 11 (1940) S. 597ff.

[4] Ann. Ponts Chauss., 7. Serie, 2. Semester Bd. 12 (1896) S. 174ff.; ferner Étude expérimentale du Ciment armé S. 491ff. Paris 1906.

nung, auch mit verschiedenen Mischungsverhältnissen, ergab sich die Druckfestigkeit ungefähr proportional dem Faktor

$$\left(\frac{c}{1-s}\right)^2 \quad \text{bzw.} \quad \left(\frac{c}{1-(s+p)}\right)^2,$$

worin

c der absolute Raum des Zements,
s der absolute Raum des Sandes,
p der absolute Raum der Grobzuschläge (Kies, Splitt)

in der Einheit des Raums des frischen Mörtels bzw. Betons angibt.

Zur Berechnung der Druckfestigkeit ergab sich somit innerhalb der angegebenen Grenzen eine Konstante, welche naturgemäß für verschiedene Bindemittel verschieden ausfiel.

Nach den in Stuttgart gemachten Feststellungen ist das Verfahren von FERET praktisch nicht einfacher und auch nicht bestimm

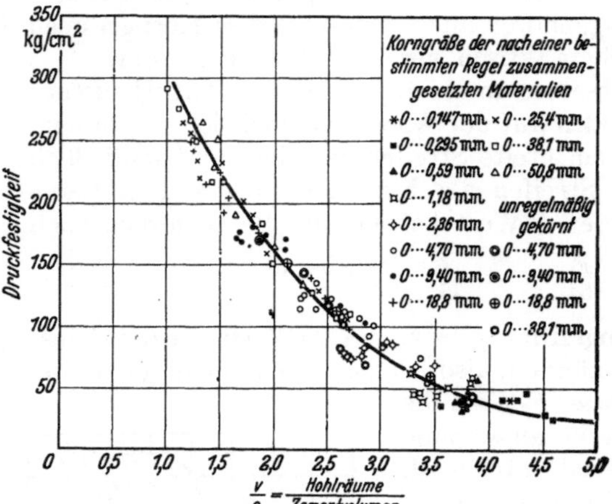

Abb. 76. Abhängigkeit der Druckfestigkeit des Betons von der Größe seiner Hohlräume nach Versuchen von TALBOT.

ter als die vom Verfasser geübte Beurteilung nach der Siebprobe und nach dem Wasserzementwert[1].

Später gab FERET wiederholt zusammenfassende Darstellungen[2,3]. Die Untersuchungen von FERET sind durch TALBOT[4], später durch TALBOT und RICHART[5] erweitert worden.

Für einen bestimmten Zementgehalt des fertig verarbeiteten Betons fand sich mit Sand verschiedener Körnung und Zusammensetzung sowie mit verschiedenem Wasserzusatz unter sonst gleichen Verhältnissen eine Zunahme der Druckfestigkeit des Betons mit Abnahme der Hohlräume im Beton, wobei die Hohlräume als der Anteil des Raums des Wassers und der Luft im frisch hergestellten Betonkörper angesehen sind. Abb. 76 bis 78

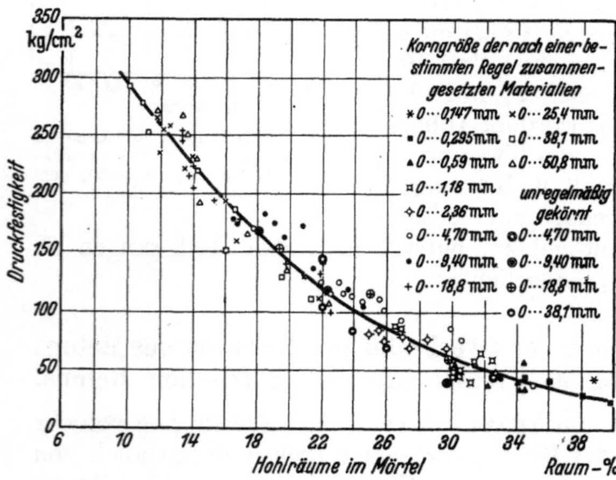

Abb. 77. Abhängigkeit der Druckfestigkeit des Betons von der Größe seiner Hohlräume nach Versuchen von TALBOT.

[1] GRAF: Dtsch. Ausschuß Eisenbeton 1930 Heft 63 S. 38ff.

[2] Beiträge zur Beurteilung der Abweichungen zwischen den Versuchswerten und den Rechnungswerten nach FERET lieferten ROS: XIV. Jahresbericht des Vereins schweizerischer Zement-, Kalk- und Gipsfabrikanten 1924; STADELMANN: Gußbeton, Erfahrungen beim schweizerischen Talsperrenbau S. 144ff. Zürich 1925 sowie insbesondere BOLOMEY: Schweiz. Bauztg. Bd. 88 (1926) Juli 1926. Über die letztgenannte Arbeit s. S. 76.

[3] Tonind.-Ztg. 1927 S. 1241ff.; Résistances des Bétons au choc, à l'usure et au décollement, comparées à leurs résistances à la compression, à la flexion et à la traction. Paris 1930 (Sonderdruck aus Revue des Matériaux de construction et de travaux publics; Bétons plastiques et Bétons fluides. Science et Industrie (Construction et travaux publics), Mai 1933.

[4] Engng. News Rec. Bd. 87 (1921) S. 147ff.; American Society for Testing Materials 1921;

zeigen die Gesetzmäßigkeiten, welche TALBOT für die Beziehungen zwischen der Größe der Hohlräume v, dem Zementraum c und der Druckfestigkeit gefunden hat. Dabei sind verschiedene Korngrößen benutzt worden. Das Mischungsverhältnis betrug 1 Raumteil Zement zu 5 Raumteilen Sand und Kies.

TALBOT verfolgte dann weiter die Be-

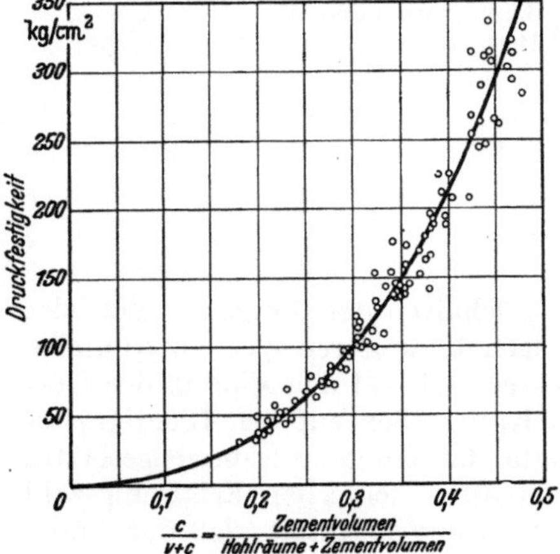

Abb. 78. Abhängigkeit der Druckfestigkeit des Betons von dem Verhältnis des Zementvolumens zu der Summe der Volumen der Hohlräume und des Zements, nach Versuchen von TALBOT.

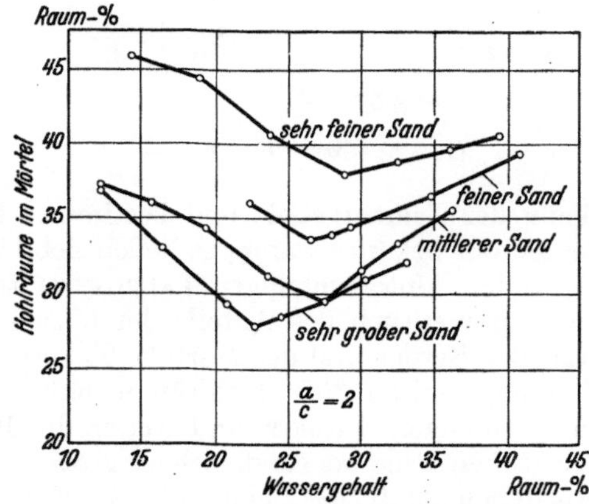

Abb. 79. Beziehungen zwischen dem Wassergehalt und den Hohlräumen im Mörtel nach Versuchen von TALBOT.

dingungen, welche bei gegebenem Sand die Größe der Hohlräume beeinflussen, sowie den Einfluß der Körnung auf den Anteil der Hohlräume. Abb. 79 zeigt die Abhängigkeit des Hohlraumgehalts des Mörtels mit verschiedenem Sand bei verschiedenem Wassergehalt, und zwar bei einem Verhältnis des absoluten Raums a des Sandes zum absoluten Raum c des Zements $a : c = 2$. Aus Abb. 80 erhellt, daß gröbere Sande weniger Hohlräume lieferten, wie schon gezeigt. Der Wasserzusatz, welcher die geringsten Hohlräume lieferte, wurde als „basic content" bezeichnet und gleich 1 gesetzt.

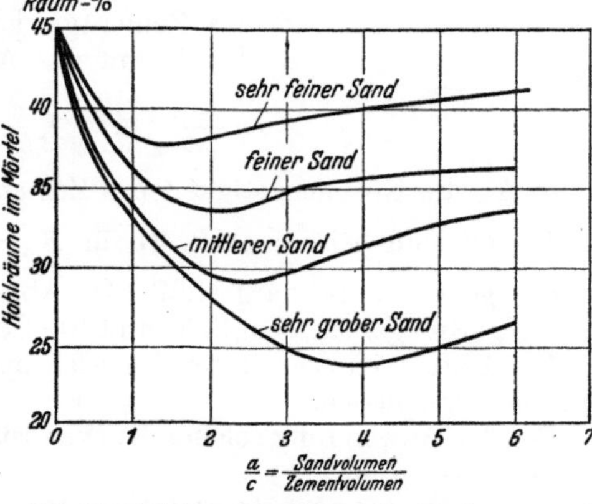

Abb. 80. Beziehungen zwischen den Werten $a:c$ und den Hohlräumen im Mörtel nach Versuchen von TALBOT.

Aus Feststellungen nach Art der Abb. 79 und 80 hat TALBOT Darstellungen geschaffen, welche charakteristische Hohlraumkurven für Mörtel mit verschiedenem Zementgehalt beim „basic water content" bzw. bei verschiedenem Wasserzusatz lieferten.

Von den Erkenntnissen, welche aus den Versuchen mit Mörtel gewonnen wurden, ging TALBOT auf rechnerischem Weg zur Bestimmung der entsprechenden Eigenschaften des Betons über. Er setzte in der Einheit des frisch verarbeiteten Betons:

Proportioning Concrete by voids in the mortar. A proposed method of estimating the density and strength of concrete and of proportioning the materials by the experimental and analytical consideration of the voids in mortar and concrete.

[5] TALBOT u. RICHART: The strength of concrete, its relation to the Cement Aggregates and Water. Bull. 137 der Engineering Experiment Station der University of Illinois 1923.

a absoluter Raum des Sandes,
b absoluter Raum von Kies oder Schotter,
c absoluter Raum des Zements,
d Dichtungsgrad des Betons $= a + b + c$,
v Hohlräume (Luft und Wasser) in der Einheit des Raums des Mörtels (oder der Mischung von Zement, Sand und Wasser), wie er im Beton vorhanden ist.
$v = 1 - d =$ Hohlräume in der Einheit des Betons,
$a + b + c = d = 1 - v$, (a) außerdem

$$\frac{c + a}{1 - v_m} b = 1, \qquad (b).$$

Ferner ist angegeben

$$v = v_m (1 - b) \quad \text{bzw.} \quad b = 1 - \frac{v}{v_m}.$$

Wenn der Zementgehalt und bestimmte Eigenschaften der übrigen Stoffe oder des Betons bekannt waren, so ließen sich hiernach die weiteren Werte bestimmen.

Andere Untersuchungen TALBOTS erstreckten sich auf den Einfluß der Körnung, namentlich des Anteils der einzelnen Korngrößen auf den Dichtigkeitsgrad des Betons und des Mörtels. TALBOT sagte, daß ein gut zusammengesetztes Zuschlaggemisch 35% Hohlräume habe, einer alten deutschen Erfahrungszahl nahekommend. TALBOT fand weiter die Beobachtung bestätigt, daß der Anteil der groben Teile bei rundem Kies größer sein kann als bei flachem, ferner bei gebrochenem Material kleiner als bei Kies und daß in letzterem Fall die obere Grenze von der Form des Grobsplitts abhängig ist. Er fand auch wieder, daß, solange der Anteil der groben Stücke unter der oberen Grenze liegt, die Stufung der Korngrößen der groben Stücke meist ohne deutlichen Einfluß bleibt. An die Versuche von FERET hat auch BOLOMEY angeknüpft[1]. Er setzte

$$K = \left(\frac{Z}{W} - 0,50\right) A,$$

wobei

Z das Zementgewicht,
W der Raum des Anmachwassers,

$$A = \frac{K_n}{2,2} \quad \text{bis} \quad \frac{K_n}{3,5} \quad \text{im Mittel} \quad \frac{K_n}{2,7}*,$$

wenn K_n die Normenfestigkeit des Zements nach den schweizerischen Normen.

Die Gleichung ist in Abb. 81 für $K_n = 400$ kg/cm² und $A = \frac{K_n}{3,5}$ durch eine ausgezogene Kurve dargestellt. In Abb. 81 findet sich ferner die Kurve zu $K = K_n : 8 w^2$ gemäß dem S. 58 und 108 Gesagten, ebenfalls für $K_n = 400$ kg/cm².

Die beiden Kurven liegen im wichtigsten Bereich ($w = 0,5$ bis 1) nicht erheblich verschieden.

Bei der Anwendung solcher Kurven ist u. a. der Einfluß der Kornzusammen-

---

[1] Bestimmung der Druckfestigkeit von Mörtel und Beton. Schweiz. Bauztg. Bd. 88 (1926) S. 41ff.; Durcissement des Mortiers et Betons. Bull. techn. Suisse rom. 1927 Heft 16, 22 u. 24 (Sonderdruck Lausanne 1928); ferner Baukontrolle im Beton und Eisenbeton. Schweiz. Bauztg. Bd. 98 (1931) S. 105ff.

* BOLOMEY empfahl in seiner Arbeit von 1931 für A folgende Größen:

Zement	Alter des Betons		
	7 Tage	28 Tage	90 Tage
Portlandzement	90 bis 120	150 bis 200	200 bis 250
Hochwertiger Portlandzement . . .	150 bis 190	220 bis 270	280 bis 350
Tonerdezement	280 bis 300	310 bis 330	350 bis 380

setzung nicht beachtet. Dieser ist jedoch nicht unwesentlich, wie später dargelegt wird. Vgl. S. 81.

Weitere Beiträge zu dem Verfahren von FERET gaben SUENSON[1], LECLERC DU SABLON[2] u. KINDEL[3].

Ferner ist auf die umfassenden rechnerischen Verfahren zu verweisen, die im Unterausschuß für zielsichere Betonbildung des österreichischen Eisenbetonausschusses unter der Obmannschaft von TILLMANN entstanden sind[4].

U. a. ergab sich dabei, daß der Steifegrad des frischen Betons durch eine Zahlengleichung angegeben werden kann, nämlich

$$S = A \cdot B^{-K},$$

worin

S den Steifegrad des Betons, bestimmt mit dem Steifeprüfer nach ÖNORM 2303,
A und B die Kennziffern der Kornform der Zuschlagstoffe und

K einen Verhältniswert darstellen, der aus dem Wasseranspruch beim Steifegrad S und aus dem Wasseranspruch beim Steifegrößtwert gebildet ist.

Dabei fand sich

$$w = (\lambda_z + m \lambda_s) \frac{K}{1000},$$

worin

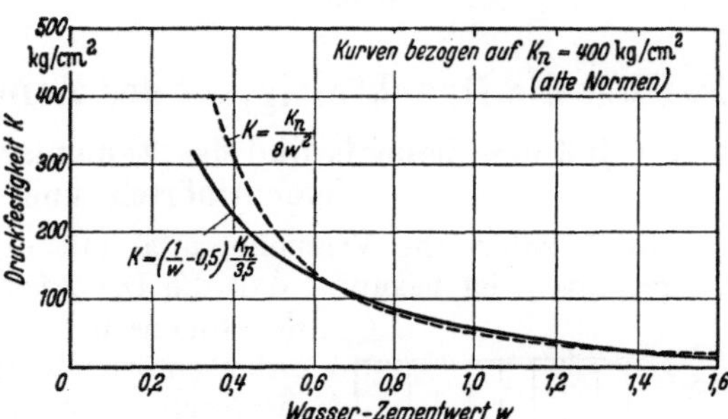

Abb. 81. Beziehungen zwischen dem Wasserzementwert w und der Druckfestigkeit K des Betons.

w der Wasserzementwert (Wassergewicht: Zementgewicht),
λ_z die Kennzahl der Kornverteilung des Zements,
λ_s die Kennzahl der Kornverteilung der Zuschlagstoffe (aus der Sieblinie zu bestimmen),
m das Mischverhältnis des Betons nach Gewichtsteilen.

Wenn nun die geforderte Betondruckfestigkeit und die Steife des Betons bekannt sind, auch die Kennzahlen des Zements und der Zuschlagstoffe, so kann das Mischverhältnis errechnet werden

$$\text{zu} \quad m = \left(1000 \frac{W}{K} - \lambda_z\right)\frac{1}{\lambda_s}.$$

Die praktische Bedeutung der angegebenen Beziehungen sollte im Auftrag des Deutschen Ausschusses für Stahlbeton untersucht werden; das Ergebnis dieser Versuche ist noch nicht bekannt.

7. Allgemeine Bedingungen für die Herstellung von Beton mit bestimmten Eigenschaften.

In den folgenden Abschnitten F bis N wird gezeigt, welche Bedingungen für die Erlangung bestimmter Eigenschaften einzuhalten sind. Allgemein gilt folgendes:

a) Begrenzung der *Kornzusammensetzung* durch sorgfältige Vorbereitung der Zuschlagstoffe, für hochwertigen und besonders gleichmäßigen Beton durch

---

[1] Beton u. Eisen 1925 S. 48ff.; ferner Beton u. Eisen 1929 S. 397ff., auch 1933 S. 99.
[2] Le beton rationel. Paris 1927.   [3] Beton u. Eisen 1932 Heft 21.
[4] Vgl. Zielsichere Betonbildung. Wien 1933 (mit Beiträgen von TILLMANN, ZEISSL u. STERN); auch VIESER: Beton u. Eisen 1933 S. 267ff.; ferner TILLMANN: Betontechnische Vorschriften für Zuschlagstoffe. Sparwirtsch. 1938 Heft 1 bis 4. Außerdem GAEDE: Bautechn. 1948 S. 198ff.

Bereitstellung der Stoffe in mindestens 3 Korngruppen (0 bis 3 mm; 3 bis 7 mm; über 7 mm), zu gewöhnlichen Fällen in mindestens 2 Korngruppen (0 bis 7 mm und über 7 mm);

b) die Korngruppen sind mit bestimmten Grenzwerten der Zwischengruppen fortlaufend so zu liefern, daß die Abweichungen vom Sollwert in engen, von Fall zu Fall festzulegenden Grenzen bleiben;

c) das Messen der Bestandteile muß so erfolgen, daß die gewünschte Zusammensetzung, auch die Steife des Betons mit kleinen Fehlern verbürgt werden kann; vgl. unter V;

d) beim Mischen, Befördern und Verarbeiten des Betons soll die vorgesehene Zusammensetzung des Betons durchweg erhalten bleiben;

e) das Verdichten des Betons soll so erfolgen, daß der Beton durchweg gleichwertig ausfällt und überall die erforderliche Dichte erlangt. Es ist die vollkommene Verdichtung anzustreben.

F. Über die Druckfestigkeit des Zementmörtels und des Betons[1].

1. Einfluß des Zements und des Zementgehalts auf die Druckfestigkeit des Zementmörtels und des Betons.

Durch zahlreiche Versuche, u. a. mit den im Abschnitt B durch Abb. 24 dargestellten, ist bekannt, daß die Druckfestigkeit des Betons unmittelbar von den Eigenschaften des Zements abhängt und daß die dabei entscheidende Eigenschaft des Zements durch die Normendruckfestigkeit (nach den neuen Normen von 1942) gemessen werden kann.

Weitere Aufschlüsse gibt Abb. 82. Hier ist die Druckfestigkeit von besonders gut zusammengesetztem Rüttelbeton dargestellt, der unter sonst gleichen Umständen mit zwei Zementen und mit sehr verschiedenen Zementgehalten hergestellt worden ist. Die Normendruckfestigkeit der Prüfmörtel betrug für 28 Tage alte Proben 398 und 527 kg/cm² (Verhältniszahlen 1 : 1,32); es handelt sich um einen hochwertigen und um einen höchstwertigen Zement (Z 325 und Z 425). Abb. 82 zeigt nun, daß sich die Betonfestigkeiten entsprechend den Normendruckfestigkeiten der Zemente unterscheiden, allerdings bei Zementgehalten unter etwa 350 kg mehr als die Normendruckfestigkeiten, bei hohen Zementgehalten weniger. Doch ist der Zementaufwand zur Erlangung einer bestimmten Betonfestigkeit mit dem Zement S bei zunehmender Betonfestigkeit mehr gewachsen als mit Zement B.

Nach diesen und anderen Beobachtungen[2] kann man annehmen, daß die Unterscheidung der Zemente nach ihrer Normendruckfestigkeit zweckmäßig ist und daß *die Normendruckfestigkeit* ein gut brauchbares Maß für die Größe des

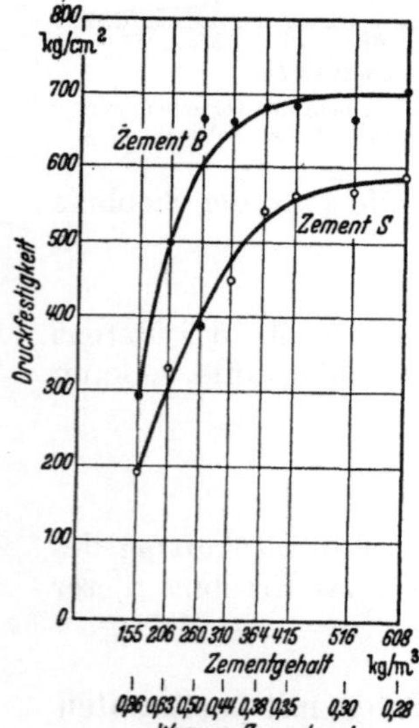

Abb. 82.
Einfluß des Zementgehalts auf die Druckfestigkeit bei Verwendung der Zemente *S* und *B*.

---

[1] Sofern nichts anderes bemerkt wird, handelt es sich um die Würfelfestigkeit. Über die Druckfestigkeit des Betons in der Druckzone von Stahlbetonbalken vgl. Handbuch für Eisenbetonbau, 4. Aufl. Bd. 1 S. 120 bis 132.

[2] Vgl. u. a. GRAF: Forsch.-Arb. Straßenwesen Bd. 27 (1940) S. 77; sodann SCHÄCHTERLE: Beton u. Eisen 1931 S. 108ff., Tafel 6 u. 7; ferner BENDELL: Richtlinien für die Herstellung, Verarbeitung und Nachbehandlung des Betons, 3. Aufl. 1932 S. 25; sodann HUMMEL: Das Beton-ABC., 3. Aufl. S. 43.

Einflusses der Zementeigenschaften auf die zu erwartende Betonfestigkeit gibt,
wenn der Zementgehalt des Betons unter etwa 350 kg je Kubikmeter bleibt. Dieses Grenzmaß liegt bei feinkörnigem Beton höher als bei grobkörnigem, außerdem bei gewöhnlichen Zementen höher als bei hochwertigen und höchstwertigen Zementen.

Abb. 82 und 83 zeigen weiterhin den Einfluß des *Zementgehalts* auf die Druckfestigkeit des Betons. Hier ist zunächst hervorzuheben, daß die Druckfestigkeit des Betons mit wachsendem Zementgehalt fortlaufend gestiegen ist. Allerdings ist die Zunahme in Abb. 82 bei hohen Zementgehalten verhältnismäßig gering ausgefallen. In Abb. 83 erscheint der Einfluß des Zementgehalts bei niederen Zementgehalten in hohem Maße von der Körnung des Betons abhängig, wie aus dem Verlauf der Linien zu entnehmen ist. Zur weiteren Beurteilung sind in Abb. 84 die Sieblinien der Zuschlagstoffe zu den vier in Abb. 83 genannten Gruppen dargestellt.

Die in Abb. 82 und 83 mitgeteilten Versuchsergebnisse gelten für 28 Tage alte Probekörper; ähnliche Verhältnisse fanden sich mit jüngeren und mit älteren Proben[1].

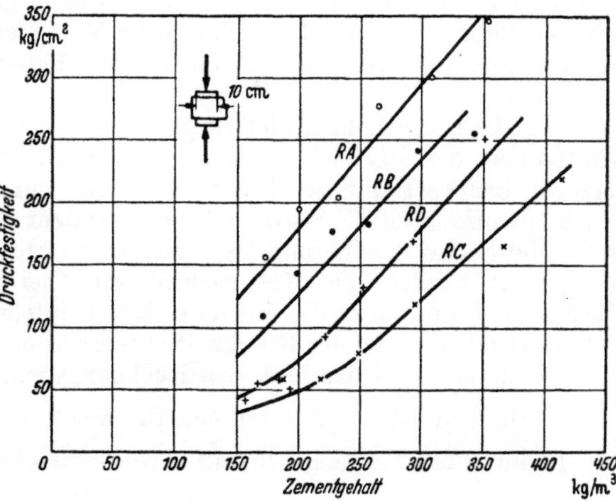

Abb. 83. Einfluß des Zementgehalts auf die Druckfestigkeit des Betons.

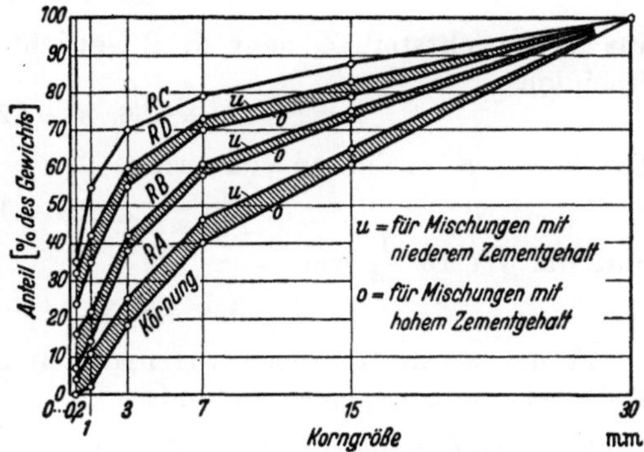

Abb. 84. Körnung der Zuschlagstoffe zu den Versuchen in Abb. 83.

2. Einfluß der Körnung der Zuschlagstoffe auf die Druckfestigkeit des Betons.

Die grundlegenden Feststellungen sind Seite 62 bis 73 beschrieben. Hiernach ist es zweckmäßig, die Körnung der Zuschlagstoffe nach den Kornstufen 0,2 mm (Sieb mit 0,2 mm Maschenweite, DIN 1171), ferner 1, 3, 7, 15, 30 mm (auf Rundlochsieben nach DIN 1170) oder mehr festzustellen und mit den S. 70 beschriebenen allgemeinen Bedingungen, im besonderen mit den in Abb. 72 und 73 (für Stahlbeton), auch in Abb. 85 und 86 (für Straßenbeton[2]) wiedergegebenen Vorschriften zu vergleichen[3]. Darüber hinaus sei folgendes hervorgehoben.

---

[1] Vgl. auch MUSSGNUG: Bautenschutz 1941 S. 125, ferner GRAF: Fortschr. u. Forsch. im Bauwesen, Reihe A, Heft 2 S. 30.

[2] Abb. 72 und 73 sowie Abb. 85 und 86 sind so wiedergegeben, wie sie in den zugehörigen Vorschriften zu finden sind. In Abb. 85 und 86 sind dementsprechend die Korngrößen in logarithmischer Teilung aufgetragen. Diese Darstellung soll eine übersichtlichere Beurteilung der Menge der feinsten Anteile ermöglichen.

[3] Vgl. dazu die später beschriebenen Beispiele S. 295 bis S. 298.

a) Bedeutung des Sandgehalts des Betons.

Durch Zahlentafel 10, S. 65, ist aufmerksam gemacht, daß die Druckfestigkeit des Betons in erster Linie durch die Mörtelfestigkeit bestimmt wird. Dementsprechend ist selbst bei den einfachsten Betonarbeiten auf den Sandgehalt zu achten.

Die Zahlen der Zahlentafel 10 gelten unter der Voraussetzung, daß die Beschaffenheit des Mörtels bei Änderung des Anteils der groben Zuschlagstoffe derselbe bleibt. Damit wird der Beton mit Zunahme des Anteils der groben Zuschlagstoffe steifer. Wird mit wachsendem Anteil der groben Zuschlagstoffe die Steife des Betons beibehalten, so muß der Wassergehalt des Mörtels erhöht werden. Der Unterschied wird bei Schotterbeton größer als bei Kiesbeton. Damit sinkt die Mörtelfestigkeit, infolgedessen auch die Betonfestigkeit K. Der Rückgang der Festigkeit entspricht der Zunahme des Wasserzementwerts w derart, daß das Maß des Rückgangs zunächst aus dem Vergleich von $\frac{1}{w^2}$ zu schätzen ist. Z. B. fand sich für weich angemachten Mörtel und Beton aus 1 Gewichtsteil Zement S und 2 Gewichtsteilen Rheinsand

$$w = 0{,}45, \quad K = 322 \ \text{kg/cm}^2,$$

aus 1 Gewichtsteil Zement S, 2 Gewichtsteilen Rheinsand, 1 Gewichtsteil Rheinkies

$$w = 0{,}51, \quad K = 277 \ \text{kg/cm}^2,$$

aus 1 Gewichtsteil Zement S, 2 Gewichtsteilen Rheinsand, 2 Gewichtsteilen Rheinkies

$$w = 0{,}56, \quad K = 225 \ \text{kg/cm}^2.$$

Die Werte K verhalten sich wie

$$322 : 277 : 225 = 1 : 0{,}86 : 0{,}70$$

und die Werte $\frac{1}{w^2}$ wie

$$4{,}9 : 3{,}8 : 3{,}2 = 1 : 0{,}78 : 0{,}65.$$

Ferner wurde für weich angemachten Beton aus Zement S, Rheinsand und Kalksteinsplitt folgendes gefunden:

1 Gewichtsteil Zement, 2 Gewichtsteile Sand . . . . $w = 0{,}45, K = 322 \ \text{kg/cm}^2$,
1 Gewichtsteil Zement, 2 Gewichtsteile Sand, 1 Gewichtsteil Splitt $w = 0{,}51, K = 288$ „ ,
1 Gewichtsteil Zement, 2 Gewichtsteile Sand, 3 Gewichtsteile Splitt $w = 0{,}76, K = 146$ „ .

Die Verhältniszahlen der Werte K betragen

$$322 : 288 : 146 = 1 : 0{,}89 : 0{,}45$$

und diejenigen der Werte $\frac{1}{w^2}$

$$4{,}9 : 3{,}8 : 1{,}7 = 1 : 0{,}78 : 0{,}35.$$

Die Verhältniszahlen $\frac{1}{w^2}$ sind etwas kleiner als die Verhältniszahlen der Druckfestigkeit, d. h. die Druckfestigkeit des Betons war mit Zunahme des Anteils der groben Zuschläge etwas größer als nach der Größe des Wasserzementwerts zu erwarten stand[1]. Man kann demnach in der Beziehung $K = \frac{K_n}{x \cdot w^2}$ einen Faktor anbringen, welcher den Gehalt an groben Zuschlägen berücksichtigt.

Der soeben beschriebene Einfluß der Menge der groben Zuschläge tritt auch in Abb. 87 auf. Die Druckfestigkeit ist bei gleichem Wasserzementwert für die

---

[1] Die Dicke der Mörtellagen zwischen den groben Zuschlägen wird kleiner und damit ihre Druckfestigkeit größer.

Mischungen mit dem kleineren Mörtelgehalt, also mit dem größeren Kiesgehalt im allgemeinen größer ausgefallen[1].

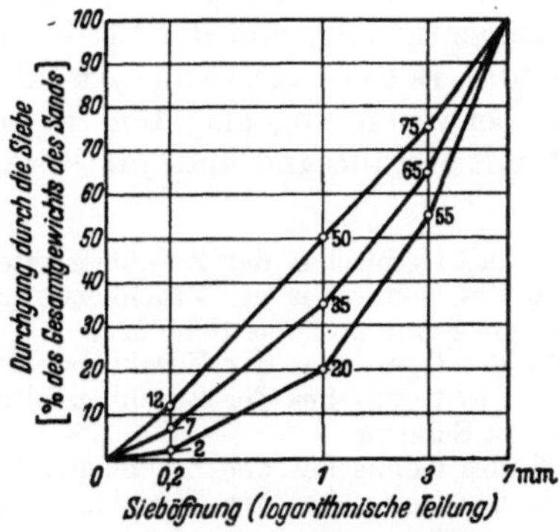

Abb. 85. Sieblinien für die zulässige Körnung des Sands zu Straßenbeton (nach der Anweisung für den Bau von Betonfahrbahndecken).

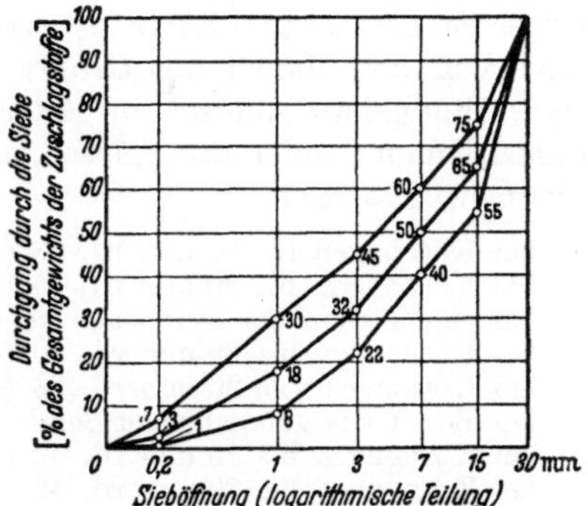

Abb. 86. Sieblinien für die zulässige Körnung des Zuschlaggemisches für Straßenbeton (nach der Anweisung für den Bau von Betonfahrbahndecken).

Zu verwandten Feststellungen führten die Versuche, die in Heft 78 des Deutschen Ausschusses für Eisenbeton S. 40 und 41 mitgeteilt sind.

b) Kleinster zulässiger Sandgehalt der Zuschlagstoffe.

Aus den Darlegungen zu a) und aus anderen Beobachtungen geht hervor, daß die Druckfestigkeit des Betons mit Abnahme des Sandgehalts bedeutend wächst, wenn der Zementgehalt des Betons beibehalten wird und wenn der Sandgehalt mindestens so groß bleibt, daß die groben Zuschlagstoffe allseitig vom Mörtel umschlossen sind. Mit abnehmendem Sandgehalt und mit gleichbleibendem Zementgehalt wird der Mörtel fetter und damit fester; dementsprechend steigt die Betonfestigkeit, da der Mörtel für die Betonfestigkeit maßgebend ist. Dabei sinkt auch der Wasserzementwert w. Andererseits muß der Sandgehalt oft so groß gewählt werden, daß nicht bloß die groben Zuschlagstoffe allseitig umschlossen werden und der Beton überall ein geschlossenes Gefüge aufweist, sondern auch daß die mit Einbauten oder Ausbuchtungen versehene Form gefüllt wird und daß erforderlichenfalls Stahleinlagen gut umhüllt werden. Auch muß der Beton mit

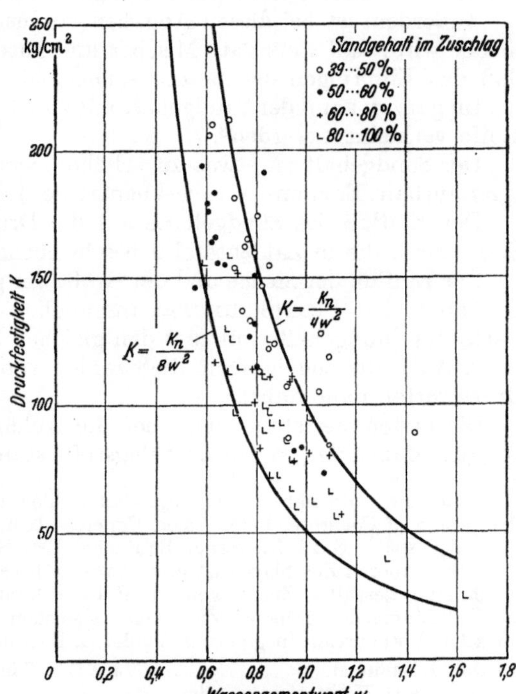

Abb. 87. Abhängigkeit der Druckfestigkeit K von Betonwürfeln mit 20 cm Kantenlänge von der Zusammensetzung des Zementbreis bei verschiedenem Mörtelgehalt des Betons. Alter: 28 Tage. Lagerung: 7 Tage unter feuchten Tüchern, 21 Tage an der Luft.

[1] Diesen Einfluß hat zuerst CANTZ näher verfolgt (Dissertation, Techn. Hochschule Stuttgart 1929).

den vorgesehenen oder mit den verfügbaren Geräten verarbeitet werden können. Nach den vorliegenden Beobachtungen ist der kleinste zulässige Sandgehalt namentlich von der Kornform der Zuschlagstoffe (natürliche rundliche Zuschlagstoffe oder Brechsand und Schotter), vom Zementgehalt, von der Steife des Betons und von den Maßen des Größtkorns des Betons abhängig. Als kleinster zulässiger Sandgehalt kommt in Betracht bei weich angemachtem Beton mit guten natürlichen Sanden und Kiesen, auch mit Moränesand und mit Moränekies (stets in Gewichtsteilen):

bei Körnungen bis 30 mm rd. 38 (42)% des Gemisches der Zuschlagstoffe,
bei Körnungen bis 80 mm rd. 35 (38)% des Gemisches der Zuschlagstoffe;
bei entsprechendem Beton aus natürlichem Sand und aus Schotter
bei Körnungen bis 30 mm rd. 40 (45)% des Gemisches der Zuschlagstoffe,
bei Körnungen bis 80 mm rd. 38 (42)% des Gemisches der Zuschlagstoffe;
bei Beton aus gebrochenem Sand und aus Schotter
bei Körnungen bis 30 mm rd. 45 (50)% des Gemisches der Zuschlagstoffe,
bei Körnungen bis 80 mm rd. 42 (46)% des Gemisches der Zuschlagstoffe.

Hierbei gilt die jeweils zuerst angegebene Zahl für Betonfabriken, die die sorgfältig in mehreren Korngruppen vorbereiteten Zuschlagstoffe zuverlässig messen und mischen; die in Klammern beigesetzten Zahlen gelten für gut geleitete Baubetriebe. Dabei muß der Zementgehalt mindestens rd. 250 kg je Kubikmeter betragen. Bei kleinerem Zementgehalt muß der Sandanteil durch Vermehrung der feinsten Teile erhöht werden. Vgl. S. 66 und 67[1] sowie S. 82.

Außerdem ist bei diesen Angaben vorausgesetzt, daß der Beton weich angemacht wird, daß stets gute Mischer und gute Förderer verwendet werden, auch daß das Einbringen des Betons sachgemäß erfolgt[2].

Im ganzen kann der Sandgehalt mit zunehmender Größe der groben Zuschlagstoffe verkleinert werden[3].

Der Sandgehalt ist etwas zu erhöhen, wenn der Beton eng liegende Stahleinlagen enthält. Er kann etwas verkleinert werden, wenn der Beton gut gerüttelt wird.

Der Einfluß des Sandgehalts auf die Druckfestigkeit des Betons ist bereits S. 65 durch die in Zahlentafel 9 beschriebenen Versuche erläutert.

Der Einfluß der Menge und der Größe der groben Bestandteile auf den nötigen Sandanteil hat PFLETSCHINGER[4] anschaulich verfolgt. Er begrenzte die Mindestwerte des Sandgehalts mit fast den gleichen Zahlen, die soeben angegeben wurden[5]. Auch die zugehörigen Richtzahlen von HUMMEL[6] liegen mit den unteren Grenzwerten nahe dabei.

Die ersten Feststellungen über die Abhängigkeit des kleinsten Sandgehalts von den Maßen der groben Zuschlagstoffe stammen von FULLER und THOMPSON[7].

---

[1] Vgl. auch die nahe dabei liegenden Zahlen in Proposed Recommended Practice for the Design of Concrete, Proc. Amer. Concrete Inst. Vol. 40 (1940) S. 98.

[2] Vgl. später S. 235ff.; ferner Bautechn. 1941 S. 181.

[3] Bei feineren Zuschlägen ist eine etwas größere Mörtelmenge vorzusehen; bei gröberen, gleichmäßig gestuften Zuschlägen aus Rollkies kann die Mörtelmenge kleiner werden, weil die Hohlräume der gröberen Zuschläge in solchen Fällen kleiner werden, allerdings nicht bei allen Vorkommen in gleichem Maße. Z. B. fand sich das Raummetergewicht

bei den Körnungen	7 bis 12	7 bis 25	7 bis 40	7 bis 60	7 bis 120 mm
mit Kies aus Marstetten (runder Moränekies) zu	1,55	1,63	1,66	1,68	1,75 kg/dm³.

Damit fanden sich die Hohlräume im Marstetter Kies

bei der Körnung	7 bis 12	7 bis 25	7 bis 40	7 bis 60	7 bis 120 mm
zu	42	39	38	38	35 % .

[4] Zement 1929 S. 955ff. Vgl. auch KOLB: Baumarkt 1941 S. 31.

[5] Weitere Angaben machte KESSELHEIM: Bauingenieur 1935 S. 138ff.

[6] Das Beton-ABC, 3. Aufl. S. 79; 5. Aufl. S. 89.

[7] Engng. News Rec. 1907 Bd. 57 S. 599ff.; Trans. Amer. Soc. civ. Engrs. Bd. 59 (1907) S. 67ff.

Sie fanden die beste Körnung des Betons (also einschließlich Zement) gemäß Abb. 88. Der „Sand" wurde demnach bei $^1/_{10}$ des Durchmessers des größten Korns abgegrenzt, also unmittelbar abhängig von den Maßen des Größtkorns gemacht. Da in Deutschland der Sand stets gleich begrenzt ist (Korn, das durch ein Siebloch mit 7 mm Durchmesser fällt), ist beim Vergleich mit Abb. 88 zu schließen, daß mit den deutschen Gepflogenheiten der Sandbedarf mit der Vergröße-rung des Grenzmaßes der groben Zuschlag-stoffe zurückgeht, wie schon erläutert wurde.

Die Begrenzung nach Abb. 88 berück-sichtigt den Einfluß des Zementgehalts, da der Linienzug für das Gemisch aus Zement, Sand und Kies gilt. Beachtet man diesen Umstand, so ergibt sich, daß der nach Abb. 88 mögliche kleinste Mörtelgehalt etwas kleiner ist als nach den obengenannten Er-fahrungszahlen. Die größeren Erfahrungs-zahlen sind begründet, weil die Kornzusam-mensetzung, welche die höchsten Festigkei-ten gibt, in der Regel nicht empfohlen werden kann, weil solcher Beton schwer verarbeitbar ist und weil kleine Unterschreitungen des Sollgehalts des Sands zu erheblicher Durch-lässigkeit führen können sowie die Verar-beitung noch mehr erschweren. Deshalb hat der Verfasser empfohlen, den Sandgehalt stets etwas größer zu wählen, als er bei besonders sorgfältiger Arbeit sein darf[1].

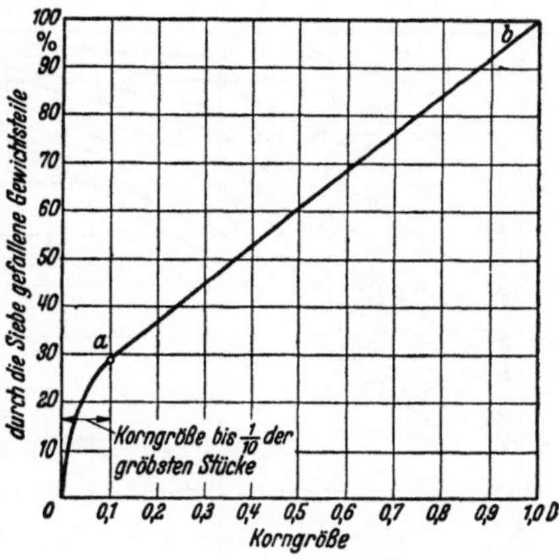

Abb. 88. Beste Kornzusammensetzung des Be-tons (Zement, Sand und Kies) nach FULLER und THOMPSON. D ist das Grenzmaß der groben Zuschlagstoffe. Die Kurve 0—a gehört zu einer Ellipse.

c) Einfluß der Kornzusammensetzung des Sands auf die Druckfestigkeit des Mörtels und des Betons.

Über die Bedeutung der Körnung der Zuschlagstoffe ist das Wesentliche schon S. 62ff. gesagt worden. Die folgenden Beispiele sollen weitere Aufschlüsse geben.

α) *Sande verschiedener Herkunft* sind durch das Sieb mit 0,2 mm Maschen-weite sowie durch Rundlochsiebe mit 1 mm, 3 mm und 7 mm Lochdurchmesser in die vier Körnungen 0 bis 0,2 mm, 0,2 bis 1 mm, 1 bis 3 mm und 3 bis 7 mm ge-teilt worden. Mit Sanden aus den vier Körnungen ist in Mörteln mit verschiede-nem Zementgehalt und mit gleicher Steife der Einfluß der Sandzusammen-setzung auf die Festigkeit der Mörtel verfolgt worden. Über die Gestalt der Sand-körner eines dabei verwendeten Moränesands geben die Abb. 37 und 38 Auskunft.

Zahlentafel 12 enthält Angaben zum Beihinger Flußsand.

Zahlentafel 12. Untersuchungen der Sande aus Beihingen am Neckar

1	2	3	4	5
	Raummetergewicht je Liter		Wasseraufnahme von 1 Liter des lose eingefüllten Sandes[2]	Wichte
Korngruppen	lose gefüllt	eingerüttelt		
	kg	kg	kg	kg/dm³
I. 0 bis 0,2 mm	1,300	1,674	0,434	2,67
II. 0,2 „ 1 „	1,381	1,664	0,450	2,63
III. 1 „ 3 „	1,456	1,727	0,427	2,63
IV. 3 „ 7 „	1,515	1,791	0,415	2,66

[1] Vgl. Tonind.-Ztg. 1930 S. 1159ff.

[2] Die Wasseraufnahme entspricht bei den Sanden nicht den tatsächlichen Hohlräumen. Diese sind unter Zugrundelegung der Wichte zu rechnen.

Anschauliche Beispiele der Ergebnisse der Druckversuche enthält Abb. 66. In dieser Zeichnung sind die Sieblinien von 5 Mörteln dargestellt und die zugehörigen Festigkeiten angegeben. Mörtel h lieferte die höchste Festigkeit. Die Festigkeit der Mörtel g, f, e (Anteil der feinen Teile größer werdend) und des Mörtels i (Anteil der feinen Teile geringer als bei h) sind kleiner ausgefallen als bei h; Reihe e lieferte nur wenig mehr als die Hälfte der Festigkeit der Reihe h.

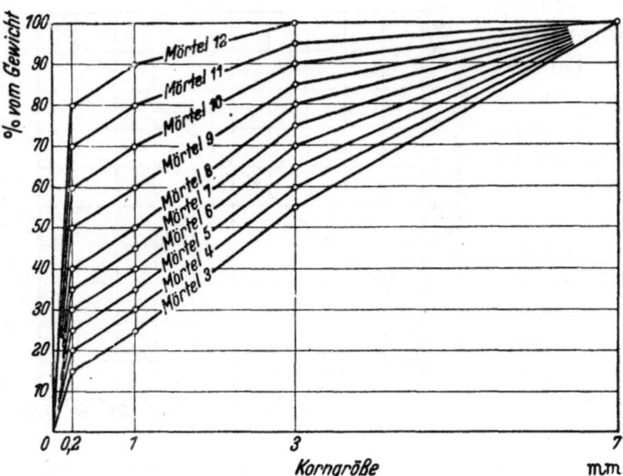

Abb. 89. Kornzusammensetzung von Mörteln, die zur Feststellung des Einflusses der Körnung auf die wesentlichen Eigenschaften der Mörtel ausführlich verwendet wurden.

Der Linienzug für den Mörtel h erwies sich hier und bei zahlreichen andern Versuchen mit Flußsand als derjenige, welcher zu weitgehender Ausnutzung des Zements anzustreben ist. Dieser Linienzug entspricht folgenden Verhältnissen: 25% = ¼ des gesamten trockenen Mörtels fallen durch das Sieb 0,2 DIN 1171 (0 bis 0,2 mm), 35% = rd. ⅓ durch das Sieb mit 1 mm Lochdurchmesser und 65% = rd. ⅔ durch das Sieb mit 3 mm Lochdurchmesser.

Die Kornzusammensetzung der Mörtel mit Flußsand sollte somit dem Linienzug $a\,b\,c\,d$ in Abb. 68 nahekommen.

Für die praktische Anwendung ist zu empfehlen, die Sieblinie der Flußsandmörtel nicht unter $a\,b\,c\,d$ der Abb. 68 zu wählen, vielmehr eher etwas höher-

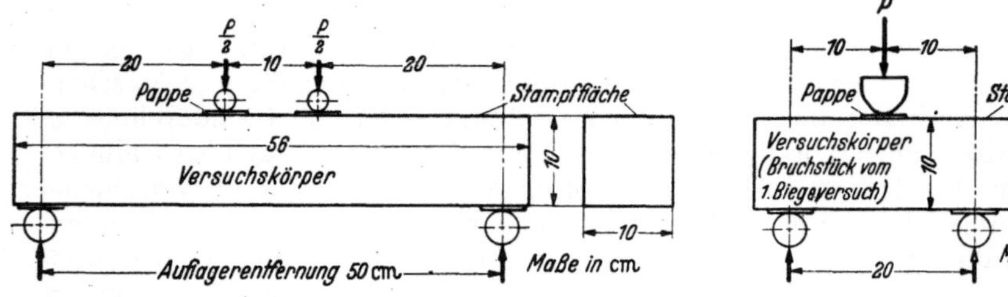

Abb. 90 und 91. Balken zur Ermittlung der Biegezugfestigkeit des Betons.

liegend, weil die gröberen Mörtel besonders sorgfältig verarbeitet werden müssen, wenn sie zufriedenstellende Eigenschaften liefern sollen, auch weil die unvermeidlichen Schwankungen der Zusammensetzung der Sande zu beachten sind. Vgl. auch S. 71.

β) Weitere Aufschlüsse brachten Versuche mit Mörtel aus Rheinsand, wobei die Zusammensetzung der *Mörtel gemäß den Linien 3 bis 9 der Abb. 89* gewählt wurde[1]. Das Verhältnis des Zementgewichts zum Sandgewicht betrug 1:3 und 1:6. Die Mörtel wurden erdfeucht und weich angemacht verarbeitet[2].

Die Versuchskörper waren Balken nach Abb. 90, an denen zunächst die Biege-

---

[1] Vgl. GRAF: Zement 1928 S. 1464ff.

[2] Die Steife der weich angemachten Mörtel ist mit dem in der Tonind.-Ztg. 1927 S. 1565 beschriebenen kleinen Rütteltisch gemessen worden. Vgl. im vorliegenden Buch S. 227ff.

festigkeit nach Abb. 90, dann nach Abb. 91, schließlich an den Reststücken die Druckfestigkeit gemäß Abb. 92 festgestellt worden ist[1].

Abb. 93 zeigt die Ergebnisse von 12 Monate alten Proben. Hiernach gehörten die Höchstwerte der Linienzüge in der Regel zum Mörtel 5. Im ganzen war diesen und früheren Versuchen

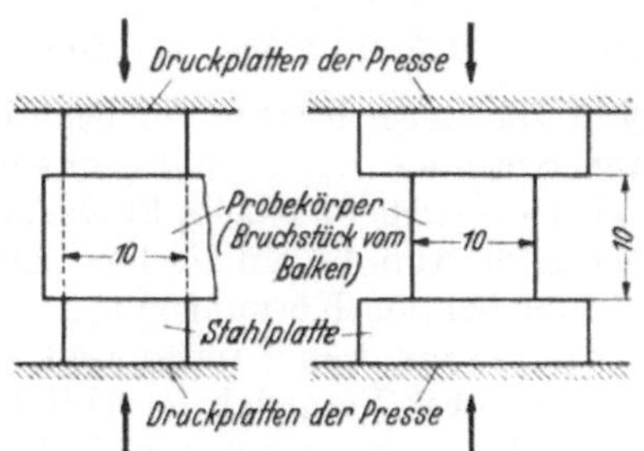

Abb. 92. Druckversuch mit den Bruchstücken des in Abb. 90 gezeichneten Betonbalkens Biegeversuch und Druckversuch am gleichen Versuchsstück).

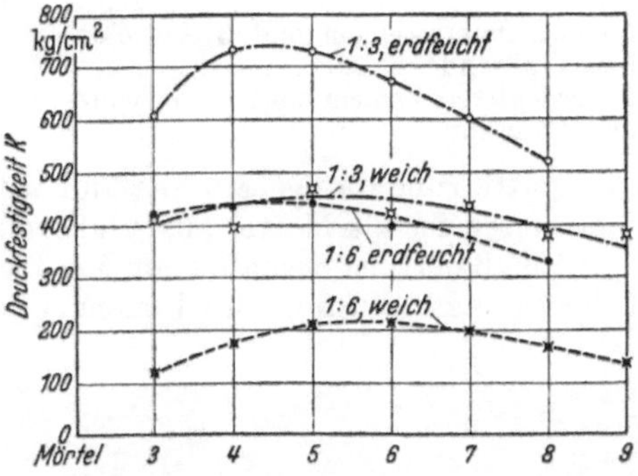

Abb. 93. Druckfestigkeit der in Abb. 89 bezeichneten Mörtel 3 bis 9 mit Rheinsand im Alter von 6 Monaten. Lagerung: 14 Tage unter feuchten Tüchern, dann an der Luft.

zu entnehmen, daß die Druckfestigkeit der Mörtel nach den Linien *5* und *6* der Abb. 89 (das ist etwa der ausgezogene Linienzug der Abb. 68 oder ein etwas darüber liegender) bei dem Höchstwert liegt, der unter sonst gleichen Umständen auftrat. Die gröberen und die feineren Mörtel lieferten — im ganzen betrachtet — kleinere Festigkeiten, auch kleinere Rohwichten.

Das Mischungsverhältnis der Mörtel blieb ohne ausgeprägten Einfluß auf die für die höchste Festigkeit geeignete Kornzusammensetzung der Mörtel, wenn von der Sieblinie des Mörtels ausgegangen wurde.

Die Versuche zeigten — auch ältere Erfahrungen bei den vielen Versuchen, die seit 1903 in Stuttgart ausgeführt wurden —, daß über die Zusammensetzung des Sands nicht auf Grund von Siebproben des Sands allein zu urteilen ist, sondern es muß der Aufbau des Mörtels als Ganzes, also der Anteil der einzelnen Korngrößen im gesamten Mörtel, ins Auge gefaßt werden[2].

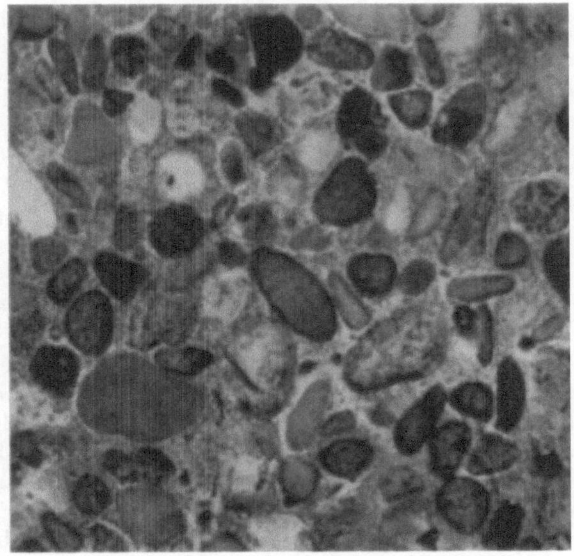

Abb. 94. Schnitt durch Mörtel aus 1 Gewichtsteil Zement und 3 Gewichtsteilen Sand 3 bis 7 mm (Sand IV, Zahlentafel 8).

---

[1] Dieses Verfahren ist vor allem durch FERET (Boulogne sur Mer) und SCHÜLE (Zürich) bekannt geworden.

[2] Streng genommen würde auch der Wasserzusatz zu berücksichtigen sein. Die Beschränkung auf den trockenen Mörtel hat sich als praktisch ausreichend erwiesen.

Wenn demnach hochwertige Mörtel aus Flußsand gemäß dem Linienzug 5 der Abb. 89 hergestellt werden, so soll der Sand bei kleinerem Zementgehalt des Mörtels mehr feine Teile enthalten, und zwar

Körnung	0 bis 0,2	0,2 bis 1	1 bis 3	3 bis 7 mm
bei 1 Gewichtsteil Zement und 3 Gewichtsteilen Flußsand	0	13,3	40	46,7%
bei 1 Gewichtsteil Zement und 6 Gewichtsteilen Flußsand	12,5	11,7	35	40,8% .

Der glatte rundkörnige Moränesand liefert in der Regel Mörtel, der leichter zu verarbeiten ist als Mörtel aus Flußsand. Die Körnung, welche die höchsten Festigkeiten liefert, ist deshalb beim Moränesand etwas gröber als beim Flußsand, etwa derart, daß an Stelle des Linienzuges $a\,b\,c\,d$ der Abb. 68 ein solcher tritt, der bei den Körnungen 0,2 und 1 mm ein wenig tiefer liegt.

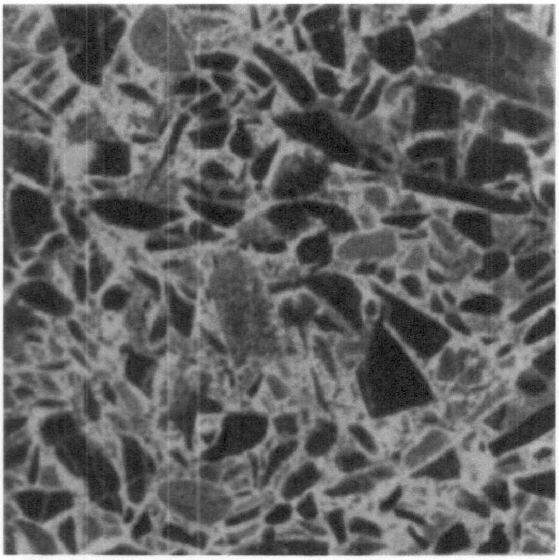

γ) Ein Vergleich der Abb. 94 und 95 läßt erwarten, daß Mörtel mit *Quetschsanden* unter sonst gleichen Umständen bei der Verarbeitung sperriger sind und deshalb mehr Sorgfalt, auch relativ mehr Stampfarbeit erfordern als Mörtel mit Flußsanden. Es gelingt zwar bei erdfeucht angemachten Mörteln mit *doppelt gebrochenem Basaltquetschsand* mit außerordentlicher Stampfarbeit noch mit der Sieblinie 5 der Abb. 89 ($a\,b\,c\,d$ in Abb. 68) die höchsten Festigkeiten zu schaffen; jedoch ist die bei den Versuchen angewandte Sorgfalt unter praktischen Umständen nicht zu gewährleisten.

Abb. 95. Schnitt durch Mörtel aus 1 Gewichtsteil Zement, 1,5 Gewichtsteilen Quetschsand 1 bis 3 mm und 1,5 Gewichtsteilen Quetschsand 3 bis 7 mm.

Mit gewöhnlichem, einfach gebrochenem Quetschsand, der aus längeren Splittern besteht, sind erheblich gröbere Körnungen als nach der Linie 7 der Abb. 89 nicht zu empfehlen, wie besondere Versuche bestätigt haben. Handelt es sich um Quetschsand mit gedrungener Kornform, jedoch mit rauher Oberfläche, so ist der Mörtel 7 ebenfalls zu empfehlen, auch wenn das Material nicht langsplitterig ist.

Im ganzen ist zu sagen, daß für Mörtel mit gebrochenen Sanden eine besonders hohe Druckfestigkeit zu erwarten ist, wenn sie etwa nach der Linie 7 der Abb. 89 zusammengesetzt und sehr sorgfältig verarbeitet werden. Für die praktische Anwendung ist die geeignete Zusammensetzung in Abb. 68 gestrichelt eingetragen. Vgl. auch später S. 100ff.

Wie bei den Mörteln mit Flußsanden ist hervorzuheben, daß gröbere Körnungen als die empfohlenen zu vermeiden sind.

δ) Da die zweckmäßige Körnung der Mörtel nach der Zusammensetzung des Gemisches aus dem Sand und dem Zement gemäß Abb. 68 zu beurteilen ist, ergibt sich ohne weiteres, daß *der zweckmäßige Anteil der feinen Bestandteile des Sands* vom Zementgehalt des Mörtels abhängt. Abb. 96 zeigt die Körnung von 6 Betonmischungen mit Rheinsand und Rheinkies; die Mischungen *a, b, c* enthalten 200 kg Zement je Kubikmeter, die Mischungen *d, e* und *f* 300 kg Zement je Kubikmeter. Der Mörtelgehalt betrug 64 bzw. 66%. Der wesentliche Unterschied der beiden Versuchsgruppen bestand in der Zusammensetzung des Mörtels.

Es betrug der Anteil von 0 bis 0,2 mm im Mörtel

a	*b*	*c*	*d*	*e*	*f*
19	23	28	26	29	33 % .

Die Druckfestigkeit betrug im Alter von 28 Tagen (feucht gelagert)

133 145 154 268 293 286 kg/cm²,

nach weiteren 5 Monaten, an der Luft gelagert

189 234 238 407 458 435 kg/cm².

In der Gruppe mit den Mörteln *a* bis *c* (200 kg Zement in 1 m³ Beton) stieg die Festigkeit mit zunehmendem Anteil an feinen Bestandteilen, weil der Mörtel *c* eben den zweckmäßigen Anteil aufwies (nach Abb. 68 mindestens 25%). In der Gruppe mit den Mörteln *d, e* und *f* stieg die Druckfestigkeit zunächst noch an, als der Anteil von 0 bis 0,2 mm von 26 auf 29% erhöht wurde; bei weiterer Steigerung des Anteils der Teile bis 0,2 mm ging die Druckfestigkeit zurück.

Ähnliche Ergebnisse lieferten die Mischungen

n	*o*	*p*	*q*	*r*	*s*

nach Abb. 97, etwa der Linie *F* der Abb. 73 folgend, mit

22 26 31 26 31 36 %

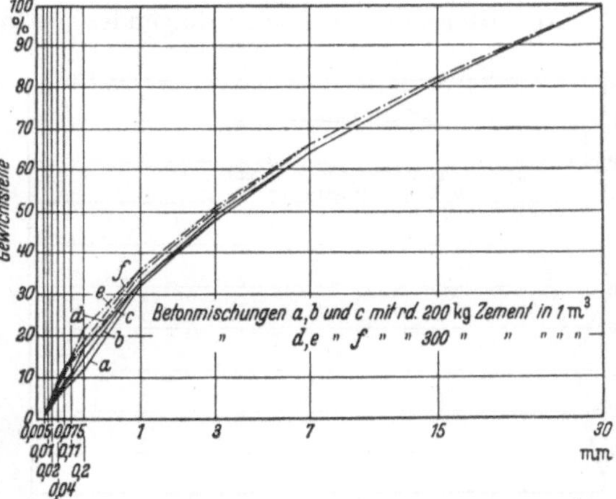

Abb. 96. Körnung der Mischungen nahe Linie *E* des Bild 2 in DIN 1045.

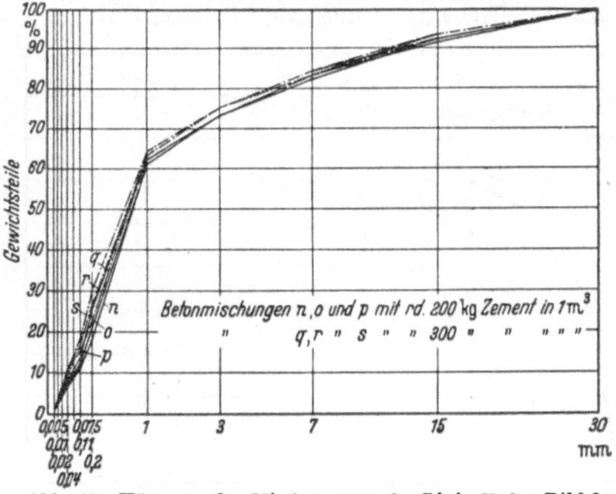

Abb. 97. Körnung der Mischungen nahe Linie *F* des Bild 2 in DIN 1045.

des Mörtels in der Körnung 0 bis 0,2 mm.

Die Druckfestigkeit betrug im Alter von 28 Tagen (feucht gelagert)

40   49   55   120   144   160 kg/cm²,

nach weiteren 5 Monaten, an der Luft gelagert

75   91   102   209   247   269 kg/cm².

Hier lag der zweckmäßige Anteil der mit 0,2 mm begrenzten feinen Bestandteile des Mörtels bei rd. 30% oder noch etwas höher. Dabei handelte es sich um weich angemachten Beton, der in allen Fällen gleich verarbeitet wurde. Hier ist wichtig, daß es sich um sandreichen Beton handelt, der überdies viel Feinsand enthält. Für solchen Beton kann der Anteil der feinsten Teile gemäß Abb. 68 erhöht werden. Für praktische Verhältnisse ist demgemäß nochmals zu empfehlen, die Körnung des Mörtels über den Linien der Abb. 68 zu wählen und die

Eignung des Mörtels entsprechend den Feststellungen zu Abb. 96 und 97 zu beurteilen[1].

ε) Besondere Aufmerksamkeit erfordert die Beurteilung der *staubfeinen Teile der Sande*, die als *Lehm*, als *Ton*, als gewöhnliches Steinmehl oder in anderer Art auftreten[2,3].

Aus älteren Versuchen sei folgendes hervorgehoben:

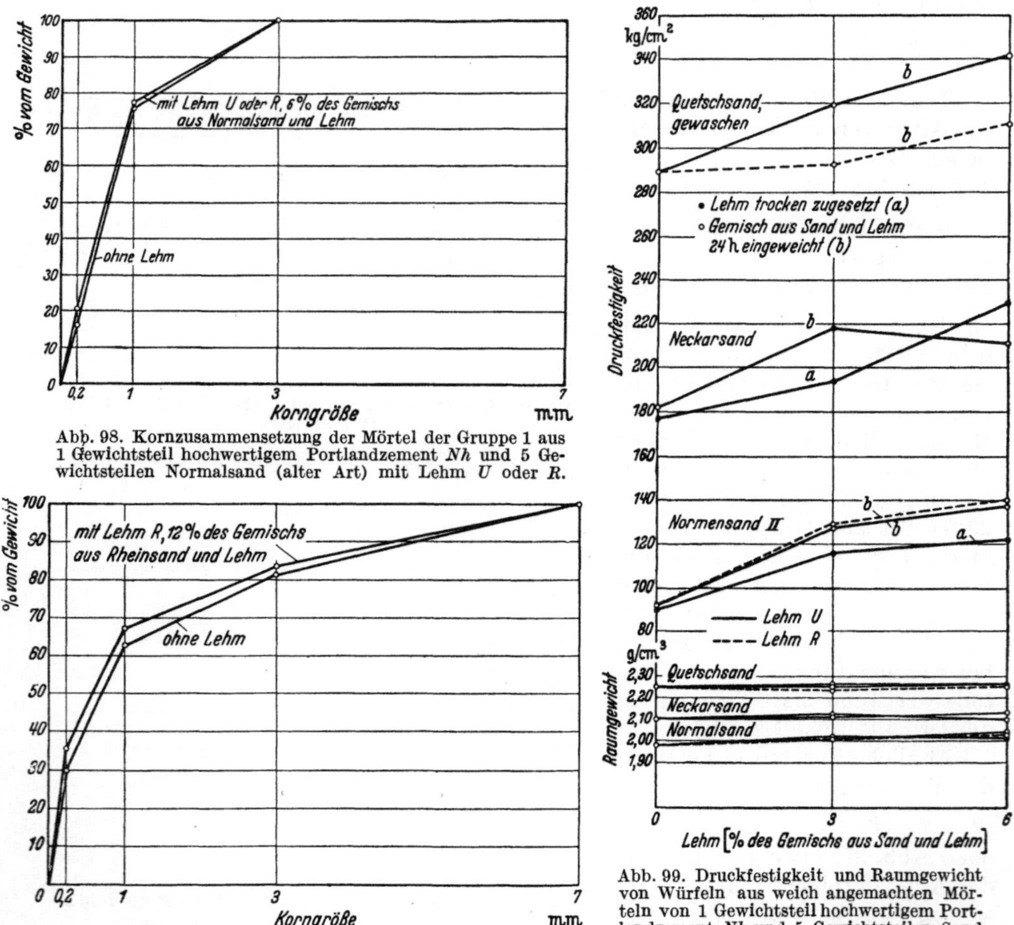

Abb. 98. Kornzusammensetzung der Mörtel der Gruppe 1 aus 1 Gewichtsteil hochwertigem Portlandzement *Nh* und 5 Gewichtsteilen Normalsand (alter Art) mit Lehm *U* oder *R*.

Abb. 100. Kornzusammensetzung des Mörtels der Gruppe 4 aus 1 Gewichtsteil hochwertigem Portlandzement *Nh* und 5 Gewichtsteilen Rheinsand, ohne und mit Lehm *R*.

Abb. 99. Druckfestigkeit und Raumgewicht von Würfeln aus weich angemachten Mörteln von 1 Gewichtsteil hochwertigem Portlandzement *Nh* und 5 Gewichtsteilen Sand (3 Sande, ohne und mit Lehm *U* oder *R*). Alter: 28 Tage, Lagerung: 1 Tag in feuchter Luft, 6 Tage im Wasser, 21 Tage in der Luft.

Zu Mörteln nach der unteren Linie der Abb. 98 (aus Portlandzement und Normensand II), ferner zu Mörteln aus demselben Zement und Neckarsand, auch zu Mörteln aus Muschelkalkquetschsand sind Lehme gemischt worden, derart, daß das Gemisch aus Sand und Lehm 3 und 6% Lehm enthielt. Abb. 99 enthält die Ergebnisse. In allen Fällen hat der Lehmzusatz eine Festigkeitssteigerung bewirkt, weil damit eine Verbesserung der Kornzusammensetzung

---

[1] Vgl. auch WALZ: Beton u. Eisen 1936 S. 300.
[2] Über die Eigenschaften feiner Teile (Staube, Tone usw.) vgl. auch bei MELDAU: Z. VDI 1932 S. 1189ff.; ferner bei ENDELL: Bautechn. 1941 S. 201ff.
[3] Über Lehmbeton vgl. unter Z, S. 283ff.

entstand. Vom Mörtel ohne und mit Lehm fielen weniger als 25% durch das Sieb mit 0,2 mm Maschenweite, vgl. Abb. 98.

Weitere Feststellungen finden sich in Abb. 101 zu Mörteln nach Abb. 100 gehörig. Der Anteil der feinen Körner bis 0,2 mm lag bei den Mörteln ohne Lehm nahe bei 30%, bei den Mörteln mit 12% Lehm bei rd. 35%, also in einem Bereich, der durch den Zusatz noch wenig Änderung der Druckfestigkeit erwarten ließ. In der Tat ist die Festigkeit der Mörtel mit Lehm nicht kleiner geworden als ohne Lehm, sogar etwas größer, vermutlich weil die Kornverteilung des Gemischs aus dem Zement und den feinen Gesteinsteilen mit dem Lehmzusatz noch besser geworden ist.

Bei den Versuchen nach Abb. 98 bis 101 handelte es sich um den Einfluß der Lehme U und R, die übliche Beschaffenheit hatten und dementsprechend erhebliche Mengen feinen Sand enthiel-

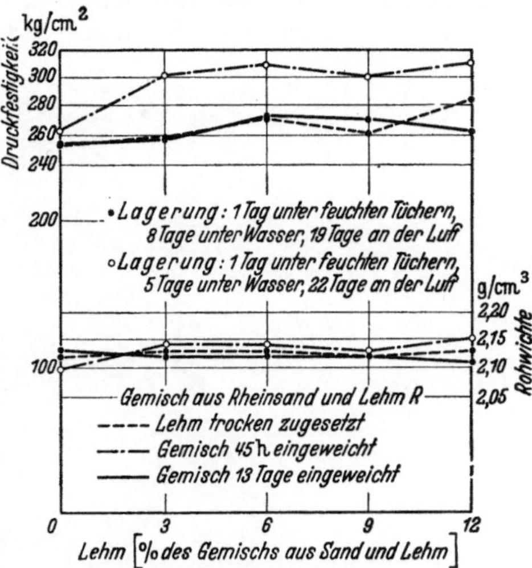

Abb. 101. Druckfestigkeit und Rohwichte von 28 Tage alten Würfeln der Gruppe 4 aus 1 Gewichtsteil hochwertigem Portlandzement Nh und 5 Gewichtsteilen Rheinsand, ohne und mit Lehm R. Mörtel weich angemacht.

Zahlentafel 13. Kornzusammensetzung der zu den Versuchen in Abb. 98 bis 102 verwendeten Lehme und Tone.

1	2	3	4	5
	Es fielen durch das Sieb			Wasseranspruch in % für Normalkonsistenz
Zusatz	0,06	0,09 DIN 1171	0,2	
U	33	40	81	26
R	37	48	83	24
S	38	42	80	51
H	80	86	100	64
G	99	99	100	68
E	71	86	96	64
M	49	62	71	54

ten, wie Zahlentafel 13 erkennen läßt. Die Feststellungen zeigen, daß den Sanden erhebliche Mengen der beiden Lehme beigegeben werden konnten, ohne daß Nachteile entstanden. In der Regel sind Verbesserungen entstanden, zunächst durch Steigerung der Druckfestigkeit, weiterhin durch Verbesserung der Verarbeitbarkeit der Mörtel.

Wesentlich ungünstiger liegen die Verhältnisse, wenn die Beimengungen nur aus feinen Tonen bestehen. Hierzu

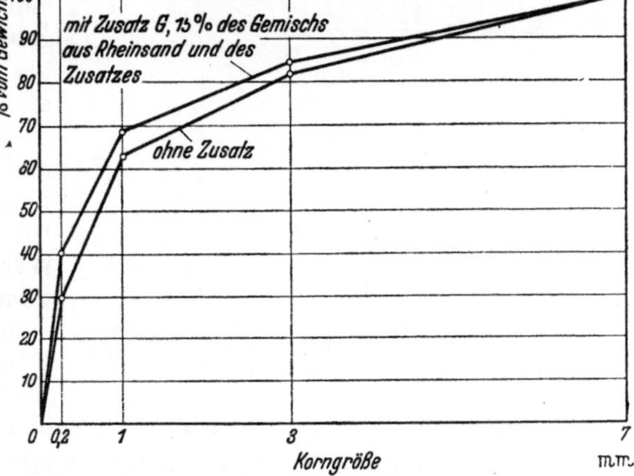

Abb. 102. Kornzusammensetzung des Mörtels der Gruppe 5 aus 1 Gewichtsteil Portlandzement Ng und 5 Gewichtsteilen Rheinsand, ohne und mit 15% Ton G.

geben die Versuche mit den in Zahlentafel 13 aufgeführten Tonen S, H, G, E und M Aufschluß. Sie unterscheiden sich wegen verschiedener Feinheit durch den Wasseranspruch nach Spalte 5 der Zahlentafel 13 sowie durch die Form-

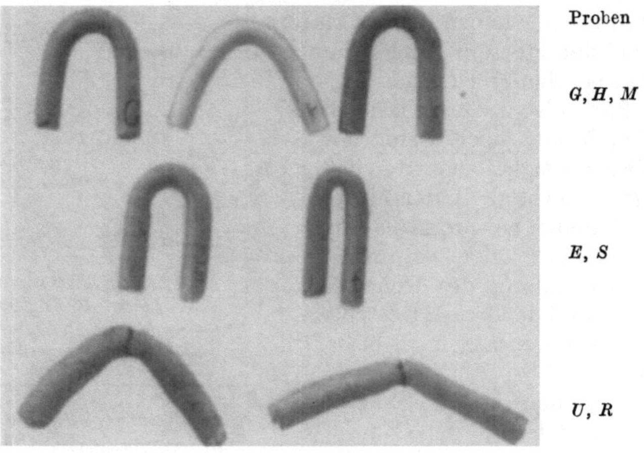

Abb. 103. Ton- und Lehmwalzen nach der Biegeprobe.

barkeit. Abb. 103 zeigt Walzen von rd. 10 mm ursprünglichem Durchmesser, die aus den Lehmen und Tonen geknetet und dann um Dorne von 20 mm Durchmesser gebogen worden sind. Die Lehme U und R brachen ohne erhebliche Formänderung; die Probe H zeigte nach geringer Biegung kurze Anrisse; die Probe G ertrug weitergehende Formänderung bis Anrisse zu sehen waren; die Proben M, E und S blieben beim Biegen über dem Dorn von 20 mm Durchmesser ohne Anrisse; die Tone M und E konnten noch über den Dorn mit 15 mm Durchmesser gebogen werden, Ton S sogar noch über den Dorn mit 5 mm Durchmesser.

Abb. 102 zeigt die Kornzusammensetzung des Mörtels mit Ton G sowie des Mörtels ohne Ton. Abb. 104 enthält die Angaben über den Wasserzusatz und über den Wasserzementwert w zu den Mörteln mit dem Lehm U und mit den Tonen S, H, G, E und M. Die Tone haben den Wasserbedarf erheblich gesteigert, wie nach den Zahlen in Spalte 5 der Zahlentafel 13 zu erwarten war.

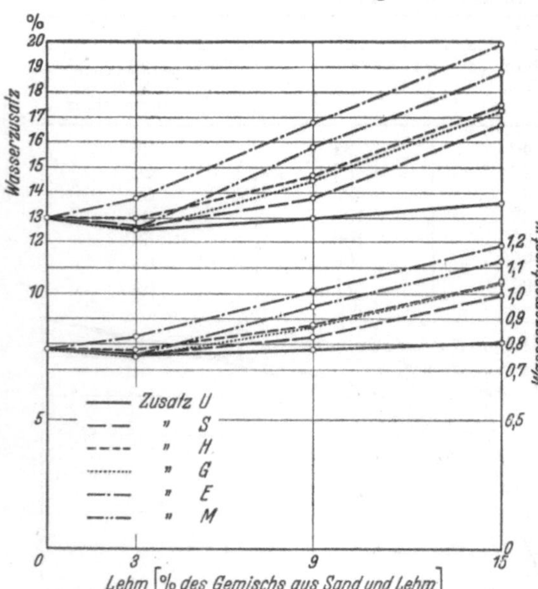

Abb. 104. Wasserzusatz und Wert w bei Mörteln gleicher Konsistenz aus 1 Gewichtsteil Portlandzement Ng und 5 Gewichtsteilen Rheinsand, mit und ohne Ton.

Über die Rohwichte und die Druckfestigkeit der Mörtel gibt Abb. 105 Auskunft. Der Lehm U hat wie früher keinen erheblichen Einfluß gehabt. Dagegen wurde mit den übrigen Zusätzen bei Steigerung des Tongehalts über 3%, in zwei Fällen schon mit 3% eine deutliche Abnahme der Druckfestigkeit ermittelt, die bei Vermehrung des Tongehalts auf 15% recht bedeutend wurde. Wenn der Sand 15% Ton E enthielt, fiel die Druckfestigkeit auf etwa ⅓ der Druckfestigkeit der Mörtel ohne Ton.

Zusammenfassend kann den bisherigen Angaben entnommen werden, daß feine Tone schon in Mengen von etwa 3% des Sandgewichts eine Verringerung der Druckfestigkeit bringen können, so daß der Gehalt an feinen Tonen über etwa 2% des Sandgewichts bei wichtigen Bauwerken zu vermeiden wäre. Fein verteilte lose Lehme können in größerer Menge vorhanden sein, weil diese zum Teil aus Feinsand bestehen.

Dementsprechend genügt bei *lehmigen Sanden die Beurteilung nach der Sieblinie der Mörtel*, beginnend *mit den Anteilen von 0 bis 0,2 mm; beim Vorhandensein von feinen Tonen erscheint eine weitergehende Beurteilung nach den Anteilen der feineren Bestandteile nötig*, wie im folgenden gezeigt wird[1].

ζ) Besonders aufschlußreich sind die folgenden Untersuchungen über den Einfluß des Verteilungszustands des Lehms in den Zuschlagstoffen, nämlich:

a) mit natürlicher, feuchter, umhüllender Lehmschicht,

b) mit trockener, verkrusteter Lehmschicht,

c) Lehm ausgewaschen, beim Mischen als weicher Brei wieder zugegeben,

d) Lehm ausgewaschen, beim Mischen als kleine feuchte, knetbare Knollen wieder zugegeben,

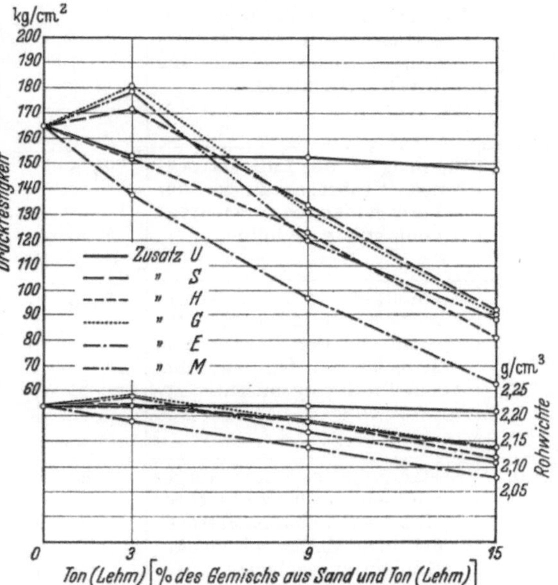

Abb. 105. Druckfestigkeit und Rohwichte von 28 Tage alten Würfeln aus 1 Gewichtsteil Portlandzement Ng und 5 Gewichtsteilen Rheinsand, ohne und mit Ton. Gemisch aus Sand und Ton vor der Verarbeitung 2 Wochen eingeweicht. Lagerung: 1 Tag unter feuchten Tüchern, 27 Tage unter Wasser.

e) ohne feine Teile, die durch das Sieb mit 0,09 mm Maschenweite fallen.

Als Zuschlagstoff ist ungewaschener Kiessand aus dem Neckartal beschafft worden; der Kies war vorwiegend plattig; er bestand aus Kalkstein.

Die Körnung zu a) bis d) war folgende:

0 bis 0,02	0,2	1	3	7	15	30	40 mm
4,5	10	19	30	42	60	92	100 %.

Damit wurde folgende Körnung des Mörtels erreicht:

	0 bis 0,02	0,2	1	3	7 mm
bei a) bis d)	18,4	45	60	79	100 %
bei e)	11,4	36	54	76	100 %.

Der Zementgehalt des Betons betrug 300 kg je Kubikmeter.

---

[1] Die im folgenden beschriebenen Versuche gehören zu Stuttgarter Forschungsarbeiten für den Generalinspektor des deutschen Straßenwesens, vgl. WALZ: Betonstraße 1941 S. 161ff.; ferner zur Dissertation von ERWIN AMBACH. Techn. Hochschule Stuttgart 1943. — Weiterhin sei auf die Darlegungen von DUTRON verwiesen: Dosage rationel des Mortiers et des Betons. Paris 1928; ferner les Matières inertes et les Propriétés mécaniques des Betons. Paris 1931. Auch FERET: Additions des Matières pulvérulantes aux liants hydrauliques. Paris 1926.

Zahlentafel 13a. Versuche mit Beton unter Verwendung von lehmhaltigem

1	2	3	4	5	6	7
					Verarbeitbarkeit	
Mischung	Vorbehandlung des lehmhaltigen Kiessandes	Raumgewicht des frischen verdichteten Betons kg/m³	Zement in 1 m³ verdichtetem Beton kg/m³	Wasserzementwert w	Eindringmaß[1] cm	Rüttelzeit zur Verformung im Powersgerät[1]
a	Verwendung im Einlieferungszustand; natürliche feuchte, nicht klebende Umhüllung des Grobzuschlages	2380	301	0,71	5,4	nach 2 min 1,2 cm Überstand
b	Zuschlag an der Luft getrocknet. Grobzuschlag bei der Verwendung von einer harten Lehmkruste umhüllt	2375	301	0,60	5,2	nach 2 min 1,3 cm Überstand
c	Bestandteile < 1 mm ausgewaschen und in breiigem Zustand bei der Verwendung 2 min lang mit dem gewaschenen Stoff vorgemischt	2375	300	0,72	6,5	nach 2 min 1,0 cm Überstand
d	Bestandteile < 1 mm ausgewaschen und bis zu feuchter Klumpenbildung eingetrocknet; beim Mischen als feuchte Knollen zugegeben	2360	297	0,70	5,7	nach 1 min 45 s eben
e	Abschlämmbare Bestandteile < 0,09 mm ausgewaschen	2390	310	0,50	5,3	nach 33 s eben

Das Mischen erfolgte in einem Eirich-Mischer während 1½ Minuten.

Zahlentafel 13a enthält die Ergebnisse. Hiernach hat der Beton *e* ohne Lehm die höchsten Festigkeiten geliefert, weil die Menge der feinen Bestandteile im Mörtel des Betons *a*, *b*, *c* und *d* viel größer war als früher für zweckmäßig befunden wurde (45% anstatt rd. 25%). Die kleinsten Festigkeiten entstanden bei den Reihen *b* (Lehmkruste auf den Zuschlägen) und *d* (mit Lehmknollen); sie liegen bis ¹/₆ tiefer als die Werte der Reihen *a* und *c* mit verteiltem Lehm. *Lehmkrusten und Lehmknollen haben also die Biegezugfestigkeit und die Druckfestigkeit erheblich mehr beeinträchtigt als die gleiche Menge Lehm in guter Verteilung*[2].

η) Lehrreich sind sodann die Untersuchungen über den *Einfluß des Kornaufbaus der feinen Teile*. Zuschlaggemische aus Rheinsand von 0 bis 7 mm wurden im Bereich bis 0,2 mm durch verschiedene mineralische Stoffe teilweise oder ganz ersetzt; die Korngemenge über 0,2 mm blieben also bei allen Versuchen die

---

[1] Vgl. Walz in Heft 91 des Deutschen Ausschusses für Stahlbeton, ferner im vorliegenden Buch S. 224 ff.

[2] Inwieweit dabei die Mischdauer von Einfluß ist, muß dahingestellt bleiben.

Kiessand. Wirkung des Verteilungszustands des Lehms im Kiessand.

8	9	10	11	12	13	14
des frischen Betons	Biegezugfestigkeit nach			Druckfestigkeit nach		
Beurteilung nach dem Augenschein	7 tägiger Wasser-lagerung	28 tägiger Wasser-lagerung	12 Monaten. Lagerung 28 Tage unter Wasser +11 Monate an der Luft	7 tägiger Wasser-lagerung	28 tägiger Wasser-lagerung	12 Monaten. Lagerung 28 Tage unter Wasser +11 Monate an der Luft
	kg/cm²	kg/cm²	kg/cm²	kg/cm²	kg/cm²	kg/cm²
Zäh zusammenhängender scholliger Beton; beim Stampfen geschlossen und beweglich werdend; beim Rütteln federnd und mangelhaft verdichtbar	40	51	55	214	299	359
Glänzend nasser Beton; weniger zäh als Mischung *a*. Beim Rütteln weniger federnd	34	45	50	179	262	293
Zäh zusammenhängender, scholliger Beton; beim Stampfen geschlossen und beweglich werdend; beim Rütteln federnd und mangelhaft verdichtbar. Etwas weicher als Mischung a	38	49	55	212	296	366
Schmieriger und etwas teigiger Beton. Beim Stampfen geschlossen und beweglich werdend, durch Rütteln noch ausreichend verdichtbar. Nach 2 min Mischzeit finden sich noch Lehmknollen von rd. 3 cm Durchmesser	36	45	49	174	263	310
Sperriger Beton mit dünnflüssigem Feinmörtel, wasserabstoßend	53	63	70	252	373	409

gleichen; die Kornstufung der kleineren Teile wurde systematisch geändert. Das Mischverhältnis von Zement zu Sand war vorwiegend 1:7, auch 1:4, und zwar nach Gewichtsteilen. Die Korngemenge der Zuschlaggemische hatten meist folgende Körnungen:

	0 bis 0,2	1	3	7 mm
für 1:7	14	37	66	100 %
für 1:4	6,2	31	62	100 % .

Damit enthielt der Mörtel

	von 0 bis 0,2	1	3	7 mm
	25	45	70	100 % .

Bei weiteren Versuchen mit Mörteln aus 1 Gewichtsteil Zement und 5 Gewichtsteilen Sand war die Körnung des Mörtels

35	75	90	100 %.

Die Zusatzstoffe waren verschieden feine Tone und Quarzmehle. Die folgenden Zahlenreihen geben über ihre Körnung Aufschluß.

Anteil bis	0,001	0,002	0,005	0,010	0,020	0,040	0,075	0,110	0,20 mm
Ton G_1	11	12	14	17	29	58	81	88	100 %
Ton G_2	25	29	33	38	49	70	82	90	100 %
Ton M_1	12	26	41	60	80	92	100	100	100 %
Ton M_2	27	34	40	45	61	85	93	100	100 %
Ton F_1	27	36	58	65	87	100	—	—	— %
Ton F_2	42	48	66	78	95	98	100	100	100 %
Quarzitmehl Q_1	0,5	1,5	8	18	31	54	77	89	100 %
Quarzitmehl Q_2	2,5	11	26	45	76	96	99	100	100 %
Quarzitmehl Q_3	8	16	31	49	71	95	99	100	100 %
Quarzitmehl Q_4	9	17	40	74	100	100	100	100	100 %

Alle Mehle wurden dem Mörtel als Brei zugesetzt.

Für alle Mischungen wurde bei gleichbleibendem Wasserzementwert beobachtet, welche Änderungen der Verarbeitbarkeit und der Festigkeit durch die Änderung der Körnung und der Art der feinsten Teile auftritt, wenn ein Teil des Rheinsands bis 0,2 mm durch andere feine Stoffe ersetzt wird.

Abb. 106a zeigt die Körnung der Mörtel aus 1 Gewichtsteil Zement und 7 Gewichtsteilen Zuschlagstoffen, wobei bei a_1 nur Rheinsand, bei a_2 bis a_6 Gemische mit Tonen verwendet wurden. Der Wasserzementwert w war 1,10. Abb. 106b gilt für die Mörtel b_1 bis b_6, die im selben Mischverhältnis mit Quarzitmehlen entstanden sind. Auf der Waagrechten der beiden Abbildungen sind die Wurzelwerte der Kornmaße aufgetragen, damit die Anteile der kleinsten Körner deutlich in Erscheinung treten. Die zugehörigen Versuchsergebnisse finden sich in Abb. 107a und 107b.

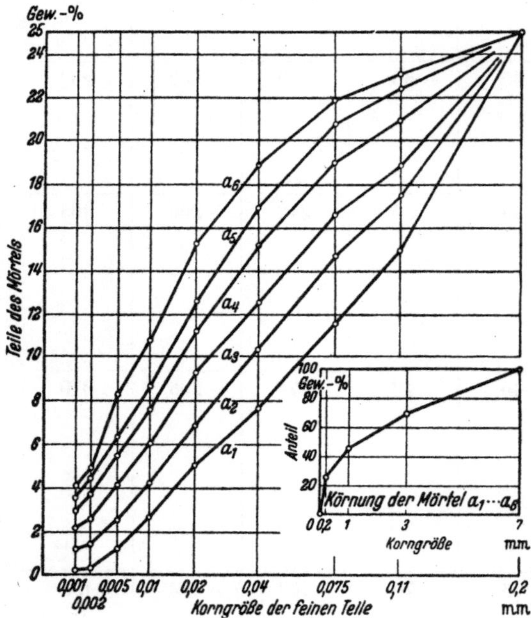

Abb. 106a.
Körnung der Anteile bis 0,2 mm in den Mörteln a_1 bis a_6.

Zunächst zeigt Abb. 107a (oben), daß das Ausbreitmaß[1] mit wachsendem Anteil der feinen Zusatzstoffe zurückging; die Hubzahl im Stoßgefäß hat zuerst etwas abgenommen, dann zugenommen. Nach dem Augenschein war der Mörtel a_1 zu rauh und wasserabstoßend; die Mörtel a_2 und a_3 erwiesen sich gut verarbeitbar (zusammenhängend, wenig wasserabstoßend); die Mörtel mit noch mehr feinsten Teilen zeigten eine deutliche Erhöhung des Verformungswiderstandes im Stoßgefäß; sie wurden schließlich teigig. Die Mörtel mit Quarzitmehlen waren nach Abb. 107b (oben) leichter verarbeitbar als die Mörtel mit Tonen; mit großen Mengen feinster Teile wurden die Mörtel weniger teigig als mit Tonen.

Die Druckfestigkeit der Mörtel ist in Abb. 107a (mit Tonen) bei a_2 am größten ausgefallen, bei a_3 nahezu ebenso groß; mit weiterer Verfeinerung der Teile bis 0,2 mm ist die Druckfestigkeit der 28 Tage alten Proben im allgemeinen weiter gesunken. Wenn außerdem das Ergebnis der Biegeversuche herangezogen wird, erweist sich die Körnung der Mischung a_2 am besten sowohl hinsichtlich der Ver-

---

[1] Einzelheiten hierzu s. S. 229 ff.

arbeitbarkeit als auch der Festigkeit. Die Mischung a_3 war ungefähr ebenbürtig. Der Zusatz von Quarzitmehlen hat nach Abb. 107 b in allen Fällen eine Verbesserung der Eigenschaften gebracht; am besten erwies sich hier die Mischung b_5.

Aus diesen und anderen Versuchsreihen war zu entnehmen, daß es angezeigt ist, die Menge der feinsten Teile auch durch ihren Kornanteil bis 0,02 mm zu kennzeichnen. Die Menge der Körner des Mörtels von 0 bis 0,02 mm — umgerechnet auf Mörtel mit 25% 0 bis 0,2 mm — betrug bestenfalls

a) mit Tonen

bei Mischungen aus 1 Gewichtsteil Zement und
4 Gewichtsteilen Zuschlagstoffen . . rd. 8 %
(besonders gute Körnung)

bei Mischungen aus 1 Gewichtsteil Zement und
5 Gewichtsteilen Zuschlagstoffen . . rd. 6,5%
(feinere Körnung)

bei Mischungen aus 1 Gewichtsteil Zement und
7 Gewichtsteilen Zuschlagstoffen . . rd. 6,5%
(besonders gute Körnung)

b) mit Quarzitmehlen

bei Mischungen aus 1 Gewichtsteil Zement und
4 Gewichtsteilen Zuschlagstoffen . . rd. 10%
(besonders gute Körnung)

bei Mischungen aus 1 Gewichtsteil Zement und
5 Gewichtsteilen Zuschlagstoffen . . rd. 9%
(feinere Körnung)

bei Mischungen aus 1 Gewichtsteil Zement und
7 Gewichtsteilen Zuschlagstoffen . . rd. 9%
(besonders gute Körnung)

Die in bezug auf Verarbeitbarkeit und Festigkeit zweckmäßigen Mengen der Teile bis 0,02 mm waren also bei gleicher Körnung des Sands (Mischungen 1 : 4 und 1 : 7) mit höherem Zementgehalt etwas größer, überdies mit Quarzitmehl höher als mit Ton. Die noch zulässige Menge der Teile bis 0,02 mm kann gemäß Abb. 107 a und 107 b deutlich größer als soeben angegeben werden, wenn ein kleiner Festigkeitsabfall gegen den günstigsten Wert hingenommen wird.

Zur praktischen Anwendung kann empfohlen werden, die Mörtel so zusammenzusetzen, daß sie *in dem Bereich von 0 bis 0,2 mm eine Körnungslinie bilden, die über der Geraden liegt, etwa so, daß die Sieblinie den in Abb. 107 c gezeichneten Parabeln folgt*[1]. Damit fand sich weiter nach den von

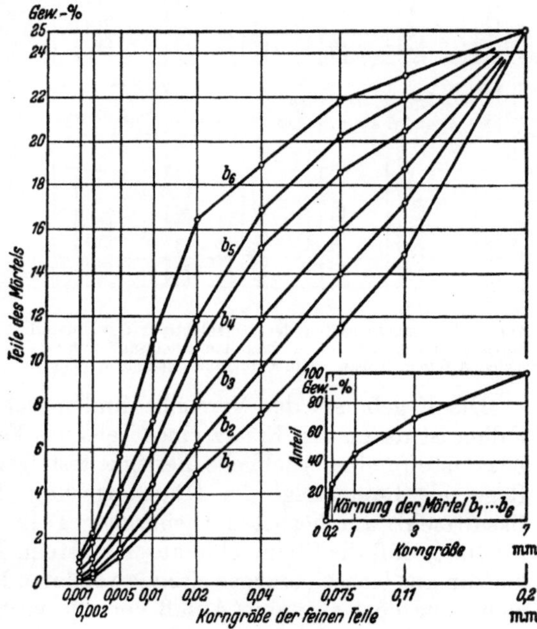

Abb. 106b.
Körnung der Anteile bis 0,2 mm in den Mörteln b_1 bis b_6.

[1] Dabei handelt es sich um die Eingrenzung des Anteils der feinsten Steinmehle mit gewöhnlicher Kornform (Tone, Quarzitmehl u. dgl.), nicht um Mehle mit außerordentlicher Gestalt (Glimmer u. dgl.). Wegen der letzteren vgl. S. 42 bis 44, 101 und 102.

AMBACH ausgeführten Vergleichen, daß 1 g des besten Mörtels eine Oberfläche von etwa 700 cm² besitzt.

ϑ) Die soeben beschriebenen Versuche machen erneut aufmerksam, daß *die zulässige Menge der feinsten Teile von der Art der feinsten Teile abhängt*. Zur weiteren Beurteilung des Einflusses der Art der feinsten Teile sind die folgenden Versuche ausgeführt worden. Das Mischungsverhältnis war wieder 1 Gewichtsteil Portlandzement und 7 bzw. 4 bzw. 5 Gewichtsteile Zuschlagstoffe.

Wie vorhin wurde Rheinsand 0 bis 7 mm verwendet, dazu Quarzitmehl, Kalksteinmehl, Basaltmehl, rheinischer Traß und Ziegelton. Die feinsten Teile wurden dafür so zugerichtet, daß ihre Körnung hinreichend übereinstimmend war; sie enthielten im Verwendungszustand

bis	0,001	0,005	0,02	0,04 mm
	6	37	74	89
bis	10	48	83	94 %

Die Körnung der Mörtel war dieselbe wie bei der vorhergehenden Versuchsreihe.

Die Menge der Zusatzstoffe betrug 9 bzw. 6 bzw. 10% der Zuschlagstoffe der Mischungen 1:7 bzw. 1:4 bzw. 1:5, wie S. 93ff. angegeben; sie traten jeweils an die Stelle eines gleichen Teils des Rheinsands von 0 bis 0,2 mm. Die Körnung des Sands lag — wie schon S. 93 erwähnt — bei den Mischungen 1:7 und 1:4 im Bereich der vorhin gekennzeichneten besonders guten Zusammensetzung, bei der Mischung 1:5 eben noch in dem zulässigen Bereich.

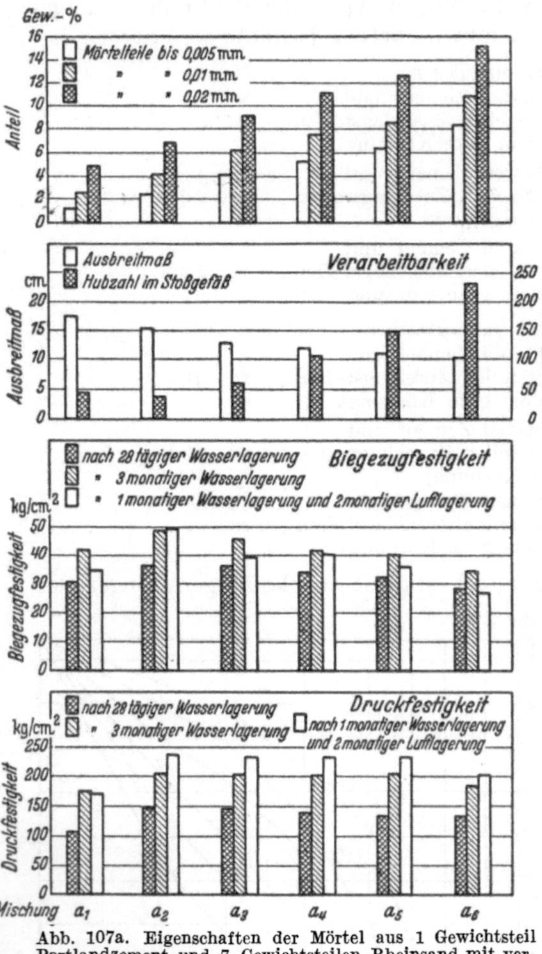

Abb. 107a. Eigenschaften der Mörtel aus 1 Gewichtsteil Portlandzement und 7 Gewichtsteilen Rheinsand mit verschieden feinen Tonen nach Abb. 106a (Reihen a_1 bis a_6).

Die Ergebnisse der Versuche finden sich in Abb. 108a bis 108c. In allen Fällen ist durch den Ersatz eines Teils des Feinsten im Rheinsand durch andere Zusatzstoffe eine erhebliche Festigkeitssteigerung eingetreten. Dabei gilt in der Regel als Reihenfolge der Gütesteigerung: Ton, Quarzit- und Kalksteinmehl, Basaltmehl, am höchsten rheinischer Traß. Im ganzen zeigen die Abb. 108a bis 108c, daß die Steinmehle aus Kalkstein, Basalt und Traß besser wirkten als die von uns bisher vorzugsweise verwendeten Rheinsandmehle, Tone und Quarzitmehle. Es liegt also kein Anlaß vor, die vorhin gewonnenen Richtlinien für die zulässige Menge der feinsten Teile zu ändern. Die Feststellungen in Abb. 108a bis 108c zeigen darüber hinaus, daß der Traß zusätzlich wirkte, hier wie bei anderen Versuchen durch die sehr feine Mahlung[1].

---

[1] Vgl. auch GRAF: Bautechn. 1941 S. 361 u. 362.

ι) Die Versuche zu Abb. 106a bis 108c, alle zur Dissertation von AMBACH ausgeführt, wurden mit weich angemachten Mörteln durchgeführt. Weitere Versuche, deren Ergebnisse in Abb. 108d zusammengefaßt sind, lassen erkennen, daß die Wirkung der feinsten Teile bei verschiedener Steife der Mörtel gleichartig ist; mit Rheinsandmehl ist der Grad der Veränderlichkeit der Festigkeiten kleiner ausgefallen als mit den anderen Mehlen.

$\varkappa$) Der Einfluß des *Trasses*, der dem Mörtel als solcher beigemischt wird, ist in erster Linie gemäß der Körnung des Mörtels zu beurteilen. Zahlentafel 14 enthält kennzeichnende Beispiele. Der fette Mörtel 1 : 3 hatte an sich genügend feine Teile aus dem Sand und den Bindemitteln (29% bis 0,2 mm); der Traßzusatz hat deshalb die Festigkeit verkleinert. Dem mageren Mörtel 1 : 6 fehlten feine Teile; deshalb ist seine Druckfestigkeit durch den Traßzusatz bedeutend gesteigert worden. Weiteres vgl. S. 87.

Über die Wirkung des Trasses im Traßzement vgl. Bautechn. 1941 S. 361ff.

λ) *Wenn Farbzusätze* verwendet werden, so ist zunächst festzustellen, ob sie nach ihrer Beschaffenheit den Vorschriften der Direktion der Reichsautobahnen entsprechen[1]. Dann ist ihr Einfluß auf die Druckfestigkeit etwa wie mit den Tonen zu erwarten.

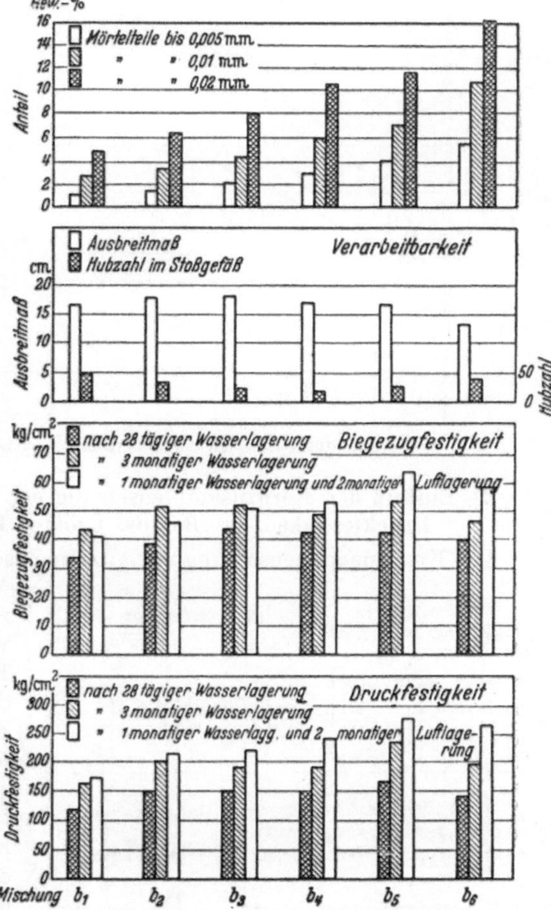

Abb. 107b. Eigenschaften der Mörtel aus 1 Gewichtsteil Portlandzement und 7 Gewichtsteilen Rheinsand mit verschiedenen feinen Quarzitmehlen nach Abb. 106b (Reihen b_1 bis b_6).

Zahlentafel 14. Weich angemachter Mörtel aus Portlandzement, Traßmehl (0 bis 1 mm) und Neckarsand (0 bis 7 mm).

1	2	3	4	5	6
		Von 100 g trockenem Mörtel fielen durch das Sieb mit			
Zusammensetzung in Gewichtsteilen	900 Maschen auf 1 cm² (Sieb 0,2 DIN 1171)	1 mm	3 mm	7 mm	Druckfestigkeit in kg/cm² für 42 Tage alte Würfel
			Lochdurchmesser		
1 Zement, 3 Sand	29,0	69,7	87,3	100	502
1 Zement, 0,3 Traß, 3 Sand .	32,9	71,8	88,2	100	500
1 Zement, 0,6 Traß, 3 Sand .	36,2	73,7	89,0	100	468
1 Zement, 6 Sand	18,9	65,4	85,5	100	172
1 Zement, 0,3 Traß, 6 Sand .	21,6	66,8	86,1	100	237
1 Zement, 0,6 Traß, 6 Sand .	24,1	68,1	86,7	100	253

[1] HÄGERMANN: Betonstraße 1940 S. 61ff.; sodann 1941 S. 75ff. Über anderwärts ausgeführte Versuche und über zugehörige Erfahrungen vgl. HUMMELSBERGER: Betonstraße 1938 S. 187ff.

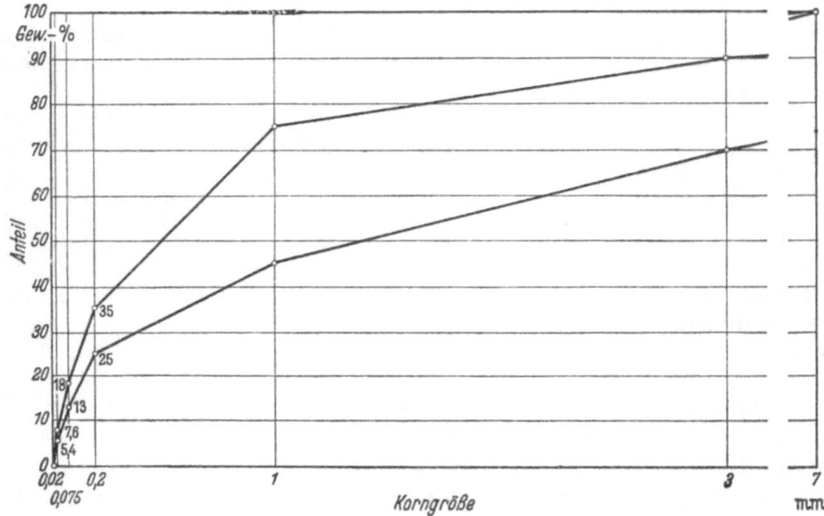

Abb. 107c. Körnung der bis 0,2 mm besonders günstig gestuften Mörtel.

d) Einfluß der Kornzusammensetzung der groben Zuschlagstoffe auf die Druckfestigkeit des Betons. Größtes Korn der Zuschlagstoffe.

Die Kornzusammensetzung der groben Zuschlagstoffe ist unter gewöhnlichen Verhältnissen — bei gleichem, oberem Grenzmaß der Steinstücke — von untergeordneter Bedeutung. Der Verfasser empfiehlt zu sorgen, daß die Körnungslinie der groben Zuschlagstoffe bei der Geraden verläuft, die die Grenzmaße verbindet, sofern die Aufgabe vorliegt, einen besonders guten Beton herzustellen; es ist nicht bedenklich, wenn einzelne Korngruppen — vor allem die Gruppen nahe der unteren oder mittleren Körnung — in kleinerem Maße vorhanden sind[1].

Die Maße für das größte Korn richten sich nach den Abmessungen des Bauwerks, nach der Steife und Art der Verarbeitung des Betons, auch nach der maschinentechnischen Ausrüstung der Baustelle. Körnungen über 80 mm kommen nur für den Massenbeton in Betracht; hier sind Gerölle, die mit Sieben von etwa 150 mm Lochdurchmesser, gebrochene Stücke,

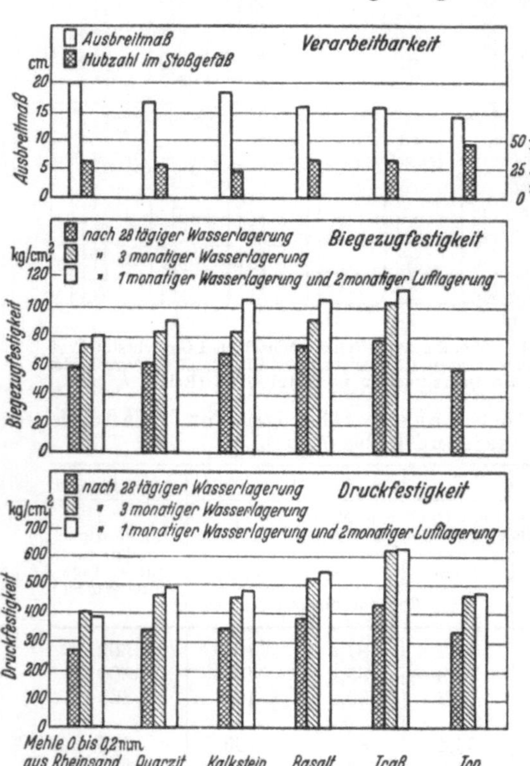

Abb. 108a. Eigenschaften der Mörtel aus 1 Gewichtsteil Portlandzement und 4 Gewichtsteilen Rheinsand mit verschiedenartigen feinsten Teilen.

[1] Vgl. dazu GRAF: Dtsch. Ausschuß Eisenbeton 1930 Heft 63 S. 32; ferner HUMMEL: Das Beton-ABC, 3. Aufl. S. 76 u. 98 sowie KESSELHEIM: Dissertation S. 13ff. Karlsruhe 1934.

die mit Sieben von etwa 120 mm Lochdurchmesser getrennt waren, vereinzelt noch größere Stücke verwendet worden. Der Verfasser empfiehlt, das Größt-korn für Massenbeton so zu wählen, daß es bei Rüttelbeton durch Siebe von 120 mm Lochdurchmesser oder durch kleinere Siebe fällt; bei weicherem Beton kann das Grenzmaß größer sein. Vgl. auch S. 68, sodann S. 81ff., unter b). Hier ist ferner hervorzuheben, daß die Druckfestigkeit des Betons durch *eingebettete Bruchsteine* bedeutend gesteigert werden kann, wenn die Betonfestigkeit ohne Bruchsteine unter etwa 200 kg pro cm² liegt[1].

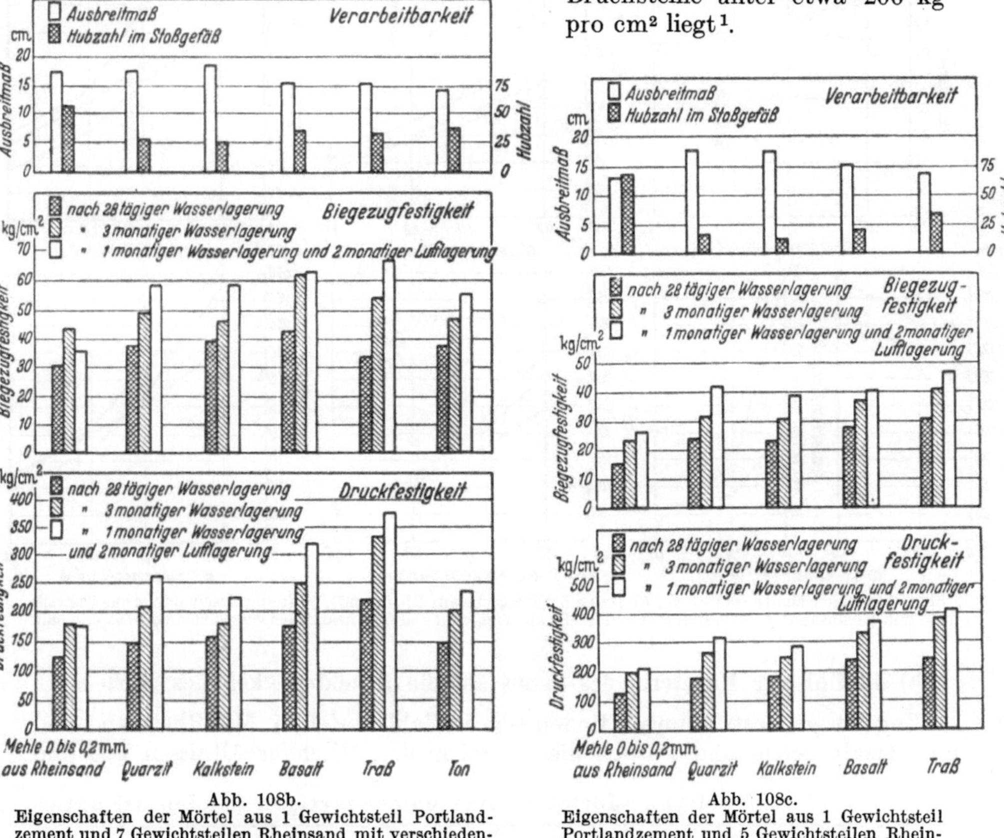

Abb. 108b.
Eigenschaften der Mörtel aus 1 Gewichtsteil Portland-zement und 7 Gewichtsteilen Rheinsand mit verschieden-artigen feinsten Teilen.

Abb. 108c.
Eigenschaften der Mörtel aus 1 Gewichtsteil Portlandzement und 5 Gewichtsteilen Rhein-sand mit verschiedenartigen feinsten Teilen.

3. Einfluß der Kornform der Zuschlagstoffe[2] auf die Druckfestigkeit des Mörtels und des Betons.

a) Allgemeines.

Seite 67 ist aufmerksam gemacht, daß die Körnung von Quetschsanden feiner sein muß als die Körnung von natürlichen Sanden, wenn die Mörtel gleich verarbeitbar und gleich dicht sein sollen. Weiter ist bekannt, daß gleich verarbeit-bare Mörtel bei gleichem Zementgehalt mit Quetschsanden mehr Anmachwasser erfordern als mit natürlichen Sanden. Die Herstellung von besonders gutem Beton ist mit Quetschsand schwieriger als mit Flußsand. Dementsprechend ist für den Bau der Fahrbahndecken der Reichsautobahnen gefordert, daß der Sand bis

---

[1] GRAF: Die Druckfestigkeit von Zementmörtel, Beton, Eisenbeton und Mauerwerk S. 43. Stuttgart 1921.
[2] Über die Bestimmung der Kornform vgl. unter C 12, S. 39ff.

3 mm natürlicher Sand sein muß und bis 7 mm natürlicher Sand sein soll. Verwandte Bedingungen sind bei der Verwendung von Schotter und Kies zu erkennen, allerdings weniger ausgeprägt.

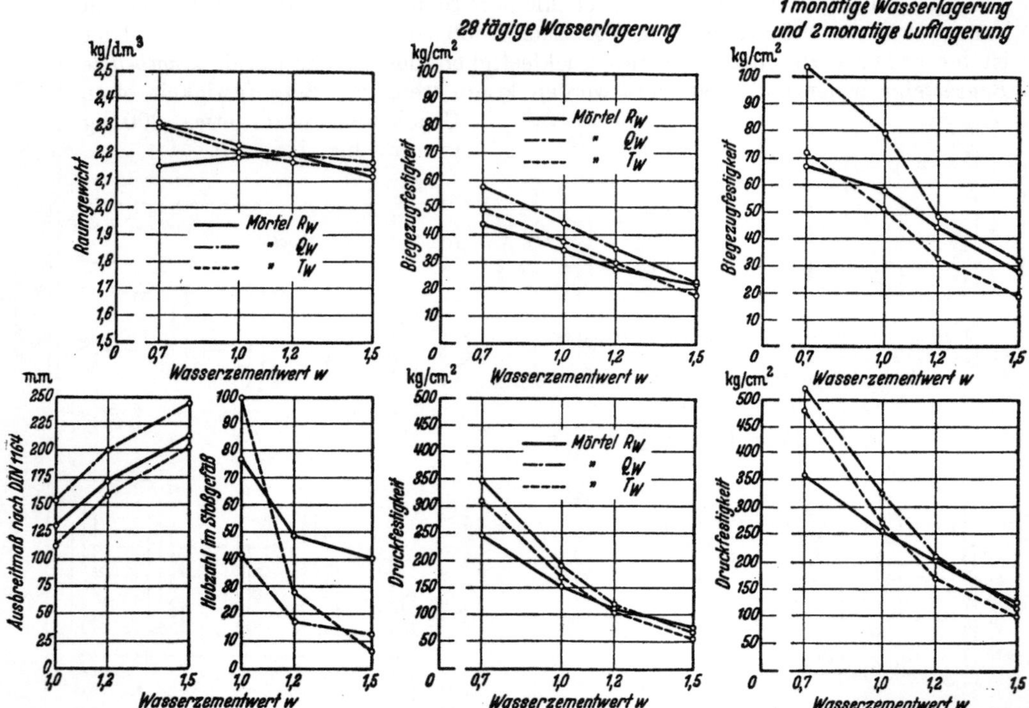

Abb. 108d. Eigenschaften der Mörtel R_w (feine Zuschlagteile aus Rheinsand), Q_w (feine Zuschlagteile aus Quarzitmehl und Rheinsand) und T_w (feine Zuschlagteile aus Ziegelton und Rheinsand) bei verschiedenem Wassergehalt.

b) Einfluß der Kornform des Sands auf die Druckfestigkeit des Mörtels.

Zugehörige Feststellungen finden sich in Zahlentafel 15. Mit Rheinsand und mit Basaltquetschsand wurden die Mörtel in den Mischverhältnissen 1:5 und

Zahlentafel 15. Mörtel mit verschiedenartigen Sanden bei unter-

Mischung	Zuschlagstoff	Mischverhältnis in Gewichtsteilen	Körnung des Sands				entsprechend der Linie.. DIN 1045
			Anteile in % von 0 bis				
			0,2 mm	1 mm	3 mm	7 mm	
A R			1	22	56	100	A
B R		1:5	14	40	72	100	B
C R			21	70	87	100	C
A R	Rheinsand		1	22	56	100	A
B R		1:3	14	40	72	100	B
C R			21	70	87	100	C
A B			2	20	56	100	A
B B		1:5	16	40	71	100	B
C B	Basalt-		21	70	87	100	C
A B	quetschsand		2	20	56	100	A
B B		1:3	16	40	71	100	B
C B			21	70	87	100	C

1 : 3 (Gewichtsteile) weich angemacht und zu Würfeln von 7 cm Kantenlänge durch Stampfen verarbeitet. Die Sande wiesen jeweils drei verschiedene Körnungen auf. Zunächst zeigen die Zahlenreihen der Zahlentafel 15, daß zu den Mörteln mit Basaltquetschsand mehr Wasser erforderlich war als zu den Mörteln mit Rheinsand, wenn das gleiche Ausbreitmaß vorhanden war. Dementsprechend ist die Druckfestigkeit der Mörtel mit Basaltquetschsand stets kleiner ausgefallen. Ferner zeigen die Zahlen der letzten Spalte der Zahlentafel 15, daß die Mörtel mit Basaltquetschsand nach Sieblinie A ungeeignet waren; mit Basaltquetschsand nach Sieblinie A entstanden kleinere Druckfestigkeiten als mit Basaltquetschsand nach Sieblinie B.

Im übrigen vgl. unter F 2, c, α bis δ.

c) Einfluß der Kornform der feinen Teile des Sands auf die Druckfestigkeit des Mörtels.

Hierzu geben die Versuche in Zahlentafel 16 Auskunft. Steinmehle mit üblicher Kornform (Schiefermehl, Traß, ebenso das hier nicht aufgeführte Ziegelmehl), die in dem gut zusammengesetzten Mörtel an die Stelle von Basaltmehl traten, haben die Druckfestigkeit nur unerheblich beeinflußt. Dagegen sind die Mörtel mit Kieselgur, aus wabenartigen Gebilden nach Abb. 41 bestehend, erheblich weniger widerstandsfähig geworden als ohne diese Zusätze.

Noch größer wurde die Einbuße durch *Glimmer*, der bekanntlich aus dünnen, nachgiebigen Plättchen besteht. Der Mörtel, dessen Glimmergehalt 6% des Zementgehalts (das sind hier 1,5% des Sandgewichts) betrug, erforderte ein erhebliches Mehr an Anmachwasser und lieferte nur noch 59,5% der Druckfestigkeit des sonst gleichen Mörtels ohne Glimmer[1].

d) Einfluß der Kornform der groben Zuschlagstoffe auf die Festigkeit des Betons.

Werden an Stelle von Kies gedrungene Schotter von gleichwertiger Oberflächenbeschaffenheit verwendet, so ändert sich die Druckfestigkeit des Betons nicht oder nur unerheblich.

---

[1] Entsprechende Feststellungen gab später FISCHER bekannt, vgl. Fortschr. u. Forsch. Bauwesen Reihe A, Heft 6 S. 8.

schiedlicher Körnung und verschiedenem Zementgehalt.

Körnung des Mörtels				Wasser-zementwert w	Ausbreitmaß	Rohwichte von Würfeln mit 7 cm Kantenlänge nach 28 tägiger Wasserlagerung	Druckfestigkeit
Anteile in % von 0 bis							
0,2 mm	1 mm	3 mm	7 mm		cm	kg/dm³	kg/cm²
18	35	63	100	0,73	17,1	2,32	270
28	50	77	100	0,80	16,9	2,27	226
34	75	89	100	0,96	17,6	2,18	142
26	41	67	100	0,46	17,2	2,35	501
35	55	79	100	0,50	17,3	2,33	487
41	77	90	100	0,60	17,2	2,23	349
18	33	63	100	1,04	17,4	2,40	118
30	50	76	100	0,95	16,9	2,43	187
34	75	89	100	1,08	17,1	2,37	137
26	40	67	100	0,65	17,7	2,45	371
37	55	78	100	0,64	17,3	2,44	430
41	77	90	100	0,67	17,6	2,36	328

Zahlentafel 16. Weich angemachter Mörtel aus Basaltquetschsand von guter Kornzusammensetzung[1] mit feinen Teilen aus verschiedenen Steinmehlen. Lagerung: 1 Tag in feuchter Luft, 13 Tage im Wasser, 28 Tage an der Luft.

1	2	3	4	5	6	7	8	9	10	11
		Vom Steinmehl fielen durch das Sieb mit		Wasserzusatz in % der lufttrockenen Stoffe		Rohwichte im Alter von 42 Tagen	Druckfestigkeit im Alter von 42 Tagen	Vergleichswerte (Versuchsergebnisse der Mörtel 67 bzw. 79 ohne fremdes Steinmehl = 100%)		Wasseranspruch des Steinmehls für Normalsteife
Versuchsreihe	Fremdes Steinmehl in % des Zementgewichts	900	4900		Wasserzementwert w			Rohwichte	Druckfestigkeit	
		Maschen auf 1 cm²								
		%				kg/dm³	kg/cm²	%	%	%
67	0			13,2	0,67	2,37	302	100,0	100,0	
68	3% Celite	99,0²	98,4²	14,2	0,71	2,32	287	97,9	95,0	192
69	6% Celite			15,4	0,77	2,29	250	96,6	82,8	
70	3% Schiefermehl .	95,1	68,2	13,8	0,69	2,36	297	99,6	98,3	38
71	6% Schiefermehl .			13,8	0,69	2,35	300	99,2	99,3	
72	3% Kieselgur . . .	94,4²	93,4²	15,5	0,78	2,30	267	97,0	88,4	378
73	6% Kieselgur . . .			17,2	0,86	2,22	224	93,7	74,2	
76	3% Plaidter Traß .	98,8	72,3	13,7	0,68	2,35	307	99,2	101,7	37
77	6% Plaidter Traß .			14,0	0,70	2,34	311	98,7	103,0	
78	0			13,7	0,68	2,37	308	100,0	102,0	
79	0			14,6	0,73	2,33	264	100,0	100,0	
80	3% Glimmer . . .	57,9	28,3	15,5	0,78	2,26	210	97,0	79,5	209
81	6% Glimmer . . .			16,9	0,85	2,20	157	94,4	59,5	

Wird gleiches Gestein mit verschiedener Kornform geliefert, so ist das langsplittrige weniger geeignet, wenn es sich um die Erzeugung hoher Druckfestigkeit handelt. Beispielsweise[3] fand sich die Druckfestigkeit eines Straßenbetons bestimmter Steife

	nach 28 tägiger Wasserlagerung kg/cm²	nach weiterer 28 tägiger Luftlagerung kg/cm²
mit splitterigem Granit zu . . .	348	422
mit gedrungenem Granit zu . . .	421	516
mit splitterigem Quarzit zu . . .	377	465
mit gedrungenem Quarzit zu . . .	461	528 .

Verwandte Feststellungen entstanden bei der Verwendung von Rollkies im Vergleich mit flachem Kies. Vgl. auch unter 4, Abb. 110a bis e[4].

4. Einfluß der Oberflächenbeschaffenheit der Zuschlagstoffe auf die Druckfestigkeit des Betons.

Die Gerölle und die gebrochenen Steine haben mannigfaltige Oberflächenbeschaffenheit, vgl. S. 42. Im Grenzfall werden einerseits im Gerölle Stücke mit polierter Oberfläche, unter den gebrochenen Stücken solche mit glasigen Flächen angetroffen, andererseits rauhe Kiesstücke oder Schotter nach Abb. 42 oder Abb. 110 oder Abb. 113. Bei Naturbims nach Abb. 46, Lavaschlacke nach Abb. 47 und Hüttenbims nach Abb. 109 ist die Rauhigkeit der Oberfläche besonders groß.

Zugehörige Versuche finden sich u. a. in Heft 10 der Schriftenreihe der Forschungsgesellschaft für das Straßenwesen 1937. Praktisch kennzeichnende Beispiele sind in Abb. 110 wiedergegeben. Hiernach sind die Granite N und B im rauhen Einlieferungszustand und im weniger rauhen gekollerten Zustand verwendet worden. Daneben wurde Moränekies O benutzt, weil dieser Kies verhältnismäßig

---

[1] Näheres Zement 1928, S. 432uf.   [2] Auf nassem Wege getrennt.
[3] WALZ: Betonstraße 1939 S. 215ff. unter C, II, 2b.
[4] Vgl. auch FERET: Ann. l'Institut Technique du Bâtiment et des Travaux Publics 1937 Heft 2.

glatt war. In allen Fällen ist Mörtel aus 1 Gewichtsteil Portlandzement N und 2,9 Gewichtsteilen Rheinsand (0 bis 7 mm) verwendet worden; der Wasserzementwert des Mörtels war stets $w = 0,47$.

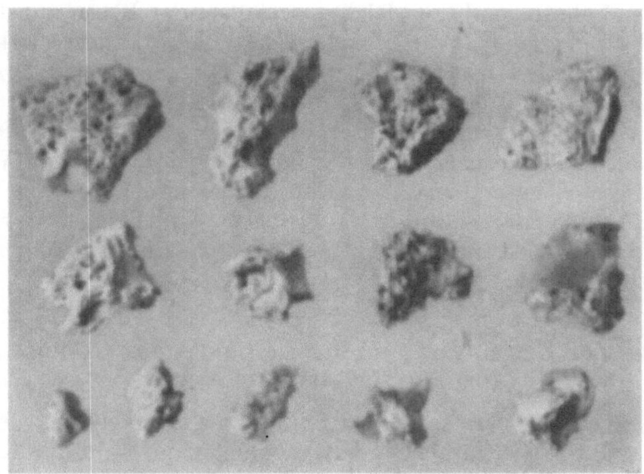

Abb. 109. Hüttenbims (natürliche Größe).

Abb. 110 a. Granit N, rauh.
Druckfestigkeit $\quad K = 445\,\mathrm{kg/cm^2}$
Biegezugfestigkeit $K_b = 72\,\mathrm{kg/cm^2}$

Abb. 110b. Granit N, gekollert.
Druckfestigkeit $\quad K = 460\,\mathrm{kg/cm^2}$
Biegezugfestigkeit $K_b = 69\,\mathrm{kg/cm^2}$

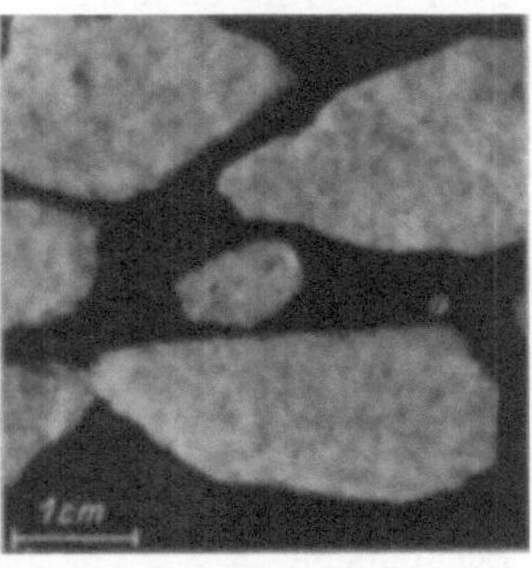

Abb. 110c. Granit B, rauh.
Druckfestigkeit $\quad K = 441\,\mathrm{kg/cm^2}$
Biegezugfestigkeit $K_b = 74\,\mathrm{kg/cm^2}$

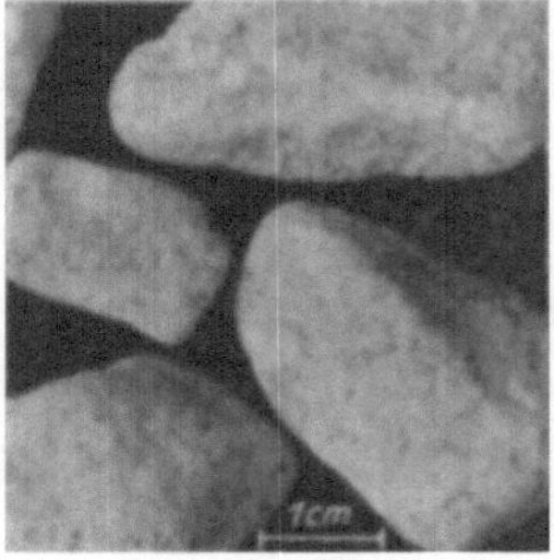

Abb. 110 d. Granit B, gekollert.
Druckfestigkeit $\quad K = 450\,\mathrm{kg/cm^2}$
Biegezugfestigkeit $K_b = 71\,\mathrm{kg/cm^2}$

Abb. 110e. Moränekies O.
Druckfestigkeit $\quad K = 389\,\mathrm{kg/cm^2}$
Biegezugfestigkeit $K_b = 66\,\mathrm{kg/cm^2}$

Abb. 110a bis e. Einfluß der Oberflächenbeschaffenheit der Zuschlagstoffe auf die Druckfestigkeit und auf die Biegezugfestigkeit von Straßenbeton.

Der Sandgehalt betrug 50 % des Gewichts der Zuschlagstoffe. Bei Verwendung des stets gleichen Mörtels mit jeweils gleichen Mengen der in Abb. 110 genannten groben Zuschlagstoffe entstanden die daselbst angegebenen Druckfestigkeiten K. Hiernach ist die Druckfestigkeit des Betons mit dem rauhen Schotter und mit dem gekollerten Schotter nahezu gleich ausgefallen; der Beton mit dem gekollerten Schotter hatte in beiden Fällen eine wenig höhere Druckfestigkeit[1].

Der Beton mit dem glatten Moränekies O lieferte eine kleinere Druckfestigkeit als der Beton mit dem rauhen Granitschotter. Dieses Weniger tritt jedoch praktisch zurück, da der Kiesbeton leichter verarbeitbar ist und zu gleicher Steife weniger Anmachwasser erfordert als der Schotterbeton. Bei den Versuchen zu Abb. 110 ist dieser Umstand nicht zur Geltung gekommen, weil zu allen Betonmischungen derselbe Mörtel mit dem gleichen Wasserzementwert verwendet wurde, um lediglich den Einfluß der Oberflächenbeschaffenheit der groben Zuschlagstoffe zu erfahren.

5. Einfluß der Gesteinsart und der Festigkeit des Gesteins auf die Druckfestigkeit des Betons.

Bei der Beurteilung der Gesteinsart und der Festigkeit des Gesteins ist zu beachten, daß zugehörige Vergleiche nur angängig sind, wenn die Kornform und die Oberflächenbeschaffenheit gleichartig oder doch annähernd gleichwertig sind.

Zunächst sei auf Versuche mit Straßenbeton verwiesen, zu denen die Angaben über die verwendeten Stoffe in Heft 10 der Schriftenreihe der Forschungsgesellschaft für das Straßenwesen zu finden sind. Der Sand bis 3 mm Korngröße war stets Rheinsand; die Stücke über 3 mm waren jeweils aus dem Gestein gebrochen, das im folgenden angegeben ist:

Art des Gesteins	Druckfestigkeit des Gesteins in kg/cm²	Druckfestigkeit des Betons in kg/cm² im Alter von rd 4 Jahren nach wechselnder Lagerung
Diabas	3510	585
Basalt	4080	510
Muschelkalk	2100	542
Schaumkalk	990	529

Die nach Art und Festigkeit sehr verschiedenen Gesteine haben die Druckfestigkeit verhältnismäßig wenig beeinflußt. Dabei war die Druckfestigkeit des Gesteins stets viel größer, mindestens etwa zweimal so groß als die Druckfestigkeit des Betons.

Zum gleichen Ergebnis führten die folgenden Versuche mit Straßenbeton, ausgeführt mit Zuschlagstoffen von gleichwertiger Kornform, jedoch sehr verschiedener Art und Festigkeit[2]:

Art des Gesteins	Druckfestigkeit des Betons in kg/cm² nach Wasserlagerung im Alter von	
	1 Monat	6 Monaten
Basalt L	485	612
Quarzit	452	546
Kalkstein E (Weißer Jura)	456	548
Mainkies O	451	544

---

[1] Vgl. auch unter H, S. 145 (Biegezugfestigkeit).
[2] WALZ: Betonstraße 1939 S. 215ff., insbesondere unter C, II, 2, a.

Nach Luftlagerung war die Reihenfolge anders; die Unterschiede der Grenzwerte wurden aber nur unerheblich größer.

Unter den soeben mitgeteilten Zahlen ist besonders zu beachten, daß der

Abb. 111. Basaltsplitt L ($l : b$ im Mittel 1,38; $d : b$ im Mittel 0,62).

Beton mit dem viel Sandstein enthaltenden Mainkies in der Reihe der Druckfestigkeiten nicht geringerwertig ausfiel. Bei weiteren Versuchen dieser Art zeigte sich u. a., daß Mainkies, der mit 22% seines Gewichts aus Sandstein bestand,

Abb. 112. Kalksteinsplitt E ($l : b$ im Mittel 1,45; $d : b$ im Mittel 0,60).

eher zu größeren als kleineren Druckfestigkeiten des Betons führte, wenn zum Vergleich Rheinkies benutzt wurde.

Weitere Aufschlüsse über den Einfluß der Druckfestigkeit des Gesteins der groben Zuschlagstoffe auf die Druckfestigkeit des Betons geben die folgenden

Versuche mit drei Zuschlagstoffen. Der Kalkstein[1] war wenig druckfest; der Basalt und der Porphyr hatten vergleichsweise die mindestens 3fache Druckfestigkeit

Zusammensetzung des Betons in Gewichtsteilen	Ausbreitmaß des frischen Betons[2] cm	Zementgehalt kg/m³	Druckfestigkeit nach 28tägiger feuchter, dann trockener Lagerung im Alter von	
			28 Tagen kg/cm²	1 Jahr kg/cm²
a) 1 Zement 1,7 Rheinsand 0 bis 3 mm 1,2 Kalkstein 3 bis 7 mm 3,1 Kalkstein 7 bis 30 mm	40	297	403	528
b) 1 Zement 1,7 Rheinsand 0 bis 3 mm 1,2 Basalt 3 bis 7 mm 3,1 Basalt 7 bis 30 mm	43	332	327	444
c) 1 Zement 1,7 Rheinsand 0 bis 3 mm 1,2 Porphyr 3 bis 7 mm 3,1 Porphyr 7 bis 30 mm	45	299	342	452

Abb. 113. Mainkies O ($l:b$ im Mittel 1,85; $d:b$ im Mittel 0,64).

Der Beton mit dem Kalkstein lieferte hier die höchste Druckfestigkeit. Bei Beurteilung dieses Ergebnisses ist vermutet worden, daß der lufttrocken verwendete Kalkstein dem Zementbrei Wasser entzog; dadurch sei der Wassergehalt des Zementmörtels kleiner und die Druckfestigkeit größer geworden. Diese Annahme wurde durch folgende Versuche nicht unterstützt. Es fand sich:

a) bei Mischungen mit Zuschlag, der vor dem Betonieren 2 Tage im Wasser lag:

---

[1] Wellenkalk (Schaumkalk) vgl. Schriftenreihe der Forschungsgesellschaft für das Straßenwesen Heft 10 S. 13 u. 14.

[2] Der Wasserzementwert w betrug in allen drei Mischungen 0,67.

Gestein	Zementgehalt kg/m³	Druckfestigkeit nach 28 tägiger feuchter Lagerung kg/cm²
Kalkstein	294	327
Basalt	294	255
Porphyr	300	314

· b) bei Mischungen mit lufttrocken zugegebenen Stoffen:

Kalkstein	294	335
Basalt	294	256
Porphyr	299	345

Aus den vorstehend geschilderten Versuchen ist zu entnehmen, daß die Druckfestigkeit des Gesteins und die Art des Gesteins an sich die Druckfestigkeit des Betons meist nicht oder nur unerheblich beeinflussen, solange die Druckfestigkeit des Gesteins mindestens das 2fache der Druckfestigkeit des Betons beträgt[1]. Die Unterschiede der beiden Druckfestigkeiten können noch kleiner sein, wenn das Gestein mit der beschränkten Druckfestigkeit nur einen Teil der groben Zuschlagstoffe ausmacht.

Über den Einfluß von Dolomit vgl. Z. VDI 1933 S. 816. Über den Einfluß von teilweise verwitterten Zuschlagstoffen vgl. unter H 6, S. 147, ferner unter U 3, S. 212 ff.

Wenn Zuschlagstoffe gemäß den bisher beschriebenen Regeln nicht zur Verfügung stehen, muß von Fall zu Fall das mögliche erkundet werden. Beispielsweise ist es möglich, in trockenen Räumen, auf trockenem Grund, Beton mit *Steinsalz* herzustellen. (Wahrscheinlich darf dabei die Luftfeuchtigkeit nie über 70 % betragen.) Beispielsweise betrug die Druckfestigkeit von erdfeucht angemachten Mörteln aus 1 Gewichtsteil Zement und 4 Gewichtsteilen Steinsalz (20 % 0 bis 0,2, 56 % 0 bis 1 und 98 % 0 bis 3 mm)

	im Alter von	7 Tagen	28 Tagen
mit Eisenportlandzement B (Normendruckfestigkeit 324 kg/cm²)		53	94 kg/cm²,
mit Hochofenzement H (Normendruckfestigkeit 256 kg/cm²)		41	151 „ ,
mit Ölschieferzement D (Normendruckfestigkeit 305 kg/cm²)		47	143 „ .

Beton aus Ölschieferzement 225 und Salzgestein 0 bis 30 mm mit einer Körnung nahe der Linie *F* von DIN 1045 ergab für 28 Tage alte Würfel von 10 cm Kantenlänge

mit 214 kg Zement je m³ 68 kg/cm²,   mit 257 kg Zement je m³ 103 kg/cm².

Die Würfel lagerten bei 20⁰ in Luft von 50 bis 70 % relativer Feuchtigkeit.

Der Beton mit Salzgestein kommt in Salzbergwerken als Unterbeton für Werkstattböden und einfache Tragteile in Betracht. Dabei erscheint es zweckmäßig, anstehendes Salzgestein vorher mit dickem Zementbrei einzubürsten.

Weiteres vgl. unter Y (Leichtbeton).

6. Einfluß der Größe des Wassergehalts auf die Druckfestigkeit des Betons. Beziehungen zwischen dem Wasserzementwert *w* und der Druckfestigkeit des Betons [2].

a) Die *Bedeutung der Beschaffenheit des Zementbreis* im frischen Beton ist schon S. 58 bis 60 besprochen worden. Es ist dort festgestellt, daß die Druckfestigkeit des Betons bei praktisch brauchbarer Steife (mindestens erdfeucht an-

---

[1] Vgl. auch FREEMAN: Engng. News Rec. 1. Dezember 1927, ferner GLOVER: Proc. Amer. Concrete Inst. Vol. 37 (1941) S. 275.

[2] Über den Einfluß von Zuschlägen besonderer Art (z. B. Plastiment) auf die Größe des Wasserzementwerts bei bestimmter Betonsteife vgl. unter S. 233.

gemacht einerseits, flüssig angemacht andererseits) mit zunehmendem Wasserzementwert w abnimmt, also mit zunehmender Verdünnung des Zementbreis fällt. Ferner ist S. 80 mitgeteilt, daß zwischen der Druckfestigkeit K des Betons und dem Wasserzementwert w die Beziehung

$$K = \frac{K_n}{X\,w^2}$$

besteht, wenn K_n die Normenfestigkeit des Zements (für das Alter des Betons bestimmt) und X eine Erfahrungszahl darstellt.

Hierzu zeigt Abb. 114 Beispiele aus älteren Versuchen, die zu mannigfach hergestellten Betonmischungen gehören. Dabei sind alle Versuchswerte auf die Normenfestigkeit $K_n = 400$ kg/cm² bezogen, derart, daß die Betonfestigkeit entsprechend der Normenfestigkeit des verwendeten Zements linear umgerechnet

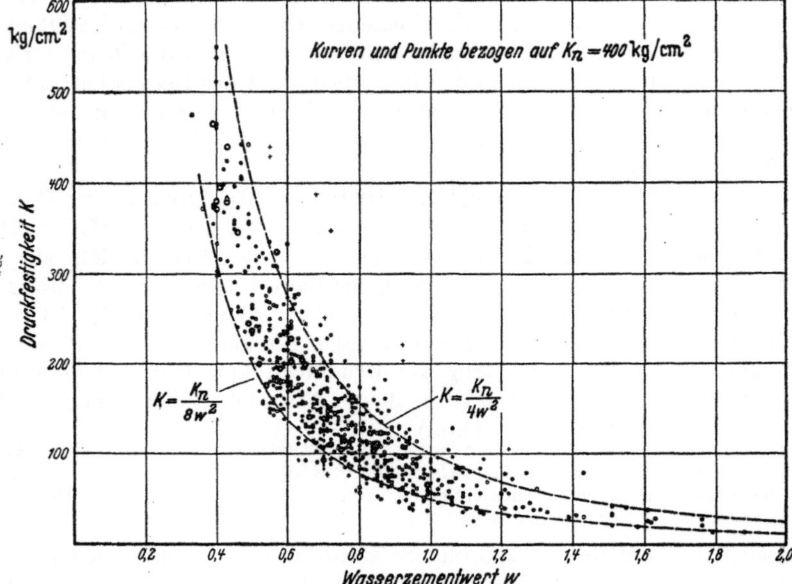

Abb. 114. Wasserzementwert w und Würfelfestigkeit K des Betons (rd. 600 Versuchsreihen).

wurde. Die Versuchspunkte liegen in der Hauptsache zwischen zwei Kurven, die sich nur durch die Erfahrungszahl X unterscheiden; die untere Kurve gehört zu $X = 8$, die obere zu $X = 4$.

Weitere Aufschlüsse gibt Abb. 87. Hiernach ist die Druckfestigkeit des Betons bei gleichem Wasserzementwert mit dem kleineren Mörtelgehalt, also mit dem größeren Kiesgehalt größer ausgefallen[1]. Daraus folgt, daß die Verhältniszahl X der oben angegebenen Gleichung mit dem Mörtelgehalt zunimmt.

Die Beziehungen zwischen dem Wasserzementwert w des Zementbreis im frischen Beton und der späteren Druckfestigkeit sind so eng umgrenzt, daß bereits beim Anmachen der Betonprobe die spätere Druckfestigkeit geschätzt werden kann, sofern die Normenfestigkeit des Zements bekannt ist. Die Druckfestigkeit des Betons beträgt

$$K = \frac{K_n}{4 \cdot w^2} \quad \text{bis} \quad \frac{K_n}{6 \cdot w^2} \text{ kg/cm}^2,$$

wenn der Beton eine besonders gute Körnung besitzt[2], und

---

[1] Vgl. auch S. 80 u. 81.   [2] Vgl. Abb. 72 und 73, sowie Abb. 85 und 86.

$$K = \frac{K_n}{6 \cdot w^2} \text{ bis } \frac{K_n}{8 \cdot w^2} \text{ kg/cm}^2,$$

wenn der Beton eine brauchbare Körnung aufweist[1,2,3].

b) Die unter a) angegebenen *Erfahrungswerte X* gelten, wenn die Normenfestigkeit nach den alten Zementnormen ermittelt wird und wenn der Beton praktisch ausreichend verarbeitbar ist[4,5]. Seit 1942 gilt eine *neue Zementnorm*, die einen anderen Prüfmörtel verlangt (vgl. S. 1ff.). Es waren deshalb neue Untersuchungen nötig, um für die Beziehung

$$K = \frac{K_n}{Y\,w^2} \text{ kg/cm}^2$$

den Erfahrungswert Y zu suchen.

Die Ergebnisse der bis 1945 vorliegenden Versuche, die unter Verwendung ver-

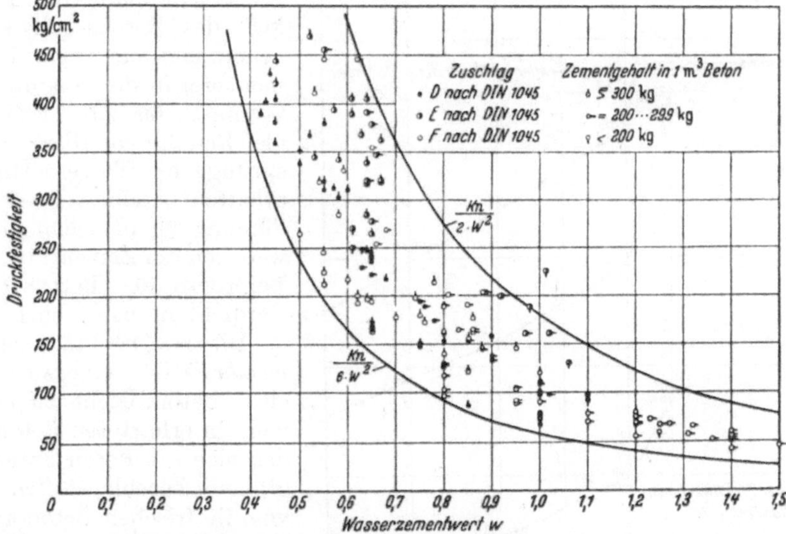

Abb. 115. Wasserzementwert w und Würfelfestigkeit K des Betons bei Prüfung des Zements nach den neuen Normen.

schiedener Zemente, von sandreichen und sandarmen Zuschlagstoffen, mit Beton verschiedener Steife ausgeführt wurden, sind in Abb. 115 dargestellt.

Hiernach fand sich die Würfelfestigkeit des Betons im Alter von 28 Tagen nach feuchter Lagerung zu

$$K = \frac{K_n}{2{,}5 \cdot w^2} \text{ bis } K = \frac{K_n}{6 \cdot w^2} \text{ kg/cm}^2.$$

c) *Wassergehalt im frisch verarbeiteten Zementbrei.* Die in Abb. 114 bis 116 gezeichneten Ergebnisse sind aus Versuchen mit praktisch brauchbaren Betonmischungen gewonnen. Die Verarbeitung geschah entsprechend der gewählten

---

[1] Vgl. Abb. 72 und 73 sowie Abb. 85 und 86.

[2] Über die Anwendung dieser Feststellungen vgl. später S. 288ff.

[3] Weitere Beispiele finden sich S. 148ff., ferner Dtsch. Ausschuß Eisenbeton Heft 63 S. 14 u. 15 sowie S. 18.

[4] Vgl. auch die Abschnitte S und T.

[5] Ferner ist hier aufmerksam zu machen, daß die Festigkeit des Betons mit Tonerdezement mit zunehmendem Wasserzementwert langsamer abnimmt als mit gewöhnlichen Zementen. Abb. 115a enthält dazu Beispiele. Vgl. auch GRAF: Z. VDI 1924 S. 855.

Steife, die vom Stampfbeton bis zum dünnflüssigen Gußbeton mit geringem und mit hohem Mörtelgehalt reichte[1].

Der Wert w ist immer für das gesamte im Beton befindliche Wasser berechnet, also einschließlich des Wassers, das Sand, Kies usw. mitbringen und das von diesen Stoffen aufgesaugt wird. Streng genommen wäre zu w nur das *Wasser des frisch verarbeiteten Zementbreis* zu rechnen, weil nur dieses das Gefüge des Zementbreis und des hieraus entstehenden, für die Festigkeit des Betons maßgebenden Zementsteins beeinflußt; das von Sand, Kies usw. aufgenommene Wasser gehört nicht zum Anmachwasser des Zementbreis[2].

Zugehörige Versuche sind S. 106 beschrieben.

d) *Entmischen des Zementbreis.* Die Beziehung zwischen dem Wasserzementwert des frischen Betons und der Festigkeit des Betons gilt streng genommen nur, wenn der Zementbrei in der gesamten Betonmasse bis zur Erstarrung gleichmäßig vor allem mit ursprünglicher Wasserverteilung erhalten bleibt. Diese Bedingung ist oft nicht erfüllt, weil sich der Zementbrei beim Befördern des Betons, beim Verdichten usw. entmischt.

Dieses *Entmischen des Zementbreis* ist beim wasserreichen Beton leicht zu erkennen; im erhärteten Beton finden sich oft Poren unter den groben Zuschlagstoffen, die vom im frischen Beton ausgeschiedenen Wasser herrühren; unter ungünstigen Umständen veranlaßt das ausscheidende Wasser senkrechte Kanäle. Vgl. unter B, S. 7[3].

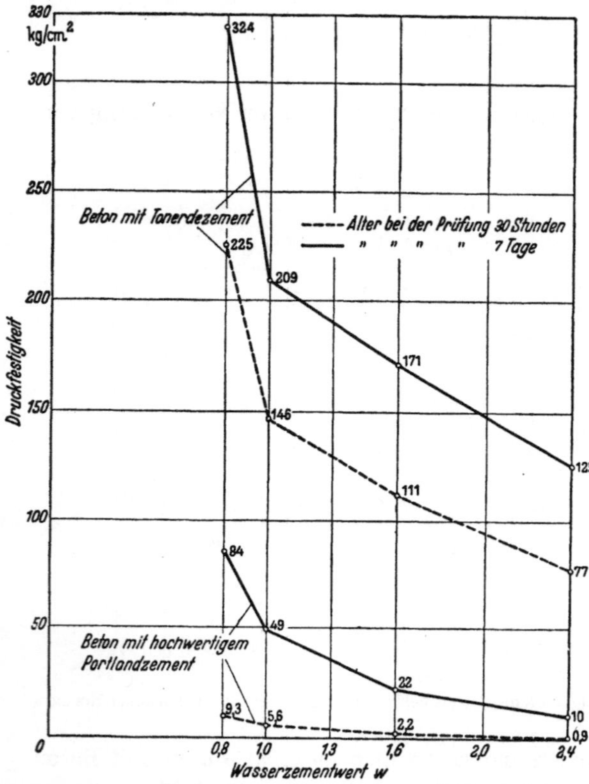

Abb. 115a. Einfluß des Wasserzementwerts auf die Druckfestigkeit von Beton mit Tonerdezement und Portlandzement.

---

[1] Diese Beobachtungen stehen im Einklang mit den zur gleichen Aufgabe unternommenen, zeitlich früher begonnenen Versuchen von ABRAMS: Design of Concrete mixtures. Bull. 1 Structural Materials Research Laboratory, Lewis Institute, 4. Aufl. Chicago 1921 sowie mit den späteren Untersuchungen von McMILLAN u. JOHNSON: Portland Cement Association, Report of the Director of Research for the year 1928 S. 3ff. Die Amerikaner benützen eine Beziehung ähnlich der von mir im Jahr 1923 angegebenen, für die praktische Verwendung aber verlassenen Gleichung, $K = \dfrac{A}{B^x}$, worin A und B Konstante, die nach ABRAMS namentlich von den Eigenschaften des verwendeten Zements, vom Alter des Betons, der Behandlung desselben usw. abhängen, und $x = \dfrac{\text{Wassergehalt des Mörtels oder Betons beim Anmachen}}{\text{absolutes Volumen des Zements}}$.

[2] Z. B. nehmen gewisse Kalksteinquetschsande und namentlich Ziegelquetschsande erheblich Wasser auf, wenn sie lufttrocken verwendet werden. Damit wird w im frischen Mörtel kleiner. Bleibt dieser Umstand unbeachtet, so findet sich die Festigkeit scheinbar zu hoch. — Wesentlich ist dabei, daß das vom Stein aufgenommene Wasser keine Hohlräume im Mörtel hinterläßt.   [3] Auch Forsch.-Arb. Straßenwesen Bd. 27 (1942) S. 13ff.

Hierzu hat GAYE[1] für bestimmte Verhältnisse beobachtet, daß die Abscheidung von Anmachwasser vermieden wird, wenn das Verhältnis des Anteils der feinsten Bestandteile aus Zement und Stein zum Anteil des Wassers ein gewisses Maß nicht unterschreitet[2]. Mit abnehmendem Zementgehalt des Betons und mit zunehmendem Wassergehalt muß demgemäß der Anteil der feinsten Gesteinsteile zunehmen. Vgl. hierzu auch das unter F 2 c Gesagte.

7. Einfluß des Alters auf die Druckfestigkeit des Betons. Einfluß der Behandlung des Betons.

Bei der Beurteilung der Steigerung der Druckfestigkeit des Betons mit dem Alter desselben ist zu beachten, ob der Beton dauernd feucht gehalten wurde oder ob das Feuchthalten nur anfänglich während wenigen Tagen stattfand oder ob später in regelmäßigen Zeitabständen ein erneutes Feuchtmachen stattfindet. Auch die Grenzen der Temperatur des Betons und der Feuchtigkeit der Luft sind wesentlich. Unter praktischen Verhältnissen schwankt die Temperatur des Betons und die Feuchtigkeit der Luft in weiten Grenzen.

a) Einfluß des Alters auf die Druckfestigkeit des Betons bei dauernd feuchter Lagerung[3] und bei Temperaturen von rd. 15 bis 20° *.

Zunächst ist wesentlich, daß der Erhärtungsfortschritt der Zemente, namentlich in den ersten Wochen, erheblich verschieden ist; dementsprechend ist die Entwicklung der Druckfestigkeit des Betons in erheblichem Maß vom Zement abhängig.

Die Zahlenreihen unter α) bis γ) geben hierzu Aufschluß.

α) *Beton mit deutschem Tonerdezement*[4] (Würfel mit 20 cm Kantenlänge aus weich angemachtem Beton).

Lagerung: unter feuchten Tüchern.

Alter	1	3	28 Tage
Druckfestigkeit	379	509	560 kg/cm².

β) *Beton mit Portlandzementen verschiedener Mahlfeinheit*[5] (Straßenbeton).

Zement	Rückstand auf dem Sieb 0,09 DIN 1171 (4900 Maschen je cm²) %	Zement in 1 m³ Beton kg	Druckfestigkeit in kg/cm² im Alter von		
			7 Tagen	28 Tagen	1 Jahr
S	1,4 10,8	348 346	441 242	563 370	670 565

γ) Beton mit *Traßzement* zeigt mehr oder minder langsamere Erhärtung als der zugehörige gleich feine Portlandzement[6]. Doch sind die Unterschiede bei gewöhnlicher Temperatur nicht bedeutend.

---

[1] GAYE: Beton u. Eisen 1927 S. 237ff.; ferner FRANCMANIS: Zement 1940 S. 145ff.

[2] Unter den von GAYE verfolgten Verhältnissen fand sich, daß auf 1 Liter Wasser mindestens 0,85 bis 1,05 der Masse aus Zement und Feinmehl entfallen müssen.

[3] Es handelt sich dabei um die Lagerung im Wasser oder um die Lagerung unter feuchten Tüchern, auch um die Lagerung in Räumen mit wassergesättigter Luft. Die Unterschiede der Betonfestigkeit nach verschiedener Art der feuchten Lagerung sind nach den bisher vorliegenden Beobachtungen geringfügig.

* Über den Einfluß höherer und niederer Temperatur vgl. unter 8, S. 115ff. sowie unter 9, S. 119ff.   [4] Vgl. u. a. GRAF: Beton u. Eisen 1934 S. 156ff.

[5] Weitere Angaben finden sich in Beton u. Eisen 1939 S. 164.

[6] Vgl. auch GRAF: Bautechn. 1941 S. 361ff.

δ) Für die ausführenden Ingenieure ist es wertvoll, *Richtzahlen* zu erhalten, welche für die Entwicklung der Druckfestigkeit des Betons kennzeichnend sind. Hierzu zeigt Abb. 116 das Verhältnis der Druckfestigkeit von 7 und 28 Tage alten Würfeln. Hiernach betrug die Druckfestigkeit nach 7 Tagen höchstens $^8/_{10}$ der Druckfestigkeit nach 28 Tagen [1] (Fußnote S. 113).

Für 3 Monate alte Proben kann erwartet werden, daß die Druckfestigkeit bei Verwendung gewöhnlicher Zemente bis rd. $^1/_3$, bei hochwertigen Zementen bis rd. $^1/_4$ höher liegt als nach 28 Tagen.

Besondere Versuche zeigten, daß die Steigerung der Druckfestigkeit des feucht behandelten Betons sehr lange anhält, wahrscheinlich viele Jahre dauert [2]. Weitere Beispiele finden sich in den Zahlentafeln 17, 18 und 18a.

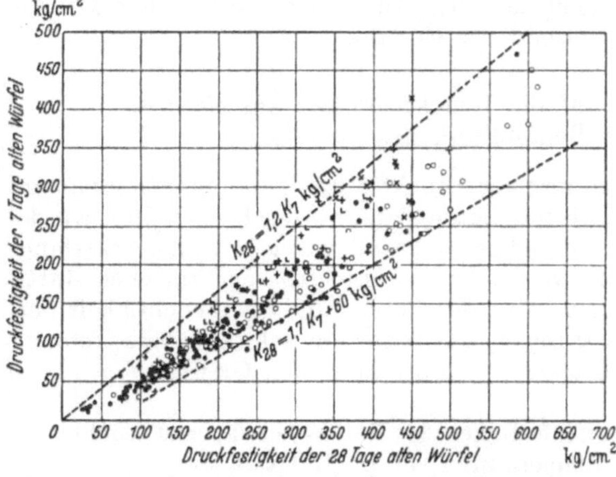

Abb. 116. Verhältnis der Druckfestigkeit von 7 und 28 Tage alten Betonwürfeln.

Zahlentafel 17. Einfluß des Alters bei verschiedener Lagerung der Proben. Würfel von 7 cm Kantenlänge aus 1 Gewichtsteil hochwertigem Portlandzement „D" und 4 Gewichtsteilen Neckarsand.

1	2	3	4	5	6	7	8	9
	Druckfestigkeit in kg/cm²							
Wasserzementwert w	Würfel, die 1 Tag in feuchter Luft, 6 Tage im Wasser, dann in einem trockenen Raum lagerten, im Alter von				Würfel, die 1 Tag in feuchter Luft, dann dauernd im Wasser lagerten, im Alter von			
	35 Tagen	3 Monaten	6 Monaten	12 Monaten	35 Tagen	3 Monaten	6 Monaten	12 Monaten
0,38 (erdfeucht) . . .	614	608	535	634	628	661	697	737
0,60	342	354	338	372	—	—	—	—
0,82 (flüssig)	136	121	119	138	152	186	220	229

Zahlentafel 18. Einfluß des Alters bei verschiedener Behandlung der Proben (Würfel von 7 cm Kantenlänge).

1	2	3	4	5	6	7	8	9	10	11	12	13	14
		Druckfestigkeit (und Rohwichte) von weich angemachten Mörteln aus 1 Gewichtsteil Zement und 3 Gewichtsteilen gemischtkörnigem Rheinsand. Ausbreitmaß $g = 14$ cm *											
Zement	Normendruckfestigkeit des Zements im Alter von 28 Tagen (1928)	Lagerung der Probekörper											
		1 Tag in feuchter Luft, 6 Tage unter Wasser, dann an der Luft				1 Tag in feuchter Luft, dann unter Wasser				an der Luft, jeden 7. Tag 1 Stunde unter Wasser			
		Alter bei der Prüfung											
		Tage		Monate		Tage		Monate		Tage		Monate	
		28	56	4	12	28	56	4	12	28	56	4	12
PZ B	480	299 (2,08)	317 (2,06)	317 (2,06)	349 (2,09)	218 (2,21)	268 (2,20)	332 (2,20)	358 (2,20)	292 (2,09)	314 (2,10)	320 (2,11)	431 (2,12)
HPZ DD	660	333 (2,08)	322 (2,06)	306 (2,06)	334 (2,08)	310 (2,18)	363 (2,18)	411 (2,18)	408 (2,18)	295 (2,09)	334 (2,10)	376 (2,14)	451 (2,13)

b) Einfluß des Alters auf die Druckfestigkeit des Betons, wenn das Feuchthalten nur anfänglich während weniger Tage stattfindet, bei Temperaturen von 15 bis 20°.

α) Wenn der Beton nach anfänglichem Feuchthalten austrocknet, hört die Festigkeitssteigerung allmählich auf, wie die Zahlen in Zahlentafel 17, 18 und 18a erkennen lassen[3]. Die Grenze tritt um so früher auf, je kleiner die Proben sind; außerdem sind die klimatischen Bedingungen (trockene bewegte Luft, feuchte ruhende Luft usw.) wichtig. In großen, massigen Bauwerken befindet sich anfänglich so viel Wasser, daß ein Austrocknen, das den Erhärtungsfortschritt unterbindet, selbst in Räumen mit verhältnismäßig trockener und warmer Luft nur in Jahren möglich ist, bei Bauwerken im Freien unter deutschen Verhältnissen überhaupt nicht eintritt.

β) Wichtig ist sodann für feingegliederte Bauteile, daß späteres wiederholtes Anfeuchten sehr wirksam sein kann. Mit dieser Behandlung, die den Verhält-

---

[1] Die Vorschrift in Teil A der Bestimmungen des Deutschen Ausschusses für Stahlbeton, wonach im Alter von 7 Tagen mindestens $7/10$ der für 28 Tage vorgeschriebenen Festigkeit nachgewiesen werden müssen, wenn die Festigkeit der 7 Tage alten Proben allein maßgebend sein soll, entspricht noch nicht dem Grenzwert. Weiterhin ist zu beachten, daß das Verhältnis der Druckfestigkeit der 7 und 28 Tage alten Würfel von der Größe des Wasserzementwerts abhängt, wie Abb. 116a auf S. 114 erkennen läßt.

[2] Vgl. u. a. GRAF: Zement 1933 S. 527ff.

* Festgestellt im Jahr 1928 auf dem Rütteltisch alter Bauart.

[3] Hier ist beachtlich, daß die Druckfestigkeit bei trockener Lagerung nach 3 und 6 Monaten kleiner ist als nach 28 Tagen. Bei größeren Würfeln tritt dieser Unterschied in der Regel nicht auf.

Graf, Eigenschaften des Betons.

Zahlentafel 18a.

1	2	3	4	5	6	7	8	9	10	11	12	13	14	15
	Zusammensetzung des Betons			Wasserzementwert w	Druckfestigkeit (Würfel mit 30 cm Kantenlänge) im Alter von									
Reihe	Raumteile	Gewichtsteile	Baustoffe		7 Tagen kg/cm²	28 Tagen kg/cm²	3 Monaten kg/cm²	1 Jahr kg/cm²	2 Jahren kg/cm²	4 Jahren kg/cm²	6 Jahren kg/cm²	11 Jahren kg/cm²	19 Jahren kg/cm²	25 Jahren kg/cm²
1a	1 / 3	1 / 3,54	Erdfeucht angemachter Stampfbeton aus: Portlandzement „D" / Rheinsand	0,67	168	239	291	319	357	374	402	472	455	—
					Lagerung: Bis zum Alter von 11 Jahren feucht, dann trocken									
1b	7	6,70	Kalksteinschotter		—	255	295	338	344	—	342	363	334	—
					Lagerung: 7 Tage feucht, dann trocken									
2a	1 / 3	1 / 3,54	Weich angemachter Beton aus: Portlandzement „D" / Rheinsand	0,89	—	158	215	248	—	274	—	331	—	—
					Lagerung: Bis zum Alter von 11 Jahren feucht, dann trocken									
2b	7	6,70	Kalksteinschotter		—	160	223	248	—	241	—	252	—	—
					Lagerung: 7 Tage feucht, dann trocken									
3a	1 / 2	1 / 2,36	Weich angemachter Beton aus: Portlandzement „D" / Rheinsand	0,55	180	307	391	474	512	532	—	—	633	688
					Lagerung: Bis zum Alter von 11 Jahren feucht, dann trocken									
3b	3	3,39	Rheinkies		—	322	410	496	498	508	—	—	538	563
					Lagerung: 7 Tage feucht, dann trocken									

nissen der im Freien stehenden Bauwerke entspricht, sind mit steigendem Alter die höchsten Druckfestigkeiten entstanden. Zahlentafel 18 und 19 enthalten dazu lehrreiche Beispiele.

Zahlentafel 19. Einfluß der Behandlung auf die Druckfestigkeit von Beton.

1	2	3	4	5
	Druckfestigkeit der Reststücke von Balken 70 cm × 15 cm × 10 cm			
Zement	Alter: 32½ Monate Lagerung: 14 Tage unter feuchten Tüchern, 32 Monate an der Luft im geschlossenen Raum kg/cm²	Alter: 32½ Monate Lagerung: 14 Tage unter feuchten Tüchern, 30 Monate an der Luft, 2 Monate unter Wasser im geschlossenen Raum kg/cm²	Alter: 32½ Monate Lagerung: 14 Tage unter feuchten Tüchern im geschlossenen Raum, 30 Monate ungeschützt im Freien, 2 Monate an der Luft im geschlossenen Raum kg/cm²	Alter: 32½ Monate Lagerung: 14 Tage unter feuchten Tüchern im geschlossenen Raum, 30 Monate ungeschützt im Freien, 2 Monate unter Wasser im geschlossenen Raum kg/cm²
PZ 202	439	417	528	482
PZ 203	414	428	546	489
EPZ 204	527	512	632	586
EPZ 205	555	426	634	549
HOZ 206	491	473	538	523
HOZ 207	489	456	562	488

γ) Nach dem unter α) und β) Gesagten ist es z. Z. nicht möglich, Richtzahlen für die Zunahme der Druckfestigkeit des Betons mit dem Alter anzugeben, wenn das Feuchthalten des Betons nur zeitweise erfolgt ist. Allgemein ist zu erwarten, daß die Festigkeit bei der Lagerung im Freien im Laufe langer Zeit nicht kleiner bleibt, als unter 7a, δ für im Wasser gelagerte Proben angegeben ist.

δ) Weiter ist zu beachten, daß ·die *Druckfestigkeit* von trocken gelagertem Beton *beim Durchfeuchten zunächst zurückgeht*. Beispielsweise fand sich nach 7tägiger feuchter, dann 21tägiger trockener Lagerung

$$W_b = 304 \quad 269 \quad 300 \quad 63 \ \text{kg/cm}^2,$$

nach anschließender 24 stündiger Wasserlagerung

$$W_b = 278 \quad 249 \quad 264 \quad 40 \ \text{kg/cm}^2.$$

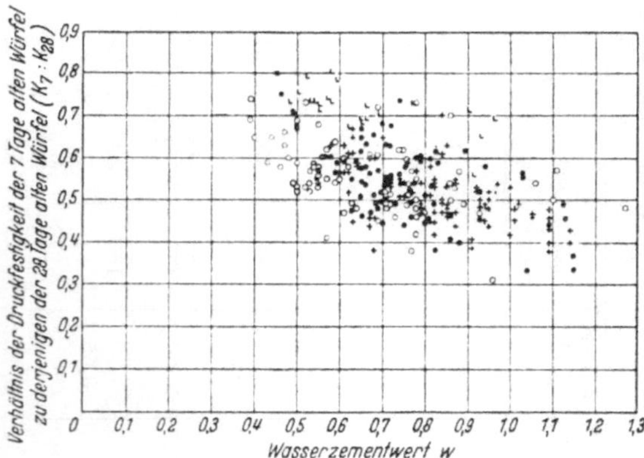

Abb. 116a. Verhältnis der Druckfestigkeit von 7 und 28 Tage alten Betonwürfeln in Abhängigkeit vom Wasserzementwert *w*.

Der Rückgang durch die Wasserlagerung (20 bis 36 kg/cm²) erscheint hiernach nicht von der Festigkeit des Betons abhängig.

ε) Durch Zusätze besonderer Art (Gemische mit $CaCl_2$, Al_2O_3, usw.) kann die Entwicklung der Druckfestigkeit anfänglich beschleunigt werden (vgl. unter F 9, S. 124; ferner unter W 4, S. 233).

ζ) Bei der Herstellung von *Betonwaren, besonders Stahlbetonfertigteilen* wird verlangt, daß die Körper bald entformt und bald befördert, auch bald eingebaut werden können.

Für die baldige Entformung ist wesentlich, daß der Beton von vornherein hinreichend steif angemacht und verarbeitet wird oder, wenn dies nicht möglich ist, bald steif wird. In vielen Fällen genügt die Verwendung von steif angemachtem, gut gerütteltem Beton. Außerdem ist Zement mit baldigem Erstarrungsbeginn geeignet, sei es Zement mit wenig Gips, sei es durch die Beifügung von Beschleunigern, von heißem Wasser, von wenig Tonerdezement. Die Wirkung ist schon vorher zu erkunden und fortlaufend zu beobachten. Vor allem ist die Temperatur der Bestandteile des Betons und des Betons selbst in bestimmten Grenzen zu halten.

Die Erhärtung wird vor allem durch Erhärtung in warmen Räumen, auch durch Sonderzemente beschleunigt. Die erhöhte Temperatur wird praktisch seit über 40 Jahren mit großem Erfolg angewandt (vgl. auch Zahlentafel 22). Aus Versuchen mit Sonderzementen stammen die folgenden Zahlen, die angeben, daß mit sehr fein gemahlenen Portlandzementen nach 1-tägiger Erhärtung bei 15 bis 20° bereits die Hälfte der Festigkeit der 28 Tage alten Körper entstehen kann. Dabei ist aus manchen Versuchen weiter zu entnehmen, daß das Verhältnis der Anfangsfestigkeit zur Endfestigkeit mit dem kleinen Wasserzementwert größer ist. Vgl. auch unter B 7.

Das Entformen ist durch Anwendung von Rüttelbeton oft unmittelbar nach dem Rütteln möglich, wenn die Formen ohne Grundplatte auf ebene Betonböden gestellt werden. Vgl. später S. 240 ff.

a) *Mit den Zementen 543 (Z 425) und mit Sonderzement 544 (B).*
α) Prüfung nach DIN 1164

	Alter 1	3	7	28 Tage
Biegezugfestigkeit				
mit Zement 543	14	38	53	81 kg/cm²,
mit Zement 544	19	55	69	83 „ ,
Druckfestigkeit				
mit Zement 543	50	177	287	467 „ ,
mit Zement 544	64	248	382	548 „ .

β) Rüttelbeton aus Rheinsand und Rheinkies. 400 kg Zement je m³; $w = 0{,}45$ und 0,43.

	Alter 1	3	7	28 Tage
Biegezugfestigkeit				
mit Zement 543	10	47	59	76 kg/cm²,
mit Zement 544	31	68	70	78 „ ,
Druckfestigkeit				
mit Zement 543	86	242	379	512 „ ,
mit Zement 544	197	419	542	619 „ .

b) *Mit Sonderzement 895*
α) Prüfung nach DIN 1164

	Alter 1	2	7	28 Tage
Biegezugfestigkeit	46	62	73	80 „ ,
Druckfestigkeit	184	314	467	548 „ .

β) Rüttelbeton aus Rheinsand und Rheinkies. 300 kg Zement je m³; $w = 0{,}48$.

Biegezugfestigkeit	50	60	63	67 kg/cm²,
Druckfestigkeit	319	423	478	566 „ .

γ) Rüttelbeton wie β), jedoch 400 kg Zement je m³; $w = 0{,}37$.

Biegezugfestigkeit	62	77	—	83 kg/cm²,
Druckfestigkeit	429	540	583	654 „

δ) Weich angemachter Beton, sonst wie γ); $w = 0{,}44$.

Biegezugfestigkeit	44	57	61	69 „ ,
Druckfestigkeit	255	340	456	549 „ .

8. Einfluß höherer Temperatur auf die Druckfestigkeit des Betons.

a) Allgemein ist bekannt, daß die Entwicklung der Druckfestigkeit des Betons durch die Einwirkung höherer Temperatur, also von Temperaturen über 15 bis 20° — sei es unter dem Einfluß hoher Lufttemperatur oder Wassertemperatur oder unter dem Einfluß der beim Erhärten des Zements eintretenden Temperatursteigerung[1] — mit Normenzementen beschleunigt wird, also früher etwa gleich oder höher wird als bei gewöhnlicher Temperatur.

Hierzu zeigt zunächst Zahlentafel 20 für Straßenbeton, daß eine Temperatur

Zahlentafel 20. Einfluß höherer Temperatur auf die Druck- und Biegezugfestigkeit von Straßenbeton.

1	2	3	4	5	6	7	8	9
			Druckfestigkeit der Reststücke nach			Biegezugfestigkeit nach		
Versuchs-reihe	Bezeich-nung der Zemente	Die Herstellung und Lagerung der Balken in den ersten 2 Tagen erfolgte bei einer Lufttemperatur von	28- | 56- | 90-tägiger Wasserlagerung			28- | 56- | 90-tägiger Wasserlagerung		
			(7 Tage unter feuchten Rupfen, davon 2 Tage wie in Spalte 3 und 5 Tage bei 15 bis 20° C, dann unter Wasser von 17 bis 20° C)					
			kg/cm²	kg/cm²	kg/cm²	kg/cm²	kg/cm²	kg/cm²
496	PZ J PZ J	rd. 15 bis 20° rd. 33°	412 399	485 462	531 481	70 64	67 66	72 71
497	PZ Sp PZ Sp	rd. 15 bis 20° rd. 33°	417 415	464 447	501 483	69 69	72 72	76 73
499	PZ K PZ K	rd. 15 bis 20° rd. 33°	499 494	507 513	558 585	73 76	74 79	76 78
498	HOZ Sch HOZ Sch	rd. 15 bis 20° rd. 33°	357 343	— 392	449 435	65 56	— 66	72 62
500	EPZ H EPZ H	rd. 15 bis 20° rd. 33°	356 383	— 461	473 500	60 58	— 69	71 70

des Betons von 33° während der anfänglichen Erhärtung ohne erheblichen Einfluß auf die Druckfestigkeit blieb, wenn die Druckfestigkeit, die nach anfänglich hoher Temperatur im Alter von 28 Tagen entstand, mit den Zahlen verglichen wird, die unter sonst gleichen Umständen nach anfänglicher Lagerung bei 15 bis 20° auftrat.

Ausgeprägt ist die Steigerung der Druckfestigkeit durch hohe Temperatur in den ersten Tagen. Dieser Umstand ist für die Herstellung von Zementwaren, namentlich mit vorgespannten Stahleinlagen wichtig.

Lehrreich sind sodann die Zahlen der Zahlentafel 21. Hiernach betrug die Druckfestigkeit von Beton mit 300 kg Portlandzement je Kubikmeter im Alter von 7 Tagen nach Erhärtung

> bei 17 bis 20° . . . . . . 35°   45°   60°
> 246 und 278 302   308   365 kg/cm².

Die höhere Temperatur hat also eine erhebliche Steigerung der Druckfestigkeit der 7 Tage alten Proben gebracht. Weitere Beispiele finden sich in Zahlentafel 22[2]. Hiermit wird aufmerksam gemacht, daß die frühe Erhärtung des Betons vor allem durch *Behandlung mit Wasserdampf* erreicht werden kann.

b) Andere Versuche sind bei Lagerung der Proben in Wasser von 90° ausgeführt worden[3]. Hier zeigte sich, daß die *Lagerung im heißen Wasser bei mageren Mörteln* bedeutende Festigkeitssteigerungen verursachen kann, wie schon Seite 19 mit Zahlentafel 4 gezeigt worden ist. Dabei erwiesen sich die Zemente verschiedenwertig.

Wichtig ist sodann, daß die Festigkeit durch *schroffe Temperaturwechsel* bedeutend beeinträchtigt werden kann[3]. Beim Abkühlen entstehen im Beton-

---

[1] Vgl. auch GRAF: Bauingenieur 1930 S. 726ff. (Erhärtung des Betons im Innern massiger Körper). [2] Vgl. auch MÖRSCH: Spannbetonträger 1943 S. 120.

[3] GRAF: Dtsch. Ausschuß Eisenbeton 1930 Heft 62.

[4] (Zu Zahlentafel 21). Hier wie bei allen Angaben dieses Buchs Mittel aus 3 oder mehr Versuchen. [5] (Zu Zahlentafel 22). Auf die Stampffläche der Würfel wirkte während des Erhärtens im Dampfkasten eine Pressung von rd. 7,5 kg/cm².

Zahlentafel 21. Einfluß höherer Temperatur auf die Druckfestigkeit des Betons.

1	2	3	4	5	6	7	8
Zementart	Temperatur der Luft °C	Temperatur des Betons beim Anmachen °C	Ausbreitmaß g cm	Zementgehalt in 1 m³ Beton	Wasserzementwert w	Lagerung der Würfel	Druckfestigkeit im Alter von 7 Tagen[4] kg/cm²
Beton aus 1 GT Zement, 1,6 GT Sand 0 bis 3 mm, 1,6 GT Sand 3 bis 7 mm und 3,0 GT Kies 7 bis 30 mm							
Tonerdezement Lafarge	17,8	17,0	53,0	313	0,62	*(7 Tage in den Formen mit Cellophan und Ölpapier umhüllt bei)* 17 bis 20° C / 35° C	545 / 527
	rd. 14	17,5	54,0	310	0,62	17 bis 20° C / 45° C / 60° C	640 / 317 / 334
Portlandzement Dyckerhoff Doppel	18,0	19,3	51,5	308	0,67	17 bis 20° C / 35° C	246 / 302
	rd. 14	18,5	52,0	300	0,69	17 bis 20° C / 45° C / 60° C	278 / 308 / 365
Beton aus 1 GT Zement, 2,0 GT Sand 0 bis 3 mm, 2,0 GT Sand 3 bis 7 mm und 2,2 GT Kies 7 bis 30 mm							
Tonerdezement Lafarge	16,0	16,4	47,7	308	0,65	*(1 Tag in den Formen mit Cellophan und Ölpapier umhüllt bei)* 45°, dann 6 Tage unter Wasser von 45° C	241
						17 bis 20° C, dann 6 Tage unter feuchten Säcken bei 17 bis 20° C	640
	16,0	16,2	flüssig	290	0,90	45°, dann 6 Tage unter Wasser von 45° C	123
						17 bis 20° C, dann 6 Tage unter feuchten Säcken bei 17 bis 20° C	437
	13,6	17,4	flüssig	290	0,90	45° C, dann 6 Tage an Luft von 45° C	252
						45° C, dann 6 Tage unter Wasser von 45° C	159
						7 Tage in den Formen mit Cellophan und Ölpapier umhüllt bei 45° C	120

Zahlentafel 22. Würfel mit 20 cm Kantenlänge aus Rheinsand und Rheinkies mit 350 kg Zement je m³ Beton. Verwendet wurde hochwertiger Portlandzement „Dyckerhoff-Doppel".

1	2	3	4	5
Alter in Tagen	Wasserzementwert w	Druckfestigkeit in kg/cm²		
		7½ Stunden bei 60...70°, dann langsam abgekühlt, nach 1 Tag unter feuchten Tüchern		bei 15...20° mit feuchten Tüchern bedeckt
		gepreßt[5]	nicht gepreßt	
1	0,50	420	368	81
3	0,50	419	391	262
4	0,50	427	400	303
7	0,50	444	391	431
3	0,47	455	387	258
7	0,47	467	414	420

(Siehe Fußnoten S. 116.)

körper außen Zugspannungen, die bei hohen, rasch verlaufenden Temperatur-
schwellen zur Rißbildung führen.

c) Praktisch wertvoll sind sodann die Beobachtungen über die Entwicklung
der Druckfestigkeit bei *Erhärtung in gespanntem Wasserdampf*[1]. Die Entwicklung
der Festigkeit kann damit erheblich beschleunigt werden, wenn die Zuschlagstoffe
feingemahlenes Quarzmehl enthalten. Hierzu fand sich u. a., daß der Dampfdruck
bald nach der Herstellung wirken kann, daß die Erwärmung auf die Dampftemperatur langsam und allmählich in nicht weniger als 3 Stunden geschehen soll, daß
der Dampfdruck und die Dampftemperatur mindestens 8 Stunden vorhanden sein
sollen, auch daß die Entlastung der Betonkörper vom Dampfdruck nur langsam,
während mindestens ½ Stunde erfolgen soll. Hohe Dampfdrücke (bis 10 at,
Dampftemperatur bis 180°) erwiesen sich besonders wirksam.

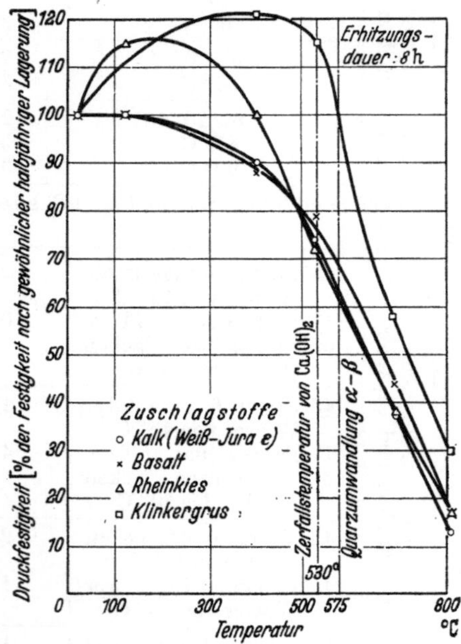

Abb. 117. Druckfestigkeit von Würfeln mit
7 cm Kantenlänge nach Erhitzung auf bestimmte
Temperaturen.

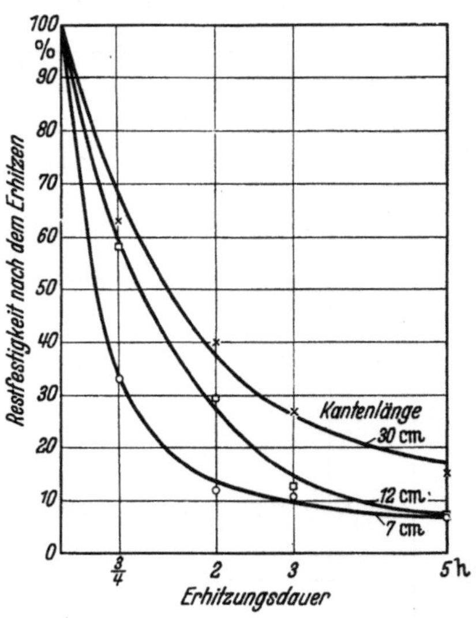

Abb. 118. Druckfestigkeit von Würfeln verschiedener Größe aus Kalksteinbeton in Abhängigkeit von Körpergröße und Erhitzungs-
dauer bei steigender Temperatur im Brand-
raum.   Nach   ¾   2   3   5 h
                    t = 660   940   1050   1220°.

d) Bei *Temperaturen über etwa 300°* (trocken) tritt in der Regel eine fortlaufende Abnahme der Druckfestigkeit ein; für den Beginn und den Grad der
Abnahme sind der Zement, der Zementgehalt und vor allem das Gestein der
Zuschlagstoffe von Bedeutung. Wichtig ist auch die Geschwindigkeit der Änderung der Temperatur des Betons, die Dauer der Einwirkung sowie die Größe
der Körper. Lehrreiche Beispiele finden sich in Abb. 117[2], die für Würfel mit
7 cm Kantenlänge zeigt, daß der Einfluß der Zuschlagstoffe bedeutsam ist.
(Vgl. auch Abb. 50 bis 52, S. 46.) Der Einfluß der Probengröße und der Dauer
der Erhitzung erhellt aus Abb. 118[2].

[1] Wig: Technol. Pap. U. S. Bur. Stand. 1912 Heft 5; ferner Woodworth: Proc. Amer.
Concr. Inst. Bd. 26 (1930) S. 504ff.; sodann Menzel: Proc. Amer. Concr. Inst. Bd. 31 (1935)
S. 125ff.; auch Bd. 32 (1936) S. 51ff. Ausführlich bei Graf: Gasbeton, Schaumbeton und
Leichtkalkbeton. Stuttgart 1949.
[2] Busch: Feuereinwirkung auf nicht brennbare Baustoffe und Baukonstruktionen S. 137.
Zementverlag 1938. — Weitere Versuche machte Lépingh im Institut technique du Bâtiment
et des Travaux publics, vgl. Génie civ. Bd. 118 (1941) S. 244 u. 245.

e) Besondere Verhältnisse fanden sich bei der Verwendung von *Tonerdezement*. Nach Zahlentafel 21 ist die Druckfestigkeit nach Erhärtung bei 45° viel kleiner ausgefallen als nach Erhärtung bei 15 bis 20°; nach Erhärtung bei 60° wurde der Unterschied noch größer. Es erscheint geboten, in freier Luft Betontemperaturen über rund 35⁰ zu meiden. Überdies erwies sich der ungünstige Einfluß der Lagerung bei höherer Temperatur in heißem Wasser wirksamer als in heißer Luft[1].

9. Einfluß niederer Temperatur auf die Druckfestigkeit des Betons[2].

a) Allgemeines.

Bei der Betrachtung des Einflusses niederer Temperatur ist zunächst folgendes zu beachten:

α) Verhalten des Betons bei Temperaturen über 0°,

β) Verhalten bei Temperaturen unter 0°, wobei die Dauer der Einwirkung, vor allem der Beginn derselben und der Wechsel zwischen höheren und niederen Temperaturen zu beachten sind,

γ) Wirkung von Zusätzen zur Beschleunigung der Erhärtung und zur Senkung des Gefrierpunkts des Wassers,

δ) Die Ausgangstemperatur des Betons, die vom Zement beim Erhärten freiwerdende Wärme, die Abkühlungsgeschwindigkeit usw.

Die zugehörigen Erkenntnisse werden im folgenden erörtert, überdies im Abschnitt U (Wetterbeständigkeit des Betons) herangezogen.

b) Druckfestigkeit des Betons, der bei 0 bis 10° erhärtete.

Die Geschwindigkeit des Abbindens der Zemente ist wie andere chemische Vorgänge von der jeweiligen Temperatur des Zementbreis im Mörtel oder Beton abhängig. Die Bindezeit ist bei niederer Temperatur länger als in üblicher Temperatur von 15 bis 20° C. Beispiele finden sich in Zahlentafel 2, S. 9. Hiernach ist zu erwarten, daß der Beton bei niederer Temperatur langsamer erhärtet und damit — jedenfalls anfänglich — kleinere Festigkeit erlangt als bei gewöhnlicher Temperatur. Zahlentafel 23 enthält zugehörige Ergebnisse von Versuchen mit 5 Zementen[3].

Zahlentafel 23. **Einfluß der Erhärtungstemperatur auf die Druckfestigkeit von Würfeln mit 7 cm Kantenlänge.**
Druckfestigkeit (kg/cm²) von weich angemachten Mörteln aus
1 Gewichtsteil Zement und 3 Gewichtsteilen Rheinsand.

Zement	B II	A	H	N I	D
a) 7 Tage bei 15 bis 20° . . .	169	284	236	304	487
b) 7 Tage bei 0°	71	170	90	99	204
Verhältnis *b : a*	0,42	0,60	0,38	0,33	0,42
c) 56 Tage bei 15 bis 20° . .	386	444	405	451	682
d) 14 Tage bei 0°, dann 42 Tage bei 15 bis 20°	280	433	280	449	414
Verhältnis *d : c*	0,73	0,98	0,69	1,00	0,61

Ein Teil der Versuchskörper ist bei 15 bis 20° (Zeilen a und c), der andere Teil gleichzeitig bei 0° Lufttemperatur (Zeilen b und d) hergestellt worden.

---

[1] Weitere Angaben bei DAVEY: Techn. Pap. 14 des Building Research. London 1933.
[2] Vgl. GRAF: Zement 1925 S. 213ff.; auch Beton u. Eisen 1927 S. 244ff.
[3] Vgl. auch GRAF: Dtsch. Ausschuß Eisenbeton 1927 Heft 57; ferner Beton u. Eisen 1927 S. 244ff.

Zement, Sand und Wasser wiesen vor dem Anmachen die entsprechenden Temperaturen auf. Die Würfel der ersten und dritten Reihe blieben dauernd Temperaturen von 15 bis 20° ausgesetzt, die Würfel der zweiten und vierten Reihe lagerten während 7 bzw. 14 Tagen bei 0° C und wurden dann bei 15 bis 20° C aufbewahrt; die Erhärtung in den ersten 7 bzw. 14 Tagen vollzog sich also bei 0° C.

Die Festigkeit fiel — wie zu erwarten war — nach 7 Tagen für die bei 0° C erhärteten Proben bedeutend kleiner aus; die Festigkeit dieser Proben erreichte rd. $^3/_{10}$ bis $^6/_{10}$ der Festigkeit der bei gewöhnlicher Temperatur erhärteten Würfel.

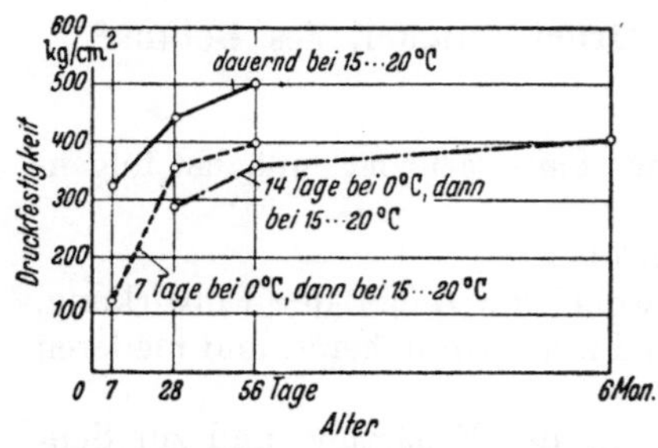

Abb. 119. Versuche über den Einfluß tiefer Temperatur auf die Druckfestigkeit des Betons.

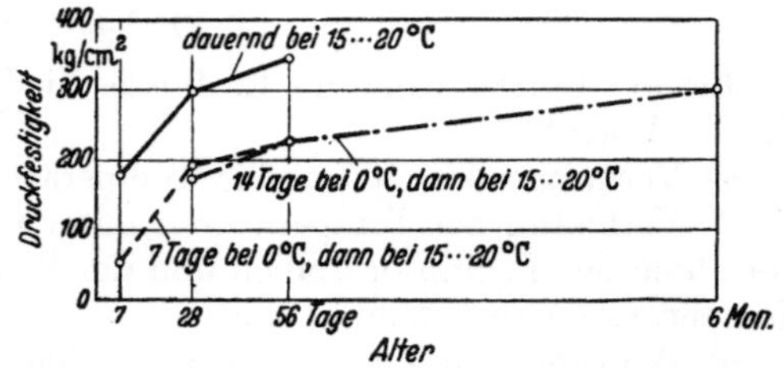

Abb. 120. Versuche über den Einfluß tiefer Temperatur auf die Druckfestigkeit des Betons.

Die Zemente zeigten beim Erhärten unter niederer Temperatur (Zeilen b und d) sehr verschiedenes Verhalten. Der Einfluß der niederen Temperatur war u. a. beim Zement NI weit größer als beim Zement A, wie die Verhältniszahlen angeben. Während mit NI bei gewöhnlicher Temperatur in den ersten 7 Tagen etwas höhere Druckfestigkeit entstand als mit Zement A, war nach 7tägiger Erhärtung bei 0° C mit NI nur $^6/_{10}$ der Festigkeit festzustellen, die sich mit A eingestellt hatte.

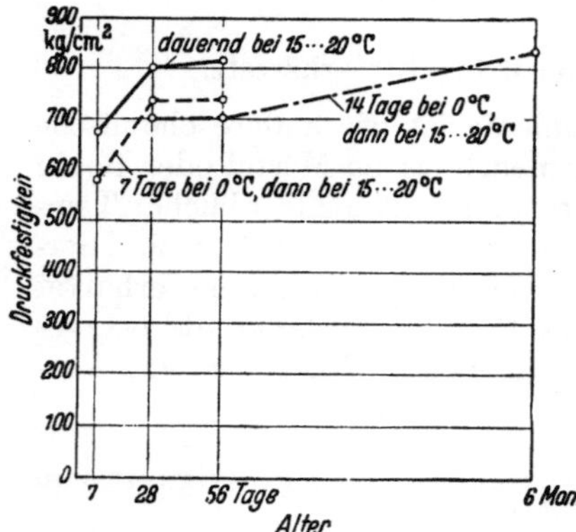

Abb. 121. Versuche über den Einfluß tiefer Temperatur auf die Druckfestigkeit von Beton mit Tonerdezement.

Wenn in weiteren 42 Tagen die Lagerung bei 15 bis 20° stattfand, trat in allen Fällen eine bedeutende Nacherhärtung ein, die aber bei den gewählten Beispielen nur in zwei Fällen an die Festigkeit heranreichte, die bei dauernder Lagerung unter 15 bis 20° entstand. Auch hier erwiesen sich die Zemente verschiedenwertig.

Zu den Versuchen in Zahlentafel 23 sind drei gewöhnliche und zwei hochwertige Zemente verwendet worden. Die Verhältniszahlen $b : a$ und $d : c$ fanden sich in der zweiten Gruppe im Mittel etwas kleiner als in der ersten Gruppe; doch ist ein Vergleich nicht angängig, da die Zemente von verschiedenen Fabriken stammen. Es kann deshalb den gewählten Beispielen nicht entnommen werden, ob die Zemente höherer Festigkeit bei niederer Temperatur verhältnismäßig weniger leisten als die gewöhnlichen Zemente. Es war durch Versuche mit gewöhnlichen und hochwertigen Zementen gleicher Herkunft Aufschluß zu suchen. Bei Versuchen mit Zementen aus der Fabrik N verhielten sich die hochwertigen Zemente ausgeprägt günstiger als die gewöhnlichen Zemente. Zemente aus der Fabrik L lieferten keine deutlichen Unterschiede. Die weitverbreitete Annahme, die hochwertigen Zemente leisteten bei niederen Temperaturen verhältnismäßig weniger als die gewöhnlichen Zemente, hat bei unseren Versuchen keine Bestätigung gefunden.

Aus den Ergebnissen der soeben geschilderten Versuche konnte ferner die Antwort auf eine zweite Frage entnommen werden: Kann die Verzögerung der Erhärtung durch die anfänglich niedere Temperatur bei Bauausführungen so berücksichtigt werden, daß die unter gewöhnlichen Verhältnissen erforderliche Erhärtungszeit nur durch die Dauer der niederen Temperatur verlängert wird? Hierzu zeigt Abb. 119, daß die anfängliche Lagerung der Mörtel bei 0° im Durchschnitt eine lange nachwirkende Verringerung der Druckfestigkeit bewirkt hat. U. a. ist die Festigkeit der 6 Monate alten Würfel, die 14 Tage bei 0° erhärteten, noch ausgeprägt kleiner geblieben als die Festigkeit der 56 Tage alten Würfel, die dauernd bei 15 bis 20° im Wasser gelagert hatten. Abb. 119 läßt demnach erkennen, daß die Einwirkungszeit der niederen Temperatur bei Bemessung der Erhärtungsdauer im vorliegenden Fall nicht bloß auszuscheiden, sondern daß eine noch größere Zeitspanne anzufügen ist. Dieses Ergebnis tritt uns auch in Abb. 120 entgegen[1].

Auch mit Tonerdezementen wurde die Festigkeit durch die anfänglich niedere Temperatur zurückgehalten; doch ist die Festigkeit innerhalb der Versuchszeit eingeholt worden, vgl. Abb. 121.

Weitere Versuche, die mit Vorstehendem im Einklang stehen, finden sich in Zahlentafel 24, Ziffer 2 (S. 122), aus einer Veröffentlichung von CAMPUS.

Unter praktischen Verhältnissen entsteht die niedere Temperatur des Betongemisches oft durch Verwendung von Zement, Sand, Kies usw., die bei tiefer Temperatur gelagert haben und noch tiefe Temperatur aufweisen. Dabei liegt die Gefahr vor, daß der Beton nicht bloß erheblich von innen nachkühlt, sondern auch nach dem Einbringen örtlich einfriert und dort mangelhaft wird.

c) Druckfestigkeit des Betons, der zeitweilig Temperaturen unter 0° ausgesetzt war.

In vielen Fällen herrscht bei der Herstellung des Betons zwar eine Temperatur, die unter den gewöhnlichen liegt, jedoch noch in Grenzen, die als praktisch zulässig angesehen werden; in der folgenden Zeit sinkt die Temperatur unter den Gefrierpunkt und der Beton gefriert. In Sonderfällen (z. B. Schachtbau mit dem Gefrierverfahren) wird der bei gewöhnlicher Temperatur angemachte Beton in einem Raum verarbeitet, dessen Wände auf tiefer Temperatur (z. B. —10°) gehalten sind.

Dabei ist wesentlich, ob es sich um massige gedrungene Bauwerke (z. B. Staumauern) oder dünnwandige, gegliederte Hochbauten handelt, so daß die Abbindewärme des Zements mehr oder minder zur Geltung kommt, ob es sich um zementreiche oder magere Mischungen handelt, ob die Ableitung der Wärme gehindert wird (durch Windschutz, Holzschalungen u. a.), ob Heizung stattfindet u. a. m.[2], ob der Beton vor dem Einfrieren eine Festigkeit erlangt, die ausreicht, um nach dem Auftauen die vorhandenen Lasten zuverlässig zu tragen usw. *Der Verfasser empfiehlt, Maßnahmen zu treffen, die geeignet sind, die Temperatur des Betons in den ersten 3 Tagen an jeder Stelle über 3° zu halten.* Dazu muß der Beton mit höherer Temperatur eingebracht werden, um so höher, je kleiner die Abmessungen des Bauwerks sind; auch der Schutz gegen Abkühlung muß entsprechend gewählt werden. Die Wasserbeigabe (Anmachwasser) und die nachträgliche Behandlung des Betons mit Wasser ist tunlichst einzuschränken[3].

---

[1] Die Abb. 119 bis 124 gelten für Proben, die während der Lagerung bei 15 bis 20° im Wasser lagerten. [2] Vgl. auch GRÜN: Zement 1928 S. 1371ff.

[3] Die Temperatur des Wassers ist tunlichst hoch zu halten, weil dieses eine verhältnismäßig hohe spezifische Wärme hat (etwa das Fünffache der spezifischen Wärme des Zements und der Gesteine).

Zahlentafel 24[1]. **Einfluß niederer Temperatur auf die Druckfestigkeit von Würfeln mit 16 cm Kantenlänge, hergestellt aus weich angemachtem Beton von Maassand und Rheinkies, Zementgehalt 365 kg/m³.**

1	2	3	4	5	6	7	8	9	10	11	12	13	14	15	16
Art des Zements	Portlandzement					Hochofenzement				Spezial-hochofen-zement			Ciment permétal-lurgique	Ciment sursul-faté	Ton-erde-zement
1. Beton angemacht und gelagert bei + 18°															
Alter 3 Tage . .	187	147	159	80	115	84	129	80	80	136	84	100	37	201	527
Alter 28 Tage . .	349	313	352	230	314	289	325	391	278	342	301	301	204	436	597
Alter 3 Monate .	423	401	446	339	398	393	412	440	325	391	421	406	336	474	563
2. Beton angemacht und gelagert bei + 4°															
Alter 3 Tage . .	51	40	56	16	20	20	8	20	14	18	24	39	10	23	566
Alter 28 Tage . .	257	295	316	145	265	189	205	231	166	263	247	236	61	243	600
Alter 3 Monate .	370	357	380	218	315	279	262	304	188	286	350	275	82	278	538
3. Beton angemacht bei + 4° und gelagert bei — 4°															
Alter 3 Tage (gefroren) . . .	39	32	37	34	37	31	28	39	29	30	39	37	28	29	263
Alter 3 Monate, 8 Std. vor der Prüfung bei 18°	113	110	83	46	60	65	34	49	48	70	49	90	16	17	396
4. Beton angemacht bei + 4°, gelagert 7 Tage bei + 4° bzw. 83 Tage bei + 18°															
Alter 28 Tage . .	419	342	418	247	308	309	307	348	217	351	338	334	166	287	647
Alter 90 Tage . .	434	450	450	301	384	343	307	393	269	368	382	372	215	418	630
5. Beton angemacht bei + 4°, gelagert 7 Tage bei — 4° und 21 Tage bzw. 83 Tage bei + 18°															
Alter 28 Tage . .	217	154	163	76	182	161	89	164	81	132	137	111	55	59	529
Alter 90 Tage . .	334	319	280	150	214	280	163	268	122	215	231	172	122	107	582
6. Beton angemacht bei + 4°, gelagert 7 Tage bei — 4°, 21 Tage bei + 4° und 14 Tage bzw. 28 Tage bei 18°															
Alter 42 Tage . .	249	205	223	93	134	174	94	194	88	120	169	130	55	20	501
Alter 56 Tage . .	253	234	239	115	189	198	125	197	97	155	182	140	40	20	550
7. Beton angemacht bei + 4°, gelagert 7 Tage bei — 4° und 7 Tage bzw. 21 Tage bei + 4°															
Alter 14 Tage . .	129	110	86	40	59	42	34	51	52	48	55	83	10	4	439
Alter 28 Tage . .	208	143	117	54	104	93	72	100	46	90	98	103	11	9	513
8. Beton angemacht bei + 4°, gelagert 1 Tag bei + 4°, 6 Tage bei —4° und 21 Tage bei + 4°															
Alter 28 Tage . .	245	217	190	84	166	152	90	150	61	116	145	151	21	131	618

Dann entsteht — wenn auch in anderer Hinsicht für sachgemäße Arbeit gesorgt wird — Beton von genügender Erhärtung, der außerdem bei späterem Gefrieren und Auftauen keinen Schaden erleidet[2].

Wird diesen Bedingungen nicht entsprochen, so daß der frisch eingebrachte Beton gefriert, so ist zunächst im Auge zu behalten, daß beim Gefrieren des Wassers im Beton eine Ausdehnung stattfindet. Damit wird das Gewicht der Raumeinheit des Betons, der in frischem Zustand gefriert, kleiner als bei gleichem Beton, der ohne Frosteinwirkung erhärtet[3]. Schon diese Feststellung läßt erwarten, daß Beton, der kurz nach dem Einbringen gefriert, eine dauernde Einbuße an Festigkeit erfährt. Die Ergebnisse der Versuche bestätigen diese Erwartung; Mörtel, die kurz nach der Verarbeitung, also vor dem Erhärtungsbeginn einfrieren, erhärten zwar nach dem Auftauen, erlangen aber unter sonst gleichen Verhältnissen geringere Festigkeit als Mörtel, die nicht eingefroren sind. Mit

---

[1] Nach Bijls und Campus: Les effets des basses températures sur la prise et le durcissement des bétons, Brüssel 1937.

[2] Für massige Bauwerke sind die beim Abkühlen entstandenen Anstrengungen gesondert zu beachten.   [3] Dtsch. Ausschuß Eisenbeton Heft 57 S. 14ff.

Portlandzement und Eisenportlandzement betrug das Weniger nach 28 tägiger Erhärtung rd. 20 bis 60 %, mit Tonerdezement bis 20 %. Näheres lassen die Abb. 122 bis 124 erkennen. Abb. 122 gilt für weich angemachten Beton mit drei Portlandzementen. Der Verlauf der Linienzüge und der Abstand derselben bringen den Einfluß des Frostes, der einmalig unmittelbar nach dem Verarbeiten des Mörtels einsetzte, scharf zum Ausdruck. Gleiche Feststellungen waren mit flüssig angemachten Mörteln zu machen, wie aus Abb. 123 hervorgeht. Auch bei Mörteln mit Tonerdezement war selbstverständlich ein Zurückbleiben der Festig-

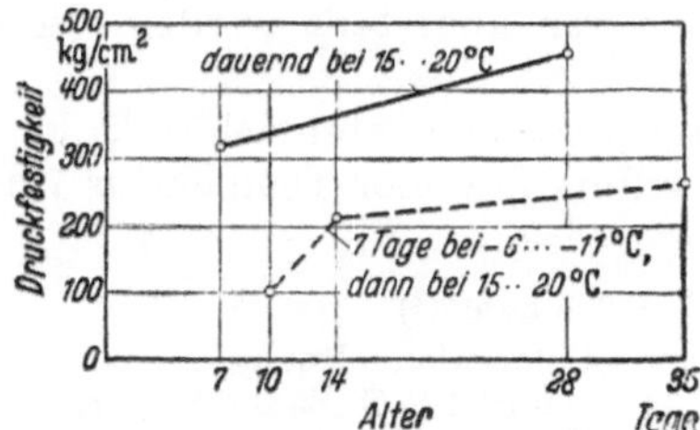

Abb. 122. Versuche über den Einfluß des Frostes auf den weich angemachten frischen Beton; Entwicklung der Druckfestigkeit.

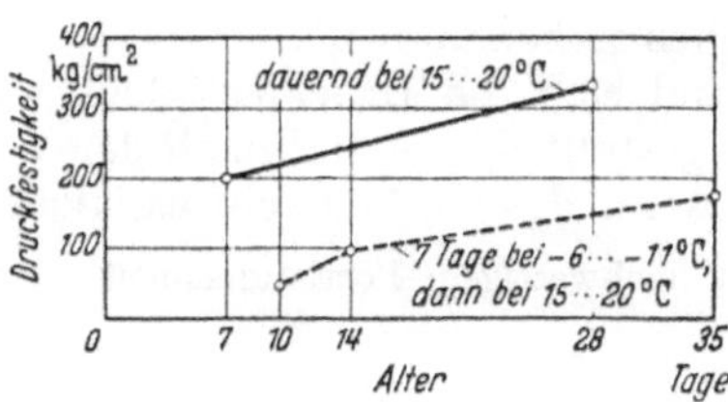

Abb. 123. Einfluß von Frost während der ersten 7 Tage auf die Druckfestigkeit von flüssig angemachten Zementmörtel.

keit nach dem Gefrieren zu verzeichnen, vergl. Abb. 124; jedoch waren, wie schon hervorgehoben, die Unterschiede verhältnismäßig kleiner als bei den anderen Zementen.

Weitere lehrreiche Feststellungen enthält Zahlentafel 24. Auch hier fand sich, daß es wichtig ist, den Beton anfänglich genügend erhärten zu lassen, damit er später den beim Gefrieren und Auftauen entstehenden Spannungen widerstehen kann. Trifft der Frost einen schon teilweise erhärteten Beton einmalig, so ist durch langsames Gefrieren und Auftauen ein nur geringer Schaden zu erwarten[1].

Bedeutsamere Schäden als durch die Einwirkung niederer Temperatur beim anfänglichen Erhärten hat der Verfasser bei wiederholtem Gefrieren und Auftauen des Betons beobachtet. Lufttrockener Beton kann hierdurch nicht geschädigt werden. Nur feuchter Beton, vor allem solcher, der lange Zeit dem Wasser ausgesetzt, also wassergesättigt ist, wird durch Gefrieren und Auftauen des Wassers unter Umständen geschwächt. Viele Versuche[2] zeigten, daß wasser-

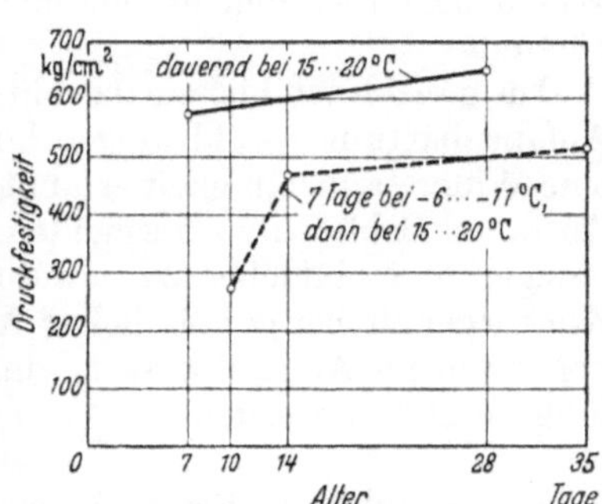

Abb. 124. Einfluß von Frost während der ersten 7 Tage auf die Druckfestigkeit von Zementmörtel mit Tonerdezement.

getränkter Beton, der bei Beginn des Versuchs weniger als 100 kg/cm² Druckfestigkeit aufwies, durch 25 maliges Gefrieren und jeweiliges Auftauen unter Wasser in der Regel erhebliche Beschädigung erfuhr. Die Erhaltung von Beton, der nach Wassertränkung gefriert und unter Wasser auftaut, kann nur erwartet werden, wenn bei Beginn des Frostes mindestens 150 kg/cm² Druckfestigkeit vorhanden sind. In Wintern mit vielen Sonnentagen schmilzt der Schnee oder das Eis auf Brüstungen von Brücken, an besonnten Flächen von Mauern, am Wasserspiegel von Wasserbauten usw. Hierbei taut das Schmelzwasser den Beton auf und durchtränkt ihn erneut, bis später wieder Gefrieren

---

[1] Vgl. auch Mussgnug: Bautenschutz 1941 S. 129ff. Dabei sind eiserne Formen von 30 cm Kantenlänge benutzt worden.

[2] Graf: Dtsch. Ausschuß Eisenbeton 1941 u. 1943 Heft 97 u. 99.

eintritt. An solchen Stellen treten mehr oder minder rasch Mängel auf, wenn der Beton ohne genügende Rücksicht auf die Einflüsse der Witterung geschaffen worden ist. Vgl. später unter U, S. 214 usw.

d) Wirkung von Zusätzen auf die Druckfestigkeit des Betons, der niederen Temperaturen ausgesetzt war.

Die sogenannten Frostschutzmittel, oft mit Chlorkalzium, wirken auf verschiedene Zemente verschieden, so daß vor ihrer Anwendung Versuche nötig sind[1]. Diese Versuche müssen unter Verhältnissen angestellt werden, die den praktischen nahekommen[2].

So fand sich die Druckfestigkeit von weich angemachtem Mörtel, der bei — 2° hergestellt wurde und nach der Verarbeitung in dieser Temperatur 7 Tage lagerte, wenn dessen Anmachflüssigkeit

a) mit hochwertigem Portlandzement N (K_{n28}* = 558 kg/cm²)

	Wasser	Chlorkalziumlösung mit 2° 5° Baumé[3] war,
nach 7 Tagen zu	77	130 162 kg/cm²;

b) mit Zement B (K_{n28}* = 361 kg/cm²)

	wenn Wasser	Chlorkalziumlösung mit 5° 10° Baumé benützt wurde,
nach 7 Tagen zu	26	43 82 kg/cm².

Bei Anwendung von Chlorkalzium oder anderen bekannten Zusätzen ist zu beachten, daß die Erhärtung nach dem Frost durch das Überschreiten einer gewissen, jeweils festzustellenden Grenze des Zusatzes eingeschränkt wird. Im Wesentlichen handelt es sich eben um eine anfängliche Beschleunigung der Erhärtung.

Im ganzen ist hier zu beachten, daß die sogenannten Frostschutzmittel die Anfangshärtung beschleunigen können, damit der Beton vor Eintritt des Frosts eine Widerstandsfähigkeit erlangt, die ausreicht, um bei folgendem Gefrieren und Auftauen Schäden zu vermeiden. Diese vorbeugende Wirkung ist meist zuverlässiger und einfacher zu gewährleisten, wenn Betonmischungen mit höherem Zementgehalt bei gewöhnlicher Anfangstemperatur (vor allem unter Benutzung von warmem Anmachwasser) eingebracht und ausreichend lange gegen Abkühlung geschützt werden.

e) Erhärtung des Betons in massigen Bauwerken, von niederer Temperatur ausgehend.

Um die beim schroffen Abkühlen massiger Betonkörper auftretenden Risse zu vermeiden, wird der frische Beton zweckmäßig mit möglichst niederer Temperatur eingebracht. Dadurch wird erreicht, daß sich das spätere Temperatur- und Spannungsgefälle von innen nach außen kleiner einstellt, als wenn der frische Beton beim Einbringen die Temperatur der Umgebung besitzt.

Auch im massigen Beton, der mit niederer Temperatur mit 3° angemacht wird (statt Anmachwasser Eisschnee) entsteht eine Betontemperatur, die in der Regel erheblich über den mittleren Jahrestemperaturen liegt. Damit sind die

---

[1] Vgl u. a. GRAF: Beton u. Eisen 1927 S. 248ff.; sodann in Dtsch. Ausschuß Eisenbeton Heft 57 S. 19ff. Entwurf und Berechnung von Eisenbetonbauten Bd. 1 S. 58; ferner GRÜN: Zement 1928 S. 1371; Beton 2. Aufl. S. 242.

[2] Beton u. Eisen 1927 S. 248.

* Nach DIN 1164, Ausgabe 1932.

[3] Mit stärkeren Lösungen wurde die Bindezeit des Zements N so kurz, daß sachgemäße Verarbeitung nicht möglich war.

Voraussetzungen für eine gute Erhärtung hinreichend gesichert. Bei Versuchen in Stuttgart wurde die Druckfestigkeit des Betons, der vorgekühlt mit 3° eingebracht wurde, nicht kleiner als die Druckfestigkeit des Betons, der mit gewöhnlicher Temperatur verarbeitet worden ist (Blöcke von 1 m Kantenlänge).

f) Allgemeine Bedingungen für das Betonieren bei kühler Temperatur

sind vom Deutschen Ausschuß für Stahlbeton wie folgt aufgestellt worden:

„Wenn bei Temperaturen unter $+ 5°$ betoniert werden soll, sind Vorsichtsmaßregeln zu treffen, damit der Beton während des Abbindens eine genügend hohe Temperatur behält. Die Temperatur des Mischguts ist fortlaufend zu messen; mit einem Mischgut, das kälter ist als $+ 5°$, darf nicht betoniert werden." — „Bei *anhaltendem* Frost und bei kurzem Frost unter $- 3°$ darf nur unter besonderen Vorsichtsmaßnahmen betoniert werden. Hierbei ist durch Anwärmen des Wassers und der Zuschläge sowie durch Umschließen und Heizen der Arbeitsstelle dafür zu sorgen, daß der Beton ungestört erstarren und erhärten kann. Dem Beton darf aber das zum Erstarren und Erhärten erforderliche Wasser nicht durch zu große Hitze entzogen werden." — „An gefrorene Bauteile darf nicht anbetoniert werden. Durch Frost beschädigter Beton ist zu beseitigen."

Bei tiefer Temperatur kommt es vor allem darauf an, den Beton anfänglich hinreichend lange auf der Temperatur zu halten, mit der er soweit erhärtet, daß durch folgende Frosteinwirkungen kein Schaden entsteht. Nach längerem Frostwetter müssen die Zuschlagstoffe rechtzeitig aufgetaut und durchwärmt werden; auch die Maschinen und Geräte müssen erwärmt sein, wenn bei tiefer Temperatur gearbeitet wird, und zwar ehe sie benützt werden. Die Abkühlung des Betons beim Befördern ist ebenfalls zu beachten. Die wichtigste Bedingung beim Betonieren mit tiefer Lufttemperatur ist, daß die Temperatur des frischen Betons beim Einbringen in die Schalung genügend hoch liegt, zweckmäßig mehr als 15° beträgt, unter schwierigen Umständen erheblich höher liegt, jedoch in der Regel nicht über 35°*. Nach dem Einbringen ist der Beton gegen Abkühlen so zu schützen, daß die vorgesehene Erhärtung stattfinden kann.

Die zu wählenden Grenztemperaturen der erwärmten Baustoffe und des Betons sind von Fall zu Fall festzulegen, weil die Abkühlung von der Art und Größe des Bauwerks, seiner örtlichen Lage, der Art und der Dicke der Schalung, den Schutzmaßnahmen usw. abhängt[1].

10. Druckfestigkeit des Betons bei langdauernder und bei oftmals wiederholter Druckbelastung[2].

Die im folgenden mitgeteilten Zahlen gelten für Beton, der bei der Prüfung älter als ½ Jahr war und nach anfänglicher feuchter Behandlung in Arbeitsräumen trocken aufbewahrt war.

a) Dauerdruckfestigkeit bei ruhender Belastung (Dauerstandfestigkeit).

Ergebnisse von Versuchen über die Festigkeit des Betons bei lang dauernder ruhender Last fehlen zur Zeit noch. Doch ist nach den unter b) und c) erwähnten

---

* Vgl. unter B 7, S. 10 und 11.

[1] Vgl. GRAF und GOEBEL: Schutz der Bauwerke, 2. Auflage. Berlin: Wilhelm Ernst und Sohn 1949.

[2] GRAF: Die Dauerfestigkeit der Werkstoffe und der Konstruktionselemente. Berlin: Springer 1929; ferner Beitrag IIa, 2 zum 2. Kongreß der Internationalen Vereinigung für Brückenbau und Hochbau. Berlin 1936. Wegen der Begriffe zur Dauerfestigkeit vgl. DIN 50100. Hiernach werden u. a. unterschieden:

a) Dauerstandfestigkeit (Dauerfestigkeit gegen langdauernde ruhende Lasten), b) Schwellfestigkeit oder Ursprungsfestigkeit (Dauerfestigkeit beim Wechsel der Anstrengungen zwischen $\sigma = 0$ und σ_{max}), c) Wechselfestigkeit (Dauerfestigkeit im Wechsel zwischen gleich großen entgegengesetzten Spannungen).

Versuchen zu erwarten, daß die Dauerstandfestigkeit des Betons über $^4/_5$ der Festigkeit betragen kann, die beim gewöhnlichen Druckversuch auftritt. U. a. zeigt Abb. 125, daß die Widerstandsfähigkeit gegen ruhende Lasten bei $^9/_{10}$ der Prismenfestigkeit lag. Dabei wirkte die Last rd. 5 Tage.

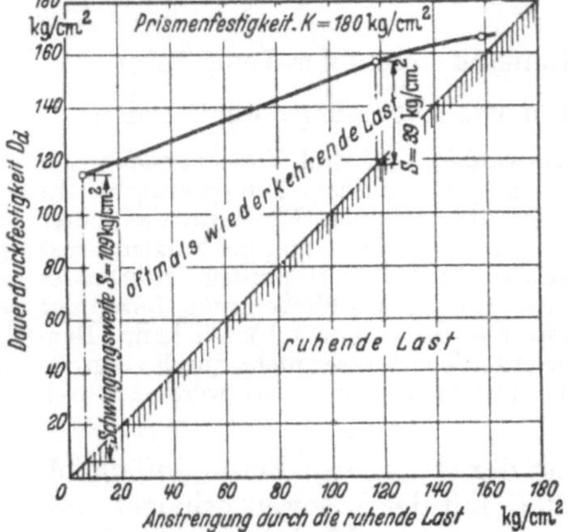

Abb. 125. Dauerdruckfestigkeit D_d von Betonsäulen in Abhängigkeit von der Größe der ruhenden Grundlast.

b) Dauerdruckfestigkeit bei oftmals wiederholter Schwellbelastung (Ursprungsfestigkeit)[1].

Die Ursprungsdruckfestigkeit von Betonsäulen mit verschiedener Zusammensetzung, insbesondere mit verschiedenem Zementgehalt, mit verschiedenen Zuschlagstoffen und mit verschiedener Körnung fand sich zum rd. 0,5- bis 0,8fachen, im Mittel zum 0,6fachen der Prismenfestigkeit aus dem gewöhnlichen Bruchversuch. Die Zusammensetzung des Betons blieb von geringer Bedeutung; die Verhältniszahl ging mit steigender Festigkeit im allgemeinen etwas zurück, vgl. Abb. 126.

Dabei traten rd. 260 Lastspiele in der Minute auf; die Gesamtzahl der Lastspiele, für welche die Ursprungsfestigkeit ermittelt wurde, betrug 2 Millionen. Mit zunehmender Lastwechselfrequenz (geprüft wurde mit 10 bis 450 Lastspielen in der Minute) ist die Zahl der Wiederholungen, welche zum Bruche führte, größer geworden. Die Ursprungsfestigkeit ist demnach unter sonst gleichen Umständen bei größerer Lastwechselfrequenz etwas größer ausgefallen.

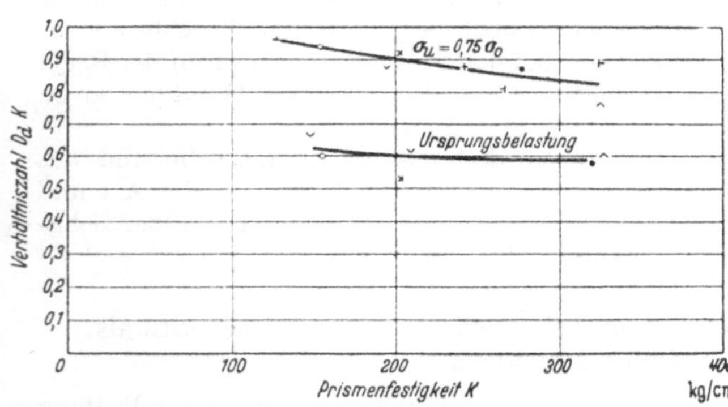

Abb. 126. Einfluß der Prismenfestigkeit auf die Dauerdruckfestigkeit von Betonsäulen (Versuche mit 260 Lastwechseln in 1 Minute).

c) Dauerdruckfestigkeit bei gleichzeitiger Wirkung von ruhenden und von oftmals wiederkehrenden Lasten[1].

Wenn zu den oftmals wiederkehrenden Lasten ruhende Lasten hinzutraten, so nahm die Schwingweite der bewegten Lasten, die 2 Millionen Mal ertragen wurde, mit Steigerung der ruhenden Lasten ab. Beispielsweise zeigt Abb. 125, daß bei einem Beton mit der Prismenfestigkeit von 180 kg/cm² die Schwingweite S betrug:

$$\text{bei der ruhenden Last } \sigma_u = 6 \text{ kg/cm}^2, \ S = 109 \text{ kg/cm}^2,$$
$$\text{,, \quad ,, \quad ,, \quad ,, } \ \sigma_u = 118 \text{ ,, } \quad S = 39 \text{ ,, },$$
$$\text{,, \quad ,, \quad ,, \quad ,, } \ \sigma_u = 157 \text{ ,, } \quad S = 8 \text{ ,, }.$$

Jeder Versuch dauerte dabei mindestens 5 Tage.

---

[1] GRAF u. BRENNER: Dtsch. Ausschuß Eisenbeton 1934 u. 1936 Heft 76 u. 83.

11. Einfluß der Größe und Gestalt der Probekörper auf ihre Druckfestigkeit, Säulenfestigkeit, Bauwerksfestigkeit. Widerstand bei Schlagbeanspruchung.

a) Würfelfestigkeit.

Unter sonst gleichen Umständen liefert der größere Betonwürfel die kleinere Druckfestigkeit[1,2]. Bei 28 Tage alten Würfeln fand sich das Verhältnis der Druckfestigkeit von Würfeln von 20 cm Kantenlänge zu der Druckfestigkeit von Würfeln mit einer Kantenlänge

von	10	30	40	cm
zu rd.	1,05	0,85	0,80,	
bis rd.	1,25	0,95	0,92 .	

Die Unterschiede blieben bei Würfeln aus weich angemachtem Beton in der Regel kleiner als bei Würfeln aus erdfeucht angemachtem gestampftem Beton. Die Unterschiede der Verhältniszahlen wurden mit kleinerem Alter des Betons meist kleiner, mit höherem Alter oft etwas größer.

Für die praktische Anwendung gilt § 8 der DIN 1048: die Festigkeit von gleich alten Würfeln muß bei 10 cm Kantenlänge 15% größer sein als bei Würfeln von 20 cm Kantenlänge; sie darf bei 30 cm Kantenlänge 10% kleiner sein[3,4].

Man müßte hiernach von vornherein voraussetzen, daß der Beton im Bauwerk eine mehr oder minder kleinere Festigkeit aufweist, wenn der in Betracht kommende Bauteil größere Abmessungen hat. Andererseits zeigte sich, daß Betonproben, die aus dem erhärteten Bauwerk entnommen und dann vorsichtig zu Würfeln verarbeitet wurden, etwa die gleiche Festigkeit ergaben wie die bei der Herstellung des Bauwerks aus frischen Betonproben gefertigten gleich großen Würfel, wenn der Beton gleichmäßig zusammengesetzt sowie die Verarbeitung und Behandlung des Betons gleich waren[5].

Würfel, die im Innern kleiner[6] *oder sehr großer Blöcke erhärteten* und später freigelegt wurden, ergaben ungefähr gleiche oder etwas höhere Druckfestigkeiten als die zugehörigen Würfel, die neben den großen Blöcken erhärteten. Nur mit Tonerdezement entstanden Ausnahmen, die durch die S. 117 beschriebenen Vorgänge zu erklären waren.

b) Säulenfestigkeit.

Die Druckfestigkeit von Betonsäulen nimmt mit wachsender Säulenhöhe ab. Das Verhältnis der Säulenfestigkeit zur Würfelfestigkeit fand sich mit B 225 bei gleicher Kantenlänge a des Querschnitts der Würfel und der Säulen

bei $h:a$	0,5	1	4	12
bis zu	1,5	1	0,87	0,84* .

---

[1] GRAF: Die Druckfestigkeit von Zementmörtel, Beton, Eisenbeton und Mauerwerk S. 2. Stuttgart: Konrad Wittwer 1921; ferner Armierter Beton 1914 S. 197ff.; außerdem Dtsch. Ausschuß Eisenbeton 1930 Heft 63 S. 19. Weitere Angaben finden sich in Engng. News Rec. Bd. 110 (1933) S. 324.

[2] Der Einfluß der Würfelgröße ist in der gleichen Richtung jedoch weniger ausgeprägt auch bei der Prüfung von Natursteinen beobachtet worden. Vgl. BURCHARTZ u. SÄNGER: Straßenbau 1931 S. 233ff., insbesondere S. 262.

[3] Die Ergebnisse der Versuche mit kleineren Würfeln zeigten größere Unterschiede der Einzelwerte zusammengehöriger Proben; deshalb ist die Forderung nach § 8 der DIN 1048 im Mittel weitergehend als unsere Zahlenreihe.

[4] Vgl. auch BURCHARTZ: Handbuch für Eisenbetonbau, 4. Aufl. Bd. 3 S. 73 u. 74; BRZESKY: Bauindustrie 1942 S. 630ff. (Bericht über Versuche von GYENGÖ.)

[5] Vgl. hierzu das unter 12, S. 129ff. Gesagte.

[6] Vgl. Bauingenieur 1930 S. 726ff.

* BACH: Dtsch. Bauztg., Mitt. über Zement, Beton und Eisenbeton 1914 S. 33ff.; ferner Beton u. Eisen 1934 S. 171.

Weitere Versuche lieferten die Verhältniszahlen bei $h : a = 4$ fallend bis rd. 0,6. Dabei ist gemäß Abb. 127 wichtig, daß das Verhältnis der Säulenfestigkeit zur Würfelfestigkeit mit steigender Festigkeit abnahm[1]. Zur Beurteilung der Säulenfestigkeit ist vorher festzustellen, ob die Säulen auf ihrer ganzen Höhe gleichwertig waren. Im Fuß der Säule kann die Festigkeit viel größer sein als im Kopf. Bei sorgfältiger Herstellung der Säulen, insbesondere in den obersten Schichten, lassen sich die Unterschiede praktisch ausreichend begrenzen[2].

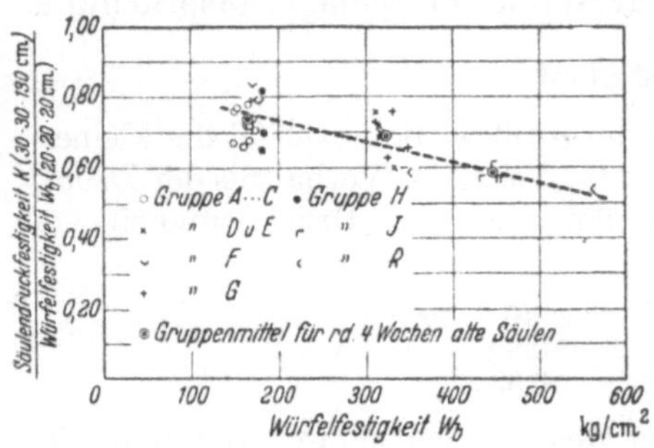

Abb. 127. Beziehungen zwischen der Säulenfestigkeit und der Würfelfestigkeit des Betons.

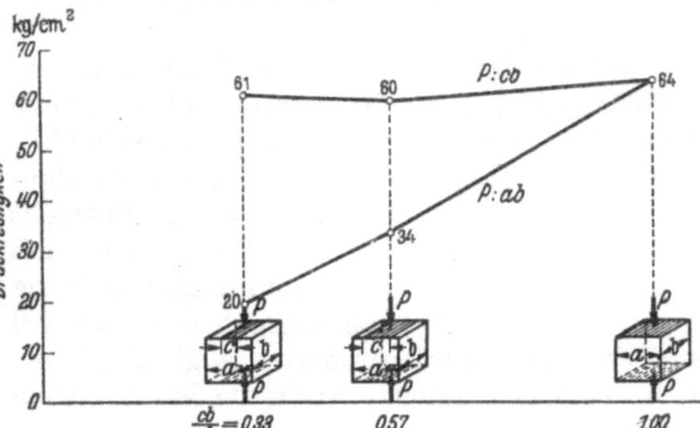

Abb. 128. Widerstandsfähigkeit von Betonquadern bei örtlicher Belastung auf 2 Flächen.

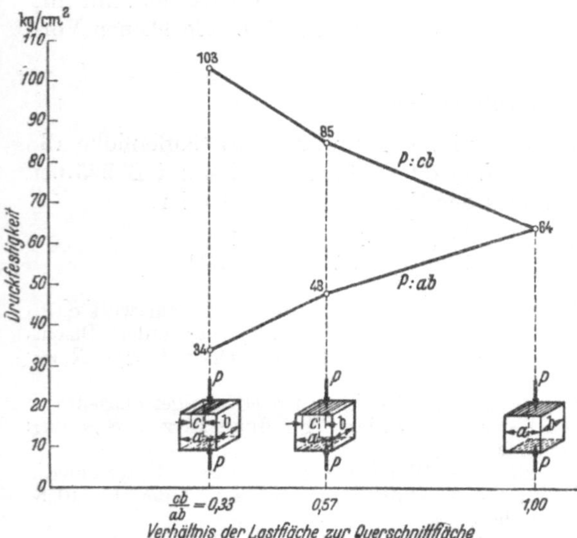

Abb. 129. Widerstandsfähigkeit von Betonquadern bei örtlicher Belastung auf einer Fläche.

c) Bauwerksfestigkeit.

Nach ordentlicher, gleichwertiger Verarbeitung und Behandlung des Betons stellt sich die Druckfestigkeit des Betons im Bauwerk ebenso hoch ein wie in der zum Würfel verarbeiteten Probe[3].

d) Druckfestigkeit des Betons bei örtlicher Belastung des Probekörpers.

Abb. 128 zeigt, daß in örtlich belasteten Quadern der außerhalb der Druckflächen *gelegene Beton* ohne nennenswerten Einfluß auf die Druckfestigkeit blieb, wenn die örtliche Belastungsfläche auf beiden Druckflächen die gleiche war[4]. Diese Erkenntnis gibt die Möglichkeit, an Reststücken von Prismen die Würfelfestigkeit zu verfolgen, so wie dies in Stuttgart seit meh-

[1] In Abb. 127 ist ferner wichtig, daß die Würfel 20 cm Kantenlänge hatten, die Säulen jedoch 30 cm.

[2] Näheres Dtsch. Ausschuß Eisenbeton 1934 Heft 77 S. 13; ferner 1941 Heft 96 S. 26ff., insbesondere S. 89.

[3] Im Einklang mit unseren Feststellungen stehen die Ergebnisse der Versuche von JACKSON u. KELLERMANN: Public Roads Bd. 13 (1932) S. 68 sowie von EDWARDS: J. Amer. Concr. Inst. Bd. 33 (1936) S. 41ff.; ferner J. LENHARDT: Proc. Amer. Concr. Inst. 1929 S. 152ff.   [4] GRAF: Handbuch für Eisenbetonbau, 4. Aufl. Bd. 1 S. 352ff.

reren Jahrzehnten üblich ist und wie dies jetzt bei der Zementprüfung geschieht[1]. — Ist die örtliche Belastung nur einseitig, so entstehen die in Abb. 129 ersichtlichen Verhältnisse[2].

Lehrreich sind ferner die in Abb. 130a, b und c dargestellten Versuchsergebnisse. Je kleiner der Abstand der Streifenlast vom Quaderrand war, um so kleiner fand sich die Bruchlast.

e) Widerstand bei schlagartiger Beanspruchung:

Würfel mit 7 cm Kantenlänge, hergestellt aus Feinbeton mit verschiedenen Zementen, unter einem Fallwerk nach DIN 52107 geprüft, nahmen im Vergleich mit der Druckfestigkeit — die in Abb. 131a und b angegebene Schlagarbeit auf. Dabei ist wichtig, daß der im Wasser gelagerte Beton weit kleinere Schlagarbeiten ertrug als der anfänglich 7 Tage im Wasser, dann trocken gelagerte Beton. Ferner ist zu beachten, daß die Schlagarbeit unter den bezeichneten Umständen mit der Druckfestigkeit anstieg, allerdings rascher zunahm als die Druckfestigkeit[3].

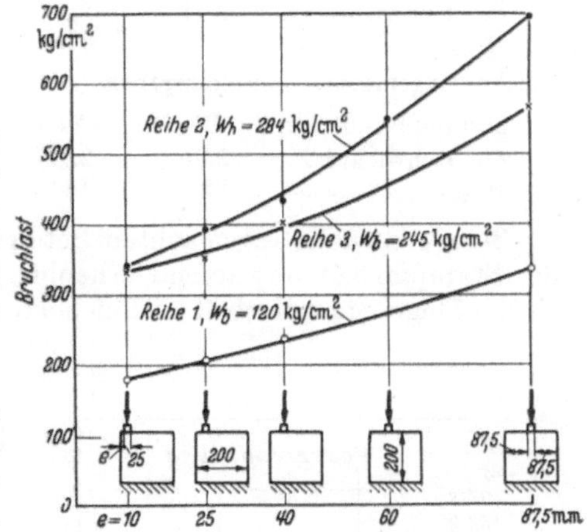

Abb. 130a. Widerstandsfähigkeit von Betonquadern bei Streifenbelastung auf einer Fläche.

12. Bemerkungen über die Art der Herstellung und über die Prüfung der Betonwürfel.

Die Würfelfestigkeit des Betons ist eine Vergleichszahl; sie ist entsprechend dem unter 11. Gesagten bedingt zu verwenden. Die Herstellung der Würfel geschieht bei Eignungsversuchen nach den Bestimmungen des Deutschen Ausschusses für Stahlbeton, in anderen Fällen nach besonders festgelegten Arbeitsplänen. Wenn nichts anderes gesagt wird, darf vorausgesetzt werden, daß den Bestimmungen des Deutschen Ausschusses für Stahlbeton gefolgt wurde. Dabei sei auch an die darin geforderte Mindestzahl der Proben und die zulässigen Abweichungen der Einzelwerte der Druckfestigkeit vom Mittelwert erinnert[4].

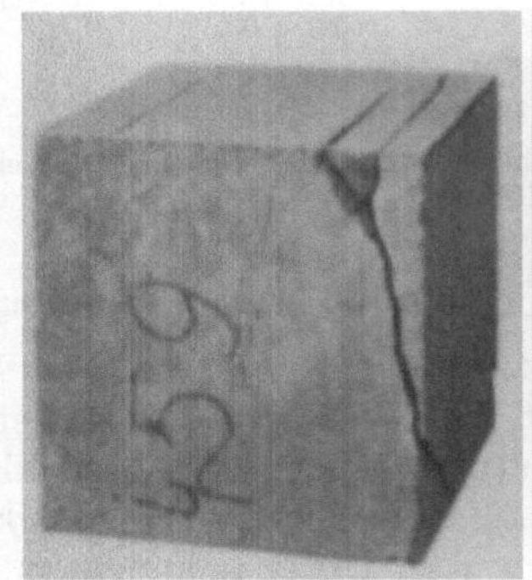

Abb. 130b.   Abb. 130c.
Quader, die nach Abb. 130a belastet waren.

Im folgenden wird an einigen Beispielen gezeigt, wie wichtig es ist, daß einheitlich, also nach den Bestimmungen des Deutschen Ausschusses für Stahlbeton verfahren wird[5].

---

[1] Dieses Verfahren hat m. W. zuerst Prof. Schüle in Zürich benutzt.

[2] Vgl. auch C. Bach u. R. Baumann: Elastizität und Festigkeit, 9. Aufl. 1924 S. 213ff.

[3] Weitere Feststellungen finden sich bei Guttmann u. Seidel: Zement 1936 S. 233ff.

[4] Vgl. auch Graf: Die Druckfestigkeit von Zementmörtel, Beton, Eisenbeton und Mauerwerk S. 2 bis 4. Stuttgart 1921; ferner im vorliegenden Buch unter AA, S. 305 bis 307.

[5] Weiteres vgl. in Armierter Beton 1914 S. 197ff.; dort ist u. a. der Einfluß der Beschaffenheit der Druckfläche, der Druckrichtung, der Geschwindigkeit der Laststeigerung verfolgt.

a) Einfluß der Stampfarbeit.

Würfel mit 20 cm Kantenlänge aus 1 Gewichtsteil Portlandzement, 3,7 Gewichtsteilen Rheinsand und 6,2 Gewichtsteilen Rheinkies, d. i. aus Beton mit rd. 200 kg Zement je m³, ergaben, erdfeucht angemacht, nach feuchter Lagerung

gestampft mit . .	16	24	36	48	Stampfstößen je Schicht
die Rohwichte zu	2,14	2,14	2,16	2,19	kg/dm³,
W_{b28} . . . . zu	102	110	116	133	kg/cm²;

weicher angemacht, noch stampfbar,

gestampft mit . .	16	24	36	48	Stampfstößen je Schicht
die Rohwichte zu	2,31	2,33	2,34	2,34	kg/dm³,
W_{b28} . . . . zu	159	186	191	186	kg/cm².

Beim erdfeucht angemachten Beton stieg die Festigkeit mit der Vermehrung der Stampfarbeit fortlaufend erheblich; beim weicher angemachten Beton war eine mäßige Stampfarbeit ausreichend.

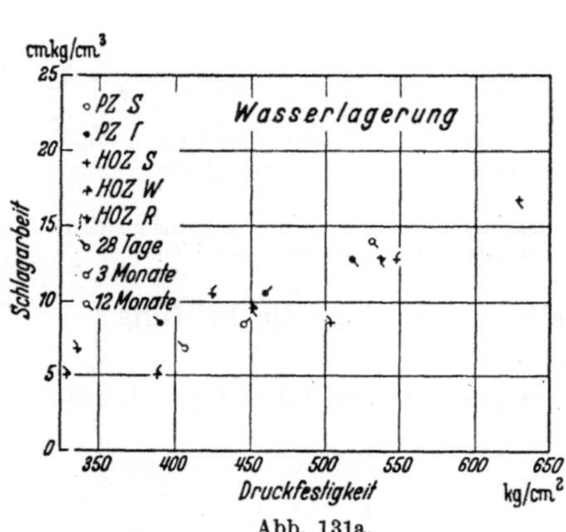

Abb. 131a.

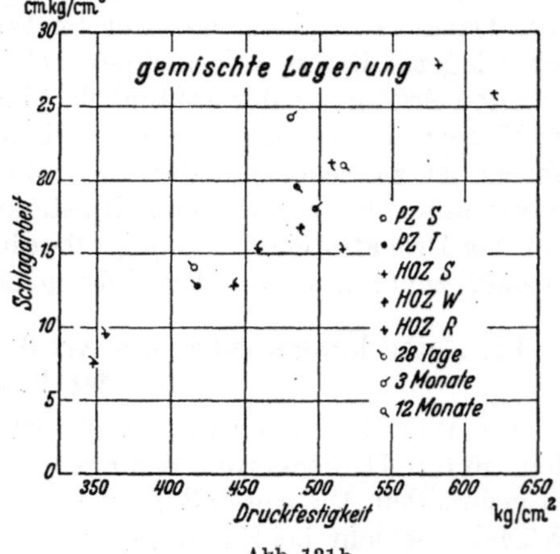

Abb. 131b.

Abb. 131a und 131b. Beziehungen zwischen der Schlagarbeit und der Druckfestigkeit von Zementmörtel bei Verwendung verschiedener Zemente und bei verschiedenem Alter.

b) Einfluß der Bearbeitung der Würfel.

Es ist nicht selten nötig, aus Bauteilen Betonproben zu entnehmen und zu bearbeiten derart, daß Würfel — womöglich von 20 cm Kantenlänge — entstehen. Wenn die entnommenen Proben zu kleine Festigkeiten liefern, wird in der Regel die Frage aufgeworfen, ob die Festigkeit des Betons durch das Herausarbeiten gemindert werde. Untersuchungen mit Proben aus Kiesbeton, die im Alter von 6 und 7 Tagen, also frühzeitig aus größeren Stücken durch Spitzen oder durch Sägen entnommen waren, lieferten folgendes:

Art der Probe Würfel mit 20 cm Kantenlänge	Druckfestigkeit, (Mittel aus 6 Versuchen)
a) normengemäß gefertigt	288 kg/cm²,
b) aus Würfeln von 30 cm Kantenlänge allseitig gesägt . . .	268 „ ,
c) aus Würfeln von 30 cm Kantenlänge herausgespitzt . . .	243 „ .

Normengemäß hergestellte Würfel mit 30 cm Kantenlänge ergaben die Druckfestigkeit zu 268 kg/cm².

Hiernach ist die Druckfestigkeit des Betons durch das Herausarbeiten unter ungünstigen Umständen um 7 bzw. 16% herabgesetzt worden.

Zylinder von 15 cm Höhe und 15 cm Durchmesser, aus *Würfeln von 30 cm*

Kantenlänge im Alter von 6 oder 7 Tagen herausgebohrt[1], hatten eine Druckfestigkeit von 297 kg/cm², also fast die gleiche Festigkeit wie die normengemäß hergestellten Würfel mit 20 cm Kantenlänge.

Weitere Versuche mit Beton von kleinerer Festigkeit, der im Alter von 16 Wochen bearbeitet wurde, lieferten keine ausgeprägte Minderung der Druckfestigkeit durch das Herausspitzen[2].

G. Gesamte, bleibende und federnde Formänderungen des Betons bei Druckbelastung (Druckelastizität des Betons). Die Zusammendrückbarkeit des Betons bis zum Bruch.

1. Allgemeines zur Ermittlung der Formänderungen des Betons bei Druckbelastung.

Hier handelt es sich um die Größe der gesamten, bleibenden und federnden Zusammendrückungen von Betonsäulen verschiedener Zusammensetzung bei verhältnismäßig kurz dauernder Belastung[3]. Die Umstände, welche bei der Bestimmung dieser Größen zu beachten sind, wurden vom Verfasser in Heft 227 der Forschungsarbeiten auf dem Gebiete des Ingenieurwesens, VDI-Verlag 1920, sowie von BRENNER im Handbuch der Werkstoffprüfung Bd. 3 (1941) S. 478ff. dargelegt. Hier sei aufmerksam gemacht, daß die Größe der Formänderungen in erheblichem Maße von der Dauer der Belastung, von der Wiederholung der Belastung, auch von der Dauer der Entlastung abhängt. Weiterhin ist die Größe und die Lage der Belastungsstufen zueinander von erheblicher Bedeutung.

Auch ist bemerkenswert, daß die federnden Zusammendrückungen unter zulässigen Lasten durch die Wiederholung der Belastung zunächst deutlich zunehmen, dann nur wenig geändert werden[4]. Wenn die Zahl der Lastwechsel in der Zeiteinheit vergrößert wird, werden die Zusammendrückungen kleiner, weil die Größe der Zusammendrückungen von der Dauer der Belastung abhängt[5]. Weiteres vgl. unter Q, S. 192ff.

Mit steigender Last wächst im allgemeinen die Dehnungszahl des Betons sowohl bei den gesamten als auch bei den bleibenden und federnden Zusammendrückungen.

Nach vorausgegangener höherer Belastung (bis etwa ⅔ der Bruchlast) wird die Dehnungszahl des Betons praktisch unabhängig von der Größe der Anstrengung[6].

Über die Querdehnung, die in den Säulen durch die Druckbelastung entsteht, vgl.[7].

---

[1] Als Querschnittsfläche der Zylinder ist der Querschnitt in Rechnung gestellt worden, der sich ergibt, wenn die Höhe der vom Zylinderkern vorstehenden Teile zur Hälfte als wirksam angesehen wird.

[2] GRAF: Fortschr. u. Forsch. Bauwesen, Reihe A Heft 7 S. 24.

[3] Dabei wird der Elastizitätsmodul E oder die Dehnungszahl $\alpha = 1 : E$ verglichen. Vgl. dazu C. BACH u. R. BAUMANN: Elastizität und Festigkeit, 9. Aufl. 1924 S. 5ff.

[4] Forsch.-Arb. Ing.-Wes. 1920 Heft 227 S. 10, 11, 13.

[5] GRAF u. BRENNER: Dtsch. Ausschuß Eisenbeton 1934 Heft 76 S. 12; ferner EHLERS: Beton u. Eisen 1941 S. 268ff.

[6] Forsch.-Arb. Ing.-Wes. 1920 Heft 227 S. 15 bis 17; ferner MEHMEL: Untersuchungen über den Einfluß häufig wiederholter Druckbeanspruchungen auf Druckelastizität und Druckfestigkeit von Beton. Berlin 1926. — Eine Zusammenstellung der Ergebnisse von Versuchen, die in Amerika ausgeführt wurden, gab TELLER: Proc. Amer. Soc. Test. Mater. Bd. 30 (1930) S. 635ff.

[7] GRAF: Handbuch für Eisenbetonbau, 4. Aufl. Bd. 1 (1930) S. 93. — Vgl. auch im Abschnitt J, S. 158ff.; ferner bei YOSHIDA: Über das elastische Verhalten des Betons mit besonderer Berücksichtigung der Querdehnung. Berlin 1930, sowie bei GEHLER: Bauingenieur 1928 S. 26 u. 27; außerdem bei DAVIS u. TROXELL: Proc. Amer. Soc. Test. Mat. Bd. 29 II (1929) S. 678ff.

2. Einfluß des Zements und des Zementgehalts auf die Zusammendrückungen des Betons.

Mit Zement, der eine höhere Druckfestigkeit des Betons lieferte, wurde der Beton unter sonst gleichen Umständen weniger nachgiebig[1].

Wurde der Zementgehalt des Mörtels geändert, so zeigte sich zunächst eine Abnahme der Zusammendrückungen mit Zunahme des Sandzusatzes bei Mischungsverhältnissen 1 : 0,5 bis 1 : 2 (in Raumteilen). Bei weiterer Steigerung des

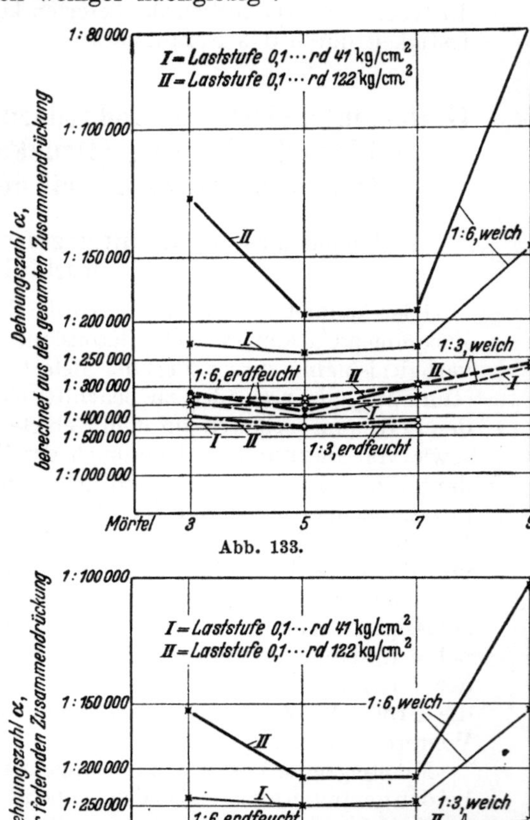

Abb. 133.

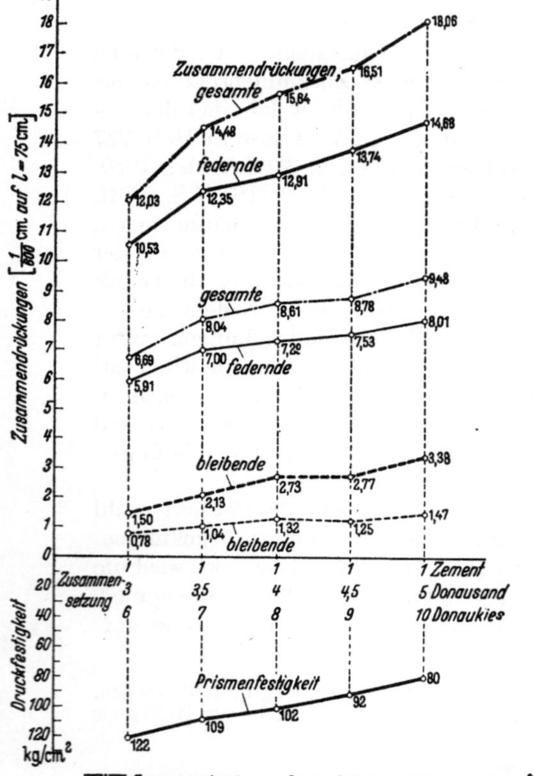

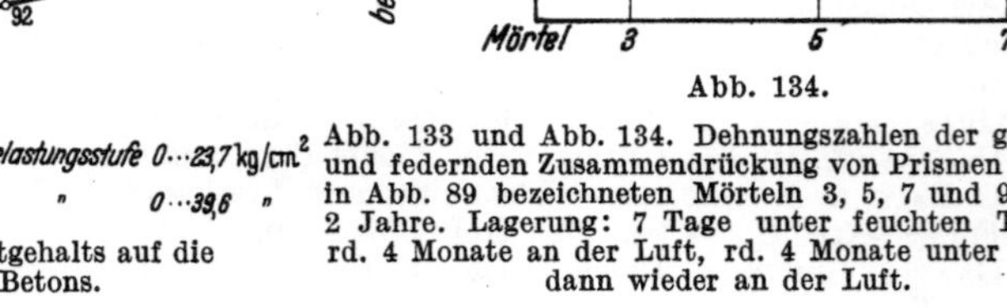

Abb. 132. Einfluß des Zementgehalts auf die Druckelastizität des Betons.

Abb. 134.

Abb. 133 und Abb. 134. Dehnungszahlen der gesamten und federnden Zusammendrückung von Prismen aus den in Abb. 89 bezeichneten Mörteln 3, 5, 7 und 9. Alter: 2 Jahre. Lagerung: 7 Tage unter feuchten Tüchern, rd. 4 Monate an der Luft, rd. 4 Monate unter Wasser, dann wieder an der Luft.

Sandzusatzes wurde der Mörtel nachgiebiger[2]. In Übereinstimmung hiermit fand sich eine Zunahme der Nachgiebigkeit des Betons mit abnehmendem Zementgehalt, wenn die Zusammensetzung des Mörtels im Beton in verschiedenen Stufen von 1 Zement und 2½ Sand bis 1 Zement und 5 Sand (Gewichtsteile) geändert

---

[1] GRAF: Forsch.-Arb. Ing.-Wes. 1920 Heft 227 S. 23; ferner Dtsch. Ausschuß Eisenbeton Heft 77 S. 21ff.

[2] GRAF: Forsch.-Arb. Ing.-Wes. Heft 227 S. 26; ferner C. BACH: Z. VDI 1896 S. 1388ff.

wurde. Abb. 132 enthält Beispiele aus solchen Feststellungen[1]. — Über den Einfluß von Traß auf die Druckelastizität des Betons vgl. Heft 43 des Deutschen Ausschusses für Eisenbeton, 1920.

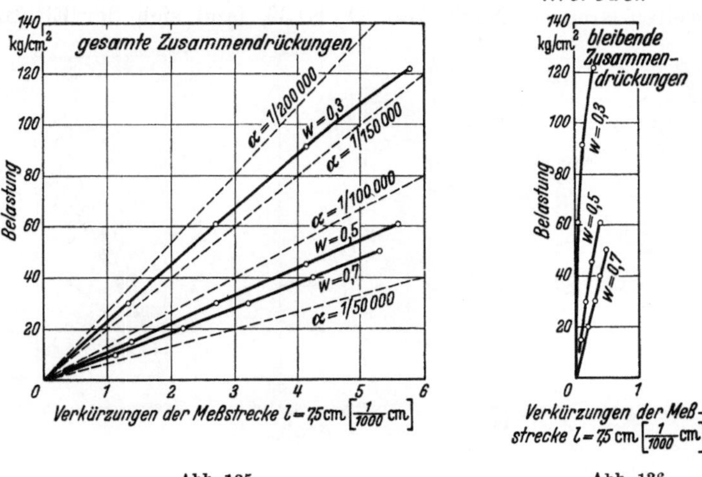

Abb. 135.   Abb. 136.

3. Einfluß der Körnung der Zuschlagstoffe auf die Zusammendrückungen.

Mörtel aus Sanden, die besser gekörnt waren und deshalb höhere Druckfestigkeit besaßen, wurden weniger nachgiebig[2]. Abb. 133 und 134 enthalten

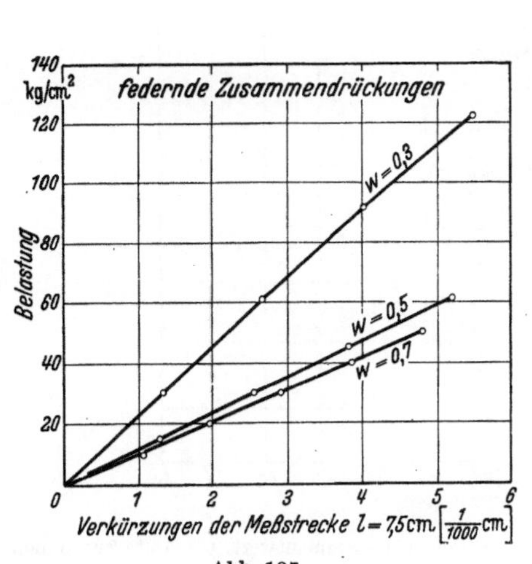

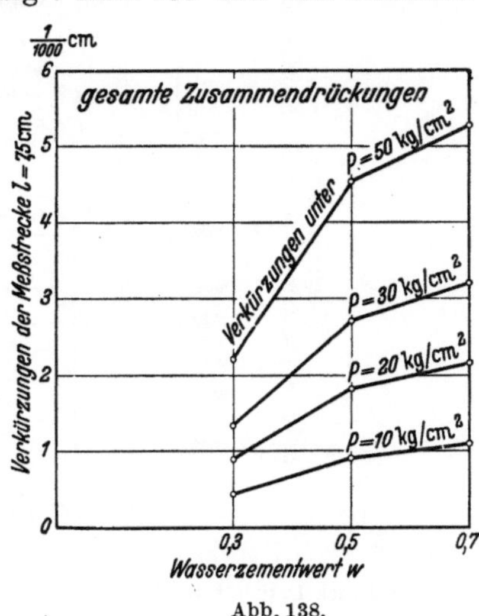

Abb. 137.   Abb. 138.

Abb. 135 bis 138. Abhängigkeit der gesamten, bleibenden und federnden Zusammendrückungen von Zementstein ohne Sandzusatz vom Wassergehalt des frischen Zementbreis. Alter: rd. 100 Tage. Lagerung: 2 Tage in feuchter Luft, 5 Tage unter Wasser, dann trocken.

dazu Beispiele, gültig für die Mörtel 3, 5, 7 und 9 nach Abb. 89. Grobe Zuschlagstoffe versteiften den Beton, wenn sie vom Mörtel gut umhüllt und selbst steifer waren als der Mörtel. Weiteres unter 4.

---

[1] Weitere Beispiele finden sich u. a. bei EISENMANN: Z. VDI 1926 S. 1362. Vgl. auch unter P, S. 158 ff.

[2] Vgl. u. a. Forsch.-Arb. Ing.-Wes. 1920 Heft 227 S. 19, 30 u. 31.

4. Einfluß der Gesteinsart, insbesondere der Elastizität des Gesteins, auf die Zusammendrückungen des Betons.

Der Elastizitätsmodul der Gesteine, aus denen die Zuschlagstoffe bestehen, liegt in weiten Grenzen. Nach Abb. 31, S. 32, fand sich der Elastizitätsmodul

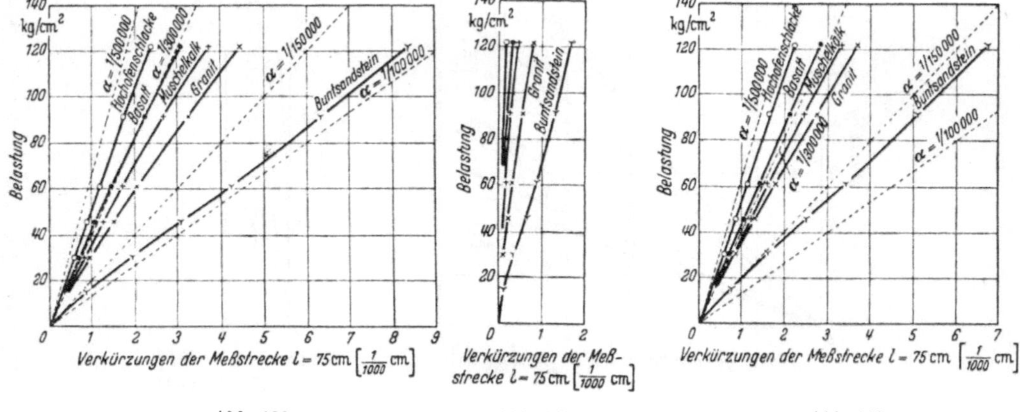

Abb. 139.　　　　　　Abb. 140.　　　　　　Abb. 141.

Abb. 139 bis 141. Gesamte, bleibende und federnde Zusammendrückungen von Betonkörpern mit verschiedenen Zuschlagstoffen, bestehend aus 1 Gewichtsteil Zement H, 2 Gewichtsteilen des Zuschlagstoffes und w Gewichtsteilen Wasser. Lagerung der Probekörper: 2 Tage unter feuchten Tüchern, 5 Tage unter Wasser, dann 8 bis 10 Monate trocken.

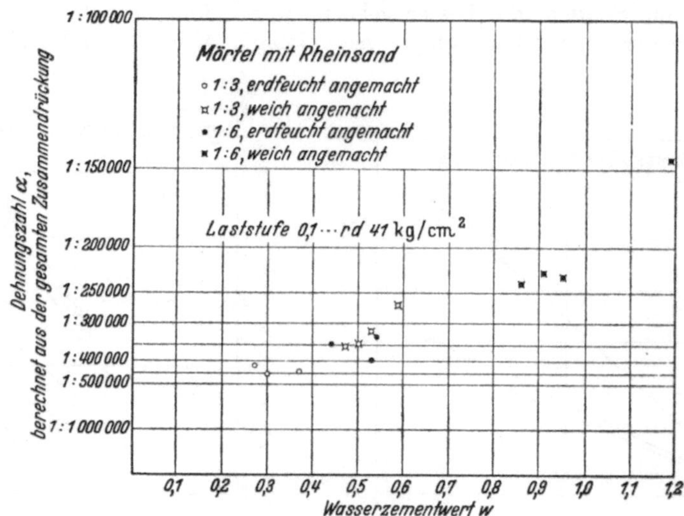

Abb. 142. Druckelastizität von Zementmörtel in Abhängigkeit vom Wasserzementwert. (Gesamte Zusammendrückungen[1].)

der gesamten Zusammendrückungen für die Gesteine, die zum gewöhnlichen Beton verwendet werden, etwa zwischen $E = 50000$ und $E = 1000000$ kg/cm², meist war er größer als 150000 kg/cm².

Gegenüber den üblichen Gesteinen weist der Zementstein im Beton, in der Regel angemacht mit $w = 0,5$ bis 1, namentlich wenn der Beton lufttrocken ist, eine meist erheblich größere Nachgiebigkeit auf, wie aus Abb. 135 bis 138 hervorgeht.

---

[1] Lagerung: 7 Tage unter feuchten Tüchern, rd. 4 Monate an der Luft, rd. 4 Monate unter Wasser, dann bis zur Prüfung im Alter von 2 Jahren an der Luft.

Aus diesen Darstellungen folgt ohne weiteres, daß die Elastizität des Mörtels und des Betons außer von der Elastizität des Zementsteins von der Art und der Menge der Gesteine abhängen muß, die in den Zuschlägen vorkommen[1].

Abb. 139 bis 141 enthalten zugehörige Feststellungen, gültig für Beton aus 1 Gewichtsteil Zement H und 2 Gewichtsteilen Zuschlagstoffen gleicher Körnung. Das weniger nachgiebige Gestein lieferte demnach den weniger nachgiebigen Beton sowohl bei den gesamten als auch bei den bleibenden und federnden Zusammendrückungen[2].

5. Einfluß des Wasserzementwerts auf die Zusammendrückungen des Betons.

Unter sonst gleichen Umständen ist die Nachgiebigkeit des Betons mit wachsendem Wasserzementwert größer geworden. Zugehörige Beobachtungen finden sich in Abb. 138, ferner in Abb. 142.

6. Einfluß des Alters und der Behandlung auf die Zusammendrückungen des Betons.

Bei feucht gelagertem Beton wurde die Nachgiebigkeit des Betons im Laufe der Zeit fortlaufend kleiner, entsprechend einer wachsenden Festigkeit des Betons. Beispiele finden sich in den unteren Linienzügen der Abb. 143[3].

Bei anfänglich feucht, dann trocken gelagertem Beton wurde der Beton mit dem Austrocknen zuerst nachgiebiger, dann steifer, vgl. den Verlauf der oberen Linienzüge in Abb. 143. Trocken gelagerter Beton erwies sich in hohem Alter viel

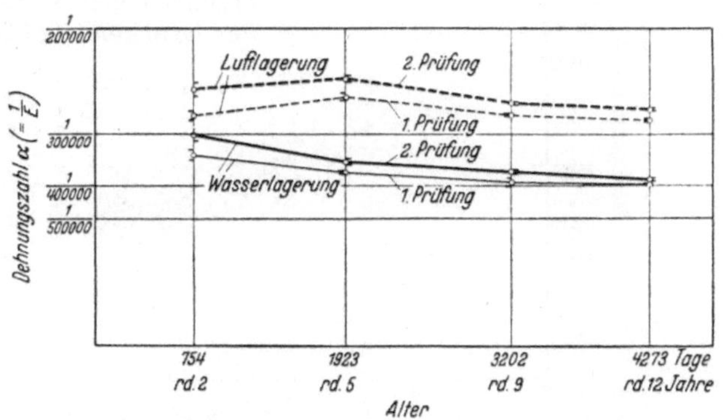

Abb. 143. Änderung der Druckelastizität des Betons mit dem Alter nach Luftlagerung und nach Wasserlagerung.

nachgiebiger als naß gelagerter, wie Abb. 143 anschaulich erkennen läßt.

7. Richtzahlen für die Größe der Zusammendrückungen des Betons in Abhängigkeit von dessen Druckfestigkeit.

In Abb. 144 sind die Dehnungszahlen der Federung unter zulässiger Druckbelastung aus etwa 650 älteren Versuchen zu der Druckfestigkeit des Betons in Beziehung gebracht. Daraus entstand eine Punktschar, die erkennen läßt, daß die Dehnungszahl im allgemeinen mit der Zunahme der Druckfestigkeit abnimmt, d. h. mit Zunahme der Druckfestigkeit wird der Beton steifer. Die eingetragene Kurve enthält die Mittelwerte der Punktschar, festgestellt aus den Mittelwerten der Abschnitte, die bei der Druckfestigkeit in Streifen von 50 kg/cm²

---

[1] GRAF: Bautechn. 1926 S. 518; ferner Forsch.-Arb. Ing.-Wes. 1920 Heft 227 S. 33.

[2] Die rechnerische Nachprüfung der Zahlen in Abb. 139 bis 141 mit den in Abb. 31 bis 33 angegebenen sowie mit den besonders verfolgten Eigenschaften des Zementsteins zeigt eine ausreichende Übereinstimmung, allerdings nur unter der Voraussetzung besonderer Nachgiebigkeit der Grenzschichten.

[3] Näheres Forsch.-Arb. Ing.-Wes. 1920 Heft 227 S. 43ff.; dort finden sich noch Angaben aus vielen anderen Versuchen.

abgeteilt sind. Die Kurve läßt sich durch die Gleichung $E = 1 : \alpha = \dfrac{1\,000\,000}{1,7 + (300 : K)}$ darstellen[1]. Wenn die Dehnungszahl der gesamten Zusammendrückung in Betracht kommt, so ist im allgemeinen unter zulässiger Last

$$E = 1 : \alpha = \frac{1\,000\,000}{1,7 + (360 : K)} \text{ zu wählen.}$$

Die Ergebnisse der Abb. 144 sind mit Zylindern oder Säulen von 400 bis 625 cm² Querschnitt und mit Würfeln von 30 cm Kantenlänge gewonnen worden[2].

Ros[3] hat aus zahlreichen in Zürich ausgeführten Versuchen die Beziehung $E = \dfrac{550\,000 \cdot K_p}{150 + K_p}$ angegeben, worin K_p die Prismenfestigkeit des Betons bedeutet. Diese Gleichung lieferte Werte, die nahe den soeben angegebenen liegen.

Bolomey[4] fand $E = (c + s)^2\, \dfrac{700 \cdot K}{100 + K}$, worin $c + s$ der absolute Raum des Zements und der Zuschlagstoffe in der Raumeinheit des Betons, K die Würfelfestigkeit des Betons sind.

Im ganzen muß beachtet werden, daß die beschriebenen Gleichungen der Beziehungen der Druckelastizität und Druckfestigkeit des

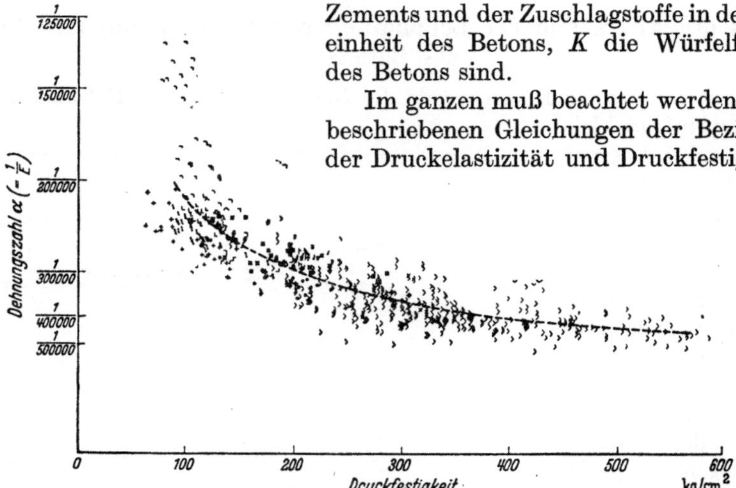

Abb. 144. Abhängigkeit der Druckelastizität des Betons von dessen Druckfestigkeit.

Betons nur einen groben Anhalt geben können, weil die unter 2. bis 5. besprochenen Einflüsse in den angegebenen Gleichungen nur teilweise zur Geltung kommen[5].

8. Gesamte Zusammendrückungen des Betons bis zum Bruch.

An Säulen verschiedener Zusammensetzung fand sich die Zusammendrückung unmittelbar vor der Rißbildung zu 0,74 bis 1,5 mm/m, unter der Höchstlast zu 1,36 bis 2,26 mm/m*. In der Druckzone von Stahlbetonbalken sind größere Zusammendrückungen beobachtet worden[6].

---

[1] Beton u. Eisen 1923 S. 4 u. 5.
[2] Für Säulen mit 900 cm² Querschnitt und Würfel mit 20 cm Kantenlänge vgl. Dtsch. Ausschuß Eisenbeton Heft 77 S. 35.
[3] Vgl. u. a. Bericht 99 der Eidgenössischen Materialprüfungs- und Versuchsanstalt für Industrie, Bauwesen und Gewerbe in Zürich 1937 S. XI und XIII (Versuche und Erfahrungen an ausgeführten Eisenbetonbauwerken in der Schweiz).
[4] Zement 1939 S. 685ff.
[5] Vgl. auch Schreyer: Beton u. Eisen 1933 S. 42ff.
* Näheres Dtsch. Ausschuß Eisenbeton Heft 77.
[6] Handbuch für Eisenbetonbau, 4. Aufl. Bd. 1 S. 130.

H. Zugfestigkeit und Biegezugfestigkeit des Betons.

1. Allgemeines zur Beurteilung der Größe der Zugfestigkeit und der Biegezugfestigkeit des Betons. Einfluß der Gestalt und der Abmessungen der Probekörper. Bedeutung der Behandlung des Betons.

a) Über die Ermittlung der Zugfestigkeit.

Die Feststellung der Zugfestigkeit des Betons geschieht in Stuttgart mit Körpern nach Abb. 145[1]. Der Körper ist so gestaltet, daß der mittlere prismatische Teil zentrisch belastet werden kann. Bei der Herstellung der Betonkörper nach Abb. 145 ist besonders zu sorgen, daß der Beton durchweg gleich wird, damit die nicht ganz vermeidbaren inneren Exzentrizitäten tunlichst klein bleiben.

Beim Vergleich der Ergebnisse von Zugversuchen mit denen von Biegeversuchen ist zu beachten, daß die Versuchsstrecke (der prismatische Teil) des Körpers nach Abb. 145 überall gleich beansprucht sein soll und daß beim Biegeversuch die größte Anstrengung nur am Balkenrand auftritt. Naturgemäß ist die schwächste Stelle der Versuchsstrecke maßgebend; Körper mit langer Versuchsstrecke tragen deshalb weniger als solche mit kurzer Versuchsstrecke.

In besonderem Maß wird die Größe der Zugfestigkeit durch die Größe des Querschnitts der Versuchskörper beeinflußt, vor allem solange der Beton austrocknet, also solange der Betonkörper Schwindspannungen enthält[2]. Es fand sich für Körper

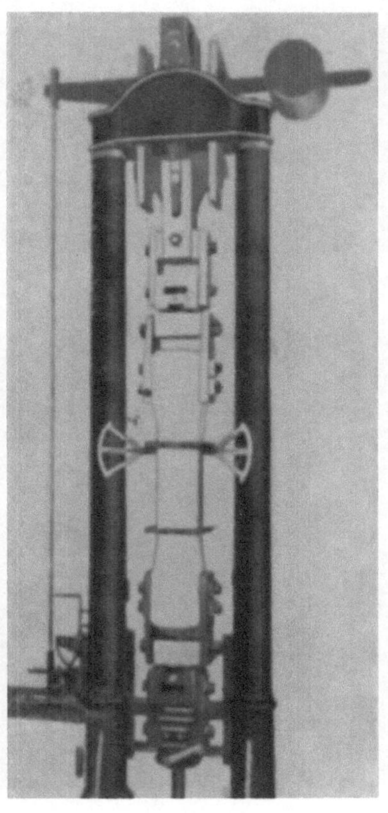

Abb. 145.
Einrichtung für Zugversuche mit Beton.

mit Querschnitten von	5	100	400 cm²
nach 28 tägiger feuchter Lagerung	33,4	21,0	17,6 kg/cm²,
nach 7 tägiger feuchter und 21 tägiger trockener Lagerung	44,8	15,9	12,0 „

b) Über die Ermittlung der Biegezugfestigkeit des Betons.

Die Biegezugfestigkeit des Betons ist für die Widerstandsfähigkeit von Betonstraßen, Röhren, Gehwegplatten, Kabelformstücken von großer Bedeutung, auch im Stahlbetonbau nicht unwichtig[3]. Wenn die Biegezugfestigkeit gesucht wird, so ist anzustreben, Zahlen zu gewinnen, die hinreichend zuverlässig auf die Wirklichkeit übertragen werden können. Deshalb sind die Proben mit einem

---

[1] BACH: Forsch.-Arb. Ing.-Wes. 1907 Heft 45 bis 47 S. 102ff.; ferner WALZ: Handbuch der Werkstoffprüfung Bd. 3 S. 472ff.; auch BRENNER: Ebenda S. 481ff.

[2] BACH u. GRAF: Forsch.-Arb. Ing.-Wes. 1909 Heft 72 bis 74 S. 103ff. Ferner im vorliegenden Buch S. 20 bis 22.

[3] SPANGENBERG: Beton u. Eisen 1927 S. 16ff.; GRAF: Beton u. Eisen 1928 S. 250; Betonwerk 1928 S. 505ff.

Querschnitt von mindestens 10 cm $\times$ 10 cm herzustellen. Für den Betonstraßenbau sind Proben mit 10 cm Höhe und 15 cm Breite vorgeschrieben[1].

Ferner muß wie unter a) beachtet werden, daß der Beton über eine gewisse Erstreckung Ungleichmäßigkeiten aufweist. Infolgedessen muß die Anstrengung, welche den Bruch herbeiführt, in dem Versuchskörper über eine nicht zu kleine Erstreckung hin vorhanden sein. Die Bedeutung dieses Umstandes tritt uns entgegen, wenn die Ergebnisse der Prüfung nach Abb. 90 (2 Lasten) und Abb. 91 (1 Last) verglichen werden. Versuchsergebnisse zeigen, daß die Biegezugfestigkeit mit der Anordnung nach Abb. 90 (2 Lasten) $^6/_{10}$ bis $^9/_{10}$, im Mittel etwa $^4/_5$ der Biegezugfestigkeit beträgt, die sich im Falle der Abb. 91 (1 Last) ergibt. Die Prüfung mit einer Last nach Abb. 91 lieferte also im Mittel etwa um $^1/_4$ größere Biegezugfestigkeiten als die Prüfung mit 2 Lasten nach Abb. 90[2].

Unterschiede dieser Art waren zu erwarten. Wenn nur eine Last wirkt, entsteht rechnerisch nur an der unteren Kante des mittleren Querschnitts die größte Zuganstrengung, während beim Vorhandensein von zwei Lasten die untere Fläche auf dem gesamten Gebiet zwischen den zwei Lasten die größte Zuganstrengung erfährt. Im letzteren Fall werden schwache Stellen des Betons eher Einfluß nehmen, außerdem wird der Bruch eher die groben, festeren Stücke umgehen. So sehen wir in Abb. 147 oben Bruchstücke von Balken, die

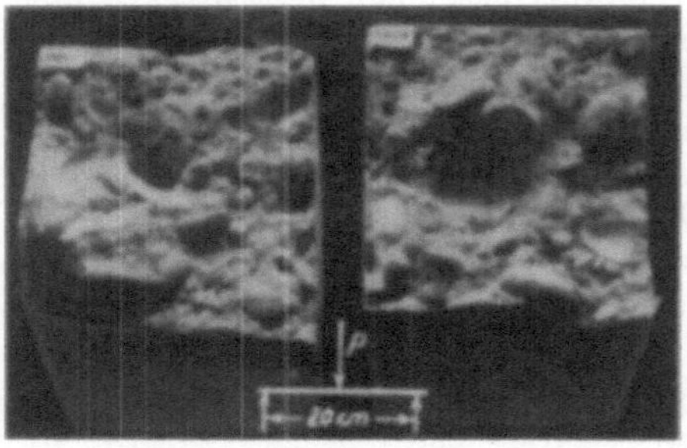

Abb. 146.

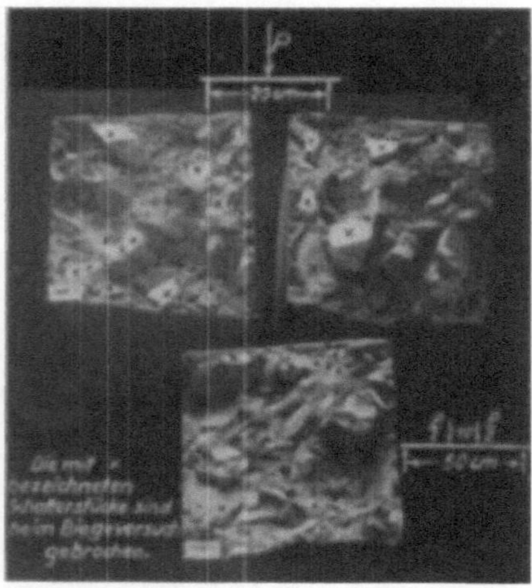

Abb. 147.

Abb. 146 und 147. Bruchflächen von Balken mit Rheinkies (Abb. 146) und Kalksteinschotter (Abb. 147). Einfluß der Anordnung der Last (Abb. 147).

---

[1] Anweisung für den Bau von Betonfahrbahndecken 1939 S. 83.

[2] Über den Einfluß der Lastanordnung haben GONNERMAN u. SHUMAN später ausführlich berichtet und dabei auch den Einfluß der Höhe und der Spannweite der Balken verfolgt (3 bis 12″ Höhe, 6 bis 60″ Spannweite); Portland Cement Association. Report of the Director of Research, November 1928 S. 174ff. Im Einklang damit stehen ältere Stuttgarter Versuche (Forsch.-Arb. Ing.-Wes. 1909 Heft 72 bis 74 S. 96, Abb. 140). Bei Prüfung der Balken mit zwei Lasten, wie dies in Stuttgart seit längerer Zeit üblich ist, blieben Höhe und Spannweite in den angegebenen Grenzen ohne erheblichen Einfluß. — Versuche über den Einfluß der Höhe der Balken vgl. bei GRAF: Betonwerk 1928 S. 509. Bei Vergrößerung der Balkenhöhe von 4 auf 10 cm blieb die Biegezugfestigkeit fast unverändert. Versuche über den Einfluß der Abmessungen der Balken haben sodann REAGEL u. WILLIS: Public Roads Bd. 12 (1931/32) S. 37ff. mitgeteilt. Hiernach war die Höhe der Balken (10 bis 25 cm) von großem Einfluß auf die Biegezugfestigkeit; die Breite und Länge der Balken hatten nur unerheblichen Einfluß. Anscheinend hat die Art der Verarbeitung das Ergebnis beeinflußt; die Formen wurden ohne Verdichtungsarbeit gefüllt und der Beton nur abgestrichen. — Bei gleichen Abmessungen und gleichen Baustoffen lieferten die Prüfungen in verschiedenen Versuchsanstalten nur kleine Unterschiede der Biegezugfestigkeit. — Weitergehende Versuche hat NASCHOLD angestellt und im Bauingenieur 1941 S. 40ff. veröffentlicht. — Über die Prüfung der Biegezugfestigkeit vgl. ferner WALZ: Handbuch der Werkstoffprüfung Bd. 3 S. 468ff.

mit einer Last geprüft worden sind, unten das Bruchstück eines Balkens, der mit zwei Lasten beansprucht war. In den oben abgebildeten Querschnitten fanden sich grobe Schotterstücke, die beim Biegeversuch gebrochen sind (mit × bezeichnet), während im unten dargestellten Stück nur an schwachen Splittern Bruchflächen gefunden wurden, im übrigen die Bruchfläche des Betons über die Oberfläche der groben Stücke verlief. Bei der Lastanordnung nach Abb. 90 — sie lieferte die kleineren Biegezugfestigkeiten — verlief der Bruch also nicht durch die groben Schotterstücke.

Abb. 146 zeigt die Bruchflächen von Balken aus Kiesbeton, geprüft nach Abb. 91, wobei der Kies aus Gestein hoher Festigkeit bestand. Kein Kiesstück war gebrochen. Der Bruch des Betons verlief über die Oberfläche der Kiesstücke. Der Vergleich von Abb. 146 und 147 läßt zunächst erkennen, daß die Art der Zuschläge (Kies, Schotter) den Bruchverlauf beeinflußt[1].

Diese Bruchbilder sind überdies lehrreich für die Beurteilung von Vorgängen bei der Zerstörung von Zementwaren beim Transport, Einbau usw., wie ohne weiteres zu entnehmen ist. Nicht selten wird Beton, dessen grobe Zuschläge beim Bruch unverletzt bleiben, als mangelhaft angesehen. Die gezeigten Beispiele lassen erkennen, daß die Belastungsanordnung auch beteiligt sein kann.

Besonders wichtig ist sodann die Behandlung der Probekörper vor dem Biegeversuch, entsprechend dem unter a) Gesagten. Weiteres vgl. unter 8, S. 151ff.

2. Einfluß des Zements und des Zementgehalts auf die Zugfestigkeit und auf die Biegezugfestigkeit des Betons.

a) Einfluß des Zements und des Zementgehalts auf die Zugfestigkeit des Betons.

Über die ersten Versuche mit Körpern nach Abb. 145, hergestellt mit 2 Zementen, ist von C. Bach[2] berichtet worden. Die aus Stampfbeton gefertigten, feucht gelagerten Körper lieferten die Zugfestigkeit im Alter von 235 und 244 Tagen zu 13,0 und 12,6 kg/cm², wobei die Einzelwerte zwischen 11,8 und 13,8 kg/cm² lagen.

Ausführlichere Versuche mit 3 Zementen, die sich durch die Normenfestigkeit bedeutend unterschieden, ergaben folgendes[3]:

Zugfestigkeit des Betons im Alter von rd. 45 Tagen	Zement H	S	M	
weich angemacht	19,0	17,3	11,4	kg/cm²,
nahezu flüssig angemacht	17,0	16,6	11,2	„ .

Hiernach besteht ein großer Einfluß des Zements auf die Zugfestigkeit des Betons.

Der Einfluß des *Zementgehalts* erhellt aus folgenden Zahlen[4]: Die Zugfestigkeit fand sich für 45 Tage alte, feucht gelagerte Körper wie folgt (Zusammenstellung auf S. 140).

Bei anfänglich feucht, dann trocken gelagerten Körpern können die im fetteren Beton größeren Schwindspannungen so groß werden, daß der Beton mit

---

[1] Die obigen Feststellungen gelten bei der Verwendung von gesundem Gestein, von hoher Festigkeit. Mangelhafte Stücke brechen eher als gute.

[2] Bach, C.: Mitt. Forschungsarbeiten 1907 Heft 45 bis 47 S. 102 bis 104 sowie S. 142.

[3] Bach u. Graf: Forsch.-Arb. Ing.-Wes. 1909 Heft 72 bis 74 S. 47 u. 48. Über Versuche im Laboratorium des Vereins Deutscher Eisenportlandzementwerke vgl. Zement 1935 S. 532ff. Dort ist u. a. über Versuche mit Tonerdezement berichtet. Die an Proben mit einer Querschnittsfläche von 100 cm² festgestellte Zugfestigkeit betrug im Alter von 28 Tagen bis 35 kg/cm² und war größer als die Zugfestigkeit des mit anderen Zementen hergestellten Betons.

[4] Diese und weitere Ergebnisse sind Forsch.-Arb. Ing.-Wes. 1909 Heft 72 bis 74 S. 42ff. entnommen.

Zusammensetzung des Betons	aus weich angemachtem Beton kg/cm²	aus nahezu flüssig angemachtem Beton kg/cm²
1 Zement 3 Rheinsand 4 Rheinkies	13,9	12,4
1 Zement 2 Rheinsand 3 Rheinkies	19,0	17,0
1 Zement 1,5 Rheinsand 2 Rheinkies	23,2	22,8

dem höheren Zementgehalt zeitweise die kleinere Zugfestigkeit liefert[1]. Vgl. später unter 8, S. 151 ff.

b) Einfluß des Zements auf die Biegezugfestigkeit des Betons.

Hier sind die zahlreichen Versuche wertvoll, die für den Bau der Reichsautobahnen ausgeführt wurden[2]. Kennzeichnende Ergebnisse sind in Abb. 19 dargestellt. Hier ist die Biegezugfestigkeit von Straßenbeton, hergestellt mit sehr verschiedenen Zementen (300 kg je m³ Beton), zu der Biegezugfestigkeit des Prüfmörtels nach DIN 1164 in Beziehung gebracht. Die Linienzüge geben an, daß die Biegezugfestigkeit des Betons nach feuchter Lagerung in hohem Maß von den Eigenschaften des Zements abhing und daß die Festigkeit des Betons mit der Festigkeit des Prüfmörtels zunahm. Allerdings stieg hier die Festigkeit des Straßenbetons weniger als die Festigkeit des Prüfmörtels.

Mit Beton von kleinerem Zementgehalt wurden die Unterschiede der Biegezugfestigkeit bei Verwendung verschiedener Zemente größer als in Abb. 19.

c) Einfluß des Zementgehalts auf die Biegezugfestigkeit des Betons.

Abb. 148 enthält Feststellungen mit besonders gut zusammengesetztem Beton bei Zementgehalten von 155 bis 608 kg/m³ unter den Bedingungen, die S. 78 für die zugehörigen in Abb. 82 dargestellten Versuche beschrieben sind. Zunächst ist zu erkennen, daß die Biegezugfestigkeit hier bei Zementgehalten über 260 kg/m³ mit dem besonders fein gemahlenen Zement B nur noch wenig gestiegen ist. Mit dem gröber gemahlenen Zement S war der Einfluß des Zementgehalts größer. Wichtig ist weiter, daß der Einfluß des Zementgehalts auf die Biegezugfestigkeit weit weniger ausgeprägt ausfiel als auf die Druckfestigkeit, wie ein Vergleich der Abb. 148 und 82 zeigt.

Der Grenzwert der Biegezugfestigkeit unter den für Abb. 148 geltenden Bedingungen lag bei rd. 100 kg/cm².

Bei 5 cm dicken Platten aus gespritzten Mörteln ist die Biegezugfestigkeit im Alter von 4 Monaten bis zu 151 kg/cm² ermittelt worden[3].

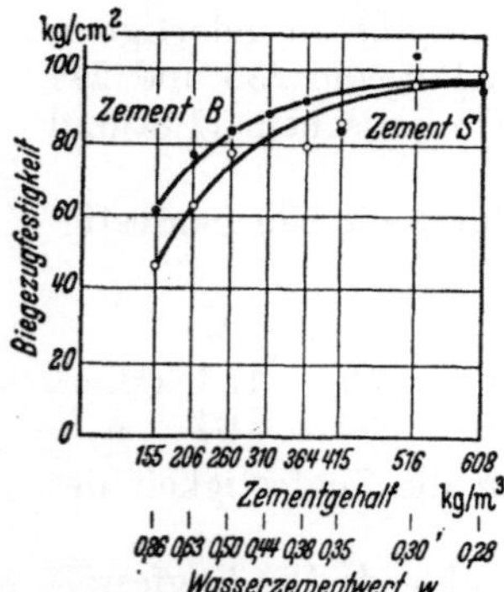

Abb. 148. Abhängigkeit der Biegezugfestigkeit vom Zementgehalt des Betons bei Verwendung von zwei Zementen.

3. Einfluß der Körnung der Zuschlagstoffe auf die Zugfestigkeit und Biegezugfestigkeit des Betons[4].

a) Einfluß der Kornzusammensetzung des Sands.

Abb. 149 zeigt die Ergebnisse der Prüfung von 12 Monate alten Balken nach Wasserlagerung. Die Mörtel waren aus Rheinsand nach den Linienzügen 3 bis 9

[1] BACH u. GRAF: Forsch.-Arb. Ing.-Wes. 1910 Heft 95 S. 18.

[2] Die bis Ende 1939 ausgeführten Versuche sind in Forsch.-Arb. Straßenwesen 1940 Bd. 27, insbesondere S. 50 ff., zusammengefaßt.

[3] GRAF: Dtsch. Ausschuß Eisenbeton 1931 Heft 65 S. 31 ff.

[4] Zugversuche mit Beton verschiedener Körnung sind in systematischer Folge nicht

der Abb. 89 zusammengesetzt. Die höchsten Biegezugfestigkeiten lieferten im Mittel die Mörtel 5. Nach diesen Feststellungen und nach den Beobachtungen bei der Verarbeitung der Mörtel kann wie bei den Druckversuchen empfohlen werden, die Sieblinie der Mörtel, die hohe Biegezugfestigkeiten liefern sollen, nach der Linie der Mörtel 5 oder etwas feiner zu wählen, wenn es sich um Flußsand handelt; es ist also — wenn möglich — die Körnung des Mörtels zwischen den Linien 5 und 7 der Abb. 89 zu suchen.

Der gleiche Einfluß der Kornzusammensetzung des Sands ist in bezug auf die Zugfestigkeit beobachtet worden[1].

Im übrigen sei auf das S. 83ff. für die Druckfestigkeit von Mörteln Gesagte verwiesen, das auch hier gilt[2]. Dort sind auch lehrreiche Feststellungen über die Biegezugfestigkeit wiedergegeben, vor allem in Abb. 107a, 107b, 108a, 108b, 108c und 108d.

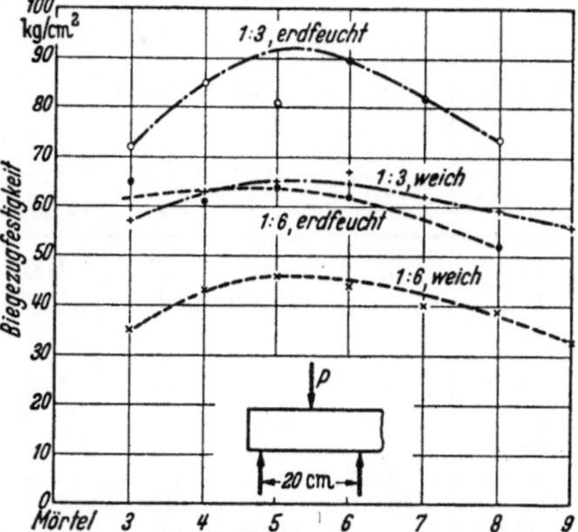

Abb. 149. Biegezugfestigkeit der in Abb. 89 bezeichneten Mörtel 3 bis 9 mit Rheinsand. Alter: 12 Monate. Lagerung: 14 Tage unter feuchten Tüchern, 1½ Monate an der Luft, dann unter Wasser.

b) Einfluß des Sandgehalts des Betons.

Von weich angemachtem Mörtel aus 1 Gewichtsteil Zement und 2 Gewichtsteilen Rheinsand ohne grobe Zuschlagstoffe sowie mit 2 bzw. 4 Gewichtsteilen Rheinkies oder Splitt aus Jurakalkstein sind Balken 10 cm × 10 cm × 56 cm hergestellt worden. Die Lagerung erfolgte unter feuchten Tüchern. Abb. 152 enthält die Ergebnisse der Versuche. Hiernach ist die Biegezugfestigkeit ohne und mit groben Zuschlagstoffen nur wenig verschieden ausgefallen. Maßgebend war in erster Linie die Biegezugfestigkeit des Mörtels. (Zum gleichen Ergebnis führten die Feststellungen in Zahlentafel 25[3] auf S. 142.)

Im übrigen sei auf das unter F 2, S. 80 für die Druckfestigkeit Gesagte verwiesen, das sinngemäß auch hier gilt.

c) Einfluß der Körnung der gesamten Zuschlagstoffe.

Die Bedeutung der Körnung der Zuschlagstoffe ist anschaulich aus den Versuchsergebnissen zu erkennen, die in

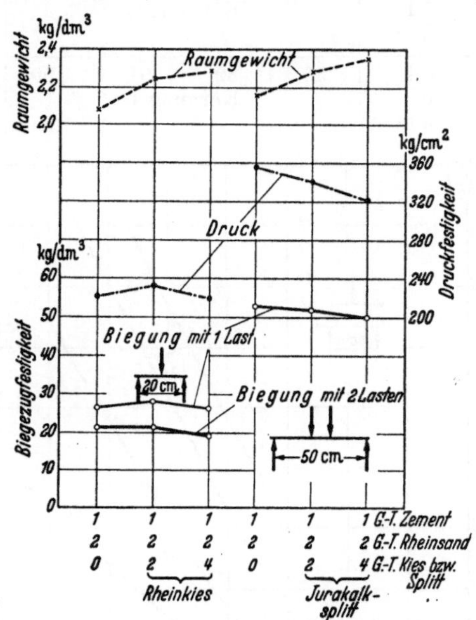

Abb. 152. Abhängigkeit der Druckfestigkeit und Biegezugfestigkeit des Betons von der Menge der groben Zuschläge.

bekannt geworden. Doch ist nach dem bisher Bekannten anzunehmen, daß die Erkenntnisse über die Biegezugfestigkeit auch für die Zugfestigkeit gelten.

[1] Abbildungen 150 u. 151 entfallen.

[2] Für Spritzmörtel vgl. Dtsch. Ausschuß Eisenbeton 1931 Heft 65 S. 31ff.

[3] Ausführliche Angaben dazu finden sich in Straße 1941 S. 264. Weitere Beispiele vgl. Betonwerk 1928 S. 508.

Zahlentafel 25. Versuche mit Balken 10 cm × 10 cm × 56 cm, hergestellt aus

1	2	3	4	5	6	7	8	9
Mischung	Körnung des Sands				Anteil des Kieses 7 bis 30 mm im Zuschlaggemisch	Rohwichte des frischen verdichteten Betons	Zementgehalt	Wasserzementwert w
	Anteil 0 bis							
	0,2 mm	1 mm	3 mm	7 mm		kg/m³	kg/m³	
1c	13	43	66	100		2230	305	0,63
1a	Körnung B					2250	338	0,56
1b						2250	378	0,50
2e	21	70	83	100		2175	345	0,62
2c	Körnung C				0	2180	372	0,56
2d						2180	408	0,53
3f	30	82	91	100		2100	331	0,70
3d	Körnung 0					2130	395	0,59
3e						2150	435	4,55
4k	13	43	66	100		2340	230	0,65
4l	Körnung B					2350	271	0,55
4m						2350	315	0,48
5k	21	70	83	100		2280	270	0,66
5l	Körnung C				40%	2300	312	0,57
5m						2310	337	0,52
6k	30	82	91	100		2260	281	0,65
6l	Körnung 0					2250	329	0,58
6m						2270	354	0,53

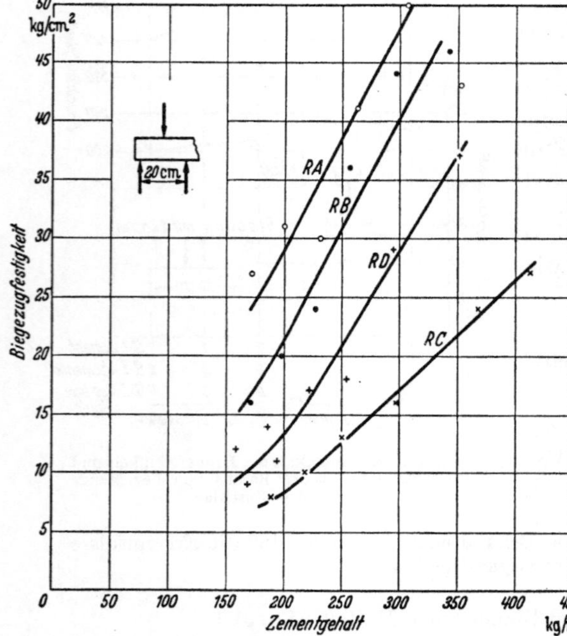

Abb. 153. Abhängigkeit der Biegezugfestigkeit des Betons von der Kornzusammensetzung der Zuschläge.

Abb. 153 wiedergegeben sind[1]. Vier verschieden gekörnte Gemische RC, RD, RB und RA aus Rheinsand und Rheinkies (vgl. Abb. 84) wurden mit verschiedenem Zementgehalt verarbeitet. Das Ausbreitmaß des frisch angemachten Betons betrug 50 cm.

Die Sieblinie des Zuschlaggemischs RC lag nahe der Linie F der Stahlbetonbestimmungen. Die Sieblinie des Gemischs RB lag bei der Linie E, diejenige des Gemischs RA bei der Linie D der Stahlbetonbestimmungen.

Der Sandgehalt des Gemischs der Zuschlagstoffe betrug im Mittel

[1] GRAF: Dtsch. Ausschuß Eisenbeton 1933 Heft 71 S. 48. Weitere Versuche über den Einfluß des Sandgehalts auf die Biegezugfestigkeit vgl. 1930 Heft 63 S. 17 u. 18.

Beton mit verschiedener Sandkörnung und mit verschiedenem Kiesgehalt.

10	11	12	13	14	15	16	17
		Biegezugfestigkeit			Druckfestigkeit		
		(Lagerung unter feuchten Rupfen bis zum Alter von 28 Tagen)					
	Roh-wichte der 7 Tage alten Balken	im Alter von				im Alter von	
Ein-dring-maß t		7 Tagen	28 Tagen	3 Monaten (28 Tage feucht, 35 Tage im Freien und 28 Tage unter Wasser)	7 Tagen	28 Tagen	3 Monaten (28 Tage feucht, 35 Tage im Freien und 28 Tage unter Wasser)
cm	kg/dm³	kg/cm²	kg/cm²	kg/cm²	kg/cm²	kg/cm²	kg/cm²
3,9	2,27	32	46	53	155	219	304
4,0	2.29	43	57	60	221	305	356
3,6	2,28	45	63	67	259	341	409
3,8	2,19	27	41	44	132	198	247
3,2	2,22	29	41	46	153	228	281
3,7	2,21	36	47	53	185	254	318
5,0	2,17	22	29	35	99	138	181
4,7	2,20	28	38	45	139	187	243
4,2	2,21	30	38	50	147	197	264
3,7	2,35	34	48	53	175	254	317
3,8	2,37	41	55	62	221	303	383
3,5	2,37	50	60	67	285	389	464
5,7	2,35	33	43	49	166	232	292
4,8	2,34	36	46	54	195	264	334
4,0	2,36	43	52	60	247	314	366
4,9	2,31	29	34	48	126	186	225
4,6	2,33	33	40	48	166	229	279
4,9	2,35	33	39	52	168	231	319

$$\text{bei}\quad RC\quad RD\quad RB\quad RA$$
$$79\qquad 72\qquad 60\qquad 43\ \%$$

Abb. 153 zeigt den bedeutenden Einfluß der Körnung der Zuschlagstoffe auf die Biegezugfestigkeit des Betons.

Mit 200 kg Zement je m³ betrug die Biegezugfestigkeit bei Reihe RC rd. 8 kg/cm², bei Reihe RA rd. 28 kg/cm²;

mit 300 kg Zement je m³ fand sich die Biegezugfestigkeit bei Reihe RC zu rd. 17 kg/cm², bei Reihe RA zu rd. 48 kg/cm².

Weiterhin ist zu beachten, daß die Biegezugfestigkeit von der Körnung der Zuschlagstoffe nicht weniger beeinflußt wird als die Druckfestigkeit, wie ein Vergleich der Abb. 153 mit Abb. 83 erkennen läßt.

d) Kleinster zulässiger Sandgehalt der Zuschlagstoffe.

Hier dürfte das unter F 2b für die Druckfestigkeit Gesagte sinngemäß gelten. Zugehörige umfassende Untersuchungen für die Biegezugfestigkeit sind dem Verfasser nicht bekannt geworden.

e) Einfluß der Kornzusammensetzung der groben Zuschlagstoffe auf die Biegezugfestigkeit des Betons. Größtes Korn der Zuschlagstoffe.

Die bis jetzt vorliegenden Beobachtungen zeigen, daß große Unterschiede der Körnung der Bestandteile von 7 bis 30 mm ohne erheblichen Einfluß auf die Biegezugfestigkeit blieben.

Wenn die Größe des gröbsten Korns von 30 auf 70 mm erweitert wurde, so fand sich wie unter F 1 b, daß der Wasserzementwert für gleichbleibende Steife des Betons etwas gesenkt werden konnte; die Biegezugfestigkeit wurde mit dem gröberen Zuschlagstoff deutlich größer[1]. Es wurde ermittelt

bei der Versuchsreihe	C	N	G	O
Sandgehalt der Zuschlagstoffe	50	52	51	51 %
Größtes Korn	30	70	30	70 mm
	(rundkörnig)		(gebrochene Zuschlagstoffe)	
Zementgehalt je m³	256	256	259	262 kg
Wasserzementwert w	0,66	0,62	0,78	0,71
Biegezugfestigkeit	30,8	36,5	24,6	31,6 kg/cm²

4. Einfluß der Kornform der Zuschlagstoffe auf die Zugfestigkeit und Biegezugfestigkeit des Mörtels und des Betons.

a) Allgemeines.

Hier gilt das unter F 3 a, S. 99 Gesagte.

b) Einfluß der Kornform des Sands auf die Biegezugfestigkeit des Mörtels.

Bei Versuchen mit Mörteln aus Rheinsand und mit solchen aus Basaltquetschsand fanden sich mit gleichem Mischungsverhältnis und gleichem Ausbreitmaß nur kleine Unterschiede der Biegezugfestigkeit, wie die folgenden Zahlen erkennen lassen.

Mischverhältnis (Gewichtsteile) und Sandart	Körnung nach DIN 1045	Ausbreitmaß cm	Biegezugfestigkeit von Prismen 4 cm·4 cm·16 cm nach 28 tägiger Wasserlagerung kg/cm²
1 : 3, Rheinsand	B	16,9	72
	C	17,2	59
1 : 3, Basaltquetschsand	B	16,8	71
	C	16,8	58
1 : 5, Rheinsand	B	16,8	46
	C	17,0	30
1 : 5, Basaltquetschsand	B	17,2	42
	C	17,3	36

c) Einfluß der Kornform der feinen Teile des Sands auf die Zugfestigkeit des Mörtels.

Bei Versuchen, die zu den in Zahlentafel 16 beschriebenen gehören, fand sich u. a. folgendes:

	Zugfestigkeit im Alter von 42 Tagen
Reihe 67 (mit Basaltquetschsand, zweckmäßig gekörnt)	40,6 kg/cm²,
„ 77 mit 6% Traß[2]	36,4 „ ,
„ 73 „ 6% Kieselgur[2]	29,0 „ .

Der Mörtel bestand aus 1 Gewichtsteil Zement und 4 Gewichtsteilen Basaltquetschsand. Ein Teil des Basaltmehls wurde durch andere Steinmehle ersetzt.

Das sperrige Kieselgurmehl, vgl. Abb. 41, hat die Zugfestigkeit erheblich mehr gesenkt als das Traßmehl.

---

[1] GRAF u. KAUFMANN: Dtsch. Ausschuß Stahlbeton 1941 Heft 96 S. 50.

[2] Bezogen auf das Zementgewicht. Näheres Zement 1928 S. 432 ff., sowie Zahlentafel 16.

Noch mehr ist die Zugfestigkeit durch Glimmer beeinträchtigt worden. Durch 6% Glimmer ging die Zugfestigkeit auf ⅔ des Grundwerts zurück, der mit Basaltquetschsand entstand. Der blätterige Glimmer hat den Wasseranspruch, der zu einer bestimmten Steife des Mörtels nötig war, erheblich erhöht; die Rohwichte des erhärteten Mörtels wurde deutlich kleiner.

d) Einfluß der Kornform der groben Zuschlagstoffe auf die Biegezugfestigkeit des Betons.

Werden an Stelle von Rollkies gedrungene Schotter von gleichwertiger Oberflächenbeschaffenheit verwendet, so ändert sich die Biegezugfestigkeit des Betons nur wenig. Beispielsweise fand sich die Biegezugfestigkeit von Straßenbeton[1]

mit Moränekies	zu 66 kg/cm²,
mit gekollertem Granitschotter N	zu 69 „ ,
mit gekollertem Granitschotter B	zu 71 „ .

Dabei war der Beton mit dem Moränekies leichter verarbeitbar als mit dem Schotter; man hätte also den Kiesbeton noch steifer anmachen können; dadurch wäre die Biegezugfestigkeit des Kiesbetons etwas größer geworden als hier angegeben.

Lehrreich sind auch die folgenden Zahlen, ebenfalls mit Straßenbeton ermittelt[2]:

	Biegezugfestigkeit	
	nach 28 tägiger Wasserlagerung	nach weiterer 28 tägiger Luftlagerung
mit splittrigem Granit . . .	61	64 kg/cm²,
mit gedrungenem Granit . .	71	58 „ ,
mit splittrigem Quarzit . . .	67	68 „ ,
mit gedrungenem Quarzit . .	72	60 „ .

5. Einfluß der Oberflächenbeschaffenheit der Zuschlagstoffe auf die Biegezugfestigkeit des Betons.

Hier ist zunächst auf F 4, S. 103 zu verweisen. Dort sind zugehörige Versuche beschrieben; in Abb. 110 finden sich die Ergebnisse. Hiernach ist die Biegezugfestigkeit mit rauhem Schotter etwas größer ausgefallen als mit gekollertem Schotter. Besonders gute Zuschlagstoffe sollen demnach eine rauhe Oberfläche haben, wenn es sich um die Herstellung von Beton mit hoher Biegezugfestigkeit handelt[3].

Im Einklang mit dieser Feststellung stehen folgende Zahlenreihen, die wie Abb. 110 für Straßenbeton gelten[4]:

Grobe Zuschlagstoffe	Biegezugfestigkeit nach 21 tägiger feuchter Lagerung
Moränekies	49 kg/cm²,
Quarzitsplitt A	50 „ ,
Glassplitt	36 „ ,
gekollerter Glassplitt	41 „ .

Das gebrochene Glas hatte glatte Oberflächen. Bei dessen Verwendung an Stelle von Moränekies oder Quarzitsplitt ging die Biegezugfestigkeit erheblich zurück. Der gekollerte Glassplitt war weniger glatt als der ursprüngliche Glassplitt; deshalb fiel die Biegezugfestigkeit mit dem gekollerten Glassplitt höher aus.

---

[1] GRAF: Schriftenreihe der Forschungsgesellschaft für das Straßenwesen 1937 Heft 10 S. 24 u. 25.   [2] WALZ: Betonstraße 1939 S. 215 unter C III 2 b.

[3] Bei der Druckfestigkeit war dieser Einfluß im Falle der Abb. 110 weniger bedeutsam, beim Schotter überdies anders gerichtet. Vgl. S. 103.

[4] GRAF: Schriftenreihe der Forschungsgesellschaft für das Straßenwesen 1937 Heft 10 S. 24 bis 32.

6. Einfluß der Gesteinsart und der Festigkeit des Gesteins auf die Biegezugfestigkeit des Betons[1].

Zunächst sei auf Versuche mit Straßenbeton verwiesen[2]. Der Sand bis 3 mm war stets Rheinsand; die Stücke von 3 bis 40 mm bestanden aus, verschiedenen Gesteinen, wie die folgenden Reihen erkennen lassen.

Art des Gesteins	Biegezugfestigkeit des trocken gelagerten Gesteins in kg/cm²	Biegezugfestigkeit des Betons in kg/cm²	
		nach 1 jähriger gemischter Lagerung	nach 4 jähriger gemischter Lagerung
Diabas	408	64	86
Basalt *W*	243	60	78
Muschelkalk	52	61	76
Schaumkalk	102	62	70

Die Biegezugfestigkeit des Betons ist nach 1 Jahr trotz der verschiedenen Art und trotz der verschiedenen Biegezugfestigkeit des Gesteins nur wenig verschieden ausgefallen. Die 4 Jahre alten Betonbalken lieferten größere Unterschiede der Biegezugfestigkeit des Betons; die höchste Festigkeit entstand mit Diabas[3].

Weitere Aufschlüsse geben die folgenden Zahlen, ebenfalls mit Straßenbeton beobachtet[4]:

Art des Gesteins	Biegezugfestigkeit des Betons in kg/cm² nach Wasserlagerung	
	im Alter von 1 Monat	im Alter von 6 Monaten
Basalt *L*	74	86
Quarzit	74	85
Kalkstein *E* (Weißer Jura ε).	79	96
Mainkies *O*	60	73

Hier sind die höchsten Werte mit Jurakalkstein[5], die kleinsten mit Mainkies entstanden. Der Mainkies enthielt erhebliche Mengen Sandstein, also Gestein mit kleiner Biegezugfestigkeit. Deshalb ist die Biegezugfestigkeit des Betons mit Mainkies am kleinsten ausgefallen.

Andere Versuche zeigten, daß die Zugfestigkeit von Zementmörteln mit Rheinsand oder Dolomit bei gleicher Körnung nach Wasserlagerung sehr verschieden ausfiel; mit Dolomit entstanden erheblich höhere Zugfestigkeiten. Bei Lagerung im Freien wurde die Zugfestigkeit der Mörtel mit Rheinsand und mit Dolomit zunächst verschieden, im Laufe von 4 Jahren jedoch fast gleich, überdies größer als nach Wasserlagerung[6].

Weiteres vgl. unter Y, S. 261ff. (Leichtbeton), ferner unter U, S. 211ff. (Wetterbeständigkeit).

Wichtig ist hier ferner der Einfluß von frostgefährdeten Bestandteilen der Zuschlagstoffe.

Um festzustellen, wieviel solcher Bestandteile in Abhängigkeit von den Korngrößen in sonst gut zusammengesetztem Straßenbeton sein dürfen, ohne daß

---

[1] Vgl. auch unter F 5, S. 104.

[2] GRAF: Schriftenreihe der Forschungsgesellschaft für das Straßenwesen 1937 Heft 10 sowie zugehörige spätere noch nicht veröffentlichte Versuche.

[3] Bei der Druckfestigkeit des Betons sind diese Unterschiede nicht aufgetreten. Vgl. S. 104.

[4] WALZ: Betonstraße 1939 S. 215ff.

[5] Vgl. auch KELLERMANN: Public Roads 1929 S. 72. Dort sind die höchsten Biegezugfestigkeiten mit Kalksteinen entstanden; bei der Druckfestigkeit trat der Einfluß des Gesteins zurück (vgl. die angegebene Quelle u. a. S. 79).

[6] GRAF: Z. VDI 1938 S. 816.

wesentliche Schäden zu erwarten sind, wurde Beton mit einem praktisch als frostempfindlich erkannten Gestein (kreidigmergeliger Kalkstein aus Ostpreußen) angestellt[1].

Der Beton enthielt 330 kg Zement je m³; das Zuschlaggemisch bestand aus Rheinsand 0 bis 3 mm, gebrochenem Basalt von 3 bis 30 mm und verschieden großen Anteilen des frostgefährdeten Gesteins. An Stelle eines entsprechenden Anteils des gebrochenen Basalts wurde 3%, 6% und 10% des frostgefährdeten Gesteins verwendet, je mit der Körnung 3 bis 7 mm oder 15 bis 30 mm.

Die Probekörper (Platten und Würfel) erhärteten bis zur Einwirkung des Frostes im Alter von 56 Tagen bei Zimmertemperatur, und zwar während 14 Tagen unter Wasser, dann während 28 Tagen an der Luft und anschließend 14 Tage unter Wasser. Dann wurden die Würfel abwechselnd 50 mal dem Gefrieren und Auftauen unterworfen.

Die Ergebnisse finden sich in Zahlentafel 26.

Zahlentafel 26. Einfluß frostempfindlicher Teile der Zuschlagstoffe.

1	2	3	4
Gehalt an frostempfindlichem Gestein	nach Wasserlagerung Alter 15 Wochen	nach dem Frostversuch Alter 15 Wochen	Verhältniszahlen Spalte 3 / Spalte 2
a) Biegezugfestigkeit von Platten 20 cm × 20 cm × 7 cm, kg/cm²			
0	80	72	0,90
3% 3 bis 7 mm . . .	84	72	0,86
6% 3 bis 7 mm . . .	71	68	0,96
10% 3 bis 7 mm . . .	66	60	0,91
3% 15 bis 30 mm . . .	77	69	0,90
6% 15 bis 30 mm . . .	79	72	0,91
10% 15 bis 30 mm . . .	69	58	0,84
b) Druckfestigkeit von Würfeln mit 7 cm Kantenlänge, kg/cm²			
0	463	436	0,94
6% 3 bis 7 mm . . .	493	467	0,95
6% 15 bis 30 mm . . .	458	424	0,93

Die *Biegezugfestigkeit* der Platten *ohne* frostgefährdetes Gestein betrug nach den Frostwechseln 90% der gleichen, nur wassergelagerten Platten. Diese geringere Festigkeit ist in erster Linie auf die beim Frostversuch weitgehend gehemmte Festigkeitsentwicklung zurückzuführen.

Bei den Platten mit frostgefährdetem Gestein betrug die Biegezugfestigkeit nach dem Frostversuch 96% bis 84% jener der nur wassergelagerten Platten. Eine deutliche Verringerung der Biegezugfestigkeit des Betons durch die Frostwechsel trat demnach, auch bei einem Gehalt von rd. 10% an frostgefährdetem Gestein, nicht in Erscheinung.

Doch ist festzustellen, daß der Beton mit einem höheren Gehalt dieses weichen Gesteins, auch ohne Frostbeanspruchung, eine deutlich geringere Biegezugfestigkeit lieferte. Die Biegezugfestigkeit ging durch das weiche Gestein bei einem Gehalt von 10% der Körnung 3 bis 7 mm von 80 kg/cm² auf 66 kg/cm² bzw. auf 69 kg/cm² mit der Körnung 15 bis 30 mm zurück.

Die *Druckfestigkeit* wurde bei Verwendung von 6% frostgefährdetem Gestein bei den wassergelagerten Würfeln nicht kleiner als bei den Proben ohne dieses Gestein; auch durch die Frostwechsel stellte sich kein größerer Festigkeitsrückgang ein als bei den Würfeln ohne frostgefährdetes Gestein. Durch die größeren Teile des frostgefährdeten Gesteins, die *nahe der Oberfläche der Proben* lagen, sind

---

[1] Vgl. auch Walz: Betonstraße 1939 S. 215ff.

bereits vom 10. Frostwechsel an deutliche Zerstörungen entstanden. Diese Zerstörungen entstanden durch das Auftreiben außenliegender frostgefährdeter Teile; sie traten nur mit Körnern von 15 bis 30 mm auf. Mit 10% des frostgefährdeten Gesteins aus der Körnung 3 bis 7 mm entstand keine Schädigung. Offenbar reichte die Sprengwirkung dieser kleinen Körner beim Gefrieren zur Zerstörung des umgebenden Betons nicht mehr aus.

7. Einfluß der Größe des Wasserzusatzes auf die Zugfestigkeit und Biegezugfestigkeit des Betons.

a) Zugversuche.

Abb. 154[1] zeigt die Abnahme der Zugfestigkeit von *Zementmörteln* aus Portlandzement und Rheinsand verschiedener Körnung bei Zunahme des Wasserzementwerts w. Die gestrichelte Kurve folgt der Gesetzmäßigkeit, die S. 59 und 108 sinngemäß für die Beziehungen der Druckfestigkeit und des Wasserzementwerts beschrieben sind.

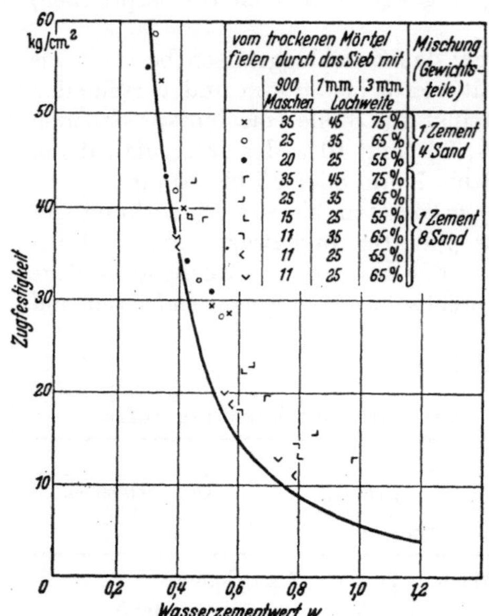

Abb. 154. Zugfestigkeit von Zementmörteln in Abhängigkeit vom Wasserzementwert. Alter 28 Tage. Lagerung 7 Tage feucht, dann trocken. Probekörper mit 5 cm² Querschnitt.

Weitere Feststellungen über die *Zugfestigkeit* von Betonkörpern finden sich

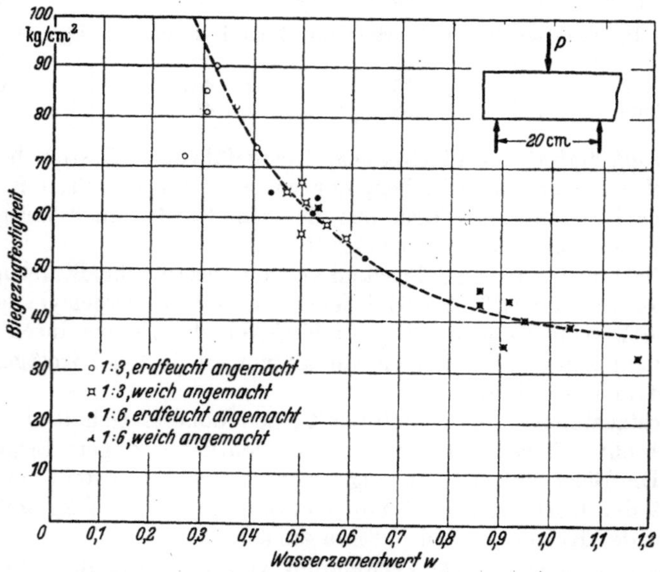

Abb. 155. Biegezugfestigkeit der in Abb. 89 bezeichneten Mörtel 3 bis 9 mit Rheinsand im Alter von 12 Monaten. Lagerung: 14 Tage unter feuchten Tüchern, 1½ Monate an der Luft, dann unter Wasser.

in Zahlentafel 27. Dort ist ersichtlich, daß die Zugfestigkeit von der Größe des Wasserzusatzes weniger beeinflußt worden ist als die Druckfestigkeit.

---

[1] GRAF: Bauingenieur 1924 S. 736ff.

Zahlentafel 27.

Abhängigkeit der Zugfestigkeit des Betons von der Größe des Wasserzusatzes.

1	2	3	4	5
Zusammensetzung des Betons (Raumteile)	Wasserzusatz Gewichtsprozente	Steife des Betons	Zugfestigkeit [1] kg/cm²	Druckfestigkeit [2] (Würfel von 30 cm Kantenlänge) kg/cm²

1. Zugkörper mit 400 cm² Querschnitt. Beton verschiedener Steife. Alter: 45 Tage[3]; feucht gelagert.

1 Zement,	6,8	erdfeucht	20,0 (1)	274 (1)
2 Rheinsand,	7,8		19,0 (0,95)	224 (0,82)
3 Rheinkies	9,0	weich	17,0 (0,85)	201 (0,73)

2. Zugkörper wie unter 1, jedoch mit verschiedenen Sanden und Zuschlägen[3]

Spalte 3: „Beim fertig gestampften Beton mit dem kleineren Wasserzusatz drang der Normenstampfer von 12 kg Gewicht beim 2. Herabfallen aus 20 cm Höhe 8 cm Höhe ein; beim Beton mit dem höheren Wasserzusatz ebenso tief lediglich durch das Gewicht."

a) 1 Zement, 2 Kalksteinquetschsand[4], 3 Rheinkies	9,7 / 11,2	18,4 (1) / 15,0 (0,82)	191 (1) / 147 (0,77)
b) 1 Zement, 2 Basaltquetschsand[4], 3 Basaltschotter	14,5 / 16,8	18,9 (1) / 15,7 (0,83)	178 (1) / 124 (0,70)
c) 1 Zement, 2 Rheinsand, 3 Bimskies	24,5 / 26,5	16,5 (1) / 15,4 (0,93)	134 (1) / 120 (0,90)

3. Zugkörper mit 400 cm² Querschnitt. Bis zum 7. Tage feucht, dann trocken gelagert[5]

		28 Tage	45 Tage	6 Mon.	1 Jahr	28 Tage	45 Tage	6 Mon.	1 Jahr
1 Zement, 2 Rheinsand, 3 Rheinkies	7,8 / 9,0	12,4 / 12,0	13,7 / 11,8	19,5 / 15,3	23,7 / 23,1	225 / 191	253 / 209	337 / 297	371 / 329

4. Zugkörper mit 400 cm² Querschnitt, hergestellt mit verschiedenen Mischverhältnissen. Bis zum 7. Tage feucht, dann trocken gelagert[5]. Alter: 45 Tage

1 Zement, 3 Rheinsand, 4 Rheinkies	8,2 / 9,5	wie unter 2	10,5 (1) / 8,6 (0,82)	149 (1) / 130 (0,87)
1 Zement, 1,5 Rheinsand, 2 Rheinkies	9,0 / 10,0		13,1 (1) / 12,3 (0,94)	310 (1) / 278 (0,90)

b) Biegeversuche.

In Abb. 155 finden sich Ergebnisse von Biegeversuchen mit Prismen aus Mörteln mit verschiedener Körnung, mit verschiedenem Wassergehalt und mit verschiedenem Zementgehalt. Auch hier zeigt sich die Abnahme der Biegezugfestigkeit mit Zunahme des Wasserzementwerts.

Weitere Beispiele über den Einfluß des Wasserzementwerts auf die Biegezugfestigkeit des Betons, festgestellt an dauernd feucht gehaltenen Betonproben, finden sich in den Zahlenreihen auf S. 150.

Ähnliche Verhältnisse zeigten sich bei vielen anderen Versuchen[6]. Bei der Beurteilung der Versuchsergebnisse ist folgendes besonders bemerkenswert:

Die Biegezugfestigkeit des Betons erreicht den Höchstwert mit einem höheren Wasserzementwert als die Druckfestigkeit. Stampfbeton, dessen Steife einer

---

[1] Mittel aus je 3 Versuchen. Körper nach Abb. 145.   [2] Mittel aus je 3 Versuchen.
[3] Mitt. über Forschungsarbeiten, 1909, Heft 72 bis 74.
[4] Brechsand mit hohem Staubgehalt, vgl. Mitt. über Forschungsarbeiten 1909, Heft 72 bis 74, S. 36.   [5] Mitt. über Forschungsarbeiten, 1910, Heft 95.
[6] Vgl. u. a. GRAF: Z. VDI 1933 S. 818.

Biegezugfestigkeit von Beton aus Rheinsand und Rheinkies.

Eigenschaften		Körnung nach						
		Linie D				Linie F der DIN 1045		

a) mit rd. 330 kg Zement je m³ (Zement J).

Wasserzementwert	w	0,45	0,55	0,65	0,85	0,55	0,75	0,95
Eindringmaß	t	1,4	3,7	—	—	2,8	11,0	— cm
Ausbreitmaß	g	—	—	49,5	58	—	35,5	66,5 ,,
Biegezugfestigkeit	B_{b28}	54	58	54	36	45	41	33 kg/cm²
Druckfestigkeit	W_{b28}	374	313	235	120	208	177	144 ,,

b) mit rd. 200 kg Zement je m³ (Zement V).

Wasserzementwert	w	0,65	0,80	1,0	1,1	0,65	0,80	0,95	1,1	1,4
Eindringmaß	t	0,8	—	—	—	1,2	1,3	2,5	5,3	— cm
Ausbreitmaß	g	—	40	49	53	—	—	—	—	53,5 ,,
Biegezugfestigkeit	B_{b28}	37	36	28	23	18	21	23	—	15 kg/cm²
Druckfestigkeit	W_{b28}	222	196	142	118	110	132	114	90	66 ,,

Eindringtiefe[1] t von weniger als 5 cm entspricht, wird mit den üblichen Hilfsmitteln und mit dem üblichen Zeitaufwand oft nicht ausreichend verdichtet; die Biegezugfestigkeit eines bestimmten Betons erreicht erst mit der Steife den

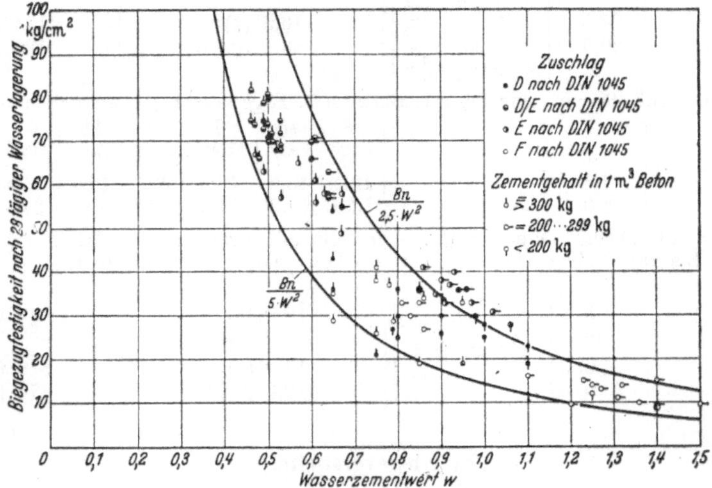

Abb. 156. Abhängigkeit der Biegezugfestigkeit des Betons vom Wasserzementwert.

Höchstwert, der unter den gegebenen Umständen eine hochwertige Verarbeitung zuläßt. Der Verfasser empfiehlt, die hiernach notwendige Steife mit dem Eindringmaß $t \approx 5$ cm praktisch zu begrenzen[2].

Wenn man dementsprechend die in Stuttgart zur Zeit vorliegenden Versuchsergebnisse sichtet, soweit sie zu 28 Tage alten, dauernd feucht gelagerten Balken gehören und soweit sie bei mittiger Belastung der Balken festgestellt wurden, so findet man die Kurvenschar der Abb. 156. Man erkennt anschaulich die Abnahme der Biegezugfestigkeit mit wachsendem Wasserzementwert w.

In Abb. 156 sind 2 Kurven gezeichnet, die die Versuchswerte in der Hauptsache eingrenzen; sie folgen der Beziehung

[1] GRAF: Dtsch. Ausschuß Eisenbeton 1933 Heft 71 S. 57ff.; auch Z. VDI 1933 S. 814, ferner im vorliegenden Buch, S. 224ff.
[2] Neben den Beispielen in der oben wiedergegebenen Zahlenreihe vgl. WALZ: Straßenbau-Tagung 1938 S. 181.

Biegezugfestigkeit des Betons $= Bn : xw^2$ kg/cm², worin Bn die Biegezugfestigkeit des Prüfmörtels nach DIN 1164,

x eine Erfahrungszahl, in Abb. 156 mit den Grenzwerten 2,5 und 5,

w der Wasserzementwert.

8. Einfluß des Alters auf die Zugfestigkeit und auf die Biegezugfestigkeit des Betons. Einfluß der Behandlung des Betons[1].

Bei der Beurteilung der Größe der Zugfestigkeit und Biegezugfestigkeit ist
ganz besonders wichtig, zu wissen, welche Behandlung der Beton vor der Prüfung
erfahren hat. Das Wichtigste hierzu ist schon unter B 10, S. 13ff. gesagt. Es
ist dort vor allem aufmerksam gemacht, daß beim Austrocknen des Betons und
beim Durchfeuchten desselben zeitlich und örtlich bedingte Zusatzspannungen
entstehen, die die Zug- und Biegezug-
festigkeit zeitweilig erheblich herabsetzen. Die Größe und die Dauer dieses
Einflusses der Lagerung sind überdies
von der Größe der Betonkörper abhängig, wie u. a. aus den Angaben auf
S. 137 hervorgeht.

a) Die *Zugfestigkeit der Zementmörtel*
nahm mit steigendem Alter *bei dauernd
feuchter Lagerung* erheblich zu.

U. a.[2] fand sich für Mörtel aus 1 Gewichtsteil Portlandzement und 3 Gewichtsteilen Rheinsand in Körpern mit
5 cm² Querschnitt

bei Lagerung im Leitungswasser		ungeschützt im Freien	
nach 3 Monaten	31,7	28,0	kg/cm²,
nach 1 Jahr	34,7	40,3	„ ,
nach 4 Jahren	39,8	61,7	„ .

Diese Zahlen zeigen weiterhin, daß
die Zunahme der Zugfestigkeit durch die
Lagerung im Freien bedeutend größer
war als durch die Lagerung im Wasser.

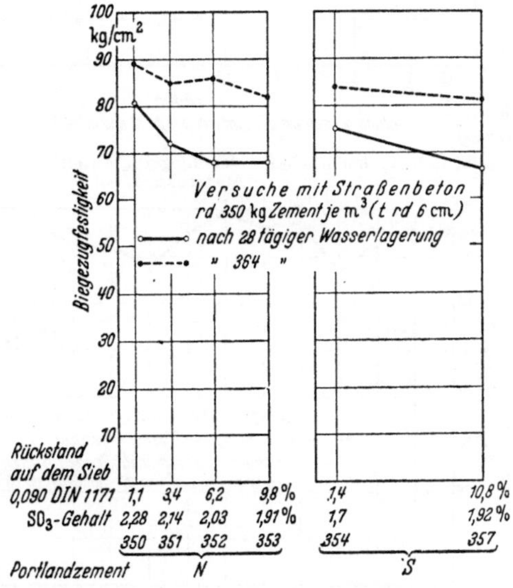

Abb. 157. Abhängigkeit der Biegezugfestigkeit des
Betons von der Mahlfeinheit des Zements. Zementgehalt rd. 350 kg/m³.

Bei Mörteln mit Zuschlägen aus Dolomit blieb dieser durch die Art der Lagerung
entstandene Unterschied kleiner.

b) Auch die *Biegezugfestigkeit* des Betons ist mit steigendem Alter *bei dauernd
feuchter Lagerung* erheblich gewachsen. Abb. 157 zeigt Beispiele, gültig für Straßenbeton mit Rheinsand und Rheinkies. Das Maß der Zunahme war hier vom Zement
abhängig[3].

Weitere Beispiele vgl. in Zahlentafel 20 und 25.

c) Die Zunahme der Biegezugfestigkeit von feucht gelagertem Beton mit
Traßzement war in der Regel verhältnismäßig etwas größer als mit dem zugehörigen Portlandzement[4].

---

[1] Bei gewöhnlicher Temperatur, also bei rd. 15 bis 20°. Über das Verhalten bei höherer
oder niederer Temperatur vgl. unter H 10 und 11, S. 154ff.

[2] GRAF: Z. VDI 1933 S. 816.

[3] Für 4 Jahre alten Beton aus der Cannstatter Straße in Stuttgart (aus größeren Stücken
unter Zufuhr von Wasser bearbeitet und feucht gelagert) fand sich im Jahr 1934 die Biegezugfestigkeit zu 90 kg/cm², die Druckfestigkeit zu 925 kg/cm².

[4] Vgl. Bautechn. 1941 S. 362.

d) *Wenn das Feuchthalten des Betons nur anfänglich während weniger Tage* stattfindet *und wenn dann der Beton austrocknet*, geht die Zugfestigkeit und die Biegezugfestigkeit zeitweilig mehr oder minder zurück, weil die beim Austrocknen auftretenden Schwindspannungen eine Minderung der Widerstandsfähigkeit gegen äußere Kräfte veranlassen. Vgl. dazu S. 15ff. sowie S. 151. Abb. 158 zeigt zwei Beispiele aus Versuchen mit Straßenbeton[1]; nach 28tägiger Wasserlagerung betrug die Biegezugfestigkeit rd. 70 kg/cm²; nach anschließender 5tägiger trockener Lagerung war die Biegezugfestigkeit auf 53 bzw. 59 kg/cm² zurückgegangen; nach 63tägiger trockener Lagerung war die ursprüngliche Biegezugfestigkeit mit dem Zement 359 wieder erreicht; mit dem Zement 368 war dieser Zustand noch nicht eingetreten. Weitere lehrreiche Zahlenreihen sind in der Zahlentafel 27 unter Ziff. 1 und 3 angegeben[2]. Weiter ist bekannt, daß der Rückgang der Biegezugfestigkeit beim fetteren Beton in der Regel größer ist.

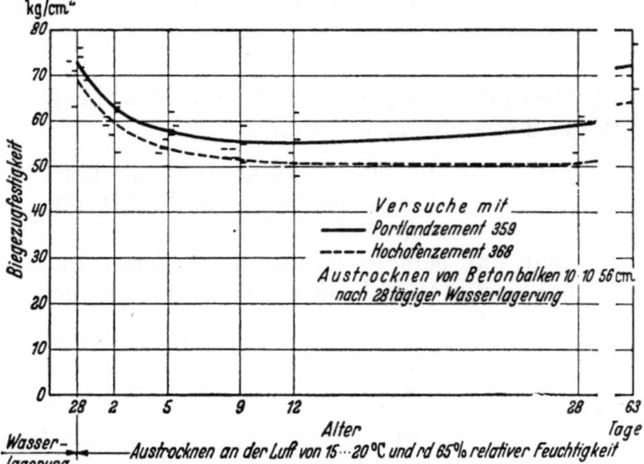

Abb. 158. Veränderlichkeit der Biegezugfestigkeit des Betons beim Austrocknen.

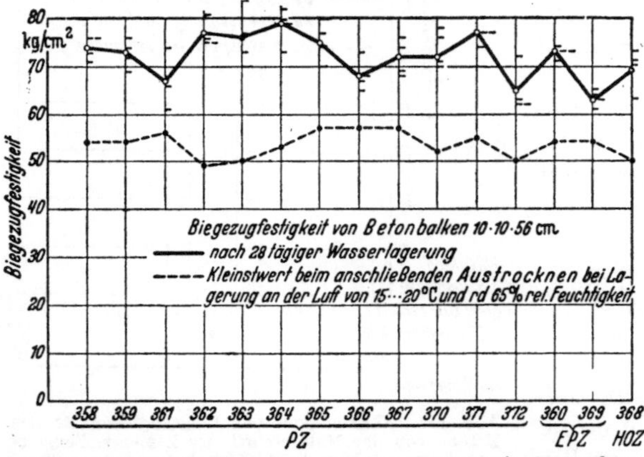

Abb. 159. Abnahme der Biegezugfestigkeit des Betons beim Austrocknen bei Verwendung verschiedener Zemente (Straßenbeton).

Abb. 159 läßt sodann erkennen, daß der Rückgang der Biegezugfestigkeit beim Austrocknen bei Verwendung verschiedener Zemente sehr verschieden war. Der Kleinstwert der Biegezugfestigkeit beim Austrocknen ist mit dem Ze-

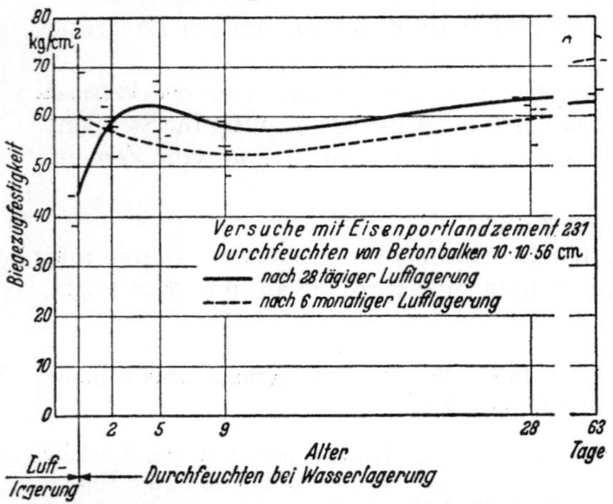

Abb. 160. Veränderlichkeit der Biegezugfestigkeit des Betons beim Durchfeuchten nach vorheriger trockener Lagerung.

---

[1] GRAF: Forsch.-Arb. Straßenwesen Bd. 27 (1940) S. 52ff.

[2] Unter Ziff. 4 daselbst ist weiterhin zu erkennen, daß die Schwindspannungen, die beim fetteren Beton größer sind, dazu führten, daß der anfänglich feucht, dann trocken gelagerte Beton 1 : 1,5 : 2 im Alter von 45 Tagen ungefähr die gleiche Zugfestigkeit hatte wie der Beton 1 : 2 : 3 unter Ziff. 3.

ment 362 entstanden, der nach 28tägiger feuchter Lagerung eine verhältnismäßig hohe Festigkeit geliefert hatte; beim Zement 366, auch mit Zement 369 ist der Mindestwert höher, obwohl der Ausgangswert verhältnismäßig klein war.

e) *Beim Durchfeuchten von Betonbalken, die 7 Tage feucht, dann 21 Tage trocken lagerten*, ist eine Steigerung der Biegezugfestigkeit entstanden, wie Abb. 160 zeigt, weil dabei den noch vorhandenen Schwindspannungen unmittelbar durch Quellen des außenliegenden Betons begegnet wurde. Bei 6 Monate alten Balken ist mit dem Durchfeuchten in der Regel eine Abnahme der Biegezugfestigkeit entstanden, wie Abb. 160 ebenfalls erkennen läßt; später ist die Biegezugfestigkeit über den Ausgangswert gestiegen.

f) Im übrigen sei auf F 7, S. 111ff., sowie insbesondere auf F 8, S. 115ff. verwiesen. Das dort zusätzlich Gesagte gilt sinngemäß auch hier.

9. Verhältnis der Biegezugfestigkeit zur Druckfestigkeit des Betons. Verhältnis der Biegezugfestigkeit zur Zugfestigkeit.

Schon durch Abb. 11, gültig für *Prüfmörtel* nach DIN 1164, ist aufmerksam gemacht, daß das Verhältnis der Biegezugfestigkeit zur Druckfestigkeit veränderlich ist; es beträgt bei 28 Tage alten, unter Wasser gelagerten Proben aus Prüfmörtel:

bei Z 225 im Mittel rd. 1:4,
bei Z 325 im Mittel rd. 1:5,
bei Z 425 im Mittel rd. 1:6.

Dabei ist noch ein Streufeld vorauszusetzen, vgl. Abb. 12.

Hiernach ist auch für Beton zu erwarten, daß das Verhältnis der Biegezugfestigkeit zur Druckfestigkeit in weiten Grenzen liegt[1].

Zur Kennzeichnung der Verhältnisse sind in Abb. 161 zahlreiche Versuchswerte von Beton verschiedener Beschaffenheit eingetragen. Hiernach fand sich die Biegezugfestigkeit, solange ihr absoluter Wert unter 50 kg/cm² blieb im

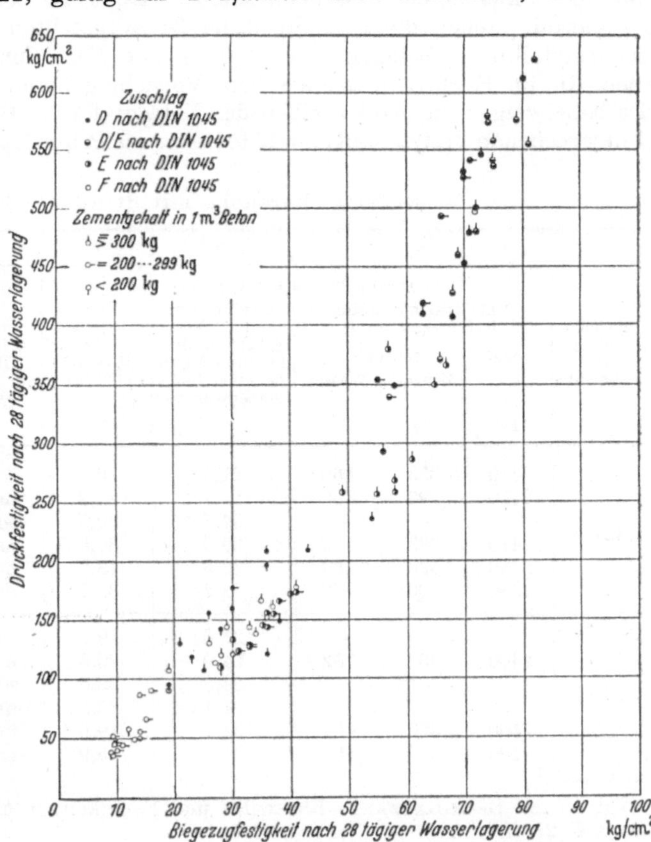

Abb. 161. Beziehungen der Druckfestigkeit und der Biegezugfestigkeit des Betons nach 28tägiger Wasserlagerung.

---

[1] Vgl. hierzu GRAF: Der Aufbau des Mörtels und des Betons, 3. Aufl. S. 83, auch GRAF: Z. VDI 1933 S. 818; ferner FERET: Résistances des Bétons au choc, à l'usure et au décollement comparés à leurs résistances à la compression, à la flexion et à la traction S. 45ff. Paris 1930; ferner FERET: Relation entre les Résistances à la traction et à la Compression des Mortiers et Bétons. Paris 1936.

Mittel zu rd. $^1/_5$ der Druckfestigkeit. Mit höheren Werten der Biegezugfestigkeit wurde die Verhältniszahl kleiner; bei der Biegezugfestigkeit von 75 kg/cm² war die Biegezugfestigkeit noch rd. $^1/_7$ der Druckfestigkeit. Dazu ist die Biegezugfestigkeit an Balken von 10 cm Höhe mit einer Last ermittelt worden; die Druckfestigkeit gehört zu Würfeln mit 10 cm Kantenlänge.

Das Verhältnis der Biegezugfestigkeit zur Zugfestigkeit fand sich, wenn die Biegezug- und die Zugfestigkeit am gleichen Körper (mit 400 cm² Querschnitt) ermittelt wurden oder doch ähnliche Verhältnisse vorlagen, überdies dauernd feuchte Behandlung stattgefunden hatte, im Mittel aus 11 Versuchsreihen zu 2,1 *.

10. Einfluß höherer Temperatur auf die Zugfestigkeit und Biegezugfestigkeit des Betons.

Hier sei zunächst auf das unter F 8, S. 115ff. Gesagte verwiesen.

Die Zahlenreihen in Zahlentafel 20, gültig für Straßenbeton, zeigen weiterhin, daß die Biegezugfestigkeit des Betons nach anfänglicher feuchter Lagerung bei 33° meist kleiner blieb als nach feuchter Lagerung bei 15 bis 20°. Im Einklang hiermit stehen die in Zahlentafel 28 mitgeteilten Versuchsergebnisse[1]. Diese Feststellungen besagen u. a., daß bei der Wahl der Zemente für Betonstraßen, die im Hochsommer entstehen, Vorsicht geboten ist[2].

Dasselbe zeigen die Zahlenreihen der Zahlentafel 29 (S. 156).

Entsprechende Feststellungen mit Prismen aus Prüfmörtel ergaben[3], daß nach

Zahlentafel 28. Versuche mit Straßenbeton bei verschiedener

1	2	3	4	5	6	7	8	9
		Zusammensetzung des Betons:						Versuche mit Beton-
		1 m³ frischer Beton fertig verarbeitet			Das Mischen und die Verarbeitung des Betons erfolgte bei einer Lufttemperatur von	Temperatur des frischen Betons	Die Aufbringung des Oberbetons auf den Unterbeton erfolgte	Die Platten lagerten in den ersten 2 Tagen unter feuchtem Rupfen bei einer Lufttemperatur von
Reihe	Bezeichnung der Zemente	wiegt	enthält					
			Zement	Wasser				
		kg	kg	kg	° C	° C		° C
560	PZ S	2410	333	150	21,5	16,8	sofort	17 bis 22
		2410	333	150	21,1	17,2	nach 3 h	17 bis 22
		—	—	—	34,7	30,5	sofort	32 bis 42
		2410	333	153	35,0	30,6	nach 2 h	32 bis 42
		2380	326	163	22,5	18,6	nach 3 h	17 bis 22
		2380	326	169	34,2	30,4	nach 2 h	32 bis 42
561	PZ L	—	—	—	21,6	19,2	sofort	17 bis 22
		2400	331	152	24,0	20,8	nach 3 h	17 bis 22
		—	—	—	34,8	32,6	sofort	32 bis 42
		—	—	—	34,4	35,2	nach 2 h	32 bis 42
		2400	329	161	24,7	19,6	nach 3 h	17 bis 22
		2400	329	161	34,0	35,9	nach 2 h	32 bis 42

* Vgl. hierzu BACH-BAUMANN: Elastizität und Festigkeit, 9. Aufl. 1924 S. 288ff., insbesondere S. 292ff.

[1] In Zahlentafel 28 ist bemerkenswert, daß die Platten von 20 cm Dicke und 40 cm Breite erheblich kleinere Biegezugfestigkeiten lieferten als die Balken von 10 cm Höhe und 10 cm Breite, wie zu erwarten stand. Vgl. auch F 11, S. 127 und H 1, S. 137.

[2] Es ist dabei zusätzlich zu beachten, daß der Beton im Sommer nicht austrocknen darf, also beim Erhärten gegen Zugluft geschützt werden muß. Außerdem muß hier berücksichtigt werden, daß die Temperatur des Betons beim Erhärten erheblich größer werden kann als die Temperatur der umgebenden Luft.

[3] GRAF: Beton u. Eisen 1939 S. 169.

Erhärtung in Wasser von 50° mit einzelnen Zementen größere, mit anderen Zementen erheblich kleinere Biegezugfestigkeiten entstehen können als nach Erhärtung in Wasser von 30°. Bei Lagerung in Wasser von 30° wurde die Biegezugfestigkeit der Mörtel größer als in Wasser von 17 bis 20°.

Frühere Versuche[1] ergaben, daß eine Erhöhung der Zugfestigkeit durch Lagerung in warmem Wasser in erster Linie bei mageren Mörteln zu erwarten ist. Dabei ist außerdem beobachtet worden, daß rasche Abkühlung der Proben zu Rissen führen kann. Ferner erwiesen sich verschiedene Zemente verschiedenwertig.

Wenn zweckmäßig ausgewählter Beton im frischen Zustand gerüttelt, dann unter hohe Pressung gebracht, hierauf erwärmt wird, entsteht in kurzer Zeit eine hohe Biegezugfestigkeit[2].

11. Einfluß niederer Temperatur auf die Zugfestigkeit und Biegezugfestigkeit des Betons.

Hier gilt sinngemäß das unter F 9, S. 119 Gesagte.

Für den Betonstraßenbau ist weiterhin untersucht worden, wie sich die Biegezugfestigkeit des erhärteten, dauernd feucht gelagerten Balkens bei rascher Abkühlung, wie sie bei Gewittern ausnahmsweise möglich ist, ändert. Dazu wurden Betonbalken von 15 cm Höhe und 10 cm Breite in geeigneter Anordnung einseitig gekühlt und nach verschiedener Abkühlzeit geprüft[3]. Abb. 162 zeigt links

Temperatur und nach verschiedener Dauer verarbeitet.

10	11	12	13	14	15	16	17
platten 120 cm × 40 cm × 20 cm		Versuche mit Betonbalken 56 cm × 10 cm × 10 cm					
Biegezugfestigkeit nach 28 tägiger Lagerung unter feuchtem Rupfen (2 Tage wie in Spalte 9, dann bei 15 bis 20° C). Stampffläche beim Versuch in der		Biegezugfestigkeit nach			Druckfestigkeit nach		
		28-	90-	180-	28-	90-	180-
		tägiger Wasserlagerung			tägiger Wasserlagerung		
		(7 Tage unter feuchtem Rupfen, davon 2 Tage wie in Spalte 9 und 5 Tage bei 15 bis 20° C, dann unter Wasser von 17 bis 20°)					
Druckzone	Zugzone						
kg/cm²	kg/cm²	kg/cm²	kg/cm²	kg/cm²	kg/cm²	kg/cm²	kg/cm²
56	63	78	79	71	501	537	597
56	55	—	—	—	—	—	—
54	54	69	73	75	416	449	521
54	55	—	—	—	—	—	—
57	55	74	79	71	388	474	513
52	48	55	66	68	360	399	473
54	51	67	68	72	319	405	485
50	49	—	—	—	—	—	—
53	45	—	—	—	—	—	—
48	44	50	60	61	249	353	395
50	50	61	63	67	304	378	399
46	42	50	60	—	253	352	—

die Ergebnisse der Prüfung von Balken aus Straßenbeton, hergestellt aus Moränesand und Moränekies. Hiernach ist die Biegezugfestigkeit dieses Betons bei rascher Abkühlung von im Mittel 52 kg/cm² auf rd. 43 kg/cm² gefallen, dann wieder langsam gestiegen. Mit Straßenbeton, dessen Zuschlagstoffe

---

[1] GRAF: Dtsch. Ausschuß Eisenbeton 1930 Heft 62.
[2] LENK: Beton u. Eisen. 1942 S. 137ff.
[3] Vgl. EBERLE: Über Temperatur und Spannung bei Balken und Fahrbahndeckenplatten aus Beton. Dissertation Techn. Hochschule. Stuttgart 1937 (Zementverlag 1938).

Zahlentafel 29. Versuche mit Platten 140 cm × 65 cm × 20 cm aus

1	2	3	4	5	6	7
		Zusammensetzung des Betons				
Reihe	Bezeichnung der Zemente	Mischungsverhältnis in Gewichtsteilen der trockenen Stoffe und Körnung der trockenen Zuschläge	1 m³ frischer Beton fertig verarbeitet enthält		Das Mischen und die Verarbeitung des Betons erfolgte bei einer Lufttemperatur von	Temperatur des frischen Betons
			Zement kg	Wasser kg	°C	°C
494	PZ T	1,00 GT Zement	325 / 325 / 322	162 / 162 / 161	19,0 / 19,0 / 33,0	15,6 / 15,2 / 33,0
496	PZ J	1,75 GT Rheinsand 0 bis 3 mm 1,30 GT Rheinsand 3 bis 7 mm 0,25 GT Rheinkies 7 bis 15 mm 2,50 GT Rheinkies 15 bis 30 mm	330	165	17,0 / 17,0 / 36,0	15,8 / 16,0 / 31,0
499	PZ K	Körnung des Zuschlaggemisches: 0/02 0/1 0/3 mm 2 20 30 % 0/7 0/15 0/30 mm 50 64 100 %	328	164	17,0 / 17,0 / 35,0	18,4 / 18,7 / 33,2

aus Basalt bestanden, vgl. Abb. 162 rechts, traten ähnliche Verhältnisse auf. — Wenn erhärteter feucht gelagerter Beton gefriert, wird die Biegezugfestigkeit des Betons durch das nunmehr vorhandene Eis[1] erhöht. U. a. fanden sich die in Zahlentafel 30 wiedergegebenen Zahlen. Hieraus folgt, daß feuchter Beton durch Gefrieren sehr hohe Biegezugfestigkeiten erlangt. Bei älteren Versuchen wurde 3 Monate alter, trocken gelagerter Beton während 1¾ Stun-

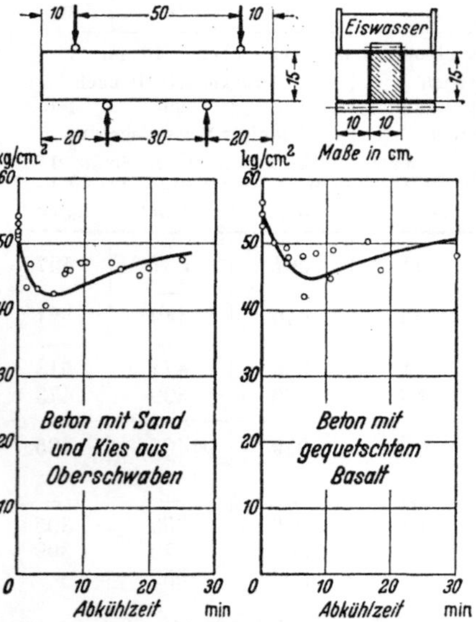

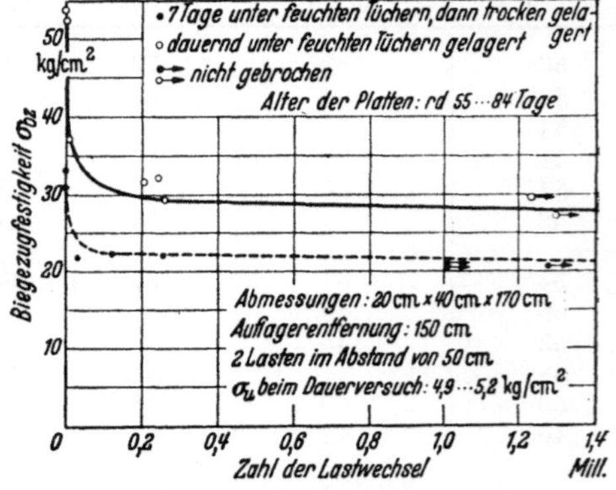

Abb. 162. Veränderlichkeit der Biegezugfestigkeit des Betons beim Abkühlen der Zugzone der Betonbalken.

Abb. 163. Biegezugfestigkeit des Betons bei oftmals wiederholter Belastung.

den vom Trockeneis umhüllt und damit sehr tief gekühlt; dadurch wurde die Biegezugfestigkeit von 37 kg/cm² auf 93 kg/cm² erhöht.

[1] Die Biegezugfestigkeit von Eis ist nach Lagerung bei −10° bis rd. 30 kg/cm² beobachtet worden. Bedeutend höhere Werte fanden sich mit „Eisbeton", d. i. Beton, in dem an Stelle des Zements das Eis wirkte.

Straßenbeton, hergestellt bei 17 bis 19° und 33 bis 38° Lufttemperatur.

8	9	10	11	12	13	14
			Versuche mit Betonplatten 140 cm × 65 cm × 20 cm			
Ein-dring-maß t	Die Auf-bringung des Oberbetons auf den Unterbeton erfolgte	Die Platten lagerten während den ersten 2 Tagen unter feuchtem Rupfen bei einer Lufttemperatur von	Biegezugfestigkeit (Mittel aus 3 oder 4 Versuchen) nach 28 tägiger Lagerung unter feuchtem Rupfen. (2 Tage wie in Spalte 10, dann bei 15 bis 20°)			
			Biegung parallel zu den Stampffreihen		Biegung senkrecht zu den Stampffreihen	
			Stampffläche beim Versuch in der			
			Druckzone	Zugzone	Druckzone	Zugzone
cm		° C	kg/cm²	kg/cm²	kg/cm²	kg/cm²
3,5	sofort	15 bis 20	52	54	52	54
3,4	nach 1 h	15 bis 20	48	51	51	54
3,8	nach 1 h	rd. 32	45	48	46	46
3,0	sofort	15 bis 20	46	49	49	45
3,6	nach 1 h	15 bis 20	47	47	45	50
3,3	nach 1 h	rd. 33	41	43	44	42
3,1	sofort	15 bis 20	58	58	58	57
2,9	nach 1 h	15 bis 20	57	57	57	57
2,3	nach 1 h	rd. 33	52	51	52	53

Zahlentafel 30.
Festigkeit von gefrorenem Beton. Beton aus Portlandzement und Rheinkiessand.
Zementgehalt 293 kg je m³. Wasserzementwert $w = 0,75$. Ausbreitmaß $g = 56$ cm.

Biegezugfestigkeit im Alter von		Druckfestigkeit im Alter von	
7[1] Tagen kg/cm²	29[2] Tagen kg/cm²	7[1] Tagen kg/cm²	29[2] Tagen kg/cm²
1. Wassergelagerte Balken			
(35 + 34 + 34) :3 = 34	(47 + 48 + 48) :3 = 48	(136 + 137 + 143) :3 = 139	(201 + 210 + 213) :3 = 208
2. Gefrorene Balken[3] nach Wasserlagerung			
(152 + 143 + 155) :3 = 150	(103 + 129 + 119) :3 = 117	(236 + 222 + 235) :3 = 211	(344 + 371 + 351) :3 = 355

12. Zugfestigkeit und Biegezugfestigkeit des Betons bei oftmals wiederholter Belastung.

Zunächst sei auf F 10, S. 125 ff. verwiesen.

Aus Stuttgarter Versuchen ist bekannt, daß die *Biegezugfestigkeit* bei oftmaligem Lastwechsel zwischen $\sigma_u \approx 5$ kg/cm² und σ_{max} zunächst rasch, dann langsam sinkt, wie das in Abb. 163 ersichtlich ist. Es genügt deshalb in der Regel bei solchen Versuchen den Widerstand vergleichsweise nach 500000 Lastspielen zu bestimmen[4].

---

[1] Lagerung 5 Tage im Wasser von rd. 15° C, dann bei 1. 45 Stunden im Wasser von rd. 4° C, 2. 30 Stunden im Wasser von rd. 4° C, dann 15 Stunden im Freien bei — 8° C.

[2] Lagerung bei 1. 29 Tage im Wasser von rd. 15° C, bei 2. 27 Tage im Wasser von rd. 15° C, dann 18 Stunden im Freien bei + 3° C (Tauwetter), schließlich 24 Stunden im Gefrierschrank bei — 15° C.

[3] Körpertemperatur unmittelbar vor der Prüfung im Alter von 7 Tagen — 8° C (morgens 9 h im Freien), im Alter von 29 Tagen — 15° C.

[4] GRAF: Vorbericht zum zweiten Kongreß der Internationalen Vereinigung für Brücken-bau und Hochbau 1936 S. 170.

Die Beispiele in Abb. 163 besagen weiterhin, daß die Dauerbiegebelastung, ermittelt als Widerstand bei 1 Million Lastspielen und bezogen auf die Größe des Lastspiels rd. $^3/_5$ der in üblicher Weise bestimmten Biegezugfestigkeit beträgt.

Bei Versuchen, die in Zahlentafel 31 aufgeführt sind[1], fand sich, daß das

Zahlentafel 31. Versuche mit nassem und mit getrocknetem Beton bei oftmals wiederholter Biegebelastung.

Verwendeter Zement	Zuschlagstoffe	Druckfestigkeit der Würfel (20 cm Kantenlänge) kg/cm²	Biegezugfestigkeit σ_{bB} der Platten 20 cm×40 cm×170 cm kg/cm²	Dauerbiegefestigkeit σ_{bD}* für 10^6 Lastspiele kg/cm²	$\dfrac{\sigma_{bD}}{\sigma_{bB}}$
Lagerung 7 Tage feucht, dann mindestens 3 Wochen trocken; bei der Prüfung trocken					
Hochofenzement	Rheinkiessand	570	33,0	23	0,70
Portlandzement	Rheinkiessand	610	37,3	23	0,62
Portlandzement	gebroch. Porphyr	585	42,5	29	0,68
Portlandzement	Rheinkiessand	350	30,4	20	0,66
Portlandzement	gebroch. Porphyr	205	23,6	15	0,64
Lagerung dauernd feucht; bei der Prüfung feucht					
Hochofenzement	Rheinkiessand	550	55,4	37	0,67
Portlandzement	Rheinkiessand	565	57,9	36	0,62
Portlandzement	gebroch. Porphyr	530	53,6	36	0,67
Portlandzement	Rheinkiessand	300	36,2	24	0,66
Portlandzement	gebroch. Porphyr	205	32,1	20	0,62

Verhältnis der Dauerbiegefestigkeit zur gewöhnlichen Biegefestigkeit für Beton verschiedener Zusammensetzung und verschiedener Behandlung 0,62 bis 0,70 betrug, also wenig verschieden war.

J. Gesamte, bleibende und federnde Formänderungen des Betons bei Zugbelastung (Zugelastizität des Betons) und bei Biegebelastung. Verlängerungen des Betons bis zum Bruch beim Zugversuch und beim Biegeversuch.

Zunächst sei auf die allgemeinen Bemerkungen unter G 1, S. 131ff. verwiesen.

1. Zum Vergleich der Zugelastizität und der Druckelastizität des Betons.

Werden die Formänderungen des Betons bei Zug- und bei Druckbelastung gemäß Abb. 164 zeichnerisch dargestellt, so zeigt sich, daß für die Linienzüge der Verlängerungen und der Zusammendrückungen im Koordinatenursprung gemeinsame Tangenten angenommen werden können. Mit zunehmender Anstrengung wachsen die Verlängerungen rascher als die Zusammendrückungen.

2. Einfluß des Zements und des Zementgehalts auf die Verlängerungen des Betons.

Mit *Zement*, der eine höhere Zug- oder Biegezugfestigkeit des Betons lieferte, wurde der Beton unter gleichen Verhältnissen etwas weniger nachgiebig. Beispielsweise fand sich

---

[1] GRAF: Straßenbautagung 1938 S. 173.

* Die Beanspruchung σ_u durch die ruhende Grundlast betrug dabei 4,8 kg/cm²; die Schwingbreite der Beanspruchungen, die 1 Million Mal ertragen wurden, ohne daß der Bruch des Betons eintrat, war also $\sigma_{bD} - 4,8$ kg/cm².

für Beton mit Zement . . . .   *H*   *M*
die Zugfestigkeit zu   13,4   10,2   kg/cm²
der Elastizitätsmodul der Federung für die
Laststufe von 0,5 bis 7,5 kg/cm² zu . . .   310000   280000   kg/cm²*.

Ebenso wurde der Beton mit zunehmendem *Zementgehalt* weniger nachgiebig.
Es ergab sich u. a. für Beton aus Rheinsand und
Rheinkies[1]

mit dem Mischverhältnis . .   1:3:4   1:1,5:2
die Zugfestigkeit zu   12,6   22,2   kg/cm²
der Elastizitätsmodul der Fe-
derung für die Laststufe von
0,5 bis 7,3 kg/cm² zu . . .   266000   315000 kg/cm²;

ferner für Beton aus gebrochenen Mauerziegeln[2]

mit dem Mischver-
hältnis 1:10   1:7   1:5
die Zugfestigkeit zu .   6,8   8,5   15,2   kg/cm²
der Elastizitätsmodul
der Federung für die
Laststufe von 0,5
bis 5 kg/cm² zu . .   101000   120000   129000 kg/cm²**.

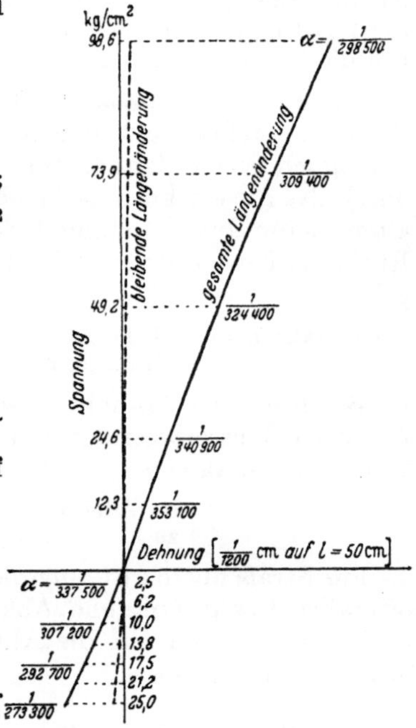

3. Einfluß der Körnung der Zuschlagstoffe auf die Verlängerungen des Betons.

Hier gilt das S. 133 unter G 3 Gesagte.

4. Einfluß der Gesteinsart, insbesondere der Elastizität des Gesteins auf die Verlängerungen des Betons.

Hier ist zunächst auf das Seite 134ff. unter G 4 allgemein Gesagte zu verweisen.

Aus Biegeversuchen mit Straßenbeton[3] sind die folgenden Beispiele entnommen:

Abb. 164. Gesamte und bleibende Längenänderungen eines Betonkörpers bei Zug- uud Druckbelastung.

Zuschlagstoffe aus	Granit *D*	Diabas	Schaumkalk	
Elastizitätsmodul des Gesteins[4] . . . . . $E =$	736000	848000	482000	kg/cm²,
Elastizitätsmodul der gesamten Dehnung des Betons in der Spannungsstufe bis 20 kg/cm² $E =$	267000	351000	253000	„ ,
Biegezugfestigkeit des Betons im Alter von 3 Monaten (7 Tage feucht, dann trocken)	58	59	52	„ .

Der Einfluß des Elastizitätsmoduls des Gesteins auf den Elastizitätsmodul des Betons trat hier deutlich in die Erscheinung, allerdings durch den Einfluß des nachgiebigeren Zementsteins wesentlich gedämpft.

5. Einfluß des Wasserzementwerts auf die Verlängerung des Betons.

Wie bei den Druckversuchen sind auch bei den Zugversuchen die gesamten bleibenden und federnden Formänderungen mit Zunahme des Wasserzementwerts des Betons größer gewoiden[5].

---

* GRAF: Forsch.-Arb. Ing.-Wes. 1920 Heft 227 S. 24. Weitere Feststellungen bei HUMMEL: Zement 1935 S. 687.   [1] GRAF: Forsch.-Arb. Ing.-Wes. 1920 Heft 227 S. 28.   [2] Ebenda S. 40.
** Vergleicht man die Elastizitätszahlen bei Laststufen, die einem bestimmten, gleichen Bruchteil der Zugfestigkeit entsprechen, so werden ihre Unterschiede kleiner.
[3] Schriftenreihe der Forschungsgesellschaft für das Straßenwesen 1937 Heft 10 S. 38ff. — Weitere Angaben finden sich bei HUMMEL: Zement 1935 S. 667ff.; ferner bei EBERLE: Dissertation Techn. Hochschule Stuttgart 1937 S. 39 (Zementverlag).
[4] Für die Spannungsstufe 5 bis 100 kg/cm².
[5] Vgl. u. a. Forsch.-Arb. Ing.-Wes. 1920 Heft 227 S. 22 u. 23.

6. Einfluß des Alters und der Behandlung auf die Verlängerungen des Betons.

Mit Beton aus 1 Raumteil Zement, 2 Raumteilen Rheinsand und 3 Raumteilen Rheinkies, stampffähig angemacht, 7 Tage feucht, dann trocken gelagert, fand sich bei Zugversuchen[1] auf der Spannungsstufe von 0,5 bis 7,5 kg/cm²

	28 Tagen	45 Tagen	6 Monaten	1 Jahr
im Alter von				
der Elastizitätsmodul E zu .	303000	327000	353000	385000 kg/cm²,
und die Zugfestigkeit zu . .	12,4	13,7	19,5	23,7 ,, .

Der Beton ist demnach mit wachsendem Alter weniger nachgiebig geworden. Diese Feststellung gilt allgemein für dauernd feucht gelagerte Körper. Bei nur anfänglich feucht, dann trocken gelagerten Proben ist zu beachten, daß der Beton durch das Austrocknen nachgiebiger wird. Dazu sind folgende Zahlen für 45 Tage alten Beton aus 1 Raumteil Zement, 2 Raumteilen Rheinsand, 3 Raumteilen Rheinkies kennzeichnend, ebenfalls für die Spannungsstufe von 0,5 bis 7,5 kg/cm² geltend:

Elastizitätsmodul nach feuchter Lagerung des Betons . . . . . . 325000 kg/cm²,
       ,,   nach 7tägiger feuchter, dann trockener Lagerung . 318000   ,,   .

Bei *Biegeversuchen* mit Straßenbeton[2] ergab sich der Elastizitätsmodul nach 28tägiger Wasserlagerung, dann trockener Lagerung, auf der Spannungsstufe von 0 bis 20 kg/cm²

im Alter von .	3½	14½ Monaten
zu	329000	379000 kg/cm².

Für Straßenbeton ist außerdem wichtig, daß die Elastizität des Betons durch oftmalige Erwärmung und Abkühlung als solche nicht geändert wird[3,4].

Im übrigen sei auf die Abb. 133 und 142 verwiesen, die zu G 3 bis G 5 S. 132 bis 135 gehören.

7. Gesamte Verlängerungen des Betons bis zum Bruch[5].

a) Bei Zugversuchen.

Die gesamte Dehnung feucht gelagerter Betonkörper unmittelbar vor dem Zerreißen fand sich — im allgemeinen mit der Zugfestigkeit wachsend — zu 0,06 bis 0,15 mm auf 1 m; dabei betrug die Zugfestigkeit rd. 13 bis 30 kg/cm². Das Verhältnis der Bruchdehnung zur Zugfestigkeit war 0,004 bis 0,005. Für die im Stahlbetonbau und im Straßenbau üblichen Mischungen ist die Bruchdehnung zu 0,1 mm auf 1 m vorauszusetzen.

b) Bei Biegeversuchen.

An dauernd feucht gelagerten Balken, deren Höhe 30 cm oder mehr betrug und die vor der Prüfung mit Schlämmkreide sehr dünn gestrichen und dann oberflächlich getrocknet waren, entstanden an der Zugseite feuchte Flecke, durch die die später entstandenen Risse ihren Verlauf nahmen[6]. Die Verlängerung des Betons beim Eintritt der ersten Wasserflecke an der unteren Fläche der Balken war die gleiche wie die, die beim Zerreißen von auf Zug beanspruchten Beton-

---

[1] Vgl. u. a. Forsch.-Arb. Ing.-Wes. 1920 Heft 227 S. 49.
[2] WALZ: Betonstraße 1941 S. 168.
[3] EBERLE: Dissertation Technische Hochschule Stuttgart 1937 S. 43.
[4] Dies gilt selbstverständlich nur, wenn dabei die Festigkeit des Betons nicht verringert oder erhöht wird.
[5] Vgl. auch Handbuch für Eisenbetonbau, 4. Aufl. Bd. 1 S. 39ff.; ferner Bauingenieur 1923 S. 480; auch Dtsch. Ausschuß Eisenbeton Heft D S. 13ff.
[6] Handbuch für Eisenbeton, 4. Aufl. Bd. 1 S. 38ff.

körpern gleicher Beschaffenheit gemessen wurde. Der Beton in den Balken riß jedoch beim Eintritt der Wasserflecke noch nicht. Die Wasserflecke zeigten zwar Lockerungen; doch griff der im Balken weiter innen gelegene Beton unterstützend ein. Demgemäß fand sich mit gutem Beton für Stahlbeton an der unteren Fläche von 30 cm hohen Balken die Dehnung des Betons beim Eintritt der ersten Wasserflecke.

$$\text{zu } 0,08 \text{ mm auf } 1 \text{ m,}$$

die Dehnung des Betons unmittelbar vor dem Bruch

$$\text{zu } 0,125 \text{ mm auf } 1 \text{ m.}$$

Die Bruchdehnung des Betons ist ferner an mannigfach zusammengesetztem Straßenbeton eingehend verfolgt worden. Mit 10 cm hohen, 3 Monate alten Balken mit sehr verschiedenen Zuschlagstoffen betrug die Bruchdehnung 0,24 mm (mit Moränekies) bis 0,39 mm auf 1 m (mit Porphyrschotter)[1]. Mit 3½ und 14½ Monate alten Balken, ohne und mit sehr verschiedenen mehlfeinen Beigaben, betrug die Bruchdehnung — von zwei Sonderfällen abgesehen — 0,24 bis 0,36 mm, meist über 0,28 mm auf 1 m. Mit Beigaben aus Traß, Zeolith und Kalkhydrat (33 kg je m³ Beton bei einem Zementgehalt von 300 und 330 kg je m³ Beton) wurde die Bruchdehnung in der Regel etwas größer als ohne die Beigabe[2].

Balken, die am Rand Schwindspannungen enthielten, lieferten kleinere Bruchdehnungen als dauernd unter Wasser gelagerte Balken, wie nach dem unter H 8d Gesagten zu erwarten stand[3].

K. Drehungsfestigkeit des Betons[4]. Gesamte, bleibende und federnde Formänderungen des Betons bei Beanspruchung auf Drehung.

Im folgenden ist zunächst erörtert:

a) die Abhängigkeit der Drehungsfestigkeit von der Querschnittsform des Betonkörpers,

b) das Verhältnis der Drehungsfestigkeit des Betons zu seiner Zugfestigkeit.

Die Grundlagen zur Beurteilung des Verhaltens des Betons bei Beanspruchung auf Drehung finden sich bei C. BACH und R. BAUMANN[5].

---

[1] GRAF: Schriftenreihe der Forschungsgesellschaft für das Straßenwesen 1937 Heft 10 Zusammenstellung 11.

[2] Hierbei dürfte der Umstand beteiligt sein, daß die feinen Stoffe den Zusammenhang des gut gemischten frischen Betons unterstützen, so daß Entmischungen gehindert werden; es werden die Unregelmäßigkeiten zurückgehalten.

[3] Dieser Umstand ist zu beachten, wenn der Beton Zusätze enthält (z. B. im bituminierten Zement oder als Bitumen auf den Zuschlagstoffen), die das Austrocknen hemmen. Beton mit solchen Zusätzen kann dann zu bestimmten Zeiten, jedoch nicht unter allen praktischen Verhältnissen größere Bruchdehnungen liefern als Beton ohne solche Zusätze. Vgl. u. a. HÄGERMANN: Betonwaren u. Betonwerkstein 1942 S. 321.

[4] Die ersten Versuche hat MÖRSCH veranlaßt (Schweiz. Bauztg. Bd. XLIV (1904) S. 307 ff.). Einzelne Beobachtungen haben später MESNAGER u. MERCIER (Expériences, Rapports et Propositions relatives à l'emploi du béton armé 1907 S. 91 ff.) sowie GRÜBLER mitgeteilt. Dann folgten Versuche für den Deutschen Ausschuß für Eisenbeton (BACH u. GRAF: Dtsch. Ausschuß Eisenbeton 1912 Heft 16; RUDELOFF u. GARY: Dtsch. Ausschuß Eisenbeton 1912 Heft 17) sowie weitergehende Sonderversuche für MÖRSCH (GRAF u. MÖRSCH: Mitt. über Forschungsarbeiten 1922 Heft 258). Ferner sei auf die Versuche von MIYAMOTO (Mitt. Laboratorium Bauingenieurwesen im Ministerium des Innern zu Tokio 1927) verwiesen, sodann auf die Feststellungen von TURNER u. DAVIES: Inst. of civ. Eng. Selected Engng. Paper 165. London 1934; ferner von ANDERSEN: Proc. Amer. Soc. civ. Engrs. 1934 S. 642 ff. sowie von UCHIDA u. ENDELL: Zement 1933 S. 579.

[5] BACH, C., u. R. BAUMANN: Elastizität und Festigkeit, 9. Aufl. 1924 S. 343 ff.

Mit 45 Tage alten, dauernd feucht gelagerten Betonkörpern fand sich[1]

die Zugfestigkeit (Querschnitt 20 cm × 20 cm) zu . . . . 18,6 kg/cm²,
die Drehungsfestigkeit
von Körpern mit quadratischem Querschnitt (30 cm × 30 cm) zu . . . . . 30,4 „ ,
von Körpern mit rechteckigem Querschnitt (21 cm × 42 cm) zu . . . . . 32,5 „ ,
von Körpern mit kreisförmigem Querschnitt (40 cm ⌀) zu . . . . 25,6 „ ,
von Körpern mit kreisringförmigem Querschnitt (25 cm innerer, 40 cm äußerer
   Durchmesser) zu . . . . 17,1 „ .

Hieraus ergibt sich, daß die in üblicher Weise berechnete Drehungsfestigkeit
des Betons in hohem Maße von der Querschnittsform des Betonkörpers abhängt.
An diesem Unterschied sind die Voraussetzungen der Rechnung (Proportionalität
zwischen Dehnungen und Spannungen des Betons, Elastizitätsmodul bei Zug-
und Druckbeanspruchung gleich) wesentlich beteiligt[2]. Diese Voraussetzungen
sind beim dünnwandigen Hohlzylinder am ehesten zutreffend, weshalb dieser
Körper die kleinste Drehungsfestigkeit lieferte.

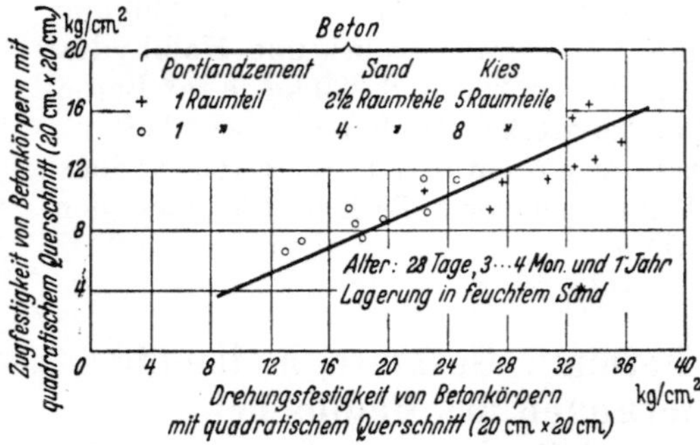

Abb. 165. Beziehungen der Zugfestigkeit und der Drehungsfestigkeit des Betons.

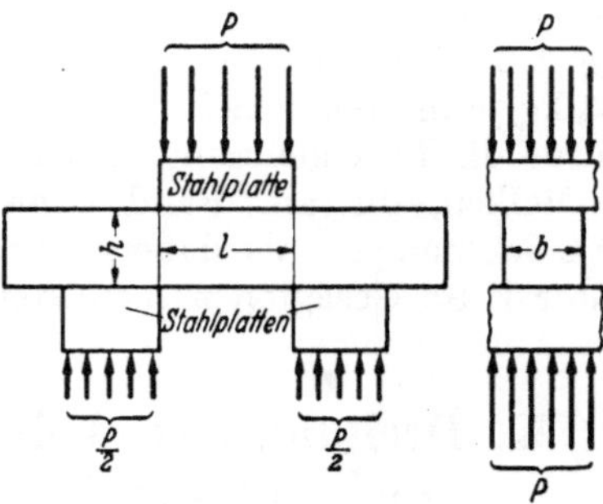

Abb. 166. Versuchsanordnung zur Feststellung
der Scherfestigkeit.

Das Verhältnis der Drehungsfestigkeit zur Zugfestigkeit war bei den Körpern

mit quadratischem Querschnitt 1,63,
mit rechteckigem Querschnitt 1,75,
mit kreisförmigem Querschnitt 1,38,
mit kreisringförmigem Querschnitt . . . . 0,92.

Bei späteren Versuchen[3] wurde mit anderem Beton, jedoch bei gleichen Maßen
der Proben, ermittelt

die Zugfestigkeit des Betons zu . . . . 11,5 kg/cm² (1),
die Drehungsfestigkeit von Körpern
   mit kreisförmigem Querschnitt zu . . . . 18,6 „ (1,62),
   mit kreisringförmigem Querschnitt zu . . . . 13,8 „ (1,20).

Die Verhältniszahlen der Zugfestigkeit und Drehungsfestigkeit sind in Klammern beigefügt.

In Abb. 165 finden sich die wichtigsten Ergebnisse der Versuche von RUDE-
LOFF[4], gültig für Stampfbeton mit verschiedener Zusammensetzung und mit
verschiedenem Alter. Diese Ergebnisse gelten für Proben mit quadratischem Querschnitt von 20 cm Kantenlänge. Hiernach hat die Drehungsfestigkeit im allgemeinen mit der Zugfestigkeit zugenommen; sie betrug im Mittel das 2,3 fache
der Zugfestigkeit. Der Unterschied der beiden Festigkeiten war größer als bei

[1] Näheres vgl. Dtsch. Ausschuß Eisenbeton 1912 Heft 16 S. 5 u. 19.
[2] MÖRSCH: Forsch.-Arb. Ing.-Wes. 1922 Heft 258 S. 35ff., insbesondere S. 37 bis 42.
[3] GRAF: Forsch.-Arb. Ing.-Wes. 1922 Heft 258 S. 12ff.
[4] Dtsch. Ausschuß Eisenbeton 1912 Heft 17 S. 145ff.

unseren Versuchen, weil die Zugfestigkeit bei den in Abb. 165 dargestellten Versuchen zu klein ermittelt wurde, da die Einspannköpfe der Zugkörper von RUDELOFF nach unseren Erfahrungen weniger geeignet sind als die bei unseren Versuchen verwendeten, in Abb. 145 dargestellten Körper.

Die gesamten, bleibenden und federnden *Verdrehungen* des Betons zeigten im wesentlichen die Verhältnisse, wie sie für die Formänderungen bei Zugbelastung bekannt sind, vgl. S. 158ff.

Der Schubelastizitätsmodul des Betons[1] erwies sich fast unabhängig von der Querschnittsform der Probekörper. Vergleichsweise fand sich aus den federnden Formänderungen für die Belastungsstufe bis rd. 12 kg/cm²

der Schubelastizitätsmodul zu . . . . 135000 kg/cm²,
der Zugelastizitätsmodul zu . . . . 298000 „ .

L. Über die Scherfestigkeit des Betons[2].

Hier handelt es sich um den Widerstand des Betons in Körpern nach Abb. 166, wenn die daselbst angegebene Belastung wirkt. Es erfolgt eine Trennung des Körpers mit den scherenden Kanten von Stahlprismen, über die die Belastung erfolgt. Dabei ist u. a. zu beachten, daß im mittleren Teil der Probe Biegespannungen auftreten; bei niederen Proben entsteht deshalb zuerst ein Riß in der Zugzone des mittleren Balkenteils. Bei sehr hohen Proben ist die Größe der Druckspannungen an den Lastflächen zu beachten.

Eine zusammenfassende Darstellung der Vorgänge beim Scheren gab SEYBOLD[3].

Den zur Zeit vorliegenden Versuchen ist zu entnehmen, daß die Scherfestigkeit mit der Druckfestigkeit und mit der Biegezugfestigkeit des Betons gemäß Abb. 167 und 168 zunimmt[4].

Mit Prismen 4 cm × 4 cm × 16 cm aus hochwertigem,

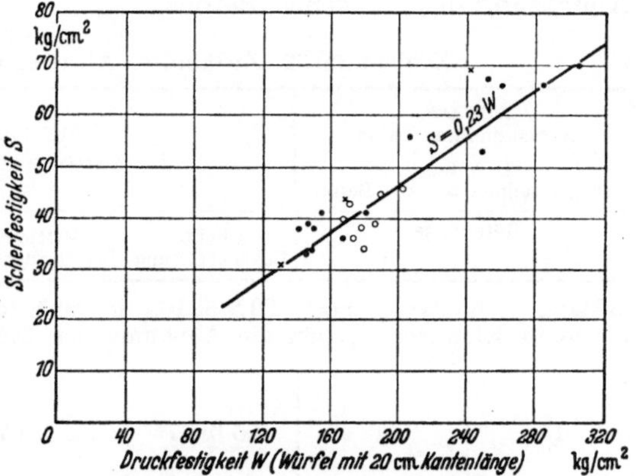

Abb. 167. Beziehungen der Scherfestigkeit und der Druckfestigkeit des Betons.

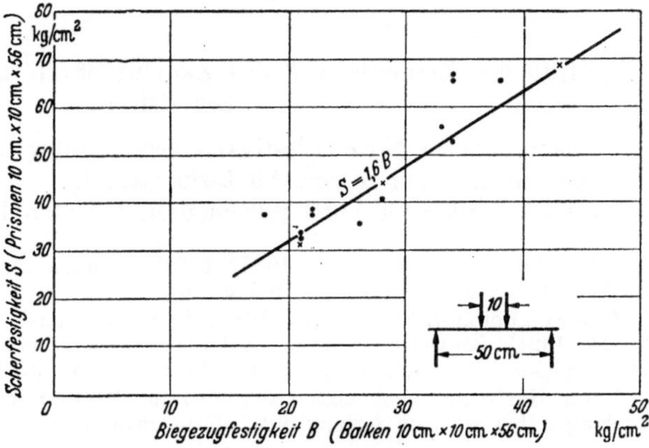

Abb. 168.
Beziehungen der Scherfestigkeit und der Biegezugfestigkeit des Betons.

[1] Über seine Berechnung vgl. Dtsch. Ausschuß Eisenbeton Heft 16 S. 20ff.

[2] MÖRSCH: Schweiz. Bauztg. Bd. 44 (1904) S. 295ff. sowie MÖRSCH: Eisenbetonbau, 6. Aufl. Bd. 1 1. Hälfte S. 84ff.

[3] Dissertation Stuttgart 1933 (Über die Scherfestigkeit spröder Baustoffe).

[4] GRAF: Dtsch. Ausschuß Eisenbeton 1933, 1935 u. 1938 Heft 73, 80 u. 88; ferner Forsch.-Arb. Ing.-Wes. 1922 Heft 258 S. 10.

gerütteltem, feucht behandeltem Zementmörtel fand sich folgendes (Versuche vom Jahr 1944):

Zementgehalt	1013	714	543	440 kg/m³,
Druckfestigkeit	895	888	874	797 kg/cm²,
Biegezugfestigkeit	117	108	92	82 kg/cm²,
Scherfestigkeit	219	251	231	202 kg/cm².

M. Abnutzwiderstand des Betons[1].

Die zur Zeit vorliegenden Feststellungen über das Verhalten der natürlichen und künstlichen Steine beim Gebrauch in Gehwegen, Straßen usw. zeigen, daß der Abnutzwiderstand der natürlichen und künstlichen Steine, also auch des Betons durch Abschleifen nach DIN 52108 gemessen werden kann[2]. Dementsprechend sind die folgenden Feststellungen gemäß DIN 52108 entstanden[3]. Dabei ist der Abnutzwiderstand des trockenen Betons und der Abnutzwiderstand des feuchten Betons (unter Zufuhr von Wasser) zu unterscheiden.

Zahlentafel 32 enthält die derzeitigen Vorschriften über die größte zulässige Abnutzung des trockenen Betons.

Zahlentafel 32. Zulässige Abnützung nach DIN 52108.

DIN 483, Bordsteine aus Beton — DIN 485, Bürgersteigplatten aus Beton		DIN 1100 (Hartbetonbeläge)			ABB-Anweisung der Direktion der Reichsautobahnen für den Bau der Betonfahrbahndecken[4] Teil I, B 2
Güteklasse		Leichte Beanspruchung	Mittlere Beanspruchung	Schwere Beanspruchung	
I	II				

Zulässige Abnutzung nach DIN 52108 in cm³ für die Schleiffläche von 50 cm² (die Werte in Klammern geben die Abnahme der Dicke des Belags in cm³/cm² = cm an).

I	II	Leichte Beanspruchung	Mittlere Beanspruchung	Schwere Beanspruchung	
					Gestein 10 cm³ (0,20 cm)
15	26	3,5 bis 7*	2,5 bis 7*	2 bis 7*	Beton trocken 17,5 cm³
(0,30 cm)	(0,52 cm)	(0,07 bis 0,14 cm)	(0,05 bis 0,14 cm)	(0,04 bis 0,14 cm)	(0,35 cm) Beton naß 32,5 cm³ (0,65 cm)

1. Einfluß des Zements und des Zementgehalts auf den Abnutzwiderstand des Betons.

Zement höherer Normenfestigkeit ergibt unter sonst gleichen Verhältnissen im allgemeinen höheren Verschleißwiderstand.

Versuche mit zwei Portlandzementen lieferten folgendes:

---

[1] Vgl. dazu GRAF: Straßenbau 1930 S. 579ff.; Bautenschutz 1935 S. 36ff.; Straßenbau 1938 S. 371ff.; ferner Beton u. Eisen 1941 S. 16ff.

[2] GRAF: Beton u. Eisen 1941 S. 16ff.; JACKSON u. PAULS: Proc. Amer. Soc. Test. Mater. Bd. 24 (1924), fanden mit der in USA. bekannten Abnutzmaschine nach TALBOT-JONES keinen Einklang mit der im Verkehr auftretenden Abnutzung.

[3] Für Hartbeton nach DIN 1100, also für Beton mit künstlichen, besonders harten Zuschlagstoffen ist noch festzustellen, ob die Prüfung nach DIN 52108 beibehalten werden kann.

[4] Verlag Ernst Mauckisch, Freiberg i. S.

* Die zulässigen Werte sind nach Hartbetonstoffgruppen abgestuft. Die kleinsten Werte gelten für die Stoffgruppe A (Siliziumkarbid, Korund usf.), die größten für die Stoffgruppe C (mit Naturgesteinen und Schlacken allein oder mit Zusätzen, mindestens 5 Gewichtsprozente der Gruppen A oder B).

a) Mörtel aus 1 Gewichtsteil Zement und 3 Gewichtsteilen Rheinsand

Zement	N_h	N_g
Druckfestigkeit	598	441 kg/cm²,
Abnutzung	4	5,5 cm³ auf 50 cm²;

b) Mörtel aus 1 Gewichtsteil Zement und 6 Gewichtsteilen Rheinsand

Druckfestigkeit	220	138 kg/cm²,
Abnutzung	5,5	12 cm³ auf 50 cm².

Beim mageren Mörtel war der Einfluß des Zements auf den Abnutzwiderstand größer als beim fetten Mörtel. Der zementreichere Mörtel lieferte den größeren Abnutzwiderstand.

Gleichzeitig ausgeführte Versuche mit Tonerdezement lieferten unter sonst gleichen Umständen höhere Druckfestigkeiten und geringeren Abnutzwiderstand als mit dem Portlandzement N_h.

ABRAMS[1] hat ausführlich verfolgt, wie sich der Abnutzwiderstand und die Druckfestigkeit des Betons bei Steigerung des Zementgehalts ändern. Die Abnutzung nahm mit Zunahme des Zementgehalts zunächst rasch, dann langsam ab. Bei hohem Zementgehalt ging die Abnutzung nur noch wenig zurück.

Diese Feststellungen decken sich mit unseren. U. a. wurde für Straßenbeton, hergestellt aus oberschwäbischem Moränesand und Moränekies, folgendes festgestellt:

Zement in 1 m³ Beton	Druckfestigkeit im Alter von 28 Tagen kg/cm²	Biegezugfestigkeit im Alter von 28 Tagen kg/cm²	Abnützung im wassersatten Zustand unter Zufuhr von Wasser im Alter von 4 Monaten	
			cm³	cm
265	510	62	15,5	0,31
365	565	69	12,0	0,24

Hieraus und noch deutlicher aus den später wiedergegebenen Zahlen ist weiterhin zu entnehmen, daß der Abnutzwiderstand und die Druckfestigkeit des Betons nicht unmittelbar vergleichbar sind.

2. Einfluß der Körnung der Zuschlagstoffe auf den Abnutzwiderstand des Betons.

a) Einfluß der Kornzusammensetzung des Sands[2].

Die Abb. 169[3] und 170 geben Aufschluß über den Einfluß der Körnung von Rheinsand auf den Abnutzwiderstand, die Abb. 171 und 172 ebenso für Basaltquetschsand. Die Abnutzung ist bei den Mörteln mit dem größeren Gehalt an feinen Teilen größer ausgefallen. Die feineren Mörtel verloren mehr Stoff, lieferten also den kleineren Abnutzwiderstand.

Die Abb. 169 bis 171 zeigen übereinstimmend, daß Mörtel, die hohen Abnutzwiderstand liefern sollen, tunlichst grob, also mit möglichst großem Anteil groben Sands zu fertigen sind. Es ist immer wieder festzustellen, daß diese schon oft beschriebene Feststellung sehr oft nicht beachtet wird; an der wichtigsten Fläche

---

[1] ABRAMS: Wear Tests of Concrete, Bulletin 10 des Structural Materials Research Laboratory Lewis Institute. Chicago 1921. — Das Prüfverfahren weicht von DIN 52108 erheblich ab, weshalb hier Zahlenangaben nicht gemacht werden.

[2] GRAF: Zement 1928 S. 1464ff.

[3] Die in den Abb. 169 bis 175 mitgeteilten Versuchsergebnisse sind auf der alten Stuttgarter Bauschinger-Scheibe festgestellt worden. Bei Beurteilung der Zahlen ist zu beachten, daß das inzwischen nach DIN 52108 genormte Prüfverfahren etwa um die Hälfte höhere Werte liefert. Weiteres vgl. Straßenbau 1930 S. 585 u. 588, ferner bei WÄSTLUND und ERIKSSON: Svenska Forskningsinstitutet för Cement och Betong, Handlingar 15. Stockholm 1945.

(oben) findet sich oft nur feiner, wenig abnutzfester Mörtel, weil dieser leicht verarbeitbar ist.

Die Körnungen, welche bei den Druck- und Biegeversuchen als besonders

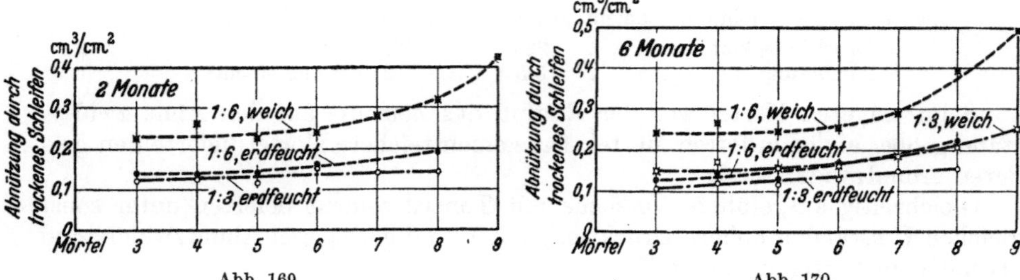

Abb. 169.   Abb. 170.

Abb. 169 und 170. Abnützung der in Abb. 89 bezeichneten Mörtel 3 bis 9 mit Rheinsand durch trockenes Schleifen nach BAUSCHINGER. Alter: 2 und 6 Monate. Lagerung: 14 Tage unter feuchten Tüchern, dann an der Luft.

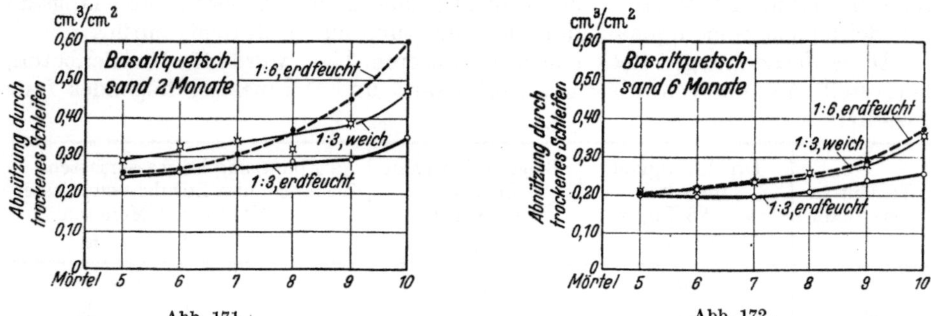

Abb. 171.   Abb. 172.

Abb. 171 und 172. Abnützung der in Abb. 89 bezeichneten Mörtel 5 bis 10 mit doppelt gebrochenem Basaltquetschsand durch Schleifen nach BAUSCHINGER. Alter: 2 und 6 Monate. Lagerung: 14 Tage unter feuchten Tüchern, dann trocken.

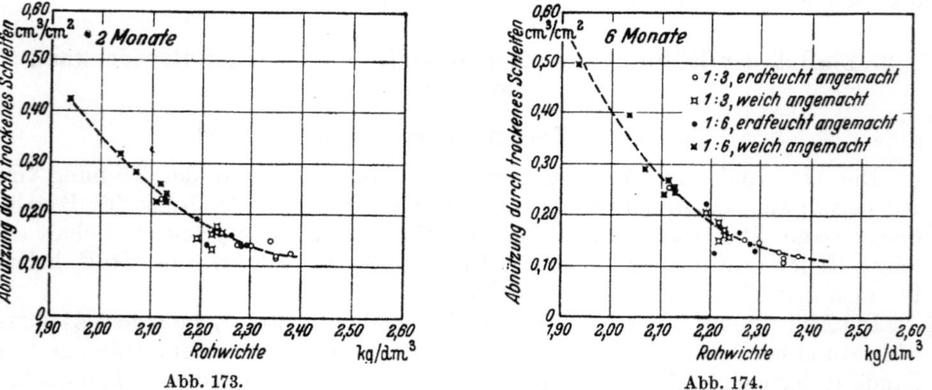

Abb. 173.   Abb. 174.

Abb. 173 und 174. Abhängigkeit der Abnützung von Mörteln mit Rheinsand von der Rohwichte der Mörtel am Prüfungstag. Alter: 2 und 6 Monate. Lagerung: 14 Tage unter feuchten Tüchern, dann an der Luft.

gut zu bezeichnen waren (vgl. S. 84 sowie S. 141), haben sich auch bei der Prüfung auf Abnutzung als hochwertig herausgestellt[1].

Im Einklang hiermit steht die Beobachtung, daß die Abnutzung unter sonst

---

[1] Wenn nach Abb. 169 und 170 die Mörtel 3 und 4, vgl. Abb. 89, oder noch gröbere Mörtel als besonders geeignet zu empfehlen wären, so ist zu beachten, daß diese Mörtel schwer zu verarbeiten sind, überdies durchlässiger ausfallen als Mörtel 5, vgl. S. 83.

gleichen Umständen mit wachsender Rohwichte abnimmt, vgl. Abb. 173 und 174 (für Mörtel mit Rheinsand) sowie Abb. 175 (für Mörtel mit Basaltquetschsand). Zur Beurteilung sei auf das S. 169 und 170 Gesagte verwiesen.

b) Einfluß des Sandgehalts des Betons.

Zur Beurteilung der Ergebnisse sei vorausgeschickt, daß der Abnutzwiderstand des Betons an den Außenflächen und im Innern in der Regel nicht gleich sein kann, weil der Anteil der groben Stücke an den Außenflächen kleiner ist. Um diesen Unterschied, der bei Abnahmeversuchen nicht immer gebührende Beachtung findet, zu zeigen, ist bei einer großen Versuchsreihe sowohl

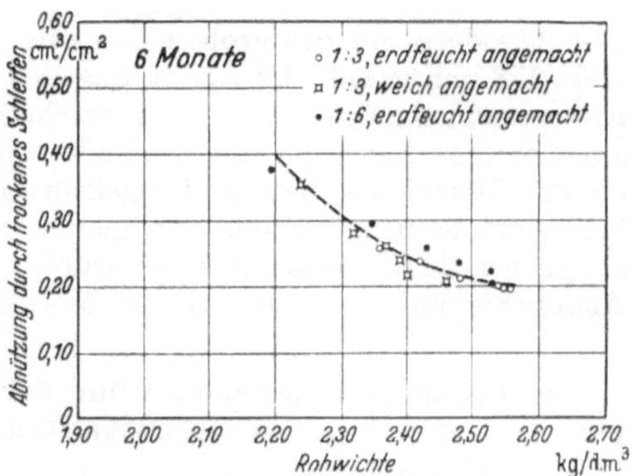

Abb. 175. Abhängigkeit der Abnutzung von Mörteln mit doppelt gebrochenem Basaltquetschsand von der Rohwichte der Mörtel am Prüfungstag. Alter: 6 Monate. Lagerung: 14 Tage unter feuchten Tüchern, dann an der Luft.

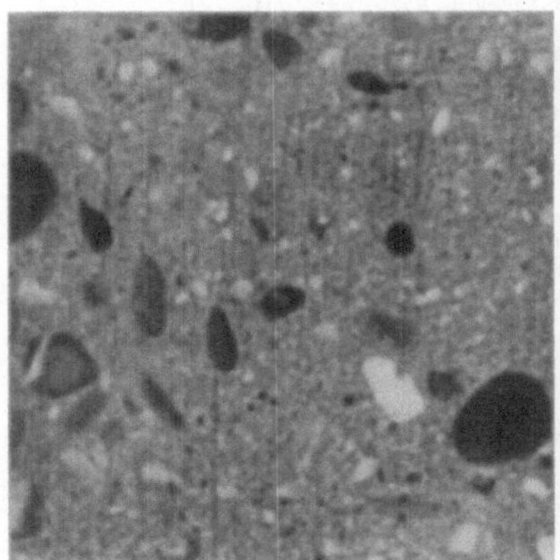

Abb. 176.
Abnutzung nach 628 m Schleifweg 0,349.

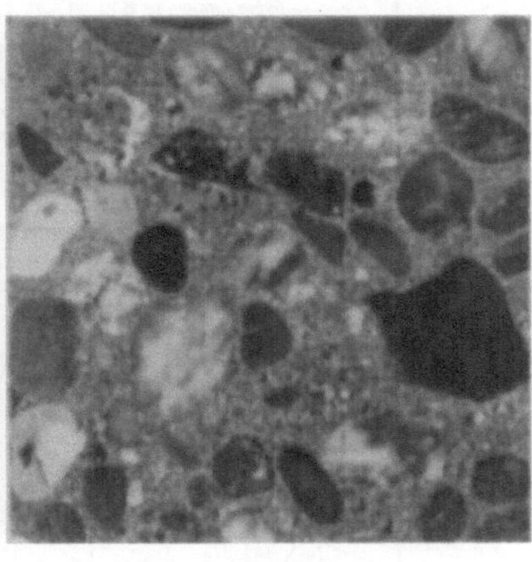

Abb. 177.
Abnutzung nach 628 m Schleifweg 0,142 cm³/cm².

die Stampffläche als auch eine Schnittfläche, die durch Aussägen der Probekörper entstand, auf den Abnutzwiderstand untersucht worden. An der Stampffläche wurden die groben Steine usw. allmählich nach Abb. 176 angeschliffen; an den Schnittflächen erfolgte die Abnutzung auf den vorher gemäß Abb. 177 geschnittenen Steinen. Die Abnutzung war an der Schnittfläche viel kleiner als an der Stampffläche; in Abb. 177 betrug sie nur $^2/_5$ des Werts zu Abb. 176. Andere zugehörige Beispiele finden sich in Abb. 178 und 179.

Mit Verringerung des *Sandgehalts* erscheint der Einfluß der inneren Beschaffenheit der groben Zuschläge derart, daß der

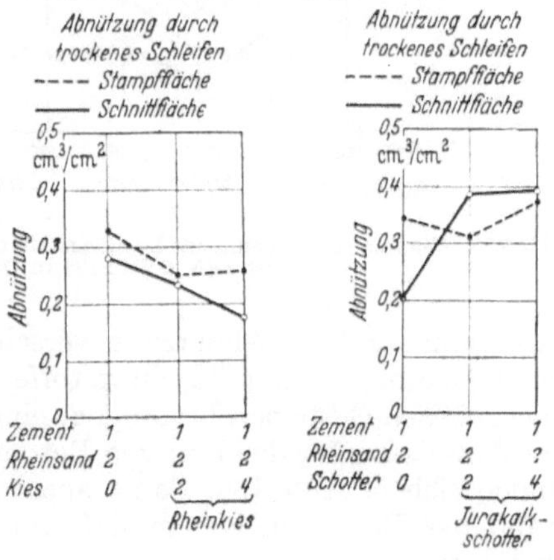

Abb. 178.   Abb. 179.
Abb. 178 und 179. Abhängigkeit der Abnutzung des Betons vom Anteil der groben Bestandteile und von der Beschaffenheit derselben.

Abnutzwiderstand des groben Gesteins mehr und mehr zur Geltung kommt. Abb. 178 zeigt, daß die Abnutzung des Betons an den Schnittflächen mit abnehmendem Sandgehalt, hier mit wachsendem Anteil des Rheinkieses, erheblich abgenommen hat, weil der Rheinkies einen größeren Abnutzwiderstand besaß als der Mörtel des Betons. Umgekehrt ist in Abb. 179 die Abnutzung erheblich gewachsen, wenn der Sandgehalt verringert und dafür Jurakalkschotter als grober Zuschlagstoff gewählt wurde, weil der Jurakalkstein einen kleineren Abnutzwiderstand aufwies als der Mörtel[1].

3. Einfluß der Gesteinsart und der Festigkeit des Gesteins auf den Abnutzwiderstand des Betons[2].

Der Einfluß der Gesteinsart der Zuschlagstoffe ist schon in Abb. 178 und 179 erkennbar. Weitergehende Feststellungen finden sich in Abb. 180[3]. In dieser

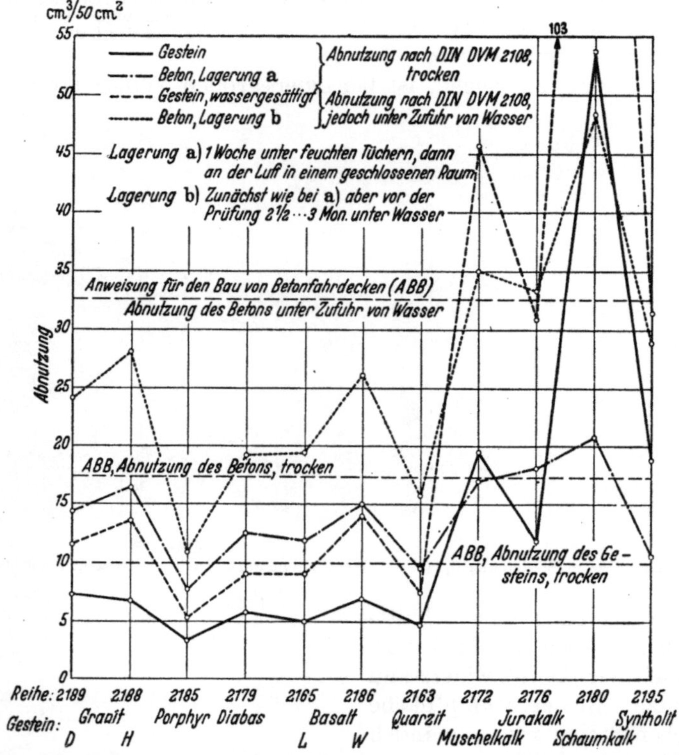

Abb. 180. Abnutzung von Beton mit Zuschlagstoffen aus verschiedenen Gesteinen. Während der Drucklegung ist DIN DVM 2108 in DIN 52108 umbenannt worden.

Zeichnung sind die Abnutzung verschiedener Gesteine und die Abnutzung von Straßenbeton, dessen Zuschlagstoffe in den Körnungen über 3 mm aus den angegebenen Gesteinen bestanden, eingetragen. Auch die Höchstwerte, die nach der Anweisung für den Bau von Betonfahrbahndecken (ABB) noch zulässig sind, finden sich in Abb. 180. Es ist anschaulich zu erkennen, daß der Abnutzwiderstand des Betons in hohem Maß von dem Abnutzwiderstand des verwendeten

---

[1] Vgl. Fußnote 3, S. 165.
[2] Vgl. auch unter C 10, S. 35ff. (Abnutzwiderstand der Zuschlagstoffe).
[3] Schriftenreihe der Forschungsgesellschaft für das Straßenwesen 1937 Heft 10.

Gesteins abhängt, wie zu erwarten stand. Die Unterschiede wurden besonders groß, wenn der Beton im wassersatten Zustand unter Zufuhr von Wasser geprüft wurde. (Vgl. in Abb. 180 die gestrichelten Linienzüge.)

Das Verhältnis der Abnutzung des Betons zur Abnutzung des Gesteins war unter den für Abb. 180 geltenden Umständen bei Zufuhr von Wasser

mit Granit D	Granit H	Porphyr	Diabas	Basalt L	Basalt W
2,1	2,1	2,1	2,1	2,1	1,7
Quarzit	Muschelkalkstein	Jurakalkstein	Schaumkalkstein		Syntholit
2,1	0,8	1,1	0,5		0,9.

Selbstverständlich kann die Eignung der Gesteine für Beton mit hohem Abnutzwiderstand unmittelbar durch die Prüfung des Abnutzwiderstands von Ge-

Zahlentafel 33. Prüfung von Straßenbeton mit verschiedenen Zuschlagstoffen.

Gestein	Zustand[1]	Festigkeit des Straßenbetons im Alter von 21 Tagen[2], kg/cm²		Abnutzung (DIN 52108) cm
		Biegezugfestigkeit	Druckfestigkeit	
Rheinkies R aus Baden	e	58	362	0,26
	g	61	339	0,21
	s	55	373	0,28
	(rd. 23% der Gesamtmenge)			
Rheinkies K aus der Nähe von Köln	e	59	336	0,23
	g	59	317	0,22
	s	55	339	0,28
	(rd. 13% der Gesamtmenge)			
Splitt N aus norddeutschen Moränen und Findlingen	e	58	370	0,25
	g	59	344	0,21
	s	57	362	0,22
	(rd. 24% der Gesamtmenge)			
Porphyr D	e	61	376	0,15
Kalkstein E	e	65	340	0,40

steinsproben beurteilt werden. Weitergehende Aufschlüsse gibt die Prüfung des Betons, der so zusammengesetzt, verarbeitet und behandelt sein muß, wie dies im Bauwerk geschehen soll oder geschehen ist. Die Beurteilung von Kiesen geschieht allgemein im Beton. Beispiele dazu finden sich in Zahlentafel 33[3]. Dort ist zu erkennen, daß die nach dem Augenschein weniger guten, meist angewitterten oder aus weicherem Gestein bestehenden Teile den Abnutzwiderstand des Betons etwas verringern, jedoch die Biegezugfestigkeit nur unerheblich oder überhaupt nicht beeinflußten.

Weitere Versuchsergebnisse, die den Einfluß der Beschaffenheit des Gesteins erkennen lassen, finden sich unter U 3, S. 211 ff.

4. Einfluß der Größe des Wasserzusatzes auf den Abnutzwiderstand des Betons.

Zugehörige Feststellungen finden sich in Abb. 169 bis 172. Hiernach ist die Abnutzung bei den weich angemachten Mörteln größer gewesen als bei den erd-

---

[1] e = Einlieferungszustand; g = aus gesunden Teilen, also angewitterte Teile weggenommen; s = ausgesuchte, weniger gute Teile.

[2] 3 Tage unter feuchten Rupfen, 18 Tage im Wasser. Zementgehalt des Betons 310 kg/m³.

[3] Vgl. auch WALZ: Betonstraße 1937 S. 80ff., insbesondere S. 86 u. 87.

feucht angemachten[1]. Mit Zunahme des Wasserzusatzes wird die Rohwichte des Betons kleiner; diese Verringerung der Rohwichte ist mit einer Abnahme des Abnutzwiderstands verbunden, vgl. Abb. 173 und 174.

5. Einfluß des Alters auf den Abnutzwiderstand des Betons. Einfluß der Behandlung des Betons.

Der Abnutzwiderstand des Betons wird — ausgehend vom Zustand im Alter von 4 Wochen — mit wachsendem Alter etwas kleiner, sofern fortlaufend die gleichen Feuchtigkeitsverhältnisse vorhanden sind.

Weit wichtiger als dieser Einfluß des Alters ist der Einfluß des Feuchtigkeitszustands des Betons. Feuchter Beton wird viel mehr abgenutzt als trockener Beton. Deshalb ist es nötig, bei Vergleichsversuchen neben dem üblichen Schleifversuch mit lufttrockenem Beton und lufttrockenem Schleifmittel auch den in DIN 52108 zusätzlich vorgesehenen Versuch mit wassergetränktem Beton unter Zufuhr von Wasser auszuführen.

Beispielsweise fand sich für Straßenbeton

	bei trockenem	bei nassem Schleifen	Verhältniszahl
mit Zuschlägen aus Granit H	0,33 cm	0,56 cm	1,7
„ „ „ Porphyr	0,15 „	0,22 „	1,4
„ „ „ Basalt L	0,24 „	0,39 „	1,6
„ „ „ Quarzit	0,19 „	0,31 „	1,7
„ „ „ Jurakalkstein	0,36 „	0,67 „	1,9
„ „ „ Syntholit	0,21 „	0,58 „	2,7

Weiteres findet sich in Abb. 180[2].

6. Über Beton mit besonders hohem Abnutzwiderstand.

Aus den Versuchsergebnissen unter 1. bis 5. ergibt sich, daß Beton mit hohem Abnutzwiderstand zunächst eine besonders gute Körnung aufweisen soll, vor allem an den der Abnutzung ausgesetzten Flächen. Deshalb ist solcher Beton tunlichst steif einzubringen und sorgfältig zu verdichten. Vgl. unter 2. und 4. Weiter sind die groben Zuschlagstoffe aus Gestein mit hohem Abnutzwiderstand zu wählen, also aus Porphyr, Quarzit, Basalt u. dgl. Vgl. unter 5. Seit langer Zeit ist es üblich, für besonders hochbeanspruchte Boden- und Treppenbeläge an Stelle eines Teils der natürlichen Zuschlagstoffe Sonderstoffe[3] mit außerordentlichem Abnutzwiderstand zu verwenden, z. B. Hartgußschrot, Siliziumkarbid und Korund. Damit lassen sich die Grenzwerte der Abnutzung nach DIN 1100 begrenzen, vgl. Zahlentafel 32[4].

Beachtlich ist ferner die Feststellung, daß nachverdichteter Beton (Nachrütteln, wiederholtes Glätten) den Abnutzungswiderstand erhöhte, wie zu erwarten stand.

---

[1] Bei weich verarbeiteten Bodenbelägen ist überdies zu beachten, daß der weiche Beton oft Wasser absondert und daß dadurch an der oberen Fläche des Belags eine Feinschicht entsteht, die gegen Abnutzung wenig Widerstand besitzt und die oft recht ungleich abgenutzt wird. Bodenbeläge mit hohem Abnutzwiderstand sind deshalb aus steif abgemachtem Beton zu fertigen und durch Stampfen oder Rütteln zu verdichten.

[2] Die Anweisung für den Bau von Betonfahrbahndecken, Ausgabe 1937, enthält zu der Beurteilung des Abnutzwiderstands von Sand und Kies folgendes: Die Abnutzung des Oberbetons im Alter von 6 Wochen darf beim trockenen Schleifen nach DIN 52108 höchstens 0,35 cm (17,5 cm³) betragen, beim Schleifen mit Zufuhr von Wasser höchstens 0,65 cm (32,5 cm³).

[3] Über Versuche im Forschungsinstitut des Vereins deutscher Eisenportlandzementwerke vgl. Zement 1936 S. 233ff.

[4] Dabei ist zu beachten, daß solche Stoffe nicht bloß abnutzfest, sondern auch schlagfest sein müssen, wenn der Verkehr mit erheblichen örtlichen Stößen verbunden ist. Auch ist auf die Abnutzung der Verkehrsmittel zu achten.

Zwischen der Druckfestigkeit oder der Biegezugfestigkeit und dem Abnutzwiderstand bestehen keine unmittelbaren Beziehungen, wie aus 2. bis 5. sowie
aus Abb. 181 und 182 hervorgeht.

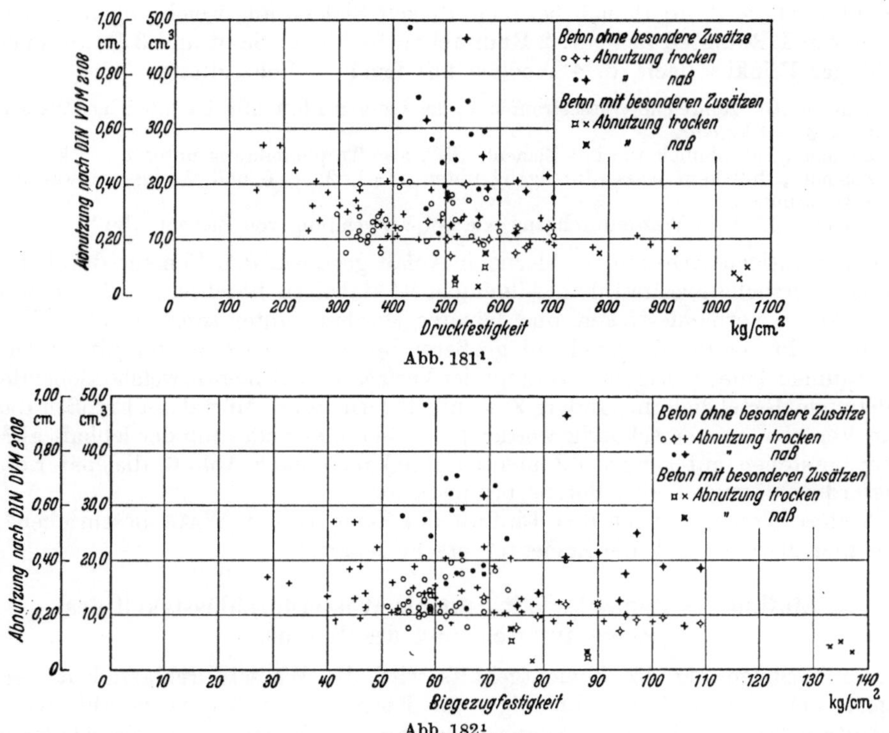

Abb. 181[1].

Abb. 182[1].

Abb. 181 und 182. Vergleich der Abnutzung des Betons mit seiner Druckfestigkeit und Biegezugfestigkeit.

N. Wasserdurchlässigkeit des Zementmörtels und des Betons. Wasseraufnahme. Kapillarität.

Die im folgenden beschriebenen Versuchsergebnisse sind in der Regel unter
Beachtung der „Richtlinien für die Prüfung von Beton auf Wasserdurchlässigkeit DIN Vornorm 4029", jetzt DIN 1048, Abschnitt V, aufgestellt vom Deutschen Ausschuß für Stahlbeton, entstanden[2]. Dabei ist besonders wichtig, daß
der Wasserdruck über die in den Richtlinien geforderte Zeitspanne gewirkt hat,
weil der Durchtritt des Wassers in hohem Maße von der Wirkungsdauer des
Wassers abhängt. Weiter ist zu beachten, daß das verwendete Wasser Stuttgarter Leitungswasser war[3]. Wird abweichend hiervon Wasser verwendet, das
den Beton angreift, also etwa sehr reines Wasser, so kann die Durchlässigkeit
im Laufe der Zeit größer werden; umgekehrt werden Wässer, die gelöste Stoffe
mitbringen, beispielsweise harte Wässer aus dem Kalkgebirge, die Durchlässigkeit verringern.

Die Bedeutung der Arbeitsfugen ist besonders zu betrachten.

---

[1] Während der Drucklegung ist DIN DVM 2108 in DIN 52108 umgenannt worden.

[2] Versuche und Erläuterungen zu den Richtlinien vgl. GRAF u. WALZ: Bautechn. Bd. 15
(1937) S. 321 (auch als Sonderdruck bei Wilhelm Ernst & Sohn, Berlin, erschienen).

[3] WALZ: Die heutigen Erkenntnisse über die Wasserdurchlässigkeit des Mörtels und des
Betons 1931 S. 50.

1. Einfluß des Zements auf die Wasserdurchlässigkeit des Betons[1].

Erfahrung und Versuch haben gezeigt, daß unter sonst gleichen Verhältnissen mit verschiedenen Zementen sehr verschiedene Wasserdurchlässigkeit erlangt wird. Z. B. ergab sich bei 6 cm dicken Platten aus weich angemachtem Beton von 1 Raumteil Zement, 2 Raumteilen Beihinger Sand und 3 Raumteilen Beihinger Feinkies nach rd. 4 Wochen mit feuchter Behandlung

mit Zement „Bl" zahlreiche Wassertropfen an der unteren Plattenfläche unter dem Wasserdruck $p = 1$ kg/cm²,
mit Zement „Tu" ähnlich wie mit Zement „Bl", also Tropfenbildung unter $p = 1$ kg/cm²,
mit Zement „Bu" kein Wasserdurchgang unter $p = 1$, 2, 4, 6 und 7,5 kg/cm² während je 24 Stunden,
mit Zement „L" kein Wasserdurchgang wie bei Verwendung von Zement „Bu".

Bei wichtigen Arbeiten ist hiernach Anlaß gegeben, den Zement durch besondere Versuche auszuwählen. Allgemein ist dabei zu beachten, daß Zemente mit höherer Normenfestigkeit und feinerer Mahlung unter sonst gleichen Verhältnissen in der Regel Mörtel mit größerer Rohwichte, also Mörtel mit weniger Hohlräumen, liefern. Weiter bevorzugt der Verfasser die Zemente, welche klebende, schleimige Mörtel liefern. Andere Zemente liefern losere Mörtel und stoßen das beim Verarbeiten überschüssig werdende Wasser mehr oder minder lebhaft ab[2]; dabei entstehen mit gewissen Zementen Steigkanäle nach Abb. 6, die später die Wasserdurchlässigkeit des Betons begünstigen.

Weitere Versuche über den Einfluß des Zements hat WALZ beschrieben[3]; auch hier erwiesen sich die Zemente verschiedenartig.

2. Einfluß des Zementgehalts auf die Wasserdurchlässigkeit des Zementmörtels und des Betons.

Durch Steigerung des Zementgehalts wird die Wasserdurchlässigkeit verringert, um so eher, je zweckmäßiger die Körnung des Betons gewählt wird. Zahlentafel 34 enthält Beispiele aus Versuchen mit Mörteln von verschiedener Körnung bei verschiedenem Zementgehalt. Die Mörtel der Linie 5 und 7 gehören

Zahlentafel 34. Wasserdurchlässigkeit von Mörteln mit verschiedener Körnung.

Zusammensetzung der Mörtel in Gewichtsteilen	Wasserdurchgang auf vier Druckstufen in g je Stunde[4]		
	grobe Körnung (Mörtel nach Linie 5 der Abb. 89)	mittlere Körnung (Mörtel nach Linie 7 der Abb. 89)	feine Körnung (Mörtel nach Linie 10 der Abb. 89)
1:3	—	—	0
1:4	0	0	11,9
1:5	0,1	1,0	61,4
1:6	3,6	15,4	(88,1)[5]
1:7	18,3	37,3	—

zu den Mörteln mit besonders guter Körnung; der Mörtel 10 ist sehr feinkörnig. Die Zahlenreihen zeigen, daß die Durchlässigkeit mit steigendem Zementgehalt zurückging, bei den Mörteln mit besonders guter Körnung ausgeprägter als bei dem feinkörnigen Mörtel.

Weiterhin erhellt durch die Versuche in Zahlentafel 34 sowie durch zahlreiche

[1] GRAF: Entwurf und Berechnung von Eisenbetonbauten Bd. 1 S. 41 sowie in Zement 1928 S. 1663; ferner Dtsch. Ausschuß Eisenbeton 1931 Heft 65 S. 22.
[2] Vgl. unter B 6, insbesondere Abb. 8.
[3] WALZ: Die heutigen Erkenntnisse über die Wasserdurchlässigkeit des Mörtels und des Betons 1931 S. 70ff.
[4] Nach 28 tägiger feuchter Lagerung.
[5] Einzelwert; sonst Mittel aus 3 Versuchen.

andere Versuche[1], daß zur Erlangung eines wasserundurchlässigen Betons ein vor allem durch die Körnung des Betons bestimmter Zementgehalt erforderlich ist. Für weich angemachten Kiesbeton mit besonders guter Körnung, zu 10 cm dicken Wänden zweckmäßig verarbeitet, sind 240 kg Zement je m³ Beton erforderlich. Weiteres vgl. unter 3. sowie Zahlentafel 35.

Zahlentafel 35. Einfluß des Zementgehalts und der Steife der Mörtel auf ihre Wasserdurchlässigkeit.

Sieblinie des Mörtels in Abb. 89	Mörtelgehalt in % des Gewichts der trockenen Stoffe	Zementgehalt kg/m³	Wasserdurchgang auf 4 Belastungsstufen in g je Stunde[2]
Erdfeucht angemachter und gestampfter Beton			
7	60	259	0,04
7	60	179	29,2
Weich angemachter Beton			
7	60	257	0
7	60	178	0,04
Flüssig angemachter Beton			
7	60	248	0
7	60	177	0,06

3. Einfluß der Kornzusammensetzung der Zuschlagstoffe auf die Wasserdurchlässigkeit des Zementmörtels und des Betons.

a) Einfluß der Kornzusammensetzung des Sands auf die Wasserdurchlässigkeit des Zementmörtels.

Mit den in Abb. 89 bezeichneten Mörtelkörnungen 3, 5, 7, 9 und 10 wurden in der Mischung von 1 Gewichtsteil Portlandzement und 6 bzw. 5 Gewichtsteilen Sand 4 cm dicke Platten hergestellt und nach feuchter Lagerung in mehreren Altersstufen geprüft. Abb. 183 enthält Ergebnisse von Platten mit Rheinsand; Abb. 184 gilt für Platten mit doppelt gebrochenem Basaltquetschsand.

Beide Abbildungen zeigen, daß Mörtel 5 die geringste Durchlässigkeit lieferte; der gröbere Mörtel 3 und die feineren Mörtel 7, 9 und 10

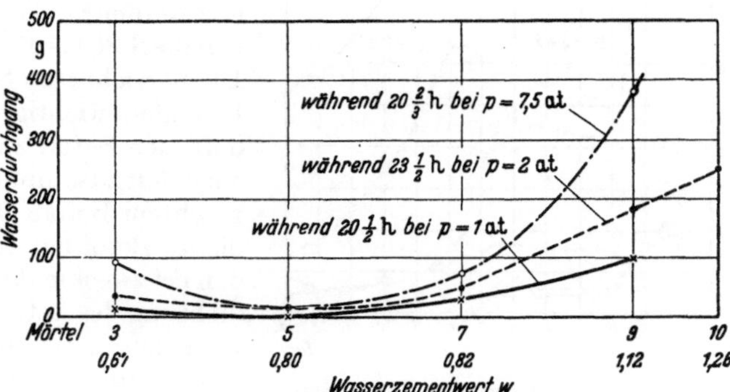

Abb. 183. Wasserdurchlässigkeit der Mörtel aus 1 Gewichtsteil Portlandzement und 6 Gewichtsteilen Rheinsand, weich angemacht. Beginn der Prüfung im Alter von 32 Tagen.

waren durchlässiger. Vom Mörtel 5 ausgehend, stieg der Wasserdurchgang mit Zunahme des Anteils der feinen Bestandteile des Mörtels.

Wie S. 85 und 141 ausführlich erörtert wurde, gab Mörtel 5 besonders hohe Druck- und Biegezugfestigkeiten. Durch die Feststellungen in Abb. 183 und 184 wird weiterhin gezeigt, daß der Mörtel 5 nicht bloß zur Erlangung einer besonders hohen Druck- und Biegezugfestigkeit, sondern auch für die Herstellung undurch-

---

[1] GRAF: Dtsch. Ausschuß Eisenbeton Heft 65 S. 14ff.
[2] Prüfung im Alter von 28 Tagen.

lässiger Mörtel geeignet ist, wenn eine gute zweckentsprechende Verdichtung stattgefunden hat[1].

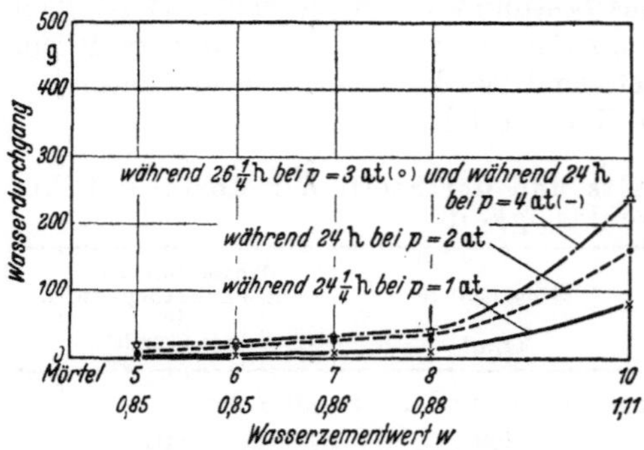

Abb. 184. Wasserdurchlässigkeit der Mörtel aus 1 Gewichtsteil Portlandzement und 5 Gewichtsteilen doppelt gebrochenem Basaltquetschsand, weich angemacht. Beginn der Prüfung im Alter von 33 Tagen.

b) Einfluß des Sandgehalts auf die Wasserdurchlässigkeit des Betons.

Hier sind die unter F 2 und H 3 mitgeteilten Beobachtungen sinngemäß zu beachten.

c) Einfluß der groben Zuschlagstoffe auf die Wasserdurchlässigkeit des Betons.

Nach den bisher vorliegenden Beobachtungen ist anzunehmen, daß im gut verarbeitbaren, weich angemachten Beton die Beschaffenheit des Mörtels maßgebend ist, wie dies von anderen Eigenschaften des Betons bekannt ist. Wenn Beton grobe, plattige Zuschlagstoffe in großer Menge enthält, ist damit zu rechnen, daß die Wasserundurchlässigkeit in waagerechter Richtung erheblich vergrößert wird[2].

d) Einfluß von feingemahlenem Traß, Kalk usw.

Durch feingemahlenen Traß, durch gelöschten Weißkalk, auch durch feingemahlenen Kalkstein, auch durch andere feine Steinmehle wird die Wasserdurchlässigkeit vermindert, wenn damit die Körnung des Betons und die Verarbeitbarkeit des Betons verbessert werden[3]. Als zweckmäßige Grenzen werden die S. 86 bis 97 beschriebenen empfohlen. Die bezeichneten Steinmehle sind praktisch besonders wichtig, wenn es sich darum handelt, den Beton zusammenhängend zu machen. Mit zusammenhängendem, weich angemachtem Beton läßt sich ein durchgehend dichter Beton herstellen; die Schüttfugen werden bei zweckmäßiger Verarbeitung und Verdichtung des Betons fehlerlos. Dagegen fällt wenig zusammenhängender Beton beim Einwerfen in die Schalung ungleichmäßig; die Vermeidung von Kiesnestern ist dabei schwierig.

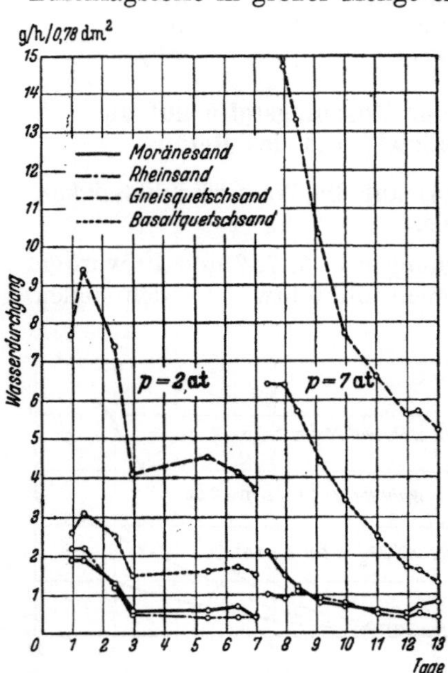

Abb. 185. Einfluß der Kornform der Zuschlagstoffe auf die Wasserdurchlässigkeit des Betons[4].

4. Einfluß der Kornform der Zuschlagstoffe auf die Wasserdurchlässigkeit des Betons.

Die Kornform der Zuschlagstoffe zum Mörtel ist für die Herstellung von wasserundurchlässigem Beton besonders wichtig; die Kornform ist hier von größerer

---

[1] Vgl. dazu unter F 2, c α und γ.

[2] Vgl. u. a. GRAF: Zement 1928 S. 1694 sowie GRAF u. WALZ: Bautechn. 1937 S. 321. Dabei ist auch zu beachten, ob der Wasserzusatz größer als notwendig gewählt war.

[3] Vgl. auch Dtsch. Ausschuß Eisenbeton 1920 Heft 43 S. 36.

[4] Hier, sowie in Abb. 187 und 188 ist der Wasserdurchgang in g je Stunde auf einer Fläche von 0,78 dm² gemessen worden.

Bedeutung als bei der Herstellung von Beton mit bestimmter Festigkeit. Abb. 185 zeigt dazu die Ergebnisse von Versuchen mit 10 cm dicken Platten aus 1 Gewichtsteil Portlandzement und 6 Gewichtsteilen Sand, wobei die Körnung der Linie 5 in Abb. 89 entsprach. Der Sand war natürlich rundkörnig (Moränesand und Rheinsand) oder gebrochen von gedrungener Gestalt (Basaltquetschsand) oder gebrochen von langer, flacher Gestalt mit rauhen Kanten (Gneisquetschsand). Aus Abb. 185 ist ersichtlich, daß die Mörtel mit Moränesand bzw. mit Rheinsand viel weniger Wasser durchließen als die Mörtel mit gebrochenen Zuschlagstoffen; besonders ungünstig verhielt sich der Mörtel mit Gneisquetschsand[1].

Verwandte Beobachtungen waren bei der Verwendung von Sanden entstanden, die erhebliche Mengen Glimmer enthielten, weil die Glimmerteile eine sehr ungünstige Kornform haben.

Demgemäß muß der Mörtel aus gebrochenen Zuschlagstoffen mehr Zement enthalten als Mörtel aus natürlichen Sanden, wenn die Wasserundurchlässigkeit verbürgt werden muß. Es empfiehlt sich, zu Beton, der undurchlässig werden soll, möglichst natürliche Sande zu verwenden. Unter praktischen Verhältnissen ist der Einfluß der Kornform des Sandes überdies von größerer Bedeutung als bei unseren Versuchen, weil die Verarbeitbarkeit der Mörtel mit Quetschsanden auch bei großem Zementgehalt oft unzureichend ausfällt.

Die Kornform der groben Zuschlagstoffe ist von kleinerer Bedeutung; hier ist zu empfehlen, lange, flache Zuschlagstoffe mit zackigen Kanten tunlichst zu vermeiden. Vgl. dazu unter C 12, S. 39ff. Wenn solche Stoffe verwendet werden müssen, sind sorgfältige Eignungsversuche angezeigt.

5. Einfluß der Größe des Wasserzusatzes auf die Wasserdurchlässigkeit des Betons. Zweckmäßige Steife und zweckmäßige Verarbeitung des Betons, der wasserdicht werden soll.

Die Wasserdurchlässigkeit wird bei sachgemäß verarbeitetem Beton größer mit Zunahme der Menge des Anmachwassers[2]. Gußbeton wird bei gleichem Mischungsverhältnis durchlässiger als sorgfältig verarbeiteter Stampfbeton und Rüttelbeton, der eben noch so viel Wasser enthält, als zu möglichst enger Zusammenlagerung der festen Bestandteile und des Zementbreis nötig ist, wobei auf hohe Gleichmäßigkeit im ganzen Bauteil besonderer Nachdruck zu legen ist. Unsere Versuche haben die Überlegung bestätigt. Praktisch können diese Bedingungen mit erdfeuchtem Beton *nicht* gewährleistet werden; der angestrebte Erfolg wird sich nur dann zuverlässig einstellen, wenn der Beton weicher als noch stampffähig angemacht wird, also ein Beton hergestellt wird, der mit mäßiger Stampfarbeit oder mit kleiner Rüttelarbeit fertiggemacht werden kann. In solchem Beton bildet der Zementbrei, der bei magerem Beton erhebliche Mengen staubfeinen Sand enthalten darf, unter günstigen Verhältnissen eine steife, zähe Masse, die für guten Anschluß der einzelnen Stampfschichten, auch für guten und starkwandigen Abschluß der Poren geeignet ist und beim Setzen des Betons die Bildung von Steigkanälen durch das abgestoßene Wasser hintanhält[3].

Es fand sich beispielsweise für quadratische Platten von 6 cm Höhe aus 1 Raumteil Portlandzement, 2 Raumteilen Rheinsand und 3 Raumteilen Rheinkies:

erdfeucht angemacht und sorgfältig gestampft: erste Tropfen unter $p =$ 1 kg/cm² und bei $p = 6$ kg/cm²; eine Platte blieb noch bei 7,5 kg/cm² undurchlässig,

---

[1] Dtsch. Ausschuß Eisenbeton 1931 Heft 65 S. 19.
[2] Bauingenieur 1923 S. 225.   [3] Vgl. S. 7 und 8.

weich angemacht: erste Tropfen bei $p = 1$ und $p = 2$ kg/cm², also im Mittel durchlässiger als die sorgfältig gestampften Platten aus erdfeucht angemachtem Beton,

gießfähig angemacht: erste Tropfen unter $p = 0{,}5$ kg/cm², somit noch durchlässiger als die Platten aus weichem Beton.

Soll also ein Bauwerk aus Beton bestimmter Druckfestigkeit und bestimmter Undurchlässigkeit geschaffen werden, so ist bei Verwendung von Gußbeton nicht allein in bezug auf die Druckfestigkeit, sondern auch hinsichtlich der Durchlässigkeit mit einer zementreicheren Mischung zu rechnen als bei Verwendung von Stampfbeton und Rüttelbeton[1].

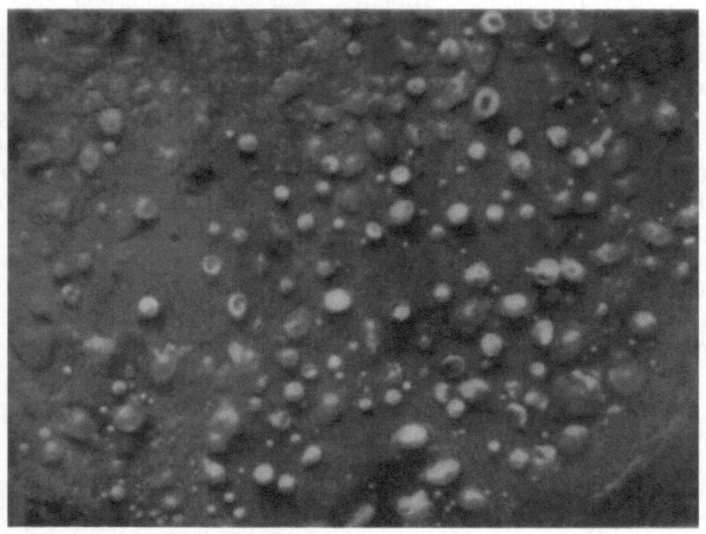

Abb. 186. Ausscheidungen auf der Luftseite einer Betonplatte, die nach kurzer Erhärtungsdauer einem Wasserdruck ausgesetzt worden ist.

Weitere Versuchsergebnisse finden sich in Zahlentafel 35[2]. Hier war der weich angemachte Beton weniger durchlässig als der erdfeucht und der flüssig angemachte.

Diese Feststellungen gelten für Betonkörper, die in einem Zug hergestellt worden sind; unter praktischen Verhältnissen hat das Gesagte noch mehr Bedeutung, weil dann auch die Undurchlässigkeit der Arbeitsfugen gesichert werden muß. Vgl. ferner S. 312 bis 315.

6. Einfluß des Alters auf die Wasserdurchlässigkeit des Betons. Einfluß der Behandlung des Betons.

Die Wasserdurchlässigkeit von feucht gehaltenem Beton nimmt mit steigendem Alter ab, wenn die Größe der Durchlaßstellen ein gewisses von den jeweiligen Verhältnissen abhängiges Maß nicht überschreitet und das Wasser abtragende Eigenschaften nicht besitzt[3].

So zeigt Abb. 186 die untere Fläche von Betonplatten, die unter 7 kg/cm² Wasserdruck zunächst erhebliche Wassermengen durchließen, nach 7 tägiger Wir-

---

[1] Weiteres bei SUENSON: Porenformen und Wasserdurchlässigkeit von Beton. Öst. Bauzeitschrift 1947 S. 168 u. f.   [2] Näheres Dtsch. Ausschuß Eisenbeton 1931 Heft 65 S. 16 u. 17.

[3] Diese Ergebnisse gelten bei Verwendung von Stuttgarter Leitungswasser. Einzelheiten GRAF: Bauingenieur 1923 S. 223ff., auch bei WALZ: Die heutigen Erkenntnisse über die Wasserdurchlässigkeit des Mörtels und des Betons 1931 S. 33 ff.

kung des Wasserdrucks aber trocken geworden waren; lediglich ausgetrocknete hohle Gebilde von kohlensaurem Kalk zeugten noch von der früheren Durchlässigkeit.

Ganz anders können die Verhältnisse werden, wenn der Beton anfänglich nicht feucht gehalten wird, wie die folgenden Beispiele erkennen lassen.

Weich angemachter Mörtel aus 1 Raumteil Portlandzement, 0,7 Raumteilen Weißkalk, 1 Raumteil rheinischem Traß und 6,1 Raumteilen Sand erwies sich in Platten von 2,5 cm Dicke nach 4wöchiger nasser Lagerung bis 8 kg/cm² Wasserdruck undurchlässig, lieferte also ein sehr erfreuliches Ergebnis. Gleiche Platten, jedoch trocken in einem Arbeitsraum gelagert, waren nach 4 Wochen schon bei 60 cm Wasserdruck durchlässig; durch nachträgliche Wasserlagerung während 70 Tagen verringerte sich die Durchlässigkeit nur unbedeutend; die starke Durchlässigkeit wurde nicht mehr aufgehoben. Diese Feststellung ist bei Behältern, die nicht Wasser, sondern andere Flüssigkeiten aufzunehmen haben, sinngemäß zu beachten.

Auch bei Betonplatten traten durch verschiedene Behandlung erhebliche Unterschiede auf; doch erwies sich die nachträgliche Behandlung wirksamer als bei den soeben beschriebenen Beispielen[1].

Hiernach wie nach Beobachtungen an Bauwerken empfiehlt es sich, *Betonbauten, die wasserundurchlässig werden sollen, nach der Herstellung feucht zu halten*, wenn möglich bis zur Ingebrauchnahme des Bauwerks.

Sodann ist wichtig, daß der Beton vor der Einwirkung des Wasserdrucks weitgehend erhärtet. Junger Beton kann durch sehr kleine Wasserdrücke dauernd geschädigt werden[2]. Es ist deshalb während der Bauausführung Sorge zu tragen, daß keinerlei Wasserdruck hinter jungem Beton entsteht.

Über die bisher beschriebenen Feststellungen hinaus ist es für die Ausführung und Erhaltung der Bauwerke häufig förderlich, daß viele Wässer Bestandteile mitbringen, die die Abdichtung des Betons unterstützen. Dabei ist das teilweise Füllen der Poren des Betons mit losen Bestandteilen aus dem Beton selbst beteiligt. Weiterhin ist dabei das mit fortschreitendem Alter zunehmende Hydratisieren der Zementkörner und das damit verbundene Quellen des Zements zu beachten. Nicht zuletzt führen chemische Vorgänge zu einer Verringerung der Wasserdurchlässigkeit. In jedem Beton entstehen mehr oder minder große Mengen freien Kalkhydrats; ein Teil desselben verbleibt im Beton, u. a. unter Bildung von unlöslichem Kalziumkarbonat, wenn das Wasser Bikarbonate oder eine entsprechende Menge Kohlensäure mitführt. Alle diese Vorgänge können zu einer Selbstdichtung führen[3], allerdings in der Regel nur, wenn der Beton von vornherein wenig durchlässig ist. Beispiele aus eigenen Versuchen finden sich in Abb. 187[4].

7. Einfluß der Dicke der Betonkörper auf die Wasserdurchlässigkeit des Betons. Einfluß der Beschaffenheit der Betonfläche, die dem Wasserdruck ausgesetzt ist (bearbeitete, verputzte, gestrichene Flächen).

Mit größerer Plattendicke ist die Wasserdurchlässigkeit des Betons kleiner geworden[5]. Die Abnahme der Durchlässigkeit erwies sich ungefähr proportional der Betondicke.

---

[1] GRAF: Bauingenieur 1923 S. 223; ferner ebenda S. 477 ff.
[2] GRAF: Beton u. Eisen 1925 S. 53 ff.
[3] Über die Selbstdichtung vgl. bei WALZ: Die heutigen Erkenntnisse über die Wasserdurchlässigkeit des Mörtels und des Betons 1931 S. 38 ff.; ferner bei SUENSON: Bericht VII 2 zum Ersten Internationalen Kongreß für Beton und Eisenbeton. Lüttich 1930.
[4] Dtsch. Ausschuß Eisenbeton 1931 Heft 65 S. 4.
[5] MERKLE: Die Wasserdurchlässigkeit von Beton in Abhängigkeit von seinem Aufbau 1927 S. 64 sowie GRAF: Dtsch. Ausschuß Eisenbeton 1931 Heft 65 S. 20 ff.

Nach der Bearbeitung der Oberfläche des Betons, also *nach der Wegnahme der Außenhaut*, war der Beton erheblich durchlässiger, wie Abb. 188 erkennen läßt[1]. Durch dünn aufgetragene Putze aus zementreichem Zementmörtel läßt sich der Zutritt des Wassers zum Beton weitgehend hemmen, vor allem mit Putzen, die vorzüglich verdichtet sind, sei es mit der Stahlkelle oder durch Anspritzen mit Preßluft[2].

Bituminöse Anstriche, mindestens zweimal aufgetragen, verringern die Wasserdurchlässigkeit des Betons, sofern nur feinporige Durchgänge zu dichten sind[3]. Dabei ist es zweckmäßig, daß der Anstrich durch den Wasserdruck gegen den Beton gedrückt wird[4]

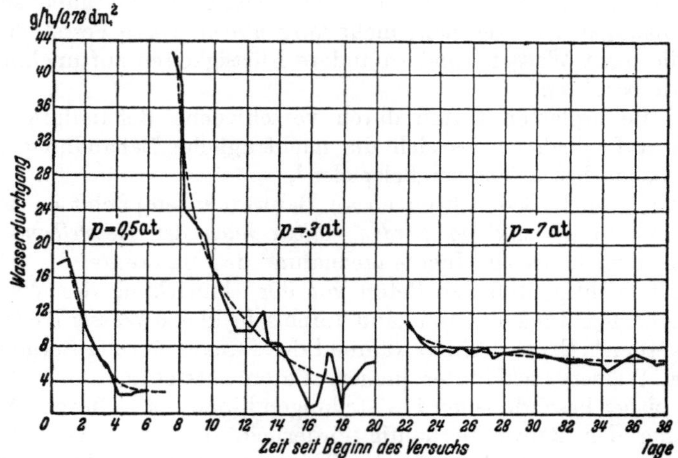

Abb. 187. Einfluß der Dauer des Wasserdrucks auf die Wasserdurchlässigkeit des Betons.

8. Einfluß von Zusätzen auf die Wasserdurchlässigkeit des Zementmörtels und des Betons.

Die Verwendung von Zusätzen kommt bei Außenputzen des Hochbaus sowie bei Schnelldichtungen des Ingenieurbaus in Betracht. Dabei sind Eignungsversuche unentbehrlich. Der Nachweis der Eignung kann nur durch Versuche unter bestimmten praktisch wichtigen Verhältnissen mit und ohne Zusatz erbracht werden[5].

Zum Beton gewöhnlicher Ingenieurbauten (Behälter, Keller usw.) sind Zusätze in der Regel technisch überflüssig. Hier kann der Ingenieur durch eine zweckmäßige Zusammensetzung des Betons alles Erforderliche herstellen.

9. Über die Kapillarität des Betons. Wasseraufnahme. Wasserabgabe.

Beton wird vom Wasser benetzt; er saugt das Wasser auf, abhängig von der Zahl und Beschaffenheit seiner Kapillaren. Die Kapillaren sind in feinkörnigem Beton weit mehr zum Wasseransaugen geeignet als in grobkörnigem Beton, wie

---

[1] Dtsch. Ausschuß Eisenbeton 1931 Heft 65 S. 22 u. 23.

[2] Über Versuche mit Spritzputzen vgl. GRAF: Dtsch. Ausschuß Eisenbeton Heft 65 S. 31ff.

[3] Zur Beurteilung der Wirkung der Anstriche. GRAF: Die Druckfestigkeit von Zementmörtel, Beton, Eisenbeton und Mauerwerk 1921 S. 19 u. 20; ferner Anweisung für die Abdichtung von Ingenieurbauwerken, herausgegeben von der Deutschen Reichsbahn.

[4] GRAF: Bauingenieur 1923 S. 226.

[5] Vgl. u. a.: Der Eisenbetonbau, Entwurf und Berechnung Bd. 1 S. 45; ferner WEISE: Zement 1936 S. 459.

Abb. 71 erkennen läßt. Diese Abbildung zeigt überdies, daß das Wasseraufsaugen mit Zunahme des Zementgehalts abnimmt[1]. Andere Versuche machen aufmerksam, daß von flüssig angemachtem Beton mehr Wasser aufgesaugt wird als von Beton, der weniger Anmachwasser enthält.

Die Wasseraufnahme ist sodann von der Gestalt und Größe des Betonkörpers, auch von der Vorbehandlung des Betons abhängig[2]. Das Maß der Wasseraufnahme und der Wasserabgabe kann vergleichsweise nur beurteilt werden, wenn das Trocknen und Durchfeuchten unter ganz bestimmten Verhältnissen vorgenommen ist. Von der Größe der Wasseraufnahme kann nicht immer auf eine entsprechende Durchlässigkeit geschlossen werden.

10. Allgemeine Bemerkungen über die Herstellung von wasserdichtem Beton.

Beton mit besonders guter Körnung, der rd. 240 kg Zement je m³ oder mehr enthält, weich angemacht ist[3] (Ausbreitmaß 35 bis 45 cm), gut verarbeitet wird[4], insbesondere regelmäßig und geschlossen bis zur Verarbeitungsstelle gebracht wird und in den Schüttfugen gerüttelt ist, läßt sich zuverlässig praktisch wasserdicht herstellen[5]. Mit höherem Zementgehalt und mit besonders sorgfältiger Arbeit wurde in Stuttgart wiederholt Beton hergestellt, der mit 25 cm Dicke auf lange Zeit gegen sehr hohen Wasserdruck (70 at) keinerlei sichtbaren Wasserdurchgang zeigte[6].

Die heute bekannten Bauverfahren und die zur Zeit angebotenen Baustoffe ermöglichen die Herstellung von Beton, der nach sachgemäßer Behandlung ohne besondere Hilfsmittel gegen hohe Wasserdrücke praktisch undurchlässig bleibt.

Wenn ausreichend undurchlässiger Beton entstehen soll, so ist Vorsorge zu treffen, daß der Beton in seiner ganzen Masse, besonders unmittelbar über den Schichtflächen diejenige Beschaffenheit erlangt, die für das

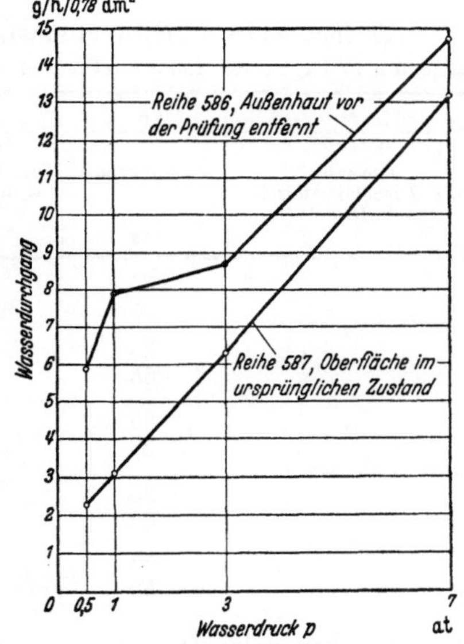

Abb. 188. Einfluß der Bearbeitung der Außenhaut des Betons auf seine Wasserdurchlässigkeit.

Gelingen der Aufgabe nötig ist. Dieser Forderung kann der ausführende Ingenieur unter den heutigen Verhältnissen mit weich angemachtem Beton (Ausbreitmaß $g = 35$ bis 40 cm) wirtschaftlich und technisch gerecht werden.

Die Erlangung sogenannter wasserdichter Behälter, Rohre usw. hängt in erster Linie von der Sorgfalt und Umsicht der bei der Herstellung Beteiligten ab. Gleichartige Beschaffenheit des Betons, Einfüllen des Betons in regelmäßigen

---

[1] GRAF: Dtsch. Ausschuß Eisenbeton 1933 Heft 71 S. 45; ferner WEISE: Betonwaren u. Betonwerkstein 1942 S. 4 Abb. 5.

[2] GRAF: Dtsch. Ausschuß Eisenbeton 1931 Heft 65 S. 26ff.

[3] Über entsprechende Feststellungen vgl. WALZ: Beton u. Eisen Bd. 36 (1937) S. 202.

[4] Gut verarbeitbarer Beton enthält die zu guter Körnung nötigen feinsten Zuschlagstoffe. Vgl. dazu S. 174.

[5] Demgegenüber wird von anderer Seite immer wieder gefordert, daß der Beton einen guten Füllungsgrad habe. Damit wird die wirkliche Sachlage nicht erkannt. Vgl. auch Dtsch. Ausschuß Eisenbeton 1931 Heft 65 S. 8.

[6] Weitere zugehörige Feststellungen finden sich bei GLANVILLE: Techn. Pap. 3, Building Research. London 1926.

Schichten verhältnismäßig geringer Höhe, ausreichende und gleichmäßige Bearbeitung des Betons nach dem Einbringen sind nicht weniger wichtig als die zweckmäßige Zusammensetzung des Betons; ungenügende Sorgfalt beim Verarbeiten des Betons ist in erster Linie an Mißerfolgen der hier in Betracht kommenden Art beteiligt. Der Beton muß überdies feucht behandelt werden.

O. Luftdurchlässigkeit des Betons.

Bei der Herstellung von Beton, der luftundurchlässig werden soll, ist sinngemäß ebenso zu verfahren, wie dies unter N. für wasserundurchlässigen Beton beschrieben ist. Jedoch ist zu beachten, daß die Luftdurchlässigkeit des Betons größer ist als die Wasserdurchlässigkeit.

Aus neueren Versuchen[1] ist Zahlentafel 36 entnommen; die Versuchsergebnisse gelten für 12 cm dicke, 14 Tage alte Platten, die zunächst 7 Tage feucht,

Zahlentafel 36. Luftdurchlässigkeit von 12 cm dicken Betonplatten.
Lagerung: 7 Tage unter feuchten Säcken, dann 7 Tage an der Luft bis zum Beginn der Prüfung.

1	2	3	4	5	6
Körnung des Zuschlaggemisches (nach DIN 1045)	Ausbreitmaß g cm	Zementgehalt je m³ Beton kg	Luftdurchgang in l* je h und m³ unter $p =$		
			0,5 kg/cm²	1,0 kg/cm²	2,0 kg/cm²
D	35	240	0,23	3,6	15
	55	240	23	61	143
	35	300	0	0	0
	55	300	3,3	6,5	20
E	35	240	34	76	169
	35	300	0	0	0
F	35	240	765	1945	4551
	55	240	103	276	649
	35	300	94	217	525
	55	300	86	184	429

dann trocken gelagert waren. Hiernach war die Luftdurchlässigkeit von Beton mit besonders guter Körnung viel kleiner als bei Beton mit noch zulässiger Körnung. Bei höherem Zementgehalt war die Luftdurchlässigkeit kleiner. Beton mit 300 kg Zement je m³ und mit besonders guter Körnung, mit dem Ausbreitmaß $g = 35$ cm angemacht, war gegenüber 2 kg/cm² Luftdruck undurchlässig.

Ausgetrockneter Beton erwies sich erheblich durchlässiger als feucht gehaltener Beton[2]. Der Unterschied ist viel größer als bei der Wasserdurchlässigkeit unter sonst gleichen Umständen.

P. Schwinden und Quellen des Zementmörtels und des Betons.

Grundsätzliche Darlegungen über das Schwinden und Quellen des Betons, vornehmlich mit Rücksicht auf die Eigenschaften des Zements, finden sich unter B 12 bis 14, S. 20ff. Dabei ist angenommen, daß unter *Schwinden* die Längenänderungen und Raumänderungen verstanden werden, die beim Austrocknen

---

[1] WALZ: Fortschr. u. Forsch. Bauwesen Reihe A Heft 9 S. 21ff.
* Dauer auf jeder Stufe mindestens 24 Stunden.
[2] Vgl. dazu auch HERRMANN: Über Mörtel und Beton 1932 S. 67 u. 108.

des erhärteten Betons[1] gemessen werden, wenn der Betonkörper keinerlei äußeren Kräften ausgesetzt ist. Da es sich um die Folgen eines Trockenvorgangs handelt, muß bei Angabe des Schwindmaßes stets die Temperatur, die Feuchtigkeit und die Geschwindigkeit der Luft angegeben werden, in der das Austrocknen erfolgte; auch die Größe der Körper ist dementsprechend von großer Bedeutung.

Bei unseren Versuchen lagerten die Proben — sofern nichts anderes bemerkt wird — in einem geschlossenen Raum, dessen Luft auf 18 bis 22° gehalten wurde. Die Ergebnisse der Versuche sind jeweils so benutzt, daß nur Zahlen verglichen wurden, die gleichzeitig unter genau gleichen Bedingungen entstanden sind.

Das *Quellen* des Betons ist demgemäß die Änderung der Maße des unbelasteten Betonkörpers, die bei feuchter Behandlung des Betons bei Temperaturen von rund 20° entsteht. Auch die Änderungen, die nach mehr oder minder weitgehen-

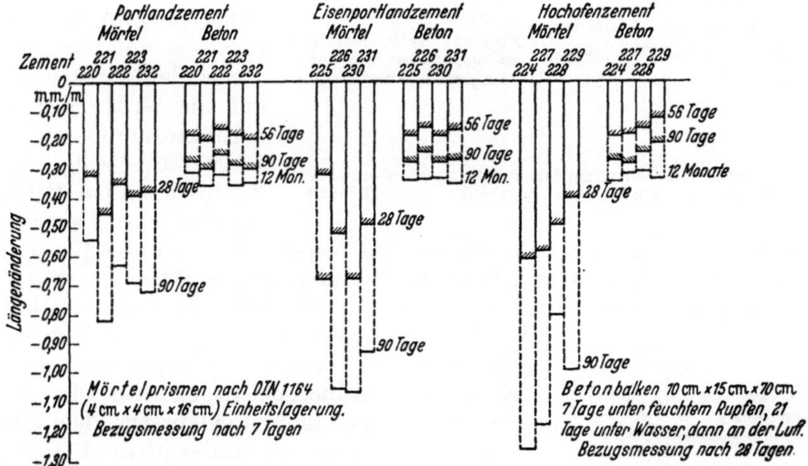

Abb. 189. Schwindmaß des Prüfmörtels und des Straßenbetons bei Verwendung verschiedenartiger Normenzemente.

dem Trocknen bei anschließendem Durchfeuchten auftreten, werden als Quellen bezeichnet. Um Mißverständnisse zu vermeiden, muß demnach auch bei der Angabe von Quellmaßen die Vorbehandlung des Betons eindeutig beschrieben werden.

1. Einfluß des Zements auf das Schwinden und Quellen des Zementmörtels und des Betons.

In Abb. 189 finden sich die *Schwindmaße* des Prüfmörtels nach DIN 1164 für Prismen von 4 cm × 4 cm × 16 cm, festgestellt mit 12 verschiedenen Zementen und die Schwindmaße von Balken aus Straßenbeton 10 cm × 15 cm × 70 cm mit den gleichen Zementen[2]. Die Schwindmaße des Prüfmörtels unterschieden sich hiernach bedeutend; beispielsweise war das Schwindmaß des Prüfmörtels mit dem Zement 224 etwa doppelt so groß als mit dem Zement 220. Der Straßenbeton zeigte demgegenüber nur kleine Unterschiede des Schwindmaßes, die überdies wiederholt anders als beim Prüfmörtel geordnet waren.

---

[1] Über das Schrumpfen des frischen Betons vgl. GRAF: Beton u. Eisen 1921 S. 49ff. sowie 1922 S. 172ff.; außerdem Forsch.-Arb. Ing.-Wes. 1927 Heft 295 S. 36 u. 37.

[2] Rd. 325 kg Zement in 1 m³ fertig verarbeitetem Beton. GRAF: Zement 1939 S. 476.

Ähnliche Ergebnisse finden sich in Abb. 190, gültig für 5 Portlandzemente, die mit verschiedener Mahlfeinheit verwendet worden sind[1].

Das Schwindmaß ist bei Körpern verschiedener Größe auch dann erheblich verschieden ausgefallen, wenn die kleinen und großen Körper gleich zusammengesetzt und im Freien gleich behandelt worden sind. (Vgl. auch später S. 191.)

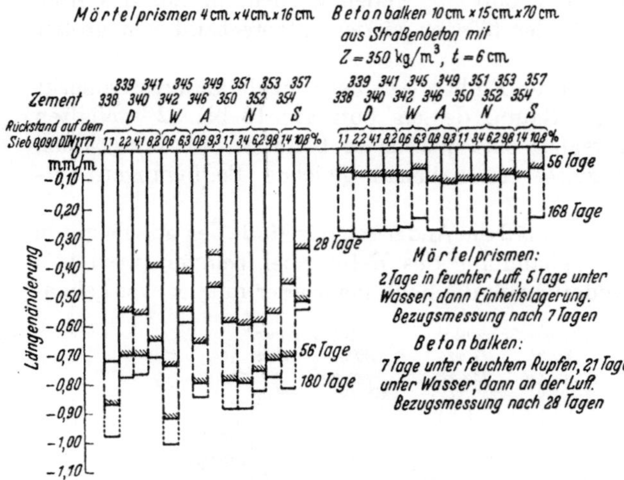

Abb. 190. Schwindmaß des Prüfmörtels und des Straßenbetons bei Verwendung von Normenzementen verschiedener Mahlfeinheit.

Durch solche Feststellungen ist zu erkennen, daß das Schwindmaß der Prismen aus dem Prüfmörtel kein Vergleichmaß gibt für das Schwinden des Betons, wenn dabei der Einfluß des Zements verfolgt werden soll.

An dem Unterschied, der auf die Größe der Körper zurückzuführen ist, ist der Umstand beteiligt, daß das Austrocknen des Betons mit verschiedenen Zementen mit

verschiedener Geschwindigkeit erfolgt (die Kapillarität und die Wasserdurchlässigkeit sind verschieden) und daß das Schwinden der zuerst trocknenden Außenschicht um so mehr gehindert ist, je größer die Versuchskörper sind. Die Hinderung des Schwindens der Außenschicht führt zu erheblichen Zugspannungen in der Außenschicht, zu bleibenden Reckungen und zu entsprechendem Kriechen des hier liegenden jungen Betons. Wenn das Austrocknen den Kern erreicht, ist dieser im Regelfall fester und weniger nachgiebig geworden als der am Rand gelegene Beton beim Beginn des Austrocknens[2].

Aus solchen Versuchsergebnissen und Überlegungen ist zu entnehmen, daß *das Schwindmaß des Betons als solches durch die Eigenschaften der Zemente nur untergeordnet beeinflußt ist, wenn es sich um das Schwindmaß von Tragwerken, Betonfahrbahnen usw. handelt.*

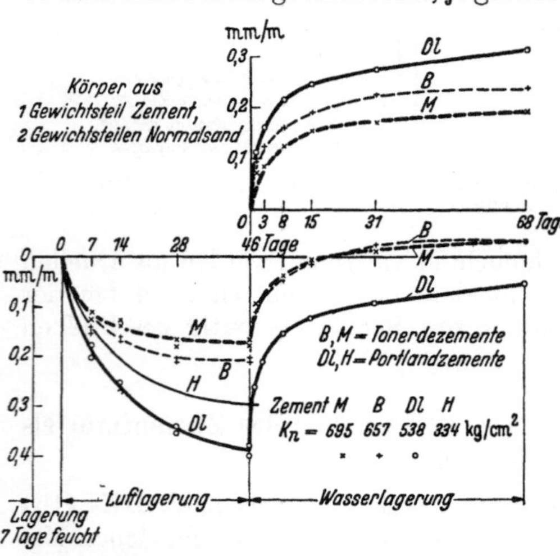

Abb. 191. Schwindmaß des Zementmörtels in Abhängigkeit vom Zement.

Wichtiger sind die Folgen der *Schwindspannungen* des Betons, auf die unter B 10, S. 15ff. usw. sowie unter H 8 d und e, S. 152ff. verwiesen und auf die nochmals S. 192 eingegangen wird.

Das *Quellmaß* des Mörtels und des Betons, gemessen als Verlängerung von Prismen unter dem Einfluß der Lagerung unter Wasser, ist, sofern von Anfang

---

[1] Weitere Beispiele finden sich in Zement 1942 S. 162ff. (Einfluß des Gipsgehalts auf das Schwindmaß des Prüfmörtels und des Betons.)

[2] Vgl. auch S. 189 (Einfluß der Dauer der feuchten Behandlung auf das Schwinden).

an feuchte Lagerung stattgefunden hat, viel kleiner als das Schwindmaß. Beispiele finden sich in Zahlentafel 37[1]. Der Einfluß des Zements ist verhältnismäßig groß. Dabei ist wichtig, daß das Quellen über viele Jahre fortlaufend wächst[2]

Zahlentafel 37. Einfluß des Gipsgehalts des Zements auf die Längenänderungen von Straßenbeton bei Wasserlagerung.

1	2	3	4	5
SO$_3$-Gehalt des Zements %	Mahlfeinheit (Rückstand auf dem Sieb 0,06 DIN 1171) %	Längenänderungen bei Wasserlagerung Alter der Proben[3] 28 Tage mm/m	6 Monate mm/m	11 ½ Monate mm/m
		a) Straßenbeton mit PZ „H"		
2,16	22,4	+0,04	+0,06	+0,08
3,64	20,9	+0,04	+0,07	+0,10
		b) Straßenbeton mit PZ „S"		
2,20	20,3	+0,04	+0,04	+0,06
2,95	21,3	+0,04	+0,05	+0,07

Wechseln die trockene und die feuchte Lagerung, so entsprechen die Längenänderungen einem mehr oder minder ausgeprägten Wechsel der Längen, die sich bei trockener und bei feuchter Lagerung einstellen, jeweils entsprechend der

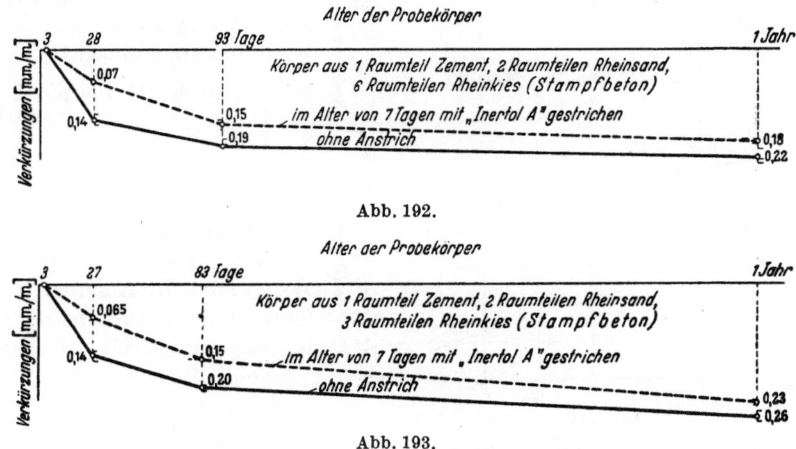

Abb. 192.

Abb. 193.

Abb. 192 und 193. Schwinden von Stampfbeton ohne und mit Inertolanstrich.

Dauer der zugehörigen Lagerung. Auch hierbei macht sich die Beschaffenheit des Zements geltend, wie Abb. 191 erkennen läßt.

2. Einfluß des Zementgehalts auf das Schwinden und Quellen des Zementmörtels und des Betons.

Der Umstand, daß die Natursteine beim Austrocknen und Durchfeuchten viel kleineren Raumänderungen unterworfen sind als der abgebundene Zement[4], bewirkt, daß mit Abnahme des Zementgehalts auch das Schwinden und Quellen

---

[1] GRAF: Zement 1942 S. 163; ferner Zement 1938 S. 759; ferner Forsch.-Arb. Ing.-Wes. 1927 Heft 295 S. 38 Abb. 6.

[2] GRAF: Forsch.-Arb. Ing.-Wes. 1927 Heft 295 S. 40 Abb. 13.

[3] Bezugsmessung im Alter von 14 Tagen nach vorausgegangener Lagerung unter feuchtem Rupfen. Je 2 Meßstrecken mit 50 cm Länge auf den bei der Herstellung seitlich gelegenen Flächen.   [4] Vgl. unter C 14. S. 42ff.

des Betons in gewissen Grenzen abnimmt. Andererseits ist zu beachten, daß bei gleicher Steife des Betons mit abnehmendem Zementgehalt das Verhältnis der Menge des Anmachwassers zum Zementgewicht zunimmt, also der Zementbrei dünnflüssiger wird, was an sich zu größerem Schwinden führt.

Hiernach ist zu erwarten, daß bei gleicher Steife reiner Zement bedeutend mehr schwindet als Mörtel aus dem gleichen Zement mit Sandzusatz, daß aber Mörtel — mit den üblichen Grenzen der Sandmenge und unter Beibehaltung eines Sands gleicher Körnung sowie ohne Änderung der Steife — bei sinkendem Zementgehalt nur eine kleine Abnahme des Schwindmaßes zeigen können. Z. B. fand sich bei Mörtel aus hochwertigem Portlandzement und Normensand, in Gewichtsteilen gemischt,

bei 1 : 2 nach 211 Tagen —0,68 mm,
„ 1 : 4   „   —0,68 „ ,
„ 1 : 6   „   —0,69 „
                        auf 1 m,

also kein deutlicher Einfluß des Zementgehalts[1].

Aus neueren Versuchen mit Beton sind die Angaben der Zahlentafel 38 entnommen; sie erläutern das bereits Gesagte.

Schließlich sei auf Abb. 192 und 193 verwiesen (Abb. 192 für Beton 1 : 2 : 6, Abb. 193 für Beton 1 : 2 : 3, sonst gleich)[2]. Erst nach einem Jahr wurden deutliche Unterschiede festgestellt[3].

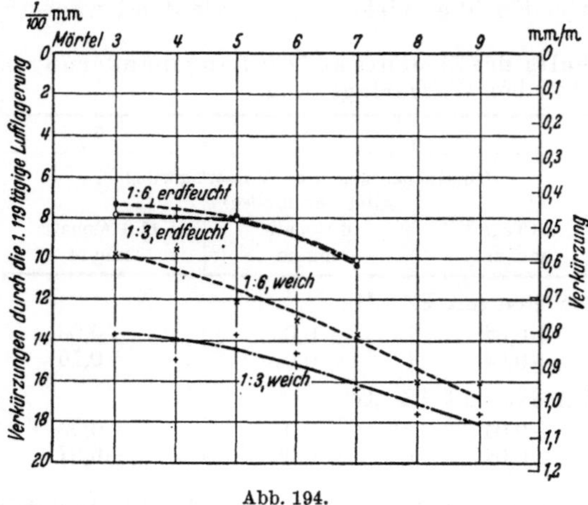

Abb. 194.

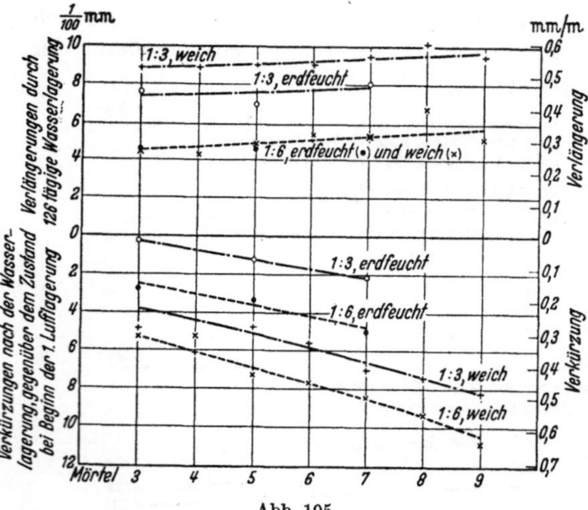

Abb. 195.

Abb. 194 und 195. Schwinden und Quellen der in Abb. 89 bezeichneten Mörtel 3 bis 9 mit Rheinsand. Lagerung: 7 Tage unter feuchten Tüchern, 119 Tage trocken, 126 Tage unter Wasser, schließlich 126 Tage trocken. Länge der Prismen 170 mm.

Zahlentafel 38. Schwinden des Betons bei verschiedenem Zementgehalt.

1	2	3	4	5
Zusammensetzung in Gewichtsteilen	Wasserzementwert w	Zement in 1 m³ Beton kg	Verkürzung in mm auf 1 m nach 28 Tagen	nach 90 Tagen
Stampfbeton aus hochwertigem Portlandzement, Rheinsand und Rheinkies				
1 Zement 4,29 Kiessand ⎫ worin	0,42	432	0,23	0,33
1 Zement 5,5 Kiessand ⎬ 50%	0,49	345	0,21	0,32
1 Zement 8 Kiessand ⎭ Mörtel	0,62	252	0,19	0,28

[1] Vgl. auch Zement 1926 S. 613. Bei der Beurteilung der Ergebnisse ist zu berücksichtigen, daß die Elastizität der Mörtel in hohem Maße vom Zementgehalt abhängt. Mörtel 1 : 2

Über den Einfluß des Zementgehalts auf das *Quellen* des Betons ist bekannt, daß das Quellmaß mit zunehmendem Zementgehalt größer wird; der Unterschied scheint verhältnismäßig klein zu bleiben.

3. Einfluß der Körnung der Zuschlagstoffe auf das Schwinden und Quellen des Zementmörtels und des Betons.

Mit den in Abb. 89 angegebenen Mörteln 3 bis 9 wurden Prismen mit zwei verschiedenen Zementgehalten und mit zwei Steifegraden hergestellt, die nach anfänglicher feuchter Behandlung während 119 Tagen trocken, dann während 126 Tagen unter Wasser lagerten, schließlich wieder trocken aufbewahrt wurden. Dabei sind die Längenänderungen der Achse der Prismen verfolgt worden. Die wichtigsten Ergebnisse sind in den Abb. 194 und 195 dargestellt[4].

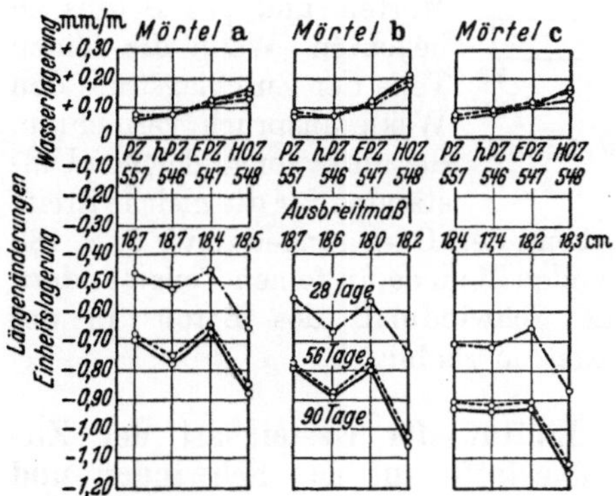

Abb. 196. Schwinden und Quellen von Mörteln mit verschiedenen Sanden und mit verschiedenen Zementen.

Zusammensetzung der Mörtel
a) nach DIN 1164
1 Gewichtsteil Zement, 1 Gewichtsteil Normensand I, 2 Gewichtsteile Normensand II
$w = 0{,}60$
b) feinkörniger Mörtel
1 Gewichtsteil Zement, 2 Gewichtsteile Normensand I, 1 Gewichtsteil Normensand II
$w = 0{,}73$
c) grobkörniger Mörtel
1 Gewichtsteil Zement, 3 Gewichtsteile Rheinsand
$w = 0{,}67$
Körnung des Sandes:
0 bis 0,09 0,2 0,5 1,0 1,5 3,0 7,0 mm
Anteil 16 27 29 46 57 58 100%

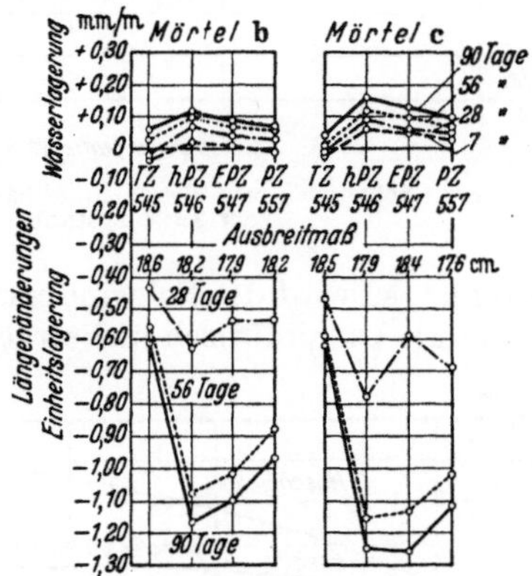

Abb. 197. Schwinden und Quellen von Mörteln mit verschiedenen Sanden und mit verschiedenen Zementen.

Zusammensetzung der Mörtel
b) feinkörniger Mörtel
1 Gewichtsteil Zement, 2 Gewichtsteile Normensand I, 1 Gewichtsteil Normensand II
$w = 0{,}71$
c) grobkörniger Mörtel
1 Gewichtsteil Zement, 3 Gewichtsteile Rheinsand
$w = 0{,}66$
Körnung des Sandes:
0 bis 0,09 0,2 0,5 1,0 1,5 3,0 7,0 mm
16 27 29 46 57 58 100%

In allen Fällen hat der Mörtel 3, d. i. der Mörtel mit dem kleinsten Anteil der feinen Bestandteile, die kleinsten Längenänderungen geliefert. Mit Zunahme des Anteils der feinen Teile, in der Reihenfolge der Bezeichnung der Mörtel 3 bis 9 in Abb. 89, sind die Längenänderungen größer geworden. Gröbere Mörtel lieferten hiernach im untersuchten Bereich *kleinere Schwindmaße* und *kleinere Quellmaße*.

Weitere Beispiele finden sich in Abb. 196 und 197. Die Linienzüge in diesen

sind weniger nachgiebig als solche mit geringerem Zementgehalt. Vgl. auch Entwurf und Berechnung von Eisenbetonbauten Bd. 1 S. 37 u. 38 sowie Beton u. Eisen 1934 S. 165.

[2] KLEINLOGEL-HUNDESHAGEN-GRAF: Einflüsse auf Beton 2. Aufl. 1925 S. 321; ferner Dtsch. Bauztg.; Mitt. Zement, Beton und Eisenbeton 1925 S. 321.

[3] Weitere Feststellungen, die einen etwas größeren Einfluß des Zementgehalts erkennen lassen, gab R. DAVIS bekannt, vgl. Proc. Amer. Soc. Test. Mater. Bd. 30 (1930) Teil I S. 675.

[4] Zement 1928 S. 1464ff.

Darstellungen machen wieder aufmerksam, daß das Schwindmaß von der Beschaffenheit des Sands erheblich abhängt. Überdies waren die Unterschiede der Schwindmaße in Abb. 196 mit Sand *a* verhältnismäßig erheblich anders als mit Sand *c*, in Abb. 197 mit Sand *b* anders als mit Sand *c*. Auch bei den Quellmaßen waren die Unterschiede durch die Zemente wesentlich von der Sandbeschaffenheit abhängig[1].

Hier ist sodann der Einfluß der feinsten Bestandteile der Sande auf das Schwinden und Quellen des Mörtels und des Betons zu beachten. Wenn die feinen Teile der Zuschlagstoffe den Wasseranspruch vermehren, der unter sonst gleichen Umständen für die gleiche Steife

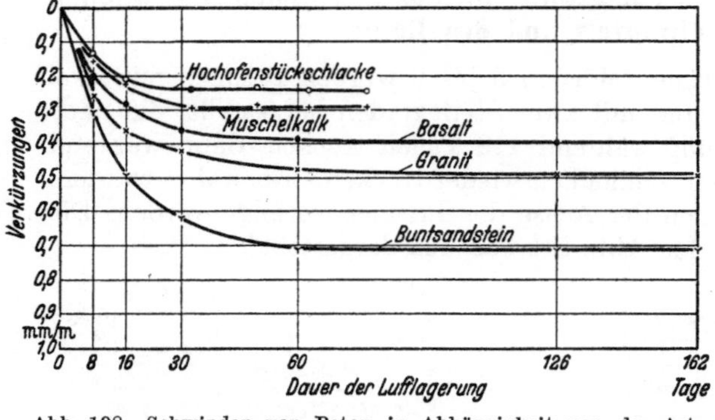

Abb. 198. Schwinden von Beton in Abhängigkeit von der Art der Zuschlagstoffe.

nötig ist, so wird das Schwindmaß entsprechend den Darlegungen unter 5, S. 188 geändert. Die praktisch in Betracht kommenden Mengen an feinen Teilen ändern das Schwindmaß des Betons in der Regel unerheblich[2].

4. Einfluß der Gesteinsart der Zuschlagstoffe auf das Schwinden und Quellen des Zementmörtels und des Betons.

Unter 2. ist schon aufmerksam gemacht, daß das Schwinden und Quellen des erhärteten Zements durch das eingebettete Gestein verringert wird. Die Zuschlagstoffe können die Raumänderungen des Betons um so mehr beeinflussen, je weniger nachgiebig das Gestein ist und je kleiner die Raumänderungen des Gesteins beim Trocknen und Durchfeuchten sind[3]. Abb. 198 bis 200 enthalten zugehörige Feststellungen mit Prismen, die mit Sand und Splitt aus 5 verschiedenen Gesteinen gefertigt waren.

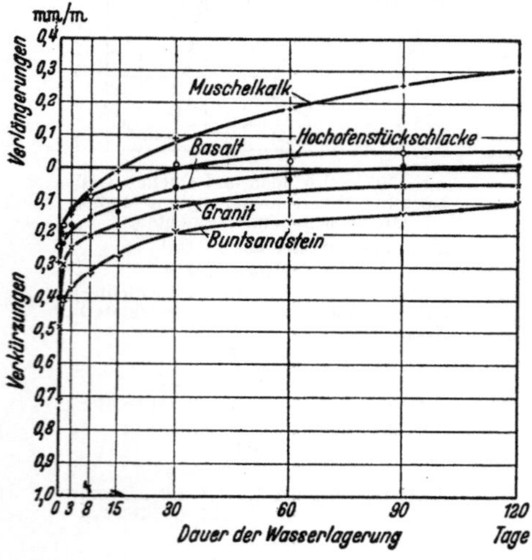

Abb. 199. Quellen von Beton nach der Lagerung gemäß Abb. 198 in Abhängigkeit von der Art der Zuschlagstoffe.

Der Elastizitätsmodul des trockenen Gesteins, ermittelt aus den gesamten Zusammendrückungen auf der Laststufe 0 bis 60 kg/cm², betrug für

---

[1] Das Quellmaß ist auf den Zustand bezogen, der im Alter von 2 Tagen nach feuchter Lagerung vorhanden war.

[2] Vgl. u. a. GRAF: Dtsch. Ausschuß Eisenbeton 1920 Heft 43 S. 33 ff.; ferner DUTRON: Le Retrait des Ciments, Mortiers et Betons (Sonderdruck aus Ann. Trav. publ. Belg.) 1934 S. 132 ff.; auch WALZ: Betonstraße 1941 S. 163.

[3] Graf: Bautechn. 1926 S. 527; ferner Beton u. Eisen 1933 S. 120. Über das Schwindmaß von Ziegelsplittbeton, also von Beton mit nachgiebigem Zuschlagstoff ist in der Mitteilung 3 der Deutschen Studiengesellschaft für Trümmerverwertung, S. 11, ferner in der Schrift Gasbeton, Schaumbeton, Leichtkalkbeton, Stuttgart 1949, berichtet.

	Basalt	Hochofenschlacke	Muschelkalk	Granit	Buntsandstein
$E =$	1015000	960000	721000	168000	71000 kg/cm².

Die Linienzüge der Abb. 198 bis 200 zeigen, daß das *Schwinden und Quellen* des Betons in hohem Maß von der Gesteinsart der Zuschlagstoffe abhängig war.

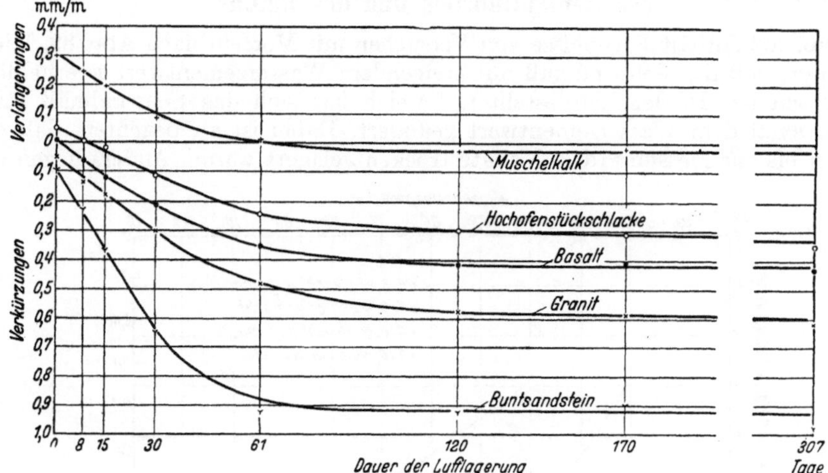

Abb. 200. Schwinden von Beton nach der Lagerung gemäß Abb. 199, in Abhängigkeit von der Art der Zuschlagstoffe.

Der Beton mit dem nachgiebigeren Gestein lieferte in groben Zügen das größere Schwindmaß, jedoch im einzelnen nicht in der Reihenfolge der Größe von E. Das Verhalten der Körper mit Muschelkalk zeigt, daß neben den schon erwähnten

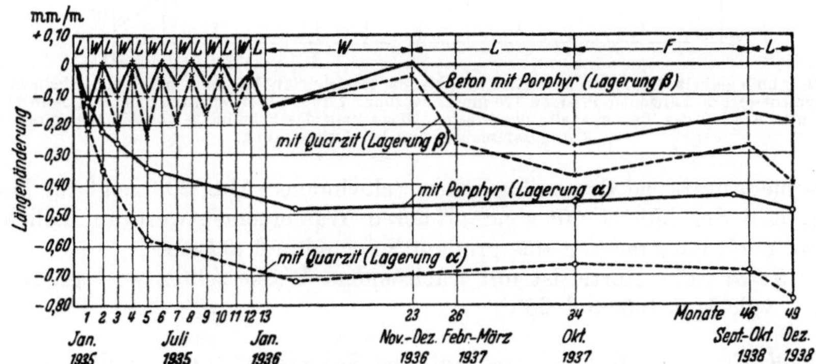

Abb. 201. Schwinden und Quellen von Beton in Abhängigkeit von der Art der Zuschlagstoffe.
Lagerung α: 7 Tage unter feuchten Tüchern, dann an der Luft in einem geschlossenen Raum. Lagerung β: 7 Tage unter feuchten Tüchern, dann 3 Wochen an der Luft, hierauf abwechselnd mindestens 4 Wochen unter Wasser. 4 Wochen an der Luft in einem geschlossenen Raum usw.; vom Oktober 1937 bis Oktober 1938 lagerten die Probekörper ungeschützt im Freien, vom Oktober 1938 bis Dezember 1938 an der Luft in einem geschlossenen Raum. Kurzzeichen zur Lagerung β: L = Luftlagerung im geschlossenen Raum, W = Wasserlagerung. F = Lagerung im Freien.

Eigenschaften des Gesteins noch andere in Betracht kommen müssen; eine Erklärung ist allerdings noch nicht möglich.

Das Verhältnis des Schwindmaßes zum Quellmaß war in dem gewählten Zeitbereich erheblich verschieden.

Ähnliche Ergebnisse lieferten Versuche mit Straßenbeton, in dem die Zuschlagstoffe der Körnung 0 bis 3 mm aus Rheinsand in den gröberen Körnungen aus verschiedenen Gesteinen bestanden. Abb. 201 enthält Beispiele aus diesen Versuchen[1]. Auf diese Darstellung wird später unter 6. nochmals eingegangen.

5. Einfluß der Größe des Wasserzusatzes auf das Schwinden und Quellen des Zementmörtels und des Betons.

Abb. 202 enthält Ergebnisse von Versuchen mit Mörteln nach Abb. 89. Hieraus folgt, daß das Schwindmaß mit steigendem Wasserzementwert w erheblich gewachsen ist. In dem dargestellten Bereich hat sich das Schwindmaß etwa proportional dem Wasserzementwert geändert. Dabei ist zu beachten, daß die Proben bis zur Messung rd. 4 Monate trocken gelagert waren. Anders liegen die

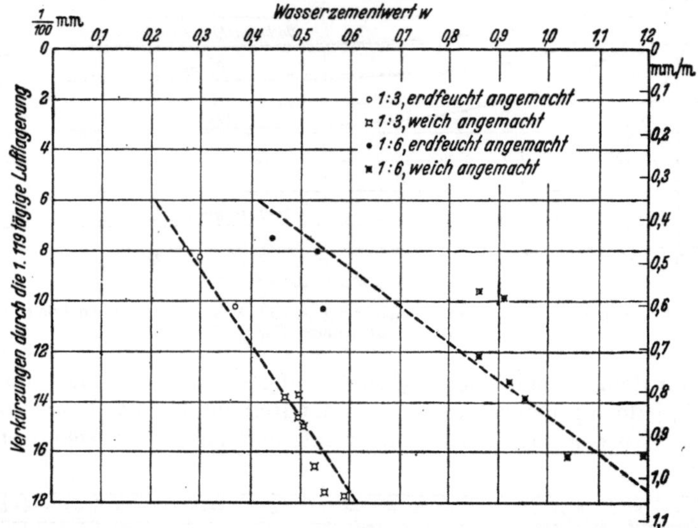

Abb. 202. Abhängigkeit des Schwindens der in Abb. 89 bezeichneten Mörtel 3 bis 9 mit Rheinsand vom Wasserzementwert w. Länge der Prismen 170 mm. Lagerung: 7 Tage unter feuchten Tüchern, dann 119 Tage an der Luft. Einfluß des Wassergehalts des frischen Mörtels auf das Schwinden von Mörteln verschiedener Kornzusammensetzung bei Luftlagerung.

Unterschiede während des anfänglichen Schwindens. Abb. 203 zeigt für Mörtelkörper, daß der Mörtel mit dem größeren Wasserzementwert anfänglich das kleinere, nach längerer Zeit das größere Schwindmaß aufwies[2].

Das *Quellen* der Mörtel ist mit wachsendem Wasserzementwert größer ausgefallen, vgl. Abb. 195 und 203[3].

6. Einfluß der Behandlung auf das Schwinden und Quellen des Zementmörtels und des Betons.

Hier handelt es sich:

a) um die Dauer der anfänglichen feuchten Lagerung des Betons,

b) um den Einfluß des Wechsels von feuchter und trockener Lagerung des Betons und

c) um den Einfluß des Feuchtigkeitsgehalts der Luft des Lagerraums bei trockener Lagerung des Betons, auch um die Geschwindigkeit der Luft, die den Beton bestreicht,

d) um den Einfluß vorausgegangener Erhärtung bei hoher Temperatur unter Dampfdruck.

Zu a) ist folgendes hervorzuheben: Sollen beim Austrocknen des Betons keine Schwindrisse auftreten, so muß für die Zurückhaltung der Schwindspannungen

---

[1] Ein Teil der Ergebnisse ist in der Schriftenreihe der Forschungsgesellschaft für das Straßenwesen 1937 Heft 10 S. 43ff. veröffentlicht.

[2] Forsch.-Arb. Ing.-Wes. 1927 Heft 295 S. 39.   [3] Vgl. ferner GRAF: Zement 1928 S. 1533ff.

gesorgt werden, bis die Zugfestigkeit des Betons hinreichend größer ist als die mögliche Zuganstrengung. Dabei ist es selbstverständlich angezeigt, das Austrocknen möglichst spät beginnen zu lassen, also den Beton lange feucht zu halten, damit die Widerstandsfähigkeit unter der feuchten Behandlung möglichst groß wird, ehe die unvermeidlichen Schwindspannungen entstehen. Daß das anfängliche Feuchthalten das spätere Schwinden

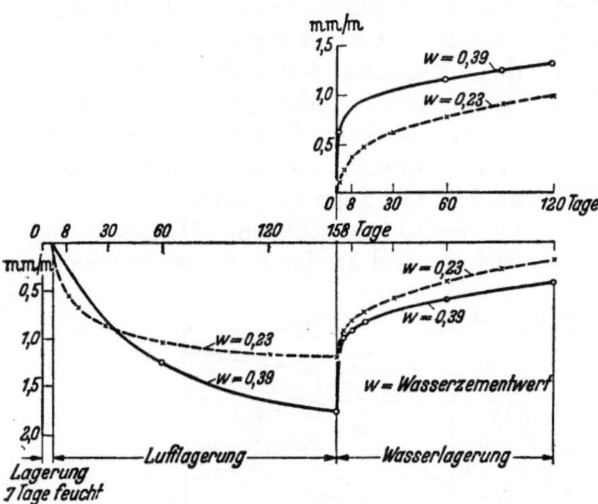

Abb. 203. Einfluß des Wasserzementwerts w auf das Schwinden und Quellen des Betons.

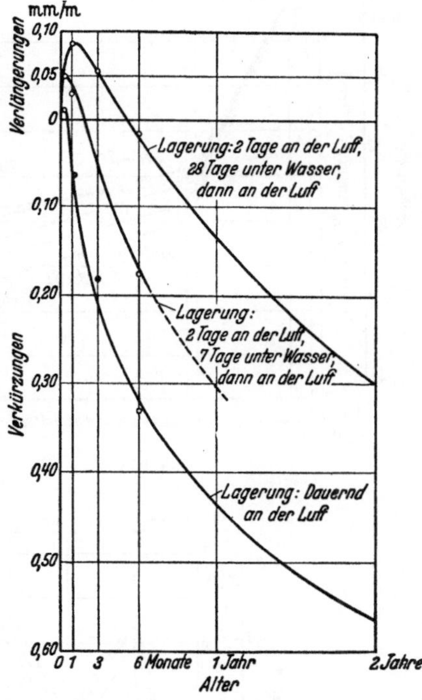

Abb. 204. Einfluß der Behandlung auf das Schwindmaß des Betons.

erheblich mindert, geht aus Abb. 204 hervor[1]. Diese Abbildung bestätigt anschaulich, daß das Feuchthalten des Betons möglichst lange zu pflegen ist, weil die Verkürzungen in späterer Zeit um so mehr zurückblieben, je länger das anfängliche Feuchthalten dauerte, auch die Summe der Verlängerungen und Verkürzungen für den gesamten Zeitraum kleiner ausfiel[2]. Aus Abb. 205 erhellt, daß das Schwinden nach zeitweili-

[1] Vgl. auch GRAF: Dtsch. Ausschuß Eisenbeton 1920 Heft 43 S. 35.

[2] Vgl. auch RUDELOFF u. SIEGLERSCHMIDT: Dtsch. Ausschuß Eisenbeton 1913 Heft 23; auch ALLAN: J. Amer. Concr. Inst. 1931 S. 177; Mc MILLAN: Internationaler Kongreß für Materialprüfung S. 402 und 403. London 1937.

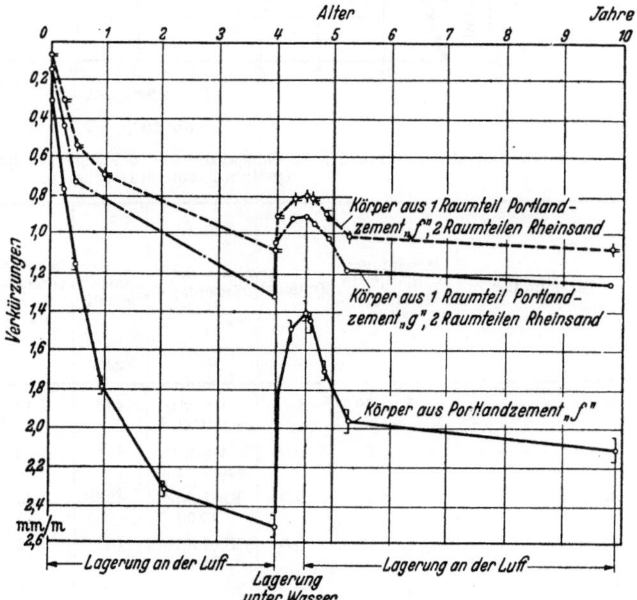

Abb. 205. Einfluß des Zements und des Mischverhältnisses auf das Schwindmaß und Quellmaß des Zementmörtels.

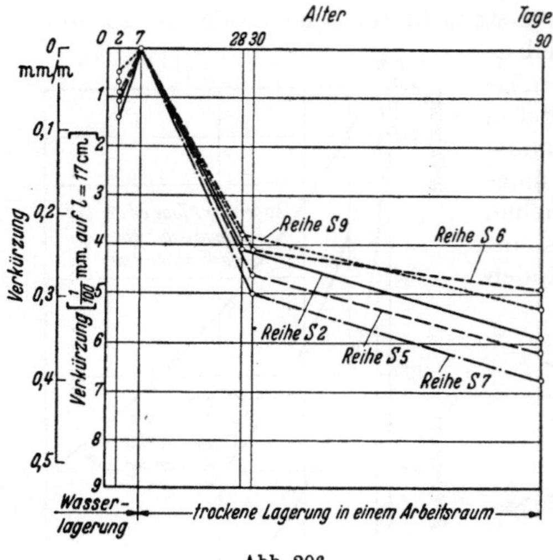

Abb. 206.

ger Wasserlagerung auch bei längerer Luftlagerung nicht mehr den Betrag erreichte, der sich bei der erstmaligen Luftlagerung eingestellt hatte.

Zu b) gibt Abb. 201 zunächst allgemeinen Aufschluß. Man sieht aus dieser Darstellung, daß das Quellen beim Durchfeuchten und das Schwinden beim Austrocknen in groben Zügen von der Größenordnung ist, die bei längerem Austrocknen der Körper in den Anfangszeiten auftritt. Weitere Auskunft geben Abb. 206 und 207. Hierzu sind Prismen 7 cm × 7 cm × 17 cm verschiedener Zusammensetzung zunächst 140 Tage ausgetrocknet, dann in zweiwöchentlichem Wechsel in Wasser und an der Luft gelagert wor-

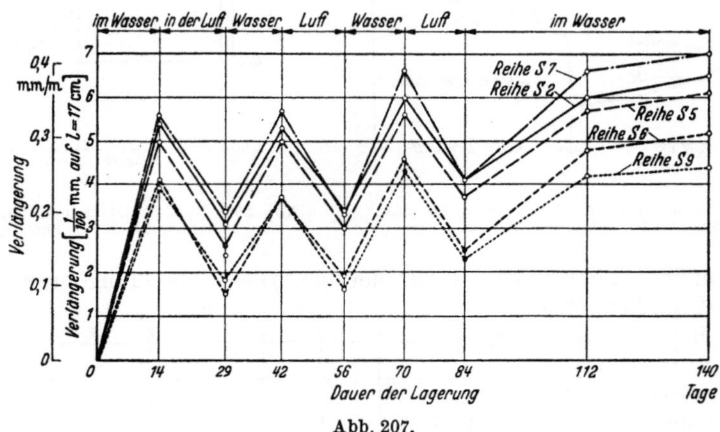

Abb. 207.

Abb. 206 und 207. Einfluß der Zuschlagstoffe und des Zementgehalts auf das Schwindmaß und Quellmaß von Stampfbeton.

Bezeichnung	Mischungsverhältnis in Gewichtsteilen	Zement[1]	Art der Zuschlagstoffe	Zementgehalt kg/m³	Wasserzementwert w	Steife des Betons	Druckfestigkeit W_{b28} von Würfeln mit 12 cm Kantenlänge bei kombinierter Lagerung kg/cm²
Reihe S 2 ———	1 : 4,29	S	Granitschotter L	442	0,43	erdfeuchter Stampfbeton	518
Reihe S 5 – – –	1 : 4,29	DD	Granitschotter L	438	0,42	erdfeuchter Stampfbeton	639
Reihe S 6 – – –	1 : 4,29	DD	Rheinkiessand	436	0,33	erdfeuchter Stampfbeton	732
Reihe S 7 –·–·–	1 : 4,29	DD	Rheinkiessand	432	0,42	weicher Stampfbeton	613
Reihe S 9 ·····	1 : 8	DD	Rheinkiessand	252	0,62	weicher Stampfbeton	411

[1] Normendruckfestigkeit von Zement S $Kn_{28} = 539$ kg/cm²; Zement DD $Kn_{28} = 616$ kg/cm²; nach DIN 1164 (Fassung 1932).

den. Die Unterschiede der Grenzmaße bei der wechselnden Lagerung, Abb. 207, liegen anfänglich in groben Zügen wieder in dem Bereich, der aus den Linienzügen in Abb. 206 entnommen werden kann. Verwandte Feststellungen fanden sich bei Versuchen mit Beton, der in den feinsten Bestandteilen aus verschiedenen Stoffen bestand[1].

Zu c) ist aufmerksam zu machen, daß wie bei jedem Trockenvorgang[2] das Feuchtigkeitsgefälle im Betonkörper, damit die Wasserabgabe und das Schwinden in hohem Maß von der Feuchtigkeit und Geschwindigkeit der umgebenden Luft abhängen. Bei schnellerem Trocknen entstehen dementsprechend größere Schwindspannungen; damit wird die Gefahr des Entstehens von Schwindrissen größer[3].

Zu d). Bei den Versuchen von MENZEL[4] wurde das Schwindmaß von Mörtel- und von Betonkörpern, die der Temperatur von 177° C und einem hohen Dampfdruck (MENZEL berichtet von 8,4 kg/cm²) während 8 Stunden ausgesetzt waren,

viel kleiner als bei Körpern, die in gewöhnlicher Weise in feuchter Luft erhärtet waren (stets kleiner als die Hälfte). Der Unterschied war in erheblichem Maß von der Art der Zuschlagstoffe abhängig; er wurde besonders groß, wenn der Körper feines Quarzmehl enthielt. Die Behandlung im gespannten Dampf erwies sich als frühzeitig anwendbar; sie kann so bald als möglich beginnen[5,6]. Weiteres hierzu siehe S. 282.

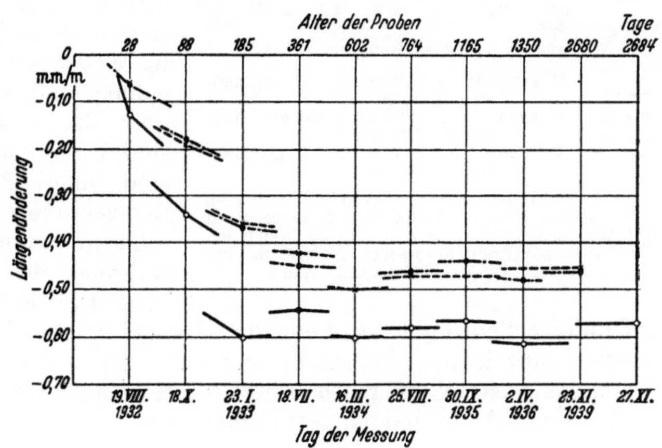

Abb. 208. Längenänderungen von Betonprismen mit hochwertigem Portlandzement *L*, bezogen auf die Messung im Alter von 4 Tagen; im geschlossenen Raum gelagert. Zeichen bei Abb. 209.

7. Einfluß von Anstrichen auf das Schwinden des Betons.

Durch Anstriche wird das Schwinden des Betons verzögert. Damit werden die Schwindspannungen verkleinert; das Entstehen von Schwindrissen wird weitgehend gehindert[7].

8. Einfluß der Größe der Versuchskörper auf das Schwinden des Betons.

Schon nach den Darlegungen unter 1, S. 182 ist zu erwarten, daß bei großen Betonkörpern kleinere Schwindmaße auftreten. Dazu zeigt Abb. 208, auch Abb. 209, daß Prismen mit dem Querschnitt 7 cm × 7 cm erheblich größere

---

[1] WALZ: Betonstraße 1941 S. 163 Abb. 3.

[2] Vgl. u. a.: Fachausschuß für Holzfragen 1941 Heft 30 S. 29ff., insbesondere S. 34 u. S. 56.

[3] BACH u. GRAF: Armierter Beton 1910 S. 284; ferner GRAF: Dtsch. Ausschuß Eisenbeton 1933 Heft 74.

[4] MENZEL: J. Amer. Concr. Inst. Bd. 31 (1934) S. 125ff.; Bd. 32 (1935) S. 51ff.

[5] Näheres bei GRAF: Gasbeton, Schaumbeton, Leichtkalkbeton. Stuttgart: Konrad Wittwer 1949.

[6] Durch Kochen der Mörtel in heißem Wasser wird das spätere Schwindmaß teils größer, teils etwas kleiner als bei Einheitslagerung. KEIL u. GILLE: Zement 1940 S. 28.

[7] GRAF: Z. VDI 1912 S. 2069ff. sowie in KLEINLOGEL-HUNDESHAGEN-GRAF: Einflüsse auf Beton, 3. Aufl. S. 396 u. 397.

Schwindmaße lieferten als Prismen mit dem Querschnitt 20 cm × 20 cm. Nach anderen Versuchen ist anzunehmen, daß bei noch größeren Betonkörpern ein weiteres Zurückbleiben des Schwindmaßes auftritt.

Überdies blieb das Schwindmaß der im Freien gelagerten Proben viel kleiner als bei den im trockenen Raum gelagerten.

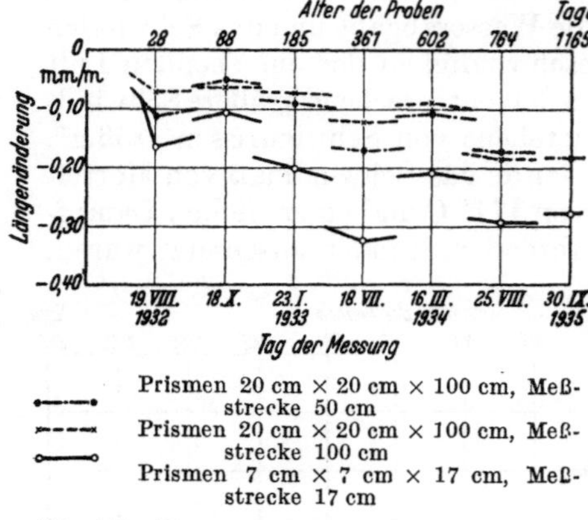

Prismen 20 cm × 20 cm × 100 cm, Meß-
strecke 50 cm
Prismen 20 cm × 20 cm × 100 cm, Meß-
strecke 100 cm
Prismen 7 cm × 7 cm × 17 cm, Meß-
strecke 17 cm

Abb. 209. Längenänderungen von Betonprismen mit hochwertigem Portlandzement L, bezogen auf die Messung im Alter von 4 Tagen; im Freien den Witterungseinflüssen ausgesetzt, 2 Tage vor der Messung in den Meßraum gebracht.

9. Allgemeine Bemerkungen über das Schwindmaß des Betons.

Aus den bisherigen Darlegungen geht hervor, daß das Schwindmaß eine relative Größe ist, die als solche in kleinen Bauteilen ausgeprägter in Erscheinung tritt[1] als in großen Bauteilen und überdies schneller entsteht[2]. Entsprechend tritt das Schwindmaß bei Bauteilen wenig in Erscheinung, die in feuchter Umgebung sind, auch wenig besonnt werden oder häufig Niederschlägen ausgesetzt sind. Die wichtigste Folge des Schwindens sind innere Kräfte, wenn das Schwinden gehindert wird. Diese Hinderung erfolgt in jedem Betonkörper, vor allem während des Austrocknens. Vgl. dazu u. a. unter H 8, S. 152 ff. Die durch das gehinderte Schwinden entstehenden Mängel erscheinen am schroffsten in Baukörpern mit kleiner Festigkeit und mit großem Schwindvermögen, vor allem, wenn das Austrocknen rasch erfolgt; sie erscheinen selten, wenn das Austrocknen in höherem Alter und langsam stattfindet.

Q. Kriechen des Betons.

Grundsätzliche Darlegungen über das Kriechen des Betons, vornehmlich mit Rücksicht auf die Eigenschaften des Zements, finden sich unter B 12 bis 14, S. 20 ff.

Unter dem *Kriechen* des Betons werden die Längenänderungen und Raumänderungen zusammengefaßt, die nach dem Aufbringen einer Last, die lange Zeit ruhend wirkt, gegenüber den anfänglichen elastischen Längenänderungen und dem Schwinden oder Quellen zusätzlich entstehen[3]. Beispielsweise zeigt

---

[1] Besonders bei Leichtbetonsteinen. Vgl. S. 265 ff.; ferner in Fortschr. u. Forsch. Bauwesen Reihe B, 1942 Heft 1, auch 1944 Heft 5.

[2] Beispielsweise hat das durch das Austrocknen entstehende Schwinden in bezug auf die Entfernung der Fugen in Massenbetonbauten, auch in Betonstraßen keine wesentliche Bedeutung. In diesen Fällen ist die Längenänderung bei Änderung der Temperatur des Bauwerks wesentlich.

[3] Auf das Kriechen des Betons ist erstmals von Mc MILLAN: Engng. News Rec. Bd. 72 (1915) S. 251 hingewiesen worden. Die Bedeutung des Kriechens wurde lebhaft erörtert, nachdem die Arbeiten von DAVIS: Proc. Amer. Concr. Inst. 1928 S. 303 ff.; FREYSSINET: Bericht über die II. Internationale Tagung für Brückenbau und Hochbau 1929 S. 672 ff.; Erste Internationale Tagung für Beton und Eisenbeton. Lüttich 1929, Drucksache IV. 4; FABER: Proc. Inst. Civ. Engrs. Bd. 225 Teil I S. 27 ff.; GLANVILLE: Techn. Pap. 12 Building Research 1930 sowie von DAVIS u. TROXELL: Proc. Amer. Soc. Test. Mater. Bd. 29 Teil II S. 678 erschienen waren. Zusammenfassungen der Ergebnisse dieser Versuche finden sich bei HUMMEL: Zement 1935 S. 799 ff. und bei BUSCH: Das plastische Verhalten des Betons. Zementverlag 1937. Über die praktische Bedeutung des Kriechens vgl. MÖRSCH: Der Eisenbetonbau, 5. Aufl. II. Band 3. Teil 1941 S. 497 ff.

Abb. 210, gültig für Betonsäulen von 30 cm $\times$ 30 cm $\times$ 130 cm, 14 Tage feucht, dann trocken gelagert, im unteren Linienzug das Schwindmaß unbelasteter Säulen, im obersten Linienzug die Verkürzungen gleicher Säulen, die im Alter von 14 Tagen mit 45 kg/cm^2 belastet wurden[1]. Die schraffierte Fläche zeigt die Verkürzungen, die lediglich durch die fortdauernde Last entstanden sind; nach rd. 1 Jahr betrug diese Änderung, die wir als Kriechen bezeichnen, 0,7 mm/m.

Eine scharfe Abgrenzung des Kriechmaßes gegenüber dem Ausgangszustand erfordert die Angabe der Dauer des Aufbringens der Last und der Zeit, die nach dem Aufbringen der Last bis zu der Ablesung verstreicht, die als Ausgangsablesung für das Kriechen angesehen wird.

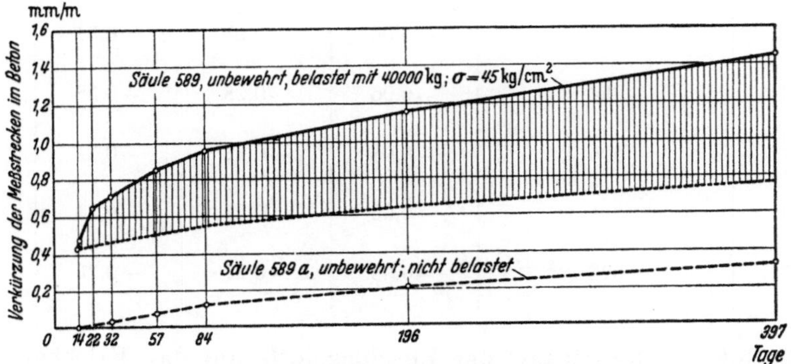

Abb. 210. Schwinden und Kriechen von Betonsäulen.

1. Einfluß des Zements auf das Kriechen des Zementmörtels und des Betons.

Das *Kriechen* des Betons ist in Stuttgart bei Verwendung von 6 verschiedenen Zementen nur wenig verschieden ausgefallen, wie Zahlentafel 39 erkennen läßt. Versuche an anderen Orten lieferten größer Unterschiede[2]. Beim Vergleich des Einflusses der Zementbeschaffenheit ist gemäß den späteren Angaben neben dem Kriechmaß auch die Festigkeit zu beachten; in Zahlentafel 39 hat der Zement *EPZ S* das größte Kriechmaß und die höchste Normenfestigkeit, umgekehrt der Zement *PZ R* das kleinste Kriechmaß und die kleinste Normenfestigkeit.

2. Einfluß des Zementgehalts auf das Kriechen des Zementmörtels und des Betons.

Das *Kriechen* des Betons wird mit abnehmendem Zementgehalt größer, wie Abb. 211 nach Versuchen von R. u. H. DAVIS erkennen läßt[3]. Abb. 212 zeigt entsprechende Versuche von GLANVILLE[4].

3. Einfluß der Körnung der Zuschlagstoffe auf das Kriechen des Zementmörtels und des Betons.

Das *Kriechen* ist unter sonst gleichen Umständen bei feinerkörnigen Mörteln größer geworden. Allerdings stehen für diese Feststellungen nur wenige Versuche bereit[5].

---

[1] GRAF: Dtsch. Ausschuß Eisenbeton 1934 Heft 77 S. 61ff. sowie 1936 Heft 83 S. 13ff.

[2] Vgl. u. a. GLANVILLE: Techn. Pap. 12 Building Research S. 13 sowie S. 35. London 1930. Vgl. ferner unter B 14 S. 39.

[3] DAVIS, R., u. H. DAVIS: Proc. Amer. Soc. Test. Mater. Bd. 30 (1930) Teil II S. 707ff.

[4] Techn. Pap. 12 Building Research S. 15. London 1930.

[5] DAVIS: Proc. Amer. Concr. Inst. Bd. 24 (1928) S. 303ff.

Zahlentafel 39. Schwinden und Kriechen

Versuche mit Balken 15 cm × 15 cm × 130 cm.

Zuschlagstoffe: Rheinkiessand 0 bis 30 mm. Wasserzementwert $w = 0,64$. Belastung im Alter dazu noch Druckbeanspruchung $\sigma = 0,7$ kg/cm². Lagerung: 28 Tage

1	2	3	4	5	6
Zement	Druckfestigkeit des Zements nach DIN 1164[1] (28 tägige Wasserlagerung)	Schwinden unbelasteter Balken			
		nach 14 Tagen mm/m	nach 91 Tagen mm/m	nach 365 Tagen mm/m	nach 856 Tagen mm/m
PZ S	359	−0,06	−0,20	−0,32	−0,32
PZ R	245	−0,06	−0,23	−0,31	−0,31
EPZ B	338	−0,06	−0,28	−0,38	−0,41
EPZ S	405	−0,03	−0,22	−0,31	−0,32
EPZ H	351	−0,06	−0,23	−0,34	−0,31
EPZ G	324	−0,08	−0,27	−0,36	−0,37

4. Einfluß der Gesteinsart der Zuschlagstoffe auf das Kriechen des Zementmörtels und des Betons.

Das *Kriechen* des Betons war wie das Schwinden von den Eigenschaften des Gesteins der Zuschlagstoffe abhängig[2]. Vgl. unter P, 4.

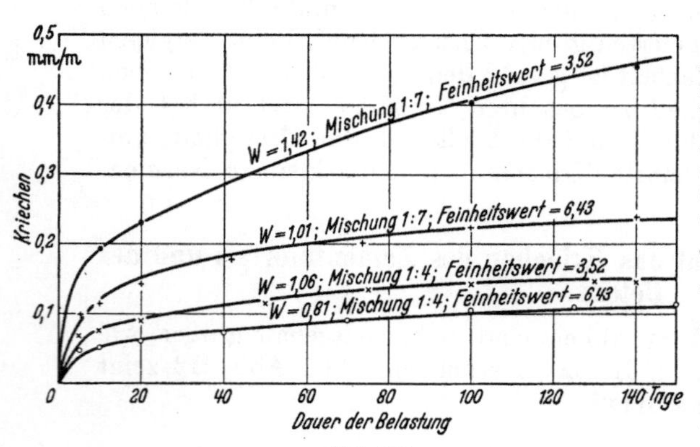

Abb. 211.
Einfluß der Kornzusammensetzung der Zuschläge auf das Kriechen des Betons. Belastung 56 kg/cm².

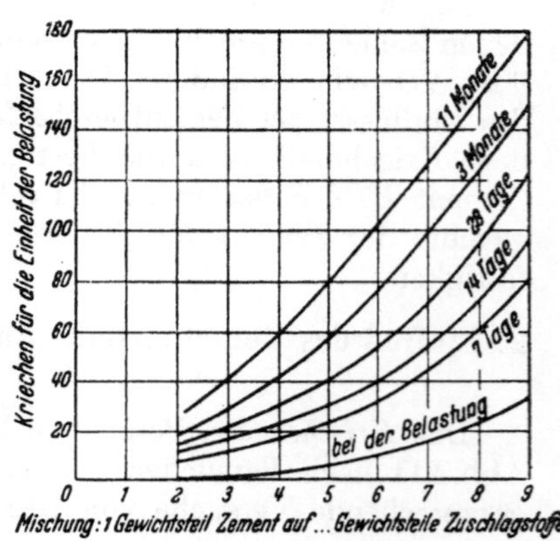

Abb. 212. Einfluß des Zementgehalts auf das Kriechen des Betons nach verschiedener Dauer der Belastung[3].

5. Einfluß der Größe des Wasserzusatzes auf das Kriechen des Zementmörtels und des Betons.

Das *Kriechen* des Betons ist mit wachsendem Wasserzementwert größer zu erwarten. GLANVILLE und THOMAS fanden das Kriechmaß von 3 Jahre alten

---

[1] Fassung 1942.
[2] DAVIS, R., u. H. DAVIS: Proc. Amer. Soc. Test. Mater. Bd. 30 (1930) Teil II S. 719.
[3] Je Pfund auf den Quadratzoll × 10⁻⁸.

von Beton mit verschiedenen Zementen.

Rd. 300 kg Zement in 1 m³ Beton.

von 28 Tagen auf Biegung und Druck. Rechnerische Randspannungen $\sigma = 20\,\text{kg/cm}^2$, unter feuchten Tüchern, dann in einem trockenen Raum.

7	8	9	10	11
Längenänderungen durch die erstmalige Belastung (Ablesung 18 Stunden nach Aufbringen der Last) mm/m	Gesamte Längenänderungen unter der lang dauernden Belastung (einschließlich der Werte in Spalte 7)			
	nach 14 Tagen mm/m	nach 91 Tagen mm/m	nach 365 Tagen mm/m	nach 856 Tagen mm/m
a* = −0,12 b* = +0,04	a = −0,25 b = +0,04	a = −0,46 b = −0,07	a = −0,60 b = −0,17	a = −0,60 b = −0,13
a = −0,13 b = +0,04	a = −0,24 b = +0,04	a = −0,46 b = +0,01	a = −0,54 b = −0,05	a = −0,56 b = +0,01
a = −0,13 b = +0,00	a = −0,24 b = +0,04	a = −0,48 b = −0,04	a = −0,63 b = −0,15	a = −0,65 b = −0,09
a = −0,13 b = +0,04	a = −0,26 b = +0,07	a = −0,52 b = +0,05	a = −0,67 b = −0,05	a = −0,72 b = −0,05
a = −0,13 b = +0,01	a = −0,28 b = +0,06	a = −0,51 b = −0,03	a = −0,65 b = −0,12	a = −0,64 b = −0,05
a = −0,13 b = +0,03	a = −0,26 b = +0,03	a = −0,46 b = −0,10	a = −0,61 b = −0,22	a = −0,63 b = −0,15

Zylindern mit 10 cm Durchmesser, im Alter von 28 Tagen mit 22 kg/cm² erstmals belastet,

$$\text{mit } w = 0,7 \quad 0,8 \quad 0,9$$
$$\text{zu } 0,6 \quad 0,73 \quad 0,95\ \text{mm/m}.$$

6. Einfluß der Behandlung auf das Kriechen des Betons.

Hier ist zunächst der Einfluß des Feuchtigkeitszustands des Betons, auch des Zustands der Luft des Lagerraums zu verfolgen.

Besonders wichtig ist, daß das Kriechen des trockenen Betons viel größer ist als das Kriechen des feuchten Betons. Abb. 213 und 214 enthalten dazu Beispiele von DAVIS[1,2]. Weitere Versuche zeigten, daß das Kriechmaß in hohem Maße vom Feuchtigkeitszustand der Luft abhängt[2]. Damit wird aufmerksam gemacht, daß die Kriechmaße für Bauteile

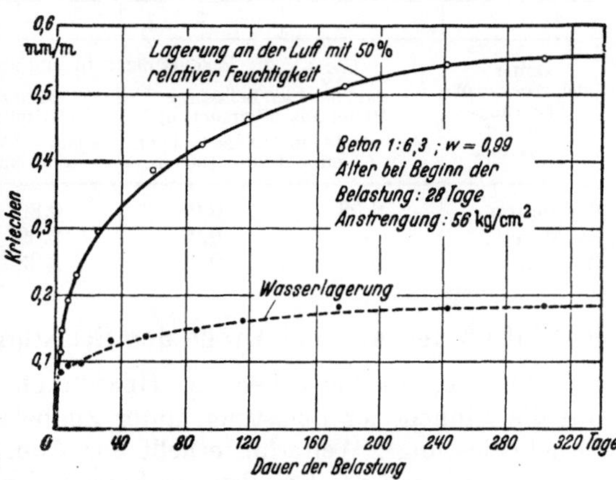

Abb. 213. Kriechen von Betonsäulen bei Wasserlagerung sowie bei Luftlagerung.

* a = Längenänderung in der Druckzone, b = Längenänderung in der Zugzone.

[1] Bei Betrachtungen über die Vorgänge beim Kriechen ist s. Z. die Auffassung entstanden, es handle sich beim Kriechen lediglich um Schwinden, das durch zusätzliche Pressungen unterstützt werde, weil die Pressungen das Austreiben des Wassers unterstützen. Diese Annahme erscheint nach Abb. 210 für einen Teil möglich. Dazu treten u. a. innere Vorgänge, wie sie bei der Formänderung von Sandstein anschaulich zu verfolgen sind. GRAF: Forsch.-Arb. Ing.-Wes. 1920 Heft 220 S. 15.

[2] DAVIS, R., u. H. DAVIS: Proc. Amer. Soc. Test. Mater. Bd. 30 (1930) Teil II S. 716 u. 723.

nur von Fall zu Fall auf Grund von ausführlichen Angaben über die Temperatur und Feuchtigkeit der Luft am Bauwerk roh geschätzt werden können. Vgl. dazu auch unter 7, Zahlentafel 40.

Abb. 215 macht weiterhin aufmerksam, daß trocken gelagerte Körper nach völligem Ausgleich der Feuchtigkeit mit der umgebenden Luft, also nach langer Zeit, nur noch unerheblich kriechen, wenn sie erst belastet werden, wenn das Trocknen und Schwinden praktisch abgeschlossen ist.

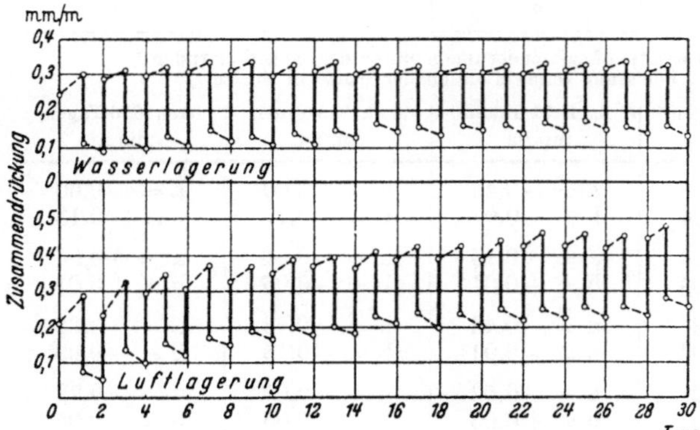

Abb. 214. Zusammendrückung von Betonsäulen beim Wechsel der Druckbelastung zwischen 3 und 56 kg/cm², je 2 Tage dauernd. Oben bei Wasserlagerung, unten bei Luftlagerung.

7. Einfluß der Größe der Versuchskörper auf das Kriechen des Betons.

Auch das Kriechmaß ist bei größeren Betonkörpern kleiner ausgefallen, wie die Versuchsergebnisse in Zahlentafel 40 erkennen lassen. Beobachtungen an Brücken lassen erwarten, daß das Kriechmaß in großen, massigen Bauwerken sehr klein bleibt.

Zahlentafel 40. Schwinden und Kriechen von Betonsäulen 14 cm.× 14 cm × 50 cm und 30 cm × 30 cm × 130 cm.

320 kg Zement in 1 m³ Beton. Zuschlagstoffe aus Rheinsand und Rheinkies. Wasserzementwert $w = 0,75$. Lagerung: 28 Tage unter feuchten Tüchern, dann in einem trockenen Lagerraum. Belastung mit 55 kg/cm² im Alter von 28 Tagen. Druckfestigkeit von Würfeln mit 20 cm Kantenlänge im Alter von 28 Tagen 281 kg/cm².

1	2	3	4	5	6	7
Dauer der trockenen Lagerung und der Belastung	Verkürzungen in mm/m				Unterschied der Spalten 2 und 4	Unterschied der Spalten 3 und 5
	Säulen ohne Belastung (Mittel aus 3 Versuchen)		Säulen mit Belastung (Mittel aus 3 Versuchen)			
	14 cm × 14 cm × 50 cm	30 cm × 30 cm × 130 cm	14 cm × 14 cm × 50 cm	30 cm × 30 cm × 130 cm		
4 Wochen .	0,06	0,08	0,80	0,81	0,74	0,73
8½ Monate .	—	0,25	2,09	1,30	—	1,05
28 Monate .	0,43	0,37	2,33	1,68	1,90	1,31

8. Einfluß der Art und Größe der Belastung auf das Kriechen des Betons.

Abb. 216, aus Versuchen von GLANVILLE, zeigt, daß das Kriechen, bezogen auf die Einheit der Belastung, unter Zugbelastung ebenso groß ausfiel wie bei Druckbelastung[1]. Weiterhin erhellt aus Abb. 217, ebenfalls aus Versuchen von GLANVILLE[2], daß das Kriechen im Bereich der Versuche[3] etwa mit der Belastung zunahm.

---

[1] Aus Structural Engineer Bd. 11 (1933) S. 54ff.

[2] Techn. Pap. 12 Building Research S. 11. London 1930. Hier, wie bei allen Versuchen von GLANVILLE ist als Kriechmaß aufgetragen: Gesamte Formänderung abzüglich Schwinden (an Schwindproben ohne Last) und elastische Formänderung in dem zugehörigen Alter (ebenfalls an besonderen Proben von Zeit zu Zeit gemessen).

[3] Vgl. auch FREYSSINET: Internat. Kongreß für Beton und Eisenbeton in Lüttich 1930. Drucksache IV-4.

R. Wärmedehnung des Betons.

Bei der Anwendung des Betons ist die lineare Wärmedehnung des Betons bei üblichen Gebrauchstemperaturen (— 25 bis + 40°) von allgemeiner Bedeutung, bei höheren Temperaturen nur in Sonderfällen, nämlich bei Bauteilen, die mit hohen Temperaturen benutzt werden oder die bei Bränden möglichst hohen Widerstand zeigen sollen.

1. Wärmedehnung des Betons bei gewöhnlichen Temperaturen.

Zunächst ist wesentlich, daß die Gesteine der Zuschlagstoffe sehr verschiedene Wärmedehnungen liefern, wie unter C 15, S. 45 und 46 gezeigt ist. Dementsprechend kann auch der Zementgehalt Einfluß nehmen, wenn die Wärmedehnung des Gesteins von der des Betons erheblich abweicht. Der Einfluß des Zements, der Steife des Betons und des Feuchtigkeitsgehalts scheinen von untergeordneter Bedeutung zu sein[1]. Zur Zeit sind u. a. die in Zahlentafel 41 enthaltenen Zahlen bekannt[2].

Hiernach ist die Wärmedehnung des Betons mit kieseligen Zuschlagstoffen bis zu $12 \cdot {}^1/_{1000}$ mm/m °C anzunehmen; mit Zuschlagstoffen aus Kalkstein entstanden erheblich kleinere Wärmedehnungen.

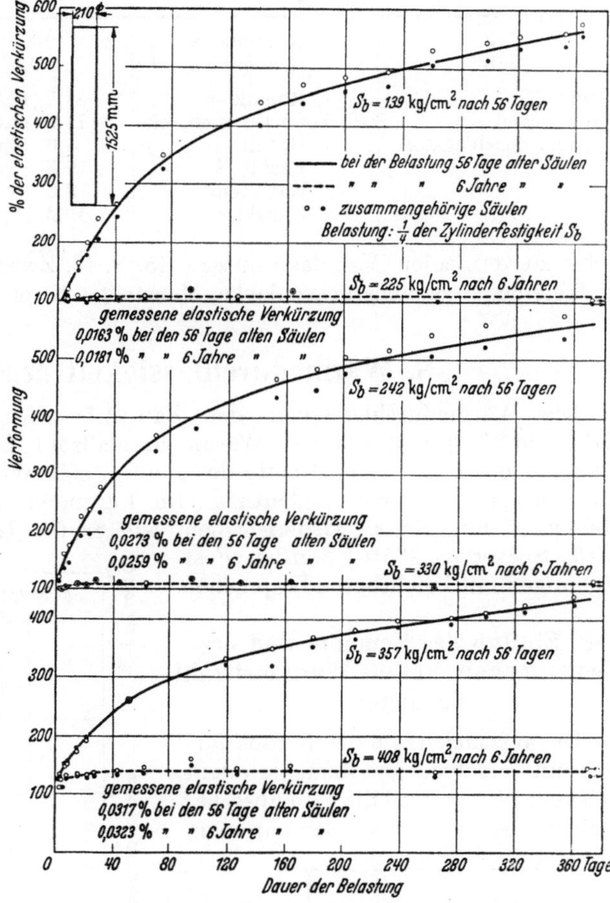

Abb. 215. Kriechen des Betons verschiedener Festigkeit bei Druckbelastung, festgestellt an Säulen, die im Alter von 56 Tagen belastet wurden, sowie an Säulen, die bei der Belastung 6 Jahre alt waren. Lagerung im trockenen Raum.

2. Wärmedehnung des Betons bei hohen Temperaturen.

Nach ENDELL[3] ist bei Bauteilen, die örtlichen Erhitzungen bis 700° ausgesetzt sind, die Verwendung quarzhaltiger Zuschlagstoffe wegen der sprunghaften Dehnung durch die Quarzumwandlung (bei rd. 570° beginnend) mög-

---

[1] KEIL u. TEMPEL: Zement 1940 S. 248ff.

[2] Weitere Zahlen bei RUDELOFF: Dtsch. Ausschuß Eisenbeton 1913 Heft 23 S. 46; GUTTMANN u. SEIDEL: Beton u. Eisen 1936 S. 401ff.; MEYERS: Industr. Engng. Chem. Bd. 32 (1940) S. 1107.

[3] ENDELL: Dtsch. Ausschuß Eisenbeton 1929 Heft 60.

Zahlentafel 41. Lineare Wärmeausdehnung des Betons in $^1/_{1000}$ mm/m °C bei 5 bis 10° bzw. bei 40 bis 45°.

1	2	3	4
Mischverhältnis des Betons	Gestein der groben Zuschlagstoffe	Wärmeausdehnung α_t	Zugehöriger Versuchsbericht
1:2	Grubenkies	10,1	KELLER: Tonind.-Ztg.
1:8	Grubenkies	9,5	1894 S. 469 u. f.
1 Zement	Rheinkies	11,7 (11,8)[1]	KEIL und TEMPEL:
2 Rheinsand	Hochofenstückschlacke	11,9 (11,6)	Zement 1940 S. 248 u. f.
3 grober Zuschlagstoff	Granit	9,6 (9,6)	
	Basalt K	9,5 (9,8)	
	Kalkstein	8,6 (8,2)	
	Bimskies	10,2 (12,6)	

lichst zu vermeiden. Vgl. dazu unter C 15, S. 46. Zweckmäßig sind Basalt, dichte Kalksteine, Hochofenstückschlacke, Mansfelder Kupferschlacke, gebrannter Ton.

S. Wärmedurchlässigkeit des Betons.

Die Wärmedurchlässigkeit der Baustoffe wird mit der Wärmeleitzahl λ (kcal/m h° C) und mit der Wärmedurchlaßzahl Λ (kcal/m² h° C) beurteilt[2]. Dabei sind vor allem die Dichte des Betons, sein Wassergehalt und die Verteilung des Wassers von Bedeutung. Im folgenden sind kennzeichnende Feststellungen mit Beton wiedergegeben, wie er für Ingenieurbauten verwendet wird. Später (S. 265 ff.) werden Feststellungen mit Leichtbeton besprochen.

1. Einfluß des Zements und des Zementgehalts auf die Wärmeleitzahl des Betons.

Die Wärmeleitzahl des Betons fand sich mit verschiedenen Zementen deutlich verschieden, weil die Porenbeschaffenheit des Betons vom Zement beein-

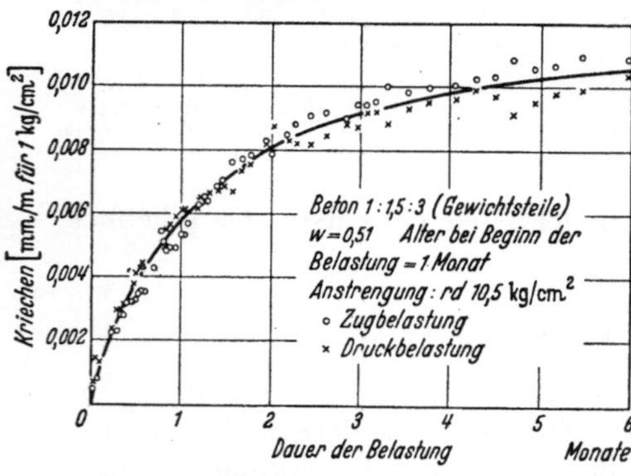

Abb. 216. Kriechen des Betons bei Zug- und Druckbelastung.

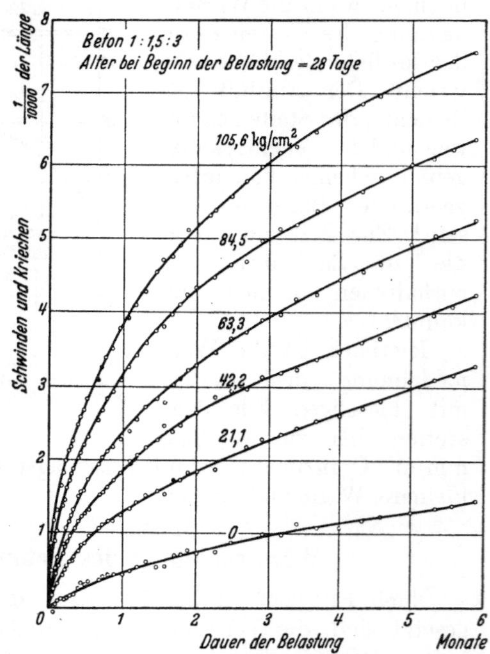

Abb. 217. Einfluß der Größe der Belastung auf das Kriechen des Betons.

---

[1] Die in Klammern gesetzten Zahlen gelten für 90 Tage alten Beton nach gemischter Lagerung, die Zahlen vor der Klammer für gleich alte im Wasser gelagerte Betonkörper.

[2] REIHER: Handbuch der Werkstoffprüfung Bd. 3 S. 535 ff.; ferner HUMMEL u. SITTEL: Fortschr. u. Forsch. Bauwesen 1942 Reihe A, Heft 1 S. 13 ff.

flußt wird[1]. — Mit zunehmendem Zementgehalt ist die Wärmeleitzahl von lufttrockenem Beton größer geworden, wie Abb. 218 zeigt[2].

2. Einfluß der Kornzusammensetzung der Zuschlagstoffe auf die Wärmeleitzahl des Betons.

Bei weich angemachtem Beton mit 350 kg Zement je m³ war ein Einfluß des Mörtelgehalts nicht zu erkennen[3]. Im übrigen ist zu erwarten, daß die Wärmeleitzahl mit wachsendem Mörtelgehalt abnimmt, wenn die Dichte des Mörtels gleich bleibt.

3. Einfluß des Gesteins der Zuschlagstoffe auf die Wärmeleitzahl des Betons.

Wenn es gelingt, Beton mit gleichem Porengehalt mit verschiedenen Zuschlagstoffen herzustellen, steigt die Wärmeleitzahl des Betons bei Verwendung von Gesteinen mit höherer Wärmeleitzahl[4].

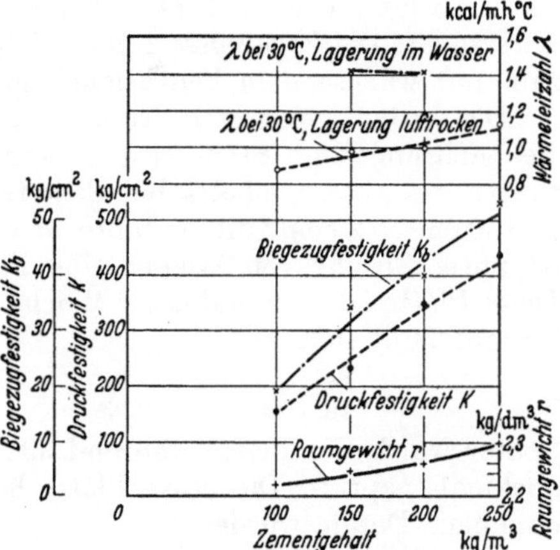

Abb. 218. Einfluß des Zementgehalts auf die Wärmeleitzahl des Betons.

Mit Granit wird dann λ größer als mit Kalkstein usw. Unter praktischen Verhältnissen tritt der Einfluß der höheren Wärmeleitfähigkeit des Gesteins oft zurück, wenn dieses in sperriger Kornform verwendet wird, weil dann der Porengehalt des Betons größer ausfällt und weil der Wassergehalt des Betons bei Bauten, die der Witterung ausgesetzt sind, verhältnismäßig groß ist.

4. Einfluß des Wassergehalts auf die Wärmeleitzahl des Betons.

Platten, die anfänglich 7 Tage unter feuchten Tüchern, dann 35 Tage an der Luft, hierauf 14 Tage unter Wasser lagerten, sind im nassen Zustand auf Wärmedurchlässigkeit geprüft worden. Nach dieser Prüfung kamen die Platten in einen Raum mit rd. 65 °C Lufttemperatur. Dabei wurden die Platten soweit getrocknet, daß sie noch rd. ⅔ der Feuchtigkeit enthielten. Nach

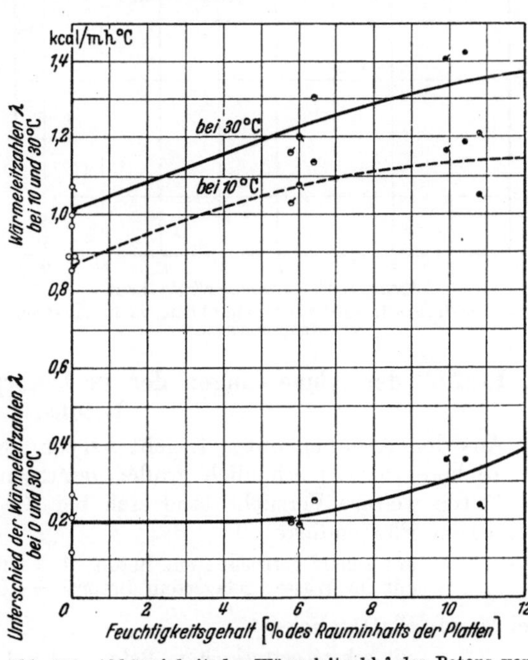

Abb. 219. Abhängigkeit der Wärmeleitzahl λ des Betons von dessen Feuchtigkeitsgehalt.

---

[1] GRAF: Dtsch. Ausschuß Eisenbeton 1933 Heft 74 S. 22.

[2] Ebenda S. 23.

[3] Hierbei handelt es sich um Mörtelgehalte, die für schweren Beton anwendbar sind. Näheres Dtsch. Ausschuß Eisenbeton 1933 Heft 74 S. 23.

[4] LANDOLT-BÖRNSTEIN: Physikalisch-Chemische Tabellen; ferner Hütte, 26. Aufl. Bd. 1 S. 494.

anschließender Lagerung in einem Arbeitsraum erfolgte die zweite Prüfung. Schließlich sind die Platten 9 Tage bei 65° C getrocknet worden; sie wurden dabei praktisch trocken. Die trockenen Platten wurden wieder auf Wärmedurchlässigkeit untersucht. Die Ergebnisse finden sich in Abb. 219. Hiernach hat die Wärmeleitzahl mit wachsendem Feuchtigkeitsgehalt der Platten erheblich zugenommen[1].

Die bisher genannten Ergebnisse gehören zu 10 cm dicken Betonplatten. Beobachtungen an Stahlbetonschornsteinen gaben Anlaß zur Prüfung des Einflusses des Wassergehalts bei dickeren Platten[2]. Aus einer Betonplatte 100 cm × 150 cm × 20 cm, die 4 Jahre in einem geschlossenen Raum gelagert hatte, ist unter Zufuhr von Wasser eine Platte 75 × 75 cm × 20 cm gesägt worden. Diese Platte ist während einer Woche bei 70° C getrocknet worden. Die Wärmeleitzahl fand sich

bei	0	10	20	30° C
zu $\lambda =$	0,93	1,05	1,17	1,29 kcal/m h° C.

Später wurde die Platte während 39 Tagen ins Wasser gelegt und anschließend nochmals geprüft. Die nasse Platte hatte vom Wasser 14 % des Raumes aufgenommen. Damit wurde

bei·	0	10	20	30° C
$\lambda =$	1,47	1,65	1,82	2,0 kcal/m h° C.

Hier erscheint der Einfluß des Feuchtigkeitsgehalts noch größer als in Abb. 219.

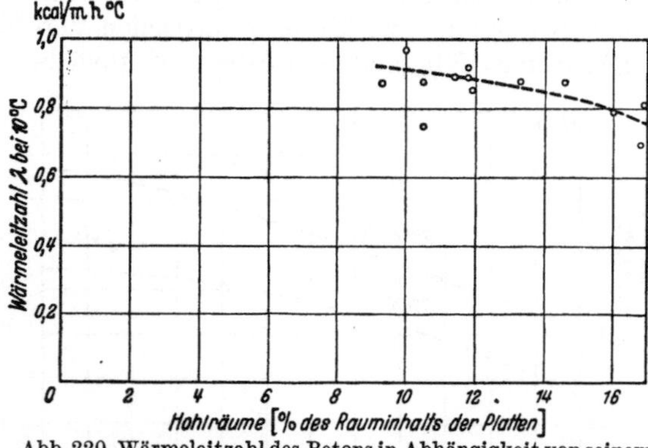

Abb. 220. Wärmeleitzahl des Betons in Abhängigkeit von seinem Hohlraumgehalt.

5. Einfluß des Gehalts an Hohlräumen auf die Wärmeleitzahl des Betons.

Abb. 220 zeigt den Einfluß des Anteils der Hohlräume in Beton aus Rheinsand und Rheinkies, und zwar für völlig getrocknete Betonplatten von 10 cm Dicke[3]. Mit wachsendem Anteil der Hohlräume hat die Wärmeleitzahl abgenommen. Weiteres vgl. S. 265ff. für Leichtbeton.

6. Einfluß der Abmessungen der Probekörper auf die Wärmeleitzahl des Betons.

Aus den Angaben unter 4. geht hervor, daß die Wärmeleitzahl des Betons für dickere Platten erheblich größer gemessen wurde[4].

Durch weitere Versuche fand sich bei 10° C

bei 10 cm Plattendicke

mit scharf getrocknetem Beton $\lambda = 0{,}62$ bis $0{,}97$ kcal/m h° C,
mit im Wasser gelagertem Beton $\lambda = 1{,}05$ bis $1{,}18$ kcal/m h° C,

bei 20 cm Plattendicke

mit scharf getrocknetem Beton $\lambda = 1{,}05$ bis $1{,}33$ kcal/m h° C,
mit im Wasser gelagertem Beton $\lambda = 1{,}64$ und $1{,}65$ kcal/m h° C*.

---

[1] Vgl. auch HUMMEL u. SITTEL: Fortschr. u. Forsch. Bauwesen 1942 Reihe A, Heft 1 S. 14 u. 15.   [2] GRAF u. BRENNER: Zement 1929 S. 379ff.

[3] Dtsch. Ausschuß Eisenbeton 1933 Heft 74 S. 23ff.   [4] Ebenda S. 24 u. 26.

* Mit besonders gutem Beton gleicher Art, ebenfalls in 20 cm dicken Platten, wurde die Wärmeleitzahl nach anfänglich feuchter, dann dreimonatiger Lagerung zu $\lambda = 2{,}06$ kcal/m h° C gefunden. Dtsch. Ausschuß Eisenbeton 1933 Heft 74 S. 24 bis 27.

7. Veränderlichkeit der Wärmeleitzahl mit steigender Temperatur des Betons.

Die Wärmeleitzahl λ des Betons fand sich bei 30° im Mittel aus zahlreichen Versuchen um 26% größer als bei 0°. Es ist anzunehmen, daß bei noch höheren Temperaturen eine weitere Steigerung von λ eintritt.

T. Über den Widerstand des Zementmörtels und des Betons gegen chemische Angriffe[1].

Wenn Mörtel und Beton eine hohe Widerstandsfähigkeit gegen chemische Angriffe aufweisen sollen, ist folgendes zu beachten:

a) die chemischen und physikalischen Eigenschaften der Zemente,

b) der Zementgehalt,

c) die chemischen und physikalischen Eigenschaften der Zuschlagstoffe,

d) die Eigenschaften des Betons, die von der Kornzusammensetzung und dem Wassergehalt beim Anmachen des Betons abhängen, vor allem die Durchlässigkeit und Kapillarität des Betons,

e) die Gleichmäßigkeit oder Ungleichmäßigkeit der Eigenschaften des verarbeiteten Betons, dabei auch der Einfluß der Verarbeitbarkeit des Betons,

f) die Nachbehandlung des Betons,

g) die Beschaffenheit der angreifenden Flüssigkeiten und die Art ihres Auftretens.

1. Einfluß des Zements auf den Widerstand des Betons gegen chemische Angriffe.

Hierzu sei auf B 16 und 17, S. 24 ff. verwiesen[2].

2. Einfluß des Zementgehalts auf den Widerstand des Betons gegen chemische Angriffe.

Mit wachsendem Zementgehalt ist der Widerstand gegen chemische Angriffe größer geworden. U. a. hielten Würfel aus 1 Gewichtsteil Zement und 3 Gewichtsteilen Rheinsand in einer Magnesiumchloridlösung von 25° Baumé während 20 Monaten ohne nennenswerten äußeren Schaden stand; sonst gleiche Körper, jedoch im Mischverhältnis 1:6 hergestellt, wurden nach wenigen Monaten zerstört.

Weitere besonders eindrucksvolle Beispiele finden sich in Abb. 29 und 30.

Demgemäß ist es zweckmäßig, den Beton, der erheblichen chemischen Angriffen ausgesetzt ist, mit hohem Zementgehalt herzustellen (350 kg/m³).

3. Einfluß der Beschaffenheit der Zuschlagstoffe auf den Widerstand des Betons gegen chemische Angriffe.

Hierzu sei zunächst auf C 20, S. 50 verwiesen. Weiterhin sei auf die Darlegungen unter N, S. 171 ff. aufmerksam gemacht, wo geschildert ist, was getan werden muß, wenn ein wasserdichter Beton entstehen soll. Die dort aufgestellten Forderungen sind besonders wichtig, weil der chemische Angriff um so besser abgewehrt wird, je dichter der Beton ist. Dabei ist u. a. auf eine gute Verarbeit-

---

[1] Vgl. u. a. GRÜN: Beton, 2. Aufl. Berlin 1937. — GRAF u. GÖBEL: Schutz der Bauwerke. Berlin 1930; ferner GRAF: Bauingenieur 1927 S. 557 ff.; Zement 1930 S. 936 ff. — GRAF u. WALZ: Zement 1934 S. 376 ff. — HERRMANN: Über Mörtel und Beton S. 97 ff. Berlin 1932. — Richtlinien für die Ausführung von Bauwerken aus Beton im Moor, in Moorwässern und ähnlich zusammengesetzten Wässern, auch Richtlinien über die Ausführung von Betonbauten im Moorwasser, aufgestellt vom Deutschen Ausschuß für Eisenbeton.

[2] Vgl. außerdem GRAF: Zement 1930 S. 936 ff., Zusammenstellung 1, auch Beton u. Eisen 1936 S. 20.

barkeit des Betons zu achten; diese entsteht am leichtesten, wenn Natursand und Kies mit guter Körnung, insbesondere mit einem hinreichenden Anteil feinster Teile, verwendet werden.

4. Einfluß der Kornzusammensetzung des Betons auf den Widerstand gegen angreifende Wässer.

Hier ist zunächst auf das unter 2. Gesagte zu verweisen. Es ist auch hier zweckmäßig, vor allem die S. 171ff. und S. 180 beschriebenen Erkennntnisse über die Herstellung von wasserdichtem und luftdichtem Beton zu beachten. Auch die Feststellungen, über die S. 69ff. zur Beschränkung der Kapillarität des Betons berichtet ist, sind hier zu berücksichtigen[1]. Vgl. insbesondere Abb 71.

Beispiele finden sich in Abb. 221. Die Körnung der zugehörigen Mörtel 5, 8, 10 und 12 ist in Abb. 89 angegeben. Hiernach haben sich die gut gekörnten Mörtel 5 und 8 (Würfel 305 und 371) besser verhalten als die feinkörnigen Mörtel 10 und 12 (Würfel 361 und 391). Allerdings zeigten sich unter andern Verhält-

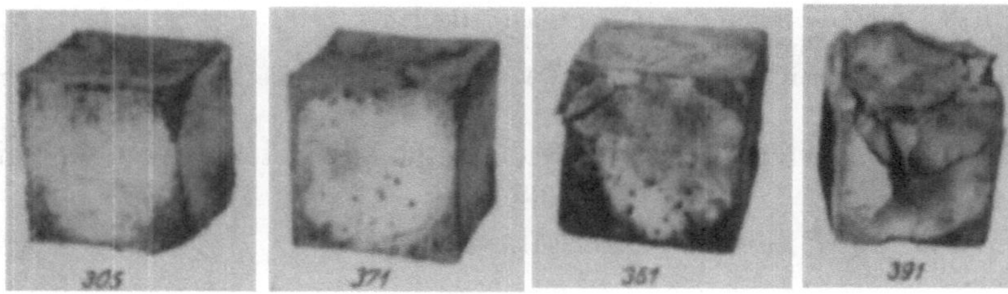

Abb. 221. Einfluß der Körnung der Mörtel. Flüssig angemachte Mörtel nach Sieblinie 5, 8, 10 und 12 (Abb. 89) aus 1 Gewichtsteil Portlandzement „N" und 4 Gewichtsteilen Rheinsand. Im Alter von 7 Tagen in 10proz. $MgSO_4$-Lösung eingesetzt. Zustand nach 6 Monaten, 6 Monaten, 6 Monaten und 4 Monaten.

nissen auch Abweichungen von der in Abb. 221 ersichtlichen Reihenfolge. U. a. erwiesen sich die feinkörnigen Mörtel in Magnesiumsulfatlösung widerstandsfähiger als die grobkörnigen, wenn die Proben vor dem Einsetzen in die angreifende Flüssigkeit zunächst 7 Tage feucht, dann 35 Tage trocken an der Luft lagerten[2]. Im ganzen erscheint es zweckmäßig, die Körnung des Betons etwa nach Linie *E* der Bestimmungen des Deutschen Ausschusses für Stahlbeton zu wählen, vgl. Abb. 73, S. 71. Die feinsten Bestandteile dürfen dabei nicht fehlen; sie sind erforderlichenfalls als feingemahlener Traß, Kalksteinmehl usw. in solcher Menge beizufügen, daß ein gut verarbeitbarer, zusammenhängender Beton entsteht.

5. Einfluß des Wassergehalts, der Steife und der Verarbeitbarkeit des Betons auf den Widerstand gegen chemische Angriffe.

Nach unseren Beobachtungen[3] ist der Wasserzusatz so groß zu wählen, daß ein gut verarbeitbarer, weicher, nach dem Verarbeiten gut geschlossener Beton entsteht; jedes Mehr an Wasser vergrößert die Wasserdurchlässigkeit des Betons und damit die Möglichkeit des chemischen Angriffs.

---

[1] Wenn diese Maßnahme nicht mehr als ausreichend angesehen wird, auch wenn eine gewisse Abwehrschicht (die von vornherein als der Teil angesehen wird, der im Laufe der Gebrauchszeit des Bauwerks verlorengehen kann) nicht mehr genügend erachtet wird, dann sind andere bauliche Maßnahmen nötig (GRAF: Zement 1930 S. 936ff.; ferner GRAF u. GÖBEL: Schutz der Bauwerke. Berlin: Ernst & Sohn 1930).

[2] Zement 1930 S. 1042 sowie Abb. 16 und 17.

[3] Vgl. u. a. Zement 1930 S. 936ff.

6. Einfluß der Nachbehandlung des Betons auf den Widerstand gegen chemische Angriffe.

Von großem Einfluß auf die Widerstandsfähigkeit des Betons gegen chemische Angriffe ist die Behandlung des Betons, bevor die schädlichen Stoffe mit dem Beton in Berührung kommen.

Lehrreiche Beispiele sind in Abb. 222 wiedergegeben. Würfel mit 7 cm Kantenlänge aus 1 Gewichtsteil Portlandzement und 3 Gewichtsteilen Rheinsand hergestellt, lagerten bis zu halber Höhe in 10 proz. Magnesiumsulfatlösung. Die Abbildung zeigt den Zustand nach rd. 20½ Monaten. Die Würfel Gd, die nach eintägiger Lagerung in feuchter Luft dem angreifenden Wasser ausgesetzt worden sind, sind nur an den unteren Ecken leicht angegriffen worden. Auch die Würfel Gg, die nach anfänglich nasser Lagerung drei Wochen trocken aufbewahrt worden sind, zeigten nur unerhebliche Schäden. Dagegen wurden die Würfel Ge und Gf, die bis zum Eintauchen in Magnesiumsulfatlösung unter Wasser standen, im getauchten Teil erheblich beschädigt. Hiernach haben die zunächst feucht,

Abb. 222. Mörtel aus 1 Gewichtsteil Zement P und 3 Gewichtsteilen Rheinsand; gießfähig angemacht.
Lagerung wie folgt:
1 Tag in feuchter Luft,   1 Tag in feuchter Luft,   1 Tag in feuchter Luft,   1 Tag in feuchter Luft,
6 Tage unter Wasser,   21 Tage unter Wasser,   6 Tage unter Wasser,
21 Tage an der Luft,
dann in 10 proz. Magnesiumsulfatlösung.
Die Würfel lagerten nur bis zu halber Höhe in Magnesiumsulfatlösung.
Zustand im Alter von rd. 20½ Monaten.

dann trocken behandelten Betonkörper eine höhere Widerstandsfähigkeit gegen Magnesiumsulfatlösung gezeigt. Bei den nach 1 Tag in die angreifenden Wässer gebrachten Würfeln hat sich anscheinend mit den frischen Ausscheidungen eine Schutzschicht gebildet.

Was hier für Portlandzementmörtel in Magnesiumsulfatlösung mitgeteilt ist, fand sich ähnlich mit anderen Zementen und auch mit anderen Flüssigkeiten, z. B. mit Magnesiumchlorid[1].

7. Verhalten des Betons bei teilweiser und bei völliger Einlagerung in die angreifende Flüssigkeit sowie bei ruhender und bei bewegter Flüssigkeit.

Der chemische Angriff allein ist nur an Körpern zu erkennen, die in der angreifenden Flüssigkeit lagern und dabei von der Flüssigkeit bedeckt sind. Dabei wird wahrscheinlich noch der Flüssigkeitsdruck Einfluß nehmen.

In den Bauwerken liegt oft ein weit ungünstigerer Fall vor; das Bauwerk steht nur mit dem Fuß in der Flüssigkeit, das übrige wird von der Luft umstrichen. Im Betonkörper wird dann die Flüssigkeit durch die Kapillarkräfte gehoben; das über den Wasserspiegel gehobene Wasser verdunstet, die Lösung

---

[1] Weitere Mitteilungen in Bauingenieur 1927 S. 557 ff.

wird konzentrierter oder die Salze bleiben zurück und kristallisieren; denselben Weg nehmen die mit dem Angriff auf den Zement entstandenen neuen Verbindungen, auch die vom Wasser ausgewaschenen, leichtlöslichen Salze.

In einer Betonsäule, die im Wasser steht, machen sich damit drei Ursachen des Angriffs bemerkbar[1].

Wir beobachten das Abtragen von Stoffen, z. B. durch reines Wasser, vgl. Abb. 228, dann die Bildung von Stoffen geringer Festigkeit durch Umwand-

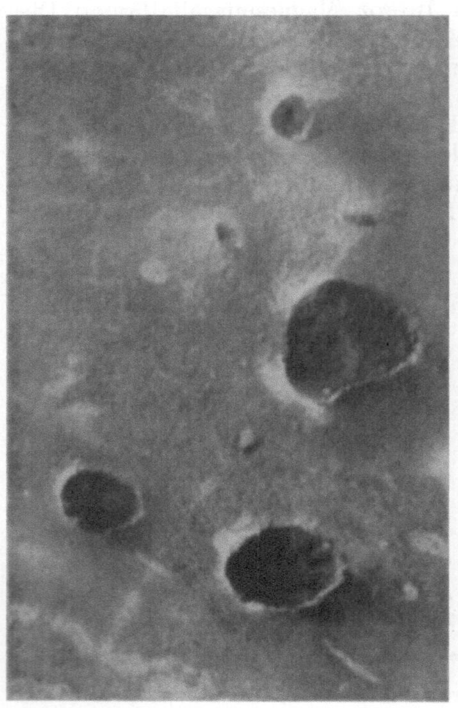

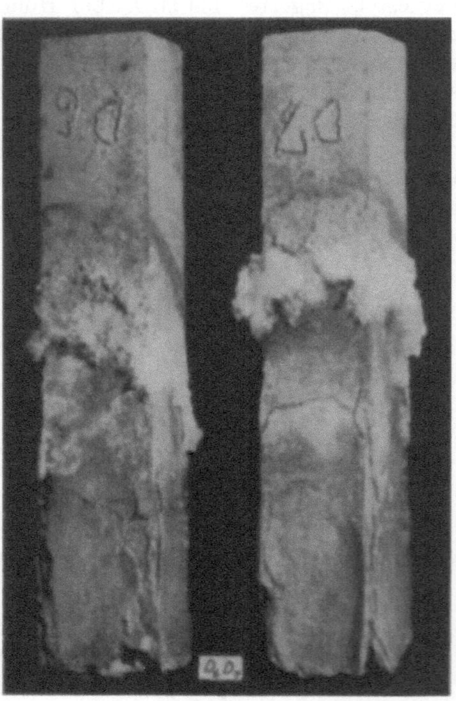

Abb. 223.
Im Laufe langer Zeit entstandene Schäden am Außenputz einer Betonmauer.

Abb. 224. Säulen mit einem Fuß (18 cm hoch) in 0,9 proz. Natriumsulfatlösung, im oberen Teil von der Luft bestrichen.

lungen (z. B. mit fetten Ölen) und die Entstehung von Stoffen mit größerem Raum mit Sprengwirkung der volumenreichen Verbindungen, z. B. Abb. 223 und 224.

Abb. 224 zeigt zwei Säulen mit Ablagerungen über dem Wasserspiegel. Hier wurde der Beton erheblich angegriffen. Weitere Beispiele sind in Abb. 29 und 30 wiedergegeben. Ein besonders eindrucksvolles Beispiel ist in Abb. 225 wiedergegeben. Die beiden Säulen waren mit Tonerdezement hergestellt; sie standen mit dem Fuß auf 18 cm Höhe in 5proz. Natriumchloridlösung. Die links dargestellte Säule befand sich dabei in einem Glaskasten, der allseitig verschlossen war, so daß ein Verdunsten des in der Säule hochgestiegenen Wassers nicht erfolgen konnte; sie wurde während zwei Jahren nur unerheblich beschädigt. Die andere Säule, ursprünglich von derselben Beschaffenheit, war mit dem oberen Teil der Luft ausgesetzt; das hochgezogene Wasser konnte verdunsten, das Salz in der Lösung kam dabei wesentlich stärker zur Wirkung und zerstörte dabei

---

[1] LUCAS in GRAF u. GÖBEL: Schutz der Bauwerke S. 31ff. sowie WALZ: Wasser- u. Wegebau-Z. 1940 S. 107.

den Beton[1]. Die soeben beschriebenen Vorgänge werden beschleunigt, wenn der obere Teil des Betonkörpers von warmer, lebhaft bewegter Luft bestrichen wird[2].

Der Angriff durch bewegte Wässer war bei unseren Versuchen unter den gewählten Umständen in der Regel nicht größer als in ruhenden Wässern[3].

8. Einfluß der Beschaffenheit der angreifenden Flüssigkeiten und der Art ihres Auftretens.

Die Zahl der Agenzien, die den Zement und gewisse Zuschlagstoffe angreifen, ist groß, jedoch auf verhältnismäßig wenige Grundstoffe beschränkt. Es soll deshalb hier nur einiges vom Grundsätzlichen wiedergegeben werden. Das, was den Chemiker und den Forschungsingenieur interessiert, ist an anderer Stelle ausführlich behandelt[4]. Der Bauingenieur muß nur wissen, ob erhebliche Angriffe zu erwarten sind, damit er die bautechnischen Maßnahmen durchführen kann. Einfache Anweisungen, vor allem durch Grenzzahlen der zulässigen Zusammensetzung sind noch nicht möglich. Die Beurteilung der Verhältnisse erfordert langjährige Erfahrung. In vielen Fällen genügt die Herstellung eines hochwertigen Betons, in anderen Fällen, die allerdings selten sind, muß der Beton durch Abdichtung (mit bituminösen Massen, Metall, Ton usw.) gegen den Zutritt des Wassers geschützt werden.

Besteht ein Verdacht, daß das ein Bauwerk bestreichende Wasser den Beton angreift, so

Abb. 225. Säulen mit dem Fuß (18 cm hoch) in 5proz. Natriumsulfatlösung; Säule *WI* in geschlossenem Behälter, Säule *WV* im oberen Teil von der Luft bestrichen.

können einfache Prüfungen wichtige Aufschlüsse geben, insbesondere wenn es sich um Grundwasser handelt. Werden Proben der angreifenden Wässer oder fragwürdiger Böden für die chemische Untersuchung genommen, so ist folgendes zu beachten:

Wasserproben.

An jeder Entnahmestelle ist 1 Flasche mit mindestens 1 Liter Inhalt zu füllen.

Besteht die Möglichkeit, daß das Wasser Kohlensäure enthält, so ist gleichzeitig eine weitere Flasche mit 1 Liter Inhalt zu füllen, in die vorher 10 g Marmorpulver gegeben wurde.

---

[1] GRAF u. WALZ: Zement 1934 S. 475.

[2] Werden unter Wasser angegriffene Bauteile freigelegt und zur Instandsetzung getrocknet, so tritt die in Abb. 29, 223 und 225 (rechts) ersichtliche Folge der Bildung volumreicher Stoffe in Erscheinung; die betroffenen Teile und die darunterliegende Zone sind vor der Instandsetzung zu beseitigen.

[3] GRAF u. WALZ: Zement 1934 S. 380.

[4] GRAF u. GÖBEL: Schutz der Bauwerke, 2. Aufl. 1949; GRÜN: Beton, 2. Aufl. 1937; KLEINLOGEL: Einflüsse auf Beton, 4. Aufl. 1941.

Bei Wasser, das einen deutlich fauligen Geruch (Schwefelwasserstoff) aufweist, ist nochmals rd. 1 Liter in eine Flasche zu füllen, die 2 g kristallisiertes Kadmiumazetat enthält.

Es dürfen nur gereinigte Flaschen verwendet werden. Diese Flaschen sind vor der Entnahme des Wassers gründlich mit demselben auszuspülen. (Die Gummiringe von Spannverschlüssen sind ebenfalls zu reinigen; Verschlußkorken sind auszukochen.)

Die Flaschen werden unter dem Wasserspiegel gefüllt. Hierbei ist darauf zu achten, daß das eingefüllte Pulver nicht herausgespült wird. Bei Flaschen mit Pulver wird deshalb zweckmäßig zum Füllen ein dünner Gummischlauch eingeführt, durch den die verdrängte Luft über den Wasserspiegel entweichen kann. Die Flaschen sind bis auf einen kleinen Hohlraum im Flaschenhals zu füllen; sie müssen gut verschließbar sein. (Glasstöpsel und Korken sind durch Verschnüren zu sichern. Ein zuverlässiger Abschluß wird erhalten, wenn der ganze Verschluß versiegelt oder mit flüssigem Stearin, Wachs u. ä. überzogen wird.)

Wasser, das nach längerer Trocken- oder Regenperiode entnommen wird, kann andere Zusammensetzung aufweisen als bei Durchschnittswitterung. Bei Entnahme aus Gruben soll nur frisch zugetretenes Wasser entnommen werden; altes abgestandenes Wasser ist vorher zu entfernen. Bei vorher abgestelltem Zufluß ist das Wasser erst nach längerem Durchfluß wieder zu entnehmen.

Die Flaschen sind eindeutig zu kennzeichnen und die Angaben über Entnahmeort und die dort vorliegenden Verhältnisse (z. B. Entnahmetiefe, Bodenschichten, vorausgegangene Witterung usw.) mitzuliefern.

Zum Versand bei kaltem Wetter ist das Wasser hinreichend vor dem Einfrieren zu schützen.

In eine kleine Wasserprobe (im Reagenzglas) wird blaues Lackmuspapier getaucht; Rotfärbung zeigt Anwesenheit von freier Säure (Schwefelsäure, Salzsäure usw.).

In eine zweite kleine Wasserprobe werden wenige Tropfen Salzsäure gegeben. Tritt dabei der Geruch von Schwefelwasserstoff auf, so enthält das Wasser Schwefelverbindungen als Sulfide. Wenn sich sodann bei Zugabe von Bariumchlorid ein weißer Niederschlag zeigt, so sind schwefelsaure Salze oder Schwefelsäure vorhanden. Freie Kohlensäure wird mit Kalkwasser oder Barytwasser erkannt.

Bodenproben.

Von jeder zu entnehmenden Stelle ist mindestens 1 Probe von 1 kg zu entnehmen. Diese wird in eine weithalsige Flasche (mindestens 1 Liter Inhalt) oder dicht schließendes Deckelglas mit Gummidichtung und Spannverschluß (z. B. Eindünstglas von mindestens 1 Liter Inhalt u. ä.) eingefüllt. Der Boden wird in die Gefäße mit einem Holz oder Löffel satt eingedrückt und sofort verschlossen.

Im übrigen ist sinngemäß wie bei der Entnahme von Wasserproben vorzugehen.

Die Menge der schädlichen Stoffe der Wässer ist durch eine chemische Analyse festzustellen. Erfahrung und Überlegung müssen schließlich von Fall zu Fall die Entscheidung über die zweckmäßige Art der bautechnischen Lösung stützen.

Handelt es sich beispielsweise um Wässer mit viel freier Säure, so wird der Zement zwischen den Zuschlagstoffen zerstört; die ursprünglich glatte Betonfläche erhält im Laufe der Zeit ein Aussehen nach Abb. 226. Hier sind die Zuschlagstoffe nicht angegriffen. Sind überdies die Zuschlagstoffe angreifbar, so entsteht

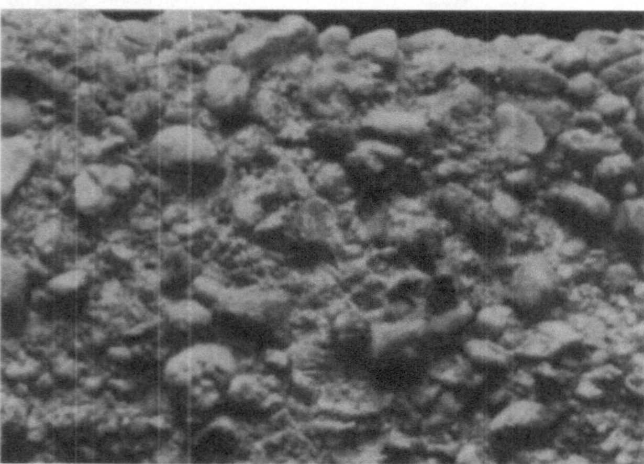

Abb. 226. Durch Säure angegriffener Beton.

allmählich der in Abb. 53 ersichtliche Zustand. Wird fetter Beton mit besonders guter Körnung aus nicht angreifbarem Gestein zuverlässig verarbeitet und vor dem Bestreichen durch die angreifenden Wässer anfänglich einige Wochen geschützt, so vollzieht sich der Angriff in Moorwässern, sauren Industrieabwässern so langsam, daß in vielen Fällen eine ausreichende Gebrauchsdauer entsteht[1].

Enthält das Wasser erhebliche Mengen schwefelsaurer Salze, u. a. Natriumsulfat, so ist Vorsicht geboten, wenn auf 1 Liter Wasser mehr als 200 bis 300 mg SO_3 entfallen, auch wenn der Beton nach allgemeinen Gesichtspunkten gut zusammengesetzt wird. Bei Zutritt von Sulfaten zum Kalk des Zements entsteht $CaSO_4$, aus diesem mit der Tonerde des Zements Kalziumaluminatsulfat, das mit einem großen Anteil von Wasser kristallisiert und dabei im Beton hohe innere Spannungen hervorruft. Die Zerstörung beginnt nach Abb. 227 an den Kanten der Betonkörper, weil die Wässer an diesen Stellen am ehesten eindringen. Die weitere Zerstörung erfolgt nach Abb. 222 und 225[2]. Ein weiteres Beispiel zeigt Abb. 223, von der Außenwand eines Betriebs, in dem mit Salzen und Säuren, auch mit Ammoniak gearbeitet wird.

Neben der Feststellung des äußeren Zustands der Versuchskörper ist in wichtigen Fällen die Tiefe des Angriffs durch Bestimmung der zugehörigen chemischen Bestandteile zu verfolgen. Meist wird außerdem versucht, den Einfluß des chemischen Angriffs durch Feststellung der Veränderlichkeit der Druck- und Biegezugfestigkeit zahlenmäßig festzulegen. Dabei ist Vorsicht geboten, wenn die angreifenden Stoffe zu zonenweiser Einlagerung Anlaß geben.

Abb. 227. Beginn der Zerstörung eines Betonkörpers bei Zutritt von Sulfaten.

Weitere Beobachtungen über Vorgänge, die den chemischen Angriff begleiten, werden unter U, S. 211 ff. mitgeteilt.

U. Über die Wetterbeständigkeit des Betons.

Wetterbeständiger Beton soll unter dem Einfluß der Änderungen seiner Temperatur und seiner Feuchtigkeit, damit auch durch Gefrieren und Auftauen im wassergetränkten Zustand keinen Schaden leiden. Die Anforderungen an die Wetterbeständigkeit sind dementsprechend mannigfaltig abhängig von den klimatischen Verhältnissen des Standorts, von der Art des Gebrauchs des Bauwerks usw.[3]. In Sonderfällen treten zusätzliche Beanspruchungen hinzu, die jeweils vom wetterbeständigen Beton ertragen werden sollen, z. B. die Wirkung von Streusalzen auf Betonstraßen. Für den wetterbeständigen Beton sind erforderlich:

a) hinreichend wetterbeständige Zuschlagstoffe,

b) weitgehende Wasserundurchlässigkeit, damit das Wasser so wenig eindringen kann,

---

[1] Vgl. u. a. Dtsch. Ausschuß Stahlbeton 1941 Heft 95 S. 36 bis 63.

[2] Dichter, zementreicher Beton zeigt die ersten deutlichen Zerstörungen erst nach Jahren, allmählich von außen nach innen fortschreitend. Wenn die Zerstörung auf eine gewisse Tiefe von vornherein in Kauf genommen werden kann, ist ein besonderer Schutz entbehrlich. Dementsprechend ist an vielen Stellen auf Anraten des Verfassers verfahren worden.

[3] GRAF: Bautenschutz 1935 S. 47 ff.; Beton u. Eisen 1939 S. 178.

Abb. 228. Undichte Sperrmauer; Zustand an der Luftseite.

Abb. 229. Betonkörper, im Freien durch Gefrieren und Auftauen zerstört. In der Mitte ist das Zuschlagstück sichtbar, das die Zerstörung hervorrief.

Abb. 230. Beton an der Luftseite einer Staumauer, die aus Gußbeton gebaut wurde.

daß beim Gefrieren und Auftauen keine Schäden entstehen. Dazu gehört erfahrungsgemäß außerdem
c) eine gewisse Mindestfestigkeit.

Um diese Bedingungen anschaulich zu erkennen, seien einige Beispiele kurz beschrieben.

Abb. 34 zeigt Wände eines Staubeckens, die nach wenigen Jahren erhebliche Schäden aufwiesen; der Beton war an vielen Stellen auf eine erhebliche Tiefe mürbe geworden. Die Ursache fand sich in der Verwendung von Zuschlagstoffen, die nicht ausreichend wetterbeständig waren.

In Abb. 229 ist ein Uferstein dargestellt, der durch ein grobes Zuschlagstück, das vorwiegend aus Kreide bestand, gesprengt worden ist. Das eingeschlossene Stück war nicht frostbeständig; Proben der mangelhaften Zuschlagsteile wiesen nach fünfmaligem Gefrieren und Auftauen zahlreiche Risse auf.

Abb. 230 zeigt Mängel von der Luftseite einer Talsperre, die aus Gußbeton gebaut wurde. Die Schäden waren in wenigen Jahren entstanden, und zwar jeweils unter den Schichtflächen, wo sich vom Gußbeton eine wasserreiche, feinkörnige, wenig feste Schicht abgesondert hatte. Der Beton besaß eine unzureichende Festigkeit.

Abb. 231 zeigt eine Wehranlage; der Beton ist im Bereich des Wasserspiegels weitgehend zerstört, und zwar durch oftmaliges Gefrieren und Auftauen. Das Wasser als solches kommt aus dem Kalkgebirge und ist nicht angreifend.

In Abb. 232 ist eine Ufermauer sichtbar, die offensichtlich aus ungleichem Beton bestand und dementsprechend ungleich beschädigt war. Hier ist der Schaden über den Arbeitsflächen wieder am größten geworden, weil der Beton beim Schütten entmischt wurde und deshalb über den Arbeitsflächen zu wenig Mörtel enthielt[1].

Abb. 231. Beton einer Wehranlage, im Bereich des Wasserspiegels verwittert.

In Abb. 233 sind Gehwegplatten wiedergegeben; die obere Schicht der Platten ist weitgehend zerstört; der Fugenmörtel blieb erhalten. Der Beton in der oberen Schicht der Platten war nicht ausreichend fest.

In Abb. 234 ist das Betonfundament für ein Stahlgerüst dargestellt, das innen aus sandarmem Schotterbeton mit mäßiger Festigkeit bestand, außen mit fettem Zementmörtel verputzt war. Im Winter standen die Fundamente lange Zeit im Schnee. Durch die Anschlußfuge des Stahlgerüsts, wahrscheinlich auch durch Schwindrisse und durch den Erdboden füllte sich der Beton mit Schmelzwasser, das oftmals gefror und auftaute. Der Beton besaß eine viel zu kleine Festigkeit.

Schließlich ist wesentlich, daß der Beton im Freien nur dann verwitterte, wenn er im durchfeuchteten Zustand oftmals gefroren und aufgetaut ist. Demzufolge werden sich unsere Betrachtungen auf den Beton beschränken, der im

Abb. 232. Teilweise verwitterte Betonmauer einer Schleuse.

Freien dem Regen und Schnee, auch dem Grund- und Flußwasser ausgesetzt ist.

---

[1] Vgl. McMILLAN: The Factors affecting the Durability of Concrete. Flugschrift der Portland Cement Association Chicago.

1. Auswahl des Zements für wetterbeständigen Beton.

Die chemische Zusammensetzung des Zements hat hier keinen deutlichen Einfluß, soweit es sich um genormte Zemente handelt. Wenn besondere Sorgfalt nötig ist, erscheint es angezeigt, das zu beachten, was S. 24 und 172 gesagt ist, als es sich um die Auswahl der Zemente für undurchlässigen Beton und für Beton, der chemischen Angriffen ausgesetzt ist, handelte. Dabei ist u. a. hervorgehoben, daß unter sonst gleichen Verhältnissen der feiner gemahlene Zement und der Zement mit den höheren Festigkeitseigenschaften den Vorzug verdient. Außerdem ist die Verarbeitbarkeit des Zements zu beachten[1]. In neuerer Zeit ist durch viele Versuche in Nordamerika gezeigt worden, daß Beton mit 3 bis 6% Luftgehalt einen besonders hohen Frostwiderstand besitzt[2].

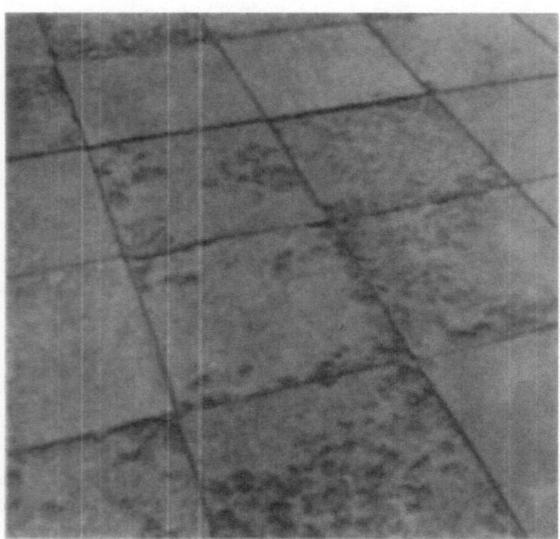

Abb. 233. Verwitterte Gehwegplatten.

2. Einfluß des Zementgehalts auf die Wetterbeständigkeit des Betons.

Hier ist in erster Linie von der Bedingung auszugehen, daß das Wasser möglichst wenig in den der Witterung ausgesetzten Beton eindringen soll, damit der Beton beim Gefrieren und Auftauen von der Sprengwirkung des Eises[3] keinen Schaden leidet. Mit gut gekörntem Beton sind etwa 240 kg Zement (nach DIN 1164) je m³ nötig, mit sperrigem Beton etwa 300 kg, mit feinkörnigem Beton unter Umständen noch mehr. Dabei ist vorausgesetzt, daß der Beton weich, also nicht flüssig angemacht wird und daß eine gute Verarbeitung stattfindet, damit der

Abb. 234. Betonfundament aus Beton geringer Festigkeit, mit Zementmörtel verputzt.

[1] Außer den früher genannten Quellen sei noch erwähnt: LYSE: Strength and Durability of Concrete, Lehigh University Publications Bd. 10 (1936) Nr. 81.

[2] Vgl. u. a. JACKSON: Proc. Amer. Concrete Inst. Bd. 43 S. 165; ferner WALKER: Circular 26, National Sand and Gravel Association 1944.

[3] Abb. 235 zeigt einen Behälter, der vor dem Frost eben mit Wasser gefüllt war. Bei länger dauerndem Frost wurde aus einer Öffnung das in Abb. 235 sichtbare Prisma durch die Pressung, die vom eingeschlossenen Eis entstand, herausgedrückt. WALZ: Über die Beständigkeit des Betons, Wass.- u. Wegebau-Z. Bd. 38 (1940) S. 99; vgl. ferner GRAF u. WALZ: Fortschr. u. Forsch. Bauwesen Reihe B, Heft 3 S. 62ff.

Beton überall gleichwertig ausfällt. Handelt es sich um Bauteile, die nur selten durchfeuchtet werden, oder um Bauteile, die nur selten in den Außenschichten gefrieren und auftauen, so kann der Zementgehalt etwas kleiner als angegeben gewählt werden. Der Gehalt an Normenzement kann kleiner sein, als oben angegeben, unter gewissen Umständen bedeutend kleiner, wenn Gemische aus Portlandzement und bestimmten zementfeinen Stoffen, wie *Traßzement* oder verwandte Bindemittel, benutzt werden, sofern die erforderliche Undurchlässigkeit eintritt und die später unter 4, S. 217 und 218 genannte Mindestfestigkeit gewährleistet werden kann. Mehr Bindemittel als oben angegeben kann nötig werden, wenn der Beton chemischen Angriffen ausgesetzt ist, vgl. dazu unter T 1 und 2, S. 211 ff.

Weitere Aufschlüsse sollen durch z.Z. laufende Versuche gewonnen werden.

3. Auswahl der Zuschlagstoffe für wetterbeständigen Beton.

Hier sei zunächst auf C 8, S. 34 ff., C 11, S. 38 ff., dann auf F 5, S. 104, insbesondere auf H 6, S. 146 ff. verwiesen[1].

Hiernach sind kleine Mengen von fremden Gesteinsteilen, die beim Gefrieren und Auftauen im wassersatten Zustand bald zerfallen, in der Regel unbedenklich, sofern die einzelnen Stücke durch das Sieb mit 7 mm Lochdurchmesser fallen. Größere Körner des frostgefährlichen Gesteins, die nahe der Oberfläche des Betonkörpers liegen, können örtliche Absprengungen veranlassen, vgl. auch Abb. 229. Diese Feststellung ist u. a. für den Betonstraßen-

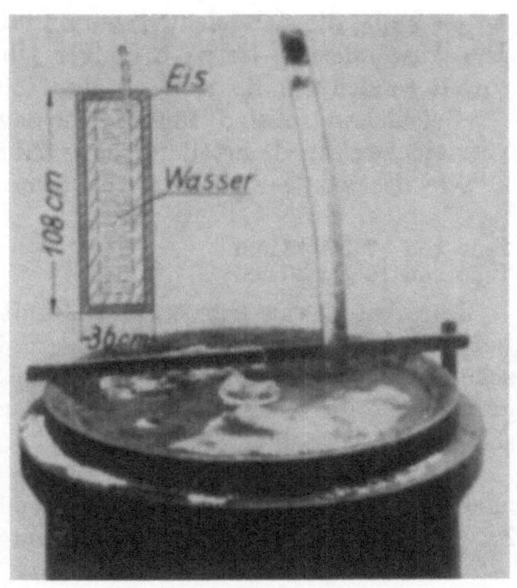

Abb. 235. Nachweis der Eispressung in einem allmählich abgekühlten Behälter.

bau wichtig; auf norddeutschen Betonstraßen sind Mängel aufgetreten, wenn der Beton frostgefährdete Zuschlagteile enthielt, die größer als etwa 7 bis 10 mm waren[2].

Schwieriger ist die Beurteilung der Zuschlagstoffe aus Moräne- und Flußgeschieben, oft von Gesteinen sehr verschiedener Art stammend. Hier ist zu beachten, daß die Geschiebe durch die Zertrümmerung von Bergwänden infolge Temperaturverwitterung, Frostverwitterung, Salzsprengung, chemische Verwitterung usw. entstehen[3] und daß der Zustand der zertrümmerten Steine beim Eingang in das Geschiebe sehr verschieden sein kann und überdies im Geschiebe verschieden werden kann. Die für den Beton geringwertigen Teile werden im Geschiebe rascher und weitgehender verkleinert und abgeschliffen als die für den Beton wertvollen Stücke. Geschiebe, die einen langen Weg zurückgelegt haben, sind deshalb bei gleichem Ausgangzustand im allgemeinen besser als gleichartige Geschiebe, die einen kurzen Weg hinter sich haben.

---

[1] Vgl. auch GONNERMAN u. WARD: The national Sand and Gravel Bulletin S. 13 ff. Mai 1931, sowie PHEMISTER, GUPPY, MARKWICK und SHERGOLD, Road Research, Special Report 3, London 1946.

[2] Dabei ist zu beachten, daß die frostgefährdeten Stücke in Straßenbeton mit hoher Festigkeit eingebettet waren. Mit Beton von kleinerer Festigkeit sind die Schäden eher zu erwarten.   [3] BARTH, CORRENS u. ESKOLA: Die Entstehung der Gesteine S. 118 ff., auch S. 163 ff. Berlin 1939.

Zur Beurteilung eines Geschiebes ist zunächst eine Durchschnittsprobe zu nehmen. Die Probe wird nach den Korngruppen 0 bis 0,2, 0,2 bis 1, 1 bis 3, 3 bis 7, 7 bis 30, 30 und mehr mm aufgeteilt; in den Korngruppen erfolgt eine Teilung nach gesunden, nach brüchigen und erheblich angewitterten, ferner nach gänzlich unbrauchbaren Stücken. Dabei wird eine Stahlnadel und ein kleiner Hammer zu Hilfe genommen. In der Regel genügt eine Aufteilung nach gesunden Teilen und nach offensichtlich minderwertigen Teilen. Eine Teilung nach Gesteinsarten ist meist nicht erforderlich.

Als minderwertige Teile werden nach Augenschein solche ausgesucht, die aus zerrottetem Granit, weichem Sandstein, schieferigem Gestein, weichem Kalkstein usw. bestehen, auch solche Teile, die erheblich angewittert oder rissig sind, ferner Teile, die sich leicht ritzen und durch leichten Schlag zertrümmern lassen. Die Aussonderung ist nach einiger Übung verhältnismäßig einfach, wenigstens soweit es sich um Beurteilung eines Zuschlags an sich handelt.

Beispielsweise sind für 5 Zuschlaggemische folgende Untersuchungen zur vergleichsweisen Beurteilung ausgeführt worden. Zunächst sind die Gewichtsanteile des weniger guten Gesteins ermittelt worden[1]:

Im	Kies R	Kies H	Kies W	Kies K
Teile von 7 bis 15 mm	24	28	14	13%,
Teile von 15 bis 30 mm	23	31	9	14%.

Der Anteil von zerrottetem Granit war im Kies R und Kies H höher als bei Kies W; letzterer enthielt mehr rissigen Quarz, der jedoch nach dem Augenschein noch nicht als ausgesprochen mangelhaft zu bezeichnen war. Die weniger guten Teile im Kies K setzten sich vorwiegend aus weicheren Sandsteinen und schiefrigen Gesteinen zusammen.

Die Eignung der Zuschlaggemische zu witterungsbeständigem Beton wurde nach dem Verhalten bei wiederholtem Gefrieren und Auftauen beurteilt. Die Zahl der Wechsel durch Gefrieren und Auftauen betrug 50, also nicht bloß 25,

Zahlentafel 42. Prüfung von Zuschlagstoffen durch
e = Einlieferungszustand; g = gesunde Teile;

1	2	3	4	5	6	7	8	9
	Rückstand auf den Sieben mit		Körnungsziffer		Anzahl der Teile			
Probe	7 mm	15 mm		vor den Versuchen	nach dem Frostversuch		nach dem Kollern	
	Lochdurchmesser							
	%	%	f_1 *	7 … 30 mm	3 … 7 mm	7 … 30 mm	3 … 7 mm	7 … 30 mm
R e	100	62,5	4,62	—	—	—	—	—
R g	100	62,5	4,62	—	—	—	—	—
s²	100	62,5	4,62	434	71	424	545	256
e	100	62,5	4,62	—	—	—	—	—
H g	100	62,5	4,62	—	—	—	—	—
s²	100	62,5	4,62	406	207	420	. 551	387
g	100	62,5	4,62	—	—	—	—	—
W s²	100	62,5	4,62	402	161	403	613	363
g	100	15,0	4,15	1078	—	—	665	777
K g	100	62,5	4,62	452	—	—	345	395
s²	100	15,0	4,15	760	162	755	585	484

[1] WALZ: Betonstraße 1937 S. 80ff.

* Bezogen auf die Siebe mit 0,2 mm, 1 mm, 3 mm, 7 mm, 15 mm und 30 mm Weite, Vgl. auch S. 72 u. f.

wie sie die Norm verlangt. Diese Verschärfung der Frostprüfung erschien nötig, weil der Kies als Trümmergestein vor der Gewinnung bereits eine große Zahl von Frostwechseln ertragen hatte. Vor und nach dem Frostversuch wurde die Körnung nach den üblichen Kornstufen festgestellt. Nach dem Frostversuch und vor der Wiederholung des Siebversuchs wurde überdies jedes Korn durch Fingerdruck geprüft.

Weiter war eine zusätzliche mechanische Prüfung angezeigt. Deshalb wurden die gesunden Teile und getrennt davon die als minderwertig ausgesuchten Teile, die letzteren nach dem Frostversuch, in der Wellentrommel gekollert. Die weicheren und angewitterten Teile wurden dabei mehr zerrieben als die gesunden, rissige und gelockerte Teile wurden mehr zertrümmert usw.

Die Ergebnisse der Versuche sind in Zahlentafel 42 eingetragen. Aus Spalte 6 ist zu entnehmen, daß von den minderwertigen Teilen beim Frostversuch zahlreiche Splitter abfielen; vorwiegend handelte es sich um feine Splitter, so daß der gewichtsmäßige Anteil verhältnismäßig klein ausfiel, vgl. Spalten 10 bis 12. Die gesamte Verfeinerung durch den Frostversuch allein, gekennzeichnet durch den Unterschied der Körnungsziffern f_1 und f_2 in den Spalten 4 und 15, ist klein geblieben. Die Unterschiede wurden durch das Kollern erheblich größer, wie ein Vergleich von f_2 mit f_3 anzeigt.

Im ganzen ergibt sich aus den Zahlenreihen der Zahlentafel 42, daß die Gesteinseigenschaften auf die beschriebene Weise zahlenmäßig gemessen werden können, wenn es sich um die Auswahl von Zuschlagstoffen aus Geschieben für die Herstellung von wetterbeständigem Beton handelt.

Um nun festzustellen, ob die Beschaffenheit der Zuschlagstoffe von der Kornstufe 7 bis 30 mm einen Einfluß auf die Festigkeit des daraus hergestellten Betons ausübt, wurden unter gleichen Bedingungen mit Portlandzement N und Rheinsand 0 bis 7 mm je 2 Betonbalken 10 cm $\times$ 10 cm $\times$ 56 cm hergestellt. Der Mörtel (Teile bis 7 mm) wurde für alle Prismen zusammen vorbereitet und

Frostwechsel und durch Kollern.

s = als minderwertig ausgesuchte Teile.

10	11	12	13	14	15	16	17	18	19	20	21	22
Rückstand in Gewichtsteilen auf den Sieben mit												$\dfrac{f_1 - f_3}{f_1} \cdot 100$
0,2 mm Maschenweite	1 mm	3 mm	7 mm	15 mm	Körnungsziffer f_2	0,2 mm Maschenweite	1 mm	3 mm	7 mm	15 mm	Körnungsziffer f_3	
	Lochdurchmesser						Lochdurchmesser					
nicht gekollert						gekollert[3]						%
—	—	—	—	—	—	80	78	77	71	39	3,45	25
—	—	—	—	—	—	88	87	87	83	52	3,97	14
100	99	99	98	56	4,52	75	71	70	62	35	3,13	32
—	—	—	—	—	—	87	87	86	83	48	3,91	15
—	—	—	—	—	—	92	91	90	87	46	4,06	12
100	100	99	97	56	4,52	80	79	78	70	27	3,34	28
—	—	—	—	—	—	89	89	88	83	49	3,98	14
100	100	99	97	49	4,45	81	79	78	70	22	3,30	29
—	—	—	—	—	—	92	91	91	81	11	3,66	12
—	—	—	—	—	—	89	89	88	83	43	3,92	15
100	100	99	97	14	4,10	84	83	83	74	10	3,34	20

[2] Dem Frostversuch unterworfen.

[3] Teile e und g vorher nicht dem Frostversuch unterworfen.

in solcher Menge zu den Proben *e* (Einlieferungszustand), *g* (gesunde Teile) und *s* (ausgelesene, minderwertige Teile) der Kornstufe 7 bis 30 mm gemischt, daß Beton in einer für Straßenbeton noch geeigneten Steife mit folgenden Eigenschaften entstand: Zementgehalt rd. 310 kg/m³ des fertigen Betons; Wasserzementwert 0,54; Körnung des gesamten Zuschlaggemisches 2% von 0 bis 0,2 mm, 28% bis 1 mm, 37% bis 3 mm, 46% bis 7 mm, 69% bis 15 mm und 100% bis 30 mm.

Das Gemisch enthielt demnach 54% des zu untersuchenden groben Zuschlags.

Die Ergebnisse der Versuche finden sich in Zahlentafel 43. Hiernach ist die Biegezugfestigkeit und die Druckfestigkeit des 21 Tage alten Betons durch die

Zahlentafel 43. Prüfung des Betons auf Biegezugfestigkeit und Druckfestigkeit.
Zur Bestimmung des Einflusses verschiedener Zuschlagstoffe.

1	2	3	4	5	6	7
	Prüfung im Alter von 21 Tagen (3 Tage unter feuchten Rupfen, 18 Tage unter Wasser)			Prüfung im Alter von rd. 2 Monaten		
Beton mit Zuschlag				Druckfestigkeit		Verhältniszahl der Spalten 6 und 5
	Rohwichte	Biegezugfestigkeit	Druckfestigkeit	nach Wasserlagerung	nach 50 Frostwechseln	
	kg/dm²	kg/cm²	kg/cm²	kg/cm²	kg/cm²	
R e	2,37	58	362	376	389	1,03
R g	2,38	61	339	390	382	0,98
s	2,32	55	373	425	370	0,87
R e	2,36	51	363	408	421	1,03
s	2,33	57	386	416	403	0,97
W e	2,37	53	354	376	385	1,02
W g	2,36	55	367	392	402	1,03
s	2,34	54	364	455	394	0,87

Beschaffenheit der Zuschlagstoffe nicht erheblich und nicht immer gleichgerichtet beeinflußt worden. Dieses Ergebnis steht im Einklang mit den S. 147 beschriebenen.

Nach 50 Frostwechseln ist die Druckfestigkeit im Alter von 2 Monaten im Mittel etwas kleiner ausgefallen als ohne Frostwechsel. Daraus folgt schließlich, daß die in Zahlentafel 42 bezeichneten Unterschiede der Eigenschaften der Zuschlagstoffe (bis 30 mm) auch bei dem Verhalten von Proben, die 50 mal gefroren und aufgetaut sind, nicht deutlich bemerkbar geworden sind. Dieses Ergebnis steht im Einklang mit dem Verhalten von Bauwerken aus gut gekörntem Beton, von denen der Einfluß der weniger guten Teile der Zuschlagstoffe nicht deutlich in Erscheinung getreten ist.

Weiteres ergibt sich dazu aus den späteren Darlegungen unter S. 215 ff.

Handelt es sich um gebrochene Zuschlagstoffe, so ist die Auswahl verhältnismäßig einfach, wenn die zugehörige Untersuchung des Steinbruchs vorausgegangen ist, vgl. auch S. 38.

4. Einfluß der Kornzusammensetzung, der Größe des Wasserzusatzes und der Festigkeit des Betons auf seine Wetterbeständigkeit.

In den letzten zehn Jahren ist sehr oft über das Verhalten des Betons unter den Einflüssen der Witterung gesprochen worden. GRÜN verwies dabei auf die Tatsache, daß Beton, der im ersten Jahrhundert unserer Zeitrechnung in unserem Vaterland hergestellt worden ist und der nach unseren Erkenntnissen einen guten Aufbau besaß, praktisch unbegrenzt haltbar sei[1]. Zum anderen wissen

---

[1] GRÜN: 1850 Jahre alter Beton und seine Verwendung als Kunststein. Zement 1935 Heft 15 S. 232 ff.

wir von Bauwerken der neueren Zeit, daß sie nicht unbeschädigt geblieben sind, vereinzelt entgegen der gestellten Aufgabe nicht ausreichend haltbar waren[1]. Diese Schäden entstanden nur an Bauteilen, die in durchfeuchtetem Zustand oftmals gefroren und aufgebaut sind, vgl. Abb. 228ff.

Diese Sachlage gab vor längerer Zeit den Anlaß zur Aufnahme systematischer Versuche[2], ferner zur Beobachtung des Zustandes von wichtigen Bauwerken[3].

Zunächst sind Würfel aus Feinbeton sehr verschiedener Zusammensetzung nach Wasserlagerung durch Gefrieren und Auftauen auf ihre Haltbarkeit geprüft worden. Dabei zeigte sich, *daß Beton, der am Beginn des Gefrierens und Auftauens mindestens 150 kg/cm² als Würfelfestigkeit aufwies, durch den gewählten Frostversuch keinen sichtbaren Schaden litt.*

Sodann wurde durch eine Rundfrage des Reichsverkehrsministers festgestellt, daß diese aus unseren Versuchen gezogene Folgerung durch das Verhalten der Wasserbauten des Reichs bestätigt erscheint; auch die Erfahrungen von anderen Bauwerken (Brücken, Hochbauten usw.) stehen damit im Einklang.

Damit war allerdings nur ein Anfang für die Aufstellung von Bedingungen für die Haltbarkeit des Betons gegeben. Für Bauaufgaben der neuen Zeit, insbesondere im Straßenbau und im Brückenbau, muß angegeben werden, wie die Gewährleistung für Beton mit beliebig langer Haltbarkeit durchzuführen ist. Dazu wurden Versuche angesetzt[4], bei denen Beton sehr verschiedener Beschaffenheit in 56 cm hohen Säulen unter zwei verschiedenen Verhältnissen beobachtet wurde. Die Säulen waren am Fuß

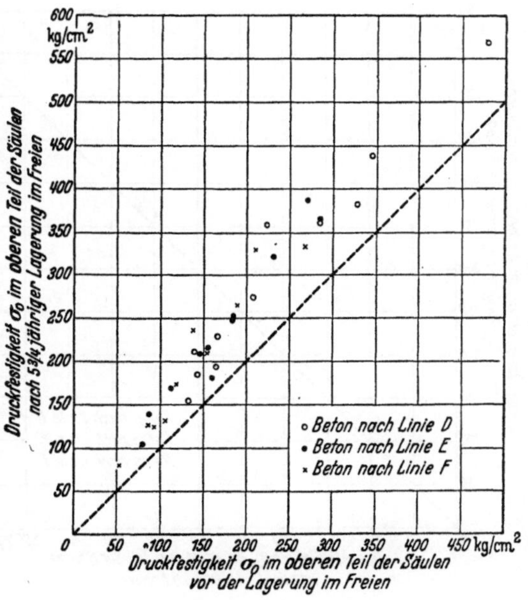

Abb. 236. Vergleich der Druckfestigkeit des Betons im oberen Teil von Säulen vor der Lagerung im Freien und nach 5³/₄jähriger Lagerung im Freien.

wassergesättigt. Eine Reihe der Säulen wurde 50maligem Gefrieren im Gefrierraum und Auftauen des Säulenfußes im Wasser unterworfen. Die andere Reihe der Säulen stand im Freien, mit dem Fuß 18 cm tief im Wasser.

Durch diese Versuche fand sich, daß das 50malige Gefrieren der Säulen im Gefrierraum und das jeweilig folgende Auftauen des Säulenfußes im Wasser nicht ausreicht, die Haltbarkeit des Betons unter praktischen Verhältnissen voll zu beurteilen. Die Säulen, welche 2 Jahre im Freien standen, sind eher beschädigt, damit offensichtlich schärfer beansprucht worden, wahrscheinlich weil das Gefrieren und Auftauen in zwei Wintern öfter als 50mal vorkam und weil die Wirkung des unmittelbar einwirkenden Regenwassers, der Sonnenbestrah-

---

[1] Vgl. auch YOUNG: The Requirements for a durable Concrete as Observed from Structures in Service. Engng. Journal (Canada) März 1928; ferner Proc. Amer. Concr. Inst. 1929 S. 64ff.; WALTER: Thirty Years Field Experience with Concrete, Proc. Amer. Concr. Inst. 1929 S. 47ff.

[2] Dtsch. Ausschuß Eisenbeton Heft 57 (erster Teil unserer Versuche) sowie Heft 87 (zweiter Teil unserer Versuche); ferner Beton u. Eisen 1927 S. 244ff.

[3] GRAF: Bautenschutz 1935 S. 47ff.

[4] Dtsch. Ausschuß Eisenbeton Heft 87 u. 99.

lung usw., dazutrat. Allerdings ist auch an den Säulen, die 2 Jahre im Freien standen, eine nennenswerte Schädigung nur aufgetreten, wenn die Festigkeit des Betons im Alter von 56 Tagen unter 100 kg/cm² lag; nach 6 Jahren sind erhebliche Schäden an Säulen bemerkt worden, die nach 56 Tagen Druckfestigkeiten bis 111 kg/cm² hatten.

Aus den Beobachtungen an Säulen, die rd. 6 Jahre im Freien, überdies mit dem Säulenfuß im Wasser standen, seien noch folgende Einzelheiten hervorgehoben[1]:

Abb. 236 und 237 zeigen die Druckfestigkeit des oberen und unteren Teils von 5¾ Jahre alten Säulen im Vergleich mit der Druckfestigkeit, die vor der Lagerung im Freien nach 56 Tagen vorhanden war, getrennt für Säulen mit verschieden gekörntem Beton (Körnung nach Linie D, E und F der Bestimmungen des Deutschen Ausschusses für Stahlbeton). Im oberen Teil, Abb. 236, ist die Druckfestigkeit nach 5¾ Jahren stets größer gewesen als nach 56 Tagen. Im unteren Teil, Abb. 237, ist in 3 Fällen bei höherem Alter eine kleinere Festigkeit ermittelt worden; davon gehört 1 Fall zu einer völligen Zerstörung des Betons (Anfangsfestigkeit 90 kg/cm²).

Abb. 238 enthält die Ergebnisse von Druckversuchen mit Säulen, die verschiedenartige Zuschlagstoffe enthielten; die Punktschar läßt erkennen, daß Säulen mit Anfangsdruckfestigkeiten unter 75 kg/cm² nicht beständig waren.

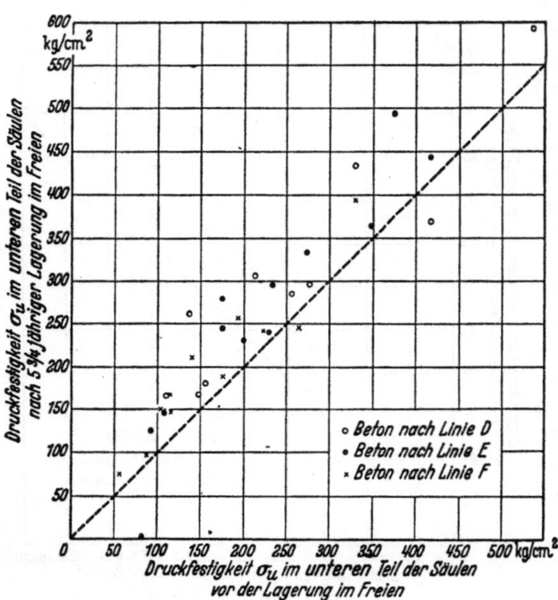

Abb. 237. Vergleich der Druckfestigkeit des Betons im unteren Teil von Säulen vor der Lagerung im Freien und nach 5³/₄jähriger Lagerung im Freien.

In Abb. 239 und 240 sind die Ergebnisse von Biegeversuchen an Körpern dargestellt, die ebenso behandelt worden sind wie die zu Abb. 236 bis 238 gehörigen Säulen. Hier sind Verminderungen der Festigkeit im unteren Teil der Säulen beobachtet worden, wenn die Biegezugfestigkeit anfänglich bei 20 und weniger kg/cm² lag; Zerstörungen traten ein, wenn die anfängliche Biegezugfestigkeit 15 kg/cm² und weniger betrug.

Im wesentlichen war die Festigkeit des Betons entscheidend. Dementsprechend erwies sich die bessere Kornzusammensetzung[2], sowie der kleinere Wasserzusatz usw. zweckmäßig für die Herstellung von wetterbeständigem Beton. Es sind hier offenbar wieder die Bedingungen maßgebend, die für wasserundurchlässigen Beton aufgestellt worden sind; vgl. S. 171 ff. sowie S. 201 ff. Weitere Aufschlüsse werden die Versuche bringen, die zur Zeit mit größeren Proben im Gange sind.

Mit allen bisher vorliegenden Beobachtungen ist die S. 215 wiedergegebene

---

[1] Vgl. Dtsch. Ausschuß Stahlbeton 1942 Heft 99.
[2] In diesem Sinn macht sich u. a. der Gehalt an Ton und anderen feinsten Teilen bemerkbar. Vgl. dazu unter F, S. 96 ff.

Bedingung bestätigt worden: *Beton, der im Freien allen Einwirkungen ausgesetzt wird und der im durchfeuchteten Zustand oftmals gefriert und auftaut, der überdies im Laufe vieler Jahre ohne erhebliche Schäden bleiben soll, muß vor dem ersten Frostwechsel eine Druckfestigkeit von mindestens 150 kg/cm² aufweisen.* Für besonders wichtige Bauwerke, an denen auch unerhebliche Mängel vermieden werden sollen, empfiehlt der Verfasser eine Mindestfestigkeit von 200 kg/cm², wieder vor dem ersten Frostwechsel.

Selbstverständlich gilt diese Bedingung für jeden Teil des in Betracht kommenden Baukörpers, also auch unmittelbar unter und unmittelbar über den Schüttflächen, vgl. Abb. 230 und 231.

Die Mängel und Schäden, die sich am Beton, der der Witterung ausgesetzt ist, einstellen, lassen

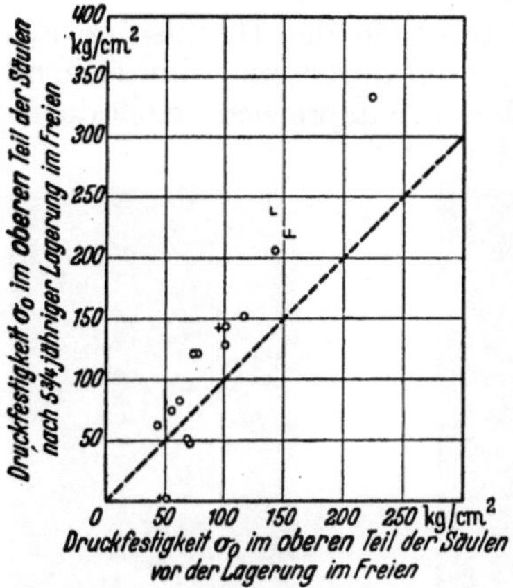

Abb. 238. Vergleich der Druckfestigkeit des Betons im oberen Teil von Säulen vor der Lagerung im Freien und nach 5³/₄jähriger Lagerung im Freien.

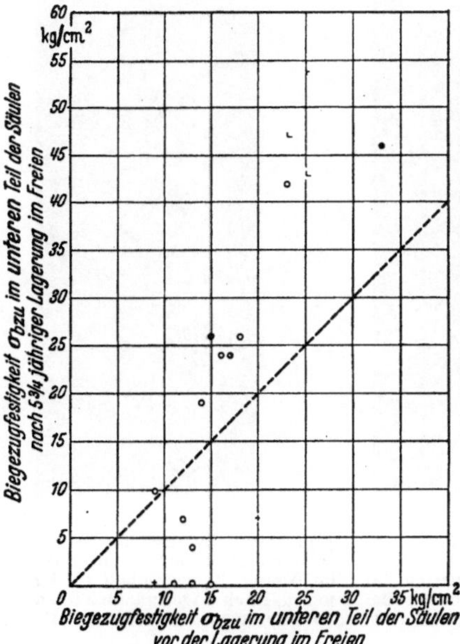

Abb. 239. Vergleich der Biegezugfestigkeit des Betons im unteren Teil von Säulen vor der Lagerung im Freien und nach 5³/₄jähriger Lagerung im Freien.

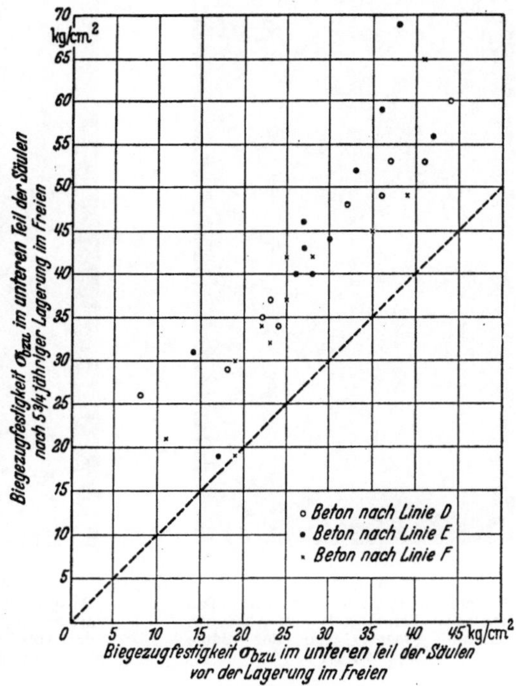

Abb. 240.
Vergleich der Biegezugfestigkeit des Betons im unteren Teil von Säulen vor der Lagerung im Freien und nach 5³/₄jähriger Lagerung im Freien.

sich in Ergänzung der Abb. 228 bis 233 durch die Abb. 236 bis 239 erläutern[1].

Am hochwertigen Beton und am Beton, der eben noch hinreichend witterungsbeständig ist, löst sich die Zementhaut auf außenliegenden großen Kiesstücken und Schotterstücken, vor allem wenn diese eine glatte Oberfläche haben. Sodann ist das Abwittern des außen liegenden Feinmörtels, oft Absanden genannt, gemäß

---

[1] Vgl. auch GONNERMAN u. WARD: The national Sand and Gravel Bull. Mai 1931 S. 31 ff.

Abb. 241 (oben) erkennbar. Schließlich bröckelt der Beton an den Kanten, auch in dünnen Schalen auf den Seitenflächen ab, vgl. Abb. 242. Bei mangelhaftem Beton erfolgt die Zerstörung nach Abb. 243.

Wenn Bauwerke, insbesondere Massenbetonbauten, in der Hauptsache aus nicht wetterbeständigem Beton errichtet werden, kann durch einen hinreichend dichten Mörtel aus höherwertigem, wetterfestem Beton, entsprechend auch durch

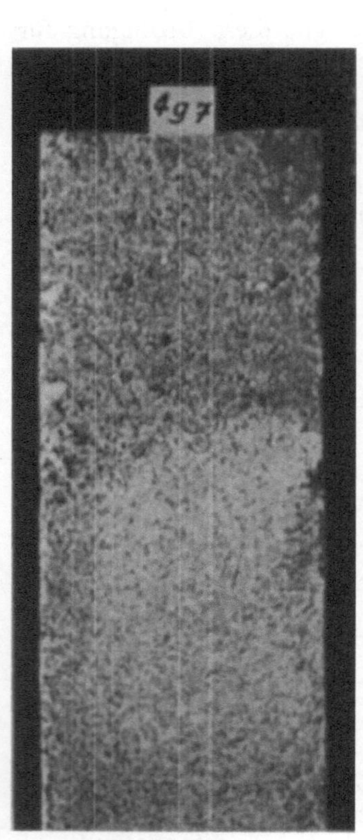

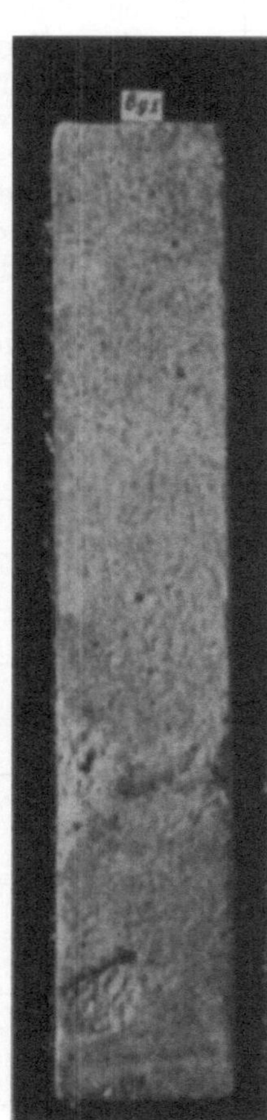

Abb. 241.
Beispiel für das Abwittern des außen liegenden Feinmörtels, oft Absanden genannt (oberer Teil der Säule 4 g 7).

Abb. 242.
Beispiel für das schalenartige Abwittern und für das Abbröckeln des Betons an den Kanten.

Abb. 243. Betonsäule 10 cm × 10 cm × 56 cm, 18 cm hoch im Wasser. Zementgehalt 123 kg je m³. Nach Lagerung im Freien vom Sommer 1935 bis Mai 1937.

Spritzbetonschichten das erforderliche erreicht werden. Wenn Spritzbeton angewandt wird, ist zu beachten, daß die in der Spritzbetonschicht auftretenden Raumänderungen durch den Wechsel der Temperatur und der Feuchtigkeit zu mehr oder minder großen Spannungen in der Bindefläche führen und daß deshalb für den Massenbeton eine Mindestfestigkeit *zur Zeit des Aufbringens des Spritzbetons* gefordert werden muß. Der Verfasser empfiehlt, diese Mindestfestigkeit zu etwa 120 kg/cm² zu wählen[1].

---

[1] Vgl. GRAF: Dtsch. Ausschuß Eisenbeton 1931 Heft 65 S. 31 ff.; ferner Beton u. Eisen 1936 S. 23.

5. Versuche über das Verhalten von Betonstraßen bei oftmaligem Gefrieren und Auftauen einer darauf liegenden Wasserschicht und bei Zugabe von Streusalzen.

Betonstraßen sollen die bei der Herstellung entstandene Oberflächenbeschaffenheit lange Zeit behalten, weil nach dem Ablösen der Haut, noch mehr nach Ablösen der darunter liegenden Feinschicht des Betons der Ablauf des Oberflächenwassers gehemmt ist, weil damit mehr Möglichkeiten für das Durchfeuchten des Betons sowie für das Gefrieren und Auftauen im nassen Zustand bestehen, weil der Verkehr an der rauhen Fahrfläche mehr Widerstand findet und deshalb eher Zerstörungen herbeiführen kann und weil die Fahrbahnfläche schließlich so unregelmäßig wird, daß der Verkehr unsicher oder doch gehemmt wird. Überdies soll der Beton der Fahrbahndecken keinen Schaden leiden, wenn im Winter zum Schmelzen des Eises Kalziumchlorid oder Steinsalz aufgestreut werden.

Die Erfahrung lehrt, daß guter Straßenbeton mindestens den Bedingungen entsprechen muß, die in der „Anweisung für den Bau von Betonfahrbahndecken" genannt sind; überdies muß der Beton an der oberen Fläche der Fahrdecke besonderen Anforderungen genügen, nämlich so dicht und so fest sein, daß der Angriff durch den Verkehr, durch das Gefrieren und Auftauen sowie durch die genannten Streusalze lange Zeit unterbleibt oder doch unerheblich erscheint[1]. Abb. 244 zeigt dazu eine Fahrbahn, die bei Frost 65 mal mit Steinsalz (19 g je m²) behandelt worden ist und die vorher der Abb. 245 entsprach.

Besondere Versuche[2] ergaben, daß eine gut brauchbare Fahrbahndecke entsteht, wenn das vom frischen

Abb. 244. Betonfahrdecke nach 65 Wechseln im Frost, mit Steinsalz behandelt (19 g je m²).

Abb. 245. Ursprünglicher Zustand der in Abb. 244 dargestellten Platte.

---

[1] Hier handelt es sich wahrscheinlich vorwiegend um physikalische Wirkungen der Salze. Vgl. dazu unter T 7 S. 204; ferner bei WALZ: Straßenbau-Jb. 1939/1940 S. 231 ff.   [2] Vgl. WALZ: Betonstraße 1941 S. 186 ff.; ferner Zement 1942 S. 150.

Beton abgestoßene Wasser rechtzeitig beseitigt wird und wenn der Beton nach mäßigem Erstarren nochmals verdichtet und schließlich mit dem endgültigen Deckenschluß versehen wird. Außerdem erwies es sich als wertvoll, dem Beton Feinstoffe (fein gemahlenen Weißkalk oder mit Bitumen versetzten Weißkalk) in kleinen Mengen beizumischen, damit an der oberen Fläche der Fahrdecke ein Feinmörtel entsteht, der kein Wasserabstoßen zeigt, der die Zuschlagstoffe mit einem zähen Film überzieht und überdies einen hohen Widerstand gegen Wasserdurchgang aufweist. Bei den für Straßenbeton üblichen Zementgehalten von 320 bis 350 kg je m³ erwiesen sich Zusatzmengen von 10 bis 15% des Zementgewichts zur Erhöhung der Wetterbeständigkeit der Feinmörtelschicht als günstig.

6. Zur Gestaltung der Bauwerke, die wetterbeständig sein sollen.

Wenn eine Talsperre oder ein anderes Bauwerk mit Absätzen errichtet ist[1], so bleibt der Schnee und das Eis längere Zeit auf dem Bauwerk, als wenn die Seitenflächen keine Absätze haben; die Durchfeuchtung dauert längere Zeit, das Gefrieren und Auftauen des nassen Betons geschieht öfter; Schäden treten deshalb eher ein, als wenn das Bauwerk so gestaltet ist, daß Schnee und Eis nicht aufgefangen werden. Der Schutz jedes Bauwerks muß also in erster Linie damit erfolgen, daß dem Wasser möglichst wenig Gelegenheit gegeben wird, in die Baustoffe einzudringen.

Diese Bedingung ist besonders zu beachten, wenn der Beton vom Steinhauer bearbeitet werden soll. Nach dem Abtrennen der Zementhaut und nach dem Abschlagen von Mörtel und Steinen kann das Wasser leichter in den Beton eindringen (vgl. S. 179); auf der rauhen Betonfläche können sich Stoffe lagern, die den Beton chemisch oder physikalisch beeinflussen (vgl. S. 201 ff.). Beton, der vom Steinhauer bearbeitet werden soll, muß deshalb mit mehr Sorgfalt, in der Regel auch mit mehr Zement hergestellt werden, als wenn die Bearbeitung unterbleibt.

V. Messen[2] und Mischen[3] der Bestandteile des Betons.

Wenn die für ein bestimmtes Bauwerk zweckmäßige Zusammensetzung des Betons durch Eignungsprüfungen festgestellt ist, muß bei der Anwendung des Ergebnisses der Eignungsprüfung gesorgt werden, daß die vorgesehene Zusammensetzung des Betons fortlaufend mit tunlichst kleinen Abweichungen entsteht. Es handelt sich dabei zunächst um das Messen des Zements, der Zuschlagstoffe (mehr oder minder nach Korngruppen getrennt) und des Wassers. Weiterhin sind die Stoffe so innig zu mischen, daß der Beton beim Auslauf der Mischmaschine eine hohe Gleichmäßigkeit aufweist.

1. Messen des Zements.

Das Raummetergewicht des Zements ist in hohem Maß von der Art des Füllens des Meßbehälters und von den Maßen des Meßraums abhängig. Auch die Mahlfeinheit der Zemente ist dabei von Einfluß. Beispielsweise betrug das Gewicht von 1 Liter Zement, festgestellt durch Füllen eines kreiszylindrischen Gefäßes mit

---

[1] Vgl. u. a. Beton u. Eisen 1936 S. 23, Abb. 14.

[2] Vgl. GRAF: Bautechn. 1929 S. 308 ff.

[3] Vgl. GRAF: Z. VDI 1929 S. 782 ff.; sodann GARBOTZ u. GRAF: Mitt. Forsch.-Inst. Maschinenwesen beim Baubetrieb Heft 1; Beton u. Eisen 1939 S. 177 ff.; ferner GARBOTZ, GRAF, KAUFMANN u. RÖSSLEIN: Forsch.-Arb. Straßenwesen Band 18; auch KAUFMANN: Zement 1940 S. 512 ff.

1 Liter Inhalt, lose gefüllt 0,9 bis 1,3 kg, eingerüttelt 1,5 bis 2,1 kg. Deshalb muß der Zement nach Gewicht gemessen werden. Dies geschieht am einfachsten durch Einteilung der Mischungen auf die stets gleich schweren Zementsäcke (50 kg) oder durch Wiegen mit selbsttätigen Zumeßwaagen aus großen Behältern[1].

2. Messen der Zuschlagstoffe[2].

Das Messen der Zuschlagstoffe sollte streng genommen nach der Masse erfolgen, da die Wichte der Gesteine veränderlich ist, vgl. S. 51ff. Sehr oft wird aber nach Raum gemessen, weniger oft nach dem Gewicht.

Das Raummaß der Zuschlagstoffe hat wechselnde Gewichte, weil das Raummetergewicht von dem Feuchtigkeitsgehalt der Stoffe, von der Form und Größe des Meßgefäßes und von der Art des Füllens abhängt, wie S. 64 dargelegt wurde. Doch ist das Raummetergewicht unter sonst gleichen Umständen um so weniger veränderlich, je gröber die Zuschlagstoffe sind und je enger begrenzt die Körnung der Stoffe ist. So ist es möglich, Zuschlagstoffe von 7 bis 15 mm, 15 bis 30 mm oder andere Gruppen grober Zuschlagstoffe mit sogenannter „Stoßaufgabe" oder mit Förderschnecken praktisch ausreichend zu messen, wenn im übrigen für gleichmäßige Verhältnisse über den Meßorganen gesorgt ist.

Die Zuschlagstoffe von 0 bis 3 mm, besser bis 7 mm, werden am besten gewogen[3], wozu Zumeßwaagen, selbsttätige Waagen (u. a. Ausschüttwaagen) oder Förderbandwaagen (Fließwaagen) in Anwendung sind. Beim sorgfältigen Abmessen ist der veränderliche Wassergehalt der Zuschlagstoffe zu beachten.

Für den Bau der Betonfahrdecken der Reichsautobahnen sind Wiegevorrichtungen für alle Zuschlagstoffe vorgeschrieben. Die Waagen sind von Zeit zu Zeit auf die Richtigkeit der Angaben zu prüfen[4]. Nicht weniger wichtig ist die Handhabung der Waagen; mit gewöhnlichen Zumeßwaagen ist das pünktliche Wiegen erst nach einiger Übung zu erwarten.

3. Messen des Anmachwassers.

Jede Mischmaschine muß eine Wassermeßeinrichtung haben, die das Wasser in jeder praktisch zulässigen Lage der Mischmaschine mit einer Genauigkeit von $\pm 3\%$ nach Raummaß messen läßt[5].

Ebenso wichtig ist die Beachtung des Wassers, das die Zuschlagstoffe mitbringen. Hierauf wird S. 231ff. eingegangen.

4. Mischen des Betons.

Die Zugabe der Bestandteile des Betons und das Mischen geschieht zweckmäßig nach den in Band 18 der Forschungsarbeiten aus dem Straßenwesen,

---

[1] Vgl. GRAF: Bautechn. 1929 S. 310ff.; ferner RIEDIG: Straßenbau 1938 S. 342ff.; außerdem RIES: Fördertechn. 1942 S. 3ff.

[2] Dabei ist vorausgesetzt, daß die Stoffe gemäß Vereinbarung regelmäßig geliefert und zweckmäßig gelagert sind. Vgl. hierzu unter AA, S. 288ff.

[3] Um auch Sande unabhängig vom Wassergehalt gleichmäßig nach Raumteilen abmessen zu können, wurde vorgeschlagen, eine immer gleiche Feststoffmenge dadurch zu gewährleisten, daß der Sand in ein Gefäß mit Wasser gefüllt wird, wodurch gleiche Lagerungsdichte möglich ist. Dieses Verfahren hat den Mangel, daß der Wassergehalt für manche Betonsorten zu groß wird. Bei einem anderen Verfahren wurde der nasse Sand in ein Gefäß mit porigem Boden eingerüttelt; dadurch soll sich gleichbleibende Lagerungsdichte und gleicher Wassergehalt einstellen (SPARKES: Road Research. Techn. Pap. 4. London 1936; ferner Concrete London 1936 Bd. 31 Heft 10.) Wenn schon maschinelle Abmeßverfahren angewandt werden, so sind Waagen vorzuziehen.

[4] Anweisung für den Bau von Betonfahrbahndecken (ABB). Ausgabe 1939 S. 78.

[5] Vgl. Forsch.-Arb. Straßenwesen Bd. 18 S. 103.

S. 102ff. niedergelegten Richtlinien. Wesentlich ist für die in dem vorliegenden Buch behandelten Aufgaben: die Art des Einbringens der Bestandteile des Betons, die Mischzeit für die Erlangung einer hinreichend gleichmäßigen Mischung, der Auslauf des gemischten Betons ohne Beeinträchtigung der Mischung und der Nachweis der Gleichmäßigkeit des frischen Betons durch Feststellung der Druckfestigkeit des erhärteten Betons oder durch Ermittlung der Zusammensetzung frischer Proben.

Ein Bild für die Güte des Mischvorgangs läßt sich durch Entnahme von Proben am Beginn, in der Mitte und am Ende der Auslaufzeit und durch Prüfung dieser Proben durch Aufteilen in die Bestandteile[1] oder durch Prüfung von erhärteten Würfeln gewinnen. Abb. 246 zeigt dazu die Ergebnisse der Prüfung an Proben aus 2 Zwangsmischern, von denen der erste genügend gleichmäßige Proben, der zweite weniger gleichmäßige Proben lieferte. Abb. 247 enthält Feststellungen bei Versuchen mit 2 Freifallmischern, die ungenügende Ergebnisse zeitigten.

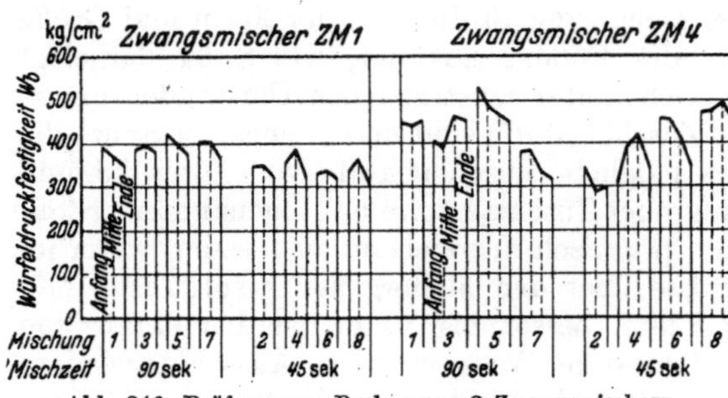
Abb. 246. Prüfung von Proben aus 2 Zwangsmischern.

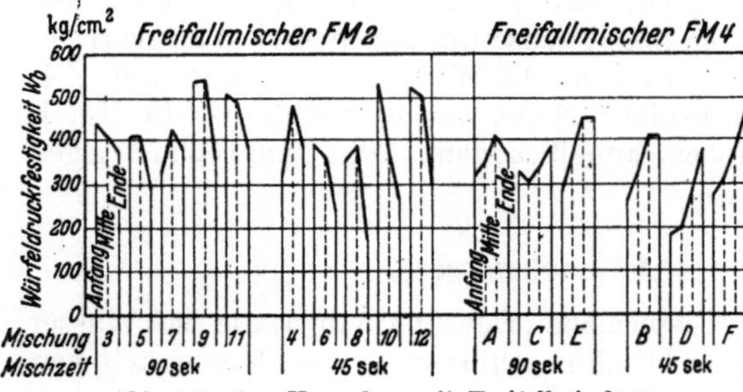
Abb. 247. Aus Versuchen mit Freifallmischern.

Für die Güte des Mischvorgangs, insbesondere für die Zeit, bis eine gewisse Gleichmäßigkeit des Mischguts erreicht ist, sind sowohl mit Zwangs- als auch mit Freifallmischern Spitzenleistungen nachgewiesen worden[2]. Auch mit sachgemäß gebauten kontinuierlichen Mischern wurden gute Erfahrungen gesammelt.

W. Die Verarbeitbarkeit des Betons, ihre Bedeutung, Prüfung und Beeinflussung.

1. Allgemeines über die Verarbeitbarkeit.

Wenn der Beton in der Mischmaschine in gleichmäßiger Beschaffenheit bereit steht, so soll der Beton die gute Mischung beim Schütten in das Fördergefäß, beim Fördern zur Verarbeitungsstelle und beim Einbringen in die Schalung nicht verlieren; überdies soll die weitere Verarbeitung mit den vorgeschlagenen Hilfsmitteln mit möglichst kleinem Arbeitsaufwand so möglich sein, daß eine weitgehende Verdichtung erfolgt und daß der bestmögliche Zustand in allen Teilen des Baukörpers vorhanden ist. Wenn man die „Verarbeitbarkeit“ des Betons derart kennzeichnet, so ergibt sich, daß vom Beton eine möglichst wenig ausgeprägte Entmischbarkeit und außerdem eine gute Verdichtbarkeit verlangt wird[3].

---

[1] Vgl. WALZ: Handbuch der Werkstoffprüfung Band 3 S. 452.
[2] KAUFMANN: Zement 1940, S. 369 u. f., sowie S. 512 u. f.
[3] Vgl. auch WALZ: Dtsch. Ausschuß Eisenbeton 1938 Heft 91.

Die folgenden Beispiele sollen mögliche Mängel kennzeichnen und überdies zeigen, was zu geschehen hat, wenn diese vermieden werden sollen.

Wird Beton mit viel groben Bestandteilen, z. B. mit der Körnung nach Linie D der Abb. 73 aus der Mischmaschine über eine Rutsche auf einen Haufen geworfen, so ist eine Entmischung zu beobachten, derart, daß der Betonhaufen vor der Rutsche mehr grobe Bestandteile enthält, als hinter dieser, vgl. Abb. 248. Diese Entmischung tritt weniger ein, wenn mehr feinste Teile in den Zuschlagstoffen sind und wenn der Zement feiner gemahlen ist (vgl. auch S. 7 unter B 6 sowie S. 12 unter B 9); klebriger Feinmörtel hindert die Entmischung.

Abb. 248. Trennung von ursprünglich gemischten Zuschlagstoffen nach dem Sturz aus der Rinne a.

Wird wasserreicher Beton in Rollwagen befördert, so tritt ein Absondern von Zementbrühe, auch von Feinmörtel ein. Der Beton muß dann vor dem Einbringen in die Schalung nachgemischt werden. Der Grad der Absonderung hängt von der Zusammensetzung des Betons, auch von der Art und Feinheit des Zements ab.

Verwandte Bedingungen gelten, wenn die im folgenden genannten Arbeitsgänge ausgeführt werden müssen.

Die Förderung des Betons durch Pumpen und Rohre ist nur möglich, wenn eine zweckentsprechende Zusammensetzung des Betons vorhanden ist. Vgl. auch S. 256. Beton, der im Kübel befördert wird, soll nach dem Öffnen der Kübelklappen ohne weiteres und restlos aus dem Kübel fallen. Neben der Gestalt des Kübels ist die Zusammensetzung des Betons zu beachten. Rüttelbeton soll sich beim Herausziehen des Rüttlers auch an der Rüttelstelle schließen; die Rüttelstelle bleibt offen, wenn der Beton zu wenig oder zu viel feinste Teile enthält, oder wenn der Beton zu steif angemacht ist. Straßenbeton muß nach dem Verdichten mit der Maschine gleichmäßig geschlossen sein; er soll dabei nur eine

Haut aus Zementschlempe aufweisen. Der gewünschte Zustand tritt nur bei zweckentsprechender Zusammensetzung des Betons ein.

Jeder Beton soll nach dem Ausschalen eine geschlossene Fläche aufweisen; Mängel sind vermeidbar, wenn der Beton hinreichend feinste Teile enthält und wenn die unter X, S. 235ff. genannten Voraussetzungen erfüllt sind.

2. Die Prüfung der Verarbeitbarkeit des Betons[1].

Von der unter 1. gekennzeichneten Verarbeitbarkeit wurde in älterer Zeit nur die Steife gemessen und damit ein Maß für die Verdichtbarkeit gesucht. Hierher gehören die unter a) und b) beschriebenen Verfahren, auch der Setzversuch unter c). Umfassendere Aufschlüsse geben der Ausbreitversuch unter d) und der Umformversuch unter e).

Abb. 249. Stampfbeton, der zu wenig Mörtel enthielt. Mit der Kelle wurden 10 Schläge ausgeführt. Die geschlagene Fläche hat sich nicht hinreichend geschlossen.

a) Der Klatschversuch.

Der Handwerker prüft die Verarbeitbarkeit des Betons am einfachsten durch Aufschlagen der Schaufel oder der Kelle und Streichen mit dieser. Dieser Versuch empfiehlt sich allgemein, weil er einfach und rasch ausführbar ist und über die Eignung des Betons gute Aufschlüsse gibt; er ist im Institut für Bauforschung an der Techn. Hochschule Stuttgart üblich.

Abb. 249 bis 251 zeigen Beispiele.

b) Der Eindringversuch[2].

Stampfbeton ist zuverlässig verarbeitet, wenn nach beendigtem Stampfen oben eine ziemlich nachgiebige Schicht entstanden ist.

Abb. 252 zeigt dazu Beton in einer Würfelform mit 30 cm Kantenlänge.

---

[1] Ausführlich WALZ: Dtsch. Ausschuß Eisenbeton 1938 Heft 91.

[2] BACH u. GRAF: Mitt. Forsch.-Arb. 1909 Heft 72 bis 74 S. 15, Fußbemerkung; ferner GRAF: Dtsch. Ausschuß Eisenbeton 1933 Heft 71 S. 58.

Der Beton war fertig gestampft und oben mit der Kelle abgezogen. Ein Stampfer (Stampffläche 12 cm×12 cm, Gewicht 12,5 kg) fiel aus 20 cm Höhe auf den

Abb. 250. Stampfbeton mit genügendem Mörtelgehalt und hinreichend nachgiebig. Die geglättete Fläche ist unter 5 Kellenschlägen entstanden.

Abb. 251. Beton für massige Stahlbetontragwerke. Mörtelgehalt größer als nötig. Die geglättete Fläche entstand unter 2 Kellenschlägen mit erheblicher Einsenkung des Betons.

Betonwürfel. Der Stampfer drang 3 cm ein. — Die Steife von weichem Beton kann ebenso durch Aufsetzen des Stampfers gemäß Abb. 253 beurteilt werden. Nach solchen einfachen Eindringversuchen hat der Verfasser[1] das in Abb. 254

―――――――
[1] Vgl. Dtsch. Ausschuß Eisenbeton 1933 Heft 71 S. 57. — Vgl. dazu auch Humm: Beton u. Eisen 1934 S. 184.

Graf, Eigenschaften des Betons. 15

dargestellte Gerät für den Eindringversuch vorgeschlagen; es ist inzwischen für die Prüfung der Steife von Rüttelbeton (für Betonstraßen, Talsperren usw.) oftmals angewandt worden[1].

Der unten halbkugelig geformte Fallkörper wiegt 6 kg (für weich angemachten Beton) oder 15 kg (für Rüttelbeton, Stampfbeton u. dgl.), der Durchmesser des Fallkörpers beträgt in beiden Fällen 10 cm. Das untere Ende des Fallkörpers hängt 20 cm über der Betonfläche. Die Führungsstange trägt eine Zentimeterteilung, womit die Eindringtiefe des frei gefallenen Körpers gemessen wird.

Nach den zur Zeit vorliegenden Erfahrungen ist das Gerät geeignet, die Steife des Stampfbetons und des Rüttelbetons zweckmäßig zu messen. Dabei fand sich, daß das Eindringmaß des 15 kg schweren Fallkörpers betragen soll

für Rüttelbeton mindestens 4, besser 5 cm, sodann mindestens 6 cm für Stampfbeton, der mit Preßluftgeräten und mindestens 10 cm für Beton, der mit Handstampfern verdichtet werden soll.

Abb. 252. Stampfprobe. Ein 12,5 kg schwerer Stampfer dringt beim freien Fall aus 20 cm Höhe 3 cm tief ein.

Abb. 253. Eindringprobe. Ein 12,5 kg schwerer Stampfer, ohne Stoß aufgesetzt, dringt 7 cm tief ein.

c) Der Setzversuch.

Zum Setzversuch wird die Betonmasse in eine Form gebracht, die nach dem Einbringen des Betons leicht abgezogen werden kann. Der freiwerdende Beton setzt sich, falls er genügend nachgiebig ist. Das Verfahren ist in Abb. 255 und 256 dargestellt. Der Beton wird unmittelbar nach dem Mischen in die Form *a,* unter leichtem Stampfen gefüllt, wobei der Arbeiter auf

---

[1] Das Verfahren ist 1944 in die Bestimmungen D des Deutschen Ausschusses für Stahlbeton aufgenommen worden. Vgl. DIN 1048, § 3.

zwei seitlich angebrachte Winkel tritt, damit der Trichter nicht vorzeitig gehoben wird. Der Trichter war bei den früheren Ausführungen 300 mm hoch; der lichte Durchmesser betrug oben 100 mm, unten 200 mm. Jetzt ist der Trichter 200 mm hoch; der obere Durchmesser mißt 13 cm, der untere 20 cm*. Eine halbe Minute nach dem Füllen wird die Form langsam senkrecht hochgezogen, wobei sich der freiwerdende Beton setzt. Das Setzmaß s, Abb. 256, gilt hier als Maß der Steife des Betons.

Das Ergebnis des Setzversuchs hängt von Zufälligkeiten ab, die beim Füllen der Form, bei ihrem Hochziehen und anderen Umständen auftreten, ferner von der Gestalt der feinen und groben Steinstücke. In Abb. 257 sind 6 Setzproben wiedergegeben. Hier ist bemerkenswert, daß das Setzmaß erst nach Überschreiten von $w = 0{,}70$ erheblich wurde und nach Überschreiten von $w = 0{,}75$ rasch zunahm. Praktisch brauchbare Aufschlüsse liefert der Setzversuch vor allem mit weichem, feinkörnigem, also zusammenhängendem Beton, vgl. Abb. 257.

In Deutschland ist der Setzversuch nur noch selten in Anwendung; er ist durch den aufschlußreicheren Ausbreitversuch abgelöst worden. Vgl. unter d).

d) Der Ausbreitversuch.

Die Durchführung des Ausbreitversuchs ist im § 3 der Bestimmungen D des Deutschen Ausschusses für Stahlbeton (DIN 1048) beschrieben. Das zugehörige Gerät (Rütteltisch[1]) ist in Abb. 258 dargestellt. Die

Abb. 254. Gerät für den Eindringversuch.

Betonprobe wird wie in Abb. 255 vorbereitet. Das Ausbreiten erfolgt durch 15maliges einseitiges Heben der Rüttelplatte am Griff h um 4 cm und anschließendes Fallenlassen der Platte. Die Führung der Platte geschieht mit den Gelenken ff. Am Schluß des Versuchs wird der Durchmesser g des Betonkuchens

---

* Vgl. Bestimmungen des Deutschen Ausschusses für Stahlbeton, Teil D, DIN 1048, § 3.

[1] Das Gerät ist in Stuttgart entwickelt worden. Es ist seit 1926 in zahlreichen Laboratorien und auf vielen Baustellen in Gebrauch. Die Lieferung erfolgte zunächst vom Institut für Bauforschung und Materialprüfungen des Bauwesens an der Technischen Hochschule Stuttgart, nach der Normung auch von anderen Stellen. — Ebenso ist der Rütteltisch für Mörtel zuerst in Stuttgart benutzt worden; er wurde später von dem in DIN 1164 beschriebenen Rüttelgerät abgelöst.

15*

Abb. 255. Setzprobe. Heben der Form *a*.

Abb. 256. Setzprobe. Messen von *s*.

als Mittel der Maße in den zwei Hauptrichtungen festgestellt.

Abb. 259 zeigt Beispiele von ausgebreiteten Betonproben. Es handelt sich um sandreichen Beton mit verschiedenem Wasserzementwert. Die Kuchen sind geschlossen und in ihrer Dicke nach außen stetig abfallend. Die Entmischbarkeit des Betons erscheint gering, weil Absonderungen nicht erfolgten und weil der Beton eine zähe geschlossene Masse blieb.

Anders verhielt sich der in Abb. 260 dargestellte Beton.

Die Zementbrühe lief ab. Der Mörtel sank zwischen die groben Zuschlagstoffe. Solcher Beton erweist sich mit dem Ausbreitversuch leicht entmischbar.

Im ganzen ist der Ausbreitversuch anwendbar, wenn es sich um die Beurteilung von Mischungen, die für Stahlbeton und für anderen Beton, der ähnlich verarbeitbar sein soll, geeignet sind. Dabei kann die Gleichmäßigkeit der Steife und die Neigung zum Entmischen gut beobachtet werden.

Die Bestimmungen A des Deutschen Ausschusses für Stahlbeton (Ausgabe 1943) verlangen im § 8, daß das Ausbreitmaß von „weichem Beton" höchstens $g = 50$ cm, das von „flüssigem Beton" höchstens $g = 65$ cm sei. Es handelt sich dabei um Grenzwerte, die nur ausnahmsweise erreicht werden sollen. Zweckmäßig zusammengesetzter Beton für weitmaschige Bewehrung kann auch mit einem Ausbreitmaß von $g = 35$ cm, solcher für engmaschige Bewehrung mit $g = 45$ cm verarbeitet werden; wird der Beton gerüttelt, so können noch kleinere Ausbreitmaße gewählt werden, vgl. auch unter X.

Abb. 257. Setzproben von Beton aus Portlandzement und Kiessand[1].

Wasserzementwert	$w = 0{,}40$	0,70	0,75	0,85	0,90	1,00
Setzmaß (vgl. Abb. 256)	$s = 0$	2,5	7	16	22	25 cm
Ausbreitmaß (vgl. Abb. 258)	$g = -$	32	41	58	63	69 cm
Beschaffenheit	erd-feucht	weicher Stampfbeton (für Straßen, Fabrikböden, Wasserbauten)	für Stahlbeton mit weit verlegten Stahleinlagen	für Stahlbeton; bei eng verlegten Stählen, also auch bei stark bewehrten Stützen u. dgl. noch brauchbar	gießfähig, für Transport in Rinnen noch reichlich weich (mehr als $s = 20$ cm ist auf gut ausgerüsteten Baustellen nicht nötig)	dünnflüssiger Beton. Wassergehalt für gewöhnlichen Stahlbeton viel zu groß

[1] 1 Raumteil Zement und 5 Raumteile Kiessand.

e) Der Umformversuch durch Hubstöße.

Für Forschungsarbeiten und für ausführliche Eignungsversuche zu wichtigen Bauvorhaben verwenden wir das Umformgerät nach POWERS[1], dargestellt in Abb. 261.

Der Betonkegel P (Abmessungen der Form wie in Abb. 255) wird durch Aufsetzen des Tellers A (Gewicht 1,9 kg) und durch Aufschlagen des Tragstifts der Tischplatte R auf den Nocken N nach einem freien Fallweg von 2,2 cm so weit verformt, bis der Beton zwischen den Zylindern E und B so weit hochgestiegen ist, daß die obere Betonfläche

Abb. 258. Ausbreitprobe. Messen von g.

Abb. 259. Ausbreitproben von Beton aus Portlandzement und Kiessand.

Wasserzementwert	$w = 0{,}70$	0,75	0,85
Setzmaß s (vgl. Abb. 256)	$s = 2{,}5$	7	16 cm
Ausbreitmaß g (vgl. Abb. 258)	$g = 32$	41	58 cm
Beschaffenheit	weicher Stampfbeton	für Stahlbeton; bei massigen Stahlbetonbauten mit weit verlegten Stählen kann g noch kleiner bleiben	für Stahlbeton mit eng verlegten Stahleinlagen

[1] Vgl. POWERS: Proc. Amer. Concr. Inst. 1932 S. 419ff. — Eine weitere Entwicklung findet sich in Önorm B 2303, § 3.

innerhalb und außerhalb von E gleich hoch liegt. Dabei wird die Zahl der Stöße gezählt, die zu dieser Umformung nötig ist.

Abb. 260. Beton mit zu großem Anteil der groben Zuschläge.

Bei diesem Versuch wird die Arbeit gemessen, die zum Umformen und Verdichten einer bestimmten Betonmenge in einer bestimmten Form gebraucht wird. Es handelt sich um einen Vorgang, der den praktischen Verhältnissen nahe kommt, soweit es sich um die Verarbeitbarkeit und Verdichtbarkeit handelt. Die Neigung zum Entmischen ist bei diesem Versuch nicht unmittelbar meßbar.

Nach den in Stuttgart gesammelten Beobachtungen sollte die Zahl der Stöße

bei Stampfbeton und Rüttelbeton etwa 90,
bei Stahlbeton mit weitmaschiger Bewehrung etwa 25,
bei Stahlbeton mit engmaschiger Bewehrung etwa 15

betragen.

f) Der Stampfversuch und Rüttelversuch.

In Sonderfällen ist es angezeigt, mit bestimmter Stampfarbeit bzw. mit bestimmten Rüttelgeräten Verarbeitungsversuche anzustellen. Dabei handelt es sich darum, ob der gewählte Beton in der beabsichtigten Art zuverlässig verarbeitet werden kann.

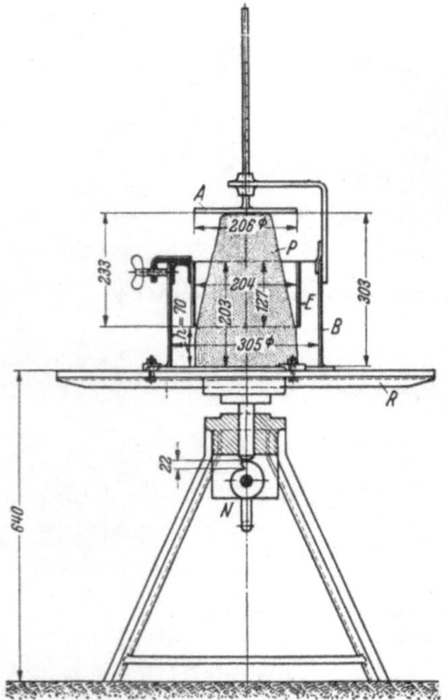

Abb. 261. Gerät für den Umformversuch durch Stöße (Gerät nach Powers).

g) Zweckmäßige Verwendung der unter a) bis e) beschriebenen Verfahren.

Die beschriebenen Verfahren für die Prüfung der Verarbeitbarkeit sind eine Auswahl von vielen; es sind vor allem diejenigen, die in Deutschland oft benützt sind und die sich nach unseren Beobachtungen als zweckmäßig erwiesen haben. Selbstverständlich erfordert die Anwendung Schulung und etwas Erfahrung. Die Entscheidung über die zweckmäßige Zusammensetzung des Betons und über seine Eignung unter bestimmten Verhältnissen kann auf Grund unserer Darlegungen getroffen werden; die sichere Durchführung dieser Aufgabe ist aber nur möglich, wenn die Grundlagen der Erkenntnisse nach Schulung und Übung gemeistert werden.

Im einzelnen ist zu beachten, daß zur Beurteilung des steif angemachten Betons, der gestampft und gerüttelt wird, hauptsächlich der Eindringversuch und der Klatschversuch zu verwenden sind; der weich angemachte Beton wird mit dem Ausbreitversuch geprüft. Zu weitergehenden Untersuchungen eignet sich der Umformversuch nach POWERS.

3. Über die Abhängigkeit der Verarbeitbarkeit des Betons von seiner Kornzusammensetzung. Einfluß des Wassergehalts des frischen Betons.

Der Einfluß der Kornzusammensetzung des Betons auf seine Verarbeitbarkeit ist unter den praktischen Verhältnissen zu betrachten, die jeweils die Art der Verarbeitung begleiten. Wenn der Beton — aus brauchbaren und zulässigen Gemischen hergestellt — auf dem Weg von der Mischmaschine bis zu seinem Platz in der Schalung geschlossen und unverändert bleibt, was mit neuzeitlichen Einrichtungen möglich ist, bleibt der Einfluß der Körnung unerheblich. Sind Entmischungen nicht ganz zu vermeiden, z. B. durch Hängenbleiben eines Teils des Mörtels an den Schalungswänden oder an den Stahleinlagen, so ist von vornherein ein mehr oder minder großer Überschuß an Mörtel vorzusehen. Es ist also nur unter besonders guten Verarbeitungsbedingungen mit Beton für Stahlbeton nach der Linie D, Abb. 73, zu arbeiten, in anderen Fällen mit feinkörnigerem Beton nach Linie E, Abb. 73. In allen Fällen ist es zweckmäßig, den Anteil der feinsten Bestandteile so groß zu wählen, daß ein zäher Mörtel entsteht, damit die Entmischung weitgehend gehindert wird und damit ein geschlossener gleichmäßiger Beton entsteht. Dabei muß bekanntlich die Summe der feinsten Teile aus Bindemittel und Steinmehl beachtet werden. Vgl. auch später unter 4., S. 233ff., sodann unter X, S. 235ff., sowie früher S. 7, 79ff. und 179.

Handelt es sich darum, Beton mit möglichst kleinem Arbeitsaufwand zu fördern und zu verdichten, so wird meist dem feinkörnigen, noch brauchbaren Betongemisch der Vorzug gegeben. Es ist dabei zu beachten, daß gröber gekörnte Gemische ebenso verarbeitbar sind, wenn die Zusammensetzung des Feinmörtels sachgemäß gewählt ist und daß mit dem besonders gut gekörnten Beton oft — allerdings nicht immer — technische und wirtschaftliche Vorteile verbunden sind.

Zur weiteren Kennzeichnung sei auf die Abb. 262 bis 266 verwiesen[1]. Zunächst ist in Abb. 262 gezeigt, wie der Wasseranspruch des Betons von der Verarbeitungsart (Rütteln, Stampfen, Stochern) abhängt und wie der Wasseranspruch mit der Verfeinerung des Betons (von der Sieblinie D zu den Sieblinien E und F nach Abb. 73) zunimmt. Diese Verhältnisse sind bekanntlich wichtig, weil der Wassergehalt des Zementbreis für die Festigkeit des Betons maßgebend ist. Sodann machen die Abb. 263 und 264 aufmerksam, daß zur Erlangung eines bestimmten Ausbreitmaßes um so mehr Wasser nötig ist, je feiner das Zuschlaggemisch gewählt wird (Körnung nach den Sieblinien D, E und F der Abb. 73). Gemische aus gebrochenen Zuschlagstoffen (Abb. 264, ge-

---

[1] Vgl. auch WALZ: Dtsch. Ausschuß Eisenbeton Heft 91 S. 14 u. 22 sowie Betonstraße 1938 S. 271.

brochener Porphyr) erforderten erheblich mehr Wasser als Gemische aus Geröllen (Abb. 263, Sand und Kies vom Rhein), wenn der Beton ein bestimmtes
gleiches Ausbreitmaß aufweisen sollte.

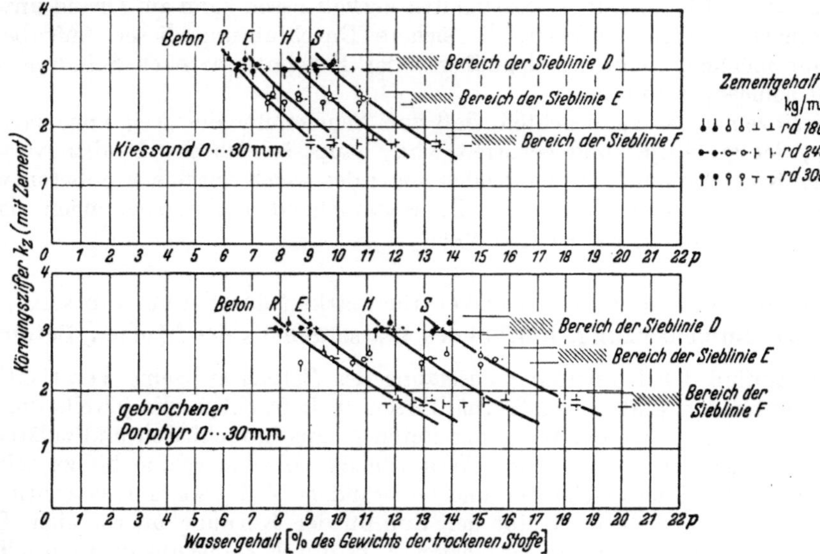

Abb. 262. Beziehung zwischen Körnungsziffer k_z und dem *Mindestwassergehalt*, der nötig ist, um den
Beton bei verschiedener Bearbeitungsart noch dicht zu erhalten.
Verarbeitet: *Beton R* durch Rütteln,
Beton E durch Bearbeitung mit Preßluftstampfern,
Beton H durch mäßige Stampfarbeit mit dem Holzstampfer,
Beton S durch Stochern.

Andererseits war die Hubzahl beim Umformversuch mit dem Gerät nach
Abb. 261 für Beton verschiedener Körnung nicht viel verschieden, wenn der
Wassergehalt des Betons gleich blieb, vgl. Abb. 265; jedoch erforderte der Be-

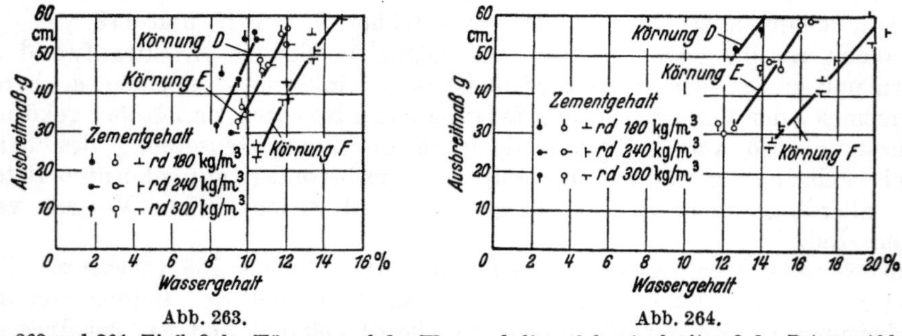

Abb. 263.   Abb. 264.

Abb. 263 und 264. Einfluß der Körnung und des Wassergehalts auf das Ausbreitmaß des Betons; Abb. 263
gilt für Zuschlagstoffe aus dem Rhein, Abb. 264 für Zuschlagstoffe aus gebrochenem Porphyr.

ton aus gebrochenen Zuschlagstoffen (*Dp* und *Ep*) bei gleichem Wassergehalt
viel mehr Hubstöße als sonst gleich gekörnter Beton aus Rheinsand und
Rheinkies (*DR* und *ER*).

Abb. 266 zeigt schließlich, wie die zu guter Verdichtung nötige Rüttelzeit
bei zu den Versuchen in Abb. 265 verwendeten Betongemischen mit wachsendem
Wasserzusatz abnahm und um wieviel die Rüttelzeit mit gebrochenen Zuschlagstoffen größer wurde als mit Rheinsand und Rheinkies.

4. Über Zusätze zur Verbesserung der Verarbeitbarkeit des Betons.

Es ist eine alte Erfahrung, daß die Verarbeitbarkeit des Betons in hohem Maße von der Art und Menge der feinsten Teile des Mörtels abhängt und daß der Gehalt an feinsten Teilen oft viel zu klein ist (vgl. die Grenzbedingungen in Abb. 68 auf S. 67). Wenn der Gehalt des Betons an feinsten Teilen zu klein ist und wenn die feinsten Teile für das Entstehen eines klebrigen Feinmörtels nicht geeignet sind (z. B. Quarzmehl), so tritt beim Befördern und beim Verarbeiten des weich angemachten Betons Abscheiden erheblicher Wassermengen auf. Die hieraus entstehenden Mängel sind bekannt (vgl. auch S. 7 und 208, ebenso über Pumpbeton S. 208). Es ist an sich sehr einfach, hier zu helfen. Durch Zusatz von fein gemahlenem Traß, feinem Kalksteinmehl, fein gelöschtem Kalk u. dgl. wird die Körnung und damit die Verarbeitbarkeit des Betons verbessert (vgl. auch S. 96 ff.). Sind die feinen Stoffe auf einfache Weise nicht zu beschaffen, so ist es möglich, unter Beibehaltung der Steife des Betons, durch Benetzungsmittel den Wasseranspruch des Betons zu verringern und damit das Wasserabstoßen einzudämmen. Dieses Verfahren gibt überdies die Möglichkeit, unter Beibehaltung der Steife des Betons mit der Verringerung des Wasseranspruchs höhere Festigkeiten entstehen zu lassen. Geeignete Zusatzstoffe hat der Verfasser vor langer Zeit gesucht, zunächst mit Unterstützung der I. G. Farbenindustrie in Griesheim. Doch war der Einfluß des damals gewählten Zusatzes nicht immer günstig. Inzwischen sind

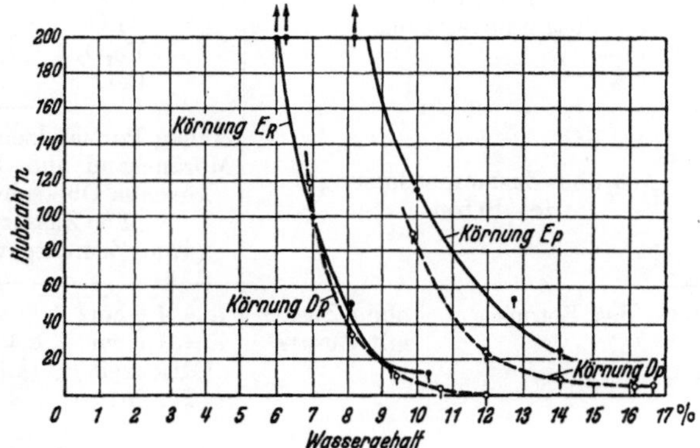

Abb. 265. Beziehung zwischen Körnung des Zuschlags und der zur Verformung des Betons nötigen Hubzahl mit dem Gerät nach Abb. 261. (Körnung D_R und E_R Kiessand mit rd. 40% bzw. 60% Sand; Körnung D_P und E_P gebrochener Porphyr mit rd. 40% bzw. 60% Brechsand.)

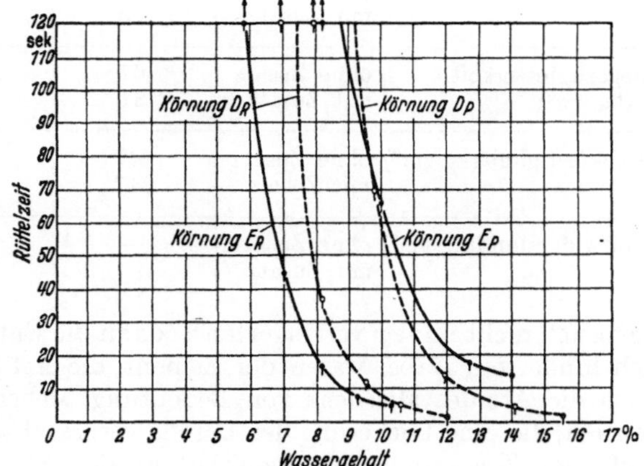

Abb. 266. Beziehung zwischen der Körnung des Zuschlags und der zur Verformung des Betons nötigen Rüttelzeit. (Körnung D_R und E_R Kiessand mit rd. 40% bzw. 60% Sand; Körnung D_P und E_P gebrochener Porphyr mit rd. 40% bzw. 60% Brechsand.)

durch andere Firmen bemerkenswerte Hilfsmittel, vor allem das „Plastiment", entwickelt worden, die nicht bloß eine Verringerung des Wasseranspruchs brachten; in gewissen, später zu erläuternden Verhältnissen entstanden Festigkeitserhöhungen und überdies Verbesserungen des Zusammenhangs des frischen Mörtels.

Die in Zahlentafel 44 wiedergegebenen Feststellungen sind Beispiele aus zahlreichen Versuchen, die seit 1930 in Stuttgart ausgeführt worden sind.

Hieraus und aus weiteren Beobachtungen geht hervor, daß die Zusatzmittel in bezug auf die Festigkeit nicht immer fördernd wirkten, auch den Wasser-

Zahlentafel 44. Wirkung von Zusatzstoffen auf die

1	2	3	4	5
Zusatzstoff	Pl 1937 (Pulver)			
Chemische Zusammensetzung	Glühverlust 11,3% in Salzsäure löslich unlöslich SiO_2 2,2 5,1 Al_2O_3 19,6 2,3 Fe_2O_3 2,2 11,2 CaO 36,9 1,2			
Art und Zusammensetzung des Betons	300 kg Portlandzement/m³ Moränesand und Moränekies aus Oberschwaben 1% Zusatz (vom Zementgewicht)		300 kg Portlandzement/m³ Rheinsand und Rheinkies 1% Zusatz (vom Zementgewicht)	
Steife des Betons ohne Zusatz mit Zusatz	$e = 1,9$ cm[1] $e = 1,9$ cm (Mischzeit 2 min)	$e = 2,3$ cm (Mischzeit 4 min)	$g = 49$ cm[1] $g = 47$ cm	$g = 48$ cm $g = 48$ cm
Wasserzementwert ohne Zusatz mit Zusatz	0,48 0,48	— 0,48	0,59 0,55	0,65 0,63
Rohwichte des Betons bei der Prüfung (kg/dm³) ohne Zusatz mit Zusatz	2,35 2,40	— 2,39	2,37 2,38	2,33 2,33
Biegezugfestigkeit (kg/cm²) ohne Zusatz mit Zusatz	67 81	— 87	33 46	36 43
Druckfestigkeit (kg/cm²) ohne Zusatz mit Zusatz	447 547	— 568	329 408	— —
Gleitwiderstand (kg/cm²) ohne Zusatz mit Zusatz	— —	— —	17,1 28,0	— —

anspruch nicht immer verringerten, sodann die Entmischung nicht immer wesentlich hinderten. Dabei waren der Zement, die Art der Zuschlagstoffe, vor allem auch die Art des Mischens von Bedeutung. Mehrfach sind Zusatzstoffe geprüft worden, die eine Lockerung des Betons verursachten, wenn der Beton in schnelllaufenden Zwangsmischern gemischt worden ist.

Anschauliche Feststellungen geben die in Zahlentafel 44a und 44b enthaltenen Versuche mit Plastiment. Hiernach ist die Wirkung der beiden Sorten des Plastiments mit Lorünser-Zement weit größer gewesen als mit den drei andern Zementen. Dabei handelte es sich um Beton aus Rheinsand und Rheinkies. Mit Kalkstein und Basalt war die Wirkung des Plastiments kleiner, wie aus Zahlentafel 44b hervorgeht. Mit Quarzit blieb der Einfluß des Plastiments unerheblich oder er trat abmindernd auf.

Demnach sind vor der Anwendung der Zusatzstoffe Eignungsversuche nach Abb. 267 anzustellen, falls zu den in Betracht kommenden Verhältnissen ausreichende Aufschlüsse fehlen. Der Verfasser bevorzugt zur Zeit die S. 233 beschriebenen mechanischen Hilfsmittel. Wenn diese unter den jeweiligen Verhältnissen kostspieliger sind als die brauchbaren chemischen, ist mit den letzteren zu arbeiten.

---

[1] e = Eindringmaß nach Abb. 254, g = Ausbreitmaß nach Abb. 258.

Verarbeitbarkeit und Festigkeit des Betons.

6	7	8	9
B (T) Flüssigkeit		Pe (Flüssigkeit)	
Glührückstand 9,37% hauptsächlich organische Stoffe		nicht bestimmt	
290 kg Portlandzement/m³ Moränesand und Moränekies aus Oberschwaben 1% Zusatz | 1,5% Zusatz (je vom Zementgewicht)		235 kg Portlandzement/m³ | 235 kg Hochofenzement/m³ Rheinsand und Rheinkies Anmachflüssigkeit aus 1 R.T. Zusatz und 50 R.T. Wasser	
$e = 1,0$ cm $e = 1,2$ cm Handmischung	$e = 1,0$ cm $g = 43$ cm Maschinenmischung (schnellaufender Zwangsmischer)	$g = 50$ cm $g = 51$ cm	$g = 50$ cm $g = 50$ cm
0,49 0,48	0,49 0,47	0,82 0,74	0,78 0,72
2,26 2,28	2,32 1,95	2,40 2,27	2,38 2,26
54 53	55 19	— —	— —
313 302	346 67	239 187	165 159
— —	— —	— —	— —

X. Über die zweckmäßige Zusammensetzung des Betons beim Befördern und Verarbeiten, auch über das Verarbeiten, namentlich über das Stampfen, Rütteln und Anbinden des Betons.

Es handelt sich hier um den Einfluß des Aufbaus des Betons, auf dessen Verhalten beim Schütten, Befördern in Wagen, Schüttrinnen, Schüttrohren usw., beim Pumpen, sodann beim Stampfen, Rütteln, Gießen usw., ferner um Maßnahmen zur zweckmäßigen Ausführung der Verarbeitung. Dabei ist auch die Herstellung einer guten Verbindung des frischen mit dem erhärteten Beton zu verfolgen.

1. Verhalten des Betons beim Schütten aus der Mischmaschine über Rutschen, beim Befördern in Wagen und beim Schütten aus Zwischenbehältern über Rutschen, Rinnen und Bänder, auch durch Rohre, ferner durch die Stahlbewehrung der Bauwerke.

Beim Schütten des Betons über Rutschen oder Rinnen und beim anschließenden freien Fall tritt eine mehr oder minder ausgeprägte Entmischung ein, ab-

Zahlentafel 44a. Betonversuche mit Plastiment.

1	2	3	4	5	6	7	8	9	10	11	12	13
			1 m³ frisch verdichteter Beton						Balken 56 cm × 10 cm × 10 cm nach Wasserlagerung			
Bindemittel (Eingangsdatum)	Bezeichnung des verwendeten Plastiments	Plastimentzusatz in % des Zementgewichts	enthielt Zement	wog	Wasserzementwert w*	Ausbreitmaß g**	Verformbarkeit Anzahl der Hubstöße[1] n	Entmischbarkeitsziffer[2] e	Biegezugfestigkeit	Druckfestigkeit	Biegezugfestigkeit	Druckfestigkeit
									des Betons im Alter von 28 Tagen		des Betons im Alter von 3 Monaten	
			kg	kg		cm			kg/cm²	kg/cm²	kg/cm²	kg/cm²
PZ Dyckerhoff (26. 8. 1942)	—	—	304	2360	0,56	40	30	0,78	67	399	70	513
	SIV	1,0	302	2330	0,51	39	28	0,70	64	415	63	512
	N	1,0	306	2360	0,53	39	26	0,73	68	450	70	548
PZ Lorüns (1. 9. 1942)	—	—	306	2380	0,57	41	34	0,69	58	284	65	398
	SIV	1,0	304	2350	0,52	40	28	0,74	54	331	67	478
	N	1,0	306	2370	0,55	41	32	0,65	65	392	75	522
EPZ Hagendingen (19. 10. 1942)	—	—	304	2360	0,56	41	34	0,82	48	230	63	356
	SIV	1,0	306	2360	0,51	39	29	0,76	53	248	67	378
	N	1,0	310	2400	0,53	40	34	0,84	55	288	66	423
HOZ Rheinhausen (9. 9. 1942)	—	—	301	2340	0,57	40	40	0,69	53	266	61	352
	SIV	1,0	304	2340	0,51	39	27	0,85	58	328	57	433
	N	1,0	305	2360	0,53	40	32	0,80	55	302	76	395
	SIV	0,5	310	2390	0,52	38	33	0,88	55	295	61	404
	N	0,5	305	2360	0,53	38	43	0,75	62	333	68	404

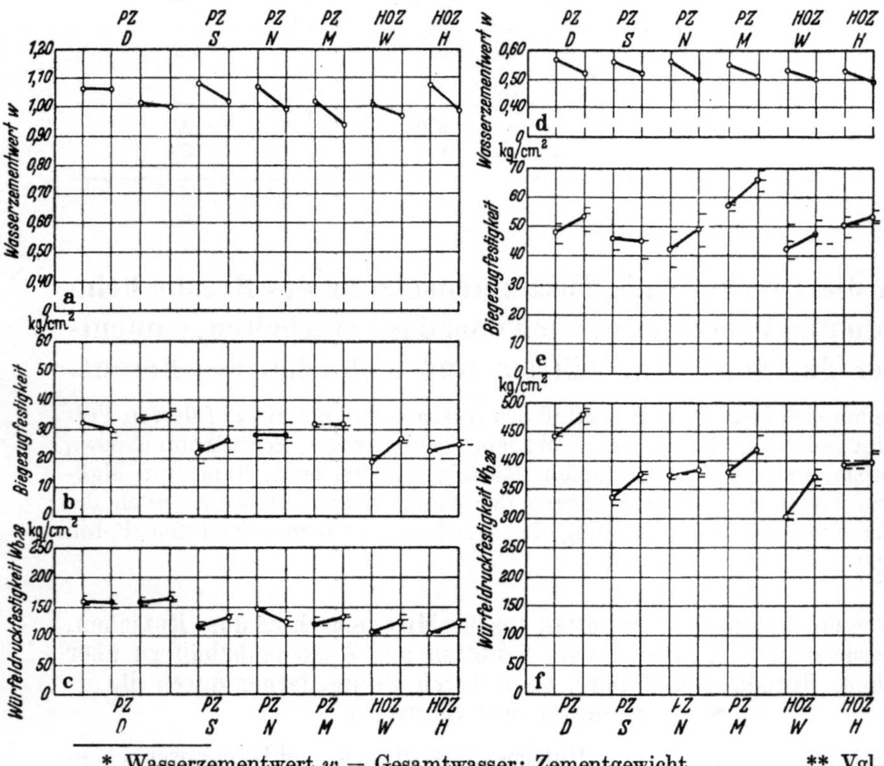

Abb. 267. Einfluß des Betonzusatzes „M" auf die Eigenschaften von Beton; Versuchsgruppen auf der linken Ordinate jedes Paars der Versuchsreihen ohne Zusatz, auf der rechten Ordinate mit Zusatz „M" (0,5% des Zementgewichts) bei gleichem Ausbreitmaß (g rd. 40 cm) unter Verwendung von 4 Portlandzementen und 2 Hochofenzementen. Körnung des Zuschlaggemischs etwa nach Linie E in DIN 1045. Zementgehalt bei Abb. 267a bis 267c 200 kg in 1 m³ Beton, bei Abb. 267d bis 267f 350 kg in 1 m³ Beton; Biegezugfestigkeit und Würfelfestigkeit im Alter von 28 Tagen.

---

* Wasserzementwert w = Gesamtwasser : Zementgewicht.   ** Vgl. DIN 1048.
[1] Vgl. Deutscher Ausschuß für Eisenbeton, Heft 91, S. 24.   [2] Ebenda, S. 34.

Zahlentafel 44b. Einfluß des Zuschlaggesteins bei Beton mit Plastiment.

1	2	3	4	5	6	7	8	9	10	11	12
Zement	Plastiment-zusatz	Zuschlagstoff	Zusammensetzung der Zuschlagstoffe Anteile 0 bis				1 m³ frisch ver-dichteter Beton enthielt Zement	Wasser-zement-wert w	Aus-breit-maß g	Prüfung von Betonprismen 56 cm × 10 cm × 10 cm	
			0,2	1	7	30				Biegezug-festigkeit	Druck-festigkeit
					mm						
			%	%	%	%	kg		cm	kg/cm²	kg/cm²
PZ Lorüns	— 1% SIV 1% N	Rheinkies-sand	2	24	49	96	301 301 304	0,61 0,58 0,58	41 40 39	44 47 50	217 238 294
	— 1% SIV 1% N	Gebrochener Kalkstein	6	15	55	100	291 291 289	0,81 0,76 0,79	40 41 40	53 53 49	227 250 256
	— 1% SIV 1% N	Gebrochener Basalt	6	14	52	99	306 309 311	0,84 0,77 0,78	41 40 39	37 36 48	164 198 201
	— 1% SIV 1% N	Gebrochener Quarzit	11	23	52	100	280 281 281	1,02 0,96 0,97	40 40 41	29 29 25	132 119 124
HOZ Rhein-hausen	— 0,5% SIV 0,5% N	Rheinkies-sand	2	24	49	96	301 303 302	0,63 0,59 0,60	41 41 40	42 37 38	196 214 213
	— 0,5% SIV 0,5% N	Gebrochener Kalkstein	6	15	55	100	287 288 287	0,82 0,80 0,81	40 41 40	34 41 36	163 186 182
	— 0,5% SIV 0,5% N	Gebrochener Basalt	6	14	52	99	306 307 306	0,84 0,80 0,82	41 39 40	29 32 34	136 145 158
	— 0,5% SIV 0,5% N	Gebrochener Quarzit	11	23	52	100	278 282 281	1,07 1,00 1,02	40 41 40	22 24 26	95 96 100
PZ Lorüns	— 1% SIV 1% N	Rheinkies-sand	2	24	49	96	201 201 201	0,92 0,85 0,89	41 43 41	29 26 30	129 126 144

hängig von der Beschaffenheit des Betons, von der Neigung und Oberflächen-beschaffenheit der Rutsche, von der Höhe des freien Falls usw. Beim ersten Beschicken bleibt ein mehr oder minder großer Teil des Mörtels auf den be-strichenen Flächen zurück; der ersteingebrachte Beton hat deshalb bis zur Ver-arbeitungsstelle Mörtel verloren. Weiterhin ist naturgemäß die Bahn der groben Stücke des Betons gestreckter als die der kleinen Gesteinsteile. Deshalb erfolgt eine Umlagerung nach Abb. 248. Dieses Bild zeigt ein ursprünglich gemischtes Kiesgemenge, das über eine Rutsche mit anschließender freier Strecke gefördert wurde. Der Sand fiel näher dem Ende der Rutsche als der Kies[1].

Solche Entmischungen sind auf den Baustellen oftmals zu finden; sie geben Anlaß zur Bildung von sogenannten Nestern und anderen Unregelmäßigkeiten, besonders ausgeprägt beim Beginn des Schüttens auf erhärteten Beton.

Außerordentlich nachteilig ist das Schütten des Betons durch die Stahl-bewehrung; zu den genannten Vorgängen tritt dann noch der Umstand, daß ein

---

[1] Vgl. auch KAUFMANN: Zement 1940 S. 530, Abb. 16.

Abb. 268. Stahlbetonwand im Zustand nach dem Ausschalen. Der Beton wurde von großer Höhe durch das Stahlgerippe in die Schalung geschüttet.

Teil des Mörtels auf den Stahlstäben zurückgehalten wird. Es treten Mängel nach Abb. 268 auf.

Die bezeichneten Mängel können vermieden werden, wenn zum Schütten auf erhärteten Beton zunächst eine Mörtellage vorgelegt und eingerieben wird sowie wenn der Beton am Ende der Rutschen und Bänder in Rohre fällt, die den Beton zusammenhalten und die überdies bis kurz über die Schüttstelle reichen, vgl. Abb. 269. Allerdings ist nicht zu vergessen, daß der aus dem Rohr stürzende Beton unmittelbar in den schon geschütteten Beton nach Abb. 270 fallen muß und nicht nach Abb. 271 vorgelegt werden darf, weil sonst Ansammlungen von groben Stücken eintreten, in Abb. 271 bei a, a; dies gilt namentlich, wenn hohe Schüttungen vorgenommen werden, wie dies beim Massenbeton geschieht, der gerüttelt wird[1].

Sehr weitgehende Entmischungen entstehen durch die Erschütterungen beim Befördern von weich und flüssig angemachten Beton in Rollwagen, abhängig von der Länge des Wegs, von der Beschaffenheit des Wagens und der Geleise[2]. Im oberen Teil der

[1] Die Zusammenfassung des Betons bis zur Verarbeitungsstelle ist bei bestimmten Einbringverfahren des Betons unter Wasser, dann beim Pumpen des Betons am besten entwickelt.

[2] Zugehörige Feststellungen von Bach u. Graf finden sich in der Zeitschrift Armierter Beton 1910 S. 281 u. 282.

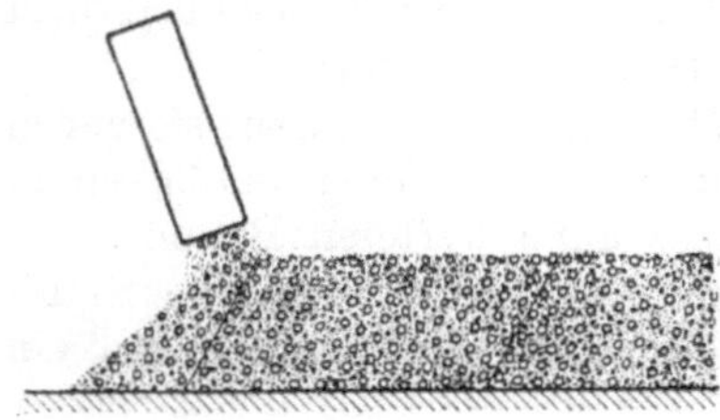

Abb. 269. Richtige und falsche Führung des Betons beim Absturz von Rutschen und Rinnen.

Abb. 270. Richtige Führung des Schüttrohrs.

Abb. 271. Falsche Führung des Schüttrohrs.

Wagenladung erfolgt eine Anreicherung des Anmachwassers, auch ein Absinken des Anteils an groben Stücken, im unteren Teil umgekehrt eine Abgabe des Wassers, überdies eine Vermehrung der groben Teile. Diese Vorgänge sind der Grund, daß beim Befördern des weich angemachten Frischbetons aus Betonfabriken gefederte Wagen unentbehrlich sind, auch das Nachmischen möglich sein muß[1].

2. Über die zweckmäßige Zusammensetzung des Stampfbetons und über das Verhalten des Betons beim Stampfen.

Die Kornzusammensetzung des Stampfbetons kann — sofern die Schüttung fehlerfrei erfolgt — beliebig in dem Bereich gewählt werden, der in den früheren Abschnitten als besonders gut oder als brauchbar bezeichnet worden ist. Dabei ist es angängig, die Korngrenzen bei Handstampfung auf 60 mm, bei Maschinenstampfung auf etwa 80 mm zu legen. Vgl. u. a. S. 82. Wesentlich ist die Steife des Betons. Sehr steifer Beton braucht viel Stampfarbeit, bis er durchweg geschlossen ist; die Schütthöhe muß dabei klein bleiben. Weich angemachter Beton ist nicht stampfbar; er kann nur noch leicht geschlagen werden. Die Steife des Stampfbetons ist zweckmäßig, wenn mit der beabsichtigten, wirtschaftlich vertretbaren Stampfarbeit die aufgeschüttete Betonschicht ausreichend verdichtet ist und an der oberen Fläche eine geschlossene Stampffläche entsteht; es muß eine lückenlose Haut aus Feinmörtel auftreten.

Besonders wichtig ist das Maß der Schütthöhe, das über die ganze Höhe gut verdichtet werden kann und mit dem auch an der unteren Fläche der Schüttung ein hinreichender Schluß entsteht. Der Nachweis der guten Verdichtung kann zwar durch Versuchsstampfungen und Aufteilung der Proben erfolgen; er ist aber im Baubetrieb schwer durchzuführen. Die Bedingungen müssen deshalb aus Eignungsversuchen bekannt sein. Eine gute Arbeit ist nur zu erwarten, wenn außerdem große Sorgfalt beim Schütten und Stampfen verbürgt wird. Zum Stampfen gehören geübte Männer, die besorgt sind, ihre Arbeit nach einem klaren Plan mit großer Regelmäßigkeit zu erledigen, damit der Beton überall richtig gestampft wird.

Beim Stampfen mit der Hand und mit der Maschine sind das Gewicht des Stampfers, die wirksame Fallhöhe desselben oder die Wucht, mit der der Stampfer auf den Beton trifft, sodann die Größe der Stampffläche, auch die Reihenfolge der Stampfstellen und die Zahl der Stampfstöße von Bedeutung[2].

Aus Versuchen mit schnellaufenden Preßlufthämmern nach Abb. 272 und 273 ist Zahlentafel 45 entnommen[3]. Die Versuchskörper waren einlagig gestampfte 20 cm und 25 cm dicke Betonplatten, 65 cm breit und 215 cm lang. Zahlentafel 45, die für 20 cm dicke Platten gilt, zeigt mit anderen Beobachtungen, die in den Versuchsberichten beschrieben sind, daß es mit den genannten Geräten möglich war, 20 cm dicke Platten aus Kiesbeton, auch aus Schotterbeton in einer Schicht gut zu verdichten, wenn der Beton eine zweckmäßige Steife besaß (Eindringmaß $e =$ rd. 5 cm) und wenn die Dauer des Verdichtens mehr als 1½ Minuten je m² war. Für dickere Platten sind stärker wirkende Geräte nötig.

---

[1] Nach amerikanischen Richtlinien soll der Beton, der fertig gemischt befördert wird, ein Setzmaß von höchstens 6,5 cm aufweisen, also steif sein (vgl. dazu S. 226 ff.). Für Beton, der beim Transport nachgemischt wird, sind dabei 15 cm als größtes Setzmaß empfohlen.

[2] Zugehörige Feststellungen mit Handstampfern oder mit langsam arbeitenden Maschinenstampfern finden sich u. a. in BÜSING u. SCHUMANN: Der Portlandzement und seine Anwendungen im Bauwesen 3. Aufl. S. 302 u. 303; GRAF: Zeitschrift Armierter Beton 1914 S. 202 u. 203, auch S. 243; ferner WALZ u. BONWETSCH: Jb. Forschungsgesellschaft Straßenwesen 1936 S. 167 ff.

[3] Vgl. GRAF: Betonstraße 1935 S. 245 ff. und Schriftenreihe der Forschungsgesellschaft für das Straßenwesen 1936 Heft 1; sodann KAUFMANN: Betonstraße 1938 S. 159 ff.

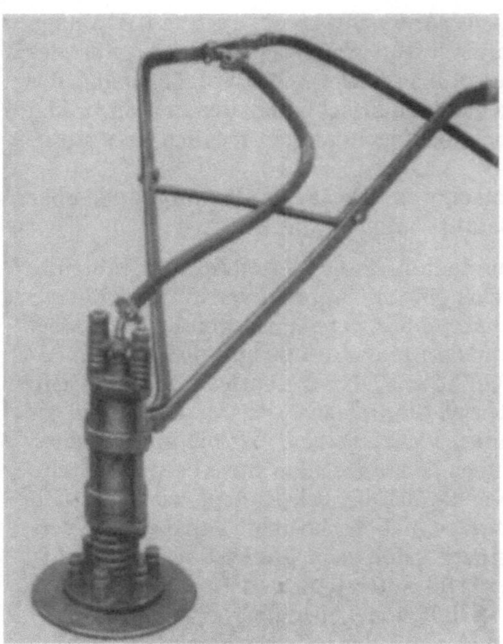

Abb. 272. Gerät der Deprag-Preßluftmaschinen GmbH. in Amberg (Oberpfalz.) Antrieb mit Preßluft von 6 at; Gewicht des Geräts 37,8 kg; rd. 1200 Schläge in der Minute.

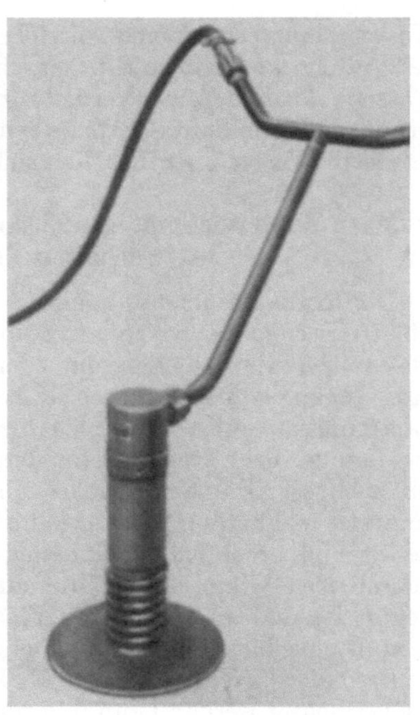

Abb. 273. Gerät der Flottmann Aktiengesellschaft in Herne i. W. Antrieb mit Preßluft von 6 at; Gewicht des Geräts 47,3 kg.

Zahlentafel 45. Aus Versuchen

1	2	3	4	5	6
Gerät der Firma	nach Abb.	Zahl der Arbeitsgänge	Dauer des Verdichtens		Glättzeit
			Mittelwert	für 1 m² Oberfläche	
			s	s	s
Versuche mit leicht					
Deprag	272	1	123	88	40
		3	367	262	41
Flottmann	273	1	118	84	43
		3	364	260	41
Versuchsreihe mit sperrigem					
Deprag	272	1	136	97	29
		3	357	255	31
Flottmann	273	1	133	95	33
		3	368	262	36

3. Über die zweckmäßige Zusammensetzung des Rüttelbetons und über das Rütteln des Betons[1].

a) *Allgemeines*. Das Verdichten des Betons durch Stampfen ist durch das Verdichten mit Rüttlern abgelöst worden, weil das Verdichten mit Rüttlern

---

[1] Vgl. auch Anweisung für die Verwendung von Innenrüttlern zum Verdichten von Beton: Bauindustrie 1947 Heft 7/8 S. 18 u. f., mit Erläuterungen von GRAF, KAUFMANN u. WALZ.

rascher und besser geschehen kann, auch zuverlässiger durchführbar ist als das Verdichten durch Stampfen.

Außerdem ist es möglich, bewehrte Betonkörper aus steif angemachtem Beton herzustellen, wenn Rüttler benutzt werden; unter Beibehaltung des Zementgehalts wird dabei eine wesentlich höhere Festigkeit erreicht; eine bestimmte Festigkeit läßt sich also mit weniger Zement gewährleisten als bei den früher üblichen Herstellverfahren.

Schließlich kann die Herstellung von Beton mit besonders hoher Festigkeit zur Zeit nur mit der Anwendung von Rüttlern wirtschaftlich verbürgt werden. Dazu kommt, daß die Schütthöhe bei Rüttelbeton viel höher sein kann als bei Stampfbeton, wobei die Verwendung grober Zuschlagstoffe nicht gehindert ist.

Endlich ist der Bereich der für Beton brauchbaren Körnungen mit dem Rüttelbeton erweitert worden, wie später gezeigt wird[1].

b) Über die *Vorgänge beim Rütteln* sei folgendes bemerkt: Wenn man eine eiserne Form, beispielsweise eine Form für Betonwürfel von 30 cm Kantenlänge, mit einem Tisch verbindet, der in rasch verlaufende Schwingungen mit kleiner Schwingweite versetzt ist, und wenn man dabei die Form mit etwas mehr als erdfeucht angemachtem grobkörnigem Beton füllt, so ist leicht festzustellen, daß der Beton beim Einfüllen rasch zusammensinkt und daß die Rohwichte des Betons nach verhältnismäßig kurzer Rüttelzeit größer ist als beim Verdichten durch Stampfen. Es zeigt sich also, daß der Beton unter der Wirkung rasch verlaufender Schwingungen verhältnismäßig rasch verdichtet wird. Die Verdichtung läßt sich rascher und besser als mit guter Stampfarbeit durchführen.

Die Erklärung hierzu findet sich durch Beobachtung des Rüttelvorgangs.

mit Preßluftstampfern.

7	8	9	10	11	12
Biegezugfestigkeit der Platte in kg/cm² In der Zugzone befand sich		Verhältnis der Festigkeiten in den Spalten 7 und 8 (Bodenfläche zur Stampffläche)	Mittelwert der Spalten 7 und 8 in % der Werte der von Hand gestampften Platten In der Zugzone die		Mittelwert der Druckfestigkeit der von Hand gestampften Würfel kg/cm²
die Bodenfläche	die Stampffläche		Bodenfläche	Stampffläche	
verarbeitbarem Beton (Kiesbeton)					
40	45	0,69	95	115	335
41	42	0,98	98	108	
39	44	0,89	93	105	322
43	46	0,93	102	109	
Beton (Schotterbeton)					
55	60	0,92	125	150	406
57	60	0,95	130	150	
52	63	0,83	100	126	432
55	62	0,89	106	124	

---

[1] Über unsere Versuche vgl. u. a. GRAF u. WALZ: Beton u. Eisen 1933 S. 252ff. und Z. VDI 1934 S. 1037ff.; WALZ: Beton u. Eisen 1935 S. 79ff.; Bautenschutz 1935 S. 78ff.; GRAF: Betonstraße 1935 S. 245ff.; 1936 S. 99ff.; BONWETSCH u. WALZ: Jb. Forschungsgesellschaft Straßenwesen 1936 S. 167ff.; GRAF: Beton u. Eisen 1937 S. 76ff.; auch Int. Verband für die Materialprüfungen der Technik Kongreß London 1937, S. 294ff.; KAUFMANN: Beton u. Eisen 1938 S. 263ff.; Betonstraße 1938 S. 159ff.; GRAF: Bautechn. 1940 S. 169ff.; GRAF u. KAUFMANN: Dtsch. Ausschuß Stahlbeton 1941 Heft 96. WALZ: Rüttelbeton. Berlin: Wilhelm Ernst & Sohn 1948.

Wenn man dabei während des Rüttelns des Betons einen Stahlstab auf den Beton stellt, so kann dieser Stab leicht zum Eindringen gebracht werden. Damit ergibt sich, daß die Reibung in dem schwingenden Beton verhältnismäßig klein ist. Wird die Maschine stillgesetzt, also die Wirkung des Schwingens weggenommen, so zeigt sich, daß es jetzt nur mit Anstrengung, im Grenzfall nur unter Zuhilfenahme eines Hammers möglich ist, den Stahlstab in den Beton zu stoßen.

Wenn man auf einen schwingenden Mörtel grobe Schotterstücke legt und mit leichtem Druck nachhilft, bis die Schotterstücke teilweise in den Beton eingedrungen sind, so sinken die groben Schotterstücke allmählich tiefer.

Im wesentlichen werden dem Beton Schwingungen aufgezwungen, die so groß sein müssen, daß die einzelnen Körner durch die mit den Schwingungen auftretenden Massenkräfte aus ihrer Lage gebracht werden und sich dichter lagern. Dabei liefern die größeren Körner und die Körner aus spezifisch schwererem Gestein die größeren Massenkräfte; bei den größeren Körnern hat die durch die Massenkräfte zu überwindende Reibung die kleinere Bedeutung; infolgedessen tritt mit den größeren Körnern die

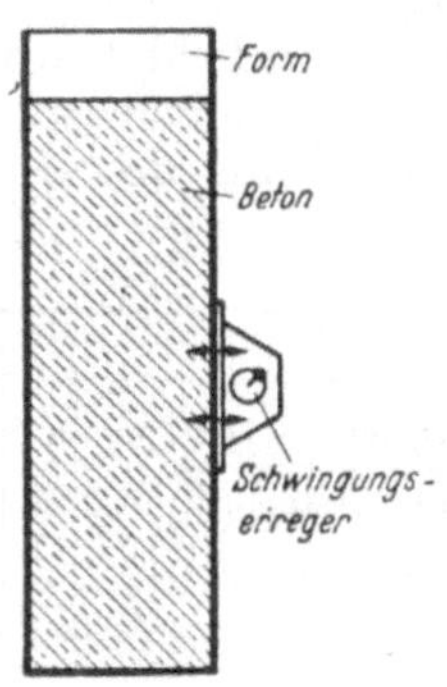

Abb. 274. Außenrüttler.

Abb. 274a. Rüttler des Losenhausenwerks in Düsseldorf an einer Wandschalung wirkend.

größere Verdichtungswirkung auf. Diese Vorgänge zeigten sich ohne weiteres bei dem soeben beschriebenen Versuch.

Schließlich ergibt sich aus dem Gesagten, daß die Rüttelwirkung von der Beschleunigung der Betonteile, damit von der Schwingzahl und von der Schwingweite der Maschine bestimmt wird. Beide Kenngrößen der Beschleunigung müssen jeweils beachtet werden[1].

Die bis jetzt geschilderten Vorgänge werden übrigens im täglichen Leben oft und schon lange nutzbar gemacht; man denke an das Verfüllen körniger Stoffe in Verpackungen, an das Rütteln der Sandformen in Gießereien u. a. m.

c) Die *Herstellung von Betonwaren durch Rütteln* wird seit etwa 45 Jahren geübt. Allerdings handelt es sich bei den älteren Anwendungen um das Rütteln mit kleinen Schwingzahlen. Das Rütteln mit hohen Schwingzahlen, zunächst bis $n = 3000$ und 4500 je Minute, jetzt weit höher, ist m. W. erst seit 1930 eingeführt worden.

---

[1] Beispielsweise ergibt sich die gleiche Beschleunigung von 5 g in cm/sek²

mit	3000	6000 Umläufen je Minute
und der Schwingweite	1	0,25 mm

Abb. 275. Belgischer Außenrüttler (Vibrogir, Laboratoire de Cinématique, Brüssel) mit verstellbarer Unwucht.

Abb. 275a. Preßluftrüttler als Schalungsrüttler mit einem an der Form befestigten Halter. Kolbendurchmesser 45 mm (Compagnie Parisienne d'Outillage à Air Comprimé).

Von den vielen Rüttlern, die in den letzten Jahren benutzt wurden, sind im folgenden als Beispiele dargestellt: Außenrüttler nach Abb. 274, 274a, 275 und 275a, Tischrüttler nach Abb. 276, 277 und 277a, Oberflächenrüttler nach Abb. 278 und 279 sowie Innenrüttler nach Abb. 280 und 281, auch eine Vereinigung von Oberflächenrüttler und Innenrüttler nach Abb. 282.

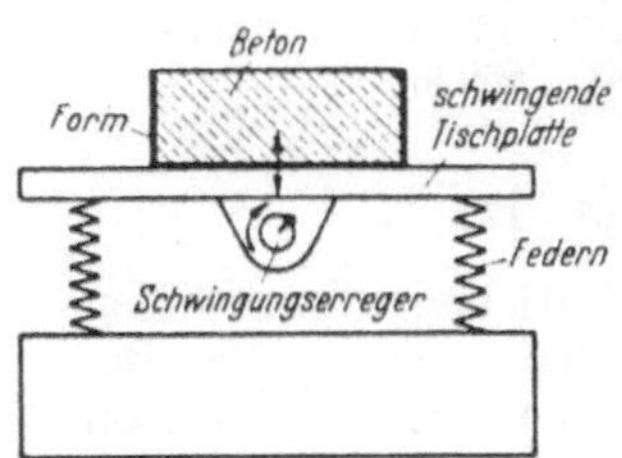

Abb. 276. Tischrüttler.

Abb. 277. Tischrüttler (vgl. Graf: Bautechn. 1940 S. 169).

Die Außenrüttler sind für Aufgaben brauchbar, bei denen der an der Schalung liegende Beton auf kleine Tiefen (in beliebiger Richtung) durch Rütteln geschlossen werden soll. Der Tischrüttler wird zweckmäßig bei der Herstellung von gedrungenen Betonwaren gebraucht; der Tisch muß dazu steif gebaut sein und die Stützung muß so gewählt werden, daß der Tisch über seiner ganzen

16*

Fläche tunlichst gleiche Bewegungen ausübt. Der Oberflächenrüttler eignet sich für das Verdichten von Betonfahrbahnen, Betonbelägen, überhaupt von plattenförmigen Stücken, ebenso zum Abgleichen massiger Körper, ferner zum Verdichten von Bausteinen. Der Innenrüttler ist für den Baubetrieb der wichtigste Rüttler; er ist für das Verdichten des Betons in Stahlbetontragwerken wie in massigen Bauten verwendbar.

Die Rüttler werden entweder mit einem Elektromotor oder mit einem oder mehreren Elektromagneten oder mit einem Benzinmotor oder mit einem Preßluftmotor angetrieben. Auf der Achse des umlaufenden Rüttlers sitzt eine außermittige Schwungmasse, die im Betrieb die Schwingungen hervorruft[1]. Was hier für Rüttler im gewöhnlichen Sinn gesagt ist, gilt entsprechend für *Schleuderbeton* und für *Preßbeton*, vgl. auch S. 252.

d) Die beim Rütteln des Betons nötige *Beschleunigung* des Betons muß selbstverständlich für sperrigen, steif angemachten Beton größer sein als für leicht verarbeitbaren, weich angemachten Beton. Für grobkörnigen, steif angemachten Schotterbeton sind dementsprechend leistungsfähigere Geräte nötig als für weich angemachten Kiesbeton. Für Innenrüttler sind größere Beschleunigungen nötig als für Tischrüttler, weil diese durch den Beton mit zunehmendem Abstand vom Innenrüttler rasch gedämpft werden.

Abb. 282a zeigt nach amerikanischen Versuchen[2] den Einfluß der Beschleunigung g bei etwa gleicher Schwingweite s und verschiedener Schwingzahl n.

Abb. 277a. Elektromagnetischer Rüttler. Schwingzahl bis 6000 je min, Schwingbreite bis 0,7 mm. (Rüttler der Allgemeinen Elektrizitäts-Gesellschaft.)

Mit Innenrüttlern fand sich u. a.[3]:

für Gerät	A	D	B	J	G	E	
bei $n =$	2,9	4,65	4,6	6,53	6,13	$8,7 \cdot 10^3$	je Minute
und der Fliehkraft $F =$	119	480	650	364	560	560	kg
die Verhältniszahl der Druckfestigkeit des Schotterbetons bei gleicher Rüttelzeit zu	100	108	145	150	167	172.	

e) Viele Versuche haben gezeigt, daß die bisher beschriebenen Richtlinien für die *Kornzusammensetzung* des Betons auch für Rüttelbeton gelten. Der Bereich der gewöhnlich brauchbaren Zuschlagstoffe läßt sich mit Rüttelbeton noch etwas erweitern, wenn mit besonderer Sorgfalt vorgegangen wird, und zwar sowohl für feinkörnigen als für grobkörnigen Beton. Mit den zur Zeit vorhandenen Geräten wird empfohlen, im steif angemachten Beton bei 30 mm Größtkorn den Sandanteil für rundkörnige Zuschläge nicht unter 45%, für

---

[1] Vgl. Bautechn. 1940 S. 169ff., insbesondere Abb. 10.
[2] Vgl. TUCKER, PIGMAN, PISAPIA u. ROGERS: J. Research 1937 S. 575ff.
[3] Vgl. GRAF u. KAUFMANN: Dtsch. Ausschuß Stahlbeton 1941 Heft 96 S. 74 u. 75.

gebrochene Zuschläge nicht unter 50% zu wählen, wenn der Zementgehalt etwa 250 kg je m³ beträgt. Mit stärkeren Geräten, als sie zur Zeit im Handel sind, kann der Sandanteil deutlich verringert werden. Bei größerem Größtkorn gilt sinngemäß das auf S. 252 Gesagte.

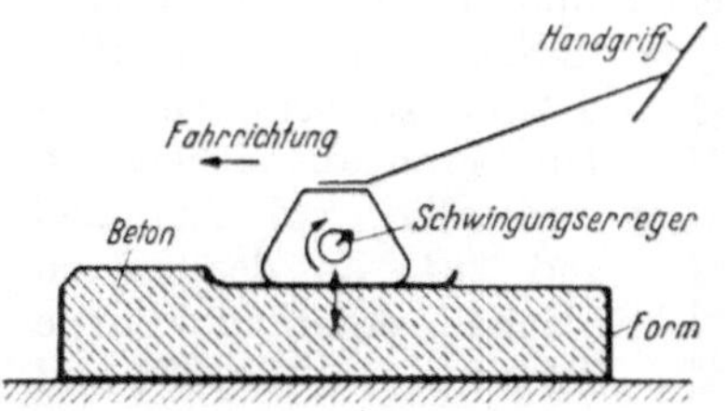

Abb. 278. Oberflächenrüttler.

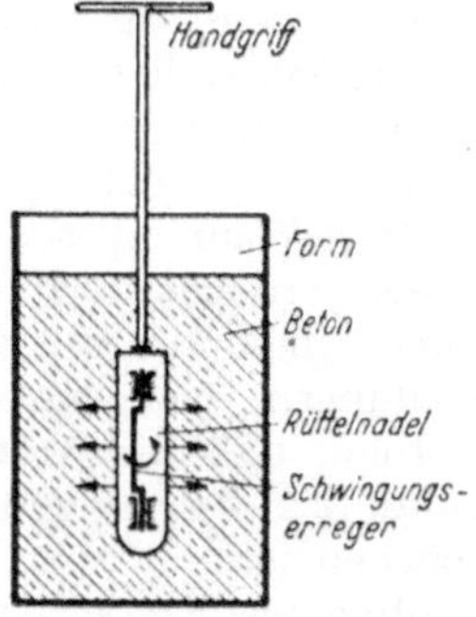

Abb. 280. Innenrüttler.

Abb. 279. Oberflächenrüttler des Losenhausenwerks in Düsseldorf.

f) Die zweckmäßigste *Steife des Rüttelbetons* kann während der Arbeit verfolgt werden. Zunächst muß der Beton mindestens so weich sein, daß die obere Fläche

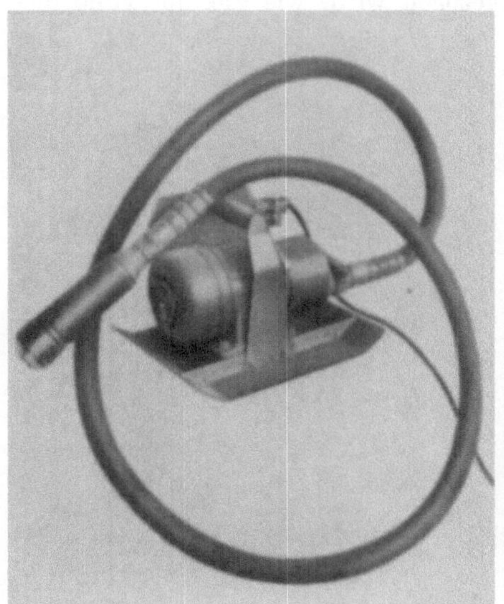

Abb. 281. Innenrüttler des Losenhausenwerks in Düsseldorf. (Elektromotor, Schlauch mit Welle, Rüttelflasche.)

Abb. 282. Vereinigung von Oberflächen- und Innenrüttler. (Amerikanisches Zwei-Mann-Gerät für Massenbeton.)

nach angemessener Rüttelzeit durchweg geschlossen erscheint. Zur Erläuterung sei zunächst auf Abb. 283 bis 288 verwiesen, die das Verhalten von steif angemachtem Kiesbeton gegenüber verschiedenen Innenrüttlern zeigen. Die Probekörper waren 1 m hoch; die Seitenlängen des Querschnitts betrugen 60 cm, die Schütthöhe rd. 55 cm. Die Rütteldauer, einschließlich Tauchen und Herausziehen, betrug

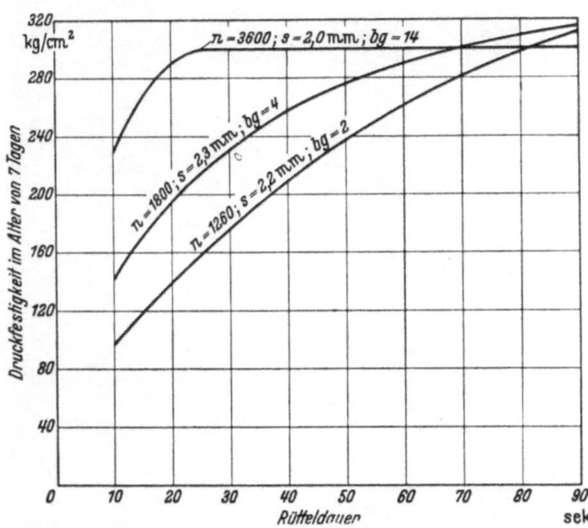

Abb. 282a. Beziehung zwischen Rütteldauer und Druckfestigkeit beim Einrütteln auf einem Rütteltisch mit verschiedener Schwingzahl n (je min) und Schwingbreite s (in mm).

18 Sekunden. Der Rüttler A war zu schwach, um den Beton ausreichend zu verdichten, vgl. Abb. 283 und 284; an der oberen Fläche entstand keine Schlempe. In Abb. 285 und 286 ist der Zustand des gerüttelten Betons wesentlich besser; in Abb. 287 und 288 entspricht das Aussehen des Betons dem, was zweckmäßig ist; es hat sich eine zusammenhängende dünne Schicht aus Schlempe gebildet. Wenn dieser Zustand erreicht ist, kann nach besonderen Feststellungen angenommen werden, daß die Verdichtung des Betons gut geschehen ist.

Wenn im Beton die Tauchstellen des Rüttlers tief offen bleiben, so ist der Beton zu steif oder er hat zu wenig feine Teile, Abb. 289, oder er enthält zu viel feine Teile, die den Beton zäh machen, Abb. 290. Offene Stellen sind auch möglich, wenn der Rüttler sehr rasch herausgezogen wird, wie dies im Falle der Abb. 283 bis 288 geschehen ist.

Abb. 283.   Abb. 284.

Abb. 283 und 284. Verhalten des Betons mit rundkörnigen Zuschlagstoffen beim Verdichten nach einmaligem Eintauchen des Rüttlers. Rütteldauer 18 Sekunden je Schicht. Säule R, Rüttler A, Schwingzahl der Rüttelflasche 2900 je Minute, Fliehkraft 119 kg. Obere Fläche ohne Schlempe.

Abb. 285.   Abb. 286.

Abb. 285 und 286. Verhalten des Betons mit rundkörnigen Zuschlagstoffen beim Verdichten nach einmaligem Eintauchen des Rüttlers. Rütteldauer 18 Sekunden je Schicht. Säule Ca, Rüttler J, Schwingzahl der Rüttelflasche 6530 je Minute, Fliehkraft 364 kg. Schlempe auf einem erheblichen Teil der oberen Fläche.

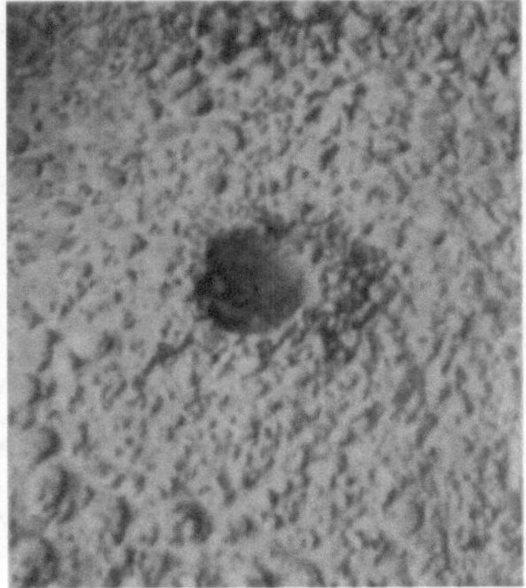

Abb. 287.   Abb. 288.

Abb. 287 und 288. Verhalten des Betons mit rundkörnigen Zuschlagstoffen beim Verdichten nach einmaligem Eintauchen des Rüttlers. Rütteldauer 18 Sekunden je Schicht. Säule T, Rüttler E, Schwingzahl des Rüttelkolbens 8700 je Minute, Fliehkraft 560 kg. Glänzend feuchte Schlempe auf einem großen Teil der oberen Fläche.

Wenn man weiterhin prüft, mit welcher Steife der Beton noch gerüttelt werden kann, so ergibt sich, daß der Beton ein Eindringmaß[1] von mindestens 4 cm aufweisen muß, auch wenn die derzeit besten Rüttler benutzt werden. Vorläufig sei empfohlen, auf der Baustelle mit Beton zu arbeiten, dessen Eindringmaß mindestens 5 cm beträgt. Dabei wird erreicht, daß die Verdichtung besser und die Festigkeit höher wird als mit ausgiebiger Handstampfung, wie Abb. 291 erkennen läßt[2].

In der Regel wird der Beton mit mehr Wasser angemacht, als für die gute Verdichtung nötig ist. Bei unseren Versuchen ist solcher Beton durch Rütteln zwar stets schwerer geworden als mit den bisher üblichen Verarbeitungsweisen. Bei weich angemachten Mischungen ist aber überdies beobachtet worden, daß sich der Zementbrei unter den groben Kiesstücken deutlich entmischte[3]; dabei

---

[1] Vgl. im vorliegenden Buch S. 224ff.   [2] WALZ: Beton u. Eisen 1935 S. 93.
[3] GRAF u. WALZ: Beton u. Eisen 1933 S. 252ff.

Abb. 289. Rüttelbeton falscher Zusammensetzung (zu wenig feine Teile und zu steif). Schotterbeton bis 30 mm, Sandgehalt 40%, Zementgehalt 268 kg/m³, Eindringmaß 1,5 cm. Gerüttelt 9,6 min/m³.

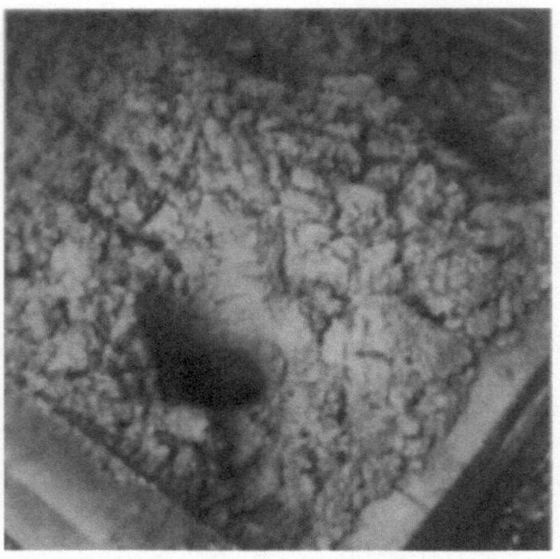

Abb. 290. Rüttelbeton mit zu viel feinsten Teilen. Schotterbeton bis 30 mm, Sandgehalt 51%, Zementgehalt 259 kg/m³, Eindringmaß 5 cm. Gerüttelt 9,6 min/m³.

blieb die Druckfestigkeit etwas kleiner als bei Beton, der gestampft wurde; auch die Biegezugfestigkeit nahm etwas ab, weil eben die Festigkeit des Zementsteins unter den Kiesstücken bestimmend war. Abb. 292 zeigt dazu links die untere, rechts die obere Bruchfläche einer Säule nach dem Biegeversuch; die Bruchfläche lag hier wie stets unter den Kiesstücken.

Im ganzen ist hervorzuheben, daß der Rüttelbeton im allgemeinen steifer, also mit weniger Wasser verarbeitet werden kann, als der Beton mit den bisher üblichen Verarbeitungsarten. Deshalb können für gerüttelten Beton mit dem gleichen Mischverhältnis höhere Festigkeiten verbürgt werden als bisher. Dazu werden die Festigkeiten regelmäßiger. Gußbeton zu rütteln, ist in der Regel falsch. Überdies wird der Handwerker beim Rütteln zu weichen Betons durch aufspritzendes Zementwasser bei seiner Arbeit empfindlich gestört. Rüttelbeton braucht ein Ausbreitmaß von höchstens 35 cm, auch wenn

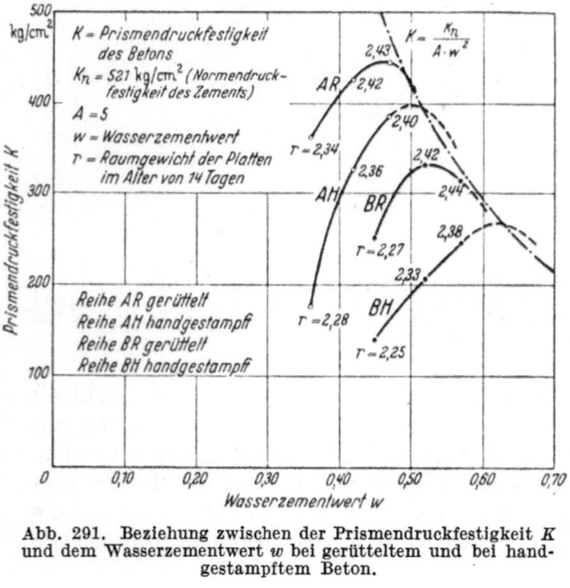

Abb. 291. Beziehung zwischen der Prismendruckfestigkeit K und dem Wasserzementwert w bei gerütteltem und bei handgestampftem Beton.

sehr eng gelegte Eiseneinlagen einzubetten sind. Wenn Pumpbeton gerüttelt wird, sind mehr oder minder erhebliche Entmischungen unvermeidbar.

g) Wegen des *Zementgehalts* sei bemerkt, daß der Beton zu unseren Versuchen mit Innenrüttlern 150 bis 500 kg Zement in 1 m³ fertigem Beton enthielt. Es ist anzunehmen, daß auch Beton mit kleineren und größeren Zementgehalten gerüttelt werden kann.

h) Die *Wirkungsweise der Rüttler* ist wiederholt verfolgt worden. Für Oberflächenrüttler, die zum Bau der Betonfahrbahnen der Reichsautobahnen verwendet worden sind, ist bekannt, daß die Herstellung von 25 cm dicken Betondecken ohne Schwierigkeit möglich ist[1]; bei Versuchen mit Sondergeräten ist festgestellt worden, daß der steif angemachte Schotterbeton auf mehr als 25 cm Tiefe gut verdichtet werden kann[2]. Für die Beurteilung der Wirkungsweite der Innenrüttler sind Säulen mit einem Querschnitt von 60 cm × 60 cm aus schwer verarbeitbarem Kiesbeton hergestellt worden. Die Schütthöhe betrug 50 cm. Der Rüttler wurde nur in der Mitte eingeführt. Die Rütteldauer war 18 Sekunden (gerechnet vom Beginn des Einführens bis zum Wiederverlassen des Betons, nachdem die Spitze des Rüttlers bis zum Grund der Schicht gesenkt war). Die Rütteldauer je m³ Beton war nur 1,7 Minuten. Die Säulen wurden später

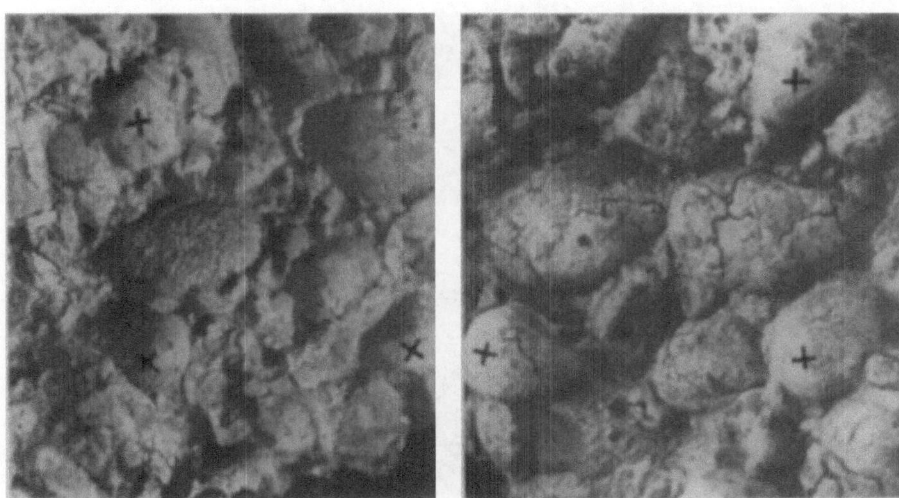

Abb. 292. Bruchflächen einer gerüttelten Betonsäule nach dem Biegeversuch. Die mit × bezeichneten Stellen gehörten zusammen.

quer gesägt, so daß das Gefüge des Betons gut erkennbar war. Ferner wurde die Druckfestigkeit eines Säulenabschnitts ermittelt. Abb. 293 und 294 zeigen Beispiele aus diesen Versuchen[3]. In Abb. 293 ist deutlich erkennbar, daß der Beton innerhalb des durch Kreidestriche abgegrenzten Kreises von $D \approx 35$ cm verdichtet war; außerhalb behielt der Beton große Hohlräume; der Wirkungskreis des Innenrüttlers war deutlich auf 35 cm abgegrenzt. Die Säule zu Abb. 294 ist mit einem größeren, schwereren und schneller laufenden Gerät verdichtet worden. Der Durchmesser des Wirkungskreises wurde 70 cm, also doppelt so groß wie in Abb. 293. Es ist selbstverständlich, daß der Wirkungskreis möglichst groß gewünscht wird; auch ist anzunehmen, daß die Geräte der Zukunft noch Fortschritte bringen. Vorläufig kann verlangt werden, daß die Innenrüttler für Stahlbeton in steif angemachtem Kiesbeton mit einem Tauchabstand von etwa 60 bis 80 cm verwendet werden können.

Mit *Außenrüttlern* nach Abb. 274 und 275 ließen sich 8 cm dicke, stark bewehrte Wände auf rd. 4 m Feldbreite und 160 cm Feldhöhe innerhalb einer halben Stunde gut verdichten. Doch lassen sich für solche Rüttler noch keine zahlen-

---

[1] Vgl. u. a. KAUFMANN: Beton u. Eisen 1938 S. 268.

[2] KAUFMANN: Betonstraße 1938 S. 159.

[3] Vgl. GRAF u. KAUFMANN: Dtsch. Ausschuß Stahlbeton 1941 Heft 96 S. 68ff.

mäßigen Bedingungen allgemein aufstellen, da der Rüttelvorgang durch die Bauart und Steife der Schalung wesentlich beeinflußt wird.

i) Die *Tauchstellen* der Innenrüttler sind im Gefüge des Betons gemäß Abb. 295 zu erkennen. An den Tauchstellen fehlen die großen Zuschlagkörner. Betonwürfel aus dem Bereich der Tauchstellen lieferten etwas kleinere Druckfestigkeiten als Betonproben neben den Tauchstellen.

k) Nach unseren Versuchen ist über die erforderliche *Rüttelzeit* mit Innenrüttlern folgendes hervorzuheben: Der Rüttelkolben ist mit gleichmäßiger Geschwindigkeit von rd. 8 cm je Sekunde oder langsamer bis an die untere Fläche der Schüttung, bei noch nicht erhärtetem Unterbeton tunlichst 20 cm tiefer, einzutauchen und kurz anschließend wieder herauszuziehen. Wenn sich dabei die obere Betonfläche mit einer dünnen Schicht zäher Schlempe schließt, ist die Betonsteife zweckmäßig und die Arbeitsgeschwindigkeit ausreichend. Es ist besser, wenn der Rüttelkolben häufiger und in kürzeren Abständen in den Beton eingeführt wird, als wenn er an wenigen Stellen längere Zeit im Beton bleibt.

Hier ist noch aufmerksam zu machen, daß die Eigenschaften des Betons durch Nachrütteln deutlich verbessert werden können, solange der Beton rüttelbar ist. Abb. 295a gibt dazu Erläuterungen.

l) *Vergleichsversuche mit verschiedenen Innenrüttlern* haben gezeigt, daß es möglich ist, von Beton aus rundkörnigen Zuschlagstoffen mit 5 cm Eindringmaß 36 m³ je Stunde zu verdichten; dabei betrug die Schütthöhe 55 cm. Zur Zeit ist anzunehmen, daß auf der Baustelle mit den jetzt erhältlichen

Abb. 293a.

Abb. 293b.

Abb. 293a und b. Wirkungsweite von Innenrüttlern in Säulen; Seitenlänge des Querschnitts 60 cm. Die Wirkungsweite des in der Säulenachse eingeführten Rüttlers ist durch Kreidestriche bezeichnet; Wirkungskreis mit einem Durchmesser von 35 cm. Gefüge des Betons mit *gebrochenen* Zuschlagstoffen, 20 cm unter der oberen Stirnfläche. Säule *U*, Rüttler *A*, Schwingzahl des Rüttelkolbens 2900 je Minute, Fliehkraft 119 kg.

leichteren Geräten bis rd. 6 m³ je Stunde und *mit den schwereren Geräten bis zu 20 m³ je Stunde* verdichtet werden können, wenn der Beton ein Eindringmaß von 5 cm hat. Bei leicht verarbeitbarem Beton sind noch größere Verdichtungsleistungen zu erzielen.

Die zu rüttelnde *Betonschicht* sollte — jeweils in einem Zug aufgebracht mindestens 30 cm hoch sein, weil die Auflast des Betons die Verdichtung begünstigt. Es können ohne Bedenken auch höhere Schichten angewandt werden, wenn der Beton rechtzeitig verarbeitet wird. Zweckmäßig sind Schichthöhen von 50 bis 100 cm.

m) *Außenflächen des gerüttelten Betons.* Eine glatte Außenfläche ist nicht immer ein Beweis für einen guten Beton. Es wird jedoch in der Regel schon wegen des Aussehens gefordert, daß die Außenfläche durch eine geschlossene Zementhaut abgeschlossen ist. Wenn der Rüttelbeton steifer ist als sonst üblich, so ist darauf zu achten, daß er während des Rüttelns so viel Schlempe abstößt, daß eine geschlossene Außenfläche entsteht. Der Beton muß deshalb in der Nähe der Schalungswände mehr gerüttelt werden als im Kern des Körpers. Im allgemeinen wird das Mitschwingen der Schalungswände das Entstehen einer Zementhaut an den Seitenflächen unterstützen; das Entstehen dieser Schlempe ist auch an der oberen Fläche zu erkennen. Es ist außerdem zu beachten, daß sich an den Schalungswänden häufig Luft ansammelt, die Poren bildet; es muß deshalb so lange gerüttelt werden, bis die Luftblasen ausreichend nach oben steigen oder durch die Schalung entweichen. Wenn das Aufsteigen der Luftblasen an der oberen Fläche unerheblich wird, kann das Rütteln beendet werden. Der zweckmäßige Abstand zwischen Schalungswand und Rüttelkolben ist abhängig von dem Wirkungsbereich des Rüttlers; er beträgt bei steif angemachtem Beton 10 bis 20 cm.

Abb. 294a.

Abb. 294b.

Abb. 294a und b. Wirkungsweite von Innenrüttlern in Säulen; Seitenlänge des Querschnitts 60 cm. Die Wirkungsweite des. in der Säulenachse eingeführten Rüttlers ist durch Kreidestriche bezeichnet; Wirkungskreis mit einem Durchmesser von 70 cm. Gefüge des Betons mit *gebrochenen* Zuschlagstoffen, 20 cm unter der oberen Stirnfläche. Säule *W*, Rüttler *E*, Schwingzahl des Rüttelkolbens 8700 je Minute, Fliehkraft 560 kg.

Die Menge und die Beschaffenheit der an der oberen Fläche auftretenden Schlempe ist ein Zeichen für die spätere Beschaffenheit der Außenflächen. Wenn die Schlempe das Wasser leicht abstößt, entstehen Wasseradern an der Schalungsfläche und Auswaschungen nach Abb. 5, S. 7; diese sind durch eine sämige Schlempe zu vermeiden, erforderlichenfalls durch Beigabe von kleinen Mengen feinster Teile aus feingemahlenem Traß oder gelöschtem Weißkalk.

Durch die beim Rütteln entstehenden Drücke und *Druckschwankungen*, die bei unseren Versuchen an der Formwand bis 0,3 kg/cm² betrugen, wird die Schlempe an undichten Stellen aus der Form gepreßt. An den Außenflächen entstehen dadurch Fehlstellen, die durch Abdichten der Schalung vermieden werden können.

4. Über die Zusammensetzung und Verarbeitung besonderer Betonarten.

Schleuderbeton wird mit besonders guter Körnung weich angemacht (Ausbreitmaß 35 bis 45 cm), dann unter Pressung durch die Fliehkraft unter Mitwirkung der Erschütterungen der Schleudermaschine verdichtet.

Preßbeton begegnet uns beim Ausfüllen von Hohlräumen im Gebirge und in Betonmänteln von Stollen usw., ferner bei der Herstellung von Betonwaren[1]. Neben hohem Druck wird die Verdichtung durch Erschütterungen erleichtert, die den Gang der Maschinen begleiten.

5. Über die Maßnahmen zur Verbindung des frischen Betons mit erhärtem Beton (Anbinden des Betons).

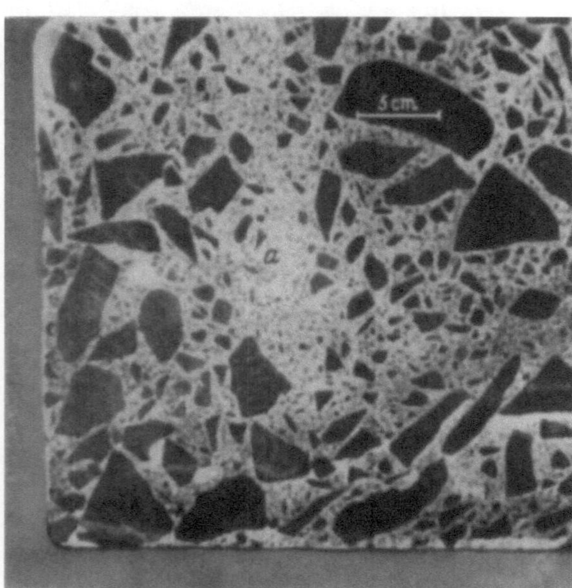

Abb. 295. Gefüge einer Betonsäule mit der Tauchstelle *a*, hergestellt aus grobkörnigem Schotterbeton für eine Talsperre.

Hier handelt es sich um das sogenannte „Anbinden" des Betons, in erster Linie des Stampfbetons und des Rüttelbetons, sinngemäß auch des weicher angemachten Betons. Dabei besteht die Aufgabe, an der Bindestelle entweder eine bestimmte Festigkeit zu schaffen (sie soll der Festigkeit des Betons an sich entsprechen) oder die Undurchlässigkeit zu verbürgen oder um beides gleichzeitig.

HAGER und NENNING[2] fanden u. a. für senkrechte Flächen, daß die zu bindenden Flächen mit Zementmörtel beworfen werden müssen, ehe anbetoniert wird, wenn hohe Scherfestigkeit und Undurchlässigkeit entstehen sollen.

Bei Stuttgarter Versuchen mit Straßenbeton[3] ergab sich die höchste und am wenigsten streuende Biegezugfestigkeit beim Anbinden an senkrechte Flächen, wenn die zu bindende Fläche grob abgespitzt und mit fettem Zementbrei eingebürstet oder beworfen war. Die Biegezugfestigkeit der so behandelten Proben betrug rd. ⅔ der Biegezugfestigkeit der in einem Zug hergestellten Betonkörper.

---

[1] Vgl. KAUFMANN: Dtsch. Baumeister 1940 Heft 12 S. 18.
[2] Dtsch. Ausschuß Eisenbeton 1931 Heft 69.   [3] Vgl. WALZ: Betonstraße 1938 S. 87ff.

Am schwierigsten ist das Anbinden an große waagerechte Flächen, zunächst weil hier gesorgt werden muß, daß vor dem Anbetonieren alles überschüssige Wasser beseitigt ist. Es hat sich als besonders zweckmäßig erwiesen, daß der Beton mattfeucht oder kurz abgetrocknet gehalten wird. Sodann ist hinderlich, daß beim Schütten des neuen Betons Nester aus groben Stücken entstehen können, wenn der Beton mörtelarm ist und wenn beim Schütten nicht überall sachgemäß verfahren wird (vgl. S. 238). Deshalb empfiehlt der Verfasser, vor dem Betonieren auf waagerechten Flächen folgende Arbeitsgänge zu wählen: Abspitzen des Betons, Reinigen der Fläche mit einem scharfen Wasserstrahl,

Ausbürsten des Wassers oder Ausblasen mit Preßluft bis freies Wasser nicht mehr sichtbar ist, tunlichst auch abwarten, bis die Betonfläche mattfeucht abgetrocknet ist, dann Aufbringen von fettem Mörtel oder von fettem, weich angemachtem Feinbeton in angemessener Schichtdicke (etwa 5 bis 10 cm), Anbürsten des Mörtels oder Anrütteln des Feinbetons, dann Einwerfen des Hauptbetons.

Das Abspitzen des erhärteten Betons geschieht in erster Linie zur Beseitigung des an der Verarbeitungsfläche liegenden porigen und wenig festen Feinmörtels, dann zur Erlangung aufgeschlossener Betonflächen; der erforderliche Zustand kann auch durch Abspritzen mit einem Wasserstrahl hergestellt werden, solange der Beton erstarrt; der Zeitraum vom Einbringen des Betons bis zum Eintritt des geeigneten Zustands muß aber von Fall zu Fall gesucht werden, weil der Zement, besonders aber die Temperatur des Betons und der Luft erheblichen Einfluß auf die anfängliche Erhärtung nehmen. Bei vorsichtiger Handhabung unter Beachtung der soeben gegebenen Anweisung für das Aufbetonieren wurde nach dem Aufrauhen durch Abspritzen wie nach dem Abspitzen eine vollkommene Anbindung erreicht; der Bruch erfolgte beim Biegeversuch nicht in der Bindefläche, sondern im angesetzten Beton.

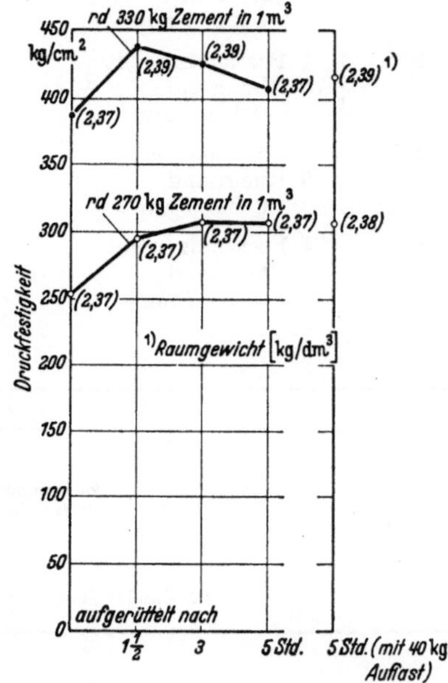

Abb. 295a. Einfluß des Nachrüttelns auf die Druckfestigkeit und auf das Raumgewicht von steif eingebrachtem, erstmals ebenfalls durch Rütteln verdichtetem Beton. Eindringmaß des Betons beim Einbringen: 7 cm. Verdichten bzw. Nachverdichten des Betons während 1,5 Minuten auf einem Rütteltisch (n = 3000 je Minute) in Würfelformen von 20 cm Kantenlänge.

6. Über die zweckmäßige Zusammensetzung des Spritzbetons[1].

Unsere Versuche[2] wurden mit einem Gerät der Torkret-Gesellschaft ausgeführt. Der Überdruck in der Maschine war 1 bis 1,2 at, der lichte Schlauchdurchmesser für den trockenen Mörtel 32 mm und die Länge des Mörtelschlauchs 10 m. Das Düsenmundstück maß 24 mm im Lichten. Der Abstand der Düsenöffnung von der Spritzfläche war 1 m.

Zunächst fand sich, daß die Biegezug- und die Druckfestigkeit auch mit feinen Sanden verhältnismäßig hohe Werte erreichen, sofern der Anteil der Sandkörner bis 0,2 mm unter etwa 25% des Sandgewichts beträgt, vgl. Zahlentafel 46 und 47. Die in Zahlentafel 46 genannten Mörtel S 3, S 5 und S 7 waren

---

[1] Oft „Torkret“ genannt.
[2] Vgl. Dtsch. Ausschuß Eisenbeton 1931 Heft 65 S. 31ff.

Zahlentafel 46. Versuche mit gespritzten Zementmörteln.

1	2	3	4	5	6	7
Reihe	Zusammensetzung in Gewichtsteilen	Vom Mörtel fielen in % des Gesamtgewichts durch das Sieb mit				Wasserzusatz[1] beim Spritzen in % des Mörtelgewichts
		0,2 mm Maschenweite	1 mm	3 mm	7 mm	
				Lochdurchmesser		
S 3	1 Portlandzement 5 Rheinsand 0 bis 7 mm	17	25	55	100	7,4
S 5	1 Portlandzement 5 Rheinsand 0 bis 7 mm	25	35	65	100	8,0
S 7	1 Portlandzement 5 Rheinsand 0 bis 7 mm	35	45	75	100	10
S 10	1 Portlandzement 5 Rheinsand 0 bis 7 mm	60	70	90	100	15

Zahlentafel 47. Versuche mit

1	2	3	4	5
Reihe	Zusammensetzung in Gewichtsteilen		Vom Mörtel fielen in % des Gesamtgewichts durch das Sieb mit	
	Portlandzement	Rheinsand 0 bis 7 mm	0,2 mm Maschenweite	1 mm Lochdurchmesser
			Gruppe E. Portlandzement aus	
A	1	5 (grob)	20	49
C	1	7 (grob)	16	47
D	1	8 (grob)	15	46
E	1	5 (fein)	21	87
G	1	7 (fein)	17	87
H	1	8 (fein)	16	87
			Gruppe F. Portlandzement aus	
Aa	1	5 (grob)	20	49
Cc	1	7 (grob)	16	47
Dd	1	8 (grob)	15	46
Ee	1	5 (fein)	19	96
Gg	1	7 (fein)	15	96
Hh	1	8 (fein)	14	96

außerdem unter hohen Wasserdrücken (bis 12 at) bei 5 cm Plattendicke undurchlässig; der sehr feine Mörtel S 10 erwies sich unter 7 at als durchlässig. Bei Versuchen mit den Mörteln, die in Zahlentafel 47 aufgeführt sind, blieben die 5 cm dicken Platten unter 12 at undurchlässig, wenn das Mischverhältnis in Gewichtsteilen 1:5 bis 1:7 betrug; bei 1:8 ist Durchlässigkeit beobachtet worden.

Der Rückfall beim Spritzen an Wände war bei den feinkörnigen Mischungen

---

[1] Festgestellt mit einem Durchflußmesser in der Wasserleitung.

Mit Portlandzement aus Nürtingen (nach alter Norm $K_{n28} = 529$ kg/cm²).

8	9	10	11	12	13
Wasser-zementwert w	Biegezugfestigkeit von 5 cm dicken und 10 cm breiten Streifen, aus Platten gesägt, im Alter von 13 Wochen (Lagerung unter feuchten Tüchern) Spritzfläche in der Druckzone kg/cm²	Spritzfläche in der Zugzone kg/cm²	Druckfestigkeit ermittelt im Alter von 14 Wochen (Lagerung unter feuchten Tüchern) kg/cm²	Rohwichte nach Trocknung bei 100° C kg/dm²	Gewichts-zunahme in % bei Lagerung unter Wasser (20 Stunden) nach vorheriger Trocknung bei 100° C
0,44	66	68	371	2,17	6,7
0,48	59	63	318	2,10	7,6
0,62	62	52	255	2,06	8,2
0,92	30	31	150	1,93	11

gespritzten Zementmörteln.

6	7	8	9	10
Vom Mörtel fielen in % des Gesamtgewichts durch das Sieb mit 3 mm Lochdurchmesser	7 mm Lochdurchmesser	Biegezugfestigkeit von 5 cm dicken und 10 cm breiten Streifen, aus den Platten gesägt, im Alter von 4 Monaten (Lagerung unter feuchten Tüchern) Spritzfläche in der Druckzone kg/cm²	Spritzfläche in der Zugzone kg/cm²	Druckfestigkeit in kg/cm², ermittelt im Alter von 5 Monaten (Lagerung unter feuchten Tüchern) Prismenquerschnitt 4 × 4 cm, Höhe 8 cm
Nürtingen (nach alter Norm $K_{n28} = 529$ kg/cm²)				
67	100	77	65	—
65	100	68	59	—
64	100	62	57	—
98	100	84	86	—
98	100	79	81	—
98	100	58	64	—
Nürtingen (K_{n28} rd. 530 kg/cm²)				
67	100	116	105	—
65	100	82	78	—
64	100	74	75	—
100	100	122	129	448
100	100	95	103	381
100	100	78	76	377

erheblich kleiner als bei den grobkörnigen. Er betrug

bei den Mörteln   S 3   S 5   S 7   S 10 der Zahlentafel 46
              57   50   43   20%,
ferner bei den groben Mischungen der Gruppen E und F in Zahlentafel 47
          39 bis 53%,
dagegen bei den feinen Mischungen dieser Gruppen
          30 bis 38%.

Die groben Mischungen S 3 und S 5, ebenso die groben Mischungen der Gruppen E und F gaben Anlaß zu Betriebsstörungen; überdies kamen die groben

Mörtel nach dem Spritzen an der Wand eher zum Gleiten als die feineren Mörtel. Wichtig ist weiter, daß die Mörtel durch Stampfen nicht zu der Dichte gebracht werden konnten wie durch Spritzen; die gestampften Mörtel lieferten weit kleinere Festigkeiten als die gespritzten.

7. Über die geeignete Zusammensetzung des weich und flüssig angemachten Betons.

Hier ist das unter 1., S. 235 bis 239 Gesagte besonders wichtig. Der flüssig angemachte Beton ist beim Fördern und Verarbeiten in hohem Maße der Entmischung ausgesetzt; es scheidet sich Wasser aus, um so mehr, je mehr dem Mörtel die feinsten Teile fehlen. Vgl. dazu S. 7 und 208. Das ausgeschiedene Wasser stört die Verarbeitung und die Zusammensetzung des darüber folgenden Betons; es wird bei großen Schüttungen unter Umständen örtlich angereichert oder gar eingeschlossen. Damit können grobe Unregelmäßigkeiten in der Beschaffenheit des erhärteten Betons eintreten. Auch deshalb ist flüssig angemachter Beton nur ausnahmsweise anzuwenden, womöglich nur, wenn die Eigenschaften des Betons geringwertig sein dürfen.

8. Über die zweckmäßige Zusammensetzung des Pumpbetons.

Durch das von mir geleitete Institut ist auf 3 Baustellen, die einen geordneten Pumpbetrieb im Gange hatten, festgestellt worden, welche Eigenschaften der Beton aufwies. Das Wesentliche findet sich in den folgenden Zahlenreihen:

Baustelle	N	B	T
Länge der Rohrleitung	60 m und mehr	80 m und mehr	—
Steighöhe der Rohrleitung	10 m	13 m	—
Zement in 1 m³ Beton	300 kg	260 kg	238 kg und 77 kg Traß
Zuschlagstoffe	Flußkiessand	Rheinkiessand	Rheinsand und Muschelkalksplitt
Obere Korngrenze der Zuschlagstoffe	30 mm	30 mm	40 mm
Anteil der Zuschlagstoffe von			
0 bis 0,2 mm	2%	2%	5% (einschl. Traß)
0 bis 1 „	23%	25%	25%
0 bis 7 „	49%	49%	59%
0 bis 15 „	74%	77%	70%
0 bis 30 „	94%	100%	91%
Ausbreitmaß des Betons	40 cm	40 cm	37 cm

Der Beton war in allen drei Fällen gut pumpbar.

Weitere Beobachtungen, vor allem bei den von KAISER[1] durchgeführten Versuchen, zeigen, daß Beton, dessen Körnung im oberen Bereich der Sieblinien des besonders guten Betons liegt, zuverlässig gepumpt werden kann, auch daß Beton mit noch zulässiger Körnung, auch solcher mit Körnern bis 70 mm pumpbar ist. Kiesbeton läßt sich selbstverständlich leichter pumpen als Schotterbeton. Wichtig ist vor allem ein gewisser Anteil feinster Stoffe, die den Beton sämig machen, z. B. Kalksteinmehl oder Ton oder Basaltmehl oder Traß. Die erforderliche Menge dieser Stoffe ist vom Zementgehalt abhängig. Zweckmäßig sind die S. 83ff. angegebenen Anteile von 0 bis 0,2 mm.

Diese Beigaben vermindern die Festigkeit nicht, wie S. 86 bis 99 gezeigt ist.

---

[1] KAISER: Das Pumpen von Beton. Dissertation Stuttgart 1938.

Ebenso ist die Verarbeitbarkeit des Zements von Bedeutung, weil die unvermeidlichen Schwingungen der Rohrleitung das Wasserabstoßen des Betons begünstigen[1]. Dementsprechend ist auch die Länge und die Steigung der Rohrleitung von Einfluß.

Sind die feinsten Teile des Betons nicht ausreichend zu beschaffen, so kann mit besonderen Zusatzstoffen (u. a. Plastiment, Murasit) geholfen werden, wenn die Wirkung durch Eignungsversuche nachgewiesen ist. Vgl. unter W 4, S. 233ff.

Das Ausbreitmaß des Betons sollte nicht unter 35 cm, auch nicht über 50 cm liegen.

Aus unseren Versuchen ist schließlich bemerkenswert, daß die Eigenschaften des Betons im ordentlichen Pumpbetrieb nicht geändert wurden; die Festigkeit des gepumpten Betons ist nicht größer ausgefallen als die Festigkeit des Betons, der schon an der Mischmaschine entnommen worden ist. Andererseits ist es beim Pumpbetrieb leichter als mit anderen Förderverfahren möglich, den Beton mit gleichmäßiger Beschaffenheit an die Einbaustelle zu bringen.

9. Über die Liegezeit und über die zulässige Verarbeitungsdauer des Betons.

Bei vielen Bauaufgaben ist es zeitweise oder fortlaufend unvermeidlich, daß vom Mischen des Betons bis zum Ende der Verarbeitung mehrere Stunden verstreichen. Die längsten Zeiten treten beim Betonstraßenbau auf. Dazu ist in der „Anweisung für den Bau von Betonfahrbahndecken" der Direktion der Reichsautobahnen, Ausgabe 1939, folgendes verlangt:

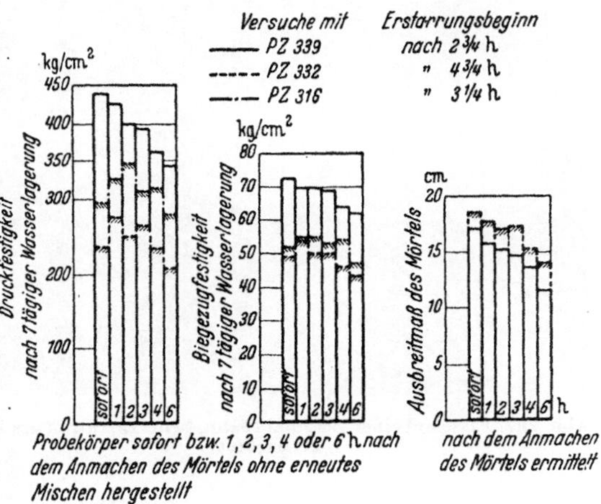

Abb. 296. Einfluß der Liegezeit des Mörtels auf seine Druckfestigkeit und Biegezugfestigkeit. Der Mörtel war vor der Verarbeitung dauernd gegen Austrocknen geschützt.

„Die vollständige Verarbeitung des Betons der oberen Lage (einschließlich der Nacharbeiten an den Fugen) muß, vom Beginn der Einbringung der unteren Betonlage an gerechnet, bei warmem und trockenem Wetter innerhalb von 2, bei kühlem und feuchtem Wetter innerhalb von 3 Stunden beendet sein. Alle diese Verarbeitungszeiten dürfen auch bei Nachtarbeit nicht überschritten werden. Bei besonders heißer Witterung oder bei starkem Regenwetter ist die untere Betonlage bis zum Aufbringen der oberen Betonlage mit Zeltplanen oder Pappe abzudecken, um ein Austrocknen des Betons bzw. Abspülen des Zements zu vermeiden. Zum Schutz gegen Sonnenbestrahlung und Regen sind alle Arbeiten an der oberen Betonlage einschließlich der Verdichtung unter einem genügend hohen Arbeitszelt, das mit Ausnahme der dem Fertiger zugewandten Stirnseite lückenlos geschlossen werden kann, vorzunehmen."

Außerdem ist in den zugehörigen Abnahmevorschriften für die Straßenbauzemente festgesetzt, daß die Straßenbauzemente bei 15 bis 20° frühestens nach 2 Stunden den Erstarrungsbeginn zeigen, im Sommer bei 30 bis 32° frühestens nach 1½ Stunden.

Diese Bestimmungen haben sich für Zemente nach DIN 1164 als ausreichend erwiesen.

Außerdem sei auf die in Abb. 296 dargestellten Versuche verwiesen, die angeben, daß nach mehrstündiger Liegezeit mit kleinerer Festigkeit zu rechnen

---

[1] Vgl. auch unter B 6, S. 7 sowie unter W 1, S. 223.

ist als nach der Verarbeitung des frischen Betons; allerdings ist der Verlust in den ersten 3 Stunden klein[1]. Es ist also an sich zweckmäßig, die Liegezeit des Betons so kurz als möglich zu halten. Dazu kommt, daß sich die Zemente, namentlich im Sommer, verschieden verhalten; es kann deshalb nur dann eine lange Liegezeit hingenommen werden, wenn der Zement dazu ausgesucht ist, so wie dies für den Betonstraßenbau geschieht. Überdies ist zu beachten, daß der frische Beton beim Liegen steifer wird, vgl. Abb. 296 rechts, auch wenn kein Wasserverlust eintritt. KEIL und GILLE[2] machen dazu aufmerksam, daß die geänderte Steife eine erhöhte Stampfarbeit fordert oder ein Nachmischen unter Zugabe von Wasser nötig macht, damit die ursprüngliche Steife wieder entsteht. Zu dem größeren Wasserzusatz gehört aber eine kleinere Festigkeit.

Beton mit Tonerdezement sollte nicht ablagern; er verliert beim Liegenlassen mehr an seiner Güte als Beton mit Normenzementen.

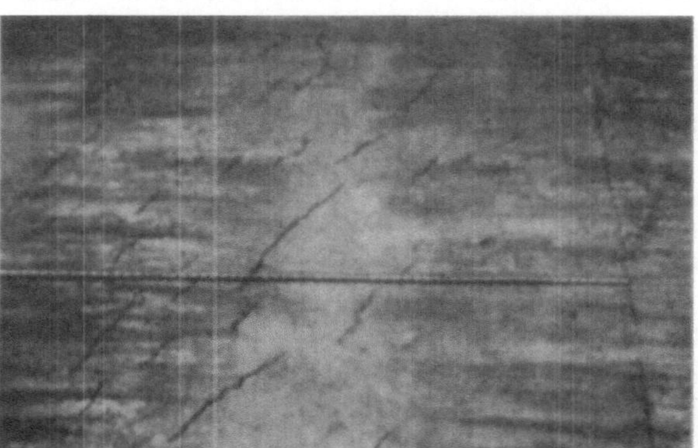

Abb. 297. Risse auf einer Betonfahrbahn, beim Erstarren des Betons beobachtet.

10. Über Mängel, die beim Erstarren des Betons erscheinen, sowie über die zweckmäßige Nachbehandlung des Betons.

Der frische Beton schrumpft beim Erstarren; das Schrumpfmaß wird um so größer, je wasserreicher der Beton eingebracht worden ist. Zugehörige Feststellungen sind S. 23 wiedergegeben[3]. Wenn das Schrumpfen des wasserreich verarbeiteten Betons von heißem Wetter und von trocknenden Winden begleitet ist und wenn dem Schrumpfen Hindernisse begegnen[4], besteht die Gefahr der Rißbildung nach Abb. 297; in besonderem Maße gilt diese Gefahr an der oberen Fläche von bewehrten Baukörpern. Die Schrumpfrisse nach Abb. 297 können zunächst durch Verkleinerung des Wasserzusatzes vermieden werden; ist dies nicht möglich, so kann durch Nachverdichten des Betons sicher geholfen werden. Dies geschieht am einfachsten durch Abklatschen und nochmalige Bearbeitung mit dem Glättbrett, sobald das vom Beton ausgeschiedene Wasser nahezu verdunstet ist, also sobald der an der Oberfläche liegende Beton das überschüssige Wasser zu seinem erheblichen Teil verloren hat.

Im übrigen ist es nötig, den Beton so zu behandeln, daß er das für die Erhärtung nötige Wasser behält. Bei massigen Bauwerken genügt dazu ein Abdecken mit Papiersäcken, Brettern, Reisig, Sand usw., weil das frische Bauwerk viel mehr Wasser enthält als der Zement braucht; ein Bespritzen der massigen Bauwerke ist in der Regel schädlich, weil damit eine so scharfe Abkühlung des Betons an der Oberfläche eintreten kann, daß Risse entstehen; vgl. dazu S. 11 ff.[5]. Andererseits ist zu erwarten, daß im Sommer, besonders wenn trockene Winde wehen, der Wasserentzug aus dünnwandigen Tragwerken (Betonstraßen,

---

[1] Vgl. auch GONNERMAN u. WORDWORTH: Proc. Amer. Concr. Inst. Bd. 25 (1925) S. 361.
[2] KEIL und GILLE: Zement 1938 S. 640ff.
[3] Vgl. auch Fußbemerkung 1, S. 181.
[4] Durch die Stahleinlagen des bewehrten Betons, durch den darunterliegenden Beton usw.
[5] Vgl. auch HAMPE: Ausschuß Massenbeton 1942 Heft 1.

Stahlbetonhochbauten u. a. m.) zu groß wird; solche Tragwerke müssen deshalb besonders sorgfältig gegen Wasserentzug geschützt werden und — wenn dieser Schutz nicht ausreicht oder wenn ein Schutz nicht erfolgt — durch Bestäuben mit Wasser fortlaufend versorgt werden[1].

Über die Bedeutung des Feuchthaltens bei kleinen Proben geben die im folgenden beschriebenen Versuche mit Würfeln von 7 cm Kantenlänge Auskunft.

Die Ergebnisse in Zahlentafel 48 zeigen, daß trocken gelagerter Mörtel (Reihe e) nur etwa die Hälfte der Festigkeit der Würfel von Reihe d (28 Tage

Zahlentafel 48. Einfluß der Behandlung. Würfel aus weich angemachtem Mörtel von hochwertigem Portlandzement „N" und Rheinsand.

Normenfestigkeit des Zements nach alter Norm $K_n = 558$ kg/cm²

Lagerung	Druckfestigkeit der 3 Monate alten Würfel in kg/cm²	
	Würfel aus 1 Gewichtsteil Zement 3 Gewichtsteilen Sand $w = 0,50$	Würfel aus 1 Gewichtsteil Zement 6 Gewichtsteilen Sand $w = 0,76$
a) 2 Tage in feuchten Tüchern, dann dauernd im Wasser . .	475 (1)	228 (1)
b) 2 Tage in feuchten Tüchern, 5 Tage im Wasser, dann trocken	475 (1)	223 (0,98)
c) 2 Tage in feuchten Tüchern, 12 Tage im Wass., dann trocken	525 (1,11)	266 (1,17)
d) 2 Tage in feuchten Tüchern, 26 Tage im Wass., dann trocken	556 (1,17)	283 (1,24)
e) Dauernd trocken[2]	293 (0,62)	129 (0,57)

feucht gelagert) und rd. $^3/_5$ der Werte von Reihe a (dauernd naß gelagert) lieferten. Hierbei handelte es sich um weich angemachten Mörtel. Bei erdfeucht und flüssig angemachtem Mörtel stellten sich ähnliche Verhältnisse ein, wie die folgenden Zahlenreihen erkennen lassen, gültig für 28 Tage alte Würfel aus 1 Gewichtsteil hochwertigem Portlandzement und 4 Gewichtsteilen Rheinsand.

Steife des Mörtels	1 Tag in feuchter Luft, 6 Tage im Wasser, 21 Tage trocken	dauernd trocken gelagert
Erdfeucht angemacht	756 kg/cm²	517 (0,68)
Weich angemacht	574 ｡｡	341 (0,59)
Flüssig angemacht	440 ｡｡	265 (0,60)

Beton, der von der Herstellung bis zur Indienststellung feuchtgehalten wurde, erwies sich weit weniger durchlässig als trocken gehaltener Beton (vgl. S. 177). Durch anfängliches Feuchthalten wurde das Schwinden erheblich verzögert und damit das Entstehen von Schwindrissen mehr oder minder hintangehalten, vgl. S. 188ff. Auch der Widerstand gegen Abnützung wurde erhöht.

Wird alter, ausgetrockneter Beton durchfeuchtet (überflutet), so sinkt die Druckfestigkeit. Der so hervorgerufene Abfall der Druckfestigkeit ist bei Beton geringer Festigkeit verhältnismäßig größer ausgefallen als bei Beton höherer Festigkeit. Auch die Zugfestigkeit des trockenen Betons sinkt beim Durch-

---

[1] Vgl. Anweisung für den Bau von Betonfahrbahndecken, Direktion der Reichsautobahnen, Ausgabe 1939 S. 42ff.

[2] Lagerung auf einem Holzgerüst in einem Raum mit offenen Wasserbehältern.

17*

feuchten[1]. Beim Wiederaustrocknen gehen die Zugfestigkeit und die Biegezugfestigkeit mehr oder minder lange Zeit weiter zurück[2], beim raschen Austrocknen von Beton mit hohem Zementgehalt in bedeutendem Maße; später wachsen die Zugfestigkeit und die Biegezugfestigkeit wieder.

Y. Leichtbeton.

1. Allgemeines über Leichtbeton.

Beton mit kleinerem oder erheblich kleinerem Raumgewicht (kleinerer Rohwichte) als der gewöhnliche Beton wurde bisher angewandt:

a) für Tragwerke in Ingenieurbauten, u. a. zum Fahrbahnunterbau großer Brücken, zu Stahlbetonschiffen u. a. m., wenn es sich darum handelte, bei bestimmter Festigkeit des Betons ein möglichst kleines Eigengewicht des Tragwerks zu erhalten;

b) insbesondere für Wände, auch für Dächer und Decken in Hochbauten. Neben einer für die jeweilige Aufgabe hinreichenden, meist kleinen Mindestfestigkeit ist eine möglichst kleine Wärmedurchlässigkeit erforderlich, letztere weitgehend bedingt durch einen bestimmten Höchstwert des Raumgewichts des Betons. Beispielsweise wird für Mauersteine aus Gasbeton verlangt, daß die Druckfestigkeit mindestens 30 kg/cm² und das Trockengewicht höchstens 98 kg/dm³ beträgt[3]. Zur Zeit ist es möglich, eine Druckfestigkeit von 20 kg/cm² schon bei einem Trockengewicht von 0,6 kg/dm³ zu gewährleisten (vgl. u. a. Zahlentafel 54). Für lange Platten sind höhere Festigkeiten nötig; dabei ist die Biegezugfestigkeit entscheidend.

Wichtig ist weiterhin die Ausgleichfeuchte, das Verhalten bei oftmaligem Gefrieren und Auftauen mit dem im Bauwerk möglichen höchsten Feuchtigkeitsgehalt der Steine, ferner die Tragfähigkeit des Mauerwerks, auch der Schallschutz und das Verhalten im Feuer. Besonders zu beachten ist das Schwinden des Betons im Bauwerk[4].

Über die Bedingungen für Bausteine aus Leichtbeton vgl. u. a. DIN 4110 (Technische Bedingungen für Zulassung neuer Bauweisen), DIN 4109 (Richtlinien für den Schallschutz im Hochbau), DIN 4102 (Widerstandsfähigkeit von Baustoffen und Bauteilen gegen Feuer und Wärme), DIN 1059 (Schwemmsteine aus Bimskies), DIN 399 (Hüttenschwemmsteine), DIN 400 (Schlackensteine), DIN 4152 (Hohlblocksteine und T-Steine aus Naturbimsbeton), DIN 4153 (Hohlblocksteine und T-Steine aus Hüttenbimsbeton), DIN 4154 (Hohlblocksteine aus Schlackenbeton), DIN 4155 (Hohlblocksteine aus Ziegelsplittbeton) und DIN 4158 (Deckenhohlkörper aus Naturbimsbeton oder Hüttenbimsbeton), DIN 4161 (Ziegelbetonsteine). Einzelheiten gehen aus der Zusammenstellung S. 261 hervor.

2. Über die Zuschlagstoffe des Leichtbetons und über die Art ihrer Anwendung.

Der Leichtbeton wird hergestellt:

a) aus porigen Zuschlagstoffen mit kleiner Rohwichte, wie Bims, Hüttenbims, Kesselschlacke, Müllschlacke, Ziegelschotter, Blähton, Lavaschlacke, porige Hochofenschlacke oder andere porige Industrieschlacken beständiger Art, auch mit Sägespänen und Holzwolle,

---

[1] Vgl. S. 153, insbesondere Abb. 160, auch S. 16 und Abb. 18.

[2] GRAF: Die Druckfestigkeit von Zementmörtel, Beton, Eisenbeton und Mauerwerk S 1.8, 87, 94 sowie Mitt. über Forschungsarbeiten Heft 72 bis 74 S. 103ff. Vgl. auch im vorliegenden Buch S. 16.   [3] Fortschr. u. Forsch. Bauwesen Reihe B, Heft 2 S. 99.

[4] GRAF: Gasbeton, Schaumbeton, Leichtkalkbeton. Stuttgart: Konrad Wittwer 1949.

Art der Steine	Höchstwerte der Rohwichte[1] kg/dm³	Mindestwerte der Druckfestigkeit im Mittel kg/cm²	des Einzelsteins kg/cm²
Schwemmsteine	0,80	20	16
Sonder-Schwemmsteine	0,85	30	24
Hüttenschwemmsteine	1,00	20	16
Sonder-Hüttenschwemmsteine . . .	1,20	30	24
Schlackensteine	1,20	30	24
Sonder-Schlackensteine	1,40	50	40
Hohlblocksteine aus Naturbimsbeton	1,00	20	16
T-Steine aus Naturbimsbeton . . .	0,90	20	16
Hohlblocksteine aus Hüttenbimsbeton	1,30	20	16
T-Steine aus Hüttenbimsbeton . . .	1,10	20	16
Hohlblocksteine aus Schlackenbeton	1,40	30	24
Hohlblocksteine aus Ziegelsplittbeton	1,40	20	16
Ziegelbetonsteine	1,30	20	16

b) mit natürlichen Zuschlagstoffen (Kalksteinschotter, Kies) aus Körnern mit wenig verschiedener Größe, so daß die Zuschlagstoffe und der daraus hergestellte Beton ein gleichkörniges, hohlraumreiches Haufwerk mit kleiner Rohwichte bilden[2], ·

c) mit den Zuschlagstoffen nach a) mit einer Körnung, die überdies den Bedingungen nach b) mehr oder minder nahe kommt,

d) mit natürlichen Sanden unter Verwendung von Treibmitteln (Gasbeton, Porenbeton) oder Schaummitteln (Zellenbeton, Iporitbeton),

e) mit fein gemahlenen, sehr wasserhaltig angemachten Gemischen vornehmlich aus Branntkalk und Quarzsand, ohne oder mit Treibmittel, mit folgender Dampfdruckbehandlung[3].

3. Eigenschaften des Bimsbetons.

a) Beschaffenheit der Zuschlagstoffe. Seite 44 ist mit Abb. 46 gezeigt, daß der Bims[4] ein feinporiges Gestein ist; die Rohwichte ist klein; der anfänglich lufttrockene Bims schwimmt auf dem Wasser. Der Bims besitzt scharfe Porenränder; die Oberfläche der Körner ist damit rauh; der Beton wird mit solchen Zuschlagstoffen sperrig. Die Eigenfestigkeit des Bimses ist klein; die Körner können oft mit der Hand gebrochen werden. Die Wasseraufnahme nach sehr langer Lagerung im Wasser ist selbstverständlich bedeutend (bis rd. 160% des Trockengewichts).

b) Raummetergewicht von geschüttetem Bimskies. Lose eingefüllte Zuschlagstoffe wiegen lufttrocken

mit gemischtkörnigem Bimskies von 0 bis 20 mm . . . etwa 0,6 bis rd. 0,9 kg/dm³,
mit Körnungen enger Begrenzung (z. B. von 20 bis 30 mm) etwa 0,3 bis   0,5 „ ·

---

[1] Nach Trocknung gemäß der in den zugehörigen Normen gegebenen Anleitung. Vgl. beispielsweise DIN 1059, unter 4 b.

[2] Von HUMMEL „Einkornbeton" genannt; vgl. HUMMEL: Das Beton-ABC, 3. Aufl. S. 212.

[3] Vgl. u. a. HUMMEL und HÜTTEMANN: Schriftenreihe Fortschr. u. Forsch. Bauwesen 1942 Heft B 2 S. 51 ff., ferner GRUNDEY: Zement 1942 S. 454 ff. — Eine Zusammenstellung von Patenten gab LACH in Zement 1936 S. 151 ff. Vgl. GRAF: Gasbeton, Schaumbeton, Leichtkalkbeton. Stuttgart: Konrad Wittwer 1949.

[4] Über die Entstehung, auch über die chemische Zusammensetzung des Bimskieses vgl. GRÜN: Betonwerk 1931 S. 17 ff., auch HART: Betonwerk 1932 S. 13 ff.; ferner ALTHAMMER: Die Rheinische Bimsbaustoff-Industrie, 4. Aufl., Verband rheinischer Bimsbaustoffwerke, Neuwied 1939. Über italienische Vorkommen vgl. PERFETTI: Riv. tecn. delle Ferrov. ital. Bd. 54 Heft 16 vom 15. Oktober 1938; ferner GIVACCHINO DE ANGELIS D'OSSAT: L'Industria Mineraria, Fasc. IV, April 1936.

Im Bimskies finden sich oft kleine Mengen Schieferstücke, die das Raummetergewicht des natürlich anfallenden Bimskieses über die angegebenen Werte hinaus mehr oder minder steigern.

Abb. 298. Gefüge eines Schwemmsteins in einer Schnittfläche. Raumgewicht 0,73 kg/dm³ nach dem Trocknen bei 100°. Druckfestigkeit 34 kg/cm².

Abb. 299. Gefüge eines Bimsbetons aus 1 Raumteil Portlandzement und 10 Raumteilen Bimskies. Raumgewicht 0,71 kg/dm³ nach dem Trocknen bei 100°. Druckfestigkeit 27 kg/cm².

c) Einfluß der Beschaffenheit der Zuschlagstoffe auf das Raumgewicht (die Rohwichte) und auf die Druckfestigkeit des Bimsbetons. Der Bimsbeton wird für Schwemmsteine nach DIN 1059 aus dem natürlichen Zuschlaggemisch,

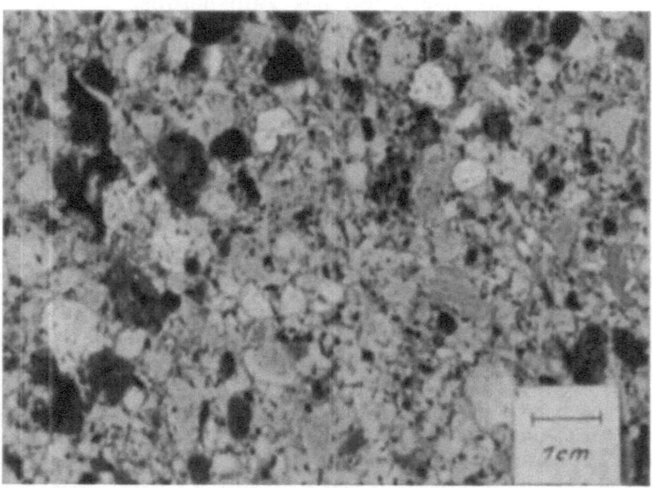

Abb. 300. Gefüge eines Bimsbetons, der durch Rütteln verdichtet worden ist. Raumgewicht 1,03 kg/dm³ nach Trocknen bei 100°. Druckfestigkeit dünnwandiger Deckensteine aus solchem Beton 50 bis 60 kg/cm².

das im Mittel eine zweckmäßige Körnung aufweist, mit hydraulischen Bindemitteln steif angemacht und mit Stampfmaschinen verarbeitet. Die Stampfarbeit ist absichtlich beschränkt, damit eine Zerstörung des leicht brechbaren Bimskieses vermieden und damit eine bestimmte kleine Rohwichte nicht überschritten wird[1]. Das Gefüge eines Schwemmsteins ist aus Abb. 298 ersichtlich.

Schwemmsteine nach DIN 1059 sollen nach Trocknung bei 110° eine Rohwichte von höchstens 0,8 kg/dm³ besitzen und dabei eine Druckfestigkeit von mindestens 20 kg/cm² aufweisen; Sonderschwemmsteine nach derselben Norm dürfen bis 0,85 kg/dm³ wiegen, die Druckfestigkeit soll mindestens 30 kg/cm² betragen. Durch Steigerung des Zementgehalts, durch Verwendung besonders gut gekörnter Zuschlaggemische, auch durch weitergehendes Stampfen oder durch Rütteln läßt sich die Druckfestigkeit des Bimsbetons erhöhen, allerdings nur so weit, als dies die Festigkeit des Bimskieses möglich macht. Abb. 299 zeigt das Gefüge eines Bimsbetons mit verhältnismäßig kleinem Raumgewicht und kleiner Festigkeit; in Abb. 300 ist das Gefüge eines schwereren, festeren Bimsbetons gezeigt. Abb. 301 enthält Angaben aus Druckversuchen mit Bimsbeton; zu dem Raumgewicht des lufttrockenen Bimsbetons (ohne und mit Sandzusatz) ist die Druckfestigkeit angegeben, und zwar für 4 Wochen alte Probekörper. Dabei wurde auch der Zementgehalt angegeben, soweit er bekannt war. Abb. 301 zeigt ein großes Streufeld, das auf die Unterschiede des Bindemittelgehalts und die verschiedene Beschaffenheit der Bindemittel, auch der Zuschlagstoffe zurückzuführen ist. Im allgemeinen stieg dabei die Druckfestigkeit mit dem Raumgewicht.

Die Erhöhung der Druckfestigkeit des Bimsbetons wird in der Regel durch Beimischung von Natursand angestrebt. Beispielsweise fand sich[2] die *Druckfestigkeit* von Betonkörpern aus

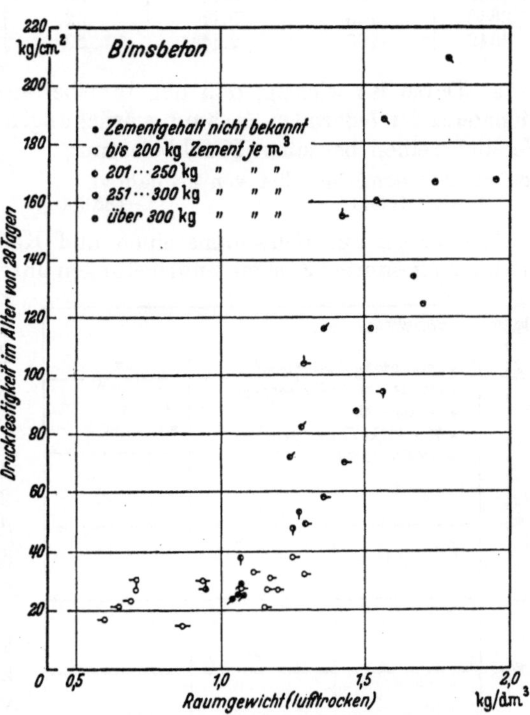

Abb. 301. Beziehungen zwischen dem Raumgewicht und der Druckfestigkeit von Bimsbeton.

1 Raumteil Zement	1 Raumteil Zement	1 Raumteil Zement
2 Raumteilen Rheinsand	2 Raumteilen Rheinsand	2 Raumteilen Rheinsand
	2 Raumteilen Bimskies	4 Raumteilen Bimskies

im Alter von 3 Monaten
(mit Würfeln von 30 cm Kantenlänge)

| zu 343 | 166 | 116 kg/cm², |

im Alter von 4½ Jahren
(mit Säulen von 20 cm × 20 cm × 80 cm)

| zu 370 | 194 | 131 kg/cm², |

und das *Raumgewicht* nach 4½ jähriger trockener Lagerung in einem Arbeitsraum

| zu 2,14 | 1,67 | 1,41 kg/dm³. |

---

[1] Eine noch sorgsamere Verwendung des Bimskieses erfolgt beim Rütteln des Bimsbetons. — Das Rütteln von Bimsbeton ist in Italien mit gutem Erfolg in Anwendung. Der dort übliche Bimsbeton — Abb. 300 zeigt ein Beispiel — hat eine größere Rohwichte und eine höhere Druckfestigkeit als der in Deutschland übliche. Vgl. Fortschr. u. Forsch. Bauwesen Reihe B, Heft 5.   [2] GRAF: Forsch.-Arb. Ing.-Wes. Heft 227 S. 38ff. Berlin 1920.

Zahlentafel 49. Eigenschaften von Bimsbeton
Lagerung der Proben: 7 Tage unter

1	2	3	4	5	6	7
	1 m³ fertiger Beton enthielt Zement	Wassergehalt zum Zement- gehalt	Wassergehalt des Betons in % des Gewichts der trockenen Stoffe			
Mischung				im Beton am Prüfungstag im Alter von		
			im frischen Beton	28 Tagen	3 Monaten	14 Monaten
	kg					
2639	85	3,84	52	17	5	5
2640	105	3,11	52	19	6	6
2642	165	2,14	50	15	4	4

d) Dabei ist wichtig, daß der Bimsbeton sehr nachgiebig ist; der **Elastizitätsmodul der federnden Zusammendrückungen** betrug bei den eben angegebenen Versuchsreihen bei einer Druckbelastung

von rd. 20 kg/cm² im Alter von 4½ Jahren
      rd. 261000   135000   95000 kg/cm².

Mauerwerk aus Schwemmsteinen und Kalkmörtel lieferte den Elastizitätsmodul der gesamten Zusammendrückungen unter der Druckbelastung von 8 kg/cm² zu $E = 7700$ kg/cm², mit Kalkzementmörtel zu 15000 kg/cm²*. Zu der Druckbelastung von 4 kg/cm² gehörten $E = 12000$ kg/cm² und $E = 17000$ kg/cm².

e) Für die **Biegezugfestigkeit des Bimsbetons** fanden sich für 28 Tage alte Proben (7 Tage feucht, dann trocken gelagert) und für ältere Proben die in Zahlentafel 49 angegebenen Werte.

Das Verhältnis der Druckfestigkeit der Würfel zur Biegezugfestigkeit der Balken war also im Alter von 28 Tagen

für Beton mit   85   165 kg Zement je m³
             1:2,8   1:3,7.

Weitere Angaben finden sich in Abb. 302.

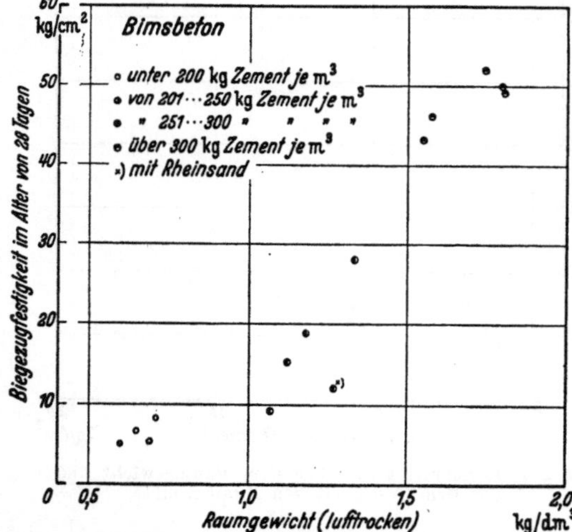

Abb. 302. Beziehungen zwischen dem Raumgewicht und der Biegezugfestigkeit von Bimsbeton.

f) Wichtig ist sodann, daß das Wasser im Bimsbeton nur bis zu einer kleinen Höhe angesaugt wird. Abb. 303 zeigt dazu links einen gebrannten Mauerstein, rechts einen Schwemmstein; das Wasser ist hiernach im Schwemmstein weit weniger gehoben worden als im Mauerstein.

Andererseits ist zu beachten, daß der *Wassergehalt des frischen Bimsbetons* verhältnismäßig groß ist, beispielsweise bei den oben genannten Proben

mit 85   165 kg Zement je m³
im frischen Beton 52   50% vom Gewicht der trockenen Stoffe
nach 7 tägiger feuchter, dann 21 tägiger
     trockener Lagerung 17   15%.

---

* Vgl. u. a. GRAF u. WEISE: Fortschr. u. Forsch. Bauwesen Reihe B, Heft 1 S. 42. Berlin 1942.

mit verschiedenem Zementgehalt.
feuchten Tüchern, dann an der Luft.

8	9	10	11	12	13	14	15
Rohwichte des Betons nach dem Trocknen bei 100°	Biegezugfestigkeit ermittelt an Balken 56 cm × 10 cm × 10 cm im Alter von			Druckfestigkeit ermittelt an den Reststücken der Balken im Alter von			ermittelt an Würfeln (Kantenlänge 10 cm) im Alter von
	28 Tagen	3 Monaten	14 Monaten	28 Tagen	3 Monaten	14 Monaten	28 Tagen
kg/dm²	kg/cm²	kg/cm²	kg/cm²	kg/cm²	kg/cm²	kg/cm²	kg/cm²
0,60	5,0	5,0	5,4	17	14	13	14
0,65	6,7	8,3	8,6	21	22	22	19
0,71	8,1	12	13	30	33	33	30

Die Abgabe des Wassers erfolgt allmählich und dauert verhältnismäßig lange Zeit; bei geschützter Lagerung werden kleine Feuchtigkeitsgehalte erreicht, wie Zahlentafel 49 in den Spalten 6 und 7 erkennen läßt[1].

g) Die **Wärmedurchlässigkeit** des Bimsbetons ist entsprechend seinem Raum-

Abb. 303. Mauerstein (nach DIN 105) und Schwemmstein (nach DIN 1059) mit dem unteren Ende im Wasser. Die Höhe der dunkleren Zone der Steinflächen zeigt die kapillare Steighöhe des Wassers.

gewicht klein. Nach HUMMEL und SITTEL liegt die Wärmeleitzahl von Bimsbetonwänden mit 800 kg/m³ bei 0,2 bis 0,4 kcal/m h°*, bei Wänden mit 1200 kg/m³ bei 0,3 bis 0,55 kcal/m h°.

h) Über die **Wärmeausdehnung** vgl. Zahlentafel 41, S. 198.

i) Das **Schwindmaß** des gewöhnlichen Bimsbetons ist verhältnismäßig groß, weil die Zuschlagstoffe besonders nachgiebig, auch erhebliche Hohlräume vorhanden sind; das Schwinden des Zements ist damit weniger gehindert als im Schwerbeton[2].

---

[1] Vgl. auch HART: Der Feuchtigkeitsgehalt und Wärmeschutz des Mauerwerks aus Bimsbaustoffen S. 13. Neuwied 1934.

* Für Schwemmsteine mit kleinerem Raumgewicht hat HART Werte bis herunter zu rd. 0,12 kcal/m h° angegeben.   [2] Vgl. dazu unter P 4, S. 186 ff.

Für handelsübliche Schwemmsteine wurde 4 Wochen nach der Anlieferung 0,3 mm/m, für Bimsbetonhohlblocksteine 0,14 mm/m, nach 1 Jahr 0,35 mm/m und 0,57 mm/m festgestellt[1]. Schwemmsteine, die vom frischen Zustand aus gemessen wurden, zeigten selbstverständlich anfangs eine langsame Entwicklung des Schwindmaßes und größere Endwerte (bis 0,78 mm/m)[2].

Für Bimsbeton (Balken von 10 cm $\times$ 10 cm $\times$ 56 cm) mit 402 kg Zement je m³, hergestellt unter Zusatz von Rheinsand (in Gewichtsteilen: 1 Zement, 0,33 Rheinsand und 1,98 Bims bis 15 mm), fand sich nach 7 tägiger feuchter, dann trockener Lagerung

im Alter von	1	15 Monaten
die Rohwichte zu	1,29	1,15 kg/dm³
das Schwindmaß zu	0,03	0,15 mm/m
die Druckfestigkeit zu	104 kg/cm²	(Alter 1 Monat)
die Biegezugfestigkeit zu	12,4 kg/cm²	(Alter 43 Monate)

Weiteres vgl. Fortschr. u. Forsch. Bauwesen Reihe B, Heft 1 S. 61 bis 63.

4. Eigenschaften des Hüttenbimsbetons.

Hier gelten im wesentlichen ähnliche Bedingungen wie beim Bimsbeton mit der Erweiterung, daß der Hüttenbims mit verschiedenen Raummetergewichten (0,31 bis 0,75 kg/cm³) geliefert wird[3]. Im übrigen wird auf die Darlegungen von KEIL und GILLE[4] sowie von KEIL[5] verwiesen. Aus diesen Darlegungen ist Abb. 304 entnommen[6].

Über eigene Versuche gibt Zahlentafel 50 Auskunft.

Zahlentafel 50. Eigenschaften von Schlackenbeton.

Zusammensetzung des Betons in Gewichtsteilen	Zementgehalt kg/m³	Rohwichte in kg/dm³		Druckfestigkeit in kg/cm² nach 7 tägiger feuchter, dann 21 tägiger trockener Lagerung
		des frisch verarbeiteten Betons	bei der Prüfung	
1,0 Portlandzement 1,79 Rheinsand 1,73 feine Schlacke[7] 1,01 grobe Schlacke[7]	207	1,39	1,34	34
1,0 Portlandzement 2,16 Rheinsand 2,07 feine Schlacke 1,21 grobe Schlacke	182	1,42	1,39	34
1,0 Portlandzement 2,07 feine Schlacke 1,1 grobe Schlacke	259	1,40	1,34	46
1,0 Portlandzement 2,48 feine Schlacke 1,45 grobe Schlacke	195	1,25	1,19	28

[1] Vgl. GRAF u. WEISE: Fortschr. u. Forsch. Bauwesen Reihe B, Heft 1 S. 15.

[2] Ebenda S. 14.

[3] Über die Eigenschaften des für Hüttenbimsbeton geeigneten Hüttenbimses geben die Richtlinien für die Lieferung von Hüttenbims Auskunft. Vgl. Fortschr. u. Forsch. Bauwesen Reihe B, Heft 2 S. 97.

[4] Arch. Eisenhüttenw. Bd. 16 (1942/1943) Heft 5 S. 153ff.

[5] Schriftenreihe Fortschr. u. Forsch. Bauwesen Reihe B, Heft 2 S. 38ff.

[6] Weiteres bei STEINBRECHER: Hüttenbims als Baustoff. Leipzig 1941.

[7] Das Raummetergewicht der Zuschlagstoffe betrug bei der feinen Schlacke 0,53 kg/dm³, bei der groben Schlacke 0,31 kg/dm³.

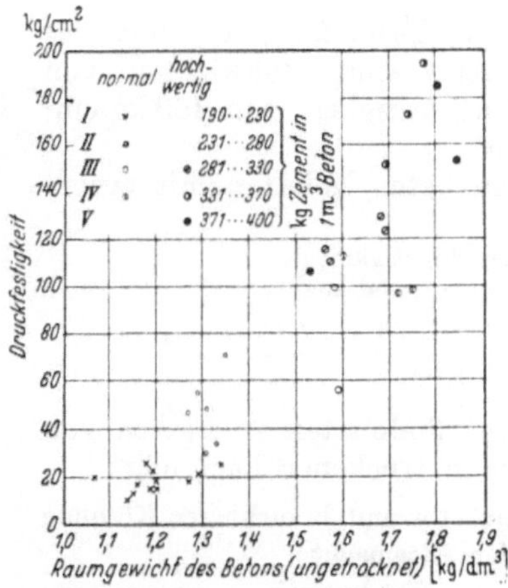

Abb. 304. Beziehungen zwischen dem Raumgewicht und der Druckfestigkeit von Hüttenbimsbeton verschiedener Zusammensetzung (28 Tage gemischte Lagerung).

Abb. 305. Gefüge eines Ziegelsplittbetons: Raumgewicht 1,55 kg/dm³ nach Trocknen bei 100°.

5. Eigenschaften des Ziegelsplittbetons.

a) Beschaffenheit der Zuschlagstoffe. Die Zuschlagstoffe werden hauptsächlich aus Bruchstücken von Mauersteinen und anderen gebrannten Tonwaren hergestellt, wobei porige, hochfeste Stücke bevorzugt werden[1].

Die Festigkeit der gebrannten Zuschlagstoffe liegt entsprechend der Festigkeit der gebrannten Steine in weiten Grenzen. Es ist deshalb nötig, von Fall zu Fall das Erforderliche zu wählen. Gewöhnlicher Ziegelsplitt wird zu Bausteinen und Kaminformsteinen verwendet, Splitt aus Klinkern zu Beton mit Festigkeiten bis etwa 350 kg/cm² (im Alter von 28 Tagen). Abb. 305 zeigt das Gefüge eines Ziegelsplittbetons üblicher Beschaffenheit.

b) Einfluß der Beschaffenheit des Ziegelsplitts auf die Rohwichte und auf die Druckfestigkeit des Ziegelsplittbetons. Abb. 306 enthält die Ergebnisse von Druckversuchen mit 4 Wochen alten Betonwürfeln aus Ziegelsplitt

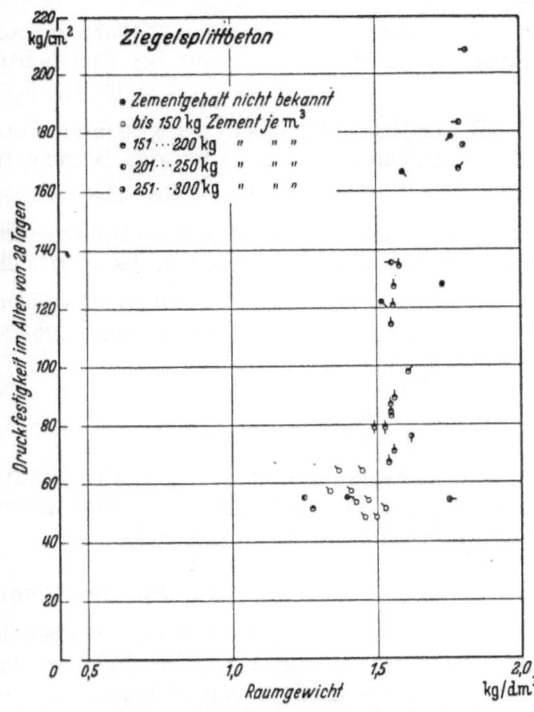

Abb. 306. Beziehungen zwischen dem Raumgewicht und der Druckfestigkeit von Ziegelsplittbeton.

---

[1] In den letzten zwei Jahrzehnten ist die unmittelbare Herstellung der gebrannten Zuschlagstoffe entwickelt worden. Vgl. RICHART u. JENSSEN: Über den Zuschlagstoff Haydite. J. Amer. Concr. Inst. Bd. 27 (1931) S. 151 ff.; ferner SCHNEEVOIGT: Über Blähton. Fortschr. u. Forsch. Bauwesen Reihe B, Heft 2 S. 34.

verschiedener Herkunft. Im allgemeinen nahm die Druckfestigkeit mit der Rohwichte zu. Zur Druckfestigkeit von 50 kg/cm² sind Rohwichten von 1,25 bis 1,75 kg/dm³ festgestellt worden; zur Druckfestigkeit von 150 kg/cm² gehörten Rohwichten von etwa 1,5 bis 1,8 kg/dm³.

Neuere Feststellungen[1] mit porigem Ziegelsplittbeton lieferten mit gutem Portlandzement

bei Rohwichten	Druckfestigkeiten
von 1,25 kg/dm³	25 kg/cm² und mehr,
„ 1,40 „	35 „ „ „ ,
„ 1,50 „	50 „ „ „ .

Weitere Versuche sind im Gang.

c) Die **Biegezugfestigkeit** fand sich im Alter von 3 Monaten an Balken von 10 cm × 10 cm × 56 cm nach 7 tägiger feuchter, dann trockener Lagerung

	für Feinbeton mit besonders guter Körnung	für Feinbeton mit brauchbarer Körnung
	beide mit 180 kg Zement je m³, weich angemacht	
zu	39	37 kg/cm²;
dabei war die Rohwichte des Betons	1,58	1,56 kg/dm³;
und die Druckfestigkeit	127	114 kg/cm².

Das Verhältnis der Biegezugfestigkeit zur Druckfestigkeit betrug

also	3,3	und	3,1.

Bei anderen Versuchen mit 7 Wochen alten Balken fand sich die Biegezugfestigkeit zu 16 bis 40 kg/cm² bei Rohwichten von

$$1,55 \text{ bis } 1,75 \text{ kg/dm}^3.$$

d) Der **Elastizitätsmodul der gesamten Durchbiegungen** betrug für die beiden Betonmischungen unter c) bei der Biegeanstrengung von 12 kg/cm²

$$E = 84000 \quad \text{und} \quad E = 75000 \text{ kg/cm}^2.$$

e) Das **Schwindmaß** des Ziegelsplittbetons ist u. a. für den unter c) genannten Beton verfolgt worden. Es fand sich an Prismen von

$$7 \text{ cm} \times 7 \text{ cm} \times 17 \text{ cm}$$

	für Feinbeton mit besonders guter Körnung	für Feinbeton mit brauchbarer Körnung
im Alter von 35 Tagen zu	0,43	0,56 mm/m,
im Alter von 3 Monaten zu	0,50	0,65 „ .

Das Schwindmaß ist also verhältnismäßig groß ausgefallen[2], was bei Verwendung von gewöhnlichem Ziegelsplitt zu erwarten ist, weil der Ziegel einen kleinen Elastizitätsmodul besitzt[3].

6. Eigenschaften des Betons mit Blähton[4].

Nach den bisher vorliegenden Angaben ist es möglich, das Raumgewicht des Betons (Trockengewicht) bis auf etwa 0,6 kg/dm³ herunterzudrücken und dabei Druckfestigkeiten von 30 kg/cm² zu gewährleisten.

---

[1] Mitteilungen 2 bis 4 der Deutschen Studiengesellschaft für Trümmerverwertung, Januar und Februar 1948.   [2] Vgl. dazu die Zahlen für Schwerbeton S. 180 ff.
[3] Weitere Angaben vgl. Mitteilung 8 der Deutschen Studiengesellschaft für Trümmerverwertung, S. 11.
[4] Vgl. SCHNEEVOIGT: Schriftenreihe Fortschr. u. Forsch. Bauwesen Heft B 2, S. 34 ff.; ferner HUMMEL: Schriftenreihe Fortschr. u. Forsch. Bauwesen Heft B 5, S. 8 ff.

Für den Schiffbau ist die Druckfestigkeit 250 kg/cm² mit dem Raumgewicht 1,7 kg/dm³ hergestellt worden.

7. Eigenschaften des Betons aus Lavaschlacke.

a) Beschaffenheit der Zuschlagstoffe. Die Zuschlagstoffe werden aus Ablagerungen von poriger, blasiger, sehr fester Lava und aus Lavakrotzen, auch Lavabomben gebrochen[1]. Abb. 47, S. 44, zeigt Proben der Lavaschlacke; sie läßt erkennen, daß die Oberfläche der Lavaschlacke rauh ist. Deshalb entsteht bei solchen Zuschlagstoffen ein sperriger, hohlraumreicher Beton.

b) Raummetergewicht der Zuschlagstoffe.

Lose eingefüllte Zuschlagstoffe wogen im lufttrockenen Zustand mit der Körnung

0 bis 2 mm	rd. 1,2 kg/dm³ ,	
2 bis 5 „	rd. 0,8 „ ,	
5 bis 20 „	rd. 0,8 „ ,	
20 bis 40 „	rd. 0,7 „ .	

c) Einfluß der Zuschlagstoffe auf das Raumgewicht und auf die Druckfestigkeit des Betons. Abb. 307 zeigt, daß das Raumgewicht des Betons mit Lavaschlacke zu rd. 1,4 bis 1,95 kg/dm³ festgestellt wurde, wobei die Druckfestigkeit im Alter von 28 Tagen rd. 20 bis 200 kg/cm² betrug. Dabei ist zu beachten, daß hochwertiger Portlandzement verwendet worden ist.

Der Einfluß des Zementgehalts ist aus Abb. 308 ersichtlich. Wenn die Lavaschlacke in der Körnung von 0 bis 7 mm durch Rheinsand ersetzt wurde, stieg die

---

[1] GASSNER: Über die Vorkommen und über die Eigenschaften der Lavaschlacke. Zement 1930, S. 658 bis 660 und 682 bis 687.

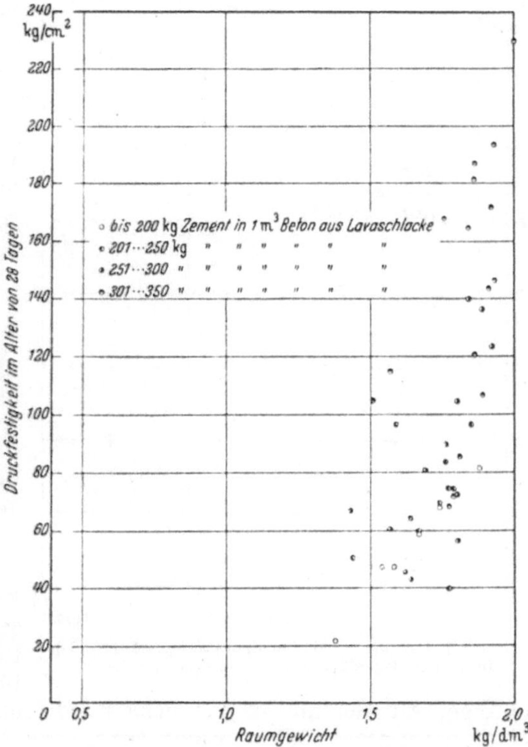

Abb. 307. Beziehungen zwischen dem Raumgewicht und der Druckfestigkeit von Beton mit Lavaschlacke.

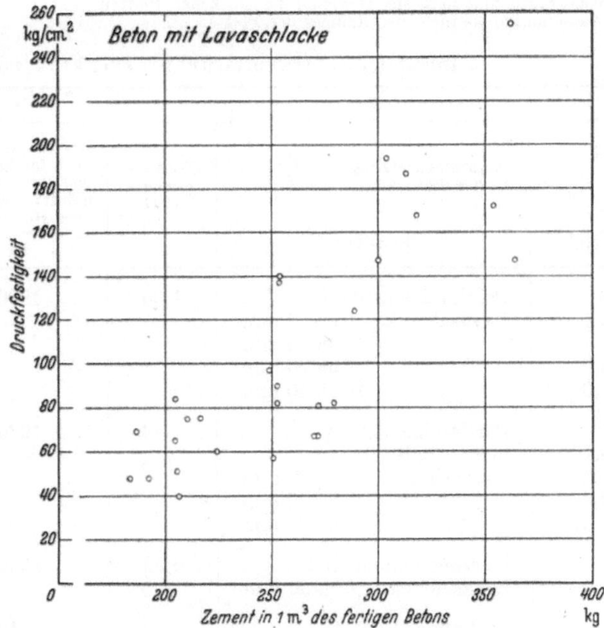

Abb. 308. Beziehungen zwischen dem Zementgehalt und der Druckfestigkeit von Beton mit Lavaschlacke.

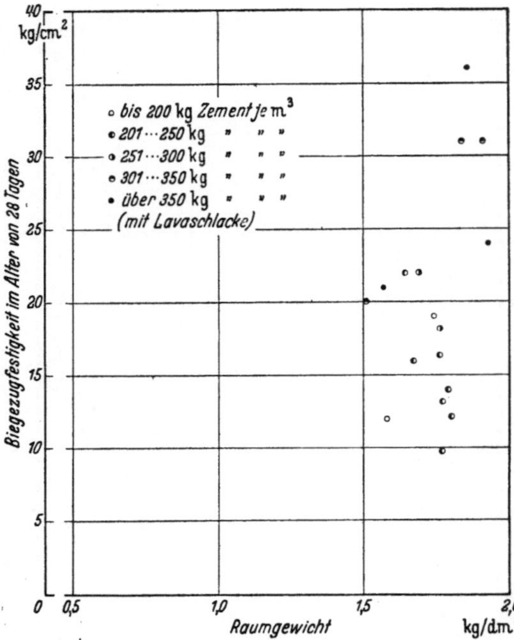

Abb. 309. Beziehungen zwischen dem Raumgewicht und der Biegezugfestigkeit von Beton mit Lavaschlacke.

Festigkeit, namentlich bei Mischungen mit kleinem Zementgehalt; allerdings ist damit auch das Raumgewicht größer geworden.

Als zweckmäßige Körnung der Lavaschlacke fand sich für Beton mit etwa 180 bis 300 kg Zement je m³:

0 bis 0,2	0 bis 1	0 bis 3 mm
10	25	45% des Gewichts,
0 bis 7	0 bis 15	0 bis 30 mm
60	75	100% des Gewichts.

d) Über die **Biegezugfestigkeit** und über ihr Verhältnis zur Druckfestigkeit geben Abb. 309 und 310 Auskunft.

e) Wasseraufsaugen. Betonplatten 50 cm × 50 cm × 10 cm (Reihe 1663 mit Lavaschlacke 0 bis 30 mm, Reihe 1664 mit Rheinsand 0 bis 7 mm und Lavaschlacke 7 bis 30 mm) kamen im lufttrockenen Zustand senkrecht stehend in einen Behälter, der 5 cm hoch mit Wasser gefüllt wurde; sie verblieben darin 14 Tage. Am Schluß des Versuchs wurde folgendes festgestellt.

Beton mit	Lavaschlacke	Rheinsand und Lavaschlacke
Wasser war bis zu einer Höhe aufgesaugt von	19	30 cm
Wasseraufnahme in % des Gewichts der trockenen Platten . . .	2,3	3,3%
Wasseraufnahme in % des Raumes der Platten	4,0	6,0%

Zahlentafel 51. Wärmedurchlässigkeit von Lavaschlackenbeton an

1	2		3	4	5	6
	Zusammensetzung des Betons		Wasser-zement-wert w	Gewicht von 1 m³ des fertig verarbeiteten Betons unmittelbar nach der Herstellung kg	Zement in 1 m³ des fertig verarbeiteten Betons kg	Rohwichte des getrockneten Betons kg/dm³
Gewichts-teile		Baustoffe				
1	Portlandzement N 1 . . .		1,65	1900	212	1,565
3,1	Lavaschlacke	0 bis 2 mm				
1,4	„	2 bis 5 mm				
0,9	„	5 bis 20 mm				
0,9	„	20 bis 40 mm				
1	Portlandzement N 1 . . .		1,88	1980	218	1,480
0,15	Zementkalk Metropol					
1,6	Lavaschlacke	0 bis 2 mm				
2,8	„	2 bis 5 mm				
1,64	„	5 bis 20 mm				
1	Portlandzement N 2 . . .		0,92	1550	206	1,330
6,0	Lavaschlacke	5 bis 50 mm				
1	Portlandzement N 2 . . .		0,89	1740	294	1,535
2,1	Lavaschlacke	3 bis 5 mm				
2,1	„	5 bis 15 mm				

f) Die **Wärmeleitzahl** λ wurde für die in Zahlentafel 51 aufgeführten Mischungen festgestellt; sie fand sich innerhalb 0 bis 30° zu 0,31 bis 0,44 kcal/m h°. Die Druckfestigkeit der vier untersuchten Betonarten betrug 49 bis 140 kg/cm². Für den Beton mit der kleinsten Druckfestigkeit ist λ am kleinsten ausgefallen, für den Beton mit der höchsten Druckfestigkeit am größten[1].

8. Eigenschaften des Gasbetons[2].

a) Allgemeines. Wesentlich ist, daß die Gasentwicklung stets bei gleichen eng begrenzten Temperaturen beginnt (z. B. 30°), daß also der frische Beton stets die gleiche Temperatur besitzt und daß die umgebende Luft eine zugehörige Temperatur aufweist. Die Eigenschaften des Zements und der Zementgehalt beeinflussen die Grenzen des Treibens, etwa so wie dies nach den

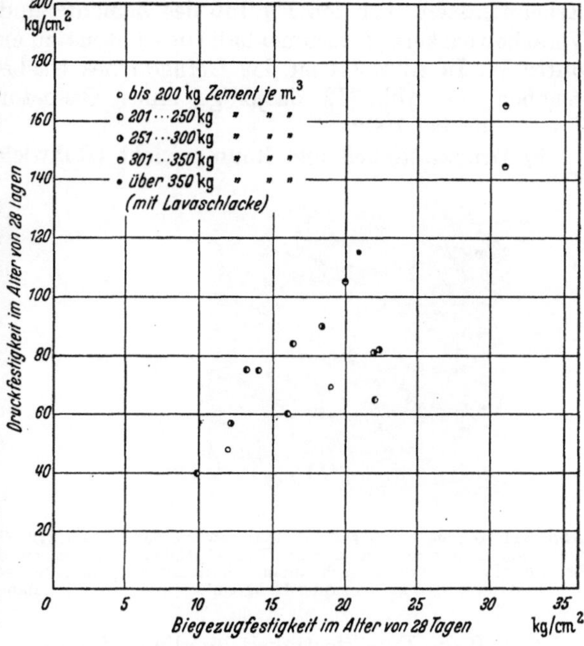

Abb. 310. Beziehungen zwischen der Biegezugfestigkeit und der Druckfestigkeit von Beton mit Lavaschlacke.

---

[1] Weiteres vgl. S. 198 ff. unter S 1 bis 4. [2] Wegen Einzelheiten vgl. GRAF: Gasbeton, Schaumbeton, Leichtkalkbeton. Stuttgart 1949.

Betonplatten 50 cm × 50 cm × 9 cm. Druckfestigkeit des Betons.

7	8	9	10	11	12	13	14	15	16	17	18	19
Anteil der einzelnen Körnungen des trockenen Betongemisches in %							Druckfestigkeit (Alter bei der Prüfung in Tagen)	Wärmeleitzahl λ kcal/m h° bei °C				Mittlerer Wassergehalt während des Versuchs zur Bestimmung von λ
0 bis 0,2	0 bis 1	0 bis 3	0 bis 7	0 bis 12	0 bis 25	0 bis über 25 mm	kg/cm²	0	10	20	30	(Raumprozente)
20	31	45	60	83	96	100	94 (139)	0,33	0,35	0,37	0,39	5,8
21	29	38	58	90	100	100	95 (139)	0,33	0,35	0,36	0,38	6,9
				0 bis 15	0 bis 30	0 bis über 30 mm						
19	22	25	31	70	88	95	49 (117)	0,31	0,33	0,34	0,36	3,8
28	32	41	70	99	100		140 (70)	0,33	0,37	0,40	0,44	9,8

Erkenntnissen über den Einfluß des Zements und des Zementgehaltes auf die Verarbeitbarkeit (Zusammenhalt) des Betons zu erwarten ist. Vgl. auch S. 222ff. unter W. In Abb. 311 ist das Gefüge eines Gasbetons mit 1,09 kg/dm³ wiedergegeben, in Abb. 312 dasjenige eines Gasbetons mit 1,41 kg/dm³, je nach Trocknung bei 100°.

b) Druckfestigkeit und Raumgewicht (Rohwichte) des Gasbetons[1]. Abb. 313

Abb. 311. Gefüge von Gasbeton. Raumgewicht des trockenen Gasbetons 1,09 kg/dm³. Druckfestigkeit im Alter von 3 Jahren nach anfänglich feuchter, dann trockener Lagerung 22 kg/cm².

Abb. 312. Gefüge von Gasbeton. Raumgewicht des trockenen Gasbetons 1,41 kg/dm³. Druckfestigkeit im Alter von 3 Jahren nach anfänglich feuchter, dann trockener Lagerung 96 kg/cm².

zeigt, daß die Druckfestigkeit im allgemeinen mit dem Raumgewicht des Betons gewachsen ist. Im vorliegenden Fall ist die Breite des Streufelds durch den Unterschied der Eigenschaften des Zements, des Zementgehalts, der Körnung und der Art der Sande sowie andere Umstände, wie Temperatur der Stoffe, Menge der Treibmittel, Mischdauer usw. beeinflußt. In Abb. 314 bis 317 sind Querschnitte von ursprünglich 10 cm hohen und 15 cm breiten Porenbetonbalken in annähernd natürlicher Größe wiedergegeben. Die Bilder zeigen von unten nach oben größer werdende Poren, eine Erscheinung, die bei höheren Proben noch deutlicher auftritt. Dementsprechend ist die Druckfestigkeit des Gasbetons im oberen Teil hoher Blöcke erheblich kleiner als im unteren Teil.

Bei 50 cm hohen Blöcken ist damit zu rechnen, daß das Raumgewicht von unten nach oben um etwa 0,1 kg/dm³ abnimmt, wenn das mittlere Raumgewicht etwa 0,8 kg/dm³ beträgt.

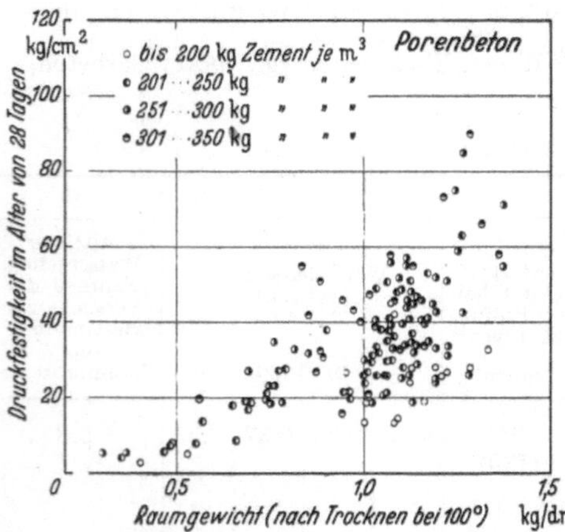

Abb. 313. Beziehungen zwischen dem Raumgewicht und der Druckfestigkeit von Gasbeton.

c) Einfluß des Zements auf die Druckfestigkeit des Gasbetons. Zahlentafel 52 läßt erkennen, daß der Einfluß der Art des Zements unter annähernd gleichen Verhältnissen nicht erheblich war. Doch gilt diese Feststellung nur bei natürlich erhärtetem Beton. Für Beton, der künstlich gehärtet wird, ist der Zement durch Vorversuche auszulesen.

---

[1] Bei Leichtbeton sollte stets das Raumgewicht (die Rohwichte) des getrockneten Betons genannt werden, da nur dieses zuverlässige Vergleiche ermöglicht. Das Trocknen der Proben geschieht zweckmäßig bei 100° während 48 Stunden. Vgl. hierzu GRAF u. WEISE: Fortschr. u. Forsch. Bauwesen Reihe B 1943 Heft 5 S. 78 ff.

d) Einfluß des Zementgehalts auf die Druckfestigkeit des Gasbetons. Hierzu gibt Abb. 318 Auskunft. Es ist deutlich zu erkennen, daß die Druckfestigkeit im allgemeinen mit dem Zementgehalt zunahm, ähnlich wie dies für andere Verhältnisse S. 264ff. beschrieben. Doch sind hier andere gleichzeitige Einflüsse (Körnung, Rohwichte des Betons usw.) zusätzlich beteiligt.

Abb. 314. Gasbeton aus Rheinsand und Steinkohlenflugasche. 197 kg Zement in 1 m³ Beton. Raumgewicht 1,00 kg/dm³ nach Trocknen bei 100°. Druckfestigkeit im Alter von 28 Tagen 14 kg/cm² nach gemischter Lagerung.

e) Einfluß der Kornzusammensetzung des Sands auf die Druckfestigkeit des Gasbetons. Nach den bisher vorliegenden Feststellungen muß die Körnung des Sands für Gasbeton verhältnismäßig fein gewählt werden. Bei unseren Ver-

Zahlentafel 52. Einfluß des Zements auf die Druckfestigkeit von Gasbeton bei natürlicher Erhärtung

1	2	3	4	5	6
	Prüfung des Zements nach DIN 1164		Gasbeton		
Zement	Biegezugfestigkeit	Druckfestigkeit	1 m³ Beton enthielt Zement	Rohwichte nach dem Trocknen bei 100°	Druckfestigkeit im Alter von 28 Tagen
	im Alter von 28 Tagen				
	kg/cm²	kg/cm²	kg	kg/dm³	kg/cm²
PZ N 2 . . .	79	430	234	1,02	31
PZ S	70	387	261	1,14	34
PZ SII . . .	79	401	259	1,13	32
EPZ B . . .	78	396	246	1,07	30
HOZ Sch . .	88	420	251	1,08	33
HOZ Rö . .	66	338	236	1,03	30

suchen erwiesen sich Quarzsande, die zwischen den folgenden Grenzwerten lagen, als brauchbar:

Anteil von . . .	0 bis 0,06	0 bis 0,09	0 bis 0,2	0 bis 1	0 bis 3 mm
	1	1	9	40	100
bis . . .	16	24	76	99	100%

Die Unterschiede der Druckfestigkeit des damit hergestellten Gasbetons waren bei ungefähr gleichem Raumgewicht und gleichem Zementgehalt nicht bedeutend[1].

f) Einfluß der Menge der Treibmittel. Mit feinen Sanden kann mehr Treibmittel genommen werden als mit groben Sanden, ohne befürchten zu müssen, daß das Treibmittel ausbricht und der Beton wieder zusammensackt.

g) Die **Biegezugfestigkeit** des Gasbetons ist im Alter von 28 Tagen zu 5 bis 20 kg/cm² und höher ermittelt worden.

h) Auf die **Saughöhe** des Gasbetons ist vergleichsweise in Abb. 319 aufmerksam gemacht.

i) Die **Trocknungsgeschwindigkeit** von Gasbeton ist zum Vergleich mit schwerem Beton in Abb. 320 und 321 dargestellt. In beiden Fällen wurden Würfel von 20 cm Kantenlänge während 7 Tagen feucht gelagert, dann an der Luft oder bei 40° oder bei 95° oder bei 105° künstlich getrocknet. In allen Fällen ist die Trocknung durch die höhere Temperatur beschleunigt worden. Besonders wichtig ist, daß der Feuchtigkeitsgehalt, der nach dem künstlichen Trocknen verblieb, in erheblichem Maß von der Trocknungstemperatur abhing.

Abb. 315. Gasbeton aus Rheinsand und Grubensand. 229 kg Zement in 1 m³ Beton. Raumgewicht 1,02 kg/dm³ nach Trocknen bei 100°. Druckfestigkeit im Alter von 28 Tagen nach gemischter Lagerung 30 kg/cm².

k) Über die **Wärmeleitfähigkeit des Gasbetons** gibt Abb. 322 Auskunft[2]. Die Versuchsergebnisse zeigen, daß der zur Zeit in Din 4110 zugelassene Höchstwert der Wärmedurchlaßzahl ($\varDelta = 1,81$ kcal/m²h° einschließlich 15% Sicherheitszuschlag) für 25 cm dicke Wände noch gewährleistet werden kann, wenn die Rohwichte des trockenen Betons höchstens 1 kg/dm³ beträgt. Weitere Angaben finden sich in Zahlentafel 53[3].

[1] Vgl. GRAF u. WEISE: Fortschr. u. Forsch. Bauwesen, Reihe B, Heft 2 S. 22ff., ferner GRAF: Gasbeton, Schaumbeton, Leichtkalkbeton. Stuttgart 1949.

[2] Vgl. GRAF, RAISCH u. WEISE: Fortschr. u. Forsch. Bauwesen Reihe B, Heft 2 S. 72.

[3] Vgl. auch GRAF: Fortschr. u. Forsch. Bauwesen Reihe B, Heft 5 S. 124, Bild 4, ferner Die Baustoffe, 2. Aufl. S. 212 u. f.

l) Über das **Schwindmaß** des Gasbetons gibt die Abb. 323 Auskunft.

Abb. 323 enthält Feststellungen an Balken von 15 cm Breite und 10 cm Höhe, die nach anfänglich feuchter Lagerung in einem geschlossenen trockenen Raum, dann ungeschützt im Freien, hierauf wieder in einem trockenen Raum lagerten. Das Schwindmaß betrug im Alter von 3 Monaten rd. 1,2 bis 1,3 mm/m.

Weitere Angaben finden sich in Abb. 324, gültig für Prismen, die 7 Tage feucht, dann bis zum Alter von 6 Monaten trocken lagerten. Die Schwindmaße blieben im allgemeinen mit wachsendem Raumgewicht zurück.

Im ganzen ergibt sich aus Abb. 323 und 324,

Abb. 316. Gasbeton aus Rheinsand und Quarzfeinsand. 244 kg Zement in 1 m³ Beton. Raumgewicht 1,13 kg/dm³ nach Trocknen bei 100°. Druckfestigkeit im Alter von 28 Tagen nach gemischter Lagerung 34 kg/cm².

Zahlentafel 53. Versuche über den Einfluß verschiedener Sande auf die Eigenschaften von Gasbeton und Iporitbeton.

1	2	3	4	5	6	7	8	9	10
				Feststellungen an Würfeln		Versuche über die Wärmeleitfähigkeit			
Be-zeich-nung	Verwendeter Sand	Vom Sandgemisch fielen durch das Sieb mit 0,2 mm Maschenweite	1 m³ fertiger Beton enthielt Zement	Rohwichte (Raumgewicht) nach dem Trocknen bei 100°	Druckfestigkeit im Alter von 28 Tagen	Wärmeleitzahl λ	Feuchtigkeitsgehalt	Wärmeleitzahl λ	Feuchtigkeitsgehalt
		%	kg	kg/dm³	kg/cm²	kcal/m · h · °C im lufttrockenen Zustand (Alter: 3 Monate)	Raum-%	kcal/m · h · °C nach künstlichem Trocknen	Raum-%
				a) Gasbeton					
2572	Quarzsand . . .	18	261	1,14	29	0,65	6,3	0,47	0,37
2573	Quarzsand . . .	70	239	1,06	26	0,53	5,7	0,37	0,34
2574	Kalksteinbrechsand	17	270	1,19	33	0,44	5,8	0,33	0,37
2575	Hochofenschlakkensand . . .	18	253	1,13	35	0,26	8,8	0,19	0,29
				b) Iporitbeton					
2577	Quarzsand . . .	18	298	1,27	24	0,56	6,1	0,41	0,37
2578	Quarzsand . . .	70	259	1,20	23	0,56	5,4	0,43	0,29
2579	Kalksteinbrechsand	17	284	1,20	11	0,37	6,2	0,27	0,04
2580	Hochofenschlakkensand . . .	18	260	1,26	25	0,26	8,1	0,19	0,24

18*

daß das Schwindmaß des Gasbetons sehr groß ist. Daran sind vornehmlich der hohe Wasserzementwert, der meist hohe Zementgehalt und der Porenraum betei-ligt. Für die Anwendung des Gasbetons ergibt sich hieraus die Forderung, zu sorgen, daß sich das Schwinden der Steine weitgehend vor dem Vermauern vollzieht[1]. Dies kann durch ausreichend lange trockene Lagerung oder durch künstliche Maßnahmen, beispielsweise durch Erhärtung bei hoher Temperatur unter Dampfdruck, erreicht werden. Über zugehörige Versuche vgl. S. 280ff., besonders bei GRAF: Gasbeton, Schaumbeton, Leichtkalkbeton. Stuttgart 1949.

Abb. 317. Gasbeton aus Rheinsand und gemahlener Hochofenschlacke. 273 kg Zement in 1 m³ Beton. Raumgewicht 1,24 kg/dm³ nach Trock-nen bei 100°. Druckfestigkeit im Alter von 28 Tagen nach anfänglich feuchter, dann trockener Lagerung 75 kg/cm².

9. Eigenschaften des Iporitbetons.

a) Allgemeines. Der Iporitbeton[2] ist ein Schaumbeton, der mit dem Zusatzstoff „Iporit" der I. G. Farbenindustrie hergestellt wird[3]. Dabei

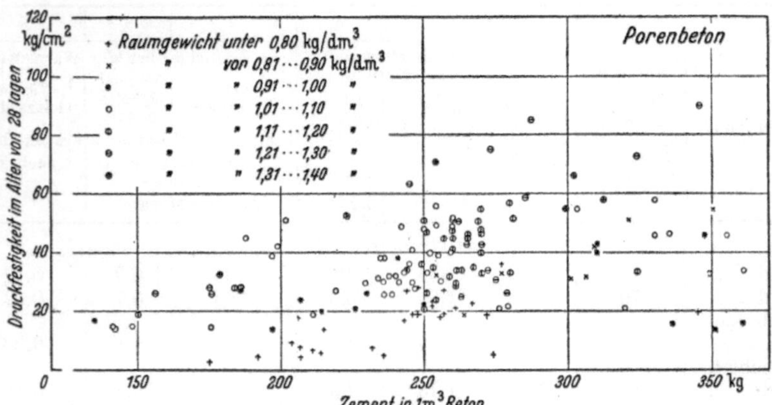

Abb. 318. Beziehungen zwischen dem Zementgehalt und der Druckfestigkeit von Porenbeton.

---

[1] Vgl. auch GRAF: Fortschr. u. Forsch. Bauwesen Reihe B, Heft 1 S. 61ff.
[2] Eine Zusammenfassung der bis 1939 vorhandenen Beobachtungen gab OVERHOFF in der 24. Folge der Schriftenreihe „Vom wirtschaftlichen Bauen". Berlin 1940. — Ein anderer Schaumbeton wird Zellenbeton genannt; vgl. MEYER: Zement 1928 S. 510ff.; ferner LEISTER: Baumarkt 1938 S. 1211.   [3] Vgl. D.R.P. 574793 und 588196.

sind die Art und die Dauer des Mischens, auch die Temperatur der Stoffe von Bedeutung.

b) Druckfestigkeit und Raumgewicht des Iporitbetons. Abb. 325 enthält unsere Feststellungen[1]. Hiernach ist die Druckfestigkeit mit dem Raumgewicht gestiegen, ähnlich wie dies unter 8, S. 271 ff. für den Gasbeton festgestellt worden ist. Doch erscheint das Streufeld für den Iporitbeton im allgemeinen tiefer. Das noch praktisch herstellbare kleinste Raumgewicht liegt beim Iporitbeton höher als beim Gasbeton. Es ist uns bis jetzt nicht gelungen, den Iporitbeton aus Quarzsanden fortlaufend leichter als 1,1 kg/dm³ (in getrocknetem Zustand gemessen) herzustellen.

c) Einfluß des Zementgehalts auf die Druckfestigkeit des Iporitbetons. Dieser ist in Abb. 326 erkennbar. Vgl. hierzu Abb. 318 sowie die Bemerkungen zu Abb. 318 auf S. 273.

d) Einfluß der Kornzusammensetzung des Sands auf die Druckfestigkeit des Iporitbetons. Nach den bisher[2] bekanntgegebenen Versuchsergebnissen sind folgende Korngrenzen des Sands brauchbar:

0 bis 0,2	0 bis 1	0 bis 3 mm
9 bis 76	60 bis 85	100%.

e) Einfluß der Mischdauer auf die Druckfestigkeit des Iporitbetons. Die Druckfestigkeit wird in der Regel nach längerer Mischzeit kleiner, weil der Iporitbeton durch längeres Mischen ein kleineres Raumgewicht erhält und weil damit die Druckfestigkeit zurückgeht.

f) Die Biegezugfestigkeit des Iporitbetons betrug bei den bisherigen Versuchen bis 18 kg/cm².

g) Die Saughöhe des Iporitbetons ist in Abb. 319 im Vergleich mit anderen Leichtbetonarten erkennbar.

Abb. 319. Wasseraufsaugen in Proben aus verschiedenem Leichtbeton.

---

[1] Vgl. auch GRAF u. WEISE: Fortschr. u. Forsch. Bauwesen Reihe B, Heft 2 S. 14.
[2] Vgl. auch GRAF u. WEISE: Fortschr. u. Forsch. Bauwesen Reihe B, Heft 2 S. 15.

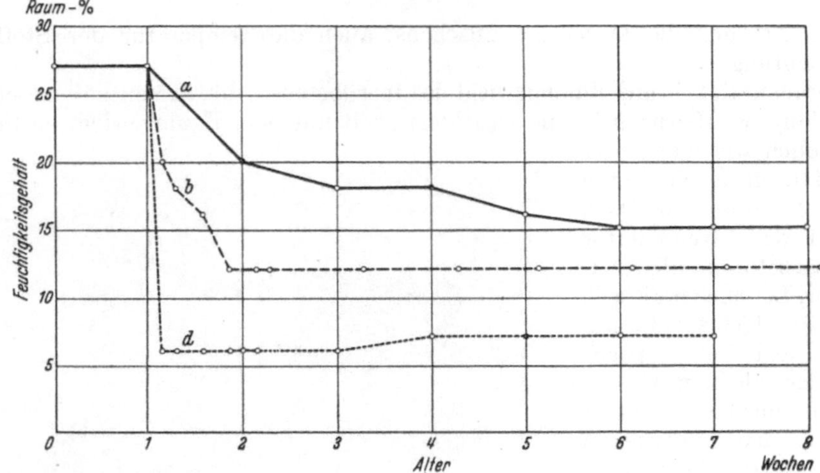

Abb. 320. Feuchtigkeitsgehalt von Würfeln (Kantenlänge 20 cm) aus Gasbeton bei verschiedener Trocknung; Alter beim Beginn des Trocknens 7 Tage.

Lagerung der Proben		
a	1 Woche unter feuchten Tüchern bei Zimmertemperatur, dann:	7 Wochen an der Luft bei Zimmertemperatur
b		1 Woche im Trockenschrank bei 40°, 6 Wochen an der Luft bei Zimmertemperatur
d		1 Woche im Trockenschrank bei 105° (1. Versuch), 6 Wochen an der Luft bei Zimmertemperatur

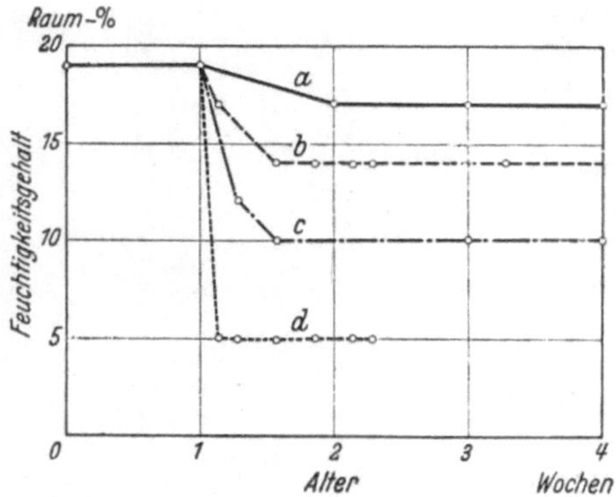

Abb. 321. Feuchtigkeitsgehalt von Würfeln (Kantenlänge 20 cm) aus Kiesbeton bei verschiedener Trocknung; Alter beim Beginn des Trocknens 7 Tage.

Lagerung der Proben		
a	1 Woche unter feuchten Tüchern bei Zimmertemperatur, dann:	7 Wochen an der Luft bei Zimmertemperatur
b		1 Woche im Trockenschrank bei 40°, 6 Wochen an der Luft bei Zimmertemperatur
c		1 Woche im Trockenschrank bei 95°, 6 Wochen an der Luft bei Zimmertemperatur
d		1 Woche im Trockenschrank bei 105° (1. Versuch), 6 Wochen an der Luft bei Zimmertemperatur

h) Über die **Wärmedurchlässigkeit** des Iporitbetons geben die folgenden Zahlen Auskunft[1]; sie gelten für 28 cm dicke Platten (25 cm Iporitbeton, beider-

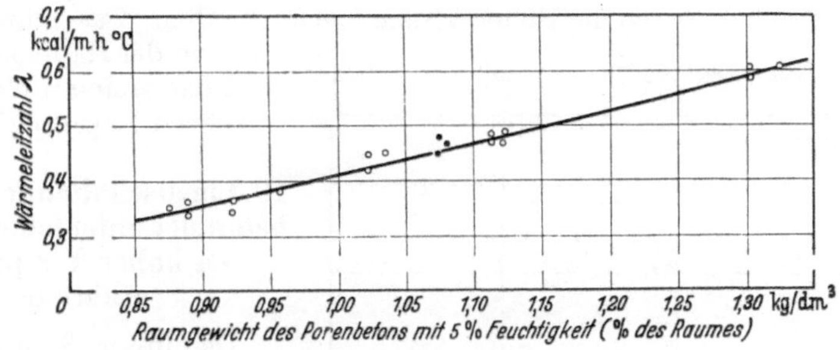

Abb. 322. Mittlere äquivalente Wärmeleitzahl λ von beiderseits verputzten Gasbetonplatten in Abhängigkeit vom Raumgewicht des Gasbetons.

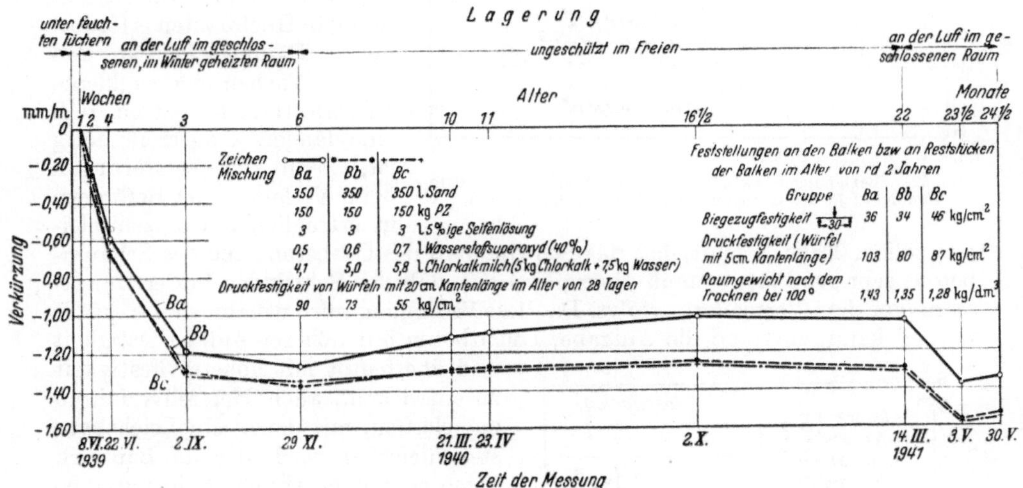

Abb. 323. Schwinden von Gasbeton.

seitig mit je 1,5 cm Verputz). Lagerung: 7 Tage feucht, dann an der Luft bei Zimmertemperatur.

Rohwichte nach dem Trocknen bei 100° . . .	1,19	1,25	1,37 kg/dm³
Wärmeleitfähigkeit im Alter von 3 bis 4 Monaten			
Wärmeleitzahl λ	0,58	0,56	0,78 kcal/m h°
Mittlerer Feuchtigkeitsgehalt in Raum-% . . .	6,3	6,7	8,5%
Wärmeleitfähigkeit im Alter von rd. 8 Monaten			
Wärmeleitzahl λ	0,56	0,55	0,75 kcal/m h°
Mittlerer Feuchtigkeitsgehalt in Raum-% . . .	5,1	5,6	7,5%
Druckfestigkeit des zu den Platten verwendeten Iporitbetons im Alter von 7 Wochen, festgestellt an Iporitbetonmauersteinen (Länge 36 cm, Breite 25 cm, Höhe 15 cm)	22	32	47 kg/cm²

Weitere Versuchsergebnisse finden sich in Zahlentafel 53.

---

[1] Aus Versuchen für die I. G. Farbenindustrie.

i) Schwindmaß des Iporitbetons. Abb. 327 zeigt das Schwinden von einzeln gelagerten Iporitbausteinen 15 cm × 25 cm × 36 cm bei trockener Lagerung während 15½ Monaten in geschlossenem Raum und im Freien gegen Regen geschützt. Anfänglich waren die Steine 7 Tage feucht gehalten. Das Schwinden erfolgte in der Hauptsache während den ersten 6 Wochen der trockenen Lagerung[1].

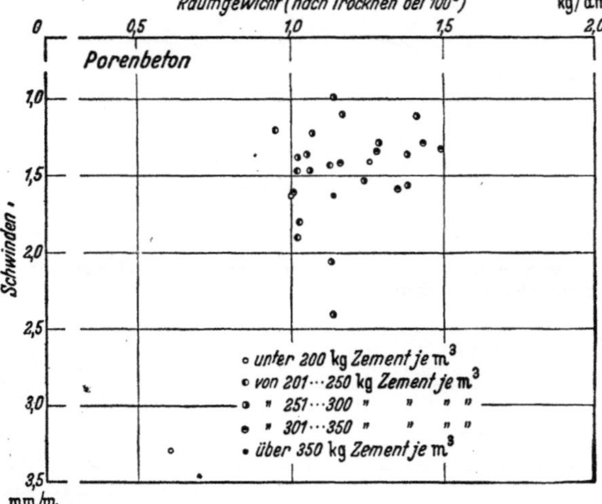

Abb. 324. Beziehungen zwischen dem Schwindmaß und dem Raumgewicht des Gasbetons (im Alter von 6 Monaten).

10. Eigenschaften von Leichtbeton, der unter hohem Druck bei hoher Temperatur erhärtete.

Die unter 8. und 9. beschriebenen Leichtbetonarten haben den Nachteil, daß sie mit dem für die Wärmedämmung in Hochbauten erforderlichen Raumgewicht in den ersten Wochen eine so kleine Druckfestigkeit besitzen, daß eine längere Lagerzeit nötig ist, wenn die Zerstörungen beim Verladen und Befördern in erträglichen Grenzen bleiben sollen. Dazu kommt, daß das Schwindmaß des Gasbetons und des Schaumbetons sehr groß ist; es muß gesorgt werden, daß das Schwinden in der Hauptsache vor dem Vermauern erfolgt. Da diese Bedingung nur ausnahmsweise erfüllt werden kann, entstand die Aufgabe, Leichtbeton mit höherer Anfangsfestigkeit und überhaupt mit höherer Festigkeit zu entwickeln, auch Herstellverfahren zu schaffen, mit denen ein Leichtbaustein lieferbar wird, der im Bauwerk keine oder unerhebliche Schwindmaße zeigt. Dies geschieht durch Erhärtung des Leichtbetons unter Dampfdruck[2].

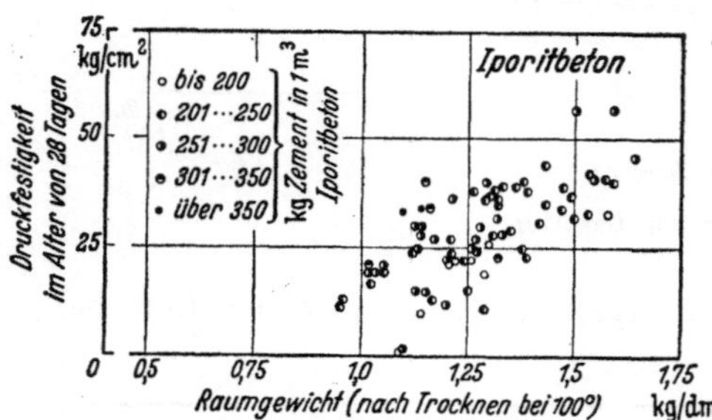

Abb. 325. Beziehungen zwischen dem Raumgewicht und der Druckfestigkeit des Iporitbetons.

Als Baustoffe der bezeichneten Art wurden die Leichtbaustoffe nach der Art des Ytong, des Siporex[3] und des Turrit[4] bekannt. Beide lassen sich mit besonders kleinen Raumgewichten und mit verhältnismäßig hohen Festigkeiten herstellen. Die künstliche Erhärtung hat der Verfasser auch für anderen Gasbeton verfolgt und zur Anwendung empfohlen.

Abb. 328 zeigt eine Probe Siporex; das Raumgewicht (trocken) betrug 0,64 kg/dm³, die Druckfestigkeit eines Würfels war 55 kg/cm².

[1] Auch beim Schutz gegen Regen ist die Trocknungsgeschwindigkeit von der Witterung abhängig. Vgl. GRAF u. EGNER: Beton u. Eisen 1937 S. 378ff.

[2] Vgl. D.R.P. 13808 von MICHAELIS (1880).

[3] Vgl. GRUNDEY: Zement 1942 S. 454ff.; auch D.R.P. 673375.

[4] Vgl. HUMMEL u. HÜTTEMANN: Fortschr. u. Forsch. Bauwesen Reihe B, Heft 2 S. 51ff.; auch D.R.P. 602248 und 635559.

Abb. 329 gibt eine Probe Turrit wieder; das Raumgewicht (trocken) war 0,82 kg/dm³; die Druckfestigkeit ist zu 107 kg/cm² bestimmt worden.

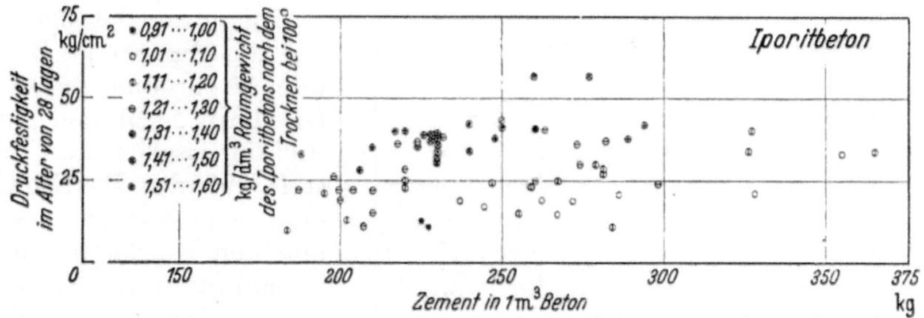

Abb. 326. Beziehungen zwischen dem Zementgehalt und der Druckfestigkeit des Iporitbetons.

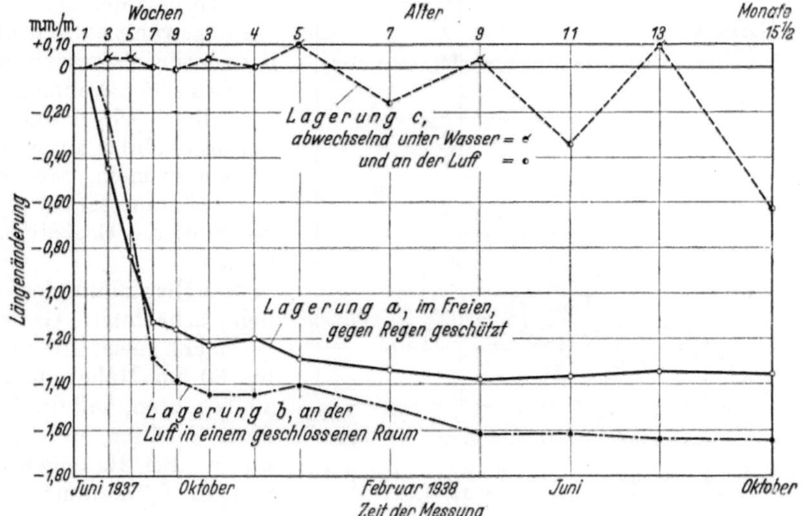

Abb. 327. Längenänderungen von Iporitbeton bei verschiedener Lagerung.

Abb. 328. Schnittfläche des Leichtbetons „Siporex". Raumgewicht 0,64 kg/dm³ nach dem Trocknen bei 100°. Druckfestigkeit 55 kg/cm².

Abb. 329. Bruchfläche des Leichtbetons „Turrit". Raumgewicht 0,82 kg/dm³ nach dem Trocknen bei 100°. Druckfestigkeit 107 kg/cm².

Das Schwindmaß blieb nach den Angaben in den durch die Fußbemerkung genannten Quellen in engen Grenzen; bei leichtem Turrit fand HUMMEL Ausdehnungen, die sich im Laufe eines Jahres fortlaufend vergrößerten.

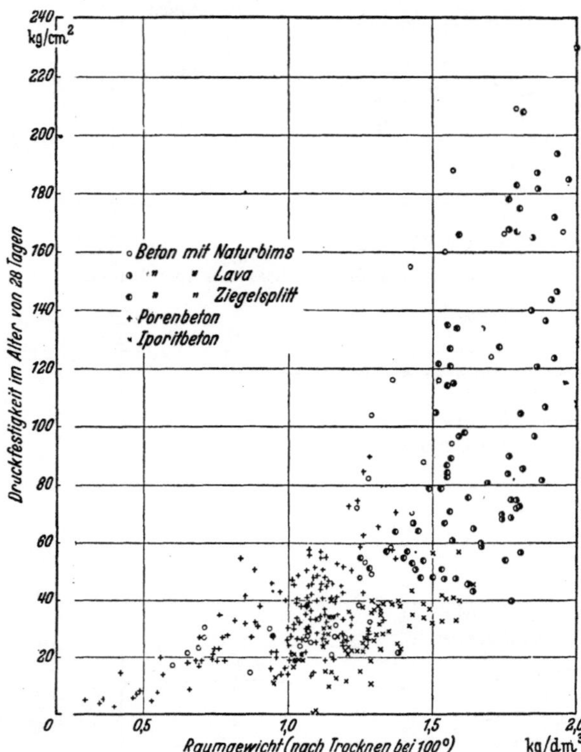

Abb. 330. Einfluß des Raumgewichts auf die Druckfestigkeit des Leichtbetons bei verschiedener Art desselben.

Aus unseren Feststellungen mit Siporex ist Zahlentafel 54 entnommen worden. Die darin genannten Zahlen sind inzwischen weit übertroffen worden. Das Schwindmaß eines vorher wassergetauchten Stücks betrug rd. 0,2 mm/m, war also klein[1].

Die Körnung der Sande muß für den unter Dampfdruck erhärteten Leichtbeton feiner gewählt werden, als für den natürlich erhärteten.

Das Schwindmaß des künstlich erhärteten Gasbetons blieb bei unseren Versuchen so klein, daß daraus keine Hemmnisse für die Anwendung des Gasbetons entstehen.

Die Herstellung des künstlich erhärteten Gasbetons geschieht meist in Blöcken bis 50 cm Höhe; dabei ist zu beachten, daß die Blöcke oben leichter werden als unten. Bei Raumgewichten von rd. 0,7 kg/dm³ ist damit zu rechnen, daß das Raumgewicht der oberen 10 cm bis 0,1 kg/dm³ kleiner wird als das der untersten 10 cm.

Ausführliche Angaben finden sich bei GRAF: Gasbeton, Schaumbeton, Leichtkalkbeton. Stuttgart 1949.

Zahlentafel 54. Eigenschaften des Leichtbetons „Siporex".

	1	2	3	4	5
	Bauelemente	Rohwichte nach dem Trocknen bei 100° kg/dm³	Druckfestigkeit der Mauersteine kg/cm²	Würfelfestigkeit von herausgesägten Proben kg/cm²	Elastizitätsmodul der gesamten Zusammendrückungen von Prismen[2] kg/cm²
Mauersteine 50 cm × 25 cm × 17,5 cm . . .		0,59	26	—	18000
Bewehrte Platten 50 cm × 10,4 cm bis 14,4 cm × 3 bis 5 m		0,50	—	18...24	10000

[1] Vgl. GRAF: Fortschr. u. Forsch. Bauwesen Reihe B, Heft 5 S. 23 ff.
[2] Für die Laststufe 2,5 bis 12,5 kg/cm².

Z. Beton aus Zement und Lehm[1].

Die Erfahrungen bei der Befestigung vom Flugplätzen und Behelfsstraßen (Bodenvermörtelung[2]) zeigen, daß es unter bestimmten Voraussetzungen möglich ist, mehr oder weniger bindige Böden, also Löß, etwas weniger einfach Lehm oder gar Ton durch Vermengung mit Zement in einen Baustoff zu wandeln, der z. B. als Flugplatzbelag mehrere Jahre brauchbar bleibt. Dementsprechend ist es auch möglich, Baukörper für den Hochbau und für andere Aufgaben aus Lehmbeton herzustellen.

Dazu weiß man, daß die Zemente vergleichsweise entsprechend ihrer Normenfestigkeit zur Geltung kommen und daß auch hier die Festigkeit mit zunehmendem Wasserzementwert absinkt. Brauchbare Festigkeiten sind dementsprechend nur mit Stampfbeton zu erreichen, auch weil sich der Zement unter den praktischen Bedingungen zur Zeit nur mit krümeligem Lehm ordentlich mischen läßt; klumpigteigiger Lehm ist zu vermeiden, weil solche Mischungen schwer zu handhaben und umständlich zu verarbeiten sind; mit flüssig angemachten Mischungen entstehen unzureichende Festigkeiten. Überdies ist zu beachten, daß der Lehmbeton entsprechend seinem Aufbau einen hohen Wassergehalt erfordert und damit ein hohes Schwindmaß liefert. Mauersteine oder gar zusammenhängende Wände aus Lehmbeton, die der freien Luft ausgesetzt sind, zeigen infolgedessen Schwindrisse, die vor allem bei den Stampffugen erheblich klaffen.

1. Einfluß des Zementgehalts auf die Druckfestigkeit und auf die Biegezugfestigkeit von Beton aus Portlandzement und Lehm.
Einfluß der Größe der Proben.

Zahlentafel 55 enthält die Ergebnisse von Mischungen mit 0 bis 1155 kg Zement je m³, vgl. Spalte 3. Die Rohwichte des frisch verarbeiteten Betons betrug 1,85 bis 1,95 kg/dm³. Die Druckfestigkeit fand sich im Alter von 28 Tagen für Prismen von 4 cm × 4 cm × 16 cm*

	mit 388 kg	138 kg Zement je m³
nach anfänglich feuchter, dann trockener Lagerung	zu 129	45 kg/cm²,
nach Lagerung in feuchter Luft	zu 76	22 „ ,
nach Lagerung unter Wasser	zu 69	16 „ .

Dabei ist aufmerksam zu machen, daß die Festigkeiten des Lehmbetons in besonderem Maße von der Größe der Proben abhängen, auch wenn die Stampfarbeit, bezogen auf die Raumeinheit der Proben, gleich gewählt wird. Die folgenden Versuchsergebnisse geben dazu Aufschluß.

Die Druckfestigkeit (Rohwichte) von 28 Tage alten, zuerst unter feuchten Tüchern, dann trocken gelagerten Würfeln aus

		H	B
Beton mit Löß			
Zementgehalt		374	360 kg/m³
betrug mit der Kantenlänge 7 cm		52 (1,98)	89 kg/cm² (1,94 kg/dm³),
„	10 „	49 (1,95)	72 „ (1,93 „ .
„	20 „	45 (1,95)	58 „ (1,95 „ ,
„	30 „	35 (1,96)	32 „ (1,90 „ .

---

[1] Zur Zeit sind nur kennzeichnende Angaben möglich; umfassende Mitteilungen sind für später vorbehalten.

[2] Daneben wird der reine Lehmbau in überlieferter Art betrieben. Vgl. dazu die vorläufigen Richtlinien für die Ausführung von Lehmbauten. Reichsarb.-Bl. 1942 I, S. 67; ferner Fortschr. u. Forsch. Bauwesen Reihe A, Heft 7 S. 24.

* Prüfung nach DIN 1164. Die Prismen 4 cm × 4 cm × 16 cm werden in Stuttgart zur Eignungsprüfung der Lösse und Lehme verwendet.

Zahlentafel 55. Mörtel aus Zement F
Mischungen mit verschiedenem Zementgehalt. Prüfung im Alter von 28 Tagen a) nach
bis 11, c) nach Wasser

1	2	3	4	5	6	7
						Prüfung von
Mischverhältnis Zement zu Lehm LH	Rohwichte	Zementgehalt	Wasserzementwert	Eindringmaß	nach 7 tägiger Lagerung in feuchter Luft und 21 tägiger Lagerung an der Luft	
	des frischen verdichteten Mörtels		w		Rohwichte	Biegezugfestigkeit
Gew.-Teile	kg/dm³	kg/m³		cm	kg/dm³	kg/cm²
2:1	1,95	1155	0,38	2,2	1,86	72
1:1	1,92	768	0,50	2,1	1,77	55
1:2	1,89	501	0,77	2,5	1,69	39
1:3	1,92	388	0,93	2,1	1,72	34
1:4	1,91	309	1,18	2,1	1,71	26
1:6	1,89	216	1,70	2,0	1,66	17
1:10	1,88	138	2,63	2,0	1,64	12
1:20	1,85	71	5,00	2,0	1,63	10
	1,86	0	—	2,2	1,75	26

Hiernach ist die im Bauwerk maßgebende Festigkeit mit Proben zu ermitteln, die mit ihren Abmessungen etwa den Wanddicken der Bauwerke entsprechen. Vgl. dazu auch S. 127.

2. Einfluß der Kornzusammensetzung der Lösse und Lehme auf die Druckfestigkeit und auf die Biegezugfestigkeit des Betons.

Die Körnung der Löß und Lehme, wie sie in der Zahlentafel 56 für drei Beispiele angegeben ist, kommt in der Regel nicht voll zur Geltung, weil Löß und Lehm an der Gewinnungsstelle krümelig bis teigig anfallen und zweckmäßig krümelig verarbeitet werden. Es werden also beim Mischen mit Zement nur die krümelig zusammenhängenden Stoffteile und der etwaige Staub umhüllt.

Unter anderem fand sich die Druckfestigkeit von 7 Tage alten Mörteln, die aus verschieden aufbereitetem Lehm sonst gleicher Beschaffenheit hergestellt waren,

a) wenn der Lehm durch das Sieb mit 0,2 mm Maschenweite fiel . . . zu 98 kg/cm²,

b) wenn der Lehm durch das Sieb mit 3 mm Lochdurchmesser fiel und 26%
durch das Sieb mit 0,2 mm Maschenweite . . . . zu 82 „ ,

c) wenn der Lehm durch das Sieb mit 10 mm Lochdurchmesser fiel und 13%
durch das Sieb mit 0,2 mm Maschenweite . . . . zu 78 „ .

Zahlentafel 56. Kornzusammensetzung von Löß und Lehm.
a) Durch Sedimentation festgestellte Körnung[1]

Kornanteil bis	0,001	0,002	0,005	0,010	0,020	0,030	0,040	0,060	0,090 mm
Löß H . . .	6	9	15	29	46	68	74	80	91 Gew.-%
Löß B . . .	8	10	14	27	41	71	86	95	97 „
Lehm LH . .	5	7	14	25	47	68	82	89	93 „

b) Durch den Siebversuch festgestellt

Kornanteil bis	1	3	7	15	30	40 mm
Löß H . . .	19	59	89	99	100	— Gew.-%
Löß B . . .	27	45	66	83	95	100 „

Lehm LH wurde in schmierig-nassen Klumpen angeliefert. Die beiden Lösse waren lagerfeucht.

---

[1] Vgl. AMBACH: Fortschr. u. Forsch. im Bauwesen, Reihe A, Heft 12 S. 21 u. f.

und zerkleinertem Lehm LH.
Luftlagerung in Raumluft (Spalten 6 bis 8), b) nach Lagerung in feuchter Luft (Spalten 9 lagerung (Spalten 12 bis 14).

8	9	10	11	12	13	14
Prismen 4 cm × 4 cm × 16 cm						
	nach 28tägiger Lagerung in feuchter Luft			nach 7tägiger Lagerung in feuchter Luft und 21tägiger Lagerung unter Wasser		
Druck-festigkeit	Roh-wichte	Biegezug-festigkeit	Druck-festigkeit	Roh-wichte	Biegezug-festigkeit	Druck-festigkeit
kg/cm²	kg/dm³	kg/cm²	kg/cm²	kg/dm³	kg/cm²	kg/cm²
359	—	—	—	2,00	50	264
237	1,95	46	194	2,00	40	191
145	1,89	31	100	1,95	27	95
129	1,92	26	76	1,98	20	69
114	1,92	19	51	1,98	15	48
64	1,91	15	33	1,95	11	27
45	1,92	10	22	1,95	8	16
32	1,90	7	11	1,95	4	6
74	1,81	—	2	—	—	—

Mörtel mit krümeligen Löß und Lehm, noch mehr solche mit klumpiger Beschaffenheit, lieferten in der Regel kleinere Festigkeiten als Mörtel mit trokkenen Stoffen, die nach dem Vorläufigen Merkblatt für den Bau von zementverfestigten Erdstraßen, Ausgabe 1940, vorbereitet waren.

3. Über das Mischen von Löß und Lehm mit Zement.

Wie bei anderem Beton hatte das Vormischen der trockenen Stoffe keinen Einfluß auf das Mischergebnis; maßgebend war die Mischdauer der gesamten Stoffe, also des Gemischs mit dem Wasser.

Zahlentafel 57. Einfluß der Art des Mischens auf die Druckfestigkeit von Lößbeton.

1	2	3	4	5	6	7	8	9	10	11	12	13
Mischung	Art des Mischens	Wassergehalt des Lösses	1 m³ frischer Lößbeton enthielt			wog	Wasser-zement-wert w	Roh-wichte	Druck-festig-keit	Druck-festigkeit nach	Roh-wichte	Druck-festig-keit
			Zement	Löß	Wasser			nach 7tägiger Lagerung in feuchtem Sand		28tägiger Lagerung in feuchtem Sand	nach 28tägiger gemischter Lagerung	
		Gew.-%	kg	kg	kg	kg		kg/dm³	kg/cm²	kg/cm²	kg/dm³	kg/cm²
18	Mit Freifall-mischer	11,5 (erdfeucht)	417	1248	375	2040	0,90	2,04	37	61	2,00	71
19		24,4 (klumpignaß)	418	1256	376	2050	0,90	2,05	22	38	1,99	44
22	Um-schaufeln von Hand	14,7 (erdfeucht)	408	1225	367	2000	0,90	1,99	24	37	1,90	48
23		24,7 (klumpignaß)	417	1248	375	2040	0,90	2,03	12	21	1,97	24
20	Mit Zwangs-mischer (Bauart Sont-hofen)	14,7 (erdfeucht)	412	1237	371	2020	0,90	2,02	51	77	1,97	114
21		24,7 (klumpignaß)	408	1225	367	2000	0,90	2,00	41	66	1,98	81
28		6,4 (annähernd lufttrocken)	412	1237	371	2020	0,90	2,02	53	81	1,99	117

Zahlentafel 58. Magerung von krümeligem Löß Hö (bis 15 mm) mit

1	2	3	4	5	6	7	8	9	10
	Gemisch		Misch-verhältnis Zement zum Gesamt-zuschlag (trocken)	1 m³ frisch verdichteter Lößbeton					Ein-dring-maß
Mischung		Mage-rungs-zu-schlag			enthielt			wog	
	Löß			Zement	Wasser	Löß	Magerungs-zuschlag		
	Gew.-%	Gew.-%	Gew.-Teile	kg/m³	kg/m³	kg/m³	kg/m³	kg/m³	cm
									1. Magerung
Q	100	0	1:4,2	296	400	1244	—	1940	1,9
R	80	20	1:4,6	294	362	1083	271	2010	1,9
S	50	50	1:5,0	299	309	746	746	2100	2,3
T	20	80	1:5,3	325	224	344	1377	2270	4,0
U	0	100	1:6,0	290	104	—	1736	2130	1,4
									2. Magerung
V	100	0	1:4,2	294	393	1233	—	1920	3,0
W	80	20	1:4,6	299	346	1100	275	2020	2,8
X	50	50	1:5,0	303	291	758	758	2110	2,8
Y	20	80	1:5,8	293	226	340	1361	2220	2,4
Z	0	100	1:6,0	270	130	—	1630	2030	1,9

Zahlentafel 59. Magerung von grob gekrümeltem Lehm LH unter Verwendung von schwach erdfeuchtem Lehm (Wassergehalt 19,9%)[1].

1	2	3	4	5	6	7	8
	Zuschlaggemisch in Gewichts-%				Mischzeit a) trocken b) naß	Roh-wichte	Zement-gehalt
Mischung	Lehm	Sand	Rhein-kiessand bis	Sand Rh bis		des frischen verdichteten Mörtels	
	LH	H	30 mm	7 mm	sec	kg/dm³	kg/m³
a	100	—	—	—		1,94	307
b	80	20	—	—		1,99	322
c	80	—	20	—	a) 20	1,97	323
d	50	50	—	—	b) 30	2,09	354
e	50	—	50	—		2,07	355
f	50	—	—	50		2,09	355
g	100	—	—	—	a) 90	1,95	309
h	50	50	—	—	b) 180	2,12	359
i	50	—	50	—		2,11	361

Lößbeton mit rd. 350 kg Zement je m³ erreichte ohne trockene Vormischung die gleiche Druckfestigkeit wie der Beton, der ½ oder 1 oder 3 Minuten trocken vorgemischt war.

Nach   1   2   5 Minuten
                                                          Mischzeit nach der Wasserzugabe
betrug die Druckfestigkeit 48   58   68 kg/cm²,
unabhängig von der Dauer des trockenen Vermischens.

Weitere Angaben finden sich in Zahlentafel 59.

Weiterhin ist wichtig, daß Lehmbeton zweckmäßig mit Zwangsmischern gemischt wird; Freifallmischer liefern Beton mit viel kleinerer Festigkeit; Hand-mischung ist noch weniger zu empfehlen.

Zahlentafel 57 gibt dazu Aufschlüsse.

---

[1] Bezogen auf den trockenen Stoff.

grobem Rheinkiessand (bis 40 mm) oder mit Rheinsand (bis 3 mm).

11	12	13	14	15	16	17	18	19
Würfel mit 20 cm Kantenlänge				Prismen 10 cm × 10 cm × 56 cm				
	Druckfestigkeit				Biege-zugfestigkeit		Druck-festigkeit	
Rohwichte im Alter von 7 Tagen	nach Lagerung unter feuchten Tüchern im Alter von		nach 7tägiger feuchter, dann 21tägiger trockener Lagerung	Rohwichte im Alter von 7 Tagen	nach Lagerung unter feuchten Tüchern im Alter von			
	7 Tagen	28 Tagen			7 Tagen	28 Tagen	7 Tagen	28 Tagen
kg/dm³	kg/cm²	kg/cm²	kg/cm²	kg/dm³	kg/cm²	kg/cm²	kg/cm²	kg/cm²
mit Rheinkiessand								
1,94	25	36	48	1,97	9	11	28	38
2,01	30	46	57	2,04	9	12	33	46
2,10	41	60	73	2,13	10	14	46	69
2,27	93	139	159	2,29	22	25	107	157
2,16	124	147	161	2,20	27	31	127	165
mit Rheinsand								
1,93	25	38	50	1,93	9	12	27	42
2,02	31	47	59	2,02	11	15	32	53
2,11	42	68	81	2,11	11	18	42	70
2,22	71	115	123	2,21	18	29	72	124
2,05	66	100	101	2,05	18	28	62	98

mit Sand H, Rheinkiessand (bis 30 mm) und Sand RH (bis 7 mm),
Körnung des Lehms 0 bis 3   7   15   30   40 mm
                    8   28   52   86   100 Gew.-%.

9	10	11	12	13	14	15	16
			Prüfung von Prismen 10 cm × 10 cm × 56 cm				
Wasser-gehalt in % der trockenen Stoffe	Wasser-zement-wert w	Eindring-maß	Rohwichte nach	Biegezugfestigkeit nach		Druckfestigkeit nach	
			7tägiger	7tägiger	28tägiger	7tägiger	28tägiger
			Lagerung unter feuchten Tüchern				
		cm	kg/dm³	kg/cm²	kg/cm²	kg/cm²	kg/cm²
26,4	1,32	2,3	1,93	5	7	12	17
23,3	1,17	2,3	1,99	7	10	19	21
22,0	1,10	2,3	2,01	7	11	21	24
18,0	0,90	2,3	2,06	13	18	36	48
16,6	0,83	2,4	2,10	11	14	36	44
17,7	0,88	2,3	2,10	12	18	34	44
26,4	1,32	1,9	1,95	7	10	24	33
17,9	0,90	2,5	2,09	13	19	45	76
18,7	0,83	1,9	2,12	13	20	52	68

4. Einfluß der Magerung des Lösses und des Lehms durch Sand und Kiessand auf die Druckfestigkeit und auf die Biegezugfestigkeit des Betons.

Hierzu geben die Zahlentafeln 58 bis 60 Auskunft; sie machen aufmerksam, daß die Mengen der Magerungszuschläge verhältnismäßig groß gewählt werden müssen, wenn bei gleichem Zementgehalt dadurch erheblich höhere Festigkeiten entstehen sollen. Die Wirkung der Magerungszuschläge ist überdies von der Konsistenz des Lehms abhängig; bei krümeligem Löß sind günstigere Verhältnisse vorhanden als bei schmierig nassem.

5. Einfluß der Art der Lagerung des Betons.

Durch die Werte in Zahlentafel 55 wird im Einklang mit den S. 283 gemachten Feststellungen gezeigt, daß die Festigkeit des in feuchter Luft oder

Zahlentafel 60. Magerung von Löß B mit Rheinsand und Rheinkiessand.

1	2	3	4	5	6	7	8	9	10	11	12	13	14
	Zuschlaggemisch			1 m³ frisch verdichteter Lößbeton				wog	Roh-wichte	Druck-festig-keit	Druck-festigkeit nach 28 tägiger Lagerung in feuchtem Sand	Roh-wichte	Druck-festig-keit
Mischung	Löß	Rhein-kies-sand	Rhein-sand	Zement	enthielt Wasser-zement-wert	Löß	Mage-rungs-zu-schlag		nach 7 tägiger Lagerung in feuchtem Sand			nach 28 tägiger gemischter Lagerung	
	Gew.-%	Gew.-%	Gew.-%	kg		kg	kg	kg	kg/dm³	kg/cm²	kg/cm²	kg/dm³	kg/cm²
1. Mischungen unter Verwendung von erdfeuchtem Löß (Wassergehalt 7,5 %)													
20	100	0	0	412	0,90	1237	0	2020	2,02	51	77	1,97	114
24	50	50	0	311	0,88	777	778	2140	2,15	53	88	2,10	90
25	50	0	50	306	0,93	765	765	2120	2,11	43	76	2,05	94
2. Mischungen unter Verwendung von klumpig-nassem Löß (Wassergehalt 23,7 %)													
21	100	0	0	408	0,90	1225	0	2000	2,00	41	66	1,98	81
26	50	50	0	313	0,88	781	782	2150	2,15	48	85	2,12	96
27	50	0	50	304	0,93	761	761	2110	2,13	38	66	2,06	76

im Wasser gelagerten Lehmbetons viel kleiner ausfällt als die des trocken gelagerten Betons. Lehmkörper ohne Zementzusatz zeigten nach trockener Lagerung eine Druckfestigkeit von 74 kg/cm², während in feuchter Luft nur 2 kg/cm² entstanden. Weitere Beispiele finden sich in Zahlentafel 57.

6. Über das Schwinden des Löß- und Lehmbetons.

Jedermann weiß durch Beobachtung von Lehmböden, daß der Lehm beim Austrocknen an der freien, vom trockenen Wind betrichenen Fläche erheblich schwindet; dabei können in verhältnismäßig kleinen Abständen klaffende Risse entstehen. Ähnliche Verhältnisse sind mit Löß festzustellen. An einem Block aus Lößbeton mit 1 m Kantenlänge, hergestellt mit 360 kg Zement je m³, betrug das Schwindmaß im Alter von 98 Tagen an der oberen Fläche im Mittel 3,5 mm/m; nahe der unteren Fläche, die auf einer dicken Betonplatte, sorgfältig aufbetoniert, anlag, blieb das Schwindmaß unerheblich.

AA. Zur Anwendung der Erkenntnisse.

Nach den Darlegungen unter B bis Y kann die Herstellung des Betons zu beliebigen Bauaufgaben mit allen in Betracht kommenden Eigenschaften zuverlässig veranlaßt werden; auch ist es möglich, innerhalb der jeweils vorliegenden wirtschaftlich gegebenen Verhältnisse das Zweckmäßige zu wählen.

Wie bei jeder Ingenieurarbeit ist dabei planmäßig vorzugehen; die in Betracht kommenden Baustoffe sind rechtzeitig zu erkunden; es ist auch rechtzeitig festzustellen, ob sich die Baustoffe eignen, ob sie verbessert werden können oder müssen, ob sie ergänzt werden müssen usw. Wenn die Mischung, die am Bauwerk oder in der Betonwarenfabrik angewandt werden soll, durch eine Eignungsprüfung gesucht wird, so muß dazu bekannt sein, wie die Zuschlagstoffe gemessen und der Beton gemischt, befördert und verarbeitet werden soll. Auch die zweckmäßige Behandlung des Betons beim Erstarren und Erhärten ist von vornherein zu bestimmen.

Um die Anwendung der Erkenntnisse zu erleichtern, werden im folgenden Beispiele mit Einzelheiten wiedergegeben, die folgendes zeigen: Auswahl des Zements, Auswahl der Zuschlagstoffe, Probenahme und Siebversuch mit Zuschlagstoffen, Bestimmung der sonstigen Beschaffenheit der Zuschlagstoffe, auch der Art und Menge der feinsten Teile; Bestellung, Lieferung und Abnahme der Zuschlagstoffe; Messen der Feuchtigkeit der Zuschlagstoffe; Rohwichte (Raumgewicht) des Betons, Feuchtigkeitsgehalt des Betons; Herstellung von Beton mit bestimmten Eigenschaften (Druckfestigkeit, Biegezugfestigkeit, Abnutzwiderstand, Wetterbeständigkeit); Baustoffaufwand für 1 m³ des fertig verarbeiteten Betons; Herstellung und Prüfung von Betonproben während und nach der Bauausführung; Beurteilung von Betonproben nach dem Augenschein; Nachprüfung der Zusammensetzung des frischen und des erhärteten Betons.

1. Auswahl des Zements[1].

Wenn die Erfahrung über die Eignung und über die Güte bestimmter Zemente fehlt, insbesondere der Zemente aus den der Baustelle am nächsten gelegenen Fabriken, muß in wichtigen Fällen eine Eignungsprüfung erfolgen. Dazu sind Zementproben erforderlich, die den mittleren Verhältnissen der betreffenden Zementfabrik entsprechen. Darüber hinaus ist für besonders wichtige Aufgaben eine Absprache mit dem liefernden Werk zu empfehlen, wobei die Abweichungen vom Mittelwert der Festigkeiten, der Zusammensetzung, der Mahlfeinheit usw. begrenzt werden, so wie dies für die Zemente geschehen ist, die zu den Fahrbahndecken der Reichsautobahnen verwendet wurden.

Die *Probenahme* geschieht zweckmäßig in der Fabrik durch Entnahme von Proben gleicher Menge aus mindestens drei Säcken mit dem Stechheber oder aus verschiedenen Höhenlagen der Vorratsbehälter und inniges Mischen dieser Proben zu einer Hauptprobe. Die Prüfung des Zements für Sonderfälle ist mannigfaltig. Die weitgehendsten Forderungen bestehen für die Zemente der Fahrbahndecken der Reichsautobahnen, nämlich Erstarrungsbeginn später als in den Normen, bei höherer Temperatur besonders begrenzt (vgl. S. 10), Biegezugfestigkeit hoch, möglichst wenig durch Schwindspannungen beeinträchtigt (vgl. S. 13ff.)[2].

Für Pumpbeton ist die Feinheit des Zements wegen der Verarbeitbarkeit von Bedeutung.

Für Massenbeton ist die Wärmeentwicklung in den ersten Wochen wichtig, wobei die zulässige Wärmeentwicklung von der gleichzeitig auftretenden Biegezugfestigkeit und dem Formänderungsvermögen des Betons abhängt.

Für rasch zu errichtende Hochbauten sind die Zemente Z 325 und Z 425 wertvoll. Dabei kommt es vor allem auf die zeitliche Entwicklung der Druckfestigkeit an.

Für Wasserbauten muß auf die Verarbeitbarkeit des Zements und auf seine Feinheit geachtet werden.

Zement zu Gasbeton muß besonders ausgesucht werden. Vgl. S. 272.

2. Auswahl der Zuschlagstoffe.

Die zugehörigen Bedingungen sind S. 27ff. erörtert.

Für hochfesten, wetterbeständigen Straßenbeton sind vorzüglich aufbereitete Zuschlagstoffe aus Gesteinen mit bestimmter Druck- und Biegezugfestigkeit (vgl. S. 34), mit hohem Abnutzwiderstand (vgl. S. 35ff.) und mit gedrungener Kornform (vgl. S. 39ff.) erwünscht; schädliche Bestandteile dürfen nur in Spuren vorkommen.

Handelt es sich um Zuschlagstoffe für Hochbauten, so ist die Körnung und die Form der Zuschlagstoffe wesentlich, damit ein gut verarbeitbarer Beton mit bestimmter, wenig streuender Festigkeit entsteht; für die Gesteinsfestigkeit sind in der Regel keine besonderen Bedingungen nötig.

---

[1] Vgl. auch unter B, S. 2ff.
[2] Weiteres Forsch.-Arb. Straßenwesen Bd. 27.

Für Wasserbauten ist für die Körnung des Mörtels auch die Kornform der Zuschlagstoffe wichtig, damit ein gut verarbeitbarer und dichter Beton entsteht (vgl. S. 173 ff.).

3. Entnahme von Proben der Zuschlagstoffe.

Die Proben der Zuschlagstoffe, die zu Eignungsversuchen dienen oder die als Muster für Angebote benutzt werden, sind mit besonderer Sorgfalt zu entnehmen, weil Abweichungen der Proben von der Beschaffenheit der späteren Lieferung bedenkliche Folgen haben können, wenn die beim Eignungsversuch ermittelte Mischung nicht eingehalten werden kann und dadurch die Herstellung von Beton bestimmter Verarbeitbarkeit, bestimmter Festigkeit oder von undurchlässigem Beton gehindert ist.

Wenn es sich um große Bauaufgaben handelt, ist eine Untersuchung der Lagerstätten nötig; der Lieferer muß sich rechtzeitig über die Eigenschaften der Zuschlagstoffe Rechenschaft geben und feststellen, welche Körnungen er liefern kann, vor allem ermitteln, welche Grenzen der Kornzusammensetzung in den Korngruppen bestimmt eingehalten werden können[1]. Jeder Lieferer von Zuschlagstoffen sollte über die in diesem Buch beschriebenen wichtigsten Eigenschaften klaren Aufschluß geben können (Beschaffenheit des Gesteins, insbesondere Wetterbeständigkeit und Festigkeit, Anteil minderwertiger Stücke, je mit Grenzwerten, Kornform, lieferbare Körnungen mit verbürgten Grenzen der Anteile an Über- und Unterkorn usw.). Fehlen die genannten Unterlagen oder werden die Gewinnungsstellen neu erschlossen, was bei Großbaustellen die Regel ist, so muß folgendes beachtet werden.

Zunächst sind in angemessenen Abständen (z. B. bei weit ausgedehnten Ablagerungen im Tiefland bis 200 m, bei Moräneablagerungen bis 50 m) Schächte anzulegen, in denen die Vorkommen bis zur vorgesehenen Abbautiefe freigelegt werden. Hierbei ist sorgfältig festzulegen, welche Mengen der Korngruppen im ganzen, bei ausgeprägter Schichtung im einzelnen vorhanden sind. Später folgt die Beurteilung der Beschaffenheit des Gesteins usw., wie das Seite 27 ff. beschrieben ist. Sind die Vorkommen in den zunächst gewählten Schächten sehr verschieden, so sind weitere Schächte anzulegen, damit bei der Eignungsprüfung sicher festgestellt werden kann, ob und wie die Zuschlagstoffe brauchbar sind, ob der Sandgehalt im ganzen ausreicht, ob genügend Feinsand vorhanden ist, ob die Zuschlagstoffe gewaschen werden müssen u. a. m.

Sehr wichtig ist die zugehörige Probenahme. Am besten werden die aus den Probeschächten (mit senkrechten Wänden) entnommenen Proben aus jedem Schacht mit Sieben in Korngruppen (0 bis 7 mm, 7 bis 30 mm, 30 bis 60 mm, 80 mm und mehr) geteilt, dann nach Raummaß gemessen; hierauf ist jede Korngruppe sorgfältig zu mischen und kreisförmig auszubreiten. Aus dem so bereitgelegten Gemisch werden nach Bedarf zwei Ausschnitte für die Eignungsprüfung restlos entnommen.

4. Der Siebversuch. Bestimmen der Körnung der feinsten Teile der Zuschlagstoffe.

Zur ausführlichen Untersuchung der Körnung von Sand, Kies usw. dient der Siebsatz nach Abb. 331. Er besteht aus neun Rahmen, die passend auf-

---

[1] Wenn im Sand „0 bis 3 mm" der Anteil der Körner von 0 bis 1 mm bald 10%, bald 60% oder noch mehr beträgt, so liegen schlechte Verhältnisse vor; bleibt der Anteil der Körner von 0 bis 1 mm zwischen 40 und 50%, so ist dieser Sand für Stahlbeton besonders gut. Die Kornstufung der Zuschlagstoffe muß von Fall zu Fall beurteilt werden, weil sie sich nach dem Zementgehalt und der Art der Verwendung des Betons richten muß (vgl. S. 80 ff.).

einandersitzen. Der oberste Rahmen enthält ein Sieb mit 50 oder 70 mm Lochdurchmesser, der zweite mit 30 mm Lochdurchmesser; in den weiteren Rahmen sind Siebe mit 15, 7, 3 und 1 mm Lochdurchmesser; dann folgt ein Sieb mit 0,2 mm Maschenweite (Prüfsieb 0,20 DIN 1171); dieses sitzt in dem Aufhängerahmen; ganz unten ist ein abnehmbarer Rahmen mit Boden, auf dem das Staubfeine liegen bleibt, welches durch das Sieb mit 0,2 mm Maschenweite fällt[1].

Die Zuschlagstoffe zum Siebversuch werden gemäß Ziff. 3 (S. 290) entnommen und auf einem Blech oder Papier an der Luft, in eiligen Fällen auf einem geheizten Blech getrocknet[2]. Aus den trockenen, wiederholt gemischten und dann kreisförmig ausgebreiteten Zuschlagstoffen werden als Ausschnitte insgesamt 1000 g bei Sanden bis 3 mm, 3000 g bei Sanden bis 7 mm und 5000 g bei groben Zuschlagstoffen entnommen und in den Siebsatz oben eingeworfen. Dann beginnt das Sieben in stoßweise rüttelnden Bewegungen. Durch Augenschein wird verfolgt, ob das Sieben auf dem gröbsten Sieb erledigt ist. Dann kann dieses Sieb abgenommen werden, was die weitere Arbeit erleichtert. In dieser Weise wird fortgefahren, bis das Sieben erledigt ist. Bei den feineren Sieben ist jeweils vor dem Abstellen der einzelnen Siebe durch

Abb. 331. Teile des Siebsatzes.

Nachsieben über einem hellen Papier nachzuprüfen, ob noch nennenswerte Mengen durchfallen, die dann auf das nächste Sieb zu bringen sind. Beim Wiegen wird zuerst der Rückstand auf dem gröbsten Sieb festgestellt, dann derjenige vom nächsten Sieb zugeschüttet usw., so daß jeweils das gesamte über dem betreffenden Sieb gebliebene Material gewogen wird.

Der Siebversuch wird mindestens zweimal, besser dreimal ausgeführt, um etwaige Mängel der Probennahme nach Möglichkeit auszugleichen.

Zahlentafel 61 (S. 292) enthält das Ergebnis von Siebversuchen. Die Zahlenreihen zeigen, daß die Ergebnisse der einzelnen Versuche bei sachgemäßer Arbeit kleine Abweichungen vom Mittelwert aufweisen. In solchen Fällen genügen 2 Siebversuche; andernfalls sollten 3 Siebversuche gemacht werden, wie bereits empfohlen.

Für die Kontrolle von Sand, Kies usw. auf der Baustelle genügt der sogenannte kleine Siebsatz (Abb. 332), aus zwei Sieben bestehend, mit 1 und

Abb. 332. Kleiner Siebsatz zur Ermittlung des Sandgehalts von Kiessand usw. sowie des Betonfeinsands im Betonsand.

7 mm Lochdurchmesser, wenn es sich um Zuschlagstoffe für B 160 handelt; für B 225, B 300 usw. sind die Siebe mit 0,2 mm Maschenweite und mit 3 mm Lochdurchmesser nötig.

Enthalten die Zuschlagstoffe erhebliche Mengen feinster Teile, die an den

---

[1] Der Siebsatz wird auf Wunsch durch das Institut für Bauforschung und Materialprüfungen des Bauwesens an der Technischen Hochschule Stuttgart besorgt.

[2] Die Erwärmung soll so weit getrieben werden, daß die Zuschlagstoffe eben noch staubtrocken werden.

Zahlentafel 61.
Siebversuch und Raummetergewicht von Zuschlagstoffen. 3 Versuche mit 5000 g.

Eigenschaft		Rückstand in g auf dem Sieb mit						
		0,2 mm Maschenweite	1	3	7	15	30	50
			mm Lochdurchmesser					
	g	Bezeichnung: „Kiessand H"						
Siebgut nach dem Versuch . . .	4990	4739	2465	2375	2102	914	54	30
	4986	4391	2376	2240	2054	781	16	16
	4992	4433	2623	2177	1895	606	0	0
Mittel		4521	2488	2264	2017	767	23	15
Mittel in %		90	50	45	40	15	0	0
Gesamter Durchfall in % .		10	50	55	60	85	100	100
Durchfall vom Sand in % .		16	83	91	100	—	—	—
10 Liter, lose eingefüllt . . .		15,8 kg lagerfeucht (in 5000 g sind 202 g Wasser, d. 4%).						

gröberen Stücken oder unter sich haften, so wird das Ganze zweckmäßig auf-
geschlämmt und naß gesiebt. Abb. 333 zeigt eine Einrichtung für die nasse
Trennung.

Zur Untersuchung der Körnung der feinsten Teile wird gemäß den Angaben
S. 48 verfahren.

Zur Trennung der Sande in Korngruppen ist die Maschine nach Abb. 334
benutzt worden.

Abb. 333. Wasch- und Siebmaschine, geliefert von der Excelsior-Maschinenbaugesellschaft Stuttgart.

5. Raummetergewicht (Rohwichte) des frisch verdichteten Betons.

Wenn die Zusammensetzung des Betons nach Gewichtsteilen bestimmt, die
Reinwichte der Stoffe ermittelt, auch bekannt ist, ob und inwieweit die Zuschlagstoffe einen Teil des Anmachwassers kurzfristig aufnehmen, läßt sich das
Raummetergewicht des frischen, verdichteten und hohlraumlosen Betons er-
rechnen. Der Vergleich dieses Gewichts mit dem tatsächlichen Gewicht zeigt,

ob der Beton vollkommen oder doch nahezu vollkommen verdichtet ist oder
ob die nach der angewendeten Verdichtung verbliebenen Hohlräume erheblich

Abb. 334. Schwingsieb für die Aufteilung von Sanden (nach dem Wechseln der Siebe auch für die Aufteilung anderer Zuschlagstoffe verwendbar).

sind. Weich angemachte Mischungen aus Flußsand mit Flußkies lassen sich unter
sonst gleichen Umständen besser verdichten als
steif angemachte aus gebrochenen Zuschlagstoffen; sandreiche Mischungen mit fein gekörntem
Sand sind leichter zu verdichten als sandarme mit
grob gekörntem Sand. Mit Rüttlern, insbesondere
mit Innenrüttlern und Tischrüttlern von hoher
Leistung kann die Verdichtung dem Sollwert sehr
nahe gebracht oder gleich gemacht werden. Die
Verfolgung des Unterschieds des tatsächlichen
Gewichts vom Sollgewicht gehört zu den un-
entbehrlichen Hilfsmitteln technisch-wissen-
schaftlicher Untersuchungen. Ist der tatsächliche Wert größer als der Sollwert, so sind Entmischungen eingetreten, u. a. durch Abstoßen
von Wasser.

Bei Angabe des Raumgewichts des erhärteten
Betons sollte der Wassergehalt des Betons mit-
genannt werden.

Das Raummetergewicht des frisch verdichteten
Betons, mit genügender Genauigkeit auch das
Raumgewicht des erhärteten Betons, dienen zur
Bestimmung des Stoffbedarfs. Vgl. dazu unter
8, S. 298ff.

Allgemein sei folgendes hervorgehoben:

a) Unter sonst gleichen Umständen steigt
das *Raumgewicht des Betons (Rohwichte) mit
wachsender Festigkeit.* Unter anderem zeigt Abb. 335 die Beziehungen des
Raumgewichts und der Druckfestigkeit für früher dargestellte Versuchsergeb-

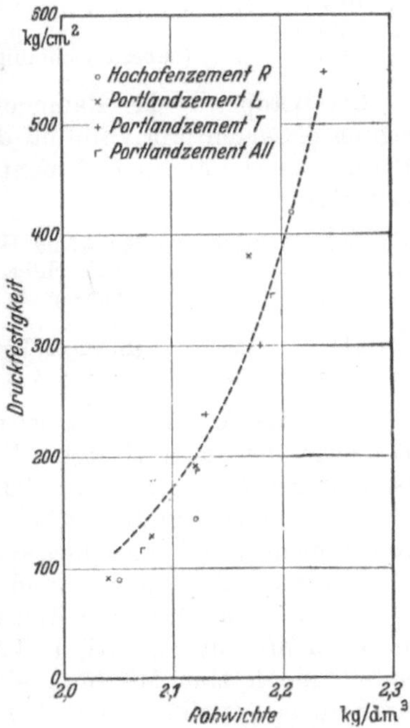

Abb. 335. Druckfestigkeit und Raumgewicht von Zementmörteln.

nisse[1]; hieraus erhellt, daß die Druckfestigkeit des Mörtels um so größer ausgefallen ist, je höher das Raumgewicht des Mörtels war. Weiter zeigt Abb. 335, daß die für die drei Portlandzemente festgestellten Werte nahe dem gestrichelten Linienzug liegen, also der Gesetzmäßigkeit folgen, welche durch diesen Linienzug dargestellt wird.

Diese Feststellung gab Veranlassung, die Ergebnisse der Druckproben aus unseren Zementprüfungen in Beziehung zum Raumgewicht zeichnerisch darzustellen (Mörtel aus 1 Gewichtsteil Zement und 3 Gewichtsteilen Normalsand alter Art; Wasserzusatz gemäß den früheren deutschen Normen für einheitliche Lieferung und Prüfung von Portlandzement; Lagerung: 1 Tag in feuchter Luft, 6 Tage in Wasser, 21 Tage in der Luft). Abb. 62 enthält die Ergebnisse. Auch hier zeigt sich eine deutlich ausgeprägte Abhängigkeit der Druckfestigkeit vom Raumgewicht des Mörtels, und zwar bei Verwendung verschiedener Zemente unter sonst gleichen Bedingungen.

Die Abb. 335 und 62 deuten an, daß Zemente, welche höhere Druckfestigkeit liefern, unter sonst gleichen Verhältnissen im allgemeinen Mörtel mit größerem Raumgewicht, also dichtere Mörtel ergeben; es dürfte hier vor allem die Kornstufung[2] des Zements beteiligt sein.

Die Angaben S. 59ff. zeigen weiter, daß die Rohwichte r des erhärteten Zementmörtels, ausgehend von der Rohwichte eines sorgfältig hergestellten Würfels aus reichlich erdfeucht angemachtem Mörtel, mit Zunahme des Wassergehalts abnimmt. Unter anderem betrug bei Mörtel aus 1 Gewichtsteil Zement „R" und 4 Gewichtsteilen Beihinger Sand

mit 7,2% Wasser (erdfeuchter Beton) . . . . $r = 2{,}21$ kg/dm³,
  „ 10%   „ . . . . $r = 2{,}15$ „ ,
  „ 12%   „ . . . . $r = 2{,}12$ „ ,
  „ 14%   „ (nahezu gießfähiger Beton) . . . . $r = 2{,}05$ „ .

Bei Beton war das Raumgewicht weniger verschieden, wie auch die Überlegung erwarten läßt (Einfluß der groben Teile). Unter anderem fand sich für Beton aus 1 Raumteil Zement, 3 Raumteilen Rheinsand und 3 Raumteilen Rheinkies[3]

mit 5% Wasserzusatz (zu wenig Wasser) . . . . $r = 2{,}31$ kg/dm³,
  „ 6%   „ (erdfeuchter Beton) . . . . $r = 2{,}37$ „ ,
  „ 7%   „ (etwas mehr als erdfeuchter Stampfbeton) . . $r = 2{,}38$ „ ,
  „ 9%   „ . . . . $r = 2{,}36$ „ ,
  „ 11%   „ (flüssiger Beton) . . . . $r = 2{,}33$ „ ,
  „ 12%   „ . . . . $r = 2{,}31$ „ .

Auch die Art der Verarbeitung (Art der Mischung, Erschütterungen beim Transport des unverarbeiteten Betons, Höhe der Stampfschichten, Stampfarbeit, Belastungen während der Erhärtung usw.[3] nimmt Einfluß auf das Raumgewicht.

Als anschauliches Beispiel über die Wirkung von Maßnahmen zur Verdichtung von Zementmörtel seien hier folgende Versuche mitgeteilt.

Aus erdfeucht angemachtem Mörtel aus Portlandgement „L" und Beihinger Sand (0 bis 7 mm) wurden Würfel mit 7 cm Kantenlänge hergestellt, und zwar in den 3 Mischungen 1 : 3, 1 : 4 und 1 : 7 jeweils nach Gewichtsteilen. Von der ersten und letzten Mischung sind je 5 Würfel mit 50 Schlägen (Reihe 1), mit 150 Schlägen (Reihe 2), mit 350 Schlägen (Reihe 3), mit 600 Schlägen (Reihe 4),

---

[1] Vgl. GRAF: Der Aufbau des Mörtels und des Betons, 1. Aufl 1923 S. 4 bis 7; ferner 3. Aufl. 1930 S. 7 bis 12.

[2] Vgl. auch KÜHL: Zement 1929 S. 324ff.; ferner GRAF: Zement 1930 S. 48.

[3] Vgl. GRAF: Die Druckfestigkeit von Zementmörtel, Beton, Eisenbeton und Mauerwerk S. 11 und 12. Stuttgart: Konrad Wittwer 1921.

schließlich mit 1200 Schlägen (Reihe 5) im Hammerapparat verdichtet worden; von der Mischung 1 : 4 gelangten je 3 Würfel mit den gleichen Schlagzahlen sowie je 3 Würfel mit 2400 Schlägen (Reihe 6) und mit 3600 Schlägen (Reihe 7) zur Herstellung. Die Ergebnisse finden sich in Abb. 336 zeichnerisch dargestellt, wobei die Schlagzahl durch die beigeschriebenen Reihenzahlen 1 bis 7 zu unterscheiden ist.

Der Einfluß der Schlagzahl auf das Raumgewicht und die Druckfestigkeit tritt scharf ausgeprägt zutage. Zur Beurteilung der Ergebnisse ist hervorzuheben, daß beim Einschlagen mit fortschreitender Verdichtung Wasser aus dem Mörtel ausgepreßt wurde, so daß der im Mörtel zurückbleibende Zementbrei nicht bloß dichter, sondern auch etwas wasserärmer wurde.

6. Ein Beispiel zur Auswahl der Zuschlagstoffe für einfache Bauaufgaben.

Für ein massiges Stahlbetonfundament war Beton herzustellen, der im Alter von 28 Tagen eine Druckfestigkeit von mindestens 160 kg/cm² aufweist.

Es war zu untersuchen, ob diese Forderung mit Kiessand T *ohne* Rollkies R billiger erfüllt werden kann als mit Kiessand T und Kies R. Der Preis des Kiessandes T war frei Baustelle zu DM 6,30, der Preis des Kieses R zu DM 10,— je 1000 kg anzunehmen. Der Zementpreis war DM 50,— je t frei Baustelle.

Beim Siebversuch fielen durch das Sieb mit

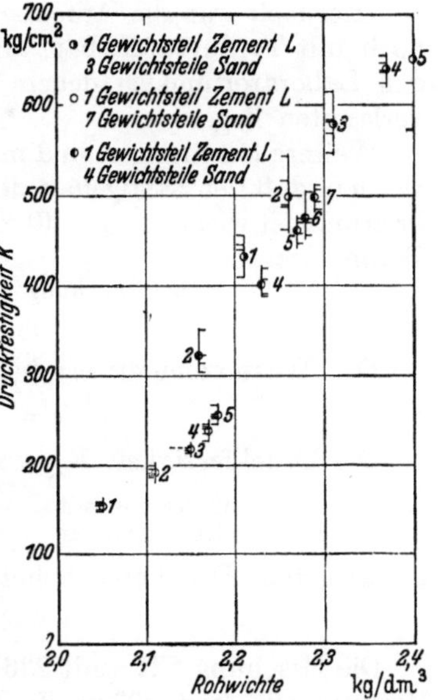

Abb. 336. Einfluß der Zahl der Hammerschläge beim Einrammen auf die Rohwichte und auf die Druckfestigkeit von Zementmörtel.

	0,2 mm	1	3	7	12	40 mm
	Maschenweite		Lochdurchmesser			
vom Kiessand T	5,3	82,6	96,4	98,1	98,8	100%
vom Kies R	0,3	0,4	0,9	5,6	46,7	100%

Der Kiessand T enthielt hiernach nur 1,9% Kies. Er sollte gemäß den Bestimmungen des Deutschen Ausschusses für Stahlbeton nicht allein zur Verwendung kommen. Aus besonderen Gründen wurde die alleinige Verwendung des Kiessandes trotzdem geprüft; es mußte damit der Auffassung begegnet werden, daß der Zusatz von Kies R verteuernd wirke.

Demgemäß sind zunächst mit Kiessand T drei Mischungen hergestellt worden, die sich nur durch den Zementgehalt unterscheiden. Das Ausbreitmaß g betrug 40 cm. In 1 m³ des fertig verarbeiteten Betons waren enthalten

bei Mischung	T_1	T_2	T_3
	309	339	383 kg Zement.

Der Wasserzementwert war

$$w = 0,91 \qquad 0,82 \qquad 0,67.$$

Die Mindestdruckfestigkeit von 28 Tage alten Würfeln mit 20 cm Kantenlänge war nach den Angaben S. 108 zu erwarten

$$\text{zu } K = 76 \qquad 93 \qquad 140 \text{ kg/cm}^2.$$

Für Beton der vorliegenden Art durfte nach bisheriger Erfahrung eine kleine Überschreitung der Mindestfestigkeit in Rechnung gesetzt werden. In Wirklichkeit fanden sich später

$$K_{28} = 106 \qquad 138 \qquad 162 \text{ kg/cm}^2.$$

Hiernach war die Aufgabe, Beton mit $K_{28} = 160$ kg/cm³ herzustellen, eben noch mit T_3 durchführbar, allerdings ohne Beachtung des Umstands, daß bei den Laboratoriumsversuchen Werte anzustreben sind, die etwa 10% über den verlangten liegen.

Weitere Mischungen sind mit Kiessand T *und* Kies R derart zusammengestellt worden, daß der Sandgehalt der Zuschlagstoffe insgesamt 40% betrug. Das Ausbreitmaß ist wieder zu $g = 40$ cm gewählt worden. In 1 m³ des fertig verarbeiteten Betons waren

bei Mischung	TR_1	TR_2	TR_3
	236	252	301 kg Zement

Der Wasserzementwert betrug

$$w = \quad 0{,}82 \qquad 0{,}79 \qquad 0{,}69$$

Die Druckfestigkeit K_{28} war nach S. 108

mindestens mit	93	100	132 kg/cm²
höchstens mit	186	200	264 kg/cm²*

zu erwarten. Der Versuch lieferte

$$184 \qquad 200 \qquad 265 \text{ kg/cm}^2$$

Die Mischung TR (mit 236 kg Zement) ergab somit höhere Festigkeit als die Mischung T_3 (mit 383 kg Zement).

Werden die Mischungen T_3 und TR_1 in Vergleich gestellt, so zeigt sich folgendes:

a) Kornzusammensetzung der Mischung T_3.

Körnung	0 bis 0,2	0 bis 1	0 bis 3	0 bis 7	0 bis 40 mm
Zement	1,0	1,0	1,0	1,0	1,0 Gewichtsteil
Kiessand	0,21	3,23	3,77	3,84	3,92[1] Gewichtsteile
zusammen	1,21	4,23	4,77	4,84	4,91 ,,
das sind	25	86	97	99	100%

der trockenen Betonteile.

Der Mörtel zeigte folgende Verhältniszahlen:

$$25 \qquad 87 \qquad 99 \qquad 100\%$$

b) Kornzusammensetzung der Mischung TR_1.

Körnung	0 bis 0,2	0 bis 1	0 bis 3	0 bis 7	0 bis 40 mm
Zement	1,0	1,0	1,0	1,0	1,0 Gewichtsteil
Kiessand T	0,17	2,66	3,10	3,16	3,22 Gewichtsteile
Kies R	0,01	0,02	0,04	0,27	4,86 ,,
zusammen	1,18	3,68	4,14	4,43	9,08 ,,
das sind	13	41	46	49	100%

der trockenen Betonteile.

Der Mörtel zeigte folgende Körnung

$$27 \qquad 83 \qquad 93 \qquad 100\%.$$

Durch den Zusatz des Rollkieses R zur Mischung TR_1 wurde der Mörtelgehalt des Betons gegenüber der Mischung T_3 verringert. Der Mörtel selbst ist

---

* Erfahrungsgemäß ist die tatsächliche Druckfestigkeit von Beton ähnlicher Zusammensetzung wie TR_1, TR_2 und TR_3 nach der oberen Kurve in Abb. 114 zu erwarten, das ist das Doppelte der Werte der unteren Kurve.

[1] 4,0 Gewichtsteile lagerfeuchter Kiessand T (Wassergehalt 2,2%) entsprachen 3,91 Gewichtsteilen trockenem Kiessand.

nur unerheblich geändert worden. Dabei wurde erreicht, daß die Mischung TR_1 mit viel weniger Zement die größte Festigkeit lieferte. Außerdem war für den Beton TR_1 wegen des kleineren Zementgehalts und wegen des größeren Gehalts an groben Zuschlagstoffen ein kleineres Schwindmaß zu erwarten, ein Umstand, der bei massigen Bauwerken bekanntlich wichtig ist.

Außerdem ist für Fälle der gedachten Art ein möglichst hohes Gewicht erwünscht. Dieses betrug im Alter von 28 Tagen

$$\text{für} \quad T_3 \qquad TR_1$$
$$2{,}10 \qquad 2{,}27 \text{ kg/dm}^3.$$

Auch hier hat sich die Mischung TR_1 vorteilhafter erwiesen. Der Stoffaufwand für 1 m³ Beton betrug

	für	T_3	TR_1	
		383	236	kg Zement
		1512	768	kg Kiessand T
		—	1152	kg Kies R.

Die Materialkosten fanden sich hiernach

	bei	T_3	TR_1
für Zement zu		19,15	11,80 DM
für Kiessand T zu		9,50	4,80 DM
für Kies R zu		—	11,52 DM
insgesamt zu		28,65	28,12 DM

Der Materialaufwand für die in bezug auf ihre Eigenschaften höherwertige Mischung TR_1 ist also etwas geringer als bei T_3. Die Mischung TR_1 erwies sich hiernach als die technisch *und* wirtschaftlich bessere.

Bei Untersuchungen vorstehender Art ist es oft angezeigt, die eingelieferten Proben zunächst in Korngruppen aufzubereiten, damit die gewünschte Zusammensetzung der Mischungen mit allen Korngruppen gewährleistet werden kann. In Stuttgart wird dazu das Schwingsieb nach Abb. 334 benutzt.

7. Bemerkungen zur Auswahl der Zuschlagstoffe für große und schwierige Bauaufgaben.

Ausführliche Anleitungen finden sich in der Anweisung für den Bau der Betonfahrbahndecken der Reichsautobahnen, Ausgabe 1937, S. 57 usw. Dort ist u. a. verlangt:

Prüfung der Gewinnungsstellen nach Vorrat und Beschaffenheit der Stoffe sowie nach Eignung der Aufbereitungsanlagen (vgl. auch S. 290), Bereitstellung von Durchschnittsproben und Mustern (vgl. S. 290), Mindestdruckfestigkeit des Gesteins (für den Oberbeton 1500 kg/cm², für den Unterbeton 800 kg/cm², vgl. S. 34), Abnutzwiderstand des Gesteins für den Oberbeton (0,20 cm nach DIN 52108), vgl. auch S. 36ff.;

Begrenzung des Anteils an verwittertem oder weichem Gestein (5% in den Zuschlagstoffen zum Unterbeton, 2% zum Oberbeton), vgl. auch S. 146ff., Begrenzung des Gehalts an abschlämmbaren Teilen (in der Regel bis 2% der Korngruppe unter 0,09 mm)[1], vgl. auch S. 84ff., Bestimmung des Gehalts an organischen Bestandteilen, vgl. auch S. 49.

Weiterhin sind gefordert:

besonders gute Körnung mit Begrenzung der Abweichungen bei der Lieferung, vgl. S. 28,

gedrungene Kornform, vgl. S. 39ff.,

---

[1] Diese Bestimmung ist überholt. Jetzt sei auf das im vorliegenden Buch, S. 92ff., Gesagte sowie auf die zugehörige, S. 48 beschriebene Einrichtung verwiesen.

Eignungsprüfungen zur Festlegung der geeigneten Körnung hinsichtlich des Zementgehalts und der Verarbeitbarkeit des Betons, auch wegen der Bestimmung der wirtschaftlich geeigneten Zuschlagstoffe, vgl. auch S. 295ff.[1],

Ermittlung des Raumgewichts des fertig verarbeiteten Betons und des zugehörigen Stoffbedarfs, vgl. S. 293ff.

Hierzu sind im vorliegenden Buch an den bezeichneten Stellen die erforderlichen Einzelheiten erörtert, so daß eine ausführliche Zusammenfassung entbehrlich erscheint. Bei weitergehenden Sonderaufgaben (z. B. wegen der Temperaturerhöhung, wegen des Schwindens und des Kriechens oder wegen anderer Eigenschaften) sei auf die zugehörigen Darlegungen verwiesen, die mit dem Inhaltsverzeichnis zu finden sind.

8. Baustoffaufwand für 1 m³ des fertig verarbeiteten Betons.

Der Baustoffbedarf wird beim Zement nach Gewicht[2], bei den Zuschlagstoffen meist nach Raumteilen, weniger oft nach Gewicht angegeben.

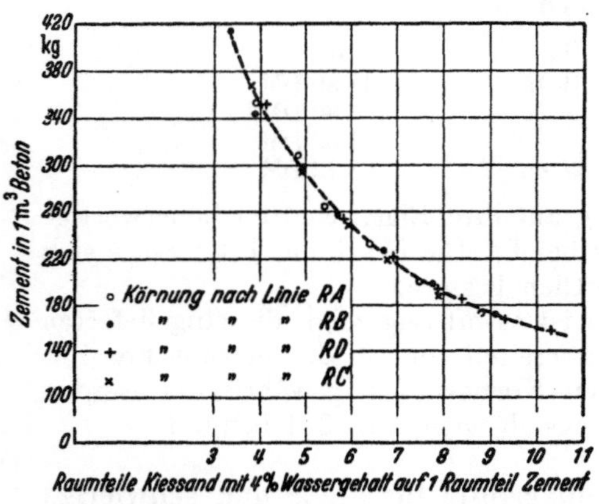

Abb. 337.
Bedarf an Rheinkiessand nach Abb. 70, nach Raumteilen bei verschiedenem Zementgehalt des Betons, wenn der Rheinkiessand 4% Wasser enthält. Raummetergewicht des Zements 1,20 kg/dm³.

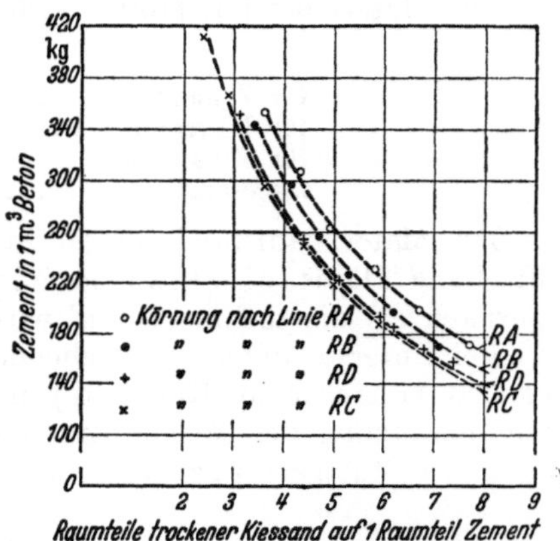

Abb. 338. Bedarf an Rheinkiessand nach Abb. 70, nach Raumteilen bei verschiedenem Zementgehalt des Betons, wenn der Rheinkiessand trocken ist. Raummetergewicht des Zements 1,20 kg/dm³.

Bei Angabe des Bedarfs an Zuschlagstoffen nach Raumteilen ist zu beachten, daß das Raummetergewicht der Zuschlagstoffe von der Körnung und vom Wassergehalt der Zuschlagstoffe, von der Größe und von der Gestalt des Meßgefäßes, von der Art des Einfüllens, auch von der Reinwichte des Gesteins abhängt. Zugehörige Feststellungen finden sich S. 51ff. Dabei ist wichtig, daß diese Einflüsse bei gemischtkörnigen und feinkörnigen Gemengen viel größer sind als bei eng begrenzten Korngruppen. Wenn demnach die Zuschlagstoffe von vornherein in die Korngruppen 0 bis 1, 1 bis 3, 3 bis 7, 7 bis 30 mm usw. aufgeteilt werden, ist das Raummetergewicht nur bei den Korngruppen 0 bis 1 und 1 bis 3 mm erheblich, bei den Korngruppen mit größeren Körnern aber nur unerheblich veränderlich, sofern das Einfüllen stets in gleicher Weise geschieht.

Werden die Zuschlagstoffe nach Gewicht gekauft und gemessen, so ist lediglich der Wassergehalt veränderlich; er liegt praktisch meist zwischen 1 und 5%.

---

[1] Vgl. u. a. GRAF: Beton u. Eisen 1926 S. 210ff.; ferner WALZ: Bautenschutz 1937 S. 32; sodann Anweisung für Mörtel und Beton (AMB), herausgegeben von der Deutschen Reichsbahn, 2. Ausgabe 1936, sowie spätere Ausgaben.

[2] Über die Veränderlichkeit des Raummetergewichts des Zements mit der Zementart, mit der Art des Einfüllens usw., vgl. S. 220 und 221.

Wird ein mittlerer Wassergehalt angenommen, so bleiben die Fehler beim Wiegen der Zuschlagstoffe unerheblich.

Im folgenden wird mit Beispielen gezeigt, wie verfahren werden kann[1].

a) Abb. 337 zeigt den Bedarf an Rheinkiessand mit 4% Wassergehalt, wenn die Körnungen RA, RB, RD und RC nach Abb. 70 zu Beton mit bestimmtem

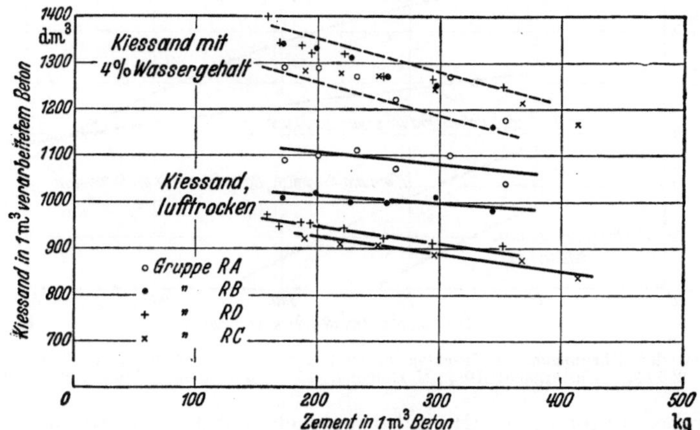

Abb. 339. Bedarf an Rheinkiessand nach Abb. 70, bei verschiedenem Zementgehalt des Betons.

Zementgehalt verwendet werden. Die Körnung des Rheinkiessands blieb hier ohne Einfluß auf den Stoffbedarf.

b) Abb. 338 zeigt ebenso die Beziehungen zwischen Zementgewicht und dem Bedarf an Rheinkiessand, wenn die Zuschlagstoffe in trockenem Zustand ge-messen werden. Hiernach waren bei trockenen Zuschlagstoffen vom sand-armen Kiessand RA mehr Raumteile erforderlich als vom sandreichen Kies-sand RC, der überdies einen feineren Sand enthielt.

c) Die Feststellungen zu Abb. 337 und 338 sind in Abb. 339 erneut heran-gezogen, hier zur Darstellung der Be-ziehungen zwischen Raummenge des Kiessands in Liter und dem Zement-gehalt in kg je m³ des verdichteten Betons.

d) Die Zahlen in Abb. 337 bis 339 gelten für weich angemachten Beton (Ausbreitmaß $g = 50$ cm). Für erd-feucht angemachten Beton ist der

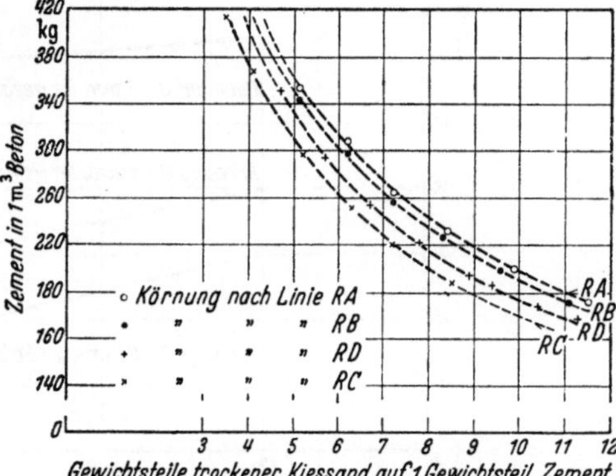

Abb. 340. Bedarf an Rheinkiessand nach Abb. 70, nach Gewichtsteilen bei verschiedenem Zementgehalt des Betons, wenn der Rheinkies trocken ist.

Bedarf an Zuschlagstoffen um etwa 5% größer anzunehmen.

e) Für gebrochene Zuschlagstoffe wird der Bedarf nach Raumteilen größer, weil das Raummetergewicht dieser Stoffe kleiner ist als dasjenige des unter a)

[1] Vgl. dazu GRAF: Dtsch. Ausschuß Eisenbeton 1933 Heft 71 S. 55 u. 56; ferner Deutsche Reichsbahn, Anweisung für Mörtel und Beton, 2. Ausgabe, S. 79ff.; auch WALZ: Beton u. Eisen 1937 S. 199ff.; sodann HALLER: Kiessandbedarf für 1 m³ Beton, erweiterter Sonder-abdruck Schweiz. Techn. Z. 1932 Heft 31 und Schweiz. Baumeister-Zeitung, Hoch- und Tiefbau 1938 Heft 22.

bis d) genannten Kiessands, wie schon S. 52 gezeigt ist. Entsprechend wird
der Bedarf nach Raumteilen bei langsplittrigen Zuschlagstoffen größer als bei
solchen mit gedrungener Kornform.

f) Wenn nach Gewicht gemischt wird, gilt Abb. 340.

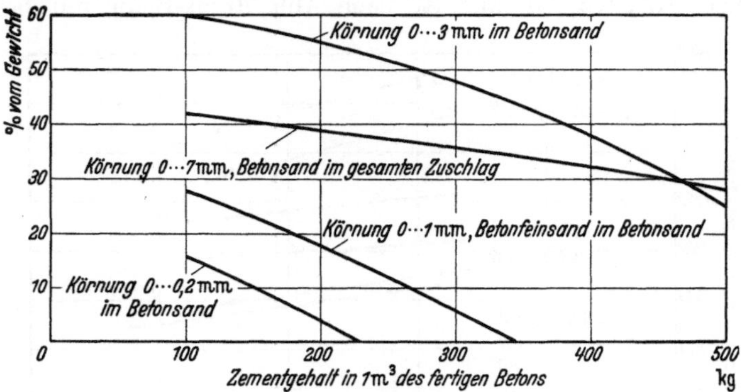

Abb. 341. Anteil der Körnungen im Zuschlag unter folgenden Annahmen: 1 m³ frisch verarbeiteter
Beton = 2350 kg; Wassergehalt 10%; Mörtelgehalt 45%; Mörtel nach Linie 5 der Abb. 89.

Die Angaben unter a) bis d) sind mit Zuschlagstoffen bestimmt worden, die
als fertige Gemische, also nicht nach Korngruppen getrennt verwendet wurden.
Die Herstellung von Beton aus nicht aufbereiteten, meist nach Korngruppen
getrennten Zuschlagstoffen ist nur für Fundamentbeton (B 50 und B 80) sowie
für B 120[1] gestattet. Zu Beton mit höherer Festigkeit (B 160, B 225, B 300,

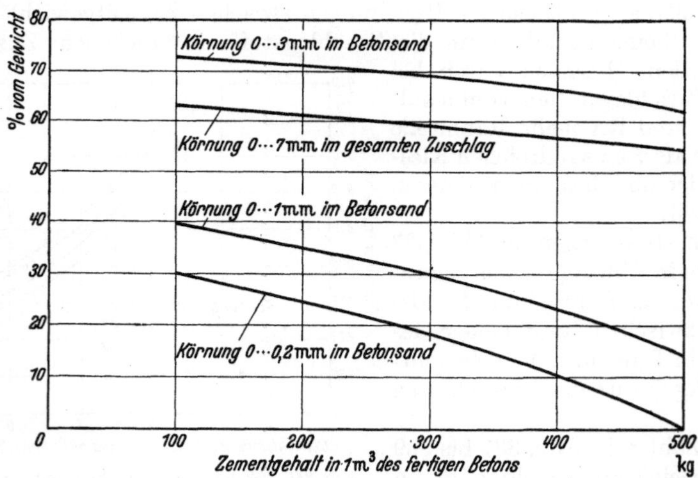

Abb. 342. Anteil der Körnungen im Zuschlag unter folgenden Annahmen: 1 m³ frisch verarbeiteter
Beton = 2350 kg; Wassergehalt 10%; Mörtelgehalt 65%; Mörtel nach Linie 7 der Abb. 89.

B 450 und B 600) müssen die Zuschlagstoffe mit getrennten Körnungen bereitgestellt werden, ferner ist die Durchführung von Eignungsprüfungen nötig, sei
es durch umfassende Festellungen mit den in Betracht kommenden Mischungen
oder durch einfache Berechnung.

Beispiele umfassender Angaben für bestimmte Verhältnisse (Körnung des
Mörtels, Mörtelgehalt, Zementgehalt, Wassergehalt) geben die Abb. 341 und 342[2].

---

[1] Vgl. WEDLER: Zbl. Bauverw. 1943 S. 139.
[2] Andere Beispiele finden sich u. a. bei BEER u. OLSEN: Beton u. Eisen 1931 S. 196ff.

Der einfachste Weg zur Bestimmung des Baustoffbedarfs ist folgender. Dabei ist stets bekannt oder doch genügend schätzbar: Körnung der Zuschlagstoffe, Wichte des Gesteins, Zementgehalt (annähernd) und Steife des Betons. Dazu wird das Raummetergewicht des frisch verdichteten Betons geschätzt, z. B.

α) für weich angemachten Beton aus Rheinkiessand 300 kg Zement je m³, $r = 2350\ \text{kg/m}^3$,

β) für steif angemachten Rüttelbeton aus Flußsand und gebrochenem Basalt, 200 kg Zement je m³, $r = 2500\ \text{kg/m}^3$.

Weiter wird der Wassergehalt des Betons angenommen, und zwar für

$$\begin{matrix} & \alpha & \beta \\ \text{zu} & 220 & 200\ \text{kg/m}^3. \end{matrix}$$

Damit findet sich der Anteil der Zuschlagstoffe

für α) zu 2350 $-(300+220) = 1830$ kg
für β) zu 2500 $-(200+200) = 2100$ kg.

Dann folgt die Aufteilung des Gewichts der Zuschlagstoffe nach den Korngruppen entsprechend den vorausgegangenen Untersuchungen über die Körnung der Zuschlagstoffe.

Mit der so gefundenen vorläufigen Zusammensetzung des Betons werden Probemischungen gemacht und verarbeitet. Dabei findet sich, ob und wie das Raummetergewicht des Betons, der Wassergehalt und das Zementgewicht zu berichtigen sind. Die zugehörige Arbeit ist überdies anschaulich, außerdem in kurzer Zeit ausführbar.

9. Prüfung des Betons während der Bauausführung (Güteprüfung).

Es ist nötig, während der Bauausführung fortlaufend zu verfolgen, ob der zur Verarbeitung kommende Beton die vorgesehenen und erforderlichen Eigenschaften aufweist, ob die Zusammensetzung des Betons hinsichtlich Zementmarke, Zementgehalt, Art und Körnung der Zuschlagstoffe, Wasserzementwert usw. der vorgesehenen gleicht, auch ob die Art und Güte der Verarbeitung der Eignungsprüfung und der Erfahrung genügt, schließlich ob der Beton nach ordentlicher Verarbeitung und Erhärtung die verlangte Druckfestigkeit, die Undurchlässigkeit, das Raumgewicht usw. besitzt. Der Umfang der Prüfung richtet sich nach der Bedeutung der Aufgabe, nach den örtlichen Besonderheiten u. a. m.; er kann sehr beschränkt sein, wenn es sich um Verhältnisse handelt, die den üblichen entsprechen und die von geübten Baumeistern sicher gemeistert werden; er muß umfassend gewählt werden, wenn der Beton überall besonders gut sein muß, wenn die Aufbereitung der Baustoffe, auch ihre Verarbeitung besondere Aufmerksamkeit erfordert, überhaupt, wenn den Beteiligten ungewohnte Verhältnisse vorliegen.

Die Bestimmungen A des Deutschen Ausschusses für Stahlbeton verlangen im § 6:

„Bei Verwendung von Beton B 160, B 225 und B 300 sind auf der Baustelle stets Güteprüfungen nach Teil D durchzuführen. Gleichzeitig ist auch die Steife festzustellen. Hierzu ist der Beton an der Verwendungsstelle zu entnehmen. Ist eine Eignungsprüfung durchgeführt, so sind die Ergebnisse der Güteprüfung einschließlich der Steifeprüfung den Ergebnissen der Eignungsprüfung gegenüberzustellen. Die Prüfungen sind zu wiederholen, wenn sich die Verhältnisse, die bei den früheren Prüfungen vorlagen, geändert haben. Im allgemeinen sind auf je 200 m³ Beton drei Probewürfel herzustellen. Wird in größeren Abschnitten betoniert, bei denen der Beton ohne Unterbrechung eingebracht wird, so genügen dafür drei Probewürfel auf je 500 m³ Beton. Mindestens sind aber bei jedem Bauwerk drei Würfel zu prüfen. Zu geringe Festigkeiten einzelner Würfel sind nicht zu beanstanden, wenn sie nicht mehr als 15% unter der verlangten Festigkeit liegen und wenn der Durchschnitt der Druckfestigkeiten der zusammengehörigen drei Probewürfel über der verlangten Festigkeit liegt.“

Umfassende Prüfungen sind für den Bau der Betonfahrbahndecken der Reichsautobahnen vorgeschrieben; u. a. ist gefordert: die gesamte Zusammensetzung des Frischbetons (wöchentlich mindestens zweimal), der Wassergehalt des frischen Betons (täglich mindestens zweimal), die Körnung des Zuschlagstoffgemenges (wöchentlich mindestens zweimal), die Steife des Betons (nach Bedarf), das Raumgewicht des frischen, verdichteten Betons (nach Bedarf), die Biegezug- und die Druckfestigkeit des Betons (für jede Betonart wöchentlich mindestens dreimal je 3 Balken und 3 Würfel[1]).

Im einzelnen ist folgendes zu beachten:

a) Probenahme. Da die Beschaffenheit der Proben für die Beurteilung des gesamten Betons im zugehörigen Bauteil oder Bauwerk maßgebend sein soll, in vielen Fällen auch sein muß, so ist die Probenahme von großer Bedeutung. Der Verfasser empfiehlt, wie folgt zu verfahren:

α) Wenn es sich um die Beurteilung der *Eigenschaften des Betons handelt, der eingebaut wird,* werden die Proben an der Lieferstelle, also am Auslauf der Mischmaschine oder am Ende des Pumprohrs oder vom Förderband genommen, derart, daß während der Entleerung der Mischmaschine bzw. während der Pumparbeit oder Bandförderung mindestens zwei oder drei Proben (je mindestens 20 kg) aus dem frei bewegten Beton genommen werden, daß diese Entnahme in kurzer Folge bei mehreren Mischungen erfolgt und daß der gesamte so entnommene Beton kurzfristig vermengt wird. Bevor diese Entnahme stattfindet, ist es angezeigt, den Beton beim Auslauf an der Mischmaschine zu beobachten, um zu sehen, ob die Zusammensetzung und die Steife nach Augenschein gleichmäßig oder ungleichmäßig geliefert wird. Im letzteren Fall gilt das Folgende:

β) Erscheint der Beton ungleichmäßig, so ist es angezeigt, die *Güte der Mischmaschine* zu prüfen. Es sind aus einzelnen Mischungen mindestens 6 Proben von je mindestens 50 kg zu entnehmen, derart, daß je 2 Proben am Beginn, in der Mitte und am Ende der Auslaufzeit entnommen werden[2].

Die Proben werden nach der Entnahme auf einer nichtsaugenden Unterlage abgesetzt und dann gemäß DIN 1048 verarbeitet oder anderen Untersuchungen unterworfen. Es kann damit festgestellt werden, ob die Zusammensetzung der vereinbarten entspricht, ferner ob die Festigkeit hinreichend ist, allerdings unter der Voraussetzung, daß die Verarbeitung und Behandlung des Betons im Bauwerk derjenigen im Probekörper gleichkommt. Die Festigkeitszahl gibt also nur an, daß der Beton so zusammengesetzt war, daß er nach geeigneter Verarbeitung und Behandlung die für diese Verhältnisse geltende Festigkeit lieferte.

b) Bestimmung des Zementgehalts. Der Zementgehalt ist am einfachsten zu überwachen, wenn die Bestandteile des Betons bei der Zubereitung der Mischungen fortlaufend gewogen werden, sofern die Waagen zuverlässig wirken und mit der erforderlichen Sorgfalt benutzt werden. Außerdem muß das Raumgewicht des Betons bestimmt werden. Weiterhin ist im Baubetrieb täglich Gelegenheit gegeben, die eingebrachte Betonmenge in fertig verarbeitetem Zustand nach Kubikmeter zu messen und dazu den zugemischten Zement nach der Zahl der Säcke anzugeben. Soll der Zement an einer frischen Betonprobe bestimmt werden, so wird dieser durch Abschlämmen von den Zuschlagstoffen getrennt, wie dies unter c) beschrieben wird; der Zementgehalt läßt sich mit dem trockenen Rückstand, dem Raumgewicht des frisch verarbeiteten Betons, dem Wassergehalt desselben und dem aus anderen Siebversuchen bekannten Anteil der Zuschlagstoffe, die durch das Schlämmsieb gingen, berechnen.

---

[1] Vgl. Anweisung für den Bau von Betonfahrbahndecken der Reichsautobahnen S. 80 bis 88 und S. 92. Berlin 1937.

[2] Weiteres vgl. S. 222.

c) Bestimmung der Kornzusammensetzung des Zuschlaggemenges des frischen Betons. Hierzu dient der sogenannte Auswaschversuch. Er ist in der Anweisung für den Bau von Betonfahrbahndecken für die dazu geltenden Verhältnisse wie folgt beschrieben:

Eine Probe von 5 kg wird nach d) getrocknet. Das Trockengewicht der Probe ist T, die Mischung aus 1 Gewichtsteil Zement $+ x$ Gewichtsteilen trockenem Zuschlagstoff zusammengesetzt. In dem Trockengewicht T sind also

$$T \cdot \frac{x}{1 + x}$$ trockene Zuschlagstoffe enthalten.

Aus einer zweiten Probe von 5 kg werden mit der in Abb. 343 dargestellten Siebeinrichtung die Bestandteile unter 1 mm Korngröße ausgewaschen; die Probe wird nach und nach auf das obere Sieb geschüttet und so lange gewaschen, bis das Wasser keine Teile mehr mitnimmt. Danach wird das obere Sieb mit dem Rückstand herausgenommen und nunmehr auch der Rückstand auf dem Sieb mit 1 mm Lochdurchmesser unter Umrühren weiter so lange abgespült, bis das durchlaufende Wasser klar bleibt. Die

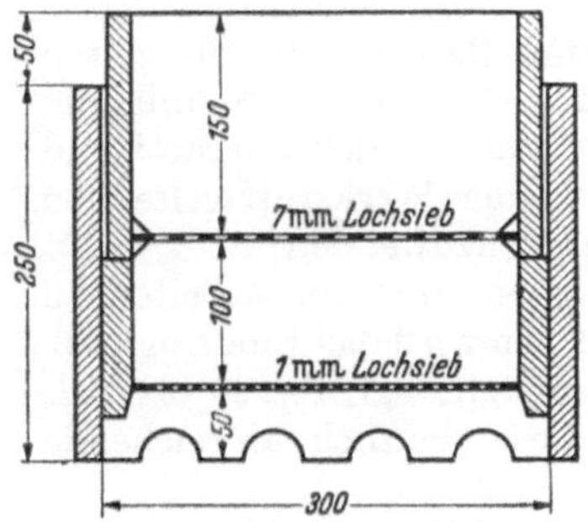

Abb. 343. Siebeinrichtung zum Auswaschen der feinen Bestandteile des frischen Betons.

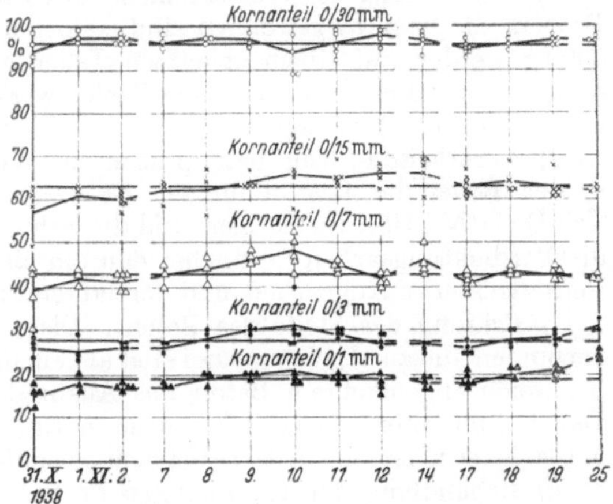

Abb. 344. Abweichungen der Körnung vom Sollwert bei der Prüfung von frischem Straßenbeton.

Rückstände beider Siebe werden zusammengeschüttet, getrocknet und gewogen. Mit dem Zuschlagstoffgemisch wird der Siebversuch durchgeführt. Die Rückstände über den einzelnen Sieben werden in Prozenten des gesamten Zuschlagstoffgewichts ausgedrückt.

Der Vergleich mit den entsprechenden Werten aus der vorgeschriebenen Sieblinie des Zuschlagstoffgemenges zeigt, inwieweit die tatsächliche Körnung des Zuschlagstoffgemenges im Beton mit den Sollwerten übereinstimmt.

Abb. 344 zeigt die Ergebnisse fortlaufender Feststellungen über die Körnung des Frischbetons beim Bau einer Betonfahrbahn.

Das soeben beschriebene Verfahren gilt für den Fall, daß das Mischverhältnis des Zements und der Zuschlagstoffe nach Gewichtsteilen bekannt ist. Andernfalls wird die Betonprobe auf einem Sieb mit 0,2 mm Maschenweite (unter Vorschalten von Sieben mit 1 und 7 mm Lochdurchmesser) ausgewaschen und der Rückstand getrocknet. Damit sind die trockenen Zuschlagstoffe über 0,2 mm gewonnen. Der Gehalt der Sandteile bis 0,2 mm muß zusätzlich durch Siebversuche mit den Zuschlagstoffen ermittelt werden. Dann ist der gesamte Anteil der trockenen Zuschlagstoffe bekannt. Allgemein gilt dann folgendes[1].

---

[1] Vgl. WALZ: Handbuch der Werkstoffprüfung Bd. 3 (1941) S. 452.

Das Verhältnis der Gewichte des Zements ($T - G$ = Trockengewicht des Betons abzüglich des Trockengewichts der Zuschlagstoffe), der Zuschlagstoffe (G) und des Wassergehalts ($P - G$ = Gewicht der frischen Betonprobe abzüglich Trockengewichts des Betons) ist gleich $1 : x : w$. Deshalb sind in 1 m³ des frischen verdichteten Betons mit dem Raumgewicht r

$$\text{Zement} \quad \frac{r\,(T - G)}{P} = \frac{r}{1 + x + w} \; \text{kg/m}^3,$$

$$\text{Zuschlagstoffe} \quad \frac{r \cdot G}{P} = \frac{r \cdot x}{1 + x + w} \; \text{kg/m}^3,$$

$$\text{Wasser} \quad \frac{r\,(P - T)}{P} = \frac{r \cdot w}{1 + x + w} \; \text{kg/m}^3,$$

$$\text{Wasserzementwert } w \qquad \frac{P - T}{T - G}.$$

d) Bestimmung des Wasserzementwertes w*. Hierzu werden eine, besser zwei Proben, die nach a) gewonnen sind, sofort nach der Entnahme getrocknet[1]. Je 5000 g werden auf einem geheizten Teller unter fortdauerndem Rühren rasch so weit getrocknet, daß das Oberflächenwasser eben verschwindet. Im übrigen gilt das unter c) Gesagte.

e) Verarbeitung von Betonproben zu Würfeln und Balken. Hierfür gelten in der Regel die Bestimmungen des Deutschen Ausschusses für Stahlbeton, Teil D (DIN 1048). Im übrigen sind die Schichthöhen[2], die Verdichtungsart[3] und die Verdichtungsarbeit[4] tunlichst den am Bau oder in der Werkstatt geltenden Verhältnissen anzugleichen und fortlaufend sorgfältig anzuwenden[5].

f) Prüfung der Steife des Betons. Diese Prüfung ist mit den Arbeiten zu verbinden, die zu e) gehören. Bei steif angemachtem Beton wird das Eindringmaß, bei weich angemachtem Beton das Ausbreitmaß ermittelt, vgl. S. 224 bis 231. Dabei sind mindestens 2 Versuche nötig; wenn diese deutlich abweichende Maße liefern, ist ein dritter Versuch auszuführen.

g) Behandlung der verarbeiteten Proben (Würfel und Balken) bis zur Prüfung auf Druckfestigkeit und Biegezugfestigkeit. Hier ist wieder auf die Bestimmungen des Deutschen Ausschusses für Stahlbeton, Teil D, zu verweisen. Darnach sind die zur Baukontrolle hergestellten Versuchskörper möglichst den gleichen Bedingungen, insbesondere den gleichen Witterungseinflüssen zu unterwerfen und ebenso zu behandeln wie der Beton im Bauwerk[6]. Bei Balken, an denen die Biegezugfestigkeit bestimmt werden soll, ist die Nachbehandlung besonders wichtig, wie S. 151 ff. dargelegt wurde. Dort ist aufmerksam gemacht, daß die Biegezugfestigkeit zunächst mit dauernd feucht gelagerten Balken zu verfolgen ist, gleichzeitig mit mehr oder minder ausgetrockneten Balken.

h) Prüfung der Würfel. Vor der Prüfung der Würfel ist festzustellen, ob die Druckflächen eben und fehlerfrei sind. Mangelhafte Druckflächen sind zu verbessern, sei es durch maschinelles Schleifen oder durch Aufbringen dünner Schichten aus fettem Mörtel, der an genau ebenen eisernen Platten erhärtet.

---

* Über die Bedeutung dieser besonders wichtigen Kenngröße des Betons vgl. S. 59, 108 ff. und 175.

[1] Erforderlichenfalls ist der Beton gegen Wasserverlust zu schützen durch Einlagern in ein Blechgefäß und Abdecken mit einem feuchten Tuch.

[2] GRAF: Die Druckfestigkeit von Zementmörtel, Beton, Eisenbeton und Mauerwerk S. 7 ff.; Stuttgart: Konrad Wittwer 1921; ferner im vorliegenden Buch S. 130.

[3] Vgl. Fortschr. u. Forsch. Bauwesen Heft A 8 S. 10, sowie im vorliegenden Buch S. 239 ff.

[4] Vgl. S. 130 und Abb. 336, S. 295.

[5] GRAF: Dtsch. Ausschuß Stahlbeton 1934 Heft 77 S. 13.

[6] Über den Einfluß der Temperatur vgl. S. 115 ff., über den Einfluß der Nachbehandlung vgl. S. 259.

Weiterhin ist es zweckmäßig, das Raumgewicht (Rohwichte) des Betons zu bestimmen, weil die Größe des Raumgewichts neben der späteren Betrachtung des Gefüges einen Anhalt über die Güte der Verdichtung des Betons gibt und weil das Raumgewicht bei gewissen Bauaufgaben (Talsperren usw.) eine unmittelbare Bedeutung haben kann.

Die Bestimmung der Druckfestigkeit der Würfel geschieht gemäß den Bestimmungen des Deutschen Ausschusses für Stahlbeton, Teil D (DIN 1048), auf einer von Zeit zu Zeit sorgfältig nachgeprüften Presse so, daß die Belastung in der Sekunde um 2 bis 3 kg/cm² zunimmt. Maßgebend ist der Mittelwert der zusammengehörigen Würfel.

i) Prüfung der Balken. Auch hier ist auf die Bestimmungen des Deutschen Ausschusses für Stahlbeton, Teil D, zu verweisen. Dort ist der Prüfgang im einzelnen beschrieben.

k) Beurteilung der Versuchsergebnisse. Die Ergebnisse von Druckversuchen oder von anderen Versuchen sind unmittelbar vergleichbar, wenn sie von Proben stammen, die unter gleichen Bedingungen entstanden sind, also aus einer Mischung stammen, gleichwertig hergestellt und verarbeitet worden sind. Beispielsweise enthält Zahlentafel 62 unter a) Angaben über die Druckfestigkeit von Betonwürfeln mit 30 cm Kantenlänge, die in der Versuchsanstalt von geübten Handwerkern hergestellt worden sind. Die Abweichungen vom Mittelwert

Zahlentafel 62.
Abhängigkeit der Versuchsergebnisse von der Zahl der Versuchskörper.

1	2	3	4	5	6	7	8	9
	Druckfestigkeit in kg/cm²						Größte Abweichungen vom Mittelwert in %	
Zusammensetzung des Betons (Raumteile)	Würfel	Würfel	Würfel	Würfel	Würfel			
	1	2	3	4	5	Mittel	+	−
a) Aus Beton, der mit gewöhnlicher Sorgfalt herstellbar und verarbeitbar war. Sämtliche Körper jeweils aus einer Mischung.								
1 Zement „D", 2 Rheinsand, 4 Kalksteinschotter[1] (Stampfbeton)	406	410	398	—	—	405	1,2	1,7
1 Zement „H", 3 Rheinsand, 4 Rheinkies (Gußbeton)[2] . .	96	88	90	99	90	93	6,5	5,4
1 Zement „H", 2 Rheinsand, 3 Rheinkies (weich angemachter Beton)[2] . . .	235	238	242	226	234	235	3,0	3,8
b) Wie unter a, jedoch erfolgte die Herstellung der einzelnen Würfel an verschiedenen Tagen während eines Zeitraumes von rd. 13 bzw. 14 bzw. 10 Monaten.								
1 Zement „H", 2 Rheinsand, 3 Rheinkies (weich angemachter Beton)[3] . . .	insgesamt 53 Würfel					225	10,2	8,9
1 Zement „H", 2 Rheinsand, 3 Rheinkies (weich angemachter Beton)[4] . . .	insgesamt 47 Würfel					233	12,0	14,2
1 Zement „H", 2 Rheinsand, 3 Rheinkies (weich angemachter Beton)[5] . . .	insgesamt 28 Würfel					229	15,3	10,9

[1] Armierter Beton 1914, S. 251.
[2] Heft 19 des Deutschen Ausschusses für Eisenbeton, S. 36.
[3] Heft 166 bis 169 der Mitteilungen über Forschungsarbeiten, S. 14.
[4] Heft 30 des Deutschen Ausschusses für Eisenbeton, S. 46.
[5] Heft 38 des Deutschen Ausschusses für Eisenbeton, S. 9.

Graf, Eigenschaften des Betons.　　　　　　　　　　　　　　　　20

betrugen bis $+6{,}5\%$ und $-5{,}4\%$. Werden die Abweichungen erheblich größer, z. B. größer als $\pm10\%$, so ist zu vermuten, daß die Kornzusammensetzung ungeeignet ist, oder daß der Beton zu steif oder zu weich war, oder daß die Verarbeitung und Behandlung mit unzureichender Aufmerksamkeit erfolgte.

Im Baubetrieb handelt es sich fast immer um Proben, die aus verschiedenen Mischungen hergestellt worden sind, meist an verschiedenen Tagen mit verschiedenen Witterungsverhältnissen aus verschiedenen Zementlieferungen und aus verschiedenen Lieferungen der Zuschlagstoffe. Es sind zahlreiche Einflüsse zu beachten, die sich im Grenzfall positiv oder negativ addieren können. Hierzu sei zunächst auf die Versuchsergebnisse in Zahlentafel 62 unter b) verwiesen. Die Würfel entstanden im Laufe von 10 bis 14 Monaten aus jeweils gleichen Stoffen durch die gleichen Handwerker unter der gleichen Aufsicht in den gleichen Räumen. Die lagerfeuchten Stoffe wurden zu jeder Mischung genau gewogen. Der Wasserzementwert war in jeder Reihe unter Berücksichtigung der Feuchtigkeit der Zuschlagstoffe gleich geblieben. Die Abweichungen vom Mittelwert der Druckfestigkeit betrugen mit 53 Einzelwerten der ersten Reihe $+10{,}2\%$ und $-8{,}9\%$, bei 28 Einzelwerten der dritten Reihe $+15{,}3\%$ und $-10{,}9\%$.

Auf der Baustelle sind größere Abweichungen vom Mittelwert zu erwarten. Dabei sind alle die Einflüsse beteiligt, die schon früher S. 220 ff. erörtert wurden, nämlich:

die Abweichungen der Körnung der Zuschlagstoffe vom Sollwert bei der Anlieferung,

die Unterschiede der Körnung, die sich aus mehr oder minder unzweckmäßiger Lagerung der Zuschlagstoffe ergeben,

die Unterschiede, die durch die Art der Zuschlagstoffe auftreten,

die Abweichungen der Menge des Zements und der Zuschlagstoffe vom Sollwert jeder Mischung;

der wechselnde Feuchtigkeitsgehalt der Zuschlagstoffe,

die Abweichungen, die beim Messen des Zusatzwassers entstehen,

der Einfluß der Beschaffenheit der Mischmaschine,

die Abweichungen der Mischzeit vom Sollwert,

die Einflüsse bei der Verarbeitung und Lagerung der Proben u. a. m.

Bei dieser Sachlage ist es verständlich, daß auf manchen Baustellen sehr große Unterschiede der Betonfestigkeiten unter vermeintlich gleichen Bedingungen entstehen. Wenn man in einfachster Weise nachrechnet, was eine nur 10 proz. Abminderung der Betonfestigkeit durch eine Verschlechterung der Körnung[1], durch eine Verringerung des Zementgehalts, durch die Verwendung eines etwas geringerwertigen Zements, durch einen etwas zu hohen Wasserzusatz, durch eine verkürzte Mischung, durch eine ungenügende Verdichtung bei gleichzeitiger Wirkung ausmacht, so zeigt sich, daß die Festigkeit dabei auf die Hälfte des Sollwerts oder noch tiefer sinken kann. Bei verbessernden Einflüssen ist selbstverständlich eine entsprechende Festigkeitserhöhung möglich. Die folgenden Abbildungen geben Erläuterungen zu vorstehendem.

Abb. 345 zeigt die Ergebnisse von Druck- und Biegeversuchen zu drei Baulosen der Reichsautobahnen; in allen drei Fällen war die Druckfestigkeit zu $400\ \mathrm{kg/cm^2}$, die Biegezugfestigkeit zu $45\ \mathrm{kg/cm^2}$ verlangt[2]. Die Schar der Unvollkommenheiten, die oben beschrieben ist, hat zahlreiche und bedeutende Abweichungen vom Sollwert hervorgerufen. Dabei handelt es sich um die Eigenschaften von Betonproben, die während des Baus entnommen und normen-

---

[1] Vgl. u. a. S. 79 ff., insbesondere Abb. 83 und 84.
[2] GRAF: Straße 1936 Heft 2 S. 52 bis 56.

gemäß verarbeitet worden sind. Noch größere Streuungen entstehen selbstverständlich, wenn die Prüfung des Betons mit Proben geschieht, die nachträglich aus dem fertigen Bauwerk herausgearbeitet worden sind, was unter 10. beschrieben wird.

Über die statistische Auswertung der Versuchsergebnisse vgl. später S. 317 ff.

10. Prüfung des Betons im Bauwerk.

Bei der Übergabe jedes Bauwerks an den Bauherrn soll bekannt sein, ob der Beton die vorgesehenen und erforderlichen Eigenschaften besitzt. Der Nachweis geschieht meist durch die Prüfung des Betons während der Bauausführung, so wie dies unter 9. geschildert ist. Wenn dieser Nachweis aus den S. 306 genannten Gründen nicht als erbracht anzusehen ist, oder wenn er zweifelhaft ist, überdies, wenn ein Nachweis der wirklichen Eigenschaften des Betons im Bauwerk nötig erscheint, muß die Prüfung des Betons des Bauwerks selbst erfolgen. Der besondere Nachweis ist immer angezeigt, wenn die Verarbeitung des Betons im Baubetrieb wesentlich von den Regeln abweicht, die für die Herstellung von Probekörpern (Balken, Würfel) gelten. In vielen Fällen genügen dazu Stichproben, in anderen Fällen (Betonstraßen, Wehrbauten u. dgl.) ist die Prüfung des Betons aus dem Bauwerk allein maßgebend.

a) Als Beispiel für die zweckmäßige Prüfung des Betons im Bauwerk sind

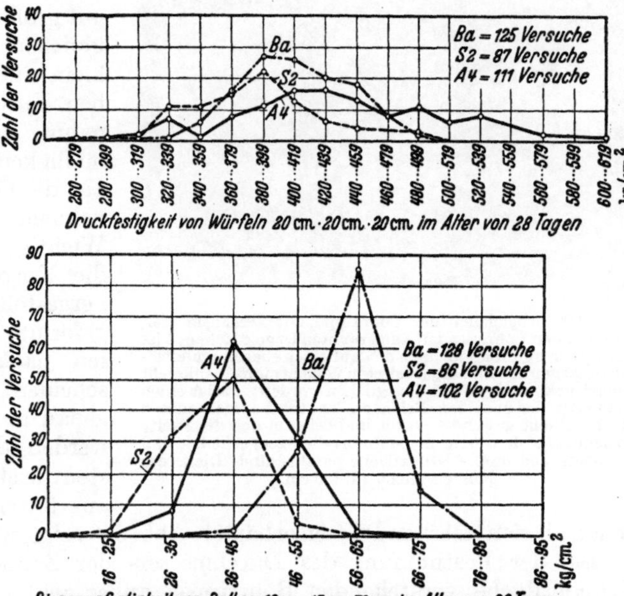

Abb. 345. Biegezug- und Druckfestigkeit des Betons, festgestellt an Proben, die während des Baubetriebs entnommen und normengemäß verarbeitet wurden.

die Bestimmungen zu nennen, die in der Anweisung für die Abnahme von Betonfahrbahndecken der Reichsautobahnen im Jahr 1939 (AAB) veröffentlicht wurden. Dort ist die Entnahme von Bohrkernen mit 15 cm Durchmesser aus der fertigen Decke gefordert. An diesen Bohrkernen wird gemäß näherer Anweisung das Gefüge, das Raumgewicht und die Druckfestigkeit bestimmt.

Neben diesen Prüfungen an Betonproben, die bei gründlicher und aufmerksamer Anwendung zu tiefgehenden Aufschlüssen über den Aufbau und das Gefüge des Betons, über die Druckfestigkeit und Biegezugfestigkeit, auch über den Abnutzwiderstand führen, sind noch andere Prüfverfahren üblich oder zu allgemeiner Benutzung empfohlen worden, nämlich:

b) das Abklopfen des Betons mit einem leichten Stahlhammer,

c) die Erzeugung von Eindrückungen mit Kugeln unter bestimmten Belastungen, Feststellung der Größe des Kugeleindrucks und Angabe des Widerstands des Betons zu diesem Kugeleindruck nach Erfahrungswerten,

d) Widerstandsmessungen anderer Art, z. B. der Einschlagtiefe von Geschossen, Abreißen von Betonstücken usw.[1],

e) die Beurteilung des Gefüges des Betons und

f) die chemische Untersuchung des Betons; dazu tritt

g) die rechnerische Beurteilung der Versuchswerte.

Im einzelnen wird hierzu im folgenden berichtet, soweit dies zur Zeit angezeigt ist.

a) Herausarbeiten und Prüfen von Zylindern und Würfeln aus dem Bauwerk.

Die Herstellung ·der *Zylinder* (Bohrkerne) geschieht durch Ausbohren mit Stahlrohren und Eisenschrot oder mit der Diamantkrone. Üblicherweise werden Zylinder mit 15 cm Durchmesser entnommen, besser wären Zylinder mit größeren Durchmessern, da die üblichen Proben verhältnismäßig klein sind und da in kleinen Proben Einwirkungen bei der Entnahme und schon kleine Unregelmäßigkeiten erheblichen Einfluß auf die Größe der Druckfestigkeit nehmen.

Wichtig ist selbstverständlich, daß die Körper tunlichst zylindrisch hergestellt werden. Unregelmäßig geformte Proben sind durch Schleifen nachzuarbeiten oder auszuscheiden. Die Druckflächen müssen genau eben und parallel gemacht werden; dies geschieht am einfachsten durch Aufbringen einer Schicht aus fettem Zementmörtel, der an genau ebenen eisernen Platten erhärtet. Abb. 346 zeigt, wie dabei zu verfahren ist[2].

Abb. 346. Abgleichen der Bohrkerne mit Zementmörtel; *a* zeigt einen Bohrkern mit aufgerauhten Druckflächen; *b* ist mit seiner unteren Fläche in den auf einer ebenen (gehobelten) eisernen Platte ausgebreiteten Zementmörtel senkrecht eingedrückt und seitlich abgeglichen worden; *c* zeigt einen Bohrkern, der nach dem Erhärten der zuerst aufgebrachten Mörtelschicht gewendet wurde und bei dem nun die zweite Druckfläche derart in Zementmörtel eingedrückt ist, daß die obere und untere Druckfläche parallel sind; Dicke der Mörtelschicht rd. 0,5 cm.

Bei der Bestimmung des Durchmessers der Zylinder werden die aus der Zylinderfläche vorstehenden Bohrrippen außer acht gelassen[3]. Wenn möglich, ist die Höhe der Zylinder gleich ihrem Durchmesser zu wählen. In diesem Fall liegt die Druckfestigkeit des Zylinders bei der Würfelfestigkeit des Betons. Andernfalls ist gemäß Abb. 347 zu beachten, daß die Druckfestigkeit der Zylinder mit wachsender Höhe abnimmt. Wenn die Höhe der Zylinder das Zweifache ihres Durchmessers ist, beträgt die Zylinderfestigkeit im Mittel das 0,8fache der Würfelfestigkeit[4].

Bei der Entnahme von *Blöcken,* aus denen *Würfel* zu fertigen sind, ist mit tunlichst leichten schnellaufenden Werkzeugen zu arbeiten, damit eine Schädigung des Betons im Block vermieden wird. Deshalb ist es weiterhin angezeigt, nach dem Herausnehmen aus dem Bauwerk auf allen Blockflächen noch eine mindestens 3 cm tiefe Schicht vorsichtig abzuarbeiten. Noch besser ist es, wenn die Entnahme aus dem Block durch sachgemäßes Sägen erfolgt. Im ganzen ist dabei zu beachten, daß bei Beton mit kleiner Festigkeit besondere Vorsicht geboten ist.

---

[1] WALZ: Handbuch der Werkstoffprüfung Bd. 3 S. 456; ferner GAEDE: Bauingenieur 1941 S. 138ff.

[2] GRAF u. WEISE: Band 6 der Forsch.-Arb. Straßenwesen 1938 S. 17.

[3] Vgl. auch WALZ: Beton u. Eisen 40 (1941) S. 31.

[4] GRAF: Forsch.-Arb. Straßenwesen Bd. 6 (1938) S. 14.

Aus zugehörigen Versuchen sind die folgenden Zahlen entnommen[1]:

Beton	Druckfestigkeit der Würfel mit 20 cm Kantenlänge (Mittel aus je 3 wenig abweichenden Einzelwerten)	
	normengemäße Würfel	aus Würfeln mit 30 cm Kantenlänge herausgespitzt
Beton[2] aus Rheinsand und Rheinkies (bis 30 mm) 400 kg Zement je m³	288	243 kg/cm²
Beton[3] aus Rheinsand, Rheinkies und Moränekies (bis 70 mm):		
a) mit 240 kg Zement je m³	293	271　„
b) mit 174 kg Zement je m³	112	117　„

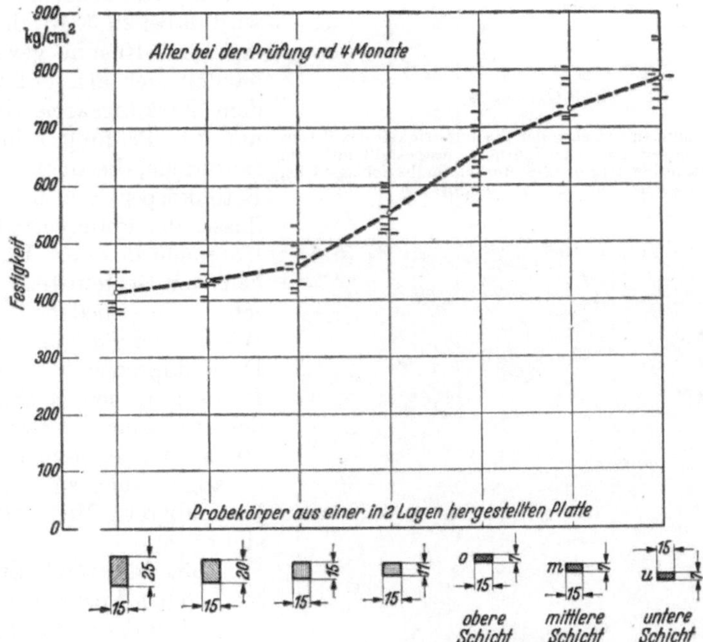

Abb. 347. Abhängigkeit der Druckfestigkeit von Bohrkernen von ihrer Höhe.

Hiernach lieferten die herausgespitzten Würfel eine um rd. 16% und rd. 7% kleinere bzw. um rd. 4% größere Druckfestigkeit als die normengemäß hergestellten.

b) Prüfen der Betonfestigkeit durch Abklopfen und mit dem Kugeldruckversuch[4].

Beim Anschlagen einer Betonfläche mit einem leichten Stahlhammer, dessen Schlagfläche glatt und nur wenig gewölbt ist, kann die Widerstandsfähigkeit des Betons am Rückprall und am Klang gefühlsmäßig erkundet werden, so daß sehr grobe Mängel schnell erkannt werden. Vor der Anwendung ist eine Schulung nötig, wobei Abklopfen genügend großer Körper (mindestens 20 cm × 20 cm × 20 cm) aus Beton mit bestimmter Festigkeit empfohlen wird.

---

[1] GRAF: Fortschr. u. Forsch. Bauwesen Reihe A, Heft 7 S. 23 u. 24.
[2] Bearbeitet im Alter von 6 und 7 Tagen, geprüft im Alter von 10 und 11 Tagen.
[3] Bearbeitet im Alter von 14 Wochen, geprüft im Alter von 16 Wochen.
[4] Vgl. auch GAEDE: Bauingenieur 1941 S. 138ff.; ferner STEINWEDE: Über die Anwendung des Kugelhärteversuchs zur Bestimmung der Festigkeit des Betons. Diss. Hannover 1937.

Dieses Verfahren ist sinngemäß seit langer Zeit in praktischer Anwendung; allerdings bringt es nur rohe Aufschlüsse.

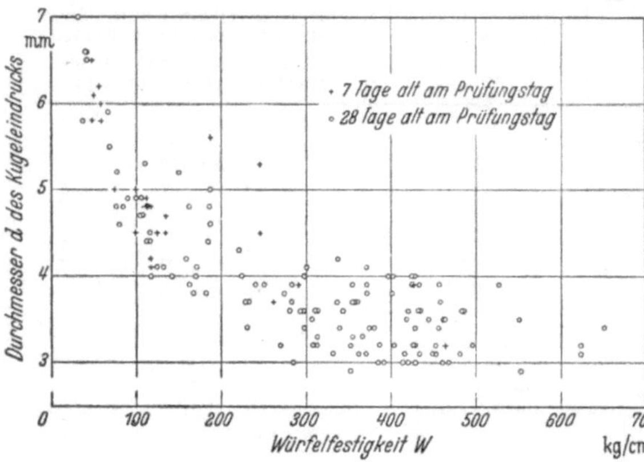

Abb. 348. Beziehungen zwischen der Würfelfestigkeit des Betons und dem Durchmesser des Kugeleindrucks, festgestellt mit dem Kugelschlaghärteprüfer Baumann-Steinrück (halbe Schlagstärke, Kugeldurchmesser 10 mm).

In der gleichen Richtung liegt die Anwendung des in der Metallprüfung seit langer Zeit bekannten und viel benutzten Kugeldruckversuchs[1]. Dabei handelt es sich um die Ermittlung der Größe eines Kugeleindrucks unter bestimmter Belastung. Der Kugeldurchmesser wird dabei zu 5, 10 oder 20 mm, meist zu 10 mm gewählt. Es handelt sich also entsprechend dem Wirkungskreis der Kugel um die Prüfung sehr kleiner Betonteile, die in einem großen Betonkörper wegen des Einflusses der Porenverteilung, der Unterschiede der Beschaffenheit der Gesteinsteile u. a. m.[2] sehr verschiedene örtliche Widerstandsfähigkeiten haben. Dementsprechend muß die Prüfung an jedem Stück mindestens 3mal, besser 6- bis 10mal vorgenommen werden, im allgemeinen so oft, daß ein brauchbarer Mittelwert entsteht.

Abb. 348 zeigt Ergebnisse aus solchen Versuchen. Die Abhängigkeit der Größe des Kugeleindrucks von der Betonfestigkeit erscheint damit gesetzmäßig; allerdings ist die Streuung der Werte, die selbst schon Mittelwerte aus mindestens 3 Messungen sind, recht groß. Deshalb kann der Kugeldruckversuch nur rohe Aufschlüsse über die Betonfestigkeit geben, was allerdings in vielen Fällen ausreicht.

Nach den Untersuchungen von Gaede empfiehlt es sich,

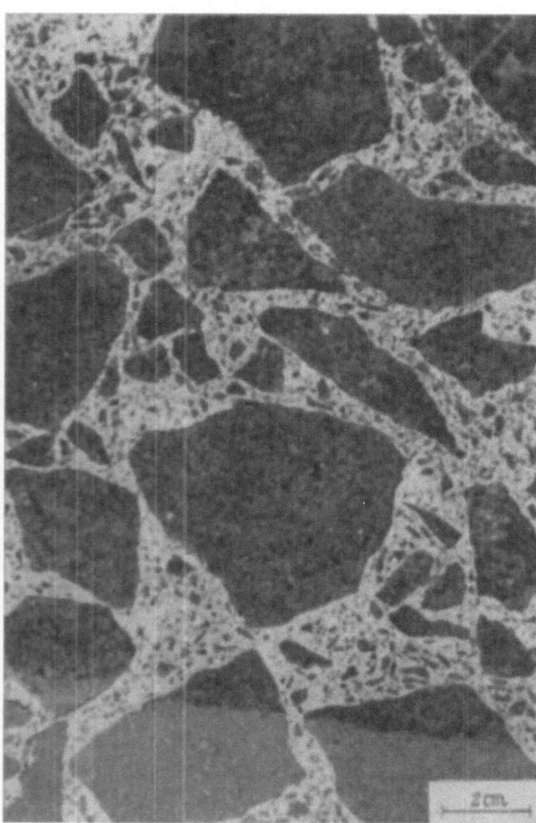

Abb. 349. Weich angemachter gerüttelter Beton. Ausbreitmaß a = 35 cm. Zementgehalt 209 kg/m³. Wasserzementwert w = 0,81. Körnung der Zuschlagstoffe:

0 bis 0,09	0 bis 0,2	0 bis 1	0 bis 3	0 bis 7	0 bis 30	0 bis 50	0 bis 80 mm
3	6	13	25	37	58	73	99 %

[1] Vgl. auch DIN 1605, Blatt 3.
[2] Beteiligt sind alle Einflüsse, die die Festigkeit des Betons betreffen, vgl. u. a. im Abschnitt F, S. 78 ff.

das Verhältnis des Eindruckdurchmessers d zum Kugeldurchmesser D nicht unter 0,45 zu wählen. Wenn man d/D bei 0,45 bis 0,65 verwende, so sei es möglich, mit einer Kugel und einer Schlagarbeit ein Druckfestigkeitsgebiet von etwa 1 : 4 zu erfassen. Dann kann mit einer Schlagarbeit und Kugeln von

$$\begin{array}{ccc} 17{,}4 & 10 & 5{,}8 \text{ mm} \\ W = 25 \text{ bis } 100 & 100 \text{ bis } 400 & 400 \text{ und mehr kg/cm}^2 \end{array}$$

erfaßt werden.

c) Beurteilung des Betons nach seinem Gefüge.

Die Außenflächen der Betonkörper geben nur über grobe Mängel des Betons Aufschluß, z. B. wenn der Beton zu wenig Mörtel enthält oder wenn er unsachgemäß eingebracht worden ist; Abb. 268 zeigt ein Beispiel. Ausgewaschene Stellen machen aufmerksam, daß die Schalung nicht ausreichend geschlossen war (Auswaschung an waagerechten oder senkrechten Schalungsfugen) oder daß der Beton wasserabstoßend war (Auswaschung gemäß Abb. 5).

Das eigentliche Gefüge des Betons ist an Bruchflächen, besser an Schnittflächen (mit Karborundumscheiben gesägt) zu erkennen. Der Mörtelgehalt, die Mörtelbeschaffenheit, die Kornform der kleinen und großen Zuschlagstoffe, das Gestein derselben, auch die Dichte des Betons lassen sich mit bloßem Auge weitgehend verfolgen, im einzelnen mit einer Lupe näher untersuchen. Die Farbe des Betons gibt in gewissen Fällen einen Anhalt über den Zementgehalt, die Zementart und die Zementverteilung. Aufschlüsse über den Wassergehalt liefern Farbe, Porenverteilung und Porenform.

Zunächst sei empfohlen, kennzeichnende Betonproben (also mit den Grenzkörnungen nach den Bestimmungen des Deutschen Ausschusses für Stahlbeton, gerüttelt und gegossen) herzustellen und zu zersägen. Solche Proben sind als Anschauungsstücke für Vergleiche bereitzuhalten. Außerdem sollten von den im Baubetrieb anfallenden besonders guten und besonders schlechten Betonproben Beispiele entnommen und zu Schulungskursen benutzt werden.

Zu unseren Beispielen gehören die in diesem Buch wiedergegebenen Abb. 94, 95, 147 und 177. Weitere sind in Abb. 349 bis 357 dargestellt. Abb. 349 zeigt einen

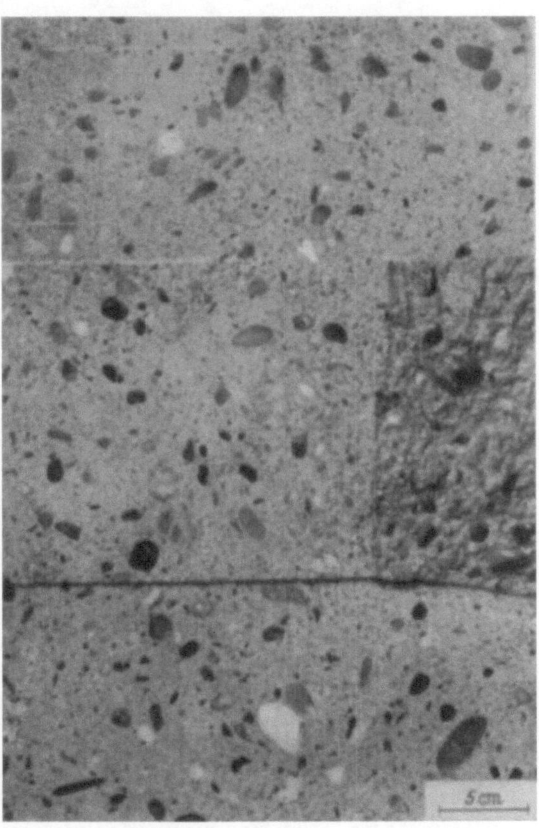

Abb. 350. Steif angemachter, gerüttelter Beton. Eindringmaß $e = 4$ bis 5 cm. Zementgehalt 300 kg/m³. Wasserzementwert $w = 0{,}74$. Körnung der Zuschlagstoffe:

0 bis 0,2	0 bis 1	0 bis 3	0 bis 7	0 bis 30 mm
17	53	71	80	100%

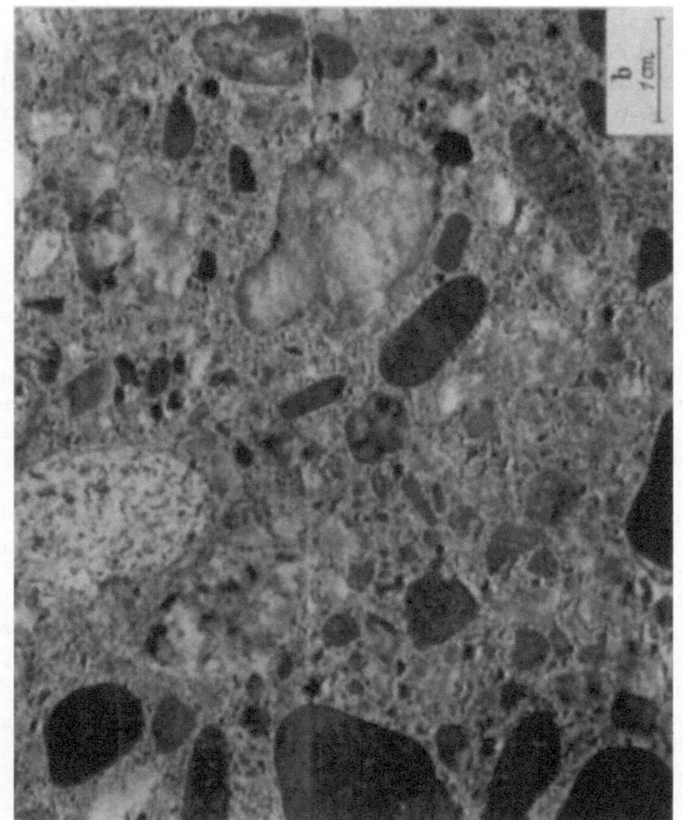

Abb. 352.

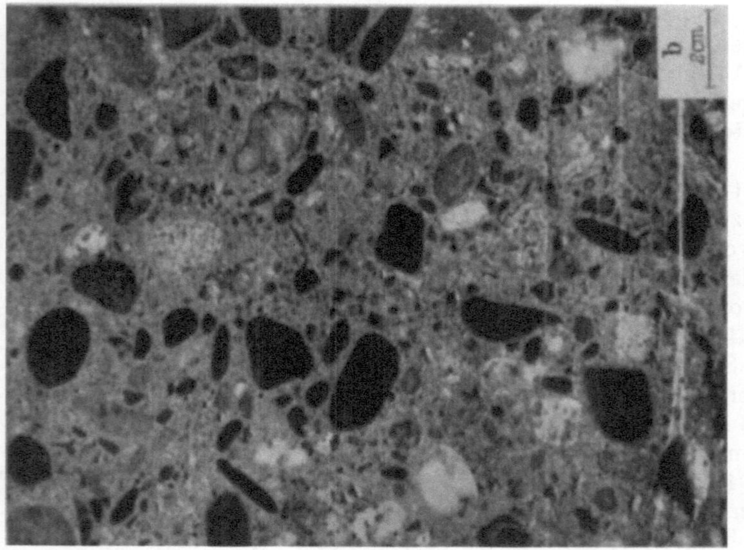

Abb. 351.

Abb. 351 und 352. Straßenbeton, gut verarbeitbar angemacht. Eindringmaß $e = 10$ cm, Zementgehalt 320 kg/m³. Wasserzementwert $w = 0{,}61$. Körnung der Zuschlagstoffe wie zu Abb. 353 und Abb. 354.

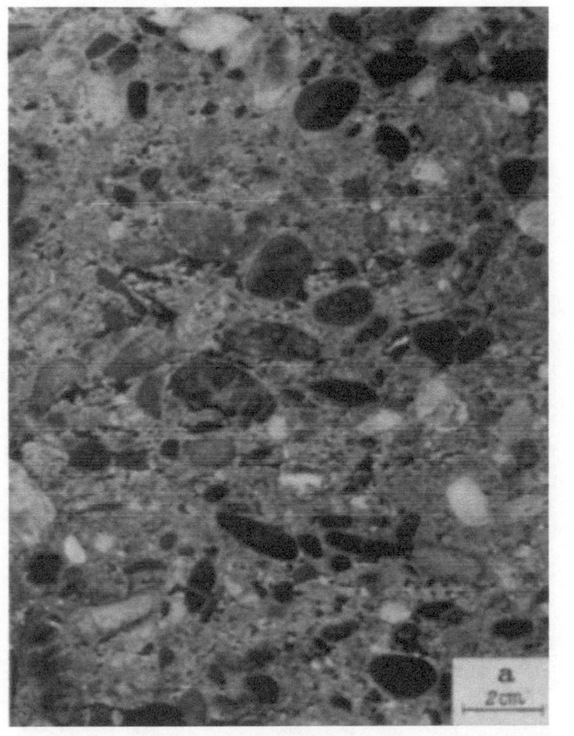

Abb. 353.

Abb. 354.

Abb. 353 und 354. Zu steif angemachter Straßenbeton. Eindringmaß $e = 1$ cm. Zementgehalt 320 kg/m³. Wasserzementwert $w = 0{,}46$. Körnung der Zuschlagstoffe:

0 bis 0,2	0 bis 1	0 bis 3	0 bis 7	0 bis 15	0 bis 30 mm
2	20	32	50	65	100%.

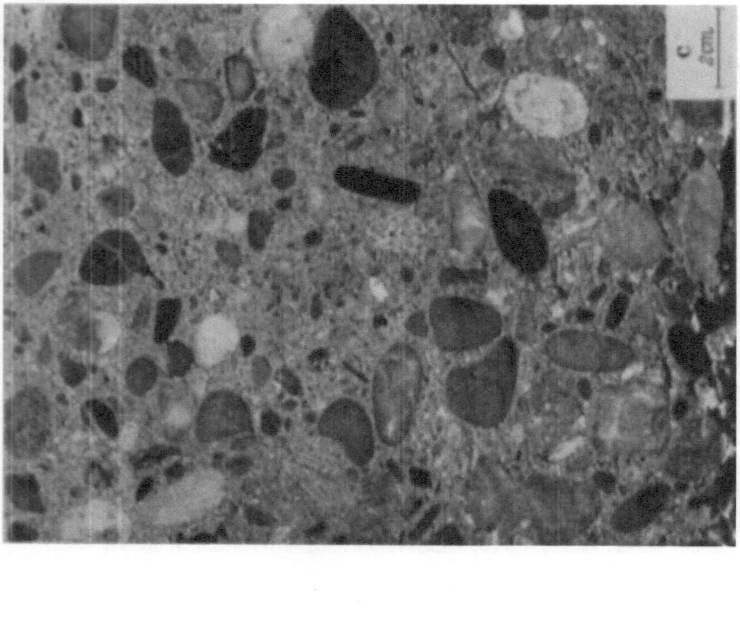

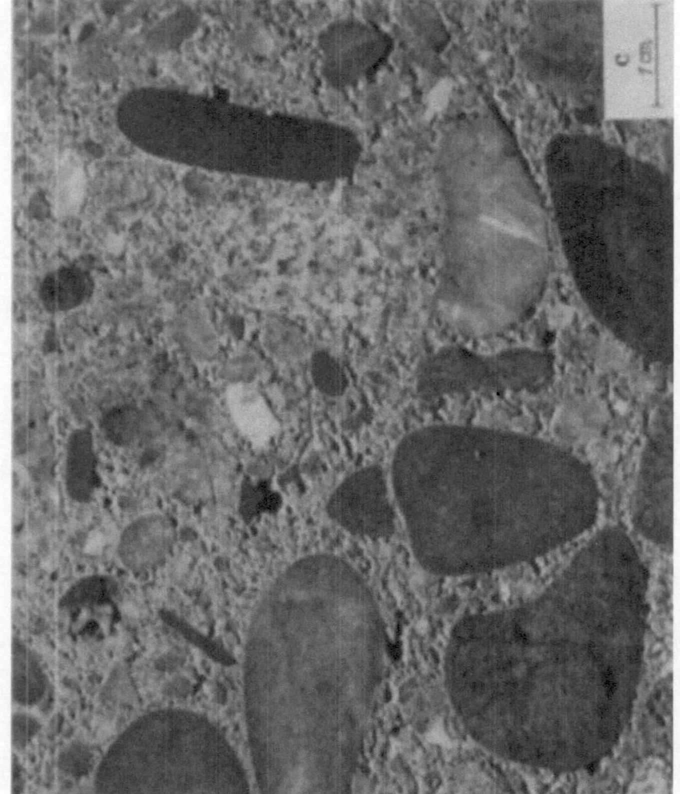

Abb. 356.

Abb. 355.

Abb. 355 und 356. Flüssig angemachter Beton. Ausbreitmaß $g = 50$ cm. Zementgehalt 320 kg/m³. Wasserzementwert $w = 0,79$. Körnung der Zuschlagstoffe wie zu Abb. 353 und Abb. 354.

grobkörnigen Beton mit kleinem Mörtelgehalt aus gebrochenen Zuschlagstoffen mit besonders guter Kornzusammensetzung[1]. Im Gegensatz dazu ist in Abb. 350 ein Beton mit großem Mörtelgehalt aus natürlichen Zuschlagstoffen dargestellt; die Kornzusammensetzung liegt an der oberen Grenze des brauchbaren Bereichs.

Abb. 357. Schnitt durch eine 20 cm dicke Platte aus Straßenbeton, zweilagig hergestellt.

Abb. 351 bis 356 gehören zu Beton mit besonders guter Kornzusammensetzung; die drei Proben unterscheiden sich nur durch die Steife des frischen Betons; Abb. 351 und 352 zeigen das Gefüge eines vorzüglich verdichteten, zweckmäßig angemachten Betons; der Beton zu Abb. 353 und 354 war zu steif

---

[1] GRAF u. KAUFMANN: Dtsch. Ausschuß Stahlbeton 1941 Heft 96, Abb. 82.

angemacht, deshalb ungenügend verdichtet; der Beton zu Abb. 355 und 356 war jedoch zu weich angemacht; er ist deshalb porig geworden (Wasserporen).

In Abb. 357 ist zweischichtiger Straßenbeton dargestellt; der Beton der oberen Lage ist vorzüglich gekörnt und verdichtet; der Beton der unteren Lage zeigt grobe Hohlräume, weil er für die gewählte Verarbeitungsart zu steif angemacht war.

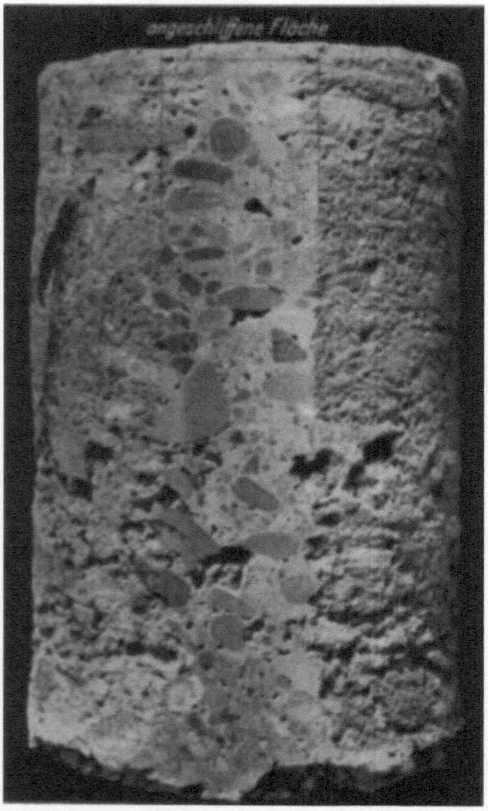

Schließlich sei durch Abb. 358 aufmerksam gemacht, wie das Gefüge an Betonproben, die aus Bauteilen gebohrt sind, durch Abschleifen erkennbar gemacht werden kann.

d) Nachprüfung der Zusammensetzung des Betons durch chemische Untersuchung.

Hierbei handelt es sich meist um die Bestimmung des Zementgehalts des Betons, weniger oft um den Nachweis schädlicher Bestandteile.

Wichtig ist zunächst die Entnahme großer zusammenhängender Proben, die zu Durchschnittsproben verarbeitet werden. Die Prüfung solcher Proben geschieht nach DIN 52170, aus der die Zahlentafel 63 entnommen ist[1]. Hiernach beruht die Feststellung des Zementgehalts vor allem auf der Ermittlung des Anteils der in Salzsäure löslichen Bestandteile. Dazu muß bekannt sein, inwieweit das Bindemittel und die Zuschlagstoffe in Salzsäure löslich sind. Deshalb muß die Beschaffenheit des Zements und der unverarbeiteten Zuschlagstoffe vorausbestimmt werden.

Abb. 358. Bohrkern mit angeschliffener Mantelfläche.

Im übrigen kann auf die Handbücher für chemische Untersuchungen verwiesen werden[2].

e) Zur Beurteilung der Ergebnisse von Versuchen mit Betonproben aus Bauwerken.

Unter 9, k, S. 305ff. ist aufmerksam gemacht worden, daß die Zusammensetzung des Betons im Baubetrieb unter mannigfaltigen Umständen mit mehr oder minder großen Abweichungen vom Sollwert entsteht und daß sich ebenso die Erhärtung des Betons unter äußeren Einflüssen verschieden entwickelt. Dementsprechend ist damit zu rechnen, daß die Proben aus Bauwerken sehr verschiedene Festigkeiten liefern können. Die Unterschiede werden um so größer,

---

[1] Vgl. auch SCHOCH: Die Mörtelbindestoffe Zement, Kalk, Gips. Berlin: Tonindustrie; ferner GAEDE: Zement 1943 S. 68ff.

[2] Vgl. auch BERL-LUNGE: Chemisch-technische Untersuchungsmethoden, 8. Aufl. Bd. 3. Berlin: Springer 1932; ferner GRÜN: Chemie für Bauingenieure und Architekten, 3. Aufl. Berlin: Springer 1942.

Zahlentafel 63. Grenzen der Bestimmbarkeit des Mischungsverhältnisses des erhärteten Betons.

Zuschlagstoffe	Art des Bindemittels		Mischungsverhältnis in Gewichtsteilen	Besondere Voraussetzungen [1] der Bestimmbarkeit des Mischungsverhältnisses in Gewichtsteilen
In Salzsäure unlöslich	Normenzemente (Portland-, Eisenportland-, Hochofenzement) und Tonerdezemente		bestimmbar	keine
	Mischung aus Zement mit Zusatzstoffen; Zusatzstoff in Salzsäure	löslich (Hochofenschlacke, Kalk u. a.)	bestimmbar	keine
		teilweise löslich (Traß, Si-Stoff u. a.) [2]	bedingt bestimmbar	Prüfung des unverarbeiteten Bindemittels auf Gehalt an in Salzsäure unlöslichen Bestandteilen
In Salzsäure teilweise löslich [3]	Normenzemente (Portland-, Eisenportland-, Hochofenzement) und Tonerdezemente		bedingt bestimmbar	Prüfung des unverarbeiteten Zuschlagstoffes auf Gehalt an in Salzsäure löslichen Bestandteilen
	Mischung aus Zement mit Zusatzstoffen; Zusatzstoff in Salzsäure	löslich (Hochofenschlacke, Kalk u. a.)	bedingt bestimmbar	
		teilweise löslich (Traß, Si-Stoff u. a.) [2]	bedingt bestimmbar	
In Salzsäure völlig löslich [4]	Normenzemente (Portland-, Eisenportland-, Hochofenzement) und Tonerdezemente		bedingt bestimmbar	Prüfung des unverarbeiteten Bindemittels des Zuschlagstoffes und des Betons oder Mörtels auf chemische Zusammensetzung. Ob und mit welcher Sicherheit aus dem Ergebnis der chemischen Analyse das Mischungsverhältnis berechenbar ist, muß je nach Art des Bindemittels und des Zuschlagstoffes entschieden werden
	Mischung aus Zement mit Zusatzstoffen; Zusatzstoff in Salzsäure	löslich (Hochofenschlacke, Kalk u. a.)	bedingt bestimmbar	
		teilweise löslich (Traß, Si-Stoff u. a.) [2]	bedingt bestimmbar	

[1] Voraussetzung hierfür ist die Prüfung des unverarbeiteten Bindemittels, des Zuschlagstoffes und des Betons oder Mörtels auf chemische Zusammensetzung. Auf jeden Fall ist das aus dem Ergebnis der chemischen Analyse berechnete Mischungsverhältnis nur ein grobes Näherungsergebnis.

[2] Die Bestimmung auf Grund der Ermittlung des Gehalts an löslicher Kieselsäure ist in diese Übersicht nicht aufgenommen, da sie lediglich als Behelfsverfahren anzusehen ist.

[3] Zuschlagstoffe können enthalten: Kalkstein oder andere Karbonate, die sich praktisch völlig in Salzsäure lösen; Gesteinsmaterial, das wesentliche Mengen in Salzsäure lösliche Stoffe aufweist, wie gewisse Basalte, Bims- oder andere — verwitterte — Gesteine, die vorwiegend aus Kieselsäure, Tonerde und Eisenoxyd bestehende Stoffe an Salzsäure abgeben, Feuerungsrückstände, Schlacken u. dgl., die stets größere Mengen säurelöslicher Anteile enthalten.

[4] Dieser Fall liegt z. B. vor, wenn der gesamte Zuschlagstoff aus Kalkstein besteht.

je kleiner die Proben gewählt werden. Die Größe der Proben, auch die Zahl der Proben, die aus einem bestimmten Bauteil entnommen werden, müssen deshalb mit Rücksicht auf die Bedeutung des Bauteils, seine Größe usw. gewählt werden.

Beispielsweise erfolgt die Abnahme der Betonfahrbahndecken der Reichsautobahnen mit Proben von 15 cm Durchmesser in Abhängigkeit der Zahl der Proben von der Fahrbahnlänge. Darüber hinaus ist angegeben, welche weiteren

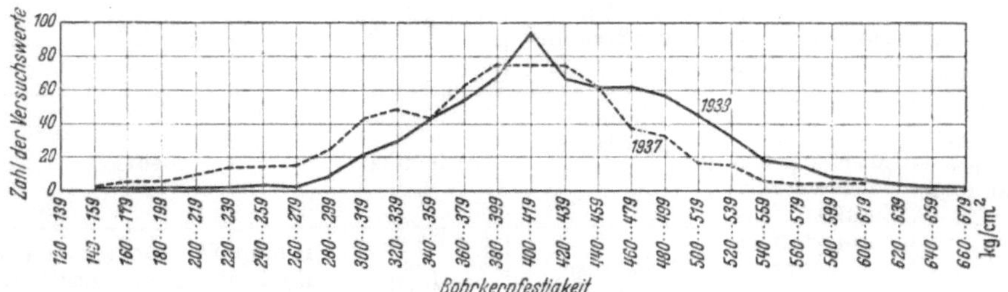

Abb. 359. Druckfestigkeit von Bohrkernen aus Fahrbahndecken der Reichsautobahnen.

Proben gewählt werden dürfen, wenn die Prüfung nicht bestanden wurde. Abb. 359 zeigt Ergebnisse aus solchen Versuchen[1]. Daraus ist erkennbar, daß bei solchen Abnahmen mit einem weiten Streufeld gerechnet werden muß. Aus derartigen statistischen Feststellungen ergeben sich Anregungen für die künftige Entwicklung der Abnahmeprüfungen und der Abnahmebedingungen[2].

---

[1] SACK: Auswertung der Prüfungsergebnisse an Bohrkernen aus den Betonfahrbahndecken der Reichsautobahnen. Straßenbaujahrbuch 1939/1940. Berlin: Volk-und-Reich-Verlag 1940, S. 213ff.

[2] GAEDE: Bauingenieur 1942 S. 291ff.; ferner DAEVES u. BECKEL: Auswertung durch Großzahl-Forschung. Berlin: Chemie 1942.

Die Statik im Stahlbetonbau. Ein Lehr- und Handbuch der Baustatik. Von Dr.-Ing. **Kurt Beyer,** ord. Professor an der Technischen Hochschule Dresden. Zweite, vollständig neubearbeitete Auflage. Berichtigter Neudruck. Mit 1372 Abbildungen im Text, zahlreichen Tabellen und Rechenvorschriften. XII, 804 Seiten. 1948.   Halbleinen DMark 66.—

Das Cross-Verfahren. Die Berechnung biegefester Tragwerke nach der Methode des Momentenausgleichs. Von Dr.-Ing. **Johannes Johannson.** Mit 18 Zahlenbeispielen und 137 Abbildungen. VI, 123 Seiten. 1948.

DMark 14.40

Die Methoden der Rahmenstatik. Aufbau, Zusammenfassung und Kritik. Von Dr.-Ing. habil. **Otto Luetkens.** Mit 38 Abbildungen und 9 Zahlentafeln. VII, 281 Seiten. 1949.   DMark 33.—; Ganzleinen DMark 36.—

Stabilitätsprobleme der Elastostatik. Von Professor Dr. **A. Pflüger,** Hannover. Mit etwa 205 Abbildungen. Etwa 380 Seiten. Erscheint im Herbst 1949.

Technische Statik. Ein Lehrbuch zur Einführung ins technische Denken. Von Dipl.-Ing. D. Dr. phil. **Wilhelm Schlink,** Professor an der Technischen Hochschule Darmstadt. Unter Mitarbeit von Dr.-Ing. habil. **Heinrich Dietz,** Dozent an der Technischen Hochschule Darmstadt. Vierte und fünfte Auflage. Mit 511 Abbildungen im Text. X, 431 Seiten. 1948. DMark 27.60

Einführung in die Technische Mechanik. Nach Vorlesungen von Dr.-Ing. habil. **Walther Kaufmann,** ord. Professor der Mechanik an der Technischen Hochschule zu München. Erster Band: **Statik starrer Körper.** Mit 211 Abbildungen. Etwa 200 Seiten.   Etwa DMark 18.—

H. Rietschels Lehrbuch der Heiz- und Lüftungstechnik. Zwölfte, verbesserte Auflage. Von Professor Dr.-Ing. **Heinrich Gröber,** Vorsteher der Versuchsanstalt für Heizungs- und Lüftungswesen an der Technischen Universität Berlin. Unter Mitarbeit von Dr. habil. **F. Bradtke.** Mit 317 Abbildungen, 17 Zahlentafeln und den Hilfstafeln. I—VII. X, 399 Seiten. 1948.

DMark 45.—

Berichtigung.

S. 84, Unterschrift zu Abb. 89: Das Wort „ausführlich" ist zu streichen.

S. 133, Fußnote 1: Statt P richtig J.

S. 152, Zeile 21 von oben: Statt 59 kg/cm² richtig 58 kg/cm².

S. 260, Kapitel Y, 1b Zeile 6: statt 98 kg/cm² richtig 0,8 kg/cm².